HISTOIRE NATURELLE

DES

DIPTÈRES DES ENVIRONS DE PARIS.

OUVRAGE TIRÉ A 250 EXEMPLAIRES.

—

N°

Auxerre. — Imprimerie de Perriquet, rue de Paris, 31.

HISTOIRE NATURELLE

DES DIPTÈRES

DES ENVIRONS DE PARIS

ŒUVRE POSTHUME

DU Dr ROBINEAU-DESVOIDY

Publiée par les soins de sa Famille,

SOUS LA DIRECTION DE M. H. MONCEAUX

MEMBRE DE LA SOCIÉTÉ ENTOMOLOGIQUE DE FRANCE

SECRÉTAIRE DE LA SOCIÉTÉ DES SCIENCES DE L'YONNE.

TOME SECOND.

PARIS

VICTOR MASSON ET FILS

PLACE DE L'ÉCOLE-DE-MÉDECINE.

LEIPZIG
FRANZ WAGNER
POST STRASS.

LONDRES
WILLIAMS ET NORGATE
HENRIETTA STREET, COVENT GARDEN.

MDCCCLXIII.

HISTOIRE NATURELLE

DES

DIPTÈRES DES ENVIRONS DE PARIS.

MYODAIRES ENTOMOBIES (SUITE).

—

B. LARVES VIVANT DANS LES COLÉOPTÈRES.

LES CARABOPHAGES.

CARABOPHAGÆ.

L'étude des mœurs des Entomobies Carabophages offre beaucoup de difficultés ; elle présentera longtemps encore de grands obstacles à surmonter. En effet, l'histoire des Coléoptères à l'état de larves ou de nymphes est encore bien incomplète, et il est indispensable d'arriver à la connaissance exacte de l'individu, de ses mœurs et de ses métamorphoses avant de chercher à connaître et à décrire ses ennemis.

Les Lépidoptéristes ont compris tout ce qu'il y avait à faire en étudiant spécialement les chenilles et les chrysalides. Aussi ont-ils obtenu, en peu d'années, des résultats très-importants. C'est à leurs recherches et à leurs travaux que je dois d'avoir pu réunir un aussi grand nombre de matériaux pour l'étude des Campéphages, et je n'oublierai jamais, pour mon compte, les services que m'ont rendus MM. Berce et Bellier de la Chavignerie.

Mais si nous quittons les Campéphages et si nous abordons l'étude des autres Entomobies, nous n'avons plus à notre disposition des faits aussi nombreux et partant aussi concluants. L'analogie devient notre seul guide dans bien des cas, guide précieux fort heureusement pour des tribus qui affectent des formes identiques en même temps qu'elles doivent avoir des mœurs semblables.

Nous ne nous dissimulons donc pas que nous sommes encore loin d'avoir dit le dernier mot sur cette partie des Myodaires. Mais, en somme, nous formons des cadres et nous posons aujourd'hui des jalons que nos successeurs sont appelés à confirmer en les complétant au moyen d'observations plus nombreuses.

Dans l'état des choses, nous diviserons les Entomobies Carabophages en six sections :

Epistôme s'avançant un peu en forme de bec :

I. Tribu : LES RHINOPHORIDES.

Les deux segments de l'Anus repliés sous le Ventre en forme de crochet :

II. Tribu : LES CURVICAUDES.

Cellule γ C toujours terminée avant le sommet de l'Aile; premiers articles du Chète très-courts :

III. Tribu : LES BLONDÉLIDES.

Front tombant obliquement sur la Face; Epistôme débordant la Face.

IV. Tribu : LES PHYTIDES.

Cuillerons très-larges; Anus de la Femelle armé d'une pince saillante formée par deux crochets :

V. Tribu : LES LABIDELLIDES.

Cuillerons moins larges; pas de pince au sommet de l'Abdomen des Femelles :

VI. Tribu : LES DUFOURIDES.

I. Tribu : LES RHINOPHORIDES.
I. *Tribus : RHINOPHORIDÆ*, R.-D.

Rhinophora : Rob. Desv., p. 258.
Cassidæmyia : Macq.
Leucostoma : Meig., t. VII-Zetterst.

ANTENNES descendant contre l'Epistôme; le premier article très-court; le deuxième presque de la longueur du troisième qui est un peu comprimé sur les côtés; premiers articles du CHÈTE très-courts ; le dernier tomenteux à la loupe.

YEUX nus, moins distants sur le Mâle; FRONT oblique, plus large sur la Femelle; FACE peu élevée; une rangée de très-petits Cils optiques; PÉRISTOME plus long que large, avec l'EPISTOME triangulaire et saillant; seconde division de la TROMPE en partie solide; PALPES ne dépassant pas l'Epistôme.

Dans les Femelles et presque toujours sur les Mâles, deux CILS APICAUX sur le dos du premier segment de l'Abdomen ;

deux CILS APICAUX sur le dos du deuxième ; rangée de CILS APICAUX sur le dos du troisième ; squame inférieure des CUILLERONS commençant à s'allonger; CELLULE γ C de l'Aile pétiolée, avec sa nervure transversale droite.

CORPS cylindriforme, de petite taille, à teintes noires, avec des reflets cendrés.

LARVES inconnues.

ANTENNÆ contra Epistoma descendentes ; primus articulus brevissimus ; secundus vix æqua longitudine tertii, tertius lateribus compressus ; CHETUM primis articulis brevissimis, ultimo sub lentem tomentoso.

OCULI nudi, minus in ♂ distantes ; FRONS obliqua magis in ♀ lata ; FACIES vix elevata Ciliaque optica minima serie disposita ; PERISTOMA longius quam latius, EPISTOMATE triangulari et prominulo ; HAUSTELLI secunda divisio partim solida ; PALPIS nunquam Epistoma excedentibus.

Semper in ♀ et sæpe in ♂ duo APICALIA in primo secundoque Abdominis segmento cum serie integra in dorso tertii. CALYPTORUM squama inferior paululo elongata ; Alarumque CELLULA γ C petiolata nervoque transverso recto.

CORPUS cylindriforme, minimum, colore nigro, griseo irrorato.

LARVÆ ignotæ.

L'Épistôme qui s'avance un peu en forme de bec constitue le caractère essentiel de ce groupe et empêche de le confondre avec aucun de ses voisins.

Nous ignorons tout-à-fait les mœurs des Larves. Mais que l'expérience apprenne qu'elles vivent soit dans les COLÉOPTÈRES, soit dans les HYMÉNOPTÈRES, il sera toujours aisé de leur assigner leur véritable place. Tout nous porte à les croire CARABOPHAGES, mais cependant on doit dire que la présence de petits Cils optiques sur la Face pourrait bien les constituer CAMPÉPHAGES ; c'est aux observations ultérieures à décider la chose.

Le genre RHINOPHORA fut établi par nous en 1828. En 1835, Meigen établit le genre RHINOPHORIA adopté par Zetterstedt et qui ne comprend pas nos espèces. Les véritables RHINOPHORIES font partie du genre LEUCOSTOMA publié en 1835 par Meigen et qui comprend les espèces les plus hétéroclites.

222. — I. Genre RHINOPHORE.
I. *Genus RHINOPHORA*, R-D.

Tachina : Meig., t. IV.
Rhinophora : Rob. Desv., *Myod.*, p. 258.
Cassidæmyia : Macq., *Buff.* II.
Leucostoma : Meig., t. VII.-Zetterst.

Comme cette tribu ne comprend encore qu'un genre, les caractères de la tribu sont nécessairement ceux du genre.

TYPUS : *Rhinophora gagatina*, Meig.

1197. — N° 1. RHINOPHORA NIGRIPENNIS, R.-D.

Rhinophora nigripennis : Rob. Desv.-*Myod.*, p. 259, n° 1.

♂. Atra, obscure subænea ; Frontalia nigra : Frontis lateribus nigrocinereis ; Facies albida ; Antennæ, Palpi et Pedes nigra. Thorax tessellis obscure cærulescentibus. Abdomen duabus fasciis albidis. Halteres ferruginei : Calypta alba ; Alæ fuscanæ.

Long. 2 lignes 2/3.

MALE : Frontaux noirs : côtés du Front noir-cendré ; Face argentée ; Antennes, Palpes et Pattes noirs. Corselet noir-luisant, comme bronzé, avec des lignes bleuâtres et obscures.

Abdomen noir-luisant, avec deux fascies de reflets albides. Balanciers ferrugineux : Cuillerons blancs ; Ailes lavées de noirâtre.

Nous ne possédons qu'un Mâle de cette rare espèce.

1198. — N° 2. RHINOPHORA GAGATINA, Meig.

♂. *Rhinophora tessellata* :	Rob. Desv.-*Myod.*, n° 4.
Cassidæmyia tessellata :	Macq.-*Buff.* II, n° 2.
♀. *Tachina gagatina* :	Meig.-T. IV, n° 84.
Rhinophora gagatea :	Rob. Desv.-*Myod.*, n° 2.
— *metallica* :	Rob. Desv.-*Myod.*, n° 3.
Cassidaemyia gagatina :	Macq.-*Buff.* II, n° 3.
Leucostoma gagatina :	Zetterst.-*Dipt. Skand.*
— —	Meig.-t. VII, n° 8.

♂. Frontalia nigra : Frontis lateribus cinereo-cærulescentibus ; Facies argentea ; Antennæ, Palpi et Pedes nigra. Thorax niger, nitens, cinereo lineatus. Abdomen nigrum, nitens, duplici linea albide tessellata. Halteres flavi : Calypta alba ; Alæ tenui fuligine sublavatæ.

♀. Tota nigra, nitens, sine lineis et tessellis cinereis. Frontalia nigra : Frontis lateribus atro-metallicis ; Facies argentea ; Antennæ, Palpi et Pedes atra. Halteres flavi : Calypta alba ; Alæ leviter subfuscentes.

Long. 1 1/2-2 lignes 1/2.

MALE : Frontaux noirs : côtés du Front cendré-bleuâtre ; Face argentée ; Antennes, Palpes et Pattes noirs. Corselet noir-luisant, rayé de cendré. Abdomen noir-luisant, peut-être un peu bronzé, avec deux fascies de reflets albides. Balanciers jaunes : Cuillerons blancs ; Ailes à disque légèrement brunâtre.

FEMELLE : Corps noir, luisant, sans lignes ni reflets cendrés. Frontaux noirs : côtés du Front d'un noir-luisant ; Face d'un noir-argenté. Balanciers jaunes : Cuillerons blancs; Ailes lavées d'une légère teinte brunâtre.

Cette espèce est assez commune dans les bois et dans les localités humides; elle aime à courir au soleil, sur les feuilles. Quelques individus femelles ont les Cuisses un peu claires.

Dans notre premier travail, nous n'avions pas établi la distinction des sexes et nous avions accordé trop d'importance aux différences de taille; il en était résulté de graves erreurs, parce que les Mâles ont un système de coloration différent de celui des Femelles. Nous avions en conséquence reconnu plusieurs espèces qui n'en constituent réellement qu'une.

1199. — N° 3. RHINOPHORA HOTTENTOTA, R.-D.

Rhinophora hottentota : Rob. Desv.-*Myod.*, p. 260, n° 5.

Comme nous ne possédons plus l'insecte qui servit à notre description primitive, nous sommes dans la nécessité de recourir à l'ancien texte.

« ♂. Similis RHIN. GAGATINÆ ♂; Abdomine non albide tessellato. »

« MALE : Semblable au *Rh. gagatina* ♂; point de reflets « albides sur l'Abdomen qui est d'un noir-brillant. »

Cette espèce a été prise dans le voisinage de l'eau.

1200. — N° 4. RHINOPHORA PUSILLA, R.-D.

Rhinophora pusilla : Rob. Desv.-*Myod.*, n° 6.

♂. Simillima RHIN. GAGATINÆ; minor; lineis tessellisque cærulescentibus. Alis fuscanis.

Long. 1 1/4-1 ligne 1/3.

Male : Tout-à-fait semblable au *Rh. gagatina;* lignes et reflets bleuâtres. Ailes lavées de noirâtre.

Nous ne possédons que le Mâle de cette espèce (1).

II. Tribu : LES CURVICAUDES.
II. *Tribus : CURVICAUDÆ*, R.-D.

Phania, Uramya : Meig., t. iv.
Phania : Rob. Desv.-Macq.-Zetterst.

Antennes n'atteignant pas l'Epistôme; le premier article très-court; le troisième article presque double du deuxième pour la longueur et un peu comprimé sur les côtés; premiers articles du Chète très-courts; le dernier allongé et peut-être tomenteux à la loupe. Yeux nus, presque contigus sur le Mâle; Front un peu plus large sur la Femelle, avec des Cils rapetissés ou menus; Face verticale, sans aucune espèce de cils; Péristome plus long que large; Palpes ne dépassant point l'Epistôme et un peu plus épais au sommet.

Abdomen elliptique; Cils dorsaux nuls ou variables suivant les genres; les segments de l'Anus recourbés en dessous.

Cuillerons grands : Cellule γ C ouverte ou pétiolée dans le sommet de l'Aile, avec la nervure transversale non cintrée.

Forme du Corps cylindrique, à teintes noires. Les Larves vivent dans le corps des Carabiques.

---

(1) Les espèces qui composent le genre Rhinophora, Meig., dans la collection du Muséum, ont été examinées par l'auteur; si l'on s'en rapporte au manuscrit que nous avons sous les yeux, ce genre, tel qu'il est classé, comprendrait des Ptilocérées, des Gagatées et des Ocyptérées.

ANTENNÆ non Epistoma attingentes ; primus articulus brevissimus ; tertius fere bilongior secundo lateribusque paululum compressus ; CHETUM primis articulis brevissimis, ultimo elongato et forsitan sub lentem tomentosulo.

OCULI nudi, in ♂ vix contigui ; FRONS in ♀ paulo magis lata, nonnullis ciliis minimis ; FACIES verticalis Ciliis omnino deficientibus ; PERISTOMA longius quam latius ; PALPIS nunquam Epistoma excedentibus, apice inflatis.

ABDOMÈN ellipticum ; CILIIS vel nullis vel secundum genus variis ; ANUS bisegmentatum, subtus recurvum.

CALYPTA ampla ; CELLULA γ C in apice Alarum aperta vel petiolata, nervo transverso non arcuato.

CORPUS cylindriforme, colore nigro. LARVÆ CARABOPHAGÆ.

Le caractère essentiel de cette tribu consiste dans le développement des deux segments de l'Anus qui se replient sous le Ventre en forme de crochet. Les autres races carabophages ne nous offrent pas cette disposition.

A. *Cils sur le dos des segments de l'Abdomen.*

I. G. BOHEMANIA....	Segments de l'Anus repliés sous le Ventre sur les deux sexes ; point de petits appendices sur le deuxième segment ventral. Cellule γ C de l'Aile ouverte.
II. G. WEBERIA......	Deux petits appendices sur le deuxième segment ventral. Cellule γ C de l'Aile ouverte.
III. G. AHRENSIA	Segments de l'Anus repliés en dessous seulement sur la Femelle. Cellule γ C pétiolée.
IV. G. STEPHENSIA...	Segments de l'Anus repliés en dessous seulement sur la Femelle. Cils optiques le long de la Face. Cellule γ C de l'Aile pétiolée.

B. *Point de Cils sur le dos des segments de l'Abdomen.*

V G. FRERÆA	Yeux presque contigus sur les Mâles. Anus seulement recourbé.
VI. G. WALBERGIA...	Yeux distants sur le Mâle. Anus replié d'une façon héliciforme.

A. *Cils sur le dos des segments de l'Abdomen.*

223. — I. Genre BOHEMANIE.
I. *Genus BOHEMANIA*, R.-D.

Phania : Meig., t. IV.-Rob. Desv.-*Myod.*-Macq.-Zetterst.
Uramyia : Meig., t. VII.

ANTENNES n'atteignant pas l'Epistôme; le premier article très-court; le troisième un peu comprimé sur les côtés et presque double du second pour la longueur; premiers articles du CHÈTE très-courts; le dernier allongé et tomenteux à la loupe. YEUX nus, presque contigus sur le Mâle; FRONT plus large sur la Femelle, avec des Cils rapetissés ou menus; FACE verticale, sans aucune espèce de cils; PÉRISTOME un peu plus long que large; EPISTOME non saillant; PALPES ne dépassant point l'Epistôme et un peu plus épais au sommet.

ABDOMEN elliptique; deux CILS APICAUX sur le dos du premier segment; une rangée de CILS APICAUX sur le dos du second et du troisième; les segments de l'ANUS recourbés en dessous sur les deux sexes.

CUILLERONS grands; CELLULE γ C ouverte dans le sommet de l'Aile, avec la nervure transversale non cintrée.

Forme du CORPS cylindrique. TEINTES noires. Les LARVES vivent dans le corps des CARABIQUES.

ANTENNÆ non Epistoma attingentes; primus articulus brevissimus;

tertius lateribus compressus et fere secundo bilongior; CHETUM primis articulis brevissimis, ultimo elongato et sub lentem tomentoso. OCULI nudi, in ♂ vix contigui; FRONS in ♀ magis lata, ciliis minimis; FACIES verticalis Ciliis omnino nullis, PERISTOMA longius quam latius, EPISTOMATE non prominulo; PALPISQUE nunquam Epistoma excedentibus.

ABDOMEN ellipticum; duo CILIA APICALIA in primo; series APICALIUM integra in secundo tertioque Abdominis segmento; ANUS in utroque sexu subtus recurvum.

CALYPTA ampla; CELLULA γ C in apice Alæ aperta, nervo transverso non arcuato.

CORPUS cylindricum, colore nigro. LARVÆ CARABOPHAGÆ.

Les caractères principaux de ce genre consistent dans la courbure de l'Anus en dessous, dans la Cellule γ C ouverte au sommet de l'Aile et dans la présence de Cils sur le dos des segments abdominaux.

Nous devons prévenir que nos caractères n'ont été pris que sur des Mâles assez détériorés; nous ne possédons pas la Femelle.

Meigen avait d'abord placé l'insecte qui constitue ce genre parmi ses PHANIES; en 1835 il l'en retira pour constituer son genre URAMYIA; mais comme nous-même nous avons déjà établi ce même genre dans cette même section pour une Entomobie d'origine américaine, nous sommes dans l'obligation d'ajouter encore aux embarras de la synonymie. Toute réflexion faite, nous imposons à ce genre le nom de l'illustre naturaliste qui a découvert les mœurs des Larves du groupe qui nous occupe.

1201. — N° 1. BOHEMANIA CURVICAUDA, Fall.

Tachina curvicauda : Fall.-N° 33.
Phania curvicauda : Meig.-T. IV, n° 5.

Phania curvicauda : Rob. Desv.-*Myod.*, p. 234, n° 1.
— — Macq.-*Buff.* II, p. 184, n° 5.
— — Zetterst.
Uramyia curvicauda : Meig.-T. VII.

♂. Atra, nitens ; Facies lateribus albidis ; Antennæ, Palpi, Pedes atri. Thorax lateribus vix cinerascentibus. Halteres nigri : Calypta alba ; Alæ leviter subfuliginosæ.

Long. 1 1/2-2 lignes 1/2.

MALE : Corps cylindrique, noir, assez luisant, à peine un peu de cendré-obscur sur les côtés du Corselet ; côtés de la Face albides ; Frontaux, Antennes, Palpes et Pattes noirs. Balanciers noirs : Cuillerons blancs ; Ailes très-légèrement lavées de fuligineux.

Cet insecte est très-rare ; nous n'avons jamais rencontré la Femelle que Fallen a décrite et qui ressemble au Mâle. Le professeur Bohéman a obtenu cette espèce de Larves qui avaient vécu dans le corps des HARPALUS AULICUS et RUFICORNIS, Fabr. (*Actes de la Société de Stockholm.* Observations sur les métamorphoses de quelques insectes, 1828, p. 164-166.) Nous ne connaissons pas le *Phania thoracica* des auteurs.

224. — II. Genre WEBÉRIE.
II. *Genus WEBERIA*, R.-D.

Weberia : Rob. Desv., *Myod.*, p. 233.
Phania : Macq.-Meig., t. VII.

ANTENNES descendant à peine contre l'Epistôme ; le troisième article un peu plus long que le second et un peu comprimé sur les côtés ; premiers articles du CHÈTE très-courts.

YEUX nus, distants sur les deux sexes ; FRONT assez large ; FACE...... EPISTOME non saillant.

ABDOMEN elliptique; point de CILS sur le dos du premier segment ; rangée complète de CILS APICAUX sur le dos du deuxième et du troisième; les segments de l'ANUS moins développés, moins repliés sous le Ventre; deux petits appendices sous le dernier segment abdominal.

CELLULE γ C ouverte et à ouverture très-étroite sur le sommet de l'Aile.

CORPS cylindriforme à teintes noires.

ANTENNÆ vix contra Epistoma descendentes ; tertius articulus vix secundo longior, paulo lateribus compressus ; CHETUM primis articulis brevissimis. OCULI nudi, in utroque distantes ; FRONS lata ; FACIES ....., EPISTOMATE non prominulo.

ABDOMEN ellipticum ; CILIA nulla in primo segmento, serieque disposita in secundo tertioque segmento; ANI segmentis minus amplis minusque subtus recurvis, duobusque appendicibus in ultimo Abdominis segmento subtus dispositis.

CELLULA γ C anguste aperta in apice Alarum.

CORPUS cylindriforme, colore nigro.

Ce genre, dont nous ne pouvons compléter les caractères par suite de la détérioration de l'individu typique, se distingue au milieu de cette tribu par son Anus à peine réfléchi en dessous, par les deux appendices observés sous le second segment ventral et par la disposition des Cils segmentaires de l'Abdomen.

1202. — No 1. WEBERIA APPENDICULATA, R.-D.

Weberia appendiculata : Rob. Desv.-*Myod.*, p. 233, n° 1.
Phania appendiculata : Macq.-*Buff.* II, p. 184, n° 7.

♂. Frontalia nigra; Facies subalbida; Antennæ, Pedes nigra. Thorax ater, nitidus, cinereo vix irroratus. Abdomen nigrum, nitidum, incisuris obscure subcinereis. Halteres fusci : Calypta Alæque subflavescentia.

Long. 2 lignes 1/2.

Male : Frontaux noirs; Face albicante; Antennes et Pattes noires. Corselet noir, luisant, à peine un peu de cendré sur les côtés. Abdomen noir-luisant; les incisions segmentaires obscurément cendrées. Balanciers noirâtres : Cuillerons et Ailes légèrement flavescentes.

Nous n'avons jamais pris qu'un Mâle de cette rare espèce.

225. — III. Genre AHRENSIE.
III. *Genus AHRENSIA*. R.-D.

Phania : Macq.-*Buff.* II, p. 183.

Antennes ne descendant pas tout-à-fait jusqu'à l'Epistôme; le premier article très-court; le troisième un peu plus long que le deuxième et un peu comprimé sur les côtés; premiers articles du Chète très-courts; le dernier tomenteux à la loupe; Yeux nus, distants sur les deux sexes; Front plus large sur la Femelle, avec une simple rangée de Cils amoindris de chaque côté sur le Mâle et une rangée double des mêmes Cils sur la Femelle; Face peu élevée, perpendiculaire, nue; Péristome carré; Epistome non saillant; Trompe membraneuse; Palpes élargis au sommet.

Abdomen du Mâle ne paraissant pas courbé en dessous; les deux derniers segments abdominaux sur la Femelle allongés et recourbés en dessous; point de Cils sur le dos du premier segment; deux Cils médians et rangée de Cils apicaux sur le dos du second ; rangée de Cils médians et de Cils apicaux sur le dos du troisième.

Cellule γ C de l'Aile légèrement pétiolée, avec sa nervure transversale droite.

Insectes de petite taille, à teintes noires ornées de cendré.

On ne connait rien sur les mœurs des Larves.

Antennæ non usque ad Epistoma porrectæ; primus articulus brevissimus; tertius secundo paulo longior lateribusque compressus; Chetum primis articulis brevissimis, ultimo sub lentem tomentosulo. Oculi nudi, in utroque distantes; Frons in ♀ latior, Ciliis minutis serie dispositis simplici in ♂, duplici in ♀ ; Facies paululum elevata, perpendicularis et nuda ; Peristoma quadratum, Epistomate non prominulo ; Haustellum membranaceum ; Palpis apice subspathulatis.

Abdomen ♂ non subtus recurvum ; duobus ultimis segmentis abdominalibus in ♀ elongatis subtusque recurvis ; Cilia nulla in primo ; duo medianea seriesque apicalium in secundo ; Cilia medianea, apicaliaque serie disposita in tertio Abdominis segmento.

Cellula γ C leviter petiolata, nervo transverso recto.

Larvæ ignotæ.

Ce genre repose sur deux caractères fondamentaux et essentiels ; l'élargissement spathuliforme des Palpes sur les Femelles et le pétiole de la Cellule γ C. Le Mâle ne parait pas avoir l'Anus prolongé et recourbé en dessous.

Ces petits insectes ont été signalés pour la première fois par M. Macquart.

Typus : *Phania flavipalpis*, Macq.

1203. — N° 1. Ahrensia flavipalpis, Macq.

Phania flavipalpis : Macq.-*Buff.* II, p. 184, n° 6.
Uramya flavipalpis : Meig.-T. VII.

♂. Frontalia nigra : Frontis lateribus fusco-albidis ; Facies albida ;

Antennæ primis articulis nigris, tertio subflavo; Palpi subflavi. Thorax nigro-cæsius, cinereo-albo-maculatus. Abdomen nigro-cæsium, tribus fasciis cinereo-albis, medio interruptis. Pedes nigri. Halteres nigri : Calypta alba; Alæ omnino limpidæ, hyalinæ.

♀. Simillima, Antennæ ultimo articulo croceo; Palpi flavi. Anus subtus recurvus.

Long. 1 ligne.

Male : Frontaux noirs : côtés du Front et Face brun-cendré; premiers articles des Antennes noirs; le dernier blanc-jaunâtre; Palpes jaunâtres. Corselet noir de pruneau luisant et orné de taches cendré-blanc. Abdomen noir de pruneau luisant avec trois fascies de reflets blanc-cendré et interrompues dans leur milieu. Pattes noires. Balanciers noirs : Cuillerons blancs; Ailes tout-à-fait limpides et diaphanes. Nous ne pouvons distinguer aucun prolongement de l'Anus sous le Ventre.

Femelle : Tout-à-fait semblable au Mâle; le troisième article des Antennes jaune de safran; Palpes jaunes. Anus recourbé en dessous..

Cet insecte paraît être rare; on le prend en fauchant parmi les herbes des localités arides.

1204. — N° 2. Ahrensia femoralis, R.-D. *Sp. ined.*

♀. Simillima Ahr. flavipalpi; paulo major; duabus coxis anterioribus, Femorumque apice flavescentibus. Alæ subobscuræ.

Long. 1 ligne 1/2.

Femelle : Semblable à l'*Ahr. flavipalpis;* un peu plus grande; Frontaux noirs : côtés du Front brun-cendré; Face albide; les deux premiers articles des Antennes noirs; le troisième jaune de safran; Palpes jaunes. Corselet noir de pruneau, avec des taches d'un cendré-blanc. Abdomen noir de pruneau, avec trois fascies albides et interrompues sur leur milieu. Les deux hanches antérieures et sommet des Cuisses jaunâtres. Balanciers noirs : Cuillerons blancs; Ailes avec une très-légère teinte obscure.

Nous ne possédons qu'une Femelle de cette rare espèce.

1205. — N° 3. Ahrensia nitida, R.-D *Sp. ined.*

♀. Frontalia fulva : Frontis lateribus Facieque cinereis ; tertio Antennæ articulo flavo ; Palpi subflavi. Thorax cinereus. Abdomen gagateum, nitidum, sine maculis albis. Femora fusco-flavo pallentia ; Tibiis, Tarsisque nigris. Halteres nigri : Calypta alba ; Alæ limpidæ, pellucidæ.

Long. 3/4 de ligne.

Femelle : Frontaux rougeâtres : côtés du Front et Face cendrés ; les premiers articles des Antennes bruns ; le dernier jaune ; Palpes jaunes. Corselet à fond noir, mais entièrement garni d'un duvet cendré. Abdomen noir-jais luisant, sans aucune tache blanche. Cuisses d'un brun jaune-pâle ; Tibias et Tarses noirs. Balanciers noirs ; Cuillerons blancs ; Ailes claires et diaphanes.

Nous ne possédons qu'une Femelle de cette rare espèce.

226. — IV. Genre STEPHENSIE.
IV. *Genus STEPHENSIA*, R.-D.

Antennes très-courtes, n'atteignant pas le milieu de la Face ; le troisième article à peine plus long que le second ; Yeux nus, presque contigus sur le Mâle ; Front très-étroit sur le Mâle, avec une simple rangée de Cils de chaque côté ;

FACE peu élevée, avec une rangée de Cils optiques; PÉRISTOME presque aussi large que long; EPISTOME fortement échancré.

Point de CILS sur le dos du premier segment de l'Abdomen; deux CILS MÉDIANS et rangée de CILS APICAUX sur le dos du second; rangée de MÉDIANS et d'APICAUX sur le dos du troisième. ANUS du Mâle non replié sous le Ventre.

CELLULE γ C de l'Aile pétiolée, avec sa nervure transversale presque droite.

CORPS petit, à teintes noires ornées de cendré.

ANTENNÆ breves, non mediam Faciei partem attingentes; tertius articulus vix longior secundo; OCULI nudi, in ♂ fere contigui; FRONS in ♂ maxime angustata, simplicique serie lateribus ciliata; FACIES paululum elevata; CILIIS OPTICIS serie dispositis; PERISTOMA vix longitudine et latitudine simile, EPISTOMATE truncato.

CILIA nulla in primo Abdominis segmento; duo MEDIANEA seriesque APICALIUM integra in secundo; MEDIANEA, APICALIAQUE serie disposita in tertio; ANUS ♂ non subtus recurvus.

CELLULA γ C petiolata, nervo transverso vix recto.

CORPUS minimum, colore nigro-cinereo.

La briéveté des Antennes et les Yeux presque contigus sur le Mâle sont deux caractères qui suffiraient pour l'établissement de ce genre. Mais nous devons encore prendre en grande considération la rangée de Cils optiques qu'on remarque sur la Face contre les Yeux. Nous n'avions pas encore rencontré ce caractère dans cette tribu.

Nous n'avons qu'un Mâle à notre disposition; son port et l'ensemble de ses organes le rapprochent tout-à-fait des AHRENSIES; il n'a pas l'Anus prolongé sous le Ventre, mais nous ne doutons pas de l'existence de ce caractère sur la Femelle.

1206. — N° 1. STEPHENSIA CILIGERA, R.-D. *Sp. ined.*

♂. Facies nigro-subcinerea ; Antennæ, Palpi, Pedes nigra. Thorax ater, nitens, cinereo maculatus. Abdomen atrum, nitens, tribus fasciis transversis cinereis, medio interruptis. Halteres nigricantes : Calypta subfusca ; Alæ limpidæ.

Long. 2/3 de ligne.

MALE : Face brune, à peine albide ; Antennes et Palpes noirs. Corselet noir-luisant, avec trois fascies cendrées interrompues dans leur milieu. Cuisses brunes ou noires, avec les Tibias et les taches noirs. Balanciers noirâtres : Cuillerons bruns ; Ailes limpides.

Nous ne possédons qu'un Mâle de cette rare espèce.

B. *Point de Cils sur le dos des segments de l'Abdomen.*

227. — V. Genre FRERÉE (1).
V. *Genus FRERÆA*, R.-D.

Freræa : Rob. Desv., *Myod.*, p. 285.

ANTENNES courtes ; le premier article très-court ; les deux derniers articles presque d'égale longueur ; le troisième un peu arrondi au sommet ; les premiers articles du CHÈTE courts ; le dernier nu ; TÊTE de la largeur du Corselet et arrondie en devant ; YEUX grands, contigus sur le Mâle ; FRONT nul sur le Mâle ; FACIAUX non ciligères ; PÉRISTOME large et carré ; EPISTOME non saillant.

---

(1) Ce genre a été dédié autrefois par l'auteur au docteur Amand Frère.

L'ABDOMEN n'a point de Cils raides sur le dos des segments.

CUILLERONS grands; CELLULE γ C ouverte un peu au-delà du sommet de l'Aile, avec sa nervure transversale concave en dedans, convexe en dehors, et ne formant pas d'angle avec la nervure longitudinale d'où elle naît et qui finit à l'endroit où les deux nervures devraient se réunir.

ANTENNÆ breves primo articulo brevissimo ; duobus ultimis fere æqua longitudine, tertio apice subrotundato; primi CHETI articuli brevissimi, ultimo nudo; Caput latitudine Thoracis et antice subrotundatum; OCULI ampli, in ♂ contigui ; FRONS ut pote nulla in ♂; FACIALIA non ciligera ; PERISTOMA latum, quadratum, EPISTOMATE non prominulo.

ABDOMEN in ♂ recurvum, sine Ciliis.

CALYPTA sat ampla; CELLULA γ C aperta paulo trans Alæ apicem, nervo transverso interne concavo, externe subconvexo, nec angulatim procedente e nervo longitudinali unde oritur, et quì ad communem insertionem terminatur.

L'insecte qui sert à l'établissement de ce genre appartient à cette tribu si l'on place en première ligne les caractères de l'Anus et des Ailes, mais le reste de son organisation le rapproche des PHASIENNES parmi lesquelles nous l'avions placé primitivement. Il est aux PHASIENNES ce que la WAHLBERGIE est aux OCYPTÉRÉES. Par l'absence de Cils sur le dos des segments de l'Abdomen, il se rapproche aussi des GYMNOSOMÉES.

1207. — No 1. FRERÆA GAGATEA, R.-D.

Freræa gagatea : Rob. Desv.-*Myod.*, p. 286, n° 1.

♂. Tota gagatea, nitens; Oculi in viva purpurei ; Facies, Antennæ,

Palpi, Pedes atra. Halteres flavescentes; Capitulo fusco; Calypta per alba; Alæ limpidæ, hyalinæ.

Long. 2 lignes 1/4.

MALE : Tout le Corps d'un beau noir-jais luisant; YEUX pourpres durant la vie; Face, Antennes, Palpes et Pattes noirs. Balanciers jaunâtres, avec le sommet brun; Ailes tout-à-fait claires.

Nous n'avons jamais pris que deux Mâles de cette espèce sur les fleurs de l'HERACLEUM SPONDYLIUM. L.

228. — VI. Genre WAHLBERGIE.
VI. *Genus WAHLBERGIA*, Zetterst.

Wahlbergia : Zetterst.-*Dipt. Skand.*, t. III, p. 1223.

ANTENNES descendant contre l'Epistôme ; le premier article très-court; le troisième un peu plus long que le second et un peu comprimé sur les côtés; premiers articles du CHÈTE courts; le troisième peu allongé et tomenteux à la loupe; YEUX nus et largement séparés sur les deux sexes; FRONT large sur les deux sexes, avec une rangée simple de Cils raides sur le Mâle; FACE verticale, absolument nue; PÉRISTOME un peu plus long que large; EPISTOME formant une légère saillie; TROMPE membraneuse; PALPES atteignant l'Epistôme.

ABDOMEN cylindrique, convexe, avec l'Anus roulé en une double spirale héliciforme ; on ne distingue aucun Cil raide sur les segments.

CELLULE γ C de l'Aile pétiolée, avec sa nervure transversale cintrée.

FORME du Corps cylindrique, à teintes noires ; mœurs des LARVES inconnues.

ANTENNÆ ad Epistoma porrectæ; primus articulus brevissimus, tertius secundo vix longior lateribusque compressus; CHETUM primis articulis brevibus, tertio elongato et sub lentem tomentoso; OCULI nudi in utroque late distantes; FRONS in utroque lata, CILIIS simplici serie in ♂ dispositis; FACIES verticalis et nuda; PERISTOMA longius quam latius: EPISTOMATE leviter prominulo; HAUSTELLUM membranaceum; PALPIS attingentibus Epistoma.

ABDOMEN cylindricum et convexum; ANUS heliciformis; Cilia rigida in segmentis nulla.

CELLULA 7 C petiolata nervoque transverso arcuato.

CORPUS cylindriforme; LARVÆ ignotæ.

L'absence complète de Cils raides sur le dos des segments de l'Abdomen et l'Anus roulé (au moins sur le Mâle) en une double spirale héliciforme constituent ici des caractères de la plus haute importance. Par la forme du Corps et par la disposition des couleurs, ce genre a de grandes affinités avec les OCYPTÉRÉES. Les insectes qui le composent sont très rares.

L'espèce qui nous a servi pour fixer les caractères du genre est le Mâle du *Wahlb. dimidiata* de Zetterstedt, lequel n'a connu que la Femelle. Ce naturaliste a établi le genre WAHLBERGIA sur le *Tachina melanura* de Fallen (*Gymnosoma melanura* de Meigen), dont nous ne possédons qu'un individu en très-mauvais état; mais il est facile de constater que sur cette espèce le repli anal n'est pas héliciforme. Ce caractère n'appartient-il qu'à un sexe ou le *Wahlbergia melanura* et le *W. dimidiata* doivent-ils former deux genres distincts, ainsi que nous le présumons? Quoiqu'il en soit, les WAHLBERGIES, par l'absence de Cils sur le dos des segments de l'Abdomen, conduisent directement aux GYMNOSOMÉES.

1208. — N° 1. WAHLBERGIA MELANURA, Meig.

Ocyptera lateralis : Fall.-*Rhiz.*, n° 3.
Tachina melanura : Meig.-T. IV, n° 81.
Gymnosoma melanura : Meig.-T. VII, n° 3.

♂. Frontalia nigro-cinerea : Frontis lateribus cinereis; Facies albida; Antennæ et Pedes nigra. Thorax ater, nitens; antice cinereis lineis. Abdomen fulvum, ultimo segmento nigro. Halteres basi fulva; Capitulo fusco; Calypta alba; Alæ flavescentes; nervis fulvidis.

Long. 3 lignes.

MALE : Frontaux cendrés : côtés du Front noir-cendré; Face blanche; Antennes et Pattes noires. Corselet noir assez luisant, avec des lignes cendrées sur le devant. Abdomen fauve, avec le dernier segment noir. Balanciers rougeâtres, avec le capitule brun : Cuillerons blancs; Ailes lavées de flavescent, avec les nervures rougeâtres.

Nous ne possédons qu'un individu de cette rare espèce.

1209. — N° 2. WAHLBERGIA DIMIDIATA, Zetterst.

Wahlbergia dimidiata : Zetterst.-*Ins. Dipt. Skand.*, t. III.

♂. Cylindrica; Frontalia nigra : Frontis lateribus atro-metallicis; Facies argentea; Antennæ, Palpi, Pedes atra. Thorax niger, nitens, cinereo-cærulescente vix lineatus. Abdomen atrum, reflexum, circumvolutum, primo segmento secundoque parte anteriori fulvo-testacea. Halteres ferruginei; Capitulo nigricante; Calypta alba; Alæ tenui flavedine lavatæ.

Long. 2 lignes 1/2.

MALE : Cylindrique; Frontaux noirs : côtés du Front noir-luisant; Face argentée; Antennes, Palpes et Pattes noirs.

Corselet noir-luisant, faiblement rayé de cendré-bleuâtre. Abdomen noir-luisant; le premier segment et partie du second fauve-testacé, avec une ligne dorsale noire. Balanciers ferrugineux, avec la tête noire : Cuillerons blancs; Ailes légèrement flavescentes.

Nous ne possédons qu'un Mâle de cette rare espèce : Wahlberg avait communiqué la Femelle à Zetterstedt.

III. Tribu : LES BLONDÉLIDES.
III. *Tribus : BLONDELIDÆ.*

Par l'ensemble de leurs caractères, les genres qui composent cette famille forment un groupe bien distinct; mais la disposition des yeux, qui sont nus dans certains genres et velus dans les autres, nous a décidé à former deux sections :

I. LES GYMNOPHTHALMÉES.
II. LES PTILOPHTHALMÉES.

I. Sous-Tribu : LES GYMNOPHTHALMÉES.
I. *Sub-Tribus : GYMNOPHTHALMEÆ*, R.-D.

Antennes descendant jusqu'à l'Epistôme; le premier article court; le second double du premier pour la longueur; le troisième prismatique, deux ou trois fois aussi long que le second; premiers articles du Chète courts; le troisième filiforme et paraissant nu.

Yeux nus et distants sur les deux sexes; Front plus large sur la Femelle, avec une double rangée de Cils de chaque côté sur ce même sexe; Face un peu oblique, avec des Cils faciaux peu développés qui ne s'élèvent pas au-dessus du niveau du milieu des Fossettes ; Péristome un peu plus long que large ; Epistome non saillant, mais tendant parfois à le devenir; Palpes ne dépassant pas l'Epistôme.

Abdomen cylindrique, cylindrico-conique, avec des Cils dorsaux variables pour le nombre et la disposition.

Pattes non allongées. Cellule γ C de l'Aile toujours ouverte ou fermée avant le sommet de l'Aile, avec la nervure transversale droite ou légèrement cintrée.

Forme du Corps cylindrique, avec des teintes noires plus ou moins variées de lignes et de reflets cendrés. Larves inconnues.

Antennæ usque ad Epistoma descendentes; primus articulus brevis, secundus primo bilongior; tertius prismaticus, bi vel trilongior secundo; Chetum primis articulis brevibus, tertio filiformi et nudo.

Oculi nudi, in utroque distantes; Frons in ♀ latior et duplici serie lateribus ciliata; Facies paululum obliqua, Ciliis facialibus minimis, non mediam fovearum partem excedentibus; Peristoma longius quam latius, Epistomate non prominulo; Palpis nunquam excedentibus Epistoma.

Abdomen cylindricum, cylindrico-conicum, Ciliis dorsalibus numero et dispositione variis. Pedes non elongati. Cellula γ C semper ante Alarum apicem aperta vel occlusa, nervo transverso recto vel paululum arcuato.

Corpus cylindricum, Colore nigro plus minusve cinereo lineato et tossellato. Larvæ ignotæ.

Ce petit groupe ne renferme jusqu'à ce jour que des espèces faciles à distinguer à la Cellule γ C qui se termine toujours avant le sommet de l'Aile. Le second caractère essentiel consiste dans la briéveté des deux premiers articles du Chète. Le second article des Antennes est plus développé et le troisième est moins long que sur les Mégalocérides.

Nous ne saurions nous dissimuler que ces insectes conservent la plus grande affinité avec plusieurs Entomobies Campéphages. C'est la force de l'analogie et la grande ressemblance avec les insectes de la seconde section de cette tribu qui nous contraint de les placer parmi les Carabophages. La science ne pourra du reste prononcer définitivement qu'avec la connaissance des mœurs de leurs Larves, qui jusqu'à présent ont échappé à nos recherches.

Ces insectes paraissent peu nombreux soit sous le rapport des espèces, soit sous celui des races.

I. G. BLONDELIA	Cils médians sur le dos des segments de l'Abdomen. Cellule γ C toujours soit ouverte, soit fermée avant le sommet de l'Aile.
II G. LAMBERTIA....	Pas de Cils basilaires ou médians sur le deuxième et le troisième segment de l'Abdomen. Cellule γ C ouverte un peu avant le sommet de l'Aile.
III. G. CYRILLIA.....	Deux Cils apicaux sur le premier segment; deux basilaires, deux médians et deux apicaux sur le dos du second; quatre médians et rangée d'apicaux sur le troisième. Cellule γ C ouverte avant le sommet de l'Aile; nervure transversale un peu cintrée.
IV. G. PICCONIA.....	Second article du Chète double du premier, Deux Cils apicaux sur le premier segment; deux basilaires et deux apicaux sur le deuxième et le troisième. Cellule γ C fermée sur le sommet de l'Aile.

229. — I. Genre BLONDELIE.
I. *Genus BLONDELIA*, R.-D.

Blondelia : Rob. Desv., *Myod.*, p. 122.
Metopia : Macq., *Buff.* II, p. 122.

Antennes descendant jusqu'à l'Epistôme ; le premier article très-court ; le deuxième un peu plus long ; le troisième prismatique, au moins double des deux autres pour la longueur ; premiers articles du Chète très-courts ; le troisième effilé et nu ; Yeux nus et distants sur les deux sexes ; Front large ; une simple rangée de Cils sur les Mâles ; Face presque verticale, avec des faciaux peu développés et qui ne s'élèvent que jusqu'au milieu des Fossettes ; Péristome un peu plus long que large ; Epistome non saillant.

Deux Cils apicaux sur le premier segment de l'Abdomen ; deux Cils médians et quatre Cils apicaux sur le dos du second ; deux Cils médians et rangée de Cils apicaux sur le dos du troisième.

Cellule γ C ouverte quelquefois et le plus souvent fermée un peu avant le sommet de l'Aile, avec sa nervure transversale droite.

Corps cylindriforme, à teintes noires.

Antennæ usque ad Epistoma descendentes ; primus articulus brevissimus ; secundus paulo longior ; tertius prismaticus et trilongior primis ; Chetum primis articulis brevissimis, tertio acuto et nudo ; Oculi nudi, in utroque distantes ; Frons lata, simplici serie in ♂ ciliata ; Facies fere verticalis, Facialibus minimis et non mediam fovearum partem attingentibus ; Peristoma longius quam latius, Epistomate non prominulo.

Duo Cilia apicalia in primo ; duo medianea quatuorque apicalia in secundo ; duo medianea seriesque apicalium integra in tertio Abdominis segmento.

Cellula γ C aperta, sæpius occlusa ante apicem Alæ, nervo transverso recto.

Corpus cylindriforme, colore nigro.

La présence de Cils médians sur le dos des segments de l'Abdomen distingue nettement ce genre de celui des Lamberties; la Cellule γ C est toujours soit ouverte, soit fermée avant le sommet de l'Aile ; ces deux circonstances s'observent sur les deux Ailes du même individu; elle est fermée dans le plus grand nombre des cas.

1210. — N° 1. Blondelia nitida, R.-D.

Blondelia nitida : Rob. Desv.-*Myod.*, p. 122, n° 1.
Metopia nitida : Macq.-*Buff.* II, p. 131, n° 30.

♂. Frontalia nigra : Frontis lateribus atro-nitidis; Facies nigra, tomento cinereo-cærulescente; Antennæ, Palpi, Pedes atra. Thorax ater, nitens, cinereo-cærulescente vix irroratus. Abdomen atrum nitidum, tessellis obscure cinereo-cærulescentibus. Halteres ferruginei : Calypta alba; Alæ limpidæ, basi subflavescente.

Long. 3 lignes.

Male : Frontaux noirs : côtés du Front noir-luisant; Face noire, avec un duvet cendré-bleuâtre; Antennes, Palpes et Pattes noirs. Corselet noir-luisant, à peine saupoudré de cendré-bleuâtre. Abdomen noir-luisant, garni de reflets bleuâtres peu marqués. Balanciers ferrugineux : Cuillerons blancs; Ailes claires, avec la base un peu flavescente.

Nous ne possédons qu'un Mâle de cette rare espèce qu'on prend sur les fleurs des Ombellifères.

1211. — N° 2. Blondelia cinerea, R.-D. *Sp. ined.*

♂. Frontalia nigra : Frontis lateribus fusco-cinereis ; Facies albida ; Antennæ, Palpi, Pedes nigra. Thorax cæsius, cinereo-cærulescente lineatus et irroratus. Abdomen nigro-cæsium, tribus fasciis latioribus, cinereo-cærulescentibus, maculaque laterali subfulva secundi segmenti. Halteres flavo-ferrugati : Calypta alba; Alæ limpidæ.

Long. 3 lignes.

Male : Frontaux noirs : côtés du Front brun-cendré; Face albide; Antennes, Palpes et Pattes noirs. Corselet noir de pruneau, avec des lignes et des reflets cendré-bleuâtre. Abdomen noir de pruneau, avec trois larges fascies de reflets cendré-bleuâtre; une tache fauve sur les côtés du deuxième segment. Balanciers jaune-ferrugineux : Cuillerons blancs; Ailes claires.

Nous ne possédons qu'un Mâle de cette rare espèce trouvée en Eté sur une Ombellifère.

1212. — N° 3. Blondelia abdominalis, R.-D.

Blondelia abdominalis : Rob. Desv.-*Myod.*, p. 122, n° 2.

Comme nous n'avons plus cet insecte sous les yeux, nous sommes dans la nécessité de recourir à notre description primitive.

« Nigro-nitida ; Abdomine nigro-fulvescente. »

« Long. 3 lignes.

« Frontaux brun-rougeâtre; Antennes noires; côtés du « Front et Face argentés. Corselet un peu lavé de cendré. « Abdomen à reflets cendrés blancs et noirs; la majeure « partie des segments paraît être fauve à une certaine lu- « mière. Cuillerons blancs; Ailes un peu sales à la base.

« Cette espèce a fait partie de la collection de M. Carcel. »

Est-ce une véritable Blondélie, ou constitue-t-elle le type d'un autre genre?

230. — II. Genre LAMBERTIE.
II. *Genus LAMBERTIA*, R.-D.

Blondelia : Rob. Desv., *Myod.*, p. 122.
Metopia : Macq., *Buff.* II, p. 122.

ANTENNES descendant jusqu'à l'Epistôme; le premier article très-court; le second double du premier pour la longueur; le troisième prismatique, double ou triple du second pour la longueur; premiers articles du CHÈTE courts; le dernier allongé. YEUX nus et distants sur les deux sexes; FRONT large: une simple rangée de Cils de chaque côté sur le Mâle, une double rangée sur la Femelle; FACE verticale, n'offrant que des Cils basilaires; PÉRISTOME un peu plus long que large; l'EPISTOME non saillant.

Deux CILS APICAUX sur le dos du premier et du second segment de l'Abdomen; rangée de CILS APICAUX sur le dos du troisième.

CELLULE γ C ouverte contre le sommet de l'Aile, avec sa nervure transversale droite ou à peine sinueuse vers le sommet.

CORPS cylindriforme, à teintes noir-brillant.

ANTENNÆ usque ad Epistoma descendentes; primus articulus brevissimus; secundus bilongior primo; tertius prismaticus, bi vel trilongior secundo; CHETUM primis articulis brevibus, ultimo elongato; OCULI nudi, in utroque distantes; FRONS lata, serie ciliata simplici in ♂, duplici in ♀; FACIES verticalis, Ciliis solummodo basilaribus; PERISTOMA longius quam latius, EPISTOMATE non prominulo.

DUO CILIA APICALIA in primo secundoque segmento seriesque APICALIUM integra in tertio.

CELLULA γ C contra apicem Alæ aperta, nervo transverso recto vel minime apice sinuoso.

CORPUS cylindriforme, colore nigro-gagateo.

Ce genre, tout-à-fait remarquable par l'absence de Cils basilaires ou médians sur le deuxième et le troisième segment de l'Abdomen, a la Cellule γ C ouverte un peu avant le sommet de l'Aile.

Typus : *Blondelia pallidipalpis*, R.-D.

1213. — N° 1. Lambertia pallidipalpis, R.-D.

Blondelia pallidipalpis : Rob. Desv.-*Myod.*, p. 123, n° 3.
Metopia pallidipalpis : Macq.-*Buff.* II, p. 131, n° 31.

♂ et ♀. Frontalia nigra : Frontis lateribus fusco-cinereis ; Facies albida ; Antennæ, Pedesque nigra ; Palpi flavo-pallidi. Thorax ater, cinereo lineatus et irroratus. Abdomen nitro-gagateum incisuris albidis. Halteres subfusci : Calypta flavescentia ; Alæ limpidæ, basi subflavescente ; nervis nigris.

Long. 3-4 lignes.

Male : Frontaux noirs : côtés du Front brun-cendré ; Face argentée ; Antennes et Pattes noirs ; Palpes jaune-pâle. Corselet noir, luisant, rayé et saupoudré de cendré. Abdomen noir-jais luisant, avec les insertions albides. Balanciers ferrugineux-brun : Cuillerons blancs et un peu jaunâtres ; Ailes claires, avec la base un peu flavescente ; nervures noires.

Femelle : Tout-à-fait semblable ; un peu plus grande.

Cette espèce paraît être très-rare.

231. — III. Genre CYRILLIE.
III. *Genus CYRILLIA*, R.-D.

Blondelia : Rob. Desv.
Metopia : Macq.

Antennes descendant jusqu'à l'Epistôme. Yeux nus, distants.

ABDOMEN cylindrique ; deux CILS APICAUX sur le dos du premier segment; deux CILS BASILAIRES, deux CILS MÉDIANS, deux CILS APICAUX sur le dos du second; quatre CILS MÉDIANS, rangée de CILS APICAUX sur le dos du troisième.

CELLULE γ C ouverte avant le sommet de l'Aile, avec la nervure transversale un peu cintrée.

CORPS cylindriforme, à teintes noires.

ANTENNÆ usque ad Epistoma descendentes. OCULI nudi, distantes.

ABDOMEN cylindricum ; duo APICALIA in primo; duo BASILARIA, duo MEDIANEA, duoque APICALIA in secundo; quatuor MEDIANEA, seriesque APICALIUM integra in tertio.

CELLULA γ C ante apicem Alæ aperta, nervo transverso paululum arcuato.

CORPUS cylindriforme, colore nigro.

L'état de détérioration de notre échantillon ne nous a pas permis d'étudier les caractères antennaires, ni ceux de la Face; la disposition particulière des Cils dorsaux de l'Abdomen, la Cellule γ C franchement ouverte avant le sommet de l'Aile et sa nervure transversale un peu cintrée, suffisent pour nous indiquer un genre nouveau.

TYPUS : *Blondelia fasciata*, R.-D.

1214. — N° 1. CYRILLIA FASCIATA, R.-D.

Blondelia fasciata : Rob. Desv.-*Myod.*, p. 123, n° 4.
Metopia fasciata : Macq.-*Buff.* II, p. 132, n 33.

♀. Cylindriformis ; Frons lateribus nigro-cinereis ; Facies albida ; Antennæ, Palpi et Pedes nigra. Thorax niger, nitens, lineis tessellisque cinereo-subalbis. Abdomen nigrum, nitens, tribus fasciis albido-tessellantibus. Calypta alba ; Alæ limpidæ, basi subflavescente.

Long. 3 lignes 1/4.

FEMELLE : Cylindriforme; côtés du Front brun-cendré; Face albide; Antennes, Palpes et Pattes noirs. Corselet noir-luisant, rayé et saupoudré de cendré-blanc. Abdomen noir-luisant, avec trois fascies de reflets albides. Cuillerons blancs; Ailes claires, avec la base un peu flavescente.

Nous ne possédons qu'une Femelle de cette espèce, prise sur les fleurs de l'HERACLEUM SPONDYLIUM, L.

232. — IV. Genre PICCONIE.
IV. *Genus PICCONIA*, R.-D.

ANTENNES allongées, descendant jusqu'à l'Epistôme; le premier article court; le second double du premier pour la longueur; le troisième prismatique, quatre fois aussi long que le second; le second article du CHÈTE double du premier, le dernier paraissant nu: YEUX nus, séparés sur les deux sexes; FRONT large, avec une double rangée de Cils sur la Femelle; FACE oblique, munie de petits cils montant jusqu'au niveau du milieu des Fossettes; PÉRISTOME presque carré; EPISTOME non saillant; TROMPE membraneuse; PALPES filiformes.

ABDOMEN cylindriforme, un peu comprimé en arrière; deux CILS APICAUX sur le dos du premier segment; deux CILS BASILAIRES, deux CILS APICAUX sur le dos du second; deux CILS BASILAIRES et seulement deux CILS APICAUX sur le dos du troisième.

CELLULE γ C fermée sur le sommet de l'Aile, avec la nervure transversale droite; quatre Cils à la naissance de la CELLULE β du Rayon C.

CORPS cylindriforme; TEINTES noires obscurément bronzées.

ANTENNÆ elongatæ, ad Epistoma porrectæ, primus articulus brevis; secundus primo bilongior; tertius prismaticus, quadrilongior tertio; secundus CHETI articulus bilongior primo, ultimo nudo; OCULI nudi, in utroque distantes; FRONS lata, in ♀ Ciliis bi-seriata; FACIES obliqua, Ciliis munita nonnullis, mediam fovearum partem attingentibus; PERISTOMA vix quadratum; EPISTOMATE non prominulo; HAUSTELLUM membranaceum; PALPI filiformes.

ABDOMEN cylindriforme, retro paulo compressum; duo CILIA APICALIA in primo; duo BASILARIA duoque APICALIA in secundo tertioque Abdominis segmento.

CELLULA γ C in apice Alæ occlusa, nervo transverso recto, quatuor Cilia alarum sub basim Radii C CELLULÆ β.

CORPUS cylindriforme, colore nigro, obscure ferrugato.

Ce genre renferme un insecte qui devra par la suite devenir le type d'une tribu particulière; par la petitesse des Cils faciaux, par la forme et la terminaison de la Cellule γ C, par son Péristôme, par ses Pattes, il semble placé ici en son véritable lieu. Le nombre irrégulier de ses Cils abdominaux le rapproche de la LAMBERTIE et la longueur du deuxième article chétal le rendrait voisin des HERSILIES.

1215. — N° 1. PICCONIA BI-PARTITA, R.-D. *Sp. ined.*

♀. Frontalia nigro-velutina: Frontis lateribus Facieque cinereis; Antennæ, Palpi, Pedes nigri. Thorax cinereus, nigro lineatus. Abdomen nigrum, nitens, tessellis fusco-griseis in dorso primi secundique segmenti. Halteres flavicantes: Calypta subflavescentia; Alæ sublimpidæ, basi flavescente.

Long. 3 lignes.

FEMELLE : Frontaux noirs de velours : côtés du Front et Face cendrés; Antennes, Palpes et Pattes noirs. Corselet cendré, avec des lignes noires. Abdomen noir, avec des reflets brun-grisâtre sur les deux premiers segments. Balanciers jaunes : Cuillerons blanc-jaunâtre; Ailes claires, avec la base un peu flavescente.

Nous ne possédons qu'une Femelle de cette rare et intéressante espèce.

II. Sous-Tribu : LES PTILOPHTHALMÉES.
II. *Sub-Tribus* : *PTILOPHTHALMEÆ*, R.-D.

Antennes longues, descendant jusqu'à l'Epistôme ; le premier article court ; le second double du premier ; le troisième prismatique, au moins quatre fois double du deuxième pour la longueur ; le deuxième article du Chète un peu plus long que le premier ; le dernier article allongé et nu.

Yeux villeux et distants sur les deux sexes ; Front large sur les deux sexes, avec une rangée simple de Cils sur le Mâle ; Face plus ou moins oblique, munie d'un rangée de Cils raides et forts ; Péristome carré ; Epistome sans aucune saillie.

Abdomen cylindrique ; Cils variant dans leur nombre et leur disposition.

Pattes non allongées. Cellule γ C ouverte avant le sommet de l'Aile.

Corps cylindriforme, à teintes noires.

Antennæ elongatæ usque ad Epistoma descendentes ; primus articulus brevis ; secundus primo bilongior ; tertius prismaticus et quadrilongior secundo ; Cheti secundo articulo primo paulo longiore, ultimo articulo elongato et nudo.

Oculi villosi, in utroque distantes ; Frons in utroque lata, simplici serie in ♂ lata ; Facies plus minusve obliqua, Ciliis rigidis munita ; Peristoma quadratum, Epistomate non prominulo.

Abdomen cylindricum, Cciliis numero et dispositione variis.

Pedes non elongati. Cellula γ C ante apicem Alæ aperta.

Corpus cylindriforme, colore nigro.

Les Ptilophthalmées tiennent aux Blondélides par leurs Ailes et par la forme du Corps, mais par leurs Antennes, par leur Face plus ou moins oblique et par leurs Cils raides et forts, elles sont encore plus voisines des Mégalocérides coniventres.

I. G. GERVAISIA....	Le deuxième article des Antennes au moins moitié aussi long que le troisième; le deuxième article du Chète double du premier. Cellule γ C ouverte avant le sommet de l'Aile.
II. G. RHINOMYA....	Antennes très-longues; Yeux velus; Cils faciaux s'élevant jusqu'au niveau du milieu des Fossettes. Cellule γ C ouverte avant le sommet de l'Aile.
III. G. SPINOLIA....	Epistôme échancré. Cellule γ C fermée avant le sommet de l'Aile.
IV. G. SCHAUMIA....	Cils faciaux ne montant que jusqu'au quart des Fossettes; Epistôme non échancré; Cellule γ C pétiolée avant le sommet de l'Aile.
V. G. BELIDA	Yeux un peu moins larges. Cils à la base de la Cellule γ C.

233. — I. Genre GERVAISIE.
I. *Genus GERVAISIA*, R.-D.

Antennes descendant jusqu'à l'Epistôme ; le premier article court ; le deuxième au moins moitié aussi long que le troisième qui est prismatique ; le deuxième article du Chète double du premier ; Yeux paraissant nus, mais tomenteux à une forte loupe, distants sur les deux sexes ; Face un peu oblique, n'offrant que des Cils basilaires ; Péristome plus long que large ; Epistome non saillant ; Palpes filiformes, dépassant un peu l'Epistôme.

Abdomen cylindrico-conique ; deux Cils apicaux sur le dos du premier segment ; deux Cils médians et quatre apicaux sur le dos du deuxième ; deux Cils médians et rangée complète de Cils sur le dos du troisième.

CELLULE γ C ouverte avant le sommet de l'Aile, avec sa nervure transversale droite.

CORPS cylindrique, avec des teintes noires.

L'espèce observée vit dans la chenille du FIDONIA PINIARIA, L.

ANTENNÆ ad Epistoma porrectæ; primo articulo brevi, secundo fere longitudine tertii prismatici; CHETI secundus articulus primo saltem bilongior; OCULI distantes in utroque sexu, ad lentem tomentosuli; FRONS lata in utroque sexu; FACIES subobliqua, Ciliis solum basilaribus; PERISTOMA magis longum quam latum, EPISTOMATE haud prominulo; PALPI filiformes; EPISTOMA paulisper excedentes.

ABDOMEN cylindrico-conicum; duo CILIA APICALIA in dorso primi segmenti; duo MEDIANEA et quatuor APICALIA in dorso secundi; duo MEDIANEA seriesque APICALIUM integra in dorso tertii.

CELLULA γ C aperta ante apicem Alarum, nervo transverso recto.

CORPUS cylindriforme, nigrum.

Ce genre se distinge de prime abord parmi les BLONDÉLIDES par la longueur du deuxième article des Antennes et du deuxième article du Chète; la Cellule γ C, largement ouverte avant le sommet de l'Aile, est encore un bon caractère.

TYPUS : *Tachina piniariæ*, Hartig.

1216. — N° 1. GERVAISIA PINIARIÆ, Hartig.

Tachina piniariæ : Hartig.-P. 283, n° 10.

♂. Antennæ nigræ; Frontalia nigra; Frontis lateribus nigro-subcinereis; Facies fusco-cinerea; Palpi fusci. Thorax niger, cinereo-albicante lineatus et irroratus. Abdomen atrum, nitens, tribus fasciis albicantibus, tessellantibus. Halteres fusco-æruginosi : Calypta albo-subflavescentia; Alæ limpidæ, basi subflavescente.

Long. 3 lignes.

MALE : Antennes et Frontaux noirs ; côtés du Front noir-cendré ; Face brun-cendré ; Palpes noirs. Corselet noir, rayé et arrosé de blanc-cendré. Abdomen noir, luisant, avec trois fascies de reflets blanchâtres. Balanciers brun-rouillé : Cuillerons blanc-jaunâtre ; Ailes claires, avec la base légèrement flavescente.

M. Hartig a obtenu cette espèce de la chrysalide du FIDONIA PINIARIA, L.

234. — II. Genre RHINOMYE (1).
II. *Genus RHINOMYA*, R.-D.

Rhinomya : Rob. Desv.,-*Myod.*, p. 123, n° 1.
Metopia : Macq.-*Buff.* II, p. 122.

ANTENNES descendant jusqu'à l'Epistôme ; le premier article très-court ; le second double du premier ; le troisième prismatique, triple ou quadruple du second pour la longueur ; le deuxième article du CHÈTE double du premier ; YEUX velus à la loupe, distants sur les deux sexes ; FACE un peu oblique, avec des Cils raides qui ne s'élèvent que jusqu'au niveau du milieu des Fossettes ; PÉRISTOME carré ; EPISTOME offrant un léger rebord en saillie circulaire.

ABDOMEN cylindrico-conique ; deux CILS APICAUX sur le dos du premier segment ; deux CILS BASILAIRES, deux CILS MÉDIANS et demi-rangée de CILS APICAUX sur le second segment ; deux CILS BASILAIRES, deux CILS MÉDIANS et rangée complète de CILS APICAUX sur le dos du troisième.

---

(1) Il faut noter en passant que le même nom de Rhinomye (μυῖα, *mouche*, ῥίν, bec) a été appliqué par MM. Is. Geoffroy-Saint-Hilaire et Al. d'Orbigny à une espèce d'oiseau de l'ordre des Passereaux.

PATTES non allongées; CELLULE γ C ouverte contre le sommet de l'Aile et parfois fermée dans la nervure costale, avec sa nervure transversale droite.

CORPS cylindriforme, à teintes d'un noir-âtre.

La science doit à M. le docteur Lambert la connaissance des habitudes des Larves qui vivent dans le corps de COLÉOPTÈRES PHYTOPHAGES.

ANTENNÆ usque ad Epistoma descendentes; primus articulus brevissimus; secundus bilongior primo; tertius prismaticus, tri vel quadrilongior secundo; CHETI secundus articulus bilongior primo; OCULI sub lentem villosi, in utroque distantes; FRONS in utroque lata; FACIES subobliqua, Ciliis rigidis mediam fovearum partem vix attingentibus; PERISTOMA quadratum, EPISTOMATE leviter prominulo et semi-circulari.

ABDOMEN cylindrico-conicum; duo CILIA APICALIA in primo; duo BASILARIA, duo MEDIANEA quatuorque APICALIA in secundo; duo BASILARIA duo MEDIANEA seriesque APICALIUM integra in tertio segmento.

PEDES non elongati; CELLULA γ C contra apicem Alæ aperta, vel in nervo costali occlusa, nervo transverso recto.

CORPUS cylindriforme, colore atro.

Les RHINOMYES, par leurs longues Antennes, par leurs Cils faciaux, par leurs Yeux velus et par la Cellule γ C ouverte contre le sommet de l'Aile, appartiennent nécessairement à la tribu des PTILOPHTHALMÉES.

TYPUS : *Rhinomya Lamberti*, R.-D.

1217. — N° 1. RHINOMYA GAGATEA, R.-D.

Rhinomya gagatea : Rob. Desv.-*Myod.*, p. 124, n° 1.
Metopia gagatea : Macq.-*Buff.* II, p. 132, n° 36.

Comme nous n'avons plus sous les yeux l'individu qui

servit à la description primitive, nous sommes obligé de copier le texte ancien.

« Cylindrica, nigro-nitida; Facies alba; Abdomen albide tessel-« latum. »

« Long. 3 lignes 1/2.

« Forme et port du *Blondelia nitida;* Epistôme un peu « en bec; Corps d'un beau noir-luisant; Face et côtés du « Front blancs. Des reflets blancs à l'incision des segments « abdominaux. Cuillerons blancs. Ailes un peu sales.

« Cet individu unique fait partie de la collection de M. de « Saint-Fargeau; il est de Paris. »

M. Macquart, qui a étudié cet insecte, lui a trouvé les Yeux velus (*Buff.* II, p. 132).

1218. — N° 2. Rhinomya Lamberti, R.-D.

Rhinomya Lamberti : Rob. Desv.-*Ann. de la Soc. entom.*, 2e série, t. IX, 1851, 1er trim.

♂. Totus ater, nitens; Frons lateribus et Facies cinereo-albido tessellantes. Thorax subcinerascente lineatus et irroratus. Halteres flavescentes : Calypta albo-flavescentia; Alæ claræ, nervis fuscis.

Long. 3 lignes 1/4.

Male : Frontaux noirs de velours : côtés du Front et Face noirs, mais garnis de reflets cendré-blanc; Antennes, Palpes, Trompe et Pattes noirs. Corselet noir-âtre, luisant, légèrement rayé et glacé de cendré. Abdomen noir, âtre, luisant et paraissant n'offrir aucun reflet cendré. Balanciers jaunâtres : Cuillerons blanc-jaunâtre; Ailes claires, à nervures brunes. Il est certain que les Yeux sont villeux à la loupe.

M. Lambert a recueilli plusieurs individus de cette espèce éclos dans une boîte où il avait renfermé un certain nombre d'individus du CHRYSOMELA GRAMINIS, Linn.

235. — III. Genre SPINOLIE.
III. *Genus SPINOLIA*, R.-D.

Caractères du genre RHINOMYA ; le premier article des ANTENNES court ; le deuxième double du premier pour la longueur ; le troisième prismatique, au moins double du deuxième pour la longueur ; les deux premiers articles du CHÈTE courts ; le troisième paraît nu ; YEUX tomenteux à une forte loupe, distants sur les deux sexes ; FRONT large sur les deux sexes ; FACE presque verticale ; CILS FACIAUX ne s'élevant que jusqu'au tiers des Fossettes ; PÉRISTOME plus long que large ; EPISTOME non saillant, mais échancré ; PALPES filiformes, dépassant à peine l'Epistôme.

ABDOMEN cylindrico-conique ; deux CILS APICAUX sur le premier segment ; deux MÉDIANS et deux APICAUX sur le second ; deux MÉDIANS et rangée d'APICAUX sur le troisième.

PATTES non allongées ; les articles des TARSES légèrement en carré allongé.

CELLULE 7 C fermée avant le sommet de l'Aile, avec sa nervure transversale droite.

CORPS cylindriforme, avec les teintes noires.

ANTENNÆ primo articulo brevissimo ; secundo bilongiore ; tertio saltem trilongiore, prismatico : CHETUM primis articulis brevissimis ; OCULI ad lentem tomentosuli, in utroque sexu distantes ; FRONS in utroque lata ; FACIES subverticalis ; FACIALIBUS subrigidis, ad tertiam Fossularum partem adscendentibus ; PERISTOMA longius quam latius, EPISTOMATE emarginato, concavo, haud prominulo ; PALPI filiformes, Peristoma vix excedentes.

ABDOMEN cylindrico conicum : duobus CILIIS APICALIBUS in primo segmento ; duobus CILIIS MEDIANEIS, duobusque APICALIBUS in secundo ; duobus CILIIS MEDIANEIS serieque Apicalium integra in tertio.

PEDES non elongati, Tarsorum articulis subquadratis. CELLULA γ C occlusa ante apicem Alarum nervoque transverso recto.

L'espèce connue est éclose des chrysalides des LOPHYRUS ABIETIS, PINI et VARIEGATUS, Fab..

Ce genre, voisin du G. RHINOMYE, diffère essentiellement des autres genres voisins par son Epistôme échancré et par la Cellule γ C qui est fermée et non ouverte avant le sommet de l'Aile.

1219. — N° 1. SPINOLIA INCLUSA, Hartig.

Tachina inclusa : Hartig.-P. 285, n° 12.

♀. Antennæ nigræ ; Frontalia fulva : Frontis lateribus, Facieque fusco-cinereis ; Palpi pallide flavi. Thorax gagateus, cinereo sublineatus. Abdomen gagateum, nitens, tribus fasciis transversis albido-cinereo tessellantibus. Pedes nigri. Halteres Calyptaque flavescentia ; Alæ limpidæ, basi subobscura.

Long. 3 lignes.

FEMELLE : Antennes noires ; Frontaux rouges ; côtés du Front et Face noir-cendré ; Epistôme cendré-pâle ; Palpes pâle-jaunâtre. Corselet noir-âtre luisant, avec des lignes d'un brun cendré. Abdomen noir-âtre luisant, avec trois bandes transversales de reflets blanc-cendré. Pattes noires. Balanciers et Cuillerons jaunâtres ; Ailes claires, avec la base un peu obscure.

M. Hartig a obtenu cette espèce des chrysalides des LOPHYRUS VARIEGATUS, ABIETIS et PINI, Fabr. (TENTHRÉDINÈTES).

236. — IV. Genre SCHAUMIE.
IV. *Genus SCHAUMIA,* R.-D.

Caractères des RHINOMYES et des SPINOLIES; ANTENNES descendant jusqu'à l'Epistôme ; le premier article très-court; le deuxième double du premier pour la longueur; le troisième prismatique et triple du deuxième; premiers articles du CHÈTE très-courts; YEUX tomenteux, distants sur les deux sexes; FRONT assez large; FACE presque verticale; FACIAUX assez raides, ne montant qu'au quart des Fossettes; PÉRISTOME un peu plus long que large; EPISTOME non saillant, non échancré; PALPES filiformes, ne dépassant point l'Epistôme.

ABDOMEN cylindrico-conique; deux CILS APICAUX sur le dos du premier segment; deux CILS BASILAIRES, peut-être deux CILS MÉDIANS et deux CILS APICAUX sur le dos du second; plusieurs CILS MÉDIANS et rangée de CILS APICAUX sur le dos du troisième.

PATTES non allongées; articles des TARSES en carré long; CELLULE γ C pétiolée avant le sommet de l'Aile, avec sa nervure transversale droite.

CORPS cylindrico-conique, avec les teintes noires.

ANTENNÆ ad Epistoma porrectæ; primo articulo brevissimo; secundo bilongiore; tertio prismatico, longitudine saltem triplici secundi; CHETUM primis articulis brevibus; OCULI tomentosi, in utroque sexu distantes; FRONS lata; FACIES subobliqua; CILIIS FACIALIBUS subrigidis, ad quartam tantum partem Fossularum adscendentibus; PERISTOMA magis elongatum quam latum; EPISTOMATE verticali, haud prominulo, haud inciso; PALPI filiformes, non ultra Epistoma porrecti.

ABDOMEN cylindrico-conicum; duobus CILIIS APICALIBUS in primo; duobus BASILARIBUS, duobus MEDIANEIS, duobus APICALIBUS in secundo; nonnulla CILIA MEDIANEA seriesque CILIORUM APICALIUM in tertio. PEDES non elongati; TARSORUM articulis subquadratis. CELLULA γ C petiolata ante apicem Alæ, nervo transverso recto.

Ce genre diffère de ses congénères par la Cellule γ C pétiolée avant le sommet de l'Aile. L'Epistôme n'est pas échancré comme sur les SPINOLIES ; les Cils faciaux ne montent que jusqu'au quart des Fossettes.

L'espèce observée est Tenthrédinophage.

1220. — N° 1. SCHAUMIA BI-MACULATA, Hart.

Tachina bi-maculata : Hartig.-P. 286, n° 13.

♂. Antennæ nigræ; Frontalia nigra : Frontis lateribus nigro-cinerascentibus; Facies albido-cinerea; Palpi subflavi. Thorax ater, nitens, cinereo vix lineatus. Abdomen atrum, nitens, triplici fascia transverso cinereo tessellante; macula fulva in lateribus secundi segmenti. Pedes nigri. Halteres subflavi : Calypta sublimpida, vix flavedine lavata; Alæ sublimpidæ, basi subobscura.

Long. 3 lignes.

MALE : Antennes et Chète noirs; Frontaux noirs : côtés du Front noirs, à peine lavés de cendré; Face cendré-blanchâtre; Palpes jaunes. Corselet noir-luisant, avec des lignes obscurément cendrées. Abdomen noir de poix luisant, avec trois fascies transverses de reflets cendrés; une petite tache fauve sur les côtés du deuxième segment. Pattes noires. Balanciers flavescents : Cuillerons blanchâtres et légèrement lavés de flavescent; Ailes assez claires, avec la base un peu obscure.

M. Hartig a obtenu cette espèce des chrysalides des LOPHYRUS RUFUS et PINI, Fabr. C'est à tort que ce naturaliste la rapporte au *Tachina bi-maculata* qui a les Cuillerons bruns et qui d'ailleurs appartient à une autre section.

237. — V. Genre BELIDE.
V. *Genus BELIDA*, R.-D.

Yeux un peu moins larges. Quatre à cinq Cils faciaux. Epine costale ou marginale bien développée, assez longue; quatre petits Cils à la base de la Cellule γ C dont la nervure transversale est droite ou presque droite.

Oculi latitudine magis exigui; quatuor vel quinque Cilia facialia. Spina costalis ampla et elongata; Cellula γ C quatuor Ciliis minimis ornata, ante apicem Alæ aperta, nervo transverso recto vel fere recto.

1221. — No 1. Belida flavipalpis, R.-D. *Sp. ined.*

♂. Nigra, nitida, cinereo-albido irrorata, lineata et tessellata. Palpi majori parte flavi. Halteres infuscati; Alæ hyalinæ, basi vix flavescente.

Long. 3 lignes.

Male : Frontaux noirs : côtés du Front noir-cendré; Face argentée; Antennes et Chète noirs; majeure partie des Palpes jaune. Corselet noir-luisant, avec les reflets et les lignes d'un cendré-albide. Abdomen noir-luisant, avec trois fascies de reflets cendré-albide. Pattes noires. Balanciers bruns : Cuillerons blancs; Ailes hyalines, avec la base à peine flavescente.

Je ne connais qu'un Mâle de cette espèce pris en Juillet.

IV. Tribu : LES PHYTIDES.
IV. *Tribus : PHYTIDÆ*, R.-D.

Dans l'ordre naturel, les Phytides doivent suivre les Macquartides; comme nous ignorons absolument les mœurs des

Larves, il y a nécessité pour nous de suspendre notre jugement. Une foule d'autres caractères les rapproche des races CARABOPHAGES. Mais n'y a-t-il pas d'autres insectes que les Lépidoptères, les Coléoptères, les Hyménoptères et les Hémiptères qui puissent nourrir les Entomobies?

Les PHYTIDES ne se composant encore que d'un genre, les caractères de la tribu sont ceux du genre.

238. — I. Genre PHYTE.
I. *Genus PHYTO*, R.-D.

Ptilocera : Macq., *Buff.* II, p. 169.
Phyto : Rob. Desv., *Myod.* p. 218.
Tachina : Meig.

ANTENNES courtes, ne descendant pas jusqu'à l'Epistôme; le premier article très-court; le second article ongulé sur le dos et de la longueur du troisième qui est prismatique; premiers articles du CHÈTE courts; le dernier tomenteux à la loupe; YEUX nus et distants sur les deux sexes; FRONT oblique, en carré long sur les deux sexes; FACE peu élevée, comprimée sur les médians, avec des Cils peu développés et qui montent au niveau du milieu des Fossettes; PÉRISTOME un peu plus long que large; EPISTOME coupé obliquement et débordant sur la Face; deux PALPES LABIAUX parfois manifestes; PALPES MAXILLAIRES ne dépassant point l'Epistôme.

ABDOMEN cylindriforme sur le Mâle, cylindrico-déprimé sur la Femelle. Sur le Mâle, une rangée presque complète de CILS APICAUX sur le dos du premier segment; deux CILS BASILAIRES, deux CILS APICAUX sur le second; deux CILS BASILAIRES et rangée d'APICAUX sur le dos du troisième; sur la Femelle, point de CILS APICAUX sur le dos du premier segment; deux

BASILAIRES et deux APICAUX sur le dos du second ; deux BASILAIRES et rangée d'APICAUX sur le dos du troisième.

PATTES postérieures paraissant un peu plus allongées que les autres ; CELLULE rarement fermée et presque toujours à pétiole plus ou moins court contre le sommet de l'Aile, avec la nervure transversale droite ou presque droite.

CORPS cylindriforme, à teintes noires, avec du cendré, du gris-cendré.

ANTENNÆ breves non usque ad Epistoma porrectæ ; primus articulus brevissimus, secundus unguiculatus, tertio prismatico, longitudine æquus ; CHETUM primis articulis brevibus, ultimo sub lentem tomentoso.

OCULI nudi, in utroque distantes ; FRONS obliqua, in utroque quadrata ; FACIES paululo elevata, in Medianeis compressa ; Ciliis minimis mediam Fovearum partem attingentibus ; PERISTOMA longius quam latius, EPISTOMATE oblique truncato, Faciemque paulo excedente ; PALPIS LABIALIBUS sæpe manifestis ; PALPISQUE MAXILLARIBUS non Epistoma excedentibus,

ABDOMEN in ♂ cylindriforme, in ♀ cylindrico-depressum ; in ♂ : series fere APICALIUM integra in primo segmento ; duo BASILARIA, duoque APICALIA in secundo ; duo BASILARIA seriesque APICALIUM integra in tertio ; in ♀ : Cilia in primo segmento nulla ; duo BASILARIA, duoque APICALIA in secundo ; duo BASILARIA seriesque APICALIUM integra in tertio.

PEDES postice magis elongati ; CELLULA rarum occlusa, sæpius plus minusve petiolata in apice Alarum, nervo transverso vel recto vel vix recto.

CORPUS cylindriforme, colore nigro, nigro-cinereo, griseo-cinereo.

La brièveté des Antennes, le second article ongulé, le Chète tomenteux, le Front tombant obliquement sur la Face qu'il écrase et rétrécit, enfin la compression des médians et l'Epistôme débordant la Face, donnent aux insectes de cette section un aspect qui nous avait frappé dès l'origine de nos études.

TYPUS : *Tachina melanocephala*, Meig.

1222. — N° 1. PHYTO MELANOCEPHALA, Meig.

♂ *Phyto prompta :*	Rob. Desv.-*Myod.*, p. 219, n° 4.
♀ *Tachina melanocephala :*	Meig.-T. IV, n° 73.
Phyto nigra :	Rob. Desv.-*Myod.*, n° 1.
— *palpalis :*	Rob. Desv.-*Myod.*, n° 3.
Ptilocera melanocephala :	Macq.-*Buff.* II, p. 170, n° 1.
— *nigra :*	Macq.-*Buff.* II, n° 2.

♂. Frontalia atro-velutina : Frontis lateribus nigro vix cinerascentibus, Facieque nigro-cinerea ; Antennæ Pedesque nigra ; Palpi flavo-fulvescentes. Thorax niger, cinereo aut cinereo-grisescente lineatus et adspersus. Abdomen cinereum aut cinereo-grisescens, vitta dorso longitudinali, tribusque vittis transversis in incisuris segmentorum nigris. Halteres ferrugati : Calypta flava aut subflava ; Alæ disco subflavescentes, basi sordidiuscule flava.

♀. Nigra, nitida ; Frontalia atro-velutina : Frontis lateribus nigro-subcinereis ; Facies fusco-cinerea ; Antennæ et Pedes nigra ; Palpi flavo-fulvescentes. Thorax cinereo-submicante lineatus et adspersus. Abdomen duabus fasciolis cinereis, medio interruptis. Halteres flavo-ferrugati : Calypta flava ; Alæ disco subflavescentes, basi flava.

Long. 3-5 lignes.

MALE : Frontaux noir de velours : côtés du Front noirs à peine cendrés ; Antennes et Pattes noirs ; Palpes jaune-fauve. Corselet noir, à lignes et à duvet cendrés. Abdomen garni d'un duvet cendré, avec une ligne dorso-longitudinale et trois transversales sur les insertions segmentaires noires. Balanciers ferrugineux : Cuillerons jaunes ou jaunâtres ; Ailes à disque légèrement flavescent, avec la base jaunâtre sale. Souvent le cendré du Corps passe au cendré-grisâtre. Les Palpes peuvent aussi n'être testacés qu'au sommet.

FEMELLE : Côtés du Front noir-cendré ; Face noir-albide ; Antennes et Pattes noires ; Palpes jaune-fauve. Corselet noir-luisant, rayé et glacé de cendré. Abdomen noir, luisant, avec deux légères fascies de reflets cendrés interrompues dans leur milieu. Balanciers jaune-ferrugineux : Cuillerons jaunes ; Ailes à disque légèrement flavescent, avec la base jaune ou jaunâtre.

Cette espèce est commune sur les feuilles des haies, des bois, et sur les fleurs des OMBELLIFÈRES. Les deux sexes offrent de notables différences dans la taille des individus.

Nous avons la certitude que la Femelle est le véritable *Tachina melanocephala* de Meigen et le véritable *Ptilocera melanocephala* de Macquart ; ces deux auteurs n'ont connu et décrit que ce sexe.

Quant au Mâle, notre *Phyto prompta*, il nous a été impossible de le reconnaître dans les écrits des Entomologistes, résultat qui a dû nous surprendre, parce que ses individus sont communs ; peut-être l'a-t-on placé dans quelque section des MUSCIDES ?

Le *Tachina parvicornis* (Meig., n° 75) semblerait s'en rapprocher ; mais, outre qu'il a les Palpes noirs, Meigen déclare travailler sur les deux sexes.

Un autre fait digne de remarque, c'est que Zetterstedt ne mentionne ni le Mâle ni la Femelle. Cette espèce aurait donc des limites qu'il ne lui serait pas permis de franchir entièrement sur le nord de l'Europe ?

1223. — N° 2. PHYTO GAGATEA, R.-D. *Sp. ined.*

♀. Tota atra, gagatea, nitida ; Frontalia atro-velutina : Frontis lateribus atris ; Facies atra, subalbida : Antennæ et Pedes atra ; Palpi subflavi, Thorax lineis vix conspicuis, cinereo-fusco obscurioribus. Calypta brunicosa ; Alæ obscure brunescentes.

Long. 2 lignes 1/2.

FEMELLE : Tout le Corps noir-jais-luisant ; Frontaux noir de velours : côtés du Front noirs ; Face noir-albide, avec les

Médians non développés ; Antennes et Pattes noires ; Palpes flavescents. Sur le Corselet, quelques lignes à peine distinctes d'un cendré-brun-obscur. Balanciers jaunes : Cuillerons brunâtres ; Ailes obscurément brunâtres.

Nous ne possédons qu'une Femelle de cette rare espèce.

1224. — N° 3. PHYTO NIGRO-GRISESCENS, R.-D.

Phyto nigro-grisescens : Rob. Desv.-*Myod.*, p. 219, n° 2.

♀. Simillima PH. MELANOCEPHALÆ ; Facies medianeis minus latis minusque compressis. Thorax tomento densiore et griseo, non cinereo nec cinereo-grisescente.

Long. 3 lignes 1/4.

MALE : Tout-à-fait semblable au *Ph. melanocephala* ; le duvet du Corps, au lieu d'être cendré ou cendré-grisâtre, est gris et plus épais. Face noire, avec les Médians moins comprimés et moins développés.

Nous ne possédons plus qu'un Mâle de cette espèce.

1225. = N° 4. ✱ PHYTO PETIOLATA, R.-D. *Sp. ined.*

♀. Atra, nitida, cinereo lineata. Palpi apice ferrugato. Alæ limpidæ, basi nigredine sublavata, nervis atris.

Long. 4 1/4-4 lignes 1/2.

FEMELLE : Frontaux noir de velours : côtés du Front noirs et légèrement cendrés ; Face d'un brun-albicant, derrière de la Tête brun-cendré ; Antennes et Trompe noires ; Palpes noirs, avec le sommet rougeâtre. Corselet noir-luisant, saupoudré et rayé de cendré-luisant. Abdomen noir-luisant, n'offrant que quelques reflets d'un cendré-obscur. Pattes noires. Balanciers d'un brun-ferrugineux : Cuillerons blanc-jaunâtre ; Ailes claires, un peu lavées de noirâtre à la base, avec les nervures d'un noir-âtre.

Nous avons pris cette espèce méridionale à SAINT-HOSPICE et sur les collines de MENTON, au mois de Mars.

V. Tribu : LES LABIDELLIDES.
V. *Tribus : LABIDELLIDÆ*, R.-D.

Dufouridæ : Rob. Desv.-*Myod.*, p. 252.

ANTENNES assez courtes, n'atteignant pas ordinairement l'Epistôme; le premier article très-court : le second un peu plus court ou presque aussi long que le troisième qui est prismatique ; CHÈTE peu allongé ; premiers articles très-courts ; le troisième tomenteux à la loupe.

YEUX nus, tantôt éloignés, tantôt rapprochés, tantôt presque contigus sur le Mâle ; FRONT large sur les Femelles, avec une simple rangée de Cils sur le Mâle et une double rangée sur la Femelle ; FACE peu élevée, presque verticale, non ciligère ; PÉRISTOME plus long que large ; EPISTOME parfois légèrement en saillie ; seconde division de la TROMPE en partie solide.

Le premier segment de l'ABDOMEN au moins aussi développé que les suivants ; les CILS DORSAUX varient pour le nombre et la disposition, mais les CILS APICAUX tendent à former et forment une rangée complète sur chaque segment. ANUS de la Femelle terminé par une pince saillante formée par la réunion des deux crochets sur une ligne horizontale.

CUILLERONS très-larges ; CELLULE γ C des Ailes apicale ou presque apicale, ouverte, fermée, pétiolée.

CORPS cylindriforme, à teintes noires.

ANTENNÆ breves, sæpius non Epistoma attingentes ; primus articulus brevissimus ; secundus leviter brevior vel fere longitudine æquus tertio prismatico ; CHETUM paulo elongatum ; primis articulis brevissimis, tertio sub lentem tomentoso,

OCULI nudi vel distantes vel approximati aut in ♂ quasi contigui ;

FRONS in ♀ lata cum serie Ciliorum simplici in ♂, duplici in ♀; FACIES paulo elevata, fere verticalis, non ciligera; PERISTOMA longius quam latius, EPISTOMATE aliquando leviter prominulo, HAUSTELLIQUE secunda divisione partim solida.

ABDOMEN primo segmento amplitudine æquo; CILIA DORSALIA numero et dispositione varia; CILIA APICALIA serie integra in segmentis disposita. ANUS in ♀ forcipe terminatus prominula.

CALYPTA ampla; CELLULA γ C apicalis vel fere apicalis, aperta, occlusa vel petiolata.

CORPUS cylindriforme, colore nigro; LARVÆ ignotæ.

Nous avions d'abord placé les insectes de cette section dans notre tribu des DUFOURIDES ; mais la grande prépondérance des Cuillerons et la disposition des Cils apicaux sur les segments de l'Abdomen, enfin la pince saillante que les crochets font à l'Anus de la Femelle, nous indiquent qu'ils forment une tribu spéciale que nous n'hésitons pas à établir. On les reconnait aussitôt à l'aspect des organes que nous venons d'indiquer et il est impossible de les confondre avec aucune autre Entomobie connue.

La pince anale rappelle exactement celle de la FORFICULÉ ou Perce-Oreille.

Nous ignorons complétement les mœurs des Larves; l'analogie nous porte à les placer parmi les CARABOPHAGES, mais elles peuvent affecter d'autres habitudes; il sera toujours très-facile de les détacher de la section actuelle pour en constituer une section particulière.

Ces insectes ont en général le port et la taille des véritables mouches. Ils ont le vol rapide et ils fuient à la première apparence du danger. On les prend en Eté et au commencement de l'Automne sur les fleurs des OMBELLIFÈRES et des CORYMBIFÈRES. Les Femelles sont beaucoup plus rares que les Mâles.

I. G. DIONÆA	Cellule γ C ouverte dans le sommet de l'Aile ; Front élargi sur le Mâle.
II. G. PHANEMYA. ...	Front étroit sur le Mâle.
III. G. CALYPTIA.....	Cellule γ C de l'Aile fermée. Yeux presque contigus sur le Mâle.
IV. G. CLELIA.......	Cellule γ C de l'Aile pétiolée.

339. — I. Genre DIONÉE (1).
I. *Genus DIONÆA*, R.-D.

Dionæa : Rob.-Desv., *Myod.*, p. 253.
Cassidaemyia : Macq., *Buff.* II, p. 162.
Labidigaster : Macq.-Meig.

Antennes assez courtes ; le premier article très-court; le second légèrement onguiculé sur le dos ; le troisième un peu plus long que le second ; premiers articles du Chète très-courts ; le troisième tomenteux à la loupe ; Yeux nus, distants sur les deux sexes, plus rapprochés sur les Mâles ; Front large sur les deux sexes, plus large sur la Femelle, avec une simple rangée de Cils sur le Mâle et une double rangée sur la Femelle ; Face un peu verticale, sans Cils raides ; Péristome plus long que large ; Epistome non saillant.

Une rangée complète de Cils apicaux sur les trois premiers segments. Squame inférieure des Cuillerons très-large ; Cellule γ C ouverte contre le sommet de l'Aile, avec sa nervure transversale droite. Il y a prédominance du premier segment de l'Abdomen.

Corps cylindriforme, cylindrico-arrondi, à teintes d'un

Sous le nom de Dionea et non Dionæa il existe un genre botanique de la Famille des Droséracées, genre créé par Ellis (*Nov. Act. Ups.*, I. 98, p. 8.)

noir-brillant. La Femelle est armée au bout de l'Anus de deux crochets qui se joignent ensemble en formant une sorte de tenaille.

ANTENNÆ breves; primus articulus brevissimus; secundus dorso leviter unguiculato; tertius secundo paulo longior; CHETUM primis articulis brevissimis tertio sub lentem tomentoso; OCULI nudi, in utroque distantes, in ♂ magis approximati; FRONS in utroque sexu lata, in ♀ magis lata, cum serie Ciliorum duplici in ♀, simplici in ♂. FACIES paululo verticalis, Ciliis rigidis nullis; PERISTOMA longius quam latius, EPISTOMATE non prominulo.

Cilia apicalia serie plus minusve integra in tribus primis segmentis disposita.

CALYPTORUM squama inferior maxime lata; CELLULA γ C contra apicem Alarum aperta, nervo transverso plus minusve recto.

CORPUS cylindriforme, cylindrico-rotundatum, colore nigro-gagateo.

La Cellule γ C ouverte et l'espèce de ciseau ou de tenaille qu'on observe au bout de l'Anus de la Femelle assurent deux solides caractères à ce genre.

TYPUS : *Dionæa lineata*, R.-D.

1226. — N° 1. DIONÆA FORCIPATA, Meig.

Tachina forcipata :	Meig.-T. IV, n° 59.
Labigaster forcipata :	Macq.-*Dipt. du Nord*, n° 1, p. 109.
Cassidaemyia forcipata :	Macq.-*Buff.* II, n° 8.
— —	Meig.-T. VII, n° 1.

♂. Frontalia nigra : Frontis lateribus nigro-subcinereis; Facies nigro-cinerea; Antennæ, Palpi, Pedes nigra. Thorax ater, nitens, cinereo-cærulescente obscure lineatus. Abdomen atrum, nitens. Halteres obscure ferruginei; Alæ disco subflavescentes, basi subflavescente.

♀. Frontalia, Antennæ, Palpi, Pedes atra ; Frontis lateribus nigro-albidis; Facies albida. Thorax ater, nitens, lineis obscure cinereo-cærulescentibus. Abdomen atrum, nitidum duabus fasciis cinereo-cærulescentibus. Halteres fusci : Calypta albo-flavescentia; Alæ limpidæ, basi flavescente.

Long. 3-4 lignes.

MALE : Frontaux noirs : côtés du Front noirs et obscurément cendrés; Face d'un noir-albide; Antennes, Palpes et Pattes noirs. Corselet noir, luisant, obscurément rayé de cendré-bleuâtre. Abdomen noir-luisant. Balanciers d'un ferrugineux-obscur : Cuillerons blancs; Ailes légèrement lavées de flavescent et flavescentes à la base.

FEMELLE : Frontaux, Antennes, Palpes et Pattes noirs; côtés du Front noir-albide; Face albide. Balanciers bruns : Cuillerons blanc-jaunâtre; Ailes assez claires, avec la base flavescentes.

On prend cette espèce en Eté sur les fleurs des OMBELLIFÈRES. Nous ne la connaissions pas à l'époque de notre premier travail.

1227. — N° 2. DIONÆA LINEATA, R.-D.

Dionæa forcipata : Rob. Desv.-*Myod.*, n° 1, p. 253.

♂. Frontalia nigra : Frontis lateribus, Facieque aureis aut cinereo-subaureis; Antennæ, Palpi, Pedes atra. Thorax nigro-cæsius, lineis valde cinereis. Abdomen nigro-cæsium, tribus fasciis latioribus tessellorum cinereorum. Halteres fusco-obscuri : Calypta absolute alba; Alæ limpidæ, basi rarius flavescente.

♀. Similis; Frons lateribus, Faciesque cinereo-albida. Abdomen duabus fasciolis dorsalibus subalbidis.

Long. 3 1/2-4 lignes.

MALE : Frontaux noirs : côtés du Front dorés ou cendré-doré; Face dorée ou cendré-doré; Antennes, Palpes et Pattes noirs. Corselet noir de pruneau luisant et fortement rayé de cendré. Abdomen noir de pruneau luisant, avec trois larges bandes de reflets cendrés. Balanciers bruns : Cuillerons entièrement blancs ; Ailes claires, avec la base rarement flavescente.

Femelle : Semblable; côtés du Front et Face blancs. Deux fascies d'un cendré-obscur sur l'Abdomen.

Cette espèce n'est pas commune; on la prend sur les Ombellifères.

1228. — N° 3. Dionæa aurulans, R.-D.

Dionæa aurulans : Rob. Desv.-*Myod.*, n° 2.

♂. Omnino similis Dion. lineatæ; at Thoracis lineis, Abdominisque tessellis cinereo-subaureis, sæpius macula laterali fulvescente secundi tertiique segmenti. Calyptis flavescentibus.

Long. 3 lignes 1/2.

Male : Tout-à-fait semblable au *Dion. lineata;* mais les lignes du Corselet et les reflets de l'Abdomen sont flavescents; le plus souvent aussi une tache fauve sur les côtés du deuxième et du troisième segment. Cuillerons jaunâtres.

Ce n'est peut-être qu'une variété du *Dionæa lineata.*

1229. — N° 4. Dionæa binotata, R.-D. *Sp. ined.*

♂. Frontalia, Frontis lateres, Antennæ, Palpi, Pedes atra Thorax niger, nitens, lineis cinereo-cærulescentibus obscuris. Abdomen nigrum, nitens, tribus fasciis cinereo-cærulescentibus aut cinereo-grisescentibus, maculaque laterali secundi segmenti subfulva. Halteres fusco-ferruginei : Calypta flavescentia; Alæ basi flava, disco flavedine lavato.

♀. Similis; Abdomen duabus fasciis latioribus cinereo-cærulescentibus secundique segmenti lateribus fulvo haud maculatis.

Long. 5 lignes.

Male : Frontaux, côtés du Front, Antennes, Palpes et Pattes noirs; Face noir-albide. Corselet noir-luisant, légèrement rayé de cendré-bleuâtre. Abdomen noir-luisant, avec trois larges fascies de reflets cendré-bleuâtre et parfois cendré-grisâtre; une tache fauve-obscur sur les côtés du deuxième segment. Balanciers brun-ferrugineux : Cuillerons jaunâtres; Ailes lavées de flavescent.

Femelle : Semblable au Mâle; deux fascies assez larges d'un cendré-bleuâtre sur le dos de l'Abdomen qui n'offre pas de tache fauve sur les côtés du deuxième segment.

On trouve cette espèce sur les fleurs en Eté et en Automne; on la distingue surtout à ses lignes et reflets cendré-bleuâtre et non cendré-grisâtre.

1230. — N° 5. Dionæa flavisquamis, R. D. *Sp. ined.*

♂. Frontalia nigra : Frontis lateribus atro-cinereis ; Facie argentea ; Antennæ, Pedesque atri; Palpi nigri, apice testaceo. Thorax niger, nitens, cinereo subirroratus. Abdomen nigrum, nitens, triplici fascia latiore cinereo tessellante. Halterum capitulo fusco : Calypta flava; Alæ limpidæ, basi flavescente.

♀. Similis ; Abdomen duabus fasciolis cinereis.

Long. 3-4 lignes.

Male : Frontaux noirs : côtés du Front d'un noir légèrement albide; Face argentée; Antennes et Pattes noires; Palpes noirs, avec le sommet testacé. Corselet noir, luisant et légèrement glacé de cendré. Abdomen noir-luisant, avec trois larges fascies d'un cendré peu prononcé. Tête des Balanciers brune : Cuillerons jaunes; Ailes claires, avec la base flavescente.

Femelle : Semblable; deux fascies cendrées sur l'Abdomen.

On trouve sur les fleurs des champs et des Prés cette jolie espèce qu'on distingue de suite à ses Cuillerons jaunes.

240. — II. Genre PHANÉMYE.
II. *Genus PHANEMYA*, R.-D.

Phanemya : Rob. Desv., *Myod.*, p. 254.
Cassidaemyia : Macq., *Buff.* II, p. 264.

Tous les caractères du genre DIONÆA ; mais les YEUX plus rapprochés, quoique contigus sur les Mâles. Le premier segment de l'Abdomen n'offre que deux CILS APICAUX plus grands que les autres. CELLULE γ C ouverte dans le sommet de l'Aile. Femelle inconnue.

Omnes Gen. DIONÆÆ characteres ; OCULI magis approximati, in ♂ contigui. CILIA APICALIA solummodo duo majora in primo Abdominis segmento. CELLULA γ C in apice Alarum aperta.

Ce sous-genre, dont nous possédons une certaine quantité de Mâles sans avoir jamais pu rencontrer la Femelle, a par son port, ses Ailes et ses formes la plus grande analogie avec les DIONÉES, dont il ne diffère que par un Front plus étroit sur les Mâles et par le premier segment de l'Abdomen qui n'offre que deux cils plus forts que les autres sur le dos de son premier segment.

1231. — N° 1. PHANEMYA MUSCA, R.-D.

Phanemya musca : Rob. Desv.-*Myod.*, p. 254, n° 1.
Cassidaemyia musca : Macq.-*Buff.* II, n° 6.
Tachina bi-maculata : Meig.

♂. Frontalia nigro-velutina ; Facies argentea ; Antennæ et Pedes nigri ; Palpi nigri, apice subtestaceo. Thorax niger, nitens, cinereo-subirroratus. Abdomen nigrum, nitens, primi, secundi tertiique segmenti lateribus fulvis. Halteres obscuri : Calypta alba ; Alæ limpidæ, basi flava.

Long. 3 lignes.

Male : Frontaux noir de velours ; Face argentée ; Antennes et Pattes noires ; Palpes noirs, avec le sommet testacé-pâle. Corselet noir-luisant, légèrement glacé de cendré. Abdomen noir-luisant, avec le premier, le deuxième et le troisième segment fauves sur les côtés. Balanciers obscurs : Cuillerons blancs ; Ailes claires, avec la base jaune.

Durant toute notre carrière entomologique, nous n'avons pu nous procurer la Femelle de cette espèce dont les Mâles ne sont pas très rares et qu'on prend sur les fleurs du Daucus carotta, L., et de l'Achillea millefolium, L.

La collection de M. Bigot contient un individu originaire de Corse qui a la Cellule γ C fermée. Cet insecte ne présente aucune autre différence qui puisse le séparer de l'espèce primitive.

241. — III. Genre CALYPTIE.
III. *Genus CALYPTIA*, R.-D.

Antennes ne descendant pas tout-à-fait jusqu'à l'Epistôme ; le deuxième article presque aussi long que le second ; premiers articles du Chète très-courts ; Yeux nus, presque contigus sur le Mâle ; Face verticale, sans Cils raides ; Péristome plus long que large ; Epistome légèrement en saillie.

Deux Cils apicaux sur le dos du premier segment de l'Abdomen ; deux Cils médians et rangée de Cils apicaux sur le dos du second et du troisième. Cuillerons larges ; Cellule γ C étroitement fermée dans le sommet de l'Aile, avec sa nervure transversale droite.

Antennæ non usque ad Epistoma descendentes ; secundus articulus tertio fere longitudine æquus; CHETUM primis articulis brevissimis; OCULI nudi, in ♂ vix contigui; FACIES verticalis, Ciliis rigidis nullis; PERISTOMA longius quam latius, EPISTOMATE leviter prominulo.

Duo CILIA APICALIA in primo; duo MEDIANEA seriesque APICALIUM integra in secundo tertioque Abdominis segmento. CALYPTA ampla; CELLULA γ C in apice Alæ occlusa, nervo transverso recto.

Les Yeux presque contigus sur le Mâle, la Cellule γ C étroitement fermée dans le sommet de l'Aile, le nombre et la disposition des cils de l'Abdomen, distinguent aisément ce genre au milieu de ses congénères.

Nous ne connaissons que le Mâle.

1232. — N° 1. CALYPTIA OCCLUSA, R.-D. *Sp. ined.*

♂. Frontalia nigra : Frontis lateribus, Facieque atris, subcinereis; Antennæ, Palpi, Pedes nigra. Thorax niger, nitens. Abdomen nigrobrunicosum ; sub certum lumen sæpe crura brunicosa. Halteres obscuri : Calypta alba; Alæ flavescentes.

Long. 1 ligne 2/3.

MALE : Frontaux noirs : côtés du Front et Face noirs, légèrement cendrés; Antennes, Palpes et Pattes noirs ; à une certaine lumière les Cuisses paraissent brunes. Corselet noir-luisant. Abdomen noir-luisant, mais affectant une certaine transparence obscurément brune. Balanciers obscurs : Cuillerons blancs; Ailes flavescentes.

Nons ne connaissons qu'un Mâle de cette rare et intéressante espèce.

242. — IV. Genre CLÉLIE.
IV. *Genus CLELIA*, R.-D.

Tachina : Meig.-T. IV.
Clelia . Rob. Desv.-*Myod.*, p. 255.

Cassidaemyia : Macq.-*Buff.* II, p. 264.
Leucostoma : Meig.-T. VII.

ANTENNES ne descendant plus jusqu'à l'Epistôme; le premier article très-court; les deux autres à peu près d'égale longueur; premiers articles du CHÈTE très-courts; YEUX nus; distants sur les deux sexes, plus rapprochés sur les Mâles; FRONT plus large sur les Femelles; une simple rangée de Cils sur les Mâles, une double rangée de Cils sur les Femelles; FACE presque verticale, non ciligère; PÉRISTOME plus long que large; EPISTOME légèrement convexe.

Une rangée de CILS APICAUX sur les trois premiers segments de l'Abdomen; point de CILS MÉDIANS ni de CILS BASILAIRES. ANUS de la Femelle armé d'un double crochet.

CUILLERONS très-larges; CELLULE γ C pétiolée.

ANTENNÆ non usque ad Epistoma descendentes; primus articulus brevis; secundo tertioque longitudine æquis; CHETUM primis articulis brevibus; OCULI nudi, in utroque sexu distantes, in ♂ magis approximati; FRONS magis in ♀ lata, Ciliis simplici serie in ♂, duplici in ♀ dispositis; FACIES leviter verticalis non ciligera; PERISTOMA longius quam latius; EPISTOMATE leviter convexo.

CILIA APICALIA in tribus primis Abdominis segmentis serie disposita; CILIIS MEDIANEIS et BASILARIBUS nullis. ANUS in ♀ forcipe terminatus. CALYPTA amplissima; CELLULA γ C petiolata.

Comme on peut s'en assurer, les CLÉLIES ne sont que des DIONÉES qui ont la Cellule γ C de l'Aile pétiolée.

Les Femelles de ces insectes sont très-rares.

TYPUS : *Tachina tetraptera,* Meig.

1233. — N° 1. CLELIA TETRAPTERA, Meig.

Tachina tetraptera : Meig.-T. IV, n° 92.
Leucostoma tetraptera : Meig.-T. VII, n° 1.

Clelia agilis : Rob. Desv.-*Myod.*, p. 255, n° 1.
Cassidaemyia agilis : Macq.-*Buff.* II, n° 9.

♂. Tota gagatea, nitens; Frontalia nigro-velutina : Frontis lateribus nigro-subcinereis; Facies argentea; Antennæ, Pedes nigra; Palpi pallide flavi. Thorax cinereo subirroratus. Abdominis ultimis segmentis nonnullis tessellis subcinereis. Calypta alba; Alæ limpidæ, hyalinæ, interdum obscure subflavescentes.

♀. Similis; Antennæ duobus ultimis articulis fusco-subfulvis aut subfulvis.

Long. 2 1/2-3 lignes.

Male : Tout le Corps d'un beau noir-jais luisant; Frontaux noirs de velours : côtés du Front noirs et un peu cendrés; Face argentée; Antennes et Pattes noires; Palpes jaune-pâle. Corselet légèrement glacé de cendré. Quelques reflets cendrés sur les derniers segments de l'Abdomen. Balanciers noirâtres : Cuillerons blancs; Ailes claires, hyalines et parfois obscurément flavescentes.

Femelle : Semblable au Mâle; les deux derniers articles des Antennes d'un brun-fauve et même fauves. Point de reflets cendrés sur l'Abdomen.

On prend cette espèce sur les fleurs des Ombellifères.

1234. — N° 2. Clelia rapida, R.-D.

Clelia rapida : Rob. Desv.-*Myod.*, p. 255, n° 2.

♂ et ♀. Tota gagatea, nitens; Frontalia nigro-velutina : Frontis lateribus nigro-cinereis; Facies argentea; Antennæ Pedesque nigri; Palpi flavi. Thorax cinereo vix subirroratus. Abdomen totum gagateum, nitidum in utroque sexu. Halteres nigricantes : Calypta alba; Alæ limpidæ, hyalinæ.

Long. 2 lignes 1/2.

Male et Femelle : Tout le Corps d'un beau noir-jais luisant; Frontaux noirs : côtés du Front noir-argenté; Face argentée; Antennes, Trompe et Pattes noires; Palpes jaunâtres. Corselet à peine glacé de cendré. Abdomen sans reflets cendrés. Balanciers noirâtres : Cuillerons blancs; Ailes claires.

Cette espèce, toujours un peu plus petite que le *Cl. agilis*, n'offre pas de cendré sur le dos de l'Abdomen et le Corselet est presqu'entièrement noir.

1235. — N° 3. CLELIA MINOR, R.-D.

Clelia minor : Rob. Desv.-*Myod.*, p. 256, n° 3.

♂ et ♀. Tota gagatea, nitida; Frontalia nigra; Frontis lateribus nigro-cinereis; Facies argentea; Antennæ brunicosæ; Palpi pallide flavi. Thorax vix subcinerascens. Pedes nigri. Halteres obscuri : Calypta alba; Alæ limpidæ, hyalinæ.

Long. 1 1/2-2 lignes.

MALE et FEMELLE : Tout le Corps noir-jais luisant; Frontaux noirs : côtés du Front noir-cendré; Face argentée; Antennes brunes; Palpes fauve-pâle. Corselet à peine glacé de cendré. Pattes noires. Balanciers obscurs : Cuillerons blancs; Ailes claires.

Cette espèce n'est pas rare sur les OMBELLIFÈRES de l'Eté et du commencement de l'Automne. Toujours plus petite que le *Cl. rapida*, elle offre des difficultés pour une distinction sérieuse.

VI. Tribu : LES DUFOURIDES.
VI. *Tribus* : *DUFOURIDÆ*, R.-D.

Dufouridæ : Rob. Desv., *Myod.*, p. 252.
Cassidaemyia : Macq.-*Buff.* II, p. 162.

ANTENNES descendant jusqu'à l'Epistôme ; le premier article très-court ; le second presque de la longueur du troisième qui est plus ou moins comprimé sur les côtés et qui est un peu plus long sur la Femelle ; premiers articles du CHÈTE très-courts ; le dernier effilé, nu ou tomenteux.

YEUX velus ou villosules à la loupe, rapprochés et presque contigus sur le Mâle ; FRONT presque nul sur le Mâle et large sur la Femelle ; une rangée simple de cils sur le Mâle ; une rangée double de cils sur la Femelle ; FACE verticale, peu élevée, nue ou n'ayant que de légers Cils faciaux ; PÉRISTOME plus long que large ; EPISTOME taillé triangulairement en bizeau aux dépens de la Face et ne formant pas une véritable saillie ; seconde division de la TROMPE presque solide ; sommet des PALPES ordinairement un peu renflé.

Les Cils des segments de l'Abdomen varient, mais il y en a toujours une rangée complète au sommet du deuxième segment, ainsi qu'une rangée complète de MÉDIANS et d'APICAUX sur le troisième ; ANUS du Mâle replié en dessous et muni de deux crochets.

CUILLERONS grands ; CELLULE γ C s'ouvrant dans le sommet de l'Aile, avec sa nervure transversale droite ou presque droite ; le RAYON C ciligère sur une portion de la longueur de la CELLULE β.

CORPS cylindrico-arrondi, à teintes d'un noir-luisant.

ANTENNÆ usque ad Epistoma descendentes ; primus articulus brevissimus ; secundus tertio fere longitudine æquus ; tertius lateribus plus minusve compressus, in ♀ leviter longior ; CHETUM primis articulis brevissimis, ultimo acuto, nudo, vel tomentoso.

OCULI villosi, sub lentem villosuli, approximati et leviter in ♂ contigui ; FRONS in ♂ fere nulla, in ♀ lata, Ciliaque serie disposita simplici in ♂, duplici in ♀ ; FACIES verticalis, paulisper elevata, nuda vel Ciliis minimis ornata; PERISTOMA longius quam latius, EPISTOMATE triangulari Faciem excedente sed non prominulo. HAUSTELLI secunda divisione fere solida; PALPISQUE apice sæpe inflatis.

CILIA ABDOMINALIA in segmentis varia; CILIA APICALIA serie semper disposita apice secundi tertiique segmenti cum serie integra MEDIANEORUM in tertio. ANUS in ♂ subtus recurvum et forcipe munitum. CALYPTA ampla; CELLULA γ C in apice Alæ aperta, nervo transverso recto vel fere recto. RADIUS C partim ciliger in CELLULA β.

CORPUS cylindrico-rotundatum, colore nigro.

Les DUFOURIDES actuelles se distinguent nettement des LABIDELLIDES par leurs Cuillerons beaucoup moins amples et par l'absence de pince au sommet de l'Abdomen des Femelles.

La rangée complète de Cils apicaux sur le second segment, les deux rangées complètes de Cils médians et de Cils apicaux sur le dos du troisième segment, nous annoncent un ordre de choses qu'on n'observe que sur ces races.

Les DUFOURIDES offrent également des Cils plus ou moins étendus sur la Cellule β du Rayon C des Ailes. Ce caractère les rapproche évidemment des tribus ACANTHELLONEURÉES; mais l'absence complète de Cils optiques sur la Face ne tarde pas à nous éloigner de ces dernières. Du reste, ces Cils alaires diminuent rapidement et finissent par disparaître presque en totalité selon les espèces.

Un autre caractère qu'il importe de saisir sur les vraies DUFOURIDES consiste dans l'Epistôme coupé triangulairement en biseau aux dépens de la Face. On conçoit que si cet Epistôme n'était pas ainsi taillé il formerait nécessairement une sorte de rostre comme sur les RHINOPHORES.

Les DUFOURIDES méritent toute notre attention; M. Léon Dufour (*An. sc. nat.*, 1827) a obtenu un de leurs individus d'une larve qui avait vécu dans le corps du CASSIDA VIRIDIS, L. (*equestris*, Fabr.). Par malheur, la description faite par cet éminent naturaliste ne permet pas de préciser l'espèce. Sous notre climat, ces insectes paraissent peu nombreux sous le rapport des espèces et des individus ; le noir-brillant constitue leur unique parure. Leur étude nous a paru mériter notre zèle et nos soins.

I. G. DUFOURIA	Yeux villeux. Cellule γ C ouverte dans le sommet de l'Aile.
II. G. PHERICIA	Nervure γ C fermée sur le sommet de l'Aile. Cils du rayon C n'occupant sur le Mâle que le quart de la longueur de la Cellule qui leur correspond.
III. G. ARRALTIA	Yeux velus et non villosules à la loupe.
IV. G. SILBERMANIA .	Yeux villosules. Cellule γ C offrant un léger pétiole au sommet de l'Aile.

243. — I. Genre DUFOURIE.
I. *Genus DUFOURIA*, R.-D.

Tachina : Meig., t. IV.
Dufouria : Rob. Desv., *Myod.*, p. 257.
Cassidaemyia : Macq., *Buff.* II, p. 162.

ANTENNES descendant jusqu'à l'Epistôme ; le premier article très-court ; le second presque de la longueur du troisième qui est un peu comprimé sur les côtés ; il est plus long sur la Femelle ; premiers articles du CHÈTE très-courts ; le dernier allongé et villosule à la loupe ; YEUX villeux à la loupe, presque contigus sur le Mâle ; FRONT presque contigu sur le Mâle et large sur la Femelle ; une simple rangée de Cils sur le Mâle, une double sur la Femelle ; FACE verticale, avec des Cils faciaux basilaires sur la Femelle ; PÉRISTOME plus long que large ; EPISTOME coupé en biseau aux dépens de la Face et un peu bombé ou convexe sur le devant ce qui le fait paraître un peu saillant; seconde division de la Trompe presque solide; PALPES un peu renflés au sommet.

Sur le Mâle, le premier segment de l'Abdomen offré ordinairement une rangée complète de CILS APICAUX; une rangée complète de CILS MÉDIANS et une de CILS APICAUX sur le dos du deuxième; une rangée complète de CILS BASILAIRES, une pareille de CILS MÉDIANS et souvent une pareille de CILS APICAUX sur le dos du troisième. Sur les Femelles, une rangée complète de CILS APICAUX sur le dos du premier segment; deux CILS MÉDIANS et rangée complète de CILS APICAUX sur le dos du second; deux CILS MÉDIANS et rangée complète de CILS APICAUX sur le dos du troisième.

Le RAYON C des Ailes plus ou moins ciligère sur les trois quarts et parfois seulement sur le quart de l'étendue de la CELLULE β; CELLULE γ C ouverte dans le sommet de l'Aile, avec sa nervure transversale légèrement cintrée.

CORPS cylindriforme, à teintes d'un noir-luisant.

ANTENNÆ usque ad Epistoma descendentes; primus articulus brevissimus; secundus vix æqua longitudine tertii: tertius lateribus paulo compressus, in ♀ longior; CHETUM primis articulis brevissimis; ultimo elongato et sub lentem tomentoso; OCULI sub lentem villosi in ♂ jamjam contigui; FRONS in ♂ sæpe nulla et in ♀ lata; Ciliis dispositis serie simplici in ♂, duplici in ♀; FACIES verticalis, Ciliis nonnullis in ♀ munita, serie dispositis et basilaribus; PERISTOMA longius quam latius, EPISTOMATE truncato, Faciem excedente; HAUSTELLI secunda divisio vix solida; PALPI paululum apice inflati.

In ♂, series APICALIUM integra in primo Abdominis segmento; MEDIANEA APICALIAQUE serie disposita in secundo; BASILARIA, APICALIA et MEDIANEA serie integra disposita in tertio Abdominis segmento. In ♀, CILIA APICALIA serie disposita in primo; duo CILIA MEDIANEA seriesque APICALIUM integra in secundo tertioque Abdominis segmento.

RADIUS C Alarum plus minusve ciliger in Cellula β; CELLULA γ C in apice Alæ aperta, nervo transverso paululum arcuato.

CORPUS cylindriforme, colore nigro-gagateo.

TYPUS : *Dufouria aperta*, R.-D.

1236. — N° 1. DUFOURIA APERTA, R.-D.

♂ *Dufouria aperta :* Rob. Desv.-*Myod.*, p. 258, n° 1.
Cassidaemyia aperta : Macq.-N° 1.
♀ *Dufouria nuda :* Rob. Desv.-*Myod.*, n° 2.

♂. Tota atra, nitens; Frontalia nigra : Frontis lateribus atro-cinerescentibus; Facies nigro-argentea, Antennæ, Palpi, Pedes atra. Halteres nigri : Calypta albo-flavida; Alæ tenui flavedine lavatæ.

♀. Similis; paulo minor; Frontis lateribus atro-cinereis. Calyptis Alisque magis flavidis.

Long. 2-2 lignes 1/2.

MALE : Tout le Corps d'un beau noir-luisant; Frontaux noirs : côtés du Front noirs, obscurément cendrés; Face d'un noir-argenté; Antennes, Palpes et Pattes noirs. Balanciers noirâtres : Cuillerons blanc-jaunâtre; Ailes légèrement lavées de flavescent. On distingue trois rangées complètes de Cils sur le deuxième et le troisième segment de l'Abdomen.

FEMELLE : Semblable; un peu plus petite; Cuillerons et Ailes un peu plus jaunâtres; dans notre travail primitif, nous en avions fait le *Dufour. nuda*.

Cette espèce n'est pas très-rare; on prend un plus grand nombre de Mâles que de Femelles; nous possédons une variété beaucoup plus petite.

1237. — N° 2. DUFOURIA FLORALIS, R.-D. *Sp. ined.*

♂. Tota atra, nitens; Frontalia brunea; Frons lateribus atratis Facies nigro-albida; Antennæ, Palpi et Pedes atra. Abdomen primi segmenti duobus Ciliis apicalibus, tertio segmento absque Ciliis apicalibus. Halteres fusco-ferruginei : Calypta absolute alba; Alæ basi squalida.

Long. 2 lignes 1/2.

MALE : Semblable au *Duf. aperta*, mais toujours plus petit et moins large; le Corps noir-luisant; deux Cils apicaux sur le dos du premier segment de l'Abdomen, le troisième segment n'offrant que des Cils basilaires et des Cils médians sans Cils apicaux. Frontaux bruns : côtés du Front d'un noir-âtre; Face d'un noir-albide; Antennes, Palpes et Pattes noirs. Balanciers brun-ferrugineux : Cuillerons entièrement blancs; Ailes sales à la base et le long de la côte.

Nous ne possédons que des Mâles de cette espèce.

1238. — N° 3. DUFOURIA GRATA, R.-D. *Sp. ined.*

♂ et ♀. Similis DUF. FLORALI; tota atra, nitens; duo Cilia apicalia in dorso primi segmenti; duo medianea in secundo; semi-circulo Ciliorum medianeorum sine Ciliis basilaribus in dorso tertii. Calypta aurea; Alæ basi flava; nervis rubidis. Radius C in ♂ ciliger ad tertiam Cellulæ partem, solum Ciliis basilaribus in ♀.

Long. 2 lignes 1/2.

MALE et FEMELLE : Semblable au *Duf. floralis;* tout le Corps noir-luisant; le Mâle a deux Cils apicaux sur le dos du premier segment, deux Cils médians sur le dos du deuxième et une rangée de Cils médians sur le dos du troisième. Cuillerons jaunes ; Ailes jaunes à la base, avec les nervures rougeâtres; le rayon C ciligère jusqu'au tiers de la Cellule β sur le Mâle; il n'a que des Cils basilaires sur la Femelle.

Nous possédons les deux sexes de cette rare espèce.

1239. — N° 4. DUFOURIA FLAVEOLA, R.-D. *Sp. ined.*

♀. Tota atra, nitens; Frontalia nigro-velutina : Frontis lateribus atro-cinerescentibus ; Facies nigro-albida ; Antennæ, Proboscis, Palpi, Pedes atra. Halteres nigricantes : Calypta flava ; Alis flavescentibus. Cilia Abdominis ut in DUF. APERTA.

Long. 3 lignes.

FEMELLE : A peu près la taille du *Musca domestica;* tout le Corps d'un beau noir-luisant ; Frontaux noirs de velours : côtés du Front noir-cendré ; Face noir-albide ; Antennes, Palpes, Trompe et Pattes noirs. Cils de l'Abdomen comme sur le *Duf. aperta.* Cuillerons jaunes ; Ailes fortement lavées de jaune.

Nous ne possédons qu'une Femelle de cette rare espèce.

1240. — N° 5. DUFOURIA CAUTA, R.-D. *Sp. ined.*

♀. Tota atra, nitida, semi-circulus integer Ciliorum apicalium in tertio Abdominis segmento. Halteres flavescentes, capitulo nigricante : Calypta flavescentia ; Alæ basi vix flavescente. Radius C Alarum ciliger usque ad tertiam Cellulæ partem.

Long. 2 lignes.

FEMELLE : Tout le Corps d'un beau noir-luisant ; le troisième segment de l'Abdomen offre une rangée complète de Cils médians. Balanciers flavescents, à tête noire : Cuillerons blanc-jaunâtre ; Ailes claires, avec la base légèrement flavescente ; les Cils du rayon C de l'Aile ne s'étendent qu'au tiers de la longueur de la Cellule.

Nous ne possédons qu'une Femelle de cette espèce.

244. — II. Genre PHÉRICIE.
II. *Genus PHERICIA*, R.-D.

Dufouria : Rob. Desv.-*Myod.*, p. 258.

Tous les caractères du genre DUFOURIA ; mais CELLULE 7 C

fermée dans le sommet même de l'Aile. Deux CILS APICAUX sur le dos du premier segment de l'Abdomen : deux CILS MÉDIANS et rangée complète de CILS APICAUX sur le dos du second ; rangée de CILS MÉDIANS et de CILS APICAUX sur le dos du troisième. Le RAYON C ciligère seulement dans le quart basilaire de la Cellule β sur le Mâle ; il est ciligère sur presque toute l'étendue de la même Cellule sur la Femelle.

Gen. DUFOURIÆ characteres ; CELLULA γ C in apice Alæ occlusa ; duo CILIA APICALIA in primo ; duo MEDIANEA, seriesque integra APICALIUM in secundo ; CILIA MEDIANEA et APICALIA serie disposita in tertio Abdominis segmento. In ♂ radius C ciliger in quarta Cellulæ β parte basilari ; in ♀, sæpius omnino ciliger.

Le seul caractère réel de ce genre consiste dans la nervure γ C fermée sur le sommet même de l'Aile. Les Cils du rayon C n'occupent sur le Mâle que le quart de la longueur de la Cellule qui leur correspond.

TYPUS : *Dufouria clausa*, R.-D.

1241. — N° 1. PHERICIA CLAUSA, R.-D.

Dufouria clausa : Rob. Desv.-*Myod.*, p. 258, n° 2.
Cassidaemyia clausa : Macq.- *Buff.* II.

♂. Tota gagatea, nitens ; Frontalia nigro-velutina : Frontis lateribus nigro-cinereis ; Facies argentea ; Antennæ, Proboscis, Palpi, Pedes, atra. Halteres nigricantes : Calypta flava ; Alæ flavedine lavatæ ; Cellula γ C clausa, interdum subpetiolata.
♀. Similis ; Radius C vix totus ciliger in Cellula β.

Long. 2 lignes.

MALE : Tout le Corps noir-jais luisant ; Frontaux noirs de velours : côtés du Front d'un noir-argenté ; Face argentée ; Antennes, Trompe, Palpes et Pattes noirs. Balanciers noirâtres : Cuillerons jaunes; Ailes flavescentes, avec la Cellule γ C fermée légèrement ou pétiolée sur quelques individus.

FEMELLE : Semblable; le rayon C de l'Aile ciligère sur presque toute l'étendue de la Cellule β.

Nous possédons les deux sexes de cette rare espèce.

245. — III. Genre ARRALTIE.
III. *Genus ARRALTIA* R.-D.

ANTENNES descendant jusqu'à l'Epistôme; le premier article très-court; le second presque de la longueur du troisième qui est un peu comprimé sur les côtés; premiers articles du CHÈTE très-courts; le dernier long et paraissant nu; YEUX velus, presque contigus sur le Mâle; FRONT du Mâle très-étroit; FACE verticale, nue; PÉRISTOME plus long que large; EPISTOME coupé en biseau aux dépens de la Face, triangulaire et non saillant.

Point de CILS APICAUX sur le dos du premier segment de l'Abdomen; deux CILS BASILAIRES, deux CILS MÉDIANS et rangée de CILS APICAUX sur le dos du second; deux CILS BASILAIRES, rangée de CILS MÉDIANS et de CILS APICAUX sur le dos du troisième.

CELLULE γ C ouverte dans le sommet de l'Aile, avec sa nervure transversale droite; le RAYON C ciligère dans la moitié de la longueur de la Cellule β.

ANTENNÆ vix usque ad Epistoma descendentes; primus articulus brevissimus; secundus fere longitudine æquus, tertio lateribus paululum compresso; CHETUM primis articulis brevissimis, ultimo elongato et nudo; OCULI villosi, in ♂ fere contigui; FRONS in ♂ angustata; FACIES verticalis et nuda; PERISTOMA longius quam latius, EPISTOMATE triangulari, Faciem excedente sed non prominulo.

CILIA APICALIA in primo Abdominis segmento nulla duo BASILARIA, seriesque APICALIUM integra in secundo; duo BASILARIA cum CILIIS MEDIANEIS et APICALIBUS serie dispositis in tertio Abdominis segmento.

CELLULA γ C in apice Alæ aperta, nervo transverso recto; RADIUS C ciliger in media Cellulæ β longitudine.

Outre plusieurs autres caractères qu'il est inutile de rappeler, ce genre se distingue sur le champ de celui des DUFOURIES par ses Yeux velus et non pas villosules à l'aide de la loupe.

Nous ne connaissons que la Femelle de ce genre.

1242. — N° 1. ARRALTIA ATRA, R.-D. *Sp. ined.*

♂. Tota atra, gagatea, subnitens; Frontalia nigra : Frontis lateribus atris; Facies nigro-cinerea; Antennæ, Palpi, Pedes atri. Halteres brunicosi : Calypta subalba; Alæ fuliginosæ.

Long. 4 lignes.

MALE : Tout le Corps noir-jais un peu luisant; Frontaux noirs : côtés du Front d'un noir-âtre; Face brun-cendré; Antennes, Palpes et Pattes noirs. Balanciers bruns : Cuillerons blanchâtres; Ailes fuligineuses.

Nous ne possédons qu'un Mâle de cette rare espèce.

246. — IV. Genre SILBERMANIE.
IV. *Genus SILBERMANIA*, R.-D.

Dufouria : Rob. Desv., *Myod.*, p. 258.

Caractères des DUFOURIES; CHÈTE villosule à la loupe. Deux CILS APICAUX sur le dos du premier segment de l'Abdomen; deux CILS MÉDIANS, rangée de CILS APICAUX sur le dos du second et du troisième.

CELLULE γ C offrant un léger pétiole au sommet de l'Aile;

le RAYON C ciligère seulement à la base de la Cellule β sur le Mâle.

Omnes Gen. DUFOURIÆ characteres; CHETUM sub lentem villosum. Duo CILIA APICALIA in primo; duo MEDIANEA seriesque APICALIUM in secundo tertioque Abdominis segmento.

CELLULA γ C in apice Alæ petiolata; RADIUS C ciliger Cellulæ β basi in ♂.

Nous dédions ce sous-genre à M. Silbermann, rédacteur du journal entomologique de Strasbourg.

1243. — N° 1. SILBERMANIA PETIOLATA, R.-D.

Dufouria petiolata : Rob. Desv.-*Myod.*, p. 258, n° 4.

♂. Atra, nitens, Frontalia nigra : Frontis lateribus nigro-subcinereis; Facies fusco-cinerea; Antennæ, Palpi, Pedes atri. Halteres ferruginei, capitulo nigricante : Calypta flava; Alæ flavescentes.

Long. 3 lignes.

MALE : Tout le Corps noir-luisant; Frontaux noirs : côtés du Front noir-cendré; Face brun-cendré; Antennes, Palpes et Pattes noirs. Balanciers ferrugineux, avec le sommet noir : Cuillerons jaunes; Ailes flavescentes.

Nous ne possédons que le Mâle de cette rare espèce.

C. LARVES VIVANT DANS LES HYMÉNOPTÈRES.

LES MELITTOPHAGES.
MELITTOPHAGÆ.

Les ENTOMOBIES MELITTOPHAGES sont les ennemis les plus acharnés de la grande famille des Hyménoptères. Nous les verrons non seulement vivre aux dépens de ces insectes ou de leurs larves, mais nous aurons encore à étudier des races qui vivent dans les insectes et les autres provisions que les Hyménoptères rapaces enterrent pour leur nourriture future. Nous verrons en même temps l'Entomobie Melittophage varier dans sa structure et suivant le genre de nourriture et suivant les diverses sections des Hyménoptères. Nous ne saurions donc apporter une étude trop sérieuse dans l'étude de ces insectes.

Le premier (1) nous avons appelé l'attention des naturalistes sur l'existence et sur les mœurs de ces insectes qui vivent aux dépens des larves des Hyménoptères fossoyeurs et qui sont de vrais parasites. Dans les endroits sablonneux, taillés à pic, exposés au soleil, où les races des Scolites, des Pompilites, des Sphégides, chassent et creusent leurs conduits souterrains, l'observateur zélé parvient à découvrir de petits Myodaires, au corps conique, aux teintes aussi grises que le sol, d'une prodigieuse agilité, qui ne s'abattent jamais que sur la terre déjà remuée par d'autres insectes, qui suivent d'un vol constant et intentionné ces puissants Hyménoptères, s'acharnent à leur poursuite et ne les quittent point avant de savoir où déposer les fruits de leurs amours. A peine ces Hyménoptères se sont-ils débarrassés de leurs proies vivantes, à peine sont-ils sortis de leur retraite chérie, que l'Arabette y pénètre et se hâte d'y pondre avant que le trou soit fermé. C'est pour une postérité ennemie que ces Hyménoptères ont fait des magasins, car la larve des Arabettes se développe bientôt et empêche ainsi la véritable larve de se nourrir.

On dirait que la Femelle hyménoptère a conscience de cet ennemi. Plusieurs fois je l'ai vue s'agiter, je l'ai entendue

(1) Essai sur les Myodaires, 1830, p. 127 et suiv.

bourdonner à l'aspect de cette frêle Arabette ; jamais je ne l'ai vue lui donner la mort ; au contraire, il arrive souvent que la Philanthe, si redoutable aux Abeilles, que le Pompile, si fort et si agile, fuient honteusement devant ces petites mouches qui n'ont que leur opiniâtreté pour armes et que leur faiblesse pour défense.

Les Crabrons et les Oxybèles, qui approvisionnent leurs larves de Myodaires chorellées, sont plus particulièrement poursuivis par les Arabettes qui ainsi vivraient aux dépens de Myodaires et même d'Hyménoptères, comme le prouve l'Argyria philanthi. Le Bembex rostratus, qui enfouit des Tabaniens et des Syrphies, a pareillement l'Araba argyrocephala pour ennemi acharné.

Nous voyons ainsi que les Diptères, qui durant leur courte et souvent difficile existence ne peuvent nourrir des Entomobies dans leurs entrailles, sont mis à même, durant leur enfouissement léthargique, de se conformer à cette loi qui veut qu'aucune section entomologique ne puisse échapper aux Myodaires sarcophages.

Les Entomobies ne sont pas les seuls Diptères qui s'attaquent aux Hyménoptères. Les Cercéries qui emmagasinent des Aranéides, les races qui enfouissent des chenilles ont pareillement leurs ennemis spéciaux, mais qui appartiennent à d'autres groupes. Dans la suite de cet ouvrage, nous rencontrerons la famille des Myopaires dont les races vivent dans les parties travaillées et préparées par les Hyménoptères mellifères, et plus tard nous ferons connaître d'autres Myodaires qui vivent dans la république des Fourmis.

Pour le moment nous n'avons à nous occuper que des Entomobies Melittophages ; nous allons décrire successivement :

Les Argyrides, qui vivent dans les insectes que les Hyménoptères rapaces enterrent vivants pour la nourriture prochaine de leur propre postérité;

Les Brachycérées, qui vivent dans le corps même des Hyménoptères soit rapaces, soit mellifères, et qui ont reçu une organisation différente suivant la diversité de ces mœurs;

Les Ephyrides, qui vivent dans les fausses chenilles, c'est-à-dire dans les larves des Hyménoptères dendrophages.

Antennes longues; Chète allongé, Yeux nus, Front large et proéminent; Face tout-à-fait oblique, en majeure partie composée par les optiques; Cils optiques raides et forts; Péristome carré :

I. Tribu : LES ARGYRIDES.

Antennes courtes; Chète resserré; Tête arrondie en devant, Yeux nus; Front quadrilatère; majeure partie de la Face occupée par les optiques et les latéraux; Péristome étroit, allongé :

II. Tribu : LES BRACHYCÉRÉES.

Antennes longues; Chète allongé; Face oblique; Yeux velus sur les Mâles et tomenteux sur les Femelles; Front plus large sur la Femelle; Péristome un peu plus long que large :

III. Tribu : LES EPHYRIDES.

I. Tribu : LES ARGYRIDES.
I. *Tribus : ARGYRIDÆ,* R.-D.

Tachina : Fall.-Meig.-Zetterst.
Araba et *Ophelia :* Rob. Desv.
Metopia : Macq.-Meig.

ANTENNES longues, descendant jusqu'à l'Epistôme ; les deux premiers articles très-courts ; le troisième cylindrique et cinq à six fois de la longueur des autres ; CHÈTE allongé, avec les premiers articles très-courts, le dernier nu.

YEUX nus, distants sur les deux sexes ; FRONT large sur les deux sexes, carré ou en carré long, ordinairement saillant au-dessus de la base des Antennes ; les optiques sont très-larges ; FACE oblique, en majeure partie composée par les optiques, qui, à l'exception d'un genre, offrent une rangée complète de CILS RAIDES et bien développés ; PÉRISTOME carré, EPISTOME non saillant ; TROMPE membraneuse ; PALPES filiformes, ne dépassant point l'Epistôme.

ABDOMEN conique, composé de quatre segments dont les Cils dorsaux varient pour le nombre et la disposition.

PATTES simples. CUILLERONS larges ; CELLULE γ C ouverte bien avant le sommet de l'Aile, avec sa nervure transversale fortement arquée ; sa nervure externe ordinairement ciliée dans la majeure partie de son étendue.

TAILLE médiocre ; forme du CORPS conique ou cylindrico-conique ; TEINTES noires et grises, avec les côtés de la Face et ordinairement ceux du Front argentés.

ANTENNÆ longiores, ad Epistoma incumbentes ; primis duobus articulis brevissimis, ultimo quinque vel sexties longiore ; CHETUM elongatum ; primis articulis brevioribus, ultimo nudo.

OCULI nudi, distantes in utroque sexu ; FRONS lata, quadrata, subquadrata, antice porrecta ; OPTICIS latioribus ; FACIES obliqua, majori parte ab opticis occupata ; Optica solito serie integra Ciliorum validorum ; PERISTOMA quadratum, EPISTOMATE non prominulo ; PROBOSCIS membranacea ; PALPI non excedentes.

ABDOMEN conicum, quadrisegmentatum, segmentorum margine postico diverse ciliato ; Organa copulativa retusa.

PEDES simplices. CALYPTA ampla; CELLULA γ C longe ante apicem Alæ aperta, nervo transverso valde arcuato; nervo transverso ejusdem Cellulæ solito fere toto ciligero.

STATURA mediocris. CORPUS conicum aut cylindrico-conicum; COLOR niger, griseo et cinereo permixtus: Faciei et Frontis lateribus argenteis.

Un Front large et proéminent, la Face tout-à-fait oblique, avec le développement excessif des optiques, une rangée complète de Cils raides et forts, le Péristôme carré, l'Abdomen conique, la Cellule γ C ouverte bien au-dessus du sommet de l'Aile, constituent pour cette tribu une série de caractères aussi remarquables que faciles à saisir.

Les longues Antennes couchées sur une Face très-oblique et entre deux rangées de Cils raides serrés et forts, distinguent nettement ces races que leur Corps conique fait d'ailleurs reconnaître au premier coup d'œil. On ne les confondra donc avec aucune autre section d'Entomobies acanthoneurées; car elles aussi offrent des Cils sur la majeure partie de la nervure externe de la Cellule γ C de l'Aile.

Le développement parfois excessif des optiques, soit sur le Front, soit sur la Face, les différencie nettement des PHOROCÈRES.

Leur système alaire les rapprocherait des TACHINAIRES si d'autres caractères ne tendaient à les en éloigner.

Ces espèces constituent donc une tribu bien distincte, nettement tranchée, naturelle.

Dans notre travail primitif, nous n'avions pas isolé ces insectes; nous les avions placés dans notre grande et indigeste section des FAUNIDES et distribués dans les deux genres ARABA et OPHELIA.

Panzer, qui fit connaître la première ARGYRIE, l'avait

laissée parmi les immensités du genre MUSCA (*Musca leucocephala*). Fallen plaça ensuite ces Myodaires dans son genre TACHINA (*Tachina campestris*). Meigen imita le naturaliste suédois et en fit connaître un certain nombre d'espèces. Robineau-Desvoidy créa pour eux les genres OPHELIA et ARABA, qui ne furent pas adoptés par Macquart ; ce dernier rappela le genre METOPIA naguère proposé par Meigen qui, dans le tome VII de ses *Diptères d'Europe*, finit par se conformer à la marche de M. Macquart.

M. Macquart, et plus tard Meigen, ont placé parmi leurs MÉTOPIES des espèces appartenant à d'autres sections : nous-même, n'avions-nous pas décrit parmi les OPHÉLIES deux espèces qui leur sont étrangères.

Nous sommes loin de blâmer M. Macquart sur sa tentative de rétablissement du genre METOPIA, mais aussi nous prétendons conserver la priorité de notre travail, et ce sera justice. N'en serait-il pas ainsi, le genre METOPIA ne devrait pas être conservé parmi les Diptères. Depuis longtemps un genre de ce nom fait déjà partie de la grande famille des ICHNEUMONIDES, autres parasites des insectes. Qu'il n'en soit donc plus question pour les Myodaires.

Les ARGYRIDES vivent dans les insectes que les Hyménoptères rapaces enterrent vivants pour la nourriture prochaine de leur propre postérité. Cependant on doit dire qu'il n'est pas prouvé que de véritables ARGYRIDES se développent dans les souterrains des Hyménoptères qui enfouissent des Coléoptères. L'exemple cité par M. Macquart de Charansonites troués à l'épaule et observés dans cette condition par Saint-Fargeau se trouve loin d'être concluant. Saint-Fargeau, avec qui j'en ai conversé plusieurs fois, m'a toujours assuré qu'il ignorait l'ennemi réel de ces insectes et qu'il ne faisait que soupçonner une Arabelle, qu'au reste il n'avait pas conservée. Je note néanmoins le fait, car il peut être exact.

Cette tribu n'a fait dans la science presque aucun progrès depuis notre premier travail. Mais nos longues observations nous ont mis à même de rectifier quelques erreurs et de mieux circonscrire cette tribu qui sous notre climat ne manquera point de s'enrichir d'espèces nouvelles et intéresssantes.

Au genre Ophélie (*Myod.*, p. 120) nous avions imprimé : « Une espèce est éclose de la nymphe du Smerinthus populi. » Mais une note retrouvée dans nos manuscrits porte ces mots : « Il y a ici erreur manifeste, car nous possédons l'insecte éclos chez nous dans la circonstance indiquée ; ce n'est certainement pas une Ophélie. »

Des Argyrides il serait facile de faire une section séparée et détachée des autres Entomobies. Mais par ses Optiques et ses Cils frontaux cette tribu est voisine des Plagides, par ses Antennes elle tient aux premières sections des Atérides, par ses Ailes elle se rapproche beaucoup des Tachinaires. C'est donc à la suite de ces dernières qu'il serait convenable de placer les Argyrides d'après les véritables rapports d'organisation.

A. *Rangée complète de Cils sur la Face.*

I. G. ARGYRIA.......	Optiques très-développés sur le devant du Front. Rangée complète de Cils apicaux sur le troisième segment de l'Abdomen.
II. G. ARGYRELLA ...	Deux Cils seulement sur le dos du troisième segment de l'Abdomen.
III. G. ARABELLA....	Optiques moins développés sur le devant du Front. Les trois premiers segments de l'Abdomen bi-ciliés à leur bord postérieur.

IV. G. OPHELIA...... { Deux Cils sur le dos du premier segment de l'Abdomen; quatre sur le second, et rangée complète sur le troisième.

V. G. ANICIA........ { Bord postérieur du troisième segment abdominal entièrement ciligère. Abdomen plus elliptique.

B. *Point de Cils sur la Face.*

VI. G. PHROSINELLA. | Face nue.

247. — I. Genre ARGYRIE (1).
I. *Genus ARGYRIA,* R.-D.

Tachina : Fall.-Meig.-Zetterst.
Araba : Rob. Desv.
Metopia : Macq.-Meig., t. VII.

ANTENNES longues, descendant jusqu'à l'Epistôme; les deux premiers articles courts; le troisième cylindrique et très-long; CHÈTE allongé, avec les premiers articles très-courts; YEUX nus, distants sur les deux sexes; FRONT large sur les deux sexes et saillant en avant; sommet des OPTIQUES très développé et couvrant les Frontaux; FACE tout-à-fait oblique, en majeure partie formée par les Optiques; sur toute la hauteur de la Face une rangée de CILS robustes et qui appartiennent aux Optiques; PÉRISTOME carré; EPISTOME non en saillie PALPES rentrés.

ABDOMEN conique; deux CILS MÉDIO-APICAUX sur le dos du premier et du second segment; rangée de CILS APICAUX sur le troisième.

---

(1) Ne pas confondre le G. ARGYRÉE (Argyreus) de Scopali (LÉPIDOPTÈRES). Il existe aussi sous le nom d'ARGYREIA un genre botanique de la famille des Convolvulacées.

PATTES simples ; BROSSES à peine distinctes. CUILLERONS larges ; CELLULE γ C ouverte bien avant le sommet de l'Aile, avec la nervure transversale cintrée ; nervure externe de la Cellule γ C presque entièrement ciligère.

CORPS de forme conique, à teintes noires mélangées de gris ou de cendré.

ANTENNÆ elongatæ, ad Epistoma porrectæ, primis articulis brevibus, tertio cylindrico et elongato ; CHETUM elongatum, primis articulis brevissimis ; OCULI nudi, in utroque distantes ; FRONS in utroque lata et antice prominula ; OPTICIS apice maxime amplis, Frontaliaque excedentibus ; FACIES obliqua, Opticis maxime composita ; CILIA OPTICA rigida in Faciem elevata ; PERISTOMA quadratum, EPISTOMATE non prominulo, PALPISQUE intra positis.

ABDOMEN conicum ; duo MEDIO-APICALIA in primo secundoque segmento cum serie APICALIUM integra in tertio.

PEDES simplices, PULVILLIS vix distinctis. CALYPTA ampla ; CELLULA γ C ante apicem Alæ aperta, nervo transverso arcuato nervoque externo Cellulæ γ C omnino vix ciligero.

CORPUS conicum, colore nigro, nigro-griseo, nigro-cinereo.

Ce genre, qui sous d'autres climats comprend de très-jolies espèces, se distingue aisément des ARABELLES par le singulier développement de la base des Optiques qui viennnent en recouvrement sur les Frontaux qu'on cesse d'apercevoir (1).

Ces insectes sont doués de la plus grande agilité ; on les rencontre au Printemps sur les feuilles des arbres et sous un vif rayon de soleil.

TYPUS : *Musca leucocephala*, Panz.

---

(1) Les *Masicera auriceps*, Macq., *Metopia campestris* et *luctuosa*, Meig., qui se trouvent dans la collection du Muséum de Paris, offrent tous les caractères des ARGYRIES.

1244. — N° 1. ARGYRIA LEUCOCEPHALA, Panz.

Musca leucocephala :	Panz. - *Act. Holm.* ; id. *Faun. Germ.*, LIV, 14.
Tachina leucocephala :	Fall.-*Musc.*, n° 8.
— —	Meig.-*Dipt.*, t. IV, p. 371, n° 229.
— —	Zetterst.-*Dipt. Skand.*, n° 16.
Araba argyrocephala :	Rob. Desv.-*Myod.*, p. 129, n° 3.
Metopia argyrocephala :	Macq.-*Buff.* II, p. 126, n° 13.
— —	Meig.-T. VII, p. 228, n° 2.

♂ et ♀. Nigra, subgrisea; Frons antice argenteo-nitida, postice nigra; Frontalibus angustatis, nigris; Facies obliqua, vibrissis validis, alba, lateribus argenteis, nitidis; Antennæ, Chetum, Proboscis, Palpi, Pedes nigra. Thorax grisescens, vittis dorsalibus nigris. Abdomen primo segmento nigro, sequentibus griseo-subbruneo tessellatis; nonnullis per latera tessellis cinereis, in unoquoque segmento tres maculæ trigonæ, nigræ, trifariam dispositæ apiceque confluentes. Halteres obscuri : Calypta alba, subflavescentia ; Alæ hyalinæ.

Long. 3 lignes.

MALE et FEMELLE : Front noir en arrière et d'un argenté métallique en devant; Frontaux très-étroits et noirs; Face oblique, blanche, avec les côtés argenté-brillant; Antennes, Chète, Trompe, Palpes et Pattes noirs. Corselet grisâtre, avec des lignes noires sur le dos. Le premier segment de l'Abdomen noir; les trois suivants à reflets gris sur le dos et quelques reflets cendrés sur les côtés; chaque segment a trois taches trigones noires et confluentes au bord postérieur. Balanciers obscurs : Cuillerons blanc-jaunâtre; Ailes assez claires.

Cette espèce aime à voltiger et à se promener sur les feuilles des haies et des arbustes. Nous l'avons prise plusieurs fois sur des terrains où les Hyménoptères avaient fixé leur domicile.

Dans notre premier travail, nous l'avions à tort décrite sous le nom d'*Araba argyrocephala;* c'est aussi à tort qu'on lui a rapporté le *Musca ciliata* de Fabricius qui appartient à une autre famille.

1245. — N° 2. ARGYRIA PHILANTI, R.-D.

Araba Philanti : Rob. Desv.-*Myod.*, n° 2.

♂ et ♀. Simillima ARG. LEUCOCEPHALÆ, paulo major. Thorax tomento, Abdomen tessellis cinereis, cinereo-ardeaceis.

Long. 3-3 lignes 1/2.

MALE et FEMELLE : Cette espèce, tout-à-fait semblable à l'*Arg. leucocephala*, est un peu plus grande; le duvet du Corselet et les reflets de l'Abdomen sont cendrés ou cendré-ardoisé et non gris-brunâtre.

Cette espèce bien distincte pénètre dans les trous du PHILANTHUS TRIANGULUM, Fab., et d'autres grands Hyménoptères.

1246. — N° 3. ARGYRIA HILARIS, R.-D. *Sp. ined.*

♀. Nigra, nitens, lineis tessellisque ardeaceis; maculis abdominalibus vix perpicuis.

Long. 2 lignes 2/3.

FEMELLE : Front noir en arrière, d'un argenté-brillant en devant; Face ardoisée, avec les côtés cendré-brillant; Antennes, Chète, Trompe, Palpes et Pattes noirs. Corselet noir, assez luisant, saupoudré et rayé de cendré-ardoisé, avec les lignes dorsales noires. Abdomen noir, assez luisant, avec les reflets cendré-ardoisé : les taches noires ne sont distinctes qu'à une certaine lumière. Balanciers ferrugineux : Cuillerons blancs, avec la base un peu sale.

Nous avons pris cette espèce sur les feuilles d'un chêne, dans une haie.

1247. — N° 4. ARGYRIA HUMILIS, R.-D. *Sp. ined.*

♀. Thorax dorso griseo-sordidiusculo. Abdomen tessellis dorsalibus griseo-sordidiusculis.

Long. 2 lignes.

MALE : Front noir en arrière et argenté-brillant sur le devant; Face blanche, avec les côtés argenté-brillant; Antennes, Palpes et Pattes noirs. Corselet saupoudré d'un duvet cendré-brun qui devient gris sur le dos. Abdomen cendré-brunâtre sur les côtés et gris-sale sur le dos, avec les taches noires. Balanciers et Cuillerons blanchâtres; Ailes assez claires, avec la base un peu sale.

Nous ne connaissons que le Mâle de cette espèce.

1248. — N° 5. ARGYRIA MINUTA, R.-D.

Araba minuta : Rob. Desv.-*Myod.*, p. 130, n° 4.

« Simillima ARG. LEUCOCEPHALÆ, parva ; Alis claris. »

Long. 1 ligne 1/2.

« Tout-à-fait semblable à l'*Arg. leucocephala;* petite; Ailes claires. »

Cette espèce a été trouvée par M. le comte de Saint-Fargeau.

1249. = N° 6. ✱ ARGYRIA LOCUPLES, R.-D. *Sp. ined.*

♀. Frons tota Faciesque argenteæ, subopacæ, non nitentes; Antennis, Palpis, Pedibus nigris. Thorax ater. Abdomen atrum tertii quartique segmenti margine antico lateribus argenteis. Halteres obscuri : Calypta albidiora; Alæ subhyalinæ, tribus maculis brunicosis.

♂. Similis; Fronte Facieque argenteo-submicantibus. Abdomen tertii quartique segmenti margine antico argenteo.

Long. 2-2 lignes 1/2.

FEMELLE : Front en entier et Face couleur d'argent mat; Antennes, Palpes et Pattes noirs. Corselet noir. Abdomen noir, avec un petit liseré d'argent sur les côtés du bord antérieur du troisième et du quatrième segment. Balanciers obscurs : Cuillerons d'un beau blanc; Ailes assez claires, avec trois macules brunâtres, dont une apicale.

MALE : Semblable ; Front et Face d'un argenté un peu plus brillant; moitiés antérieures du troisième et du quatrième segment de l'Abdomen argentés.

Nous avons pris cette description sur une paire d'individus faisant partie de la collection de M. Bigot qui les a reçus du PIÉMONT.

248. — II. Genre ARGYRELLE.
II. *Genus ARGYRELLA*, R.-D.

Caractères des ARGYRIES ; le troisième segment de l'Abdomen n'offre que deux CILS MÉDIO-APICAUX,

Characteres ARGYRIARUM ; Abdomen tertii segmenti margine postico bi-ciliato.

Les ARGYRELLES ne peuvent constituer qu'un sous-genre intermédiaire aux ARGYRIES par le développement de leurs Optiques, et aux ARABELLES par le bord postérieur du troisième segment abdominal qui ne porte que deux Cils médio-apicaux.

1250. — N° 1. ARGYRELLA DISSIMILIS, R.-D. *Sp. ined.*

♀. Simillima ARG. LEUCOCEPHALÆ. Thorax tomento Abdomenque tessellis cinereo obscure bruneis. Calypta subflava.

Long. 3 lignes.

FEMELLE : Tout-à-fait semblable à l'*Arg. leucocephala ;* mais le duvet du Corselet et les reflets de l'Abdomen sont d'un cendré-brun-obscur qui donne un air de tristesse à l'insecte. Cuillerons flavescents. Il est certain qu'il n'existe que deux Cils apicaux sur le dos du troisième segment de l'Abdomen.

Nous ne connaissons qu'un individu de cette rare espèce.

1251. — N° 2. ARGYRELLA FESTINANS, R.-D. *Sp. ined.*

♀. Thorax niger, subnitens, subcinereus. Abdomen nigrum, tessellis obscure cinereis maculisque obscuris.

Long. 2 lignes.

FEMELLE : Front noir en arrière et argenté-brillant en devant; Face blanche. avec ses côtés argenté-brillant; Antennes, Trompe, Palpes et Pattes noirs. Corselet noir un peu luisant et saupoudré de cendré. Abdomen noir, à reflets cendré-obscur, avec les taches d'un noirâtre-luisant et peu distinctes. Balanciers et Cuillerons jaunâtres; Ailes légèrement flavescentes.

Nous ne connaissons qu'une Femelle de cette rare espèce prise sur un talus sablonneux.

249. — III. Genre ARABELLE.
III. *Genus ARABELLA*, R.-D.

Tachina : Meig., t. IV.-Zetterst.
Araba : Rob. Desv., *Myod.*, p. 127.
Metopia : Macq., *Buff.* II.-Meig., t. VII.

Tous les caractères du G. ARGYRIE; mais les Optiques non développés à leur base et ne débordant pas au-dessus des Frontaux qui sont toujours bien distincts. Deux CILS MÉDIO-APICAUX sur le dos des trois premiers segments de l'Abdomen.

Omnes characteres ARGYRIÆ; at OPTICA non Frontalia operiunt. FRONTALIBUS manifestis, latioribus. ABDOMEN tribus primis segmentis margine postico bi-ciliato.

TYPUS : *Tachina argyrocephala*, Meig.

On reconnait aisément les insectes de ce genre à leurs

Optiques qui ne recouvrent pas les Frontaux. Les trois premiers segments de l'Abdomen sont uniformément bi-ciliés sur le milieu de leur bord postérieur.

On ne rencontre ces insectes que dans les localités habitées et perforées par les Hyménoptères fouisseurs.

Nous avions d'abord imposé à ce genre le nom d'ARABETTE, ARABA; l'euphonie nous engage aujourd'hui à lui faire subir une légère modification.

1252. — N° 1. ARABELLA ARGYROCEPHALA, Meig.

Tachina argyrocephala : Meig.-T. IV, n° 230.
— — Zetterst.-N° 15.
Araba leucocephala : Rob. Desv.-*Myod.*, p. 130, n° 5.
Metopia argyrocephala : Macq.-*Buff.* II, p. 127, n° 14.
— — Meig.-T. VII, p. 228, n° 3, et Collect. du Muséum.

♀. Frons lateribus cinereis; Facies argenteo-nitida. Abdomen tessellis cinereis, subolivaceis; segmenta maculis tribus trigonis, nigris, trifariam positis.

♂. Similis, paulo minor.

Long. 2 2/3-3 lignes.

FEMELLE : Frontaux bruns ou noirs : côtés du Front cendrés et argentés sur le devant; Face blanche, avec les côtés argenté-brillant; Antennes, Chète, Palpes et Pattes noirs. Corselet cendré un peu obscur ou cendré-grisâtre, avec des lignes noirâtres sur le dos. Abdomen à reflets cendrés qui paraissent olivacés à une certaine lumière; sur chaque segment trois taches trigones, noirâtres, à reflets noirs et confluents à leur sommet. Balanciers obscurément fauves : Cuillerons blancs; à une certaine lumière ils paraissent un peu jaunâtres; Ailes claires, avec la base un peu flavescente.

Male : Semblable; un peu plus petit.

Cet insecte est assez commun sur les terrains en talus et criblés de trous d'Hyménoptères fouisseurs dont il attaque presque toutes les races.

Nous l'avons observé dans les galeries du Philanthus triangulum, Fabr. (*apivorus*, Latr.); on le trouve toujours à l'entrée du souterrain du Bembex rostrata, Fab.

Dans notre premier travail, nous l'avions à tort décrit sous le nom d'*Araba leucocephala*.

1253. — N° 2. Arabella obscura, R.-D.

Araba obscura : Rob. Desv.-*Myod.*, n° 6.
Metopia obscura : Macq. *Collect. du Muséum.*

♀. Simillima Arab. Argyrocephalæ; paulo major; Thorax tomento, Abdomen tessellis cinereo-griseo-obscuris. Calyptis flavescentibus; Alis minus limpidis.

Long. 3 lignes.

Femelle : Tout-à-fait semblable à l'*Arab. argyrocephala;* un peu plus grande. Le duvet du Corselet et les reflets de l'Abdomen sont d'un cendré-gris-brunâtre qui imprime à cet insecte certain air de tristesse. Cuillerons plus jaunes ; Ailes un peu moins claires (1).

Nous avons pris cet espèce sur un terrain sablonneux.

---

(1) L'exemplaire du Muséum de Paris est dans l'état le plus déplorable; incomplet, entouré de toiles d'araignées, il est indescriptible. Le *Metopia nasuta*, Meig., de la même collection, est incomplet ; la tête manque ; mais il a bien les ailes des Arabelles.

1254. — N° 3. ARABELLA ASSIMILIS, R.-D.

Araba assimilis : Rob. Desv.-*Myod.*, n° 7.

♀. Affinis ARAB. ARGYROCEPHALÆ ; Thorax tomento Abdomenque tessellis cinereis, nitidis.

Long. 3 lignes.

FEMELLE : Semblable à l'*Arab. argyrocephala*. Corselet cendré, avec les lignes dorsales noires; reflets de l'Abdomen cendré-albide, avec les taches noires.

Nous ne connaissons que la Femelle de cette espèce prise sur les feuilles d'une haie.

1255. — N° 4. ARABELLA CINERELLA, R.-D. *Sp. ined.*

♂ et ♀. Thorax cinereus, subcinereus ; Thoracis dorso Scutelloque grisco-subsqualidis. Abdomen tessellis subcinereis.

Long. 2 1/2-3 lignes.

MALE et FEMELLE : Frontaux noirs : côtés du Front brun-cendré; côtés de la Face argenté-brillant ; Antennes, Palpes et Pattes noirs. Corselet cendré, avec des lignes noires sur le dos ; un peu de gris-sale avant l'Ecusson et sur l'Ecusson. Abdomen à reflets cendrés un peu bruns, avec les taches noires. Balanciers obscurs : Cuillerons blancs ; Ailes un peu obscures.

On prend cette espèce dans les localités habitées par les Hyménoptères rapaces.

1256. — N° 5. ARABELLA SQUAMIPALLENS, R.-D.

Araba squamipallens : Rob. Desv.-*Myod.*, n° 8.

♀. Grisea. Abdomen tessellis subflavis.

Long. 2 lignes 1/2.

Femelle : Frontaux noirs : côtés du Front gris-jaunâtre ; Face blanche : ses côtés argentés, avec des reflets bruns ; Antennes, Chète, Trompe, Palpes et Pattes noirs. Corselet gris, avec les lignes dorsales noires. Abdomen à reflets flavescents ou gris-flavescent, avec les taches noires. Balanciers jaunes : Cuillerons jaunes ou jaunâtres ; Ailes assez claires.

On prend cette espèce dans les localités sablonneuses et aux abords des trous des Hyménoptères fouisseurs.

1257. — N° 6. Arabella vigilans, R.-D. *Sp. ined.*

♀. Nigra, lineis tessellisque cinereo-cærulescentibus.

Long. 2 lignes 2/3.

Femelle : Frontaux noirs : côtés du Front brun-grisâtre ; Face argentée ; Antennes, Trompe, Palpes et Pattes noirs. Corselet saupoudré de cendré-bleuâtre, avec le milieu du dos grisâtre. Abdomen garni de reflets cendré-bleuâtre, avec les taches noires ordinaires. Balanciers gris : Cuillerons jaunâtres ; Ailes claires.

Nous ne connaissons que la Femelle de cette espèce.

1258. — N° 7. Arabella jocosa, R.-D. *Sp. ined.*

♂ et ♀. Parva ; Thorax cinereus. Abdomen tessellis cinereis aut cinereo-subflavescentibus. Calyptis albis.

Long. 1 1/2-1 ligne 2/3.

Femelle : Taille petite ; Frontaux noirs : côtés du Front noir-cendré ; Face blanche ; côtés de la Face argenté-brillant ; Antennes, Trompe, Palpes et Pattes noirs. Corselet cendré, rayé de noir sur le dos. Abdomen à reflets cendrés ou d'un cendré à peine flavescent, luisant, avec les taches noires ordinaires. Balanciers couleur de rouille : Cuillerons bien blancs; Ailes claires.

MALE : Semblable.

Nous avons pris cette espèce sur les feuilles des arbres et dans les lieux sablonneux.

1259. — N° 8. ARABELLA RURALIS, R.-D. *Sp. ined.*

♀. Thorax subcinereus. Abdomen tessellis obscure cinereo subfuscis, maculisque obscurioribus.

Long. 2 lignes 1/2.

FEMELLE : Frontaux noirs : côtés du Front bruns à peine cendrés ; côtés de la Face argentés, avec des reflets bruns ; Antennes, Trompe, Palpes et Pattes noirs. Corselet obscurément cendré, avec des lignes noires sur le dos. Abdomen à reflets d'un cendré-brun-obscur, avec les taches noirâtres et peu distinctes. Balanciers obscurs : Cuillerons blancs ; Ailes un peu sales.

Nous ne connaissons qu'une Femelle de cette espèce prise sur un terrain sablonneux.

250. — IV. Genre OPHÉLIE (1).
IV. *Genus OPHELIA*, R.-D.

Tachina : Fall.-Meig., t. IV.-Zetterst.
Ophelia : Rob. Desv., *Myod.*, p. 120.
Metopia : Macq., *Buff.* II.-Meig., t. VII.

ANTENNES longues, descendant jusqu'à l'Epistôme ; les deux premiers articles courts ; le troisième cylindrique et

(1) Quoique ce nom soit maintenant consacré par le temps, on ne doit pas oublier que le genre OPHELIA avait été établi en 1817 pour un genre d'ARMÉLIDES, par M. Savigny.

long; Chète allongé, à premiers articles très-courts; Yeux nus, distants sur les deux sexes; Front large, carré, un peu saillant à la base des Antennes; Face oblique, composée en majeure partie par les Optiques qui fournissent une rangée complète de Cils raides; Péristome carré; Epistome non saillant; Trompe membraneuse; Palpes ne dépassant point l'Epistôme.

Abdomen cylindriforme sur les Mâles, un peu elliptique sur les Femelles; deux Cils médio-apicaux sur le premier segment; quatre Cils médio-apicaux sur le deuxième; rangée complète de Cils apicaux sur le troisième. Pattes simples. Cuillerons larges; Cellule γ C ouverte avant le sommet de l'Aile, avec sa nervure transversale cintrée. Nervure externe de la Cellule γ C ciligère dans ses deux tiers.

Corps cylindrique ou cylindriforme. Teintes noires mélangées de cendré ou de gris.

Antennæ longiores, ad Epistoma incumbentes; primis articulis brevissimis, ultimo longo; Chetum elongatum, primis articulis brevibus; Oculi nudi, in utroque sexu distantes; Frons obliqua, majori parte occupata ab Opticis valide ciligeris; Peristoma quadratum, Epistomate haud prominulo; Proboscis membranacea; Palpis non excedentibus.

Abdomen in ♀ subellipticum primi segmenti margine postico biciliato, secundi quadriciliato, tertii integre ciliato.

Pedes simplices. Calypta ampla. Cellula γ C aperta ante apicem Alæ, nervo transverso arcuato; nervo exteriori Cellulæ γ C non penitus ciligero.

Statura mediocris. Corpus cylindricum aut cylindriforme. Color niger, griseo et cinereo permixtus.

Typus : *Ophelia agilis*, R.-D., et *Tachina campestris*, Fall.

Nous n'avons plus ici le grand développement des Argyries; le Front est moins avancé en devant que sur les Arabelles;

mais la plupart des principaux caractères rappellent ces deux genres. La présence de quatre Cils apicaux sur le second segment de l'Abdomen et le bord postérieur du troisième entièrement ciligère doivent entrer en première ligne pour la rigoureuse distinction de ces races qui offrent tant d'analogie entre elles. Les Cils de la Face commencent aussi à devenir moins raides et l'Abdomen des Femelles est plutôt elliptique que conique.

On rencontre ces insectes sur les feuilles des arbres et sur les terrains sablonneux.

Notre *Ophelia gracilis* (*Myod.*, nº 3) et notre *Ophelia lutescens* (nº 4) n'appartiennent ni à ce genre ni à cette tribu.

1260. — Nº 1. Ophelia agilis, R.-D.

♀ *Ophelia agilis :* Rob. Desv.-*Myod.*, p. 120, nº 1.
♂ *Ophelia festiva :* Rob. Desv.-*Myod.*, p. 121, nº 2.
Metopia agilis : Macq.-*Buff.* II, p. 126, nº 11.

♀. Frontalia nigra : Frontis lateribus cinereo-bruneis ; Facies albida, lateribus argenteis ; Antennæ, Chetum, Proboscis, Palpi, Pedesque nigra. Thorax lateribus cinereo-subardeaceis, dorso cinereo-grisescente, vittis nigris. Abdomen primo segmento nigro ; tribus sequentibus fascia basilari sericeo-flavescente tessellatis, medio tenuiter interruptis ; iisdem segmentis fascia postica, minus lata, sinuata, nigra. Halteres flavo-fulvescentes : Calypta flavescentia ; Alæ sublimpidæ.

♂. Similis ; minor ; Fronte paulo angustiore. Abdomen tessellis vividioribus.

Long. 3 lignes.

Femelle : Frontaux noirs : côtés du Front brun-cendré ; Face albide, avec les côtés argentés ; Antennes, Chète, Trompe, Palpes et Pattes noirs. Corselet cendré légèrement ardoisé sur les côtés et cendré-grisâtre sur le dos, avec les lignes noires. Premier segment de l'Abdomen noir; une bande à reflets soyeux-flavescent sur la moitié antérieure des trois segments suivants; ces bandes sont légèrement interrompues sur leur milieu; une bande noire et sinueuse à la partie apicale de ces mêmes segments. Balanciers jaune-fauve : Cuillerons jaunes; Ailes assez claires.

MALE : Un peu plus petit; Front un peu plus étroit; les reflets de l'Abdomen plus prononcés.

Il n'est pas rare de rencontrer cette espèce sur les feuilles des haies et des arbres; on la trouve aussi dans les endroits habités par les Hyménoptères fossoyeurs.

1261. — N° 2. OPHELIA CÆSIA, R.-D. *Sp. ined.*

♂ et ♀. Affinis OPH. AGILI; cæsia; Abdomen fasciis transversis flexuosis, medio interruptis, sericeo-flavescentibus.

Long. 2 1/2-2 lignes 2/3.

MALE et FEMELLE : Frontaux noirs : côtés du Front cendrés; Face d'un blanc-argenté sur les côtés; Antennes, Palpes et Pattes noirs. Corselet noir de pruneau, saupoudré et rayé de cendré-grisâtre. Abdomen noir de pruneau; une bande sinueuse gris-flavescent sur la moitié antérieure des deuxième, troisième et quatrième segments; chaque bande est interrompue dans son milieu. Balanciers jaune-fauve : Cuillerons jaunes; Ailes claires.

Nous ne possédons qu'un couple de cette rare espèce.

1262. — N° 3. OPHELIA CAMPESTRIS, Fallen.

Tachina campestris : Fall.-P. 8, n° 12.
— — . Meig.-T. IV, p. 373, n° 231.
— — Zetterst.-*Dipt. Skand.*, n° 18.

Ophelia cinerea : Rob. Desv.-*Myod.*, n° 5.
Metopia campestris : Macq.-*Buff.* II, n° 8.
— — Meig.-T. VII, p. 219, n° 5.

♀. Affinis OPH. AGILI; Corpus nigrum, nitens, lineis tessellisque cinereis, cinereo-ardeaceis.

♂. Similis; paulo minor.

Long. 2 lignes 1/2.

FEMELLE : Frontaux noirs : côtés du Front d'un noir-cendré; côtés de la Face argentés; Antennes, Chète, Trompe, Palpes et Pattes noirs. Corselet noir-luisant ou noir de pruneau, saupoudré et rayé de cendré-blanc. Abdomen noir-luisant ou noir de pruneau; sur la partie antérieure des deuxième, troisième et quatrième segments, une bande transversale de reflets cendré-blanc, sinueuse en arrière et interrompue en son milieu. Balanciers rougeâtres : Cuillerons blanc-jaunâtre; Ailes assez claires.

MALE : Semblable; un peu plus petit.

Quoique l'espèce que nous venons de décrire ait le duvet du Corselet et les reflets abdominaux d'un cendré un peu ardoisé, nous n'hésitons pas à la rapporter au *Tach. campestris* de Fallen et de Meigen, à qui ces auteurs donnent un corps blanc; Zetterstedt va jusqu'à se servir de l'épithète *cana*. A la rigueur, il pourrait se faire qne le *Tachina campestris* de Fallen et notre *Ophelia cinerea* soient deux espèces distinctes.

On rencontre souvent cet insecte sur les feuilles des haies et des arbustes, ainsi que sur les terrains arides et brûlés par le soleil.

1263. — N° 4. OPHELIA DEMISSA, R.-D. *Sp. ined*

♀. Simillima OPH. CAMPESTRI; Abdomen fasciis cinereo-subgriseis, obscuris. Alæ sordidiusculæ.

Long. 3 lignes.

FEMELLE : Tout-à-fait semblable à l'*Oph. campestris;* les fascies ou bandes de l'Abdomen sont d'un cendré-grisâtre-obscur et non d'un cendré-ardoisé ; Ailes un peu sales.

Nous ne connaissons que la Femelle de cette espèce prise sur un talus sablonneux.

1264. — N° 5. OPHELIA AURIFRONS, R.-D. *Sp. ined.*

♂ et ♀. Antennis, Chetoque nigris ; Frontalibus rubris : Frontis, Facieique lateribus aureis ; Palpis subfulvis. Thorax cum Scutello niger, cinereo-fuscescente vittatus et irroratus. Abdomen nigrum, tribus fasciis transversis latioribus tessellanti-subcinereis. Pedes nigri. Calypta albida ; Alæ sublimpidæ.

Long. 2 1/2-3 lignes.

MALE et FEMELLE : Antennes et Chète noirs ; Frontaux rouges ou rougeâtres ; côtés du Front et de la Face jaune-doré ; Face d'un blanc-doré ; Palpes d'un testacé-fauve ; Poils de la Barbe et du pourtour de la Tête d'un cendré-brun ; bord postérieur des Yeux doré. Corselet et Ecusson noirs, rayés de cendré un peu brun. Abdomen noir, avec trois fascies transversales de reflets cendrés plus ou moins apparents ; les côtés du deuxième et du troisième segment fauves sur les deux sexes. Pattes noires. Cuillerons blanchâtres ; Ailes assez claires.

Cette espèce est éclose, chez M. Guérin, de la chrysalide du BOMBYX HESPERA, Latr., originaire de SURINAM. Elle serait donc exotique.

1265. = N° 6. * OPHELIA AMABILIS, Meig.

Metopia amabilis : Meig.-*Collect. du Muséum.*

♀. Frontalia nigra : Frontis lateribus nigro-griseis; Facies albida; Antennæ bruneo-limpidæ; Palpis nigris. Thorax niger, cinereo lineatus et irroratus. Abdomen nigro-gagateum, tribus fasciis cinereo-griseis segmentorum mediam partem occupantibus. Halteres bruneo-ferruginei : Calypta flavescentia; Alæ flavescentes.

Long. 3 lignes.

FEMELLE : Frontaux noirs : côtés du Front noir-gris; Face albide; Antennes d'un brun-clair; Palpes noirs. Corselet noir, saupoudré et rayé de cendré. Abdomen noir de pruneau, avec trois fascies d'un cendré-grisâtre qui occupent la moitié supérieure des segments. Pattes noires. Balanciers brun-ferrugineux : Cuillerons jaunâtres; Ailes flavescentes.

ALLEMAGNE. Collection du Muséum de Paris.

251. — V. Genre ANICIE.
V. *Genus ANICIA*, R.-D.

Tous les caractères des ARABELLES; mais le bord postérieur du troisième segment abdominal entièrement garni de Cils.

Omnes characteres ARABELLARUM. Abdomen tertii segmenti margine postico toto ciligero.

Nous croyons nécessaire d'insister sur ce caractère en raison de la difficulté que ces races présentent pour les constatations spécifiques.

Jusqu'à ce jour on n'avait pas connu ces insectes dont les Femelles ont en outre l'Abdomen un peu plus elliptique.

1266. — N° 1. ANICIA SABULOSA, R.-D. *Sp. ined.*

♀. Thorax cinereo-ardeaceo, vittis nigro-cæsiis. Abdomen tessellis ardeaceis, maculisque nigro-cæsiis.

♂ Similis; paulo minor.

Long. 2-2 1/2-3 lignes.

Femelle : Frontaux noirs : côtés du Front cendré-brunâtre ; Face blanche, avec les côtés argentés ; Antennes, Chète, Trompe, Palpes et Pattes noirs. Corselet cendré-ardoisé, avec les lignes dorsales noir de pruneau. Abdomen à reflets cendré-ardoisé, avec les taches noir de pruneau. Balanciers rougeâtres : Cuillerons blanchâtres ; Ailes assez claires.

Male : Semblable ; un peu plus petit.

Nous possédons un couple de cette rare espèce prise dans une localité sablonneuse.

1267. — No 2. Anicia insidiosa, R.-D. *Sp. ined.*

♀. Similis An. sabulosæ. Thorax cinereus. Abdomen tessellis sericeo-flavis.

Long. 2 lignes 1/2.

Femelle : Frontaux noirs : côtés du Front cendrés ; Face blanche, avec les côtés blanc-argenté ; Antennes, Chète, Trompe, Palpes et Pattes noir de pruneau. Corselet cendré, avec les lignes dorsales noires. Abdomen noir de pruneau, avec les reflets soyeux-flavescent et les taches luisantes. Balanciers jaunes : Cuillerons blanc-jaunâtre ; Ailes assez claires.

Nous ne possédons que la Femelle de cette espèce prise sur un talus sablonneux ; elle diffère de l'*An. sabulosa* par les reflets jaunes de l'Abdomen et par son Corselet cendré.

1268. — No 3. Anicia demissa, R.-D. *Sp. ined.*

♀. Frons nigra. Thorax grisescente irrorata. Abdomen tessellis obscure griseo-infuscatis.

Long. 3 lignes.

FEMELLE : Front entièrement noir; Face albide; Antennes, Trompe, Palpes et Pattes noirs. Corselet noir, saupoudré de cendré-grisâtre. Abdomen noir, avec les reflets d'un gris-brun-obscur et les taches noires peu prononcées. Balanciers bruns : Cuillerons blanchâtres ; Ailes assez sales à la base.

Nous ne connaissons que la Femelle de cette espèce prise sur les feuilles d'une haie.

1269. — N° 4. ANICIA MURICOLA, R.-D. *Sp. ined.*

♀. Nigra, cinereo irrorata. Abdomen tribus fasciis albo-argenteis, medio interruptis.

Long. 2 lignes 2/3.

FEMELLE : Yeux rouges; Frontaux noirs : côtés du Front d'un cendré-brunâtre ; Face d'un blanc-argenté; Antennes, Trompe, Palpes et Pattes noirs. Corselet cendré-blanc, avec les lignes dorsales noires. Abdomen noir-luisant, avec trois fascies de reflets blanc-argenté et interrompues sur leur milieu. Balanciers flavescents : Cuillerons jaunâtres et Ailes claires.

Nous ne connaissons que la Femelle de cette espèce prise au mois de Juillet dans un trou d'Hyménoptère creusé dans une vieille muraille.

252. — VI. Genre PHROSINE.
VI. *Genus PHROSINA*, R.-D.

ANTENNES longues; les deux premiers articles très-courts; premiers articles du CHÈTE très-courts; YEUX nus; FRONT large sur les deux sexes; FACE oblique, occupée en majeure partie par les faciaux qui n'ont point de Cils; PÉRISTOME carré; EPISTOME non saillant.

Abdomen cylindrique; deux Cils médio-apicaux sur le premier et le second segment; quatre Cils apicaux sur le troisième; rangée complète de Cils apicaux sur le quatrième.

Cuillerons larges; Cellule γ C ouverte bien au-dessus du sommet de l'Aile, avec sa nervure transversale fortement arquée; quelques petites épines seulement à la base de la nervure externe de la Cellule γ C.

Corps cylindrico-conique. Teintes noires, grises et argentées.

Antennæ longiores, primis articulis brevissimis; Chetum primis articulis brevibus; Oculi nudi; Frons lata, subquadrata; Facies obliqua, ab Opticis occupata, absque Ciliis validis; Peristoma quadratum, Epistomate haud prominulo; Palpi non excedentes.

Abdomen cylindricum, primi secundique segmenti margine postico bi-ciliato, tertii quadri-ciliato, quarti toto ciligero.

Calypta ampla; Cellula γ C longe ante apicem Alæ aperta, nervo transverso valide arcuato; nervo exteriori Cellulæ γ C basi vix spinosulo.

Lors même que la nervure externe de la Cellule γ C de l'Aile n'offrirait pas de petites épines seulement à la base, lors même que les Cils des segments de l'Abdomen ne présenteraient pas une autre disposition, l'absence complète de Cils raides sur la Face suffirait pour établir solidement ce genre dont les Antennes, le Chète, le Péristôme et l'ensemble du Corps rappellent les Arabelles ou les Argyries.

Ces insectes, qui paraissent très-rares sous notre climat, vivent aux dépens des petits Hyménoptères fouisseurs et rapaces.

1270. — N° 1. Phrosina argyrina, R.-D. *Sp. ined.*

♀. Facies alba. Abdomen gagateum, nitidum, secundi, tertii et quarti segmenti apice fascia argentea micante, medio bi-dentata et subaurea.

♂. Similis; magis cylindrica.

Long. 3 lignes.

FEMELLE : Frontaux bruns ; côtés du Front gris ; Face blanche ; Antennes noires ; Palpes flavescents. Corselet cendré sur les côtés, gris de terre sur le dos, avec les lignes noirâtres. Abdomen d'un beau noir-jais brillant ; au bord antérieur des deuxième, troisième et quatrième segment, une bande argentée brillante qui sur le dos devient dorée et jette en arrière deux dentelures de la même couleur. Pattes noires. Balanciers bruns : Cuillerons blancs ; Ailes claires.

MALE : Tout-à-fait semblable ; un peu plus cylindrique.

Nous possédons un seul couple de cette jolie et rare espèce prise au mois d'Août au milieu d'une société de petits Hyménoptères fouisseurs.

II. Tribu : LES BRACHYCÉRÉES.
II. *Tribus : BRACHYCERATÆ*, R.-D.

Brachyceratæ : Rob. Desv., *Myod.*, p. 92.
Tachina : Fall.-Meig.
Miltogramma : Meig.-Rob. Desv.-Macq.-Zetterst.

ANTENNES courtes, ne descendant ordinairement que jusqu'au milieu de la Face ; le premier article court ; le second un peu plus long, nu ou velu sur le dos ; le troisième cylindrique, double du deuxième pour la longueur ; premiers articles du CHÈTE courts ; le troisième ordinairement resserré sur lui-même et assez court.

TÊTE arrondie en devant : YEUX nus et distants sur les

deux sexes; FRONT en carré allongé, parfois resserré sur les deux sexes et en saillie contre la base des Antennes; FACE presque verticale, avec prédominance des Optiques; les MÉDIANS et les FACIAUX peu développés; peu ou point de Cils faciaux; les LATÉRAUX développés; PÉRISTOME ordinairement étroit, allongé; EPISTOME le plus souvent coupé obliquement et de haut en bas aux dépens de la Face; TROMPE en partie molle et en partie solide; PALPES jamais saillants.

ABDOMEN conique, formé de quatre segnents dont le bord postérieur est nu ou ciligère; organes de reproduction peu développés et cachés.

PATTES simples; quelquefois le quatrième article des Tarses antérieurs du Mâle offre deux longs cils recourbés.

CUILLERONS larges; AILES trigones, avec la CELLULE γ C ordinairement ouverte bien avant le sommet de l'Aile, rarement fermée, rarement pétiolée; nervure transversale fortement cintrée; absence ou présence de l'Epine marginale.

TAILLE moyenne et petite; forme conique; teintes noirâtres, nuancées de cendré, de gris et de testacé.

ANTENNÆ breves, non usque ad Faciei mediam partem porrectæ; primus articulus brevis; secundus poulo longior, dorso nudo vel villosulo; tertius cylindricus, bilongior secundo; CHETUM primis articulis brevibus, tertio crasso et brevi.

CAPUT antice rotundatum; OCULI nudi, in utroque distantes; FRONS quadrato elongata, sæpe in utroque angustata et contra Antennarum basim prominula; FACIES vix verticalis, Opticis prominulis; MEDIANEIS et FACIALIBUS minimis; CILIA FACIALIA vel nulla, vel numero minima, lateribus amplis; PERISTOMA angustatum, EPISTOMATE sæpius oblique truncato Faciemque excedente; HAUSTELLUM partim molle, partim solidum; PALPI nunquam prominuli.

ABDOMEN conicum, quadrisegmentatum, segmentis parte inferiori nudis vel ciligeris; organa copulativa minime ampla et latentia.

PEDES simplices; aliquando in ♂, TARSI anteriores quarto articulo duobus ciliis recurvis ornato. CALYPTA ampla; ALÆ trigonæ; CELLULA γ C longe ante apicem Alæ aperta, raro occlusa, rarius petiolata; nervo transverso maxime arcuato; Spinaque marginali sæpe deficiente.

STATURA mediocris; CORPUS conicum; COLOR nigrescens, cinereo, griseo vel testaceo ornatus.

Les espèces observées vivent dans les nids d'Hyménoptères soit mellifères, soit fouisseurs. Le viviparisme a été signalé chez les Mégères.

Les Antennes courtes, le Chète resserré, la Tête arrondie en devant, le Front quadrilatère, la majeure partie de la Face occupée par les Optiques et par les Latéraux, l'étroitesse et la longueur ordinaire du Péristôme, l'Abdomen conique et formé de quatre segments, de larges Cuillerons, et enfin des Ailes tout-à-fait aptes au vol, donnent à ces insectes un aspect et des caractères faciles à signaler et qui empêchent de les confondre avec les autres Entomobies. Ils ont du reste la plus grande analogie avec les GYMNOSOMÉES et les PHASIENNES.

Ils constituent un groupe naturel bien tranché; le développement des Optiques, joint à celui des latéraux, amène l'arrondissement en avant de la Face et donne le contraire de ce qui a lieu chez les MYOPAIRES qui ont les côtés de la Face concaves.

Ces insectes ont été l'objet d'études assez suivies depuis une trentaine d'années : cependant leur histoire est encore incomplète, principalement sous le rapport des espèces.

Meigen ne comprit dans son genre MILTOGRAMME primitif que des espèces qui lui appartiennent réellement; en 1837, il ajouta à sa première liste, et nous avons lieu de croire qu'il ne fut pas heureux, car plusieurs des espèces nouvelles qu'il fit connaître doivent appartenir à d'autres sections, notamment à celle de nos AGRIES et de nos GESNÉRIES ; il admit de plus quelques espèces proposées par M. Macquart, espèces qui sont pareillement étrangères à ce genre. Nous en devons dire autant pour le tiers des espèces décrites par Zetterstedt et qui sont de véritables Campéphages.

Nos propres observations, jointes à un fait constaté par le docteur Moret, d'Auxerre, nous apprennent qu'au jeune âge ces Myodaires vivent aux dépens des Hyménoptères soit carnassiers, soit mellifères, dont elles détruisent les larves.

D'autres observations nous démontrent que les races qui vivent dans les Hyménoptères carnassiers sont tout-à-fait distinctes de celles qui vivent dans les Hyménoptères mellifères. Ainsi on ne confondra jamais une Miltogramme avec une Miselle ou une Mégère. De même les races qui vivent dans les nids d'Hyménoptères mellifères sont bien différentes de celles qui vivent dans ceux des Mellifères sociaux ; les Amobies et les Miltogrammes prouvent ce fait jusqu'à la dernière évidence.

La nature, par une sorte de compensation, semble avoir voulu punir les Hyménoptères fouisseurs de leurs violences et de leurs meurtres ; elle a infligé nos Brachycérées comme un châtiment inévitable et sans fin à ces races qui enterrent d'autres insectes vivants pour l'alimentation future de leurs petits. Ainsi les Brachycérées sont des brigands qui ne s'élèvent et ne subsistent qu'aux dépens d'autres brigands. Voyez ce PHILANTHE, ce POMPYLE, ce CABRON, ce BEMBEX à l'instant où il va pénétrer dans le souterrain et où il accourt joyeux pour enfouir sa victime. L'inquiétude s'empare de lui au moment d'entrer dans son domicile ; c'est qu'il vient de reconnaitre l'ennemi qui doit détruire sa race. De là ces détours, ces allures en biais, ces fuites simulées pour tromper l'œil vigilant et implacable qui ne le perd pas de vue et qui se réjouit de la certitude de sa proie. Enfin l'Hyménoptère se décide à plonger dans son terrier : bientôt il en sort satisfait et bourdonnant ; à peine a-t-il repris son vol pour se procurer d'autres insectes que la Miselle, la Mégère, ou bien encore l'Elpigie, se précipitent à leur tour dans le nid, et l'observateur ne tarde pas à voir reparaitre l'Entomobie triomphante et célébrant sa ponte par des allures plus vives. Elle vient de déposer ses larves ou ses œufs dans le foyer même du possesseur légitime de la maison.

Maintes fois nous avons pris plaisir à suivre les manœuvres des deux champions ; il arrive souvent que l'Hyménoptère, impatient de la vue de son ennemi, ne veut pas souffrir sa présence dans le voisinage de son habitation, il s'élance sur lui et semble lui déclarer une guerre à outrance ; mais la petite Myodaire se rit, si l'on peut parler ainsi, des menaces et des poursuites de son adversaire. Elle se contente de quelques voltiges qui la changent de place et parfois lui permettent de se cacher derrière un grain de sable. Nous n'avons jamais vu aucune d'elles payer de sa vie l'insolence de ses prétentions et la hardiesse de ses approches. Du reste, tout semble favoriser l'insecte dans ses évolutions : la petitesse de son corps, ses couleurs qui sont celles du terrain, l'infinie légèreté de ses mouvements assurent sa fuite et protègent sa présence.

La plupart de ces insectes, quoique très-agiles, ne quittent pas la localité où ils doivent déposer leurs œufs : ils attendent et épient l'occasion favorable : c'est qu'avec la durée éphémère de leur existence ils n'ont pas le temps de s'aventurer dans un monde lointain ; il y a nécessité pour eux d'être prêts à un moment fixe. La prestesse des mouvements ne leur sert qu'à se garantir; ils en ont le plus pressant besoin. Mais l'entomologiste doit s'armer de patience pour observer ces insectes et pour se les procurer. S'ils trouvent moyen d'échapper à l'œil perçant de leurs ennemis hexapodes, ils savent se rendre comme invisibles à l'œil humain et comme inaccessibles à nos efforts de conquête; la plupart d'entre eux ne peuvent être pris qu'au filet et avec les plus grandes précautions.

Les espèces qui doivent déposer leurs œufs dans les nids des Hyménoptères mellifères ont de plus grandes facilités pour s'élancer dans le monde extérieur; elle aiment à s'abattre sur les fleurs des Ombellifères dont elles pompent la liqueur sucrée.

Nous avons dans notre collection la preuve que plusieurs espèces des Brachycérées sont vivipares : la science n'avait pas encore reconnu ce fait parmi les Entomobies. Est-il commun à toutes les espèces de la tribu ?

Ce viviparisme confond toutes nos idées sur les habitudes des races parasites. Si la Mégère pond ses larves dans le nid d'un Hyménoptère fouisseur, ce n'est donc pas pour détruire par elle-même la postérité de ce dernier, laquelle n'est pas encore éclose. La larve déposée n'a pas le temps d'attendre, elle a faim : elle devra donc s'adresser de suite à un autre aliment qui sans doute n'est autre que l'insecte enterré vivant par la prévoyance d'une mère, de façon qu'à sa naissance le petit Hyménoptère futur trouvera son approvisionnement consommé; il mourra d'inanition. Il en devait être de même des espèces pour lesquelles avaient été préparées des provisions à base miellée; telles seraient les Collètes avec les Hamulies.

Sous le climat de Paris, il doit encore rester plusieurs espèces nouvelles à reconnaître.

La nature semble avoir elle-même divisé cette tribu en deux groupes distincts par la longueur respective des articles antennaires. Ces deux groupes se rapportent aussi aux deux divisions suivantes :

1° Espèces qui vivent aux dépens des Hyménoptères mellifères ;

2° Espèces qui vivent aux dépens des Hyménoptères fouisseurs.

§ I. Le troisième article des Antennes double du deuxième pour la longueur.

A. *Point d'Epine médio-costale ou marginale.*

†. Point de Cils raides développés sur les segments abdominaux.

✱ *Face comme bombée.*

I. G. HAMULIA	Le quatrième article des deux Tarses antérieurs muni de deux soies allongées et recourbées au sommet. Point de Cils entre les Antennes et l'Epistôme.
II. G. MILTOGRAMMA.	Sur le Mâle, le quatrième article des Tarses antérieurs non muni de deux soies allongées.
III. G. PTERELLA....	Cils entre l'Epistôme et le sommet des Antennes.

††. Cils raides sur les segments abdominaux.

IV. G. SETULIA......	Caractères des Miltogrammes ; Cils raides sur le deuxième et le troisième segment de l'Abdomen. Point de Cils faciaux.

✶ *Face non bombée.*

V. G. AMOBIA	Front rétréci ; quelques Cils faciaux : Cils raides sur tous les segments de l'Abdomen.
VI. G. MOSCHUSA'....	Front large sur les deux sexes ; point de Cils faciaux ; point de Cils raides sur le premier segment de l'Abdomen.

§ II. Les deux derniers articles antennaires d'égale longueur.

VII. G. MEGÆRA.....	Les deux derniers articles des Antennes égaux en longueur ; Front en saillie. Nervure γ C ouverte avant le sommet de l'Aile.

B. *Epine médio-costale ou marginale.*

VIII. G. MISELLIA	Caractères des Mégères. Epine médio-marginale.
IX. G. ELPIGIA......	Cellule γ C plus étroite, avec la nervure transversale presque droite.

---

§ I. Le troisième article des Antennes double du deuxième pour la longueur.

A. *Point d'Epine médio-costale ou marginale.*

†. Point de Cils raides développés sur les segments abdominaux.

✶ *Face comme bombée.*

253. — I. Genre HAMULIE.
I. *Genus HAMULIA*, R.-D.

Tachina : Fall.
Miltogramma : Meig.-Rob. Desv.-Macq.-Zetterst.

Antennes courtes ; le troisième article cylindrique, au

moins double du second pour la longueur ; CHÈTE resserré, à premiers articles courts ; le dernier nu ; TÊTE grosse, arrondie ; YEUX nus, distants sur les deux sexes ; FRONT en carré allongé sur les deux sexes ; FACE presque verticale, sans Cils faciaux, formée en partie par les Optiques ; PÉRISTOME plus long que large.

ABDOMEN formé de quatre segments dont le troisième est ciligère à son bord postérieur.

Sur le Mâle, le quatrième article des Tarses antérieurs velu à son côté extérieur et muni de deux longs crochets sétiformes. CUILLERONS larges ; CELLULE γ C ouverte avant le sommet de l'Aile, avec sa nervure transversale fortement cintrée.

TAILLE moyenne ; CORPS cylindrique, à teintes brunes mêlées de gris et de testacé.

Les espèces observées vivent dans les nids des Hyménoptères mellifères.

ANTENNÆ abbreviatæ, tertio articulo cylindrico, bilongioreque secundo ; CHETUM constrictum, primis articulis brevibus ; CAPUT antice rotundatum ; OCULI nudi, distantes in utroque sexu ; FRONS quadrilatera ; FACIES subverticalis, absque Ciliis facialibus, ab opticis majori parte occupata ; PERISTOMA angustatum, elongatum, EPISTOMATE haud prominulo.

ABDOMEN conicum, quadrisegmentatum, tertii segmenti margine postico solo ciligero.

In ♂ quartus articulus Tarsorum anteriorum externe hirtellum et duplici seta longiore, recurva, munitus. CALYPTA ampla ; CELLULA γ C aperta ante apicem Alæ, nervo transverso arcuato.

STATURA mediocris ; CORPUS conoïdeum, fuscum, cinereo et testaceo permixtum.

Species observatæ in foraminibus Hymenopterarum melliferarum vitam degunt.

TYPUS : *Miltogramma punctata*, Meig.

Ce genre se distingue des véritables MILTOGRAMMES par la présence d'une frange de poils au côté externe des quatre articles des Tarses antérieurs sur le Mâle; en outre, on y distingue deux longs Cils qui dépassent le dernier article et qui sont recourbés à leur sommet.

On trouve ces insectes le long des vieilles murailles où les Hyménoptères mellifères nidifient depuis longtemps.

1271. — N° 1. HAMULIA MACQUARTI, R.-D. *Sp. ined.*

♂ et ♀. Frontalia flava : Frontis lateribus flavo-albidis; Facies albida, occipite cinereo; Antennæ nigræ; Proboscis fusca; Palpis flavo-pallidis. Thorax cinereus, lineis dorsalibus fuscis obscuris. Abdomen cano-ferrugineo micans et tessellatum, triplici serie transversim disposita punctorum nigro-olivaceorum in dorso secundi, tertii quartique segmenti. Pedes nigri. Halteres subflavi : Calypta alba: Alæ hyalinæ.

Long. 4 lignes.

MALE et FEMELLE : Frontaux jaunes : côtés du Front d'un jaune-blanchâtre; Face blanche; derrière de la Tête cendré; Antennes noires; Trompe brune; Palpes jaune-pâle. Corselet cendré, avec des lignes dorsales noires, assez obscures; Ecusson gris-cendré. Abdomen cendré ou blanc-ferrugineux assez brillant et à reflets; trois taches ou points d'un noir-olivâtre disposées transversalement contre le bord postérieur des deuxième, troisième et quatrième segments. Pattes noires. Balanciers jaunâtres : Cuillerons blancs; Ailes claires.

Il importe de ne pas confondre cette espèce avec le *Miltogramma œstracea* de Meigen et de Fallen, qui a la base des Antennes fauve. Nous n'avons jamais rencontré ce dernier insecte que Macquart écrit vivre dans le Nord.

Nous avons capturé l'espèce décrite en Juin et Juillet.

Nous l'avons prise en assez grande quantité au milieu d'un vaste établissement de Colletes succincta, Latr..

Elle est toujours plus forte que l'*Hamulia punctata.*

1272. — N° 2. Hamulia punctata, Meig.

Miltogramma punctata : Meig.-T. iv, p. 228, n° 3.
— — Rob. Desv.-*Myod.*, p. 93.
— — Macq.-*Buff.* ii, p. 153, n° 2.
— — Zetterst.-*Dipt. Skand.*, t. iv, n° 3.

♀. Antennæ nigræ, basi rufa; Frons fulva; Palpi flavo-pallidi. Abdomen griseum, triplici serie punctorum nigrorum in dorso primi, secundi, tertii quartique segmenti.

♂. Similis: minor. Abdomen lateribus paleaceis, ceu flavo-subfulvescentibus.

Long. 3 1/2-4 lignes.

Femelle : Frontaux jaune-fauve : côtés du Front jaunes, avec des reflets couleur de chair; Face blanche; Vertex fauve; Antennes noires, avec la base fauve et rarement noire ou brune; Palpes jaune-pâle. Corselet gris, avec des lignes dorsales noires. Abdomen gris, avec des reflets rougeâtres plus ou moins prononcés sur les côtés; des reflets fauves sous le Ventre; une série de trois points presque carrés et noirs ou noirâtres sur le dos de chaque segment. Pattes noires. Balanciers jaunes : Cuillerons blancs; Ailes claires, avec les nervures d'un jaune-rouillé à la base.

Male : Semblable; un peu plus petit; côtés de l'Abdomen couleur de paille.

On prend cette espèce pendant les mois d'Eté.

1273. = N° 3. ✱ Hamulia lateralis, Macq.

Miltogramma lateralis : Macq.-*Collect. du Muséum.*

♂. Frontalia antice flava, postice flavo-rubescentia; Antennæ nigræ; Palpi flavi. Thorax lateribus cinereis, dorso flavescente, lineis nigris. Abdomen primis tribus segmentis lateribus rubris, subtusque rubro-testaceis; in urtiusque segmenti dorso macula lata, triangularis et nigra, tessellis flavescentibus, ultimis segmentis nigris. Pedes nigri, Tibiis posticis bruneo-fulvis. Calypta alba; Alæ limpidæ, basi flavo-rubescente.

Long. 4 lignes.

Male : Frontaux jaunes en devant et jaune-rougeâtre en arrière; Antennes noires; Palpes jaunes. Corselet cendré sur les côtés et flavescent sur le dos, avec des lignes noires. Les trois premiers segments de l'Abdomen rouges sur les côtés et rouge-testacé en dessous; chaque segment a sur le dos une large tache triangulaire noire, avec des reflets flavescents; les derniers segments noirs. Pattes noires; les Tibias postérieurs brun-fauve. Cuillerons blancs; Ailes claires, avec la base d'un jaune-rougeâtre.

Cette remarquable espèce est Française; elle a été donnée et étiquetée par M. Macquart.

254. — II. Genre MILTOGRAMME.
II. *Genus MILTOGRAMMA*, R.-D.

Miltogramma : Meig.
Tachina : Fall.

Caractères des Hamulies; le quatrième article des Tarses antérieurs simple.

Hamuliarum characteres : in ♂, Tarsorum anteriorum quartus articulus simplex.

Typus : *Miltogramma Germari*, Meig.

1274. — N° 1. MILTOGRAMMA AURULENTA, R.-D. *Sp. ined.*

♀. Frontalia flavo-subfulva : Frontis lateribus aureis ; Antennis nigris. Abdomen tessellis subaureis, tessellisque nigricantibus.

Long. 3 lignes 1/2.

FEMELLE : Frontaux jaune-fauve : côtés du Front dorés ; Face albide ; Antennes noires ; Trompe noire ; Palpes jaunes. Corselet gris-cendré, mais gris-jaune sur la moitié postérieure du dos, avec des lignes noires. Abdomen à reflets jaune-doré et à reflets noirs sur le dos. Pattes noires. Balanciers jaunes : Cuillerons blancs ; Ailes claires, avec les nervures jaunes à la base.

Nous ne connaissons que la Femelle de cette espèce prise en Juillet sur une OMBELLIFÈRE.

1275. — N° 2. MILTOGRAMMA GERMARI, Meig.

Miltogramma Germari : Meig.-T. IV, n° 5.
— *fasciata :* Rob. Desv.-*Myod.*, n° 1.
— — Macq.-*Buff.* II, p. 154, n° 1.
— *Germari :* Zetterst.-*Dipt. Skand.*, n° 2.

♀. Frons flavo-carnea ; Facies albo-carnea ; Antennæ basi rufa ; Palpi subflavi. Abdomen cinereo tessellatum, maculis nigris confertis.

♂. Similis ; paulo minor ; Antennis pallide subrufis. Abdomen lateribus testaceis.

Long. 3 1/2-4 lignes.

FEMELLE : Front jaune, avec des reflets couleur de chair ; Face d'un blanc-jaunâtre couleur de chair ; Vertex jaune-rougeâtre ; Antennes noires ou brunes, avec la base fauve ; Palpes jaunâtres. Corselet gris-cendré, avec des lignes noires sur le dos. Abdomen cendré, à reflets plus marqués vers les incisions, avec des taches noires et confluentes ; un peu de fauve sur les côtés du premier segment. Balanciers jaunes : Cuillerons blancs ; Ailes claires, avec la base flavescente.

MALE : Semblable ; un peu plus petit ; Antennes presqu'entièrement d'un fauve-pâle ; les côtés de l'Abdomen d'un testacé-ferrugineux plus prononcé.

Cette espèce n'est pas commune aux environs de Paris. Dans notre premier travail nous l'avions faussement rapportée au *Miltog. fasciata*, Meig., qui ne se rencontre pas aux environs de Paris.

1276. — N° 3. MILTOGRAMMA MEIGENI, R.-D. *Sp. ined.*

♀. Frontalia flavo-mellina : Frontis lateribus flavo-subalbis ; Facie albida, vertice cinereo ; Antennis aurantiacis ; Proboscis fusca ; Palpis flavis. Thorax griseus, lineis dorsalibus nigris. Abdomen griseum, tessellans, macula laterali trigona, absolute nigra. Pedes nigri. Halteres æruginosi : Calypta alba ; Alæ hyalinæ.

♂. Simillima ; paulo minor.

Long. 3 lignes.

FEMELLE : Frontaux d'un jaune de miel : côtés du Front jaunâtres ; Face blanche ; derrière de la Tête cendré ; Antennes jaune-orangé ; Trompe brune ; Palpes jaunes. Corselet gris, avec des lignes dorsales noires. Abdomen gris et à reflets, avec une large tache trigone noirâtre de chaque côté des segments. Pattes noires. Balanciers couleur de rouille : Cuillerons blancs ; Ailes claires.

MALE : Semblable ; un peu plus petit.

On prend cette espèce en Eté ; c'est peut-être le *Miltog. murina*, Meig., n° 8.

1277. — N° 4. MILTOGRAMMA CURSORIA, R.-D. *Sp. ined.*

♂. Antennæ fulvæ ; Frons postice fulva, antice flava ; Frontis lateribus, Facieque subaureis. Abdomen tessellis griseis, maculisque serialibus fuscis subobliquis, lateribus hyalino-testaceis.

Long. 3 lignes.

Male : Front jaune-fauve en arrière et jaune en devant; côtés du Front et Face jaunes; Antennes fauves; Palpes jaunes. Corselet gris-cendré, avec des lignes noires peu distinctes. Abdomen gris-cendré, avec trois taches dorsales noirâtres dont les deux latérales sont obliques ; les côtés des premiers segments sont d'un testacé-fauve; Anus noir. Pattes noires. Balanciers fauves : Cuillerons blancs; Ailes hyalines.

Nous ne connaissons que le Mâle de cette espèce voisine du *Miltog. parasita.*

1278. — N° 5. Miltogramma parasita, R.-D.

Miltogramma parasita : Rob. Desv.-*Myod,* n° 3.

♀. Antennæ pallide rufæ; Fronte flavo-mellea. Thorax griseo-flavescens. Abdomen griseo-flavescens, tessellis serialibus fuscis, margine postico segmentorum flavo. Calypta flavescentia.

Long. 3 lignes.

Femelle : Frontaux jaune de miel : côtés du Front jaunes ; Face jaune-albide; derrière de la Tête gris-flavescent; Antennes fauve-pâle; Palpes jaunes. Corselet gris-flavescent, avec des lignes dorsales brunes. Abdomen jaune-flavescent, avec des reflets maculiformes bruns ou noirâtres; bord postérieur des segments d'un jaune un peu fauve; Anus noir. Pattes noires. Balanciers jaune-fauve : Cuillerons flavescents; Ailes assez claires, avec la base jaunâtre.

Nous ne connaissons qu'une Femelle de cette espèce. Le *Miltog. parasita* de Macquart n'est certainement pas la même espèce.

1279. — N° 6. Miltogramma rusticana, R.-D. *Sp. ined.*

♀. Nigricans, obscure griseo-infuscata; Frontalibus flavo-carneis; Antennæ basi rufa. Abdomen segmentorum margine postico tenuiter griseo. Alæ flavedine lavatæ.

Long. 3 lignes 1/4.

Femelle : Frontaux et Vertex jaunes, avec des reflets couleur de chair; côtés du Front et Face jaunes; derrière de de la Tête brun; Antennes noires, avec la base fauve; Palpes jaune-pâle. Corselet gris-brunâtre, avec les lignes d'un noirâtre-obscur. Abdomen à reflets obscur-noirâtre et à reflets obscurs d'un gris-brun; bord postérieur des segments légèrement gris; le deuxième segment légèrement fauve sur les côtés. Pattes noires. Balanciers jaunes : Cuillerons blanchâtres; Ailes légèrement flavescentes, avec la base jaune.

Nous ne connaissons que la Femelle de cette rare espèce.

1280. — N° 7. Miltogramma villana, R.-D. *Sp. ined.*

♂. Nigra, tessellis griseis rarioribus; Antennis fulvis; Palpis pallide flavis; Frontalibus flavo-melleis.

Long. 3 lignes.

Male : Frontaux jaune de miel : côtés du Front jaunes; Face jaune-albide; Antennes fauves; Palpes jaune-pâle. Corselet noir obscurément saupoudré de cendré. Abdomen noir, n'offrant que quelques reflets grisâtres. Pattes noires. Balanciers jaunes : Cuillerons blanchâtres; Ailes assez claires, avec la base jaune.

Nous ne connaissons que le Mâle de cette rare espèce.

1281. — N° 8. Miltogramma marginella, R.-D. *Sp. ined.*

♀. Antennæ basi fulva, ultimo articulo brunco. Abdomen tessellis.

cinereis ; tessellisque fuscis, segmentorum margine postico albo-cinereo, Ano atro-nitido.

Long. 2 lignes 1/2.

Femelle : Frontaux jaunes : côtés du Front et Face d'un blanc un peu argenté ; derrière de la Tête noirâtre ; base des Antennes fauve, avec le dernier article brun ; Palpes pâles. Corselet saupoudré de cendré, avec les lignes dorsales noires peu distinctes. Abdomen à reflets cendrés et à reflets bruns ; le bord postérieur des segments blanc-cendré. Anus noir-luisant. Pattes noires. Balanciers jaunes : Cuillerons blancs ; Ailes claires, avec la base légèrement flavescente.

Nous ne connaissons que la Femelle de cette rare espèce.

1282. = N° 9. ✱ Miltogramma fasciata, Meig.

Miltogramma fasciata : Meig., n° 1, et *Collect. du Muséum.*

♂. Frontalia lutea : Frontis lateribus Facieque albidis vel albicantibus ; Antennæ luteæ ; Palpis flavo-pallescentibus. Thorax lateribus cinereo-bruneo nigris, dorso paulo obscure griseo. Abdomen nigrum, tribus fasciis cinereo-griseis, maculaque rubra vel rubescente lateribus primi secundique segmenti. Pedes nigri. Halteres flavi : Calypta albida ; Alæ limpidæ.

Long. 3 lignes 1/4.

Male : Frontaux jaunes : côtés du Front et Face albides ou albicants ; Antennes jaunes ; Palpes jaune-pâle. Corselet noir-brun-cendré sur les côtés, légèrement gris-obscur sur le dos. Abdomen noir, avec trois légères fascies cendré-grisâtre ; une tache rouge ou rougeâtre sur les côtés des deux premiers segments. Pattes noires. Balanciers jaunes : Cuillerons blancs ; Ailes assez claires.

Allemagne. Collection du Muséum de Paris.

1283. = N° 10. ✱ Miltogramma melanura, Meig.

Miltogramma melanura : Meig.-*Collect. du Muséum.*

♂. Frontalia flavo-cerea : Frontis lateribus flavis vel flavescentibus ;

Facies albido-flavescens; Antennæ flavo-fulvæ. Thorax griseus, lineis dorsalibus nigris. Abdomen griseo-flavescens, tessellis maculiformibus bruneis quartoque segmento majori parte postice atro-gagateo. Pedes nigri. Calypta albo-flavescentia; Alæ limpidæ, basi paulo flavescente.

Long. 2 2/3-3 lignes.

MALE : Frontaux jaune de cire : côtés du Front jaunes ou jaunâtres ; Face albide-jaunâtre ; Antennes jaune-fauve. Corselet gris, avec des lignes dorsales noires. Abdomen gris un peu jaunâtre, avec des reflets maculiformes bruns ; majeure partie du quatrième segment noir-luisant en arrière. Pattes noires. Cuillerons blanc-jaunâtre ; Ailes claires, avec la base légèrement flavescente.

ALLEMAGNE. Collect. du Muséum de Paris.

1284. = N° 11. ✱ MILTOGRAMMA RUTILANS, Meig.

Miltogramma rutilans : Meig.-*Collect. du Muséum.*

♂. Frontalia flavo-fulva : Frontis lateribus flavis ; Facies flavo-albida; Antennæ fulvæ. Thorax flavo-aureus vel flavescens. Abdomen flavo-aureum, tribus fasciis transversalibus maculiformibus Anoque nigro. Pedes nigri ; Tibiis flavescentibus. Halteres flavescentes : Calypta albida ; Alæ limpidæ, basi flavescente.

Long. 2 lignes 1/4.

MALE : Frontaux jaune-fauve : côtés du Front jaunes ; Face jaune-albide ; Antennes fauves. Corselet jaune-doré ou flavescent-doré. Abdomen jaune-doré, avec trois fascies de taches noires. Anus noir. Pattes noires, avec les Cuisses flavescentes. Balanciers jaunâtres : Cuillerons blancs ; Ailes claires, avec la base flavescente.

ALLEMAGNE. Collect. du Muséum.

1285. = N° 12. ✱ MILTOGRAMMA TÆNIATA, Meig.

Miltogramma tœniata : Meig.-*Collect. du Muséum.*

♂. Frontalia flavo-mellea : Frontis lateribus aureis vel flavo-aureis ; Facies albida ; Antennæ nigræ ; ultimis articulis æqua longitudine ; Haustellum elongatum, filiforme et solidum, biarcuatum, tribus articulis manifestis. Thorax niger, cinereo-flavescente irroratus et lineatus ; Scutellum media parte posteriori testacea. Abdomen nigrum, tessellis bruneo-griseis, bi vel trifasciatum. Pedes nigri, Tibiis anterioribus bruneo-fulvis. Calypta albescentia; Alæ limpidæ.

Long. 3 lignes.

MALE : Frontaux jaune de miel : côtés du Front dorés ou jaune-d'or; Face albide; Antennes noires; les deux derniers articles presque d'égale longueur ; Pipette allongée, filiforme, solide, composée de trois articles manifestes, coudée en deux articles. Corselet noir, saupoudré et rayé de cendré-flavescent ; moitié postérieure de l'Ecusson testacée. Abdomen noir, avec deux ou trois fascies larges de reflets brun-grisâtre. Pattes noires; les deux antérieures d'un brun-fauve. Cuillerons blanchâtres; Ailes claires.

Cet insecte devra former un genre bien caractérisé par sa Trompe ou Pipette et par les deux derniers articles des Antennes de longueur presque égale.

Il n'y a point de Cils sur le deuxième segment de l'Abdomen.

255. — III. Genre PTÉRELLE.
III. *Genus PTERELLA*, R.-D.

Miltogramma : Meig.

Caractères des MILTOGRAMMES ; Cils entre l'Epistôme et le sommet des Antennes.

Gen. MILTOGRAMMÆ characteres, at Cilia inter Epistoma et Antennarum apicem.

TYPUS : *Miltogramma grisea*, Meig.

1286. — N° 1. PTERELLA MELLIFRONS, R.-D. *Sp. ined.*

♀. Grisea ; Antennæ basi rufa ; Palpi flavi ; Frontalia flavo-mellea ; Frontis lateribus subaureis ; Facie flavo-albescente, occipite griseo. Thorax griseus, nigro vittatus. Abdomen tessellis griseis tessellisque fuscis. Pedes nigri. Halteres flavi : Calypta alba ; Alæ hyalinæ.

♂. Similis ; paulo minor, magis obscura ; Calyptis minus albis.

Long. 3-3 lignes 1/4.

FEMELLE : Frontaux jaune de miel : côtés du Front jaune-doré; Face d'un blanc-flavescent; Vertex jaune de miel; derrière de la Tête gris ; Antennes noires, avec la base fauve et rarement brune ; Palpes jaunes. Corselet gris, avec des lignes noires sur le dos. Abdomen garni de reflets gris et de reflets bruns. Pattes noires. Balanciers jaunes : Cuillerons blancs ; Ailes claires.

MALE : Tout-à-fait semblable; parfois un peu plus petit. Abdomen un peu plus brun. Cuillerons un peu moins blancs.

Cette espèce n'est pas rare sous le climat de Paris. Elle est voisine du *Miltog. murina;* mais ses Antennes ne sont pas entièrement fauves.

1287. — N° 2. PTERELLA FLOREA, R.-D. *Sp. ined.*

♂. Frons flavo-fulvescens ; Facie albida ; Antennis nigris ; Palpis flavis. Thorax griseo-cinerascente irroratus, lineis dorsalibus paulo manifestis. Abdomen segmentorum margine antico tessellis cinereis, margine postico tessellis fuscis ; tessellis dorso inter se confertis. Ano nigro, tripunctato. Pedes nigri. Halteres et Calypta subalba ; Alæ sublimpidæ.

Long. 2 lignes 1/4.

MALE : Front jaune-fauve ; Face blanche ; Antennes noires ; Palpes jaunes. Corselet saupoudré de gris-cendré, avec les lignes dorsales peu distinctes. Les segments de l'Abdomen ont des reflets cendrés à leur bord supérieur et des reflets noirâtres à leur bord inférieur ; sur le dos, ces reflets se confondent et peuvent paraître maculiformes ; trois points noirs à l'Anus. Pattes noires. Balanciers et Cuillerons blanchâtres ; Ailes assez claires.

Nous ne possédons que le Mâle de cette rare espèce, que

nous avons d'abord été tenté de prendre pour le *Miltog. intricata* de Meigen; mais ses Antennes entièrement noires lui assurent une spécialité distincte.

1288. = N° 3. ✱ PTERELLA ÆSTRACEA, Meig.

Miltogramma œstracea : Meig.-*Dipt.*, n° 4. *Collect. du Muséum*
— — Macq.-*Buff.* II, p. 153, n° 3.
Tachina œstracea : Fall.-N° 17.

♂. Frontalia flavo rubescentia. Frons lateribus Faciesque albidæ, paulo rubescentes; Antennæ rubescentes; Chetum nigrum. Thorax niger griseo lineatus et irroratus. Abdomen griseo-ferrugineum. Pedes nigri. Calypta grisea; Alæ limpidæ, basi paulo flavescente.

Long. 3 lignes.

MALE : Frontaux jaune-rougeâtre : côtés du Front et Face albides et légèrement rougeâtres; Antennes rougeâtres; Chète noir; (on ne voit pas les Palpes). Corselet noir fortement saupoudré et rayé de gris. Abdomen gris couleur de rouille. Pattes noires. Cuillerons gris; Ailes claires, à base un peu flavescente.

ALLEMAGNE. Collection du Muséum. Elle est indiquée par M. Macquart comme française.

1289. = N° 4. ✱ PTERELLA MURINA, Meig.

Miltogramma murina : Meig.-*Collect. du Muséum*.

♂. Frontalia flavo-mellea : Frontis lateribus flavo-aureis; Facies albida; Antennæ fulvæ. Thorax murinus lineis nigrescentibus. Abdomen murinum, tessellis bruneis. Halteres flavi : Calypta albo-flavescentia; Alæ limpidæ, basi flavescente.

Long. 2 2/3-3 lignes.

MALE : Frontaux jaune de miel : côtés du Front jaune-doré; Face albide; Antennes fauves. Corselet gris de souris, avec des lignes noirâtres. Abdomen gris de souris, avec des reflets bruns. Balanciers jaunes : Cuillerons blanc-jaunâtre; Ailes claires, avec la base flavescente.

ALLEMAGNE. Collect. du Muséum. Macquart l'a signalée à Bordeaux.

†† . Cils raides sur les segments abdominaux.

256. — IV. Genre SETULIE.
IV. *Genus SETULIA*, R.-D.

Caractères des Miltogrammes ; deux Cils médio-apicaux sur le dos du deuxième segment de l'Abdomen ; rangée de Cils apicaux sur le troisième.

Gen. Miltogrammæ characteres ; duo medio-apicalia in secundo, seriesque apicalium integra in tertio Abdominis segmento.

Typus : *Setulia Cerceridis*, Guérin.

Parmi les espèces étudiées jusqu'à ce jour, aucune ne présente le caractère que nous venons d'indiquer et qu'il est important de noter si l'on ne veut pas commettre d'erreur.

1290. — N° 1. Setulia Cerceridis, Guérin.

♂ et ♀. Griseo-sericea aut griseo-pulverulenta ; Frontalibus citrinis. Abdomen maculis dorso lateralibus obliquis, subnigris, tessellatis ; ♂ Antennæ ultimo articulo fusco ; ♀ Antennæ totæ flavo-subfulvæ ; maculis abdominalibus magis perspicuis ; segmentorum margine postico tenuiter pellucido.

Long. 2 lignes.

Male : Frontaux jaune de cire, mais un peu rougeâtres vers les stemmates : côtés du Front flavescents ; Face d'un albide légèrement flavescent ; Antennes rougeâtres à la base, avec le dernier article brun ; Pipette noire ; Palpes jaune-pâle. Corselet et Ecusson gris-pulvérulent ou gris-soyeux. Abdomen gris-soyeux-clair, avec une tache oblique et brunâtre sur les côtés de chaque segment. Pattes noires. Balanciers jaunâtres : Cuillerons blanchâtres ; Ailes claires, avec la base flavescente.

FEMELLE : Semblable ; un peu plus épaisse ; Antennes entièrement jaune-fauve ; le Front et la Face d'un jaune un peu plus vif. Les taches dorso-latérales sont d'un noir plus prononcé ; le bord postérieur de chaque segment est clairement et étroitement albide ; deux Cils raides apicaux sur le deuxième segment.

La Larve de cette espèce vit dans les CLYTHRES que la CERCÉRIE enfouit pour la nourriture de sa propre postérité.

1291. — N° 2. SETULIA FLAVESCENS, R.-D. *Sp. ined.*

♂. Flavescens ; Frontalia flavo-cerea : Frontis lateribus aureis ; Antennis fulvis. Abdomen tessellis flavescentibus, tessellisque fuscis. Calypta flavescentia.

Long. 3 lignes.

MALE : Frontaux jaune de cire : côtés du Front jaune-doré ; Face jaune-albide ; Antennes d'un brun-fauve-obscur, avec la base fauve ; Palpes jaune-fauve. Corselet gris-cendré, mais flavescent sur le dos, avec les lignes noires. Abdomen à reflets flavescents et à reflets bruns obliques. Pattes noires. Balanciers jaunes : Cuillerons jaunâtres ; Ailes claires, avec les nervures jaunes à la base.

Nous ne connaissons que le Mâle de cette rare espèce prise en Eté sur une OMBELLIFÈRE.

1292. — N° 3. SETULIA AURIFRONS, R.-D. *Sp. ined.*

♀. Grisea, tessellis griseis et tessellis fuscis ; Frontis lateribus aureis ; Antennæ flavo-subfulvæ.

♂. Similis ; minor ; Abdomen primis segmentis, lateribus non pellucidis.

Long. 2 1/2-3 lignes.

Femelle : Frontaux jaune de miel : côtés du Front jaune-d'or; Face jaune-albide ; Antennes jaune-fauve ; Palpes jaunes. Corselet gris, rayé de noir sur le dos. Abdomen garni de reflets grisâtres, avec des reflets bruns ; les côtés des premiers segments sont diaphane légèrement fauve. Anus et Pattes noirs. Balanciers jaunes : Cuillerons blancs un peu jaunâtre ; Ailes claires, avec la base jaune.

Male : Semblable ; plus petit ; point de transparence sur les côtés des premiers segments de l'Abdomen.

Nous avons trouvé au mois d'Août cette rare espèce qui n'est pas sans affinité avec le *Miltogramma grisea* de Meigen.

1293. = N° 4. ✶ Setulia grisea, Meig.

Miltogramma grisea : Meig.-*Collect. du Muséum.*

♂. Frontalia flavo-mellea : Frontis lateribus aureis, Facieque flavescente; Antennæ flavo-fulvæ; Cheto nigro; Palpis flavis. Thorax bruneo-griseus. Abdomen bruneo-griseum, macula obliqua, nigrescente, lateribus segmentorum, maculaque testaceo-fulva lateribus primi secundique segmenti. Halteres obscuri : Calypta albo-flavescentia.

Long. 2 2/3-3 lignes.

Male : Frontaux jaune de miel ou un peu rougeâtres : côtés du Front dorés; Face flavescente; Antennes jaune-fauve, avec le Chète noir ; Palpes jaunes. Corselet brun-grisâtre. Abdomen brun-gris, avec une tache oblique, noirâtre sur les côtés de chaque segment ; une tache testacé-fauve sur les côtés du premier et du second segment. Pattes noires. Balanciers obscurs : Cuillerons blanc-jaunâtre ; Ailes claires, avec la base flavescente.

Cette espèce est originaire d'Allemagne ; j'en ai pris la description sur l'exemplaire du Muséum.

1294. = N° 5. ✶ Setulia intricata, Meig.

Miltogramme intricata : Meig.-*Collect. du Muséum.*

♂. Frontalia flavo-mellea : Frontis lateribus flavis ; Facies albido-flava ;

Antennæ flavo fulvæ; Chetum nigrum. Thorax bruneo-griseus. Abdomen griseum maculis nigro tessellantibus quinque seriatum, lateribus primi, secundi tertiique segmenti testaceo-flavis. Pedes nigri; Tibiis bruneo fulvis. Halteres obscuri : Calypta albido-flavescentia; Alæ limpidæ.

Long. 2 lignes.

MALE : Frontaux jaune de miel : côtés du Front jaunes; Face d'un jaune un peu albide; Antennes jaune-fauve; Chète noir. Corselet brun-grisâtre. Abdomen gris, avec cinq rangées de taches noirâtres et à reflets ; du testacé-jaunâtre sur les côtés des trois premiers segments. Pattes noires, avec les Cuisses d'un brun-fauve. Balanciers obscurs : Cuillerons blanc-jaunâtre ; Ailes claires.

Cette espèce, originaire d'ALLEMAGNE, fait partie de la collection du Muséum.

1295. = N° 6. ✶ SETULIA INCOMPTA, Meig.

Miltogramma incompta : Meig.-*Collect. du Muséum.*

♂. Thorax griseus, dorso paulo flavescente, lineis nigris Abdomen linea dorsali nigrescente ornatum, primo secundoque segmento testaceo-fulvis, tertio quartoque griseis Halteres flavescentes : Calypta flavescentia ; Alæ basi flavescente.

Long. 2 lignes 1/4.

MALE : La Tête manque. Corselet gris, un peu jaunâtre sur le dos, avec des lignes noires. Les deux premiers segments de l'Abdomen testacé-fauve, avec une ligne dorsale noirâtre ; les deux derniers gris, avec la même ligne. Pattes brunes. Balanciers et Cuillerons jaunâtres ; Ailes à base flavescente.

L'étiquette du Muséum indique l'ALLEMAGNE comme la patrie de cette espèce.

1296. = N° 7. ✶ SETULIA TESSELLATA, Meig.

Miltogramma tessellata : Meig.-*Collect. du Muséum.*

♀. Frontalia rubescentia : Frontis lateribus flavis; Facies flavo-albida; Antennæ basi fulva, ultimo articulo Chetoque nigris; Palpi lutei. Thorax griseus. Abdomen tessellis griseis, tessellisque bruneis. Pedes nigri. Calypta albo-flavescentia ; Alæ limpidæ, basi flavescente.

Long. 3 lignes.

FEMELLE : Frontaux rougeâtres : côtés du Front jaunes ; Face jaune-albide ; base des Antennes fauve : le dernier article et Chète noirs ; Palpes jaunes. Corselet gris de poussière. Abdomen garni de reflets pulvérulents et de reflets bruns. Pattes noires. Cuillerons blanc-jaunâtre ; Ailes claires, avec la base un peu flavescente.

ALLEMAGNE. Collection du Muséum.

1297. = N° 8. ✶ SETULIA GERMARI, Meig.

Miltogramma Germari : Meig.-*Collect. du Muséum.*

♀. Frons Faciesque flavæ ; Antennæ flavo-fulvæ ; Chetum nigrum ; Palpi flavi. Thorax niger, cinereo-bruneo irroratus et lineatus. Abdomen nigrum, tessellis cinereo-brunescentibus vel pulverulentis, tribusque fasciis angustatis, cinereo-albidis. Pedes nigri. Halteres ferruginei : Calypta albescentia; Alæ limpidæ, basi paulo flavescente.

Long. 3 lignes.

FEMELLE : Front et Face jaunes ; Antennes jaune-fauve ; Chète noir ; Palpes jaunes. Corselet noir, saupoudré et rayé de cendré un peu brunâtre. Abdomen noir, avec des reflets cendré-brunâtre ou pulvérulents et trois fascies étroites et d'un cendré-albide. Pattes noires. Balanciers ferrugineux : Cuillerons blanchâtres ; Ailes claires, avec la base un peu flavescente.

ALLEMAGNE. Collection du Muséum.

1298. = N° 9. ✶ SETULIA ALGIRA, Macq.

Miltogramma Algira : Meig.-*Collect. du Muséum.*

♂. Frontalia flavo-mellea : Frontis lateribus Facieque flavis ; Antennæ basi rubra, ultimo articulo nigro ; Palpi flavo-rubescentes. Thorax niger, cinereo irroratus. Abdomen tessellis et nigris et griseis ornatum. Pedes nigri. Halteres ferruginei : Calypta albida ; Alæ limpidæ, basi flavescente.

Long. 3 lignes.

MALE : Frontaux jaune de cire : côtés du Front et Face jaunes ; le dessous de la Face blanc ; base des Antennes rouge ; le dernier article noir ; Palpes jaune-rougeâtre. Corselet noir, légèrement saupoudré de cendré. Abdomen garni de reflets noirs et de reflets gris de souris. Pattes noires. Balanciers ferrugineux : Cuillerons blancs ; Ailes claires, avec la base flavescente.

Cette espèce est originaire de l'ALGÉRIE ; l'échantillon du Muséum a été nommé par M. Macquart.

* * *Face non bombée.*

257. — V. Genre AMOBIE.
V. *Genus AMOBIA*, R.-D.

Tachina :	Meig., t. IV.
Amobia :	Rob. Desv., *Myod.*, p. 95.
Megæra :	Macq.
Miltogramma :	Meig., t. VII.

ANTENNES ne descendant pas tout-à-fait jusqu'à l'Epistôme ; le troisième article cylindrique, double du second pour la longueur ; CHÈTE plus allongé ; le deuxième article au moins double du premier pour la longueur ; le troisième article plus épais à la base ; YEUX nus, séparés sur les deux sexes ; FRONT étroit sur les deux sexes ; FACE presque verticale, en majeure partie occupée par les Optiques ; quelques légers Cils faciaux au bas des Fossettes ; PÉRISTOME un peu plus long que large ; EPISTOME non saillant ; PALPES non saillants.

ABDOMEN conique, fermé de quatre segments : deux CILS APICAUX sur le dos du premier segment ; deux ou quatre APICAUX sur le dos du deuxième ; rangée complète de CILS APICAUX sur le troisième et le quatrième ; Organes de la copulation non saillants. CUILLERONS larges ; CELLULE γ C largement ouverte avant le sommet de l'Aile, avec sa nervure transversale cintrée ; point d'Epine costale manifeste.

Corps conique, à teintes grises et noires.

Antennæ jam elongatæ fere ad Epistoma porrectæ, secundo articulo supra piloso ; tertio cylindrico bilongiore secundo ; Chetum elongatum, secundo articulo longiore primo, tertio basi incrassato ; Oculi nudi, in utroque sexu separati ; Frons angustior in utroque sexu ; Facies subverticalis, ab opticis majori parte formata, nullis Ciliis facialibus basilaribus ; Peristoma longius quam latius, Epistomate nullo modo prominulo ; Palpi non excedentes.

Abdomen conicum, quartis segmentis constitutum ; primo secundoque segmento apice bi vel quadriciliato ; tertio et quarto apice toto ciliato. Organa copulativa non excedentia.

Calypta ampla ; Cellula γ C latius aperta ante apicem Alæ, nervo transverso arcuato ; Spinula costalis nulla.

Corpus conicum, color fuscus et griseus.

Typus : *Amobia conica*, R.-D.

Le Front rétréci et même très-étroit, la longueur du troisième article des Antennes, celle du Chète, la Face peu large, la largeur du Péristôme, l'Epistôme non en saillie, la présence de quelques Cils faciaux, celle de Cils raides au bord de tous les segments abdominaux, l'absence d'Epine costale à l'Aile, différencient nettement ce genre d'avec les suivants et semblent établir une grande distance entre lui et les races congénères ; mais l'ensemble de son organisation le place nécessairement parmi les Brachycérées.

Les Amobies ne sont pas rares ; on les rencontre principalement en Eté sur les fleurs des Ombellifères. La ressemblance qui existe entre les individus a empêché jusqu'à ce jour la sévère constatation des espèces : sous ce rapport il reste encore beaucoup à faire.

Nous avons surpris un individu pénétrant dans le gâteau du POLISTES GALLICA, Fab.. La larve d'une autre espèce vit dans les larves de l'ODYNERUS PARIETUM, Linn..

A. *Quatre Cils sur le premier et le second segment de l'Abdomen.*

†. FRONT DORÉ.

1299. — N° 1. AMOBIA CONICA, R.-D.

Amobia conica : Rob. Desv.-*Myod.*, p. 96. n° 1.
Megæra nigra : Macq.-*Dipt. du Nord de la France*, n° 5.

♂ et ♀. Frontis Facieique lateribus aureis. Abdomen primi secundique segmenti margine postico quadriciliato ; in utroque segmento tres vel quinque maculæ trifariæ nigræ.

Long. 2 1/2-3 lignes.

FEMELLE : Frontaux étroits, noirs : côtés du Front et de la Face dorés ; milieu de la Face blanc ; derrière de la Tête noir ; Antennes et Palpes noirs. Corselet cendré-flavescent, avec de larges lignes noires. Abdomen cendré-flavescent ; chaque segment offre vers son bord postérieur une rangée transversale de taches trigones et noires. Pattes noires. Balanciers obscurément fauves : Cuillerons d'un blanc légèrement jaunâtre ; Ailes claires, avec les nervures noires.

MALE : Semblable ; les reflets flavescents un peu moins prononcés.

Cette espèce n'est pas le *conica* de Meigen ; elle est commune en Eté sur les fleurs du PETROSELINUM SATIVUM, Hoffm., (Persil). On la distingue surtout à ses fleurs et à ses reflets d'un gris-flavescent encore plus prononcé sur la Femelle.

1300. — N° 2. Amobia cinerea, R.-D. *Sp. ined.*

♂ et ♀. Simillima Am. conicæ. Thorax tomento, Abdomenque tessellis cinereis, non cinereo-flavescentibus.

Long. 3-3 lignes 1/4.

Male et Femelle : Tout-à-fait semblable à l'*Am. conica;* duvet du Corselet et reflets de l'Abdomen cendrés.

Nous possédons un couple de cette espèce prise en Eté.

1301. — N° 3. Amobia ardeacea, R.-D. *Sp. ined.*

♂ et ♀. Similis Am. conicæ ; minor. Thorax tomento, Abdomenque tessellis cinereo-ardeaceis.

Long. 2 lignes 1/3.

Male et Femelle : Semblable à l'*Am. conica;* plus petite; le duvet du Corselet et les reflets de l'Abdomen sont d'un cendré-ardoisé; les taches abdominales sont parfois d'un noir-luisant.

Nous avons pris cette espèce en Eté.

1302. — N° 4. Amobia obliquata, R.-D. *Sp. ined.*

♀. Frontis Facieique lateribus aureis. Abdomen tessellis sericeo-cinereis, obliquis.

Long. 2 lignes 1/2.

Femelle : Frontaux noirs : côtés du Front et de la Face dorés; Face blanche; Antennes, Palpes et Pattes noirs. Corselet cendré, avec des lignes noires sur le dos. Abdomen à reflets cendré-soyeux et obliques, avec les taches noires. Balanciers jaunâtres : Cuillerons blancs et Ailes claires.

Nous ne connaissons que la Femelle de cette espèce prise en Eté.

1303. — N° 5. AMOBIA FUGITIVA, R.-D. *Sp. ined.*

♀. Nigro-cinerea ; Frons lateribus cinereo-subflavescentibus ; Facies lateribus cinereis.

Long. 2 lignes.

FEMELLE : Frontaux, Antennes, Trompe, Palpes et Pattes noirs ; côtés du Front cendrés, ne jaunissant que d'une manière obscure ; côtés de la Face cendrés. Corselet cendré, avec les lignes dorsales noires. Abdomen cendré, avec les taches noires ordinaires. Balanciers brun-jaunâtre : Cuillerons blancs ; Ailes claires.

Nous ne connaissons que la Femelle de cette espèce prise en Eté sur les fleurs du PETROSELINUM SATIVUM, Hoffm..

1304. — N° 6. AMOBIA LÆTA, R.-D. *Sp. ined.*

♀. Nigro-cinerea ; Frons Faciesque lateribus aureo-nitidis.

Long 1 ligne 1|3.

FEMELLE : Frontaux, Antennes, Trompe, Palpes et Pattes noirs; côtés du Front et de la Face d'un beau doré-luisant. Corselet cendré, avec les lignes dorsales noires. Abdomen cendré ; le premier segment noir ; trois taches noires sur le dos des segments suivants. Cuillerons blanchâtres et Ailes claires.

Nous ne connaissons que la Femelle de cette espèce prise en Eté sur les fleurs du PETROSELINUM SATIVUM, Hoffm..

††. FRONT BLANC OU CENDRÉ.

1305. — N° 7. AMOBIA CINEREIFRONS, R.-D. *Sp. ined.*

♂. Affinis AM. CONICÆ ; Frontalibus albo-cinereis ; Facie alba.

Long. 3 lignes.

MALE : Frontaux noirs : côtés du Front blanc-cendré; Face blanche; Antennes, Palpes et Pattes noirs. Corselet cendré-ardoisé, avec les lignes dorsales noires. Abdomen à reflets cendrés, avec les taches noires; quatre Cils apicaux sur le dos du premier et du second segment. Balanciers d'un fauve obscur : Cuillerons blancs; Ailes claires.

Nous ne possédons que le Mâle de cette espèce qui parait être rare sous notre climat.

1306. — N° 8. AMOBIA ODYNERI, R.-D.

Amobia Odyneri : Rob. Desv.-*Bull. Soc. de l'Yonne*, 1853, t. VII. p. 535.

♂ et ♀. Albido-cinerea; Frons lateribus in ♀ albo-cinereis, in ♂ flavescentibus; Facies albo-cinerea. Abdomen cinereo-ardeaceum, maculis transversis, trigonis, trifariis, nigris. Alæ hyalinæ.

Long. 2 lignes 1/2.

FEMELLE : Frontaux noirs : côtés du Front d'un blanc-cendré; Face blanche ou cendrée; Antennes et Palpes noirs. Corselet cendré-ardoisé, avec les lignes dorsales noires. Abdomen à reflets cendré-ardoisé; chaque segment offre vers son bord postérieur une rangée transversale de taches trigones et noires. Pattes noires. Cuillerons blancs; Ailes claires et hyalines.

MALE : Semblable; côtés du Front flavescents.

Cette espèce, que nous avions d'abord trouvée sur les fleurs en Eté, est éclose, chez M. le docteur Moret, des larves de l'ODYNERUS PARIETUM, L..

Les œufs ont la forme d'un barillet et sont de couleur jaune-fauve.

B. *Deux Cils sur le premier segment et quatre Cils sur le second.*

1307. — N° 9. AMOBIA DESPECTA, R.-D. *Sp. ined.*

♂. Statura et aspectus AM. CONICÆ ; paulo major ; Thorax dorso griseo-lutulento. Abdomen tessellis maculisque obscure subinfuscatis.

Long. 3 lignes 1/2.

MALE : Frontaux noirs : côtés du Front et de la Face dorés ; Face blanche ; Antennes, Palpes et Pattes noirs. Corselet cendré-brun sur les côtés et couleur de terre boueuse sur le dos, avec les lignes noirâtres. Abdomen à reflets cendré-brun-obscur ; les taches d'un noir-obscur et peu distinctes. Balanciers testacés : Cuillerons blancs ; Ailes un peu sales.

Nous ne connaissons que le Mâle de cette espèce prise en Eté.

1308. — N° 10. AMOBIA INCANA, R.-D. *Sp. ined.*

♀. Affinis AM. CONICÆ ; lineis tessellisque incanis. Frontis lateribus cinereis, vix flavescentibus.

♂. Similis ; paulo minor.

Long. 2 lignes 2/3.

FEMELLE : Frontaux noirs : côtés du Front d'un cendré légèrement flavescent ; Face blanche ; Antennes, Palpes et Pattes noirs. Corselet cendré-blanc, avec des lignes noires sur le dos. Abdomen à reflets cendré-blanc, avec les taches noires. Balanciers jaunâtres : Cuillerons blancs ; Ailes claires, avec la base un peu sale.

MALE : Semblable ; un peu plus petit.

On prend cette espèce en Eté sur les OMBELLIFÈRES.

1309. — N° 11. Amobia flavicans, R.-D. *Sp. ined.*

♀. Frons lateribus subaureis; Facies albo-subflavicans. Thorax flavicans, vittis dorsalibus nigris. Abdomen dorso-flavicante, maculis trifarie trigonis nigris. Calypta flavicantia; Alæ limpidæ.

Long. 2 lignes 1/2.

Femelle : Frontaux bruns : côtés du Front flavescents; Face d'un blanc à peine flavescent; Antennes et Palpes noirs. Corselet flavescent, avec les lignes dorsales noires; Ecusson flavescent, avec les côtés noirs. Abdomen flavescent sur le dos; chaque segment offre à son bord postérieur trois taches trigones et noires. Pattes noires. Balanciers obscurs : Cuillerons blanc-jaunâtre; Ailes claires.

Nous ne possédons qu'un individu de cette espèce prise en Eté.

1310. — N° 12. Amobia hortulana, R.-D. *Sp. ined.*

♂ et ♀. Similis Am. conicæ; nigra, subgrisea. Abdominis primi segmenti margine postico bi-ciliato; secundi margine postico quadriciliato.

Long. 2 1/2-3 lignes.

Male et Femelle : Tout-à-fait semblable à l'*Am. conica;* un peu plus petite; duvet du Corselet et reflets de l'Abdomen cendré légèrement grisâtre et non flavescent; deux Cils apicaux sur le dos du premier segment de l'Abdomen et quatre Cils sur le dos du deuxième.

On prend cette espèce en Eté sur les fleurs des Ombellifères.

1311. — N° 13. Amobia vivida, R.-D. *Sp. ined.*

♂ et ♀. Similis Am. conicæ; minor. Thorax cinereus, vittis nigronitentibus. Abdomen cinereum, aut nigro-cinerascens, maculis nigro-nitidis.

Long. 2 lignes 1/2.

Male et Femelle : Semblable à l'*Am. conica;* plus petit. Corselet cendré, avec les lignes dorsales noir-luisant. Abdomen à reflets cendré ou d'un cendré à peine grisâtre, avec les taches d'un noir-luisant ; deux Cils apicaux sur le premier segment ; quatre sur le second.

Je possède un Mâle moitié plus petit.

On prend cette espèce en Eté sur les fleurs des Ombellifères.

C. *Deux Cils sur le premier et le second segment.*

1312. — N° 14. Amobia pervia, R.-D. *Sp. ined.*

♂. Affinis Am. conicæ. Abdomen primi secundique segmenti margine postico bi-ciliato.

Long. 3 lignes.

Male : Frontaux noirs : côtés du Front et de la Face dorés ; Face albide; Antennes, Palpes et Pattes noirs. Corselet cendré un peu brun, avec les lignes dorsales noires. Abdomen à reflets cendrés légèrement grisâtres, avec les taches noires. Balanciers d'un fauve-obscur : Cuillerons d'un blanc légèrement jaunâtre ; Ailes claires.

Nous ne connaissons que le Mâle de cette espèce prise en Eté. Elle ne diffère guère de l'*Am. conica* que par le nombre des Cils dorsaux de l'Abdomen.

1313. — N° 15. Amobia bi-ciliata, R.-D. *Sp. ined.*

♂ et ♀. Affinis Am. conicæ; Frontalia fusco-subfulva. Thorax tomento, Abdomenque tessellis cinereo-subflavescentibus; duo Cilia apicalia in dorso primi secundique segmenti.

Long. 2 1/3 lignes.

Femelle : Frontaux brun-fauve : côtés du Front et de la Face jaune-doré ; Face albide ; Antennes, Palpes et Pattes noirs. Corselet cendré légèrement flavescent, avec les lignes dorsales noires. Abdomen à reflets cendrés, cendré-flavescent sur le dos, avec les taches noires assez luisantes ; deux Cils médio-apicaux sur le dos du premier et du second segment.

Male : Semblable ; un peu plus petit.

On prend cette espèce en Eté sur les fleurs des Ombellifères. Le Corselet de la Femelle peut être cendré.

1314. — N° 16. Amobia aurifacies, R.-D. *Sp. ined.*

♂. Affinis Am. bi-ciliatæ ; Facie aurea. Thorax cinereus. Abdomen primi secundique segmenti margine postico bi-ciliato.

Long. 2 lignes 2/3.

Male : Semblable à l'*Am. bi-ciliata ;* Face dorée. Corselet cendré ; deux Cils apicaux sur le dos du premier et du second segment de l'Abdomen.

Nous ne possédons que le Mâle de cette espèce prise en Eté.

1315. = N° 17. ✱ Amobia præcox, R.-D. *Sp. ined.*

♀. Nigra, subnitens. Thorax dorso cinereo-albo lineato. Abdomen secundi, tertii quartique segmenti dorso cinereo ; tribus maculis trigonis nigris dorsalibus in unoquoque segmento. Alæ limpidæ, nervis nigris.

Long. 3 lignes.

Male : Frontaux, Antennes et Pattes noirs ; côtés du Front et Face argentés. Corselet noir assez luisant, fortement saupoudré et rayé de cendré-blanc. Premier segment de l'Abdomen noir, avec des reflets cendrés et obscurs ; les trois suivants cendré-blanc sur le dos ; chacun offre trois taches trigones noires. Pattes noires. Balanciers jaunâtres : Cuillerons blancs ; Ailes claires, avec les nervures noires.

Nous avons pris cette espèce, au mois de Mars, sur les collines de Nice.

258. — VI. Genre MOSCHUSE.
VI. *Genus MOSCHUSA*; R.-D.

Tachina : Meig., t. IV.
Miltogramma : Meig., t. VII.

ANTENNES ne descendant pas jusqu'à l'Epistôme; le deuxième article hérissé ; le troisième cylindrique et double du deuxième pour la longueur; CHÈTE allongé ; les deux premiers articles égaux ; le troisième un peu plus épais à la base ; YEUX nus, distants sur les deux sexes; FRONT large sur le Mâle, en saillie sur la FACE qui est presque verticale, sans Cils faciaux et constituée presque complètement par les Optiques ; PÉRISTOME presque carré ; EPISTOME non saillant.

ABDOMEN cylindrico-conique, formé de quatre segments; point de Cils sur le dos du premier segment; deux CILS APICAUX sur le deuxième ; bord postérieur du troisième ciligère.

CUILLERONS larges; CELLULE γ C ouverte avant le sommet de l'Aile, avec la nervure transversale cintrée ; point d'Epine costale.

CORPS cylindriforme, à teintes noires et cendrées.

ANTENNÆ non ad Epistoma incumbentes; secundo articulo hirto ; tertio cylindrico bilongioreque secundo ; CHÆTUM primis articulis brevibus, ultimo basi incrassata; OCULI nudi, in utroque sexu distantes ; FRONS latior in ♂, prominula ; FACIES subverticalis, sine CILIIS FACIALIBUS, ab opticis majori parte occupata.

ABDOMEN cylindrico-conicum, primo segmento haud ciligero ; secundi segmenti margine postico bi-ciligero ; tertii segmenti margine postico toto ciligero.

CALYPTA ampla, CELLULA γ C aperta ante apicem Alæ, nervo transverso arcuato ; Spinula costalis nulla.

CORPUS cylindriforme, color niger et cinereus.

TYPUS : *Tachina polyodon,* Meig.

Le Front large sur les deux sexes, l'absence de Cils faciaux, l'absence de Cils dorsaux sur le premier segment de l'Abdomen distinguent aisément ce genre, qui offre les plus grandes affinités avec les AMOBIES. Ces deux genres appartiennent réellement à la section que nous étudions ; mais lorsque la science aura recueilli un plus grand nombre de matériaux, elle pourra former un groupe que nous ne pouvons encore qu'indiquer.

1316. — N° 1. MOSCHUSA POLYODON, Meig.

Tachina polyodon : Meig.-T. IV, n° 109.
Miltogramma polyodon : Meig.-T. VII, et *Coll. du Muséum.*

♂. Cinerea ; Frontis lateribus albis. Abdomen primo segmento toto nigro ; reliquis cinereis, triplici serie macularum trigonarum nigrarum, postice confluentium.

Long. 4 lignes.

MALE : Frontaux noirs : côtés du Front cendrés ; Face cendré-argenté et villosule ; le Front et la Face offrent des reflets obscurs ; Antennes, Palpes et Pattes noirs. Corselet cendré et rayé de noir sur le dos. Le premier segment de l'Abdomen entièrement noir, les autres à reflets cendrés, et chacun d'eux offrant trois grandes taches trigones qui se joignent contre le bord postérieur. Balanciers jaunâtre-ferrugineux : Cuillerons blancs ; Ailes claires.

Nous ne connaissons que le Mâle de cette rare espèce prise en Eté.

L'échantillon du Muséum, originaire d'ALLEMAGNE, est beaucoup plus petit que le nôtre (long. 2-2 lignes 1/4.)

§ II. Les deux derniers articles antennaires d'égale longueur.

259. — VII. Genre MÉGÈRE.
VII. *Genus MEGÆRA*, R.-D.

Tachina : Fall..
Miltogramma : Meig.-Macq.-Zetterst.
Megæra : Rob. Desv., *Myod.*, p. 94.

Antennes ne descendant pas jusqu'à l'Epistôme ; le premier article court ; les deux autres à peu près d'égale longueur ; premiers articles du Chète très-courts ; le troisième tomentosule à la loupe ; Yeux assez grands, nus, distants sur les deux sexes ; Front assez large, en carré allongé et la saillie sur la Face ; Face presque verticale, formée principalement par les Optiques ; les Faciaux et les Médians à peine développés ; Point de Cils faciaux ; Péristome plus long que large ; Epistome légèrement en saillie et coupé obliquement de haut en bas ; Trompe membraneuse ; Palpes non saillants.

Abdomen conique, formé de quatre articles ; deux Cils médio-apicaux sur le dos du deuxième et du troisième segment ; rangée de Cils au bord postérieur du quatrième segment ; Organes de la copulation non saillants sur la Femelle ; Anus du Mâle recourbé en dessous.

Brosses très-petites. Cuillerons larges ; Cellule γ C ouverte bien avant le sommet de l'Aile, avec sa nervure transversale fortement cintrée.

Corps à forme conique et à teintes d'un gris-pulvérulent.

Femelle vivipare.

ANTENNÆ haud ad Epistoma porrectæ; primus articulus brevis; secundus et tertius æqua longitudine; CHETUM sub lente tomentosulum, primis articulis brevissimis; OCULI sat ampli, nudi, in utroque sexu distantes; FRONS quadrilatera, antice prominula; FACIES fere verticalis, ab opticis occupata, FACIALIBUS, MEDIANEISQUE vix distinctis; CILIA FACIALIA nulla; PERISTOMA paulo longius quam latius, EPISTOMATE subquadrato; PROBOSCIS membranacea; PALPIS non prominulis.

ABDOMEN conicum, secundo et tertio segmento duobus CILIIS MEDIO-APICALIBUS munitis; quarto margine postico ciligero; ANUS non in ♀ prominulum sed in ♂ recurvum.

PULVILLI parvuli. CALYPTA ampla; CELLULA γ C aperta, rarius clausa ante apicem Alæ, nervo transverso fortiter arcuato.

CORPUS conicum; Color griseus, griseo pulverulentus. Femina VIVIPARA.

TYPUS : *Miltogramma conica,* Fall.

Lors de l'établissement de ce genre, nous y avions compris plusieurs espèces qui doivent nécessairement former des coupes nouvelles. Les MÉGÈRES actuelles ont l'Epistôme carré, les deux derniers articles antennaires d'égale longueur, le Front avancé en saillie, la Cellule γ C ouverte avant le sommet de l'Aile, avec sa nervure transversale fortement cintrée. Elles ont ce dernier caractère commun avec les MILTOGRAMMES, qui, en outre, ont le troisième article antennaire plus long que le second et qui offrent un développement des médians qu'il serait inutile de chercher chez les MÉGÈRES.

Par les Antennes et leur Chète, par sa Face et par l'Anus recourbé des Mâles, ce genre conduit directement aux MYOPAIRES.

Plusieurs individus de notre collection, qui ont encore leurs larves attachées à l'Anus, prouvent que ces races sont vivipares. La science n'avait pas encore signalé ce fait parmi les Entomobies.

Les MÉGÈRES se rencontrent plus particulièrement dans les endroits habités par les Hyménoptères fouisseurs et y déposent leurs larves. Elles sont d'une très-grande agilité.

M. Macquart (*Diptères du nord de la France*) a adopté notre genre MEGÆRA ; mais ses *Meg. incurva*, *nitida* et *angustifrons* n'appartiennent pas à cette tribu. Son *Meg. nigra* fait partie de notre genre AMOBIE.

1317. — N° 1. MEGÆRA CONICA, Fall.

Tachina conica :	Fall.-*Act. holm*, n° 14 ; *Dipt.*, p. 9, n° 11.
Miltogramma conica :	Meig.-T. IV, p. 132, n° 13.
— —	Meig.-T. VII, p. 236, n° 16.
— —	Macq.-*Buff.* II, p. 155, n° 12.
— —	Zetterst.-*Dipt. Skand.*, t. IV, n° 7.
♂ *Megæra atrox :*	Rob. Desv.-*Myod.*, p. 95, n° 2.

♀. Conica; griseo-pulverulenta. Palpis nigris. Abdomen triplici serie macularum fuscarum.

♂. Similis; Frons lateribus cinereo-argenteis.

Long. 2-2 lignes 1/2.

FEMELLE : Cylindrico-conique ; Corps d'un gris-soyeux-pulvérulent, avec des reflets bruns sur le dos de l'Abdomen qui offre trois séries de points ou de taches noirâtres dont celle du milieu est la plus prononcée ; Front jaune ou jaunâtre ; Face argentée, avec des reflets rosés ; Antennes, Chète, Palpes et Pattes noirs. Balanciers jaunâtres : Cuillerons très blancs ; Ailes claires.

MALE : Semblable ; côtés du Front cendré-argenté.

Cette espèce est assez commune en Eté et en Automne

contre les trous des grands Hyménoptères fouisseurs; il importe de la bien distinguer des espèces congénères. Ses Palpes noirs constitueraient son caractère spécifique si la Face et le Front plus développés et plus argentés du Mâle ne venaient encore la distinguer nettement du *Meg. fulvipalpis*.

Le *Megæra dira*, que nous rapportions à cette espèce dans notre travail primitif, appartient au genre MISELLIA.

1318. — N° 2. MEGÆREA FULVIPALPIS, R.-D. *Sp. ined.*

♂ et ♀. Simillima MEG. CONICÆ: Palpis fulvis, in ♂ interdum subobscuris.

Long. 1 2/3-2-2 lignes 1/4.

MALE et FEMELLE : Tout-à-fait semblable au *Meg. conica;* Palpes fauves; sur le Mâle ils sont parfois d'un fauve-obscur.

Cette espèce offre de nombreuses variations de taille; c'est la plus commune sous notre climat. On la rencontre près de l'entrée des trous des Hyménoptères fossoyeurs.

1319. — N° 3. MEGÆRA CRUDELIS, R.-D.

♂. Simillima MEG. CONICÆ. Abdomen incisuris argenteis.

Megæra crudelis : Rob. Desv.-*Myod* , p. 95 n° 3.

Long. 2-2 1|2 lignes.

MALE : Tout-à-fait semblable au *Meg. conica;* Front et Face d'un beau blanc-argenté; les incisions des segments abdominaux d'un blanc-d'argent.

Nous avons pris cette espèce aux environs de VERSAILLES.

1320. — N° 4. MEGÆRA CINERELLA, R.-D. *Sp. ined.*

♀. Cinerea; Abdomen punctis ordinariis.

Long. 1 lignes 1/2.

FEMELLE : Front cendré-flavescent; Face albide flavescent;

Antennes, Trompe, Palpes et Pattes noirs. Corselet et Abdomen cendrés; les points noirs ordinaires sur l'Abdomen. Balanciers jaunes : Cuillerons blancs; Ailes claires.

Nous avons pris cette espèce au mois de Juillet dans une localité sablonneuse.

1321. — N° 5. MEGÆRA INIMICA, R.-D.

♀. Parvula, cinerea; Fronte flava; Facie argentea; Antennis nigris. Abdomen tessellis cinereis, tessellisque fuscis.

Long. 1-1 ligne 1/4.

FEMELLE : Corps cendré, cendré-grisâtre; Front flavescent; Face argentée; Antennes et Pattes noires; Palpes d'un brun-fauve. Dos du Corselet obscurément taché de brun; les taches du dos de l'Abdomen ordinairement bien prononcées; le Ventre peut être noir. Cuillerons blancs; Ailes claires.

On prend cette espèce à l'entrée des trous des petits Hyménoptères fouisseurs.

1322. = N° 6. ✱ MEGÆRA STICTICA, Meig.

Miltogramma stictica : Meig.-*Coll. du Muséum.*

Sous ce nom le Muséum possède une espèce étiquetée par Meigen et originaire d'ALLEMAGNE. L'Abdomen manque, mais c'est certainement une MÉGÈRE ou une MISELLIE.

♀. Frontalia rubescentia : Frontis lateribus cinereis; Facies albida, albido-rubescens : Antennæ rubræ vel rubescentes, Cheto bruneo. Thorax toto cinereus. Pedes bruneo-rubri vel rubescentes. Halteres ferruginei : Calypta albescentia; Alæ limpidæ.

Long. 2 lignes 1/4.

FEMELLE : Frontaux rougeâtres : côtés du Front cendrés : Face albide, avec le fond rougeâtre; Antennes rouges ou rougeâtres; Chète brun. Corselet entièrement cendré. Pattes rouges ou rougeâtres, nuancées de brun. Balanciers ferrugineux : Cuillerons blanchâtres :

Ailes claires, avec deux Cils alaires; Cellule γ C ouverte bien avant le sommet de l'Aile et assez étroite, comme sur les MÉGÈRES et les MISELLIES.

B. *Epine médio-costale ou marginale.*

260. — VIII. Genre MISELLIE (1).
VIII. *Genus MISELLIA*, R.-D.

Miltogramma : Meig.-Macq.
Megæra : Rob. Desv., *Myod.*, p. 94.

ANTENNES assez longues; le troisième article cylindrique et double du second pour la longueur; CHÈTE à premiers articles courts; le dernier tomentosule à la loupe; YEUX nus, distants sur les deux sexes et en saillie sur la base des Antennes; FRONT large sur les deux sexes; FACE presque verticale; point de Cils faciaux, PÉRISTOME plus long que large; EPISTOME non saillant.

Deux CILS MÉDIO-APICAUX sur le dos du premier et du second segment de l'Abdomen; bord postérieur du quatrième ciligère.

CELLULE γ C fermée bien avant le sommet de l'Aile et pétiolée, avec sa nervure transversale fortement cintrée; EPINE COSTALE bien prononcée.

CORPS conique, à teintes grises et brunes.

ANTENNÆ subelongatæ; tertio articulo cylindrico bilongioreque secundo; CHETUM primis articulis brevioribus; ultimo sub lente tomentosulo; OCULI nudi, in utroque sexu distantes, super Antennas prominuli; FRONS in utroque lata; FACIES subverticalis; CILIA FACIALIA nulla; PERISTOMA magis elongatum quam latum, EPISTOMATE non prominulo.

---

(1) Sous le nom de MISELIA (et non *Misellia*) il existe un Genre de Lépidoptères (*Hadénides*) établi par Treitschke.

Abdomen primi secundique segmenti duobus Ciliis medio-apicalibus, quarti margine postico ciligero.

Cellula γ C ante apicem Alæ clausa et petiolata, nervo transverso arcuato ; Spinula costalis manifesta.

Corpus conicum ; Color griseus et fuscus.

Typus : *Megæra dira*, R.-D.

La présence de la Spinule costale, la Cellule γ C de l'Aile pétiolée à son sommet, la plus grande longueur du troisième article antennaire et le Péristôme plus long que large distinguent nettement ce genre et le constituent sur des bases solides.

C'est sans doute à ce genre qu'il faut rapporter le *Miltogramma Megerlei* de Meigen.

On rencontre ces insectes à l'entrée des nids des Hyménoptères fossoyeurs.

1323. — N° 1. Misellia dira, R.-D.

Megæra dira : Rob. Desv.-*Myod,* p. 95, n° 1.

♀. Griseo-pulverulenta ; Antennarum basi, Femoribus, Tibiisque fulvis. Abdomen triplici serie punctorum nigrorum, serie medianea geminata.

♂. Similis ; paulo minor. Abdomen lateribus magis pellucidis, punctisque dorsalibus paulo obscurioribus.

Long. 2 lignes.

Femelle : Yeux rouges; Frontaux parfois d'un fauve-obscur ; Front gris un peu jaunâtre ; Face albide et parfois d'un albide rouge de chair ; derrière de la Tête gris ; Antennes brunes, avec la base fauve; Palpes jaune-testacé. Corselet gris-pulvérulent et sans lignes noires. Abdomen gris-pulvérulent, avec les côtés un peu diaphanes ; les incisions segmentaires légèrement albides ; trois lignes de points noirs sur le dos des segments, mais les points de la ligne médiane sont géminés ou composés de deux petits points. Cuisses et Tibias testacés et mélangés de brun ; Tarses bruns. Balanciers jaunes : Cuillerons d'un blanc un peu jaunâtre ; Ailes claires.

Male : Semblable ; un peu plus petit ; côtés de l'Abdomen plus largement pellucides ; les points un peu moins larges et un peu moins prononcés.

Cette espèce n'est pas rare à Paris.

1324. — N° 2. Misellia brunicosa, R.-D. *Sp. ined.*

♀. Similis Mis. diræ ; paulo minor ; cinereo-brunicosa.

Long. 1 ligne 2/3.

Femelle : Semblable au *Mis. dira;* un peu plus petite. Corps cendré-brun ; le brun prédomine ; côtés du Front cendré-brun.

Nous ne connaissons que la Femelle de cette espèce.

1325. — N° 3. Misellia siphonina, Zetterst.

Miltogramma siphonina : Zetterst.-*Dipt. Skand.*, n° 15.

♂ et ♀. Cinerea ; Frontalia subfulva : Frontis lateribus albo-cinereis ; Facies albida aut albido-carnea ; Vertex cinereus ; Antennæ fuscæ, basi rufa ; Palpi flavi. Thorax absque vittis dorsalibus. Abdomen lateribus testaceo-pellucidis, pluribusque seribus punctorum nigrorum ; serie dorsali punctis geminatis formata. Pedes nigri ; Genuibus Tibiisque fulvis. Halteres flavi : Calypta alba ; Alæ sublimpidæ.

Long. 1 2/3-2 lignes.

Male et Femelle : Frontaux cendré-fauve : côtés du Front blanc-cendré ; Face albide ou albide couleur de chair ; derrière de la Tête cendré ; Antennes brunes, avec la base fauve ; Palpes jaunes. Corselet cendré, sans lignes dorsales noires. Abdomen cendré-brunâtre, avec les côtés testacés ; plusieurs séries de points noirs sur le dos des segments ; la série du milieu composée de points géminés. Pattes noires ; Genoux et Tibias fauves. Balanciers jaunes : Cuillerons blancs ; Ailes très-légèrement lavées de flavescent.

Cette espèce n'est pas rare en Eté sur les terrains criblés de trous d'Hyménoptères fouisseurs.

Zetterstedt en a donné une bonne description ; nous pensons qu'il lui donne comme voisine et comme analogue le *Miltogramma murina* de Duhlborn, qui vit dans la chenille du PLUSIA CHRYSITIS, L. (Duhlborn, *Hymnoptera Europea*, 1845).

261. — IX. Genre ELPIGIE.
IV. *Genus ELPIGIA*, R.-D.

Caractères des MISELLIES ; CELLULE γ C ouverte encore plus loin du sommet de l'Aile, plus étroite, avec sa nervure transversale peu ou point cintrée ; une Epine costale.

Omnes characteres MISELLIÆ ; at CELLULA γ C aperta adhuc longius ab apice, apiceque aperto, non petiolato, nervo transverso magis recto.

Nous plaçons dans ce genre plusieurs petites espèces qui n'ont pas le sommet de la Cellule γ C pétiolé, qui ont cette même Cellule plus linéaire et ouverte encore plus loin du sommet de l'Aile, tandis que leur nervure transversale est plus droite ; l'Epine costale ne manque jamais.

Les ELPIGIES comprennent les plus petites Entomobies connues ; on les rencontre toujours à l'entrée des trous des

Hyménoptères fouisseurs et même des plus grandes espèces.

Leur Corps couleur de poussière les rend assez difficiles à reconnaître sur les lieux.

1326. — N° 1. ELPIGIA PELLUCIDA, R.-D. *Sp. ined.*

♀. Subcinerea. Abdomen pellucido-fulvum, quinque lineis punctorum nigrorum. Pedes fulvi, Tarsis nigris.

Long. 1 ligne 1/4.

FEMELLE : Front cendré; Face d'un blanc-rosé; Antennes fauves à la base, avec le dernier article noir ; Palpes jaunes. Corselet cendré-grisâtre. Abdomen fauve-diaphane, avec le dos plus ou moins cendré et avec cinq lignes de points maculiformes noirs ou noirâtres. Pattes jaune-fauve; Tarses noirs. Balanciers jaunes : Cuillerons blancs; Ailes claires, avec les nervures noires à la base.

Nous ne connaissons que la Femelle de cette rare espèce.

1327. — N° 2. ELPIGIA PUNCTATA, R.-D. *Sp. ined.*

♀. Cinereo-subfusca ; Antennis basi rufis. Abdomen quinque lineis punctorum. Pedes nigri, Tibiis apice fulvescente.

♂. Similis; Abdomen magis pellucidum.

Long. 1-1 ligne 1/4.

FEMELLE : Frontaux d'un jaune-brunâtre : côtés du Front et Face cendré-argenté; Antennes noires, avec la base fauve ; Palpes jaunes. Corselet cendré-brunâtre. Abdomen brunâtre, avec les côtés testacé-diaphane ; cinq lignes de points sur le dos ; les points de la ligne médiane sont les plus larges. Anus noir. Pattes noires, avec le sommet des Tibias un peu fauve.

Balanciers jaunâtres : Cuillerons blanchâtres; Ailes claires, avec les nervures noires à leur base.

On prend cette espèce en Automne dans les localités habitées par les Hyménoptères fouisseurs.

1328. — N° 3. Elpigia minuta, R.-D. *Sp. ined.*

♂. Atra, nitens; Frons atra. Abdomen tribus fasciis transversis cinereis. Tibiis fulvis.

Long. 1 ligne.

Male : Petit; Front noir; Face blanche; premiers articles des Antennes fauves; le dernier noir; Palpes jaunes. Corselet noir un peu luisant. Abdomen noir, avec les côtés fauves et avec trois bandes transversales cendrées. Pattes noires, avec les Tibias fauves. Cuillerons blancs; Ailes claires.

Nous ne connaissons que le Mâle de cette espèce prise en Automne contre les nids d'Hyménoptères fossoyeurs.

1329. = N° 4. ✶ Elpigia heteroneura, Meig.

Miltogramma heteroneura : Meig.-*Collect. du Muséum.*

♀. Frontalia rubescentia : Frontis lateribus cinereo-flavescentibus; Facies albida; Antennæ fulvæ; Cheto nigro; Palpis flavis. Thorax griseus. Abdomen fulvum dorso griseo, quinque lineatum, maculis bruneis, nigrescentibus vel nigris. Pedes flavo-fulvi. Calypta albo-flavescentia; Alæ limpidæ.

Long. 1-1 ligne 1/4.

Femelle : Frontaux rougeâtres : côtés du Front cendré un peu jaunâtre; Face albide; Antennes fauves, avec le Chète noir; Palpes jaunes. Corselet gris. Abdomen testacé-fauve, avec le dos grisâtre; cinq lignes longitudinales de taches brunes, ou noirâtres ou noires. Pattes jaune-fauve; Tarses noirs. Cuillerons blanc-jaunâtre; Ailes claires.

Allemagne. Collection du Muséum.

III. Tribu : LES EPHYRIDES.
III. *Tribus : EPHYRIDÆ*, R.-D.

Tachina : Meig.
Phorinia : Rob. Desv.
Metopia . Macq.

ANTENNES longues, descendant jusqu'à l'Epistôme ; les deux premiers articles courts ; le troisième long et aplati sur les côtés ; CHÈTE allongé ; le second article triple du premier pour la longueur ; le troisième nu.

YEUX velus sur le Mâle et tomenteux sur la Femelle, distants sur les deux sexes ; FRONT plus large sur la Femelle ; FACE oblique, avec une rangée plus ou moins complète de CILS FACIAUX raides ou cirriformes le long des Fossettes ; PÉRISTOME un peu plus long que large ; EPISTOME à peine un peu en saillie ; PIPETTE membraneuse ; PALPES légèrement en saillie.

ABDOMEN cylindrique, cylindriforme, avec les Cils dorsaux variables selon les genres.

PATTES simples. CUILLERONS larges ; nervure longitudinale du rayon C ciligère en tout ou en partie le long de la Cellule β ; CELLULE γ C ouverte avant le sommet de l'Aile, avec sa nervure transversale fortement cintrée.

CORPS du Mâle cylindriforme ; celui de la Femelle cylindrico-sous-arrondi ; TAILLE moyenne ou au-dessous de la moyenne ; TEINTES noires, avec des bandes dorées ou cendrées.

Les larves d'une espèce observée vivent dans les fausses chenilles ou larves des TENTHRÉDINÈTES.

ANTENNÆ elongatæ, usque ad Epistoma porrectæ ; primis duobus articulis brevibus; tertio longo, lateribus subcompressis; CHETUM secundo articulo bi aut trilongiore secundo; tertio nudo.

OCULI villosi in ♂, tomentosi in ♀, distantes in utroque sexu; FRONS in ♀ latior; FACIES obliqua serie plus minusve integra Ciliorum rigidorum aut cirriformium per foveas; PERISTOMA paulo magis elongatum quam latum, EPISTOMATE vix prominulo; HAUSTELLUM membranaceum; PALPI paulisper excedentes.

ABDOMEN cylindricum, cylindriforme, Ciliis dorsalibus secundum genera variis.

PEDES simplices. Calypta ampla; nervus longitudinalis Radii C Alarum totus vel parte ciliger per Cellulam β; CELLULA γ C aperta ante apicem Alæ, nervo transverso valde arcuato.

♂ CORPORE cylindriformi; ♀ Corpore cylindrico-subrotundato; STATURA jam mediocris; COLOR niger, ater, fasciis subaureis aut cinereis.

Larvæ unicæ speciei observatæ vivunt in Pseudo-Erucis aut larvis TENTHREDINETUM.

La présence d'une rangée plus ou moins complète de Cils faciaux raides ou cirriformes le long des fossettes distingue cette tribu parmi ses congénères. Les Antennes ont toujours les deux premiers articles très-courts, tandis que le troisième article est fort allongé; le second article du Chète, qui est toujours au moins double du premier pour la longueur, offre encore un excellent caractère. Les Yeux sont villeux et souvent tomenteux sur les Femelles. Le rayon C n'est garni que dans la totalité ou dans une partie de la nervure longitudinale de la Cellule β.

Les rapports de proche affinité de cette tribu sont avec les TACHINIDES; mais ces dernières ont les deux derniers articles antennaires presque d'égale longueur.

Ces insectes, qui sont assez rares et assez difficiles à se procurer, n'avaient encore guère excité l'attention des Entomologistes. Nous nous sommes appliqué à réunir le plus grand nombre possible d'espèces. Mais nous ne pouvons nous dissimuler qu'il reste encore beaucoup à faire. Malgré nos recherches et nos observations cette tribu ne paraît qu'indiquée. Son étude a exigé la constatation de caractères minutieux qu'il importe de bien saisir si l'on veut se guider dans la détermination des genres et des espèces.

Nous ne possédions aucune donnée sur les mœurs des larves. M. Hartig nous a fait connaître l'espèce qui vit dans les larves des Tenthrédinètes, larves que Réaumur désigne sous le nom si bien appliqué de fausses chenilles. Ce fait tend à démontrer que les Ephyrides, à leur jeune âge, vivent aux dépens d'Hyménoptères dendrophiles. Mais l'exemple également fourni par Hartig, de véritables Tachinides sorties de larves de Tenthrédinètes, doit aussi nous avertir qu'Ephyrides et Tachinides peuvent confondre dans leurs goûts les véritables chenilles et les fausses chenilles, puisque les larves de la plupart des Tachinides sont érucivores et que, à en juger par analogie, les larves des Ephyrides seraient également mangeuses de chenilles. Nous pourrions les considérer comme telles si nous nous en rapportions aux caractères organiques, et l'on pourrait peut-être dire que les Ephyrides, comme les Tachinides, ne mangent les larves des Tenthrédinètes que parce qu'elles trouvent dans ces larves toutes les conditions d'alimentation fournies par les vraies chenilles (1).

Mais si nous ne nous en rapportons qu'au fait lui-même et si réellement les Ephyrides à l'état de larves ne vivent que dans les fausses chenilles des Tenthrédinètes, nous laisserons ici cette tribu et nous aurons ainsi une nouvelle section

(1) Nous serions tenté de nous rapprocher de cette idée, car les Ephyrides nous paraissent bien voisines des Phorinides qui sont campophages.

d'Entomobies melittophages ne s'adressant qu'aux Hyménoptères dendrophages, c'est-à-dire qu'à ceux dont la larve vit aux dépens des feuilles des arbres. Nous avons déjà des tribus spéciales pour les Entomobies qui vivent dans les Apiaires sociales et dans les Apiaires non sociales. Voici donc tout l'ordre des Hyménoptères livré à des ennemis dont les races varient suivant les diverses sections qui le composent. Que dirait-on si l'on allait découvrir que chaque groupe d'Ephyrides est affecté à une section particulière d'Hyménoptères dendrophages?

Suspendons nos réflexions, car nous paraissons lancé dans l'infini; tout-à-l'heure nous avions raison de dire que la tribu des Ephyrides n'est encore qu'indiquée; l'entomologiste n'est point à bout de patience, fort heureusement.

A. Deux Cils médians sur le dos du second et du troisième segment de l'Abdomen.

†. *Second article du Chète seulement double du premier pour la longueur.*

I. G. EPHYRA	Quatre et cinq Cils faciaux n'atteignant que la moitié de la hauteur des Fossettes.
II. G. MYRSINA......	Sept Cils faciaux atteignant les deux tiers de la hauteur des Fossettes.

††. *Nervure externe de la Cellule γ B ciligère sur le tiers ou sur la moitié basilaire de son étendue.*

III. G. LILÆA	Six Cils faciaux.
IV. G. BESSA........	Huit Cils faciaux ; nervure externe de la Cellule γ C ciligère sur le tiers basilaire de son étendue.

V. G. OSMINA .... { Cinq à six Cils faciaux. Trois à quatre Cils basilaires sur la nervure externe de la Cellule γ C.

B. POINT DE CILS MÉDIANS SUR LE DOS DU SECOND SEGMENT DE L'ABDOMEN.

VI. G. OBEIDA ...... { Cinq Cils faciaux; point de Cils médians sur le dos du second segment de l'Abdomen. Cils sur le tiers de la Cellule γ C.

C. POINT DE CILS MÉDIANS SUR LE DOS DU SECOND ET DU TROISIÈME SEGMENT DE L'ABDOMEN.

VII. G. HUBERTIA ... { Six Cils faciaux ; Cils sur presque toute l'étendue de la nervure γ B.

VIII. G. THALPIA.... { Huit Cils faciaux; Cils sur le tiers seulement de la Cellule γ B.

A. DEUX CILS MÉDIANS SUR LE DOS DU SECOND ET DU TROISIÈME SEGMENT DE L'ABDOMEN.

†. *Second article du Chète seulement double du premier pour la longueur.*

262. — I. Genre EPHYRE (1).
I. *Genus EPHYRA*, R.-D.

Phorinia : Rob. Desv.-*Myod.*, p. 118.

FEMELLE : Le second article du CHÈTE seulement double du premier pour la longueur; quatre à cinq CILS FACIAUX n'atteignant que le milieu de la hauteur des Fossettes.

---

(1) Le nom de ce genre a été fort mal choisi ; nous le conservons puisqu'il a donné son nom à la tribu qui nous occupe, mais nous rappellerons qu'il existe déjà trois genres de ce nom : 1° dans les ACALÈPHES, (*Médusaires*) ; 2° dans les LÉPIDOPTÈRES (*Phalénites*) ; 3° dans les CRUSTACÉS (*Dec. Macroures*).

Deux Cils apicaux sur le dos du premier segment de l'Abdomen ; deux Cils basilaires et deux Cils apicaux sur le dos du second segment; deux Cils médians et rangée complète de Cils apicaux sur le dos du troisième.

La nervure externe ou longitudinale de la Cellule γ B ciligère sur presque toute son étendue.

Male : Inconnu.

♀. Chetum secundo articulo solum bilongiore primo; quatuor vel quinque Cilia facialia non excedentia mediam fovearum partem.

Duo Cilia apicalia in primo Abdominis segmento ; duo Cilia basilaria duoque apicalia in dorso secundi; duo Cilia medianea seriesque apicalium integra in dorso tertii.

♂ Ignotus.

Typus : *Phorinia micromera*, R.-D.

1330. — N° 1. Ephyra micromera, R.-D.

Phorinia micromera : Rob. Desv.-*Myod.*, n° 3.

♀. Frons lateribus ardeaceis. Abdomen tribus fasciis cinereo-albidis, tessellatis.

Long. 2 lignes 1/4.

Femelle : Frontaux, Antennes, Palpes et Pattes noirs ; côtés du Front ardoisés ; Face cendré-ardoisé. Corselet saupoudré de cendré-ardoisé, avec les lignes dorsales noires. Abdomen noir-luisant, avec les trois fascies à reflets d'un cendré-albide. Balanciers noirâtres : Cuillerons blanchâtres ; un peu de flavescence à la base des Ailes.

Nous ne connaissons que la Femelle de cette espèce.

1331. — N° 2. Ephyra læta, R.-D. *Sp. ined.*

♀. Frons lateribus aureo-flavescentibus ; Facies cinerea. Abdomen tribus fasciis cinereo-subflavescentibus.

Long. 1 ligne 2/3.

Femelle : Frontaux, Antennes, Pipette, Palpes et Pattes noirs; côtés du Front cendré-flavescent; Face cendrée. Corselet cendré, avec les lignes dorsales noires. Abdomen noir de pruneau luisant, avec les trois fascies à reflets cendrés et légèrement flavescents. Balanciers noirs : Cuillerons d'un blanc-jaunâtre ; Ailes claires.

Nous ne connaissons que la Femelle de cette espèce.

263. — II. Genre MYRSINE (1).
II. *Genus MYRSINA*, R.-D.

Caractères des Ephyres ; six à sept Cils faciaux qui atteignent les deux tiers de la hauteur des Fossettes.

Characteres Ephyrarum ; sex aut septem Ciliis facialibus ultra mediam altitudinem Fovearum adscendentibus.

Typus : *Myrsina ambulatrix*, R.-D.

1332. — No 1. Myrsina ambulatrix, R.-D. *Sp. ined.*

♀. Frons lateribus fusco-cinereis ; Facies cinereo-ardeacea. Abdomen tribus fasciis cinereo-albidis.

Long. 2 lignes 1/4.

Femelle : Frontaux, Antennes, Pipette, Palpes et Pattes noirs ; côtés du Front d'un brun-ardoisé ; Face d'un cendré-ardoisé. Corselet cendré-ardoisé, avec les lignes dorsales noires. Abdomen noir-luisant, avec trois fascies de reflets cendré-albide. Balanciers noirâtres : Cuillerons blanc-jaunâtre; Ailes claires.

Nous ne connaissons que la Femelle de cette espèce.

---

(1) Il existe déjà sous ce nom un genre botanique créé par Linné, (*Gen.*, 269).

Il est certain que le second article du Chète paraît plus court que sur les autres espèces ; elle offre deux Cils faciaux de plus que les EPHYRES.

1333. — N° 2. MYRSINA ARDEACEA, R.-D. *Sp. ined.*

♂ et ♀. Frons et Facies lateribus cinereo-ardeaceis. Abdomen fasciis ardeaceis.

Long. 2 1/4-2 lignes 1/2.

FEMELLE : Frontaux, Antennes, Pipette, Palpes et Pattes noirs ; côtés du Front et de la Face de couleur ardoisée. Corselet cendré-ardoisé, avec les lignes dorsales noires. Abdomen noir, luisant, avec les trois fascies ardoisées et interrompues en leur milieu. Balanciers bruns : Cuillerons blanchâtres ; Ailes assez claires.

MALE : Semblable ; un peu de jaunâtre-obscur sur les côtés du Front.

Nous ne possédons qu'un couple de cette rare espèce.

1334. — N° 3. MYRSINA PUSILLA, R.-D. *Sp. ined.*

♀. Frons lateribus fusco-cinereis. Abdomen tribus fasciis cinereis tessellatis.

Long. 1 ligne 1/2.

FEMELLE : Frontaux, Antennes, Pipette, Palpes et Pattes noirs ; côtés du Front d'un brun-cendré ; Face cendré-albide. Corselet saupoudré de cendré-ardoisé peu distinct. Abdomen noir-luisant, avec les trois fascies cendrées. Balanciers noirâtres : Cuillerons flavescents ; Ailes claires.

Nous ne connaissons que la Femelle de cette petite espèce.

††. *Nervure externe de la Cellule γ B ciligère sur le tiers ou sur la moitié basilaire de son étendue.*

264. — III. Genre LILÉE (1).
III. *Genus LILÆA*, R.-D.

Phorinia : Rob. Desv.
Metopia : Macq.
Tachina : Hartig.

Yeux presque nus ; six Cils faciaux qui atteignent les deux tiers de la hauteur des Fossettes ; deux Cils apicaux sur le dos du premier segment de l'Abdomen ; deux Cils médians et deux Cils apicaux sur le dos du second segment ; deux Cils médians et rangée complète de Cils apicaux sur le dos du troisième ; la nervure externe ou longitudinale de la Cellule γ C ciligère dans la moitié de son étendue.

Oculi subnudi ; sex Cilia facialia ultra mediam Fovearum altitudinem. Duo Cilia apicalia in dorso primi segmenti abdominalis ; duo Cilia medianea duoque apicalia in dorso secundi ; duo Cilia medianea seriesque integra apicalium in dorso tertii. Nervus exterior ceu longitudinalis Cellulæ γ B ciliger usque in mediam longitudinem.

Typus : *Phorinia Macquarti* et *Ph. gracilis*, R.-D.

Les Lilées observées n'ont ou ne paraissent pas avoir plus de six Cils faciaux dont la rangée s'élève un peu au milieu de la hauteur des Fossettes. Parfois un ou deux cils avortent sur un des côtés. Les espèces sont assez difficiles à distinguer entre elles.

---

(1) Les botanistes sont en possession d'un G. Lilæa (*Joncaginées*), (*Humbolt et Bonpland, Pl. æquin.*, I, 222, 63.)

1335. — N° 1. LILÆA AURO-ZONATA, R.-D. *Sp. ined.*

♀. Cæsia, nitida; Abdomen tribus fasciis aureis. Alis limpidis.

Long. 2 lignes.

FEMELLE : Frontaux d'un noir obscurément fauve : côtés du Front d'un noir-doré ; Face albide, avec la Barbe blanche ; Antennes, Palpes et Pattes noirs. Corselet noir de pruneau luisant, rayé et saupoudré de cendré qui devient jaunâtre sur le dos. Abdomen noir de pruneau luisant, avec trois fascies transversales dorées. Balanciers bruns : Cuillerons jaunâtres, avec le bord externe jaune ; Ailes claires.

Nous ne connaissons qu'une Femelle de cette espèce prise en Eté.

1336. — N° 2. LILÆA MACQUARTI, R.-D.

Phorinia Macquarti : Rob. Desv.-*Myod.*, p. 119, n° 4.
Metopia Macquarti : Macq.-*Buff.* II, n° 9.
Tachina Tenthredinum : Hartig.-P. 295, n° 26.

♀. Frons lateribus, Thorax dorso, Abdomen tribus fasciis subaureis.

Long. 2 lignes.

FEMELLE : Frontaux, Antennes, Palpes et Pattes noirs ; côtés du Front jaunes ou jaune-doré; Face albide; Barbe blanche. Corselet cendré sur les côtés et cendré-flavescent sur le dos, avec les lignes dorsales noires. Abdomen noir-luisant, avec trois fascies transverses de reflets jaune-doré sur la moitié antérieure des second, troisième et quatrième segments ; ces fascies sont interrompues en leur milieu. Balanciers noirs : Cuillerons jaunâtres ; Ailes claires.

Nous ne connaissons que des Femelles de cette espèce qui parfois n'offre que cinq Cils faciaux.

Nous avons sous les yeux un individu que M. Hartig obtint des larves d'une Tenthrédinète dont il ne cite pas l'espèce. Il a fait de cet individu son *Tachina Tenthredinum* (Hartig, p. 295, n° 26) ; il est identique à notre *Phorinia Macquarti* primitif.

1337. — N° 3. LILÆA HILARELLA, R.-D. *Sp. ined.*

♀. Frons lateribus infuscatis. Thorax dorso cinereo-subflavicante. Abdomen tribus fasciis cinereo-flavescentibus. Calypta flavescentia.

Long. 2 lignes.

FEMELLE : Frontaux, Antennes, Pipette, Palpes et Pattes noirs ; côtés du Front noirâtres, mais d'un cendré-flavescent sur le devant ; Face cendrée. Corselet saupoudré de cendré un peu jaunâtre sur le dos, avec les lignes dorsales noires. Abdomen noir, luisant, avec les trois fascies flavescentes. Balanciers bruns : Cuillerons jaunâtres ; Ailes claires.

Nous ne connaissons que la Femelle de cette espèce.

1338. — N° 4. LILÆA TREPIDA, R.-D. *Sp. ined.*

♀. Frons lateribus postice infuscatis, antice obscure flavescentibus. Thorax cinereus. Abdomen tribus fasciis cinereis, vix flavescentibus.

Long. 1 ligne 2/3.

FEMELLE : Frontaux, Antennes, Pipette, Palpes et Pattes noirs ; côtés du Front noirs en arrière et obscurément jaunâtres en devant ; Face cendré-albide. Corselet saupoudré de cendré, avec les lignes dorsales noires. Abdomen noir, luisant, avec les trois fascies à reflets d'un cendré à peine flavescent. Balanciers noirâtres : Cuillerons jaunâtres ; Ailes claires.

Nous ne connaissons que la Femelle de cette espèce plus petite que le *L. Macquarti* et qui, comme le *L. hilarella*, n'offre pas de flavescent sur le dos du Corselet.

1339. — N° 5. Lilæa amæna, R.-D. *Sp. ined.*

♀. Frontalia nigro-velutina : Frons lateribus subflavescentibus. Abdomen tribus fasciis cinereis, tessellatis.

Long. 2 lignes.

Femelle : Frontaux noir de velours : côtés du Front flavescents ; Face albide ; Antennes, Pipette, Palpes et Pattes noirs. Corselet cendré sur les côtés, cendré un peu flavescent sur le dos, avec les lignes noires. Abdomen noir-luisant, avec trois fascies de reflets cendrés interrompues en leur milieu. Balanciers noirâtres : Cuillerons blanchâtres ; Ailes claires.

Nous ne connaissons que la Femelle de cette espèce.

1340. — N° 6. Lilæa cognata, R.-D. *Sp. ined.*

♀. Frons lateribus fusco-æruginosis. Abdomen tribus fasciis cinereis.

Long. 2 lignes.

Femelle : Frontaux, Antennes, Pipette, Palpes et Pattes noirs ; côtés du Front d'un brun-rouillé ; côtés de la Face d'un brun-cendré. Corselet saupoudré de cendré un peu ardoisé, avec le milieu du dos couleur de terre rouillée. Abdomen noir, avec les trois fascies cendrées. Balanciers bruns : Cuillerons jaunâtres ; Ailes assez claires.

Nous ne connaissons que la Femelle de cette espèce.

1341. — N° 7. Lilæa gracilis, R.-D.

Phorinia gracilis : Rob. Desv.-*Myod.*, p. 119, n° 2.

♀. Frons lateribus cinereo-infuscatis. Abdomen tribus fasciis albidis, medio interruptis.

Long. 2 lignes.

Femelle : Frontaux, Antennes, Pipette, Palpes et Pattes noirs ; côtés du Front d'un cendré-brunâtre ; Face d'un cendré-albide. Corselet rayé de cendré, avec les lignes dorsales noires. Abdomen noir, luisant, avec les trois fascies à reflets cendrés et interrompus en leur milieu. Balanciers bruns : Cuillerons blanc-jaunâtre ; Ailes claires.

Nous ne connaissons que la Femelle de cette espèce.

1342. — N° 8. Lilæa borealis, R.-D.

Phorinia borealis : Rob. Desv.-*Myod.*, p. 120, n° 6.
Metopia borealis : Macq.-*Buff.* ii, p. 126, n° 10.

♀. Frons lateribus cinereo-ardeaceis. Abdomen tribus fasciis ardeaceis tessellatis.

Long. 1 ligne 1/2.

Femelle : Frontaux, Antennes, Pipette, Palpes et Pattes noirs ; côtés du Front d'un cendré-ardoisé ; Face d'un ardoisé-albicant. Corselet légèrement saupoudré de cendré-ardoisé, avec les lignes dorsales noires. Abdomen noir, avec trois fascies de reflets ardoisés. Balanciers bruns : Cuillerons blanchâtres ; Ailes claires.

Nous ne connaissons que la Femelle de cette espèce.

265. — IV. Genre BESSE.
IV. *Genus BESSA*, R.-D

Huit Cils faciaux qui dépassent un peu le milieu de la

hauteur des Fossettes. Deux Cils apicaux sur le premier segment de l'Abdomen ; deux Cils médians et deux Cils apicaux sur le dos du second segment; deux Cils médians et rangée complète de Cils apicaux sur le dos du troisième. La nervure externe ou longitudinale de la Cellule γ B ciligère sur le premier tiers de son étendue.

Octo Cilia facialia vix ultra mediam Fovearum altitudinem adscendentia; duo Cilia apicalia duoque apicalia in dorso secundi; duo Cilia medianea seriesque integra Ciliorum apicalium in dorso tertii. Nervus exterior ceu longitudinalis Cellulæ γ B ciliger usque ad tertiam longitudinis partem.

Typus : *Bessa secutrix*, R.-D.

1343. — N° 1. Bessa secutrix, R.-D. *Sp. ined.*

♂. Frons Faciesque lateribus subflavescentibus. Abdomen tribus fasciis cinereo-subgriseis tessellatis.

Long. 3 lignes.

Male : Frontaux, Antennes, Pipette, Palpes et Pattes noirs; côtés du Front brun-jaunâtre; côtés de la Face cendré-jaunâtre; Barbe cendré-grisâtre. Corselet saupoudré de cendré-ardoisé, avec les lignes dorsales noires. Abdomen noir-luisant, avec les trois fascies à reflets cendré-grisâtre. Balanciers bruns : Cuillerons blanc-jaunâtre ; Ailes assez claires, avec la base un peu sale.

Cette description est faite d'après un individu unique qui offre huit Cils faciaux et sur qui la nervure extérieure de la Cellule γ B n'est ciligère que sur le premier tiers de son étendue.

1344. — N° 2. Bessa blanda, R.-D. *Sp. ined.*

♀. Frons lateribus fusco-cinereis; Facies albidula. Abdomen tessellis albido-flavescentibus.

Long. 2 lignes.

FEMELLE : Frontaux, Antennes, Pipette, Palpes et Pattes noirs ; côtés du Front brun-cendré ; Face blanche sur les côtés. Corselet saupoudré de cendré, avec les lignes dorsales noires. Abdomen noir de jais, luisant, avec trois bandes à reflets d'un blanc-jaunâtre. Cuillerons blanc-jaunâtre ; Ailes claires.

Nous ne connaissons que la Femelle de cette espèce ; un individu offre neuf Cils faciaux sur un côté.

1345. — N° 3. BESSA PALPALIS, R.-D. *Sp. ined.*

♀. Nigra, nitens, cinereo-flavescente adspersa et tessellata ; Palporum apice antice flavo-rubescente.

Long. 2 lignes 1/2.

FEMELLE : Frontaux noirs ou noirâtres : côtés du Front brun-cendré ; Face blanche, avec les Cils moins raides ; Antennes et Pattes noires ; moitié antérieure des Palpes jaune-fauve. Corselet noir et saupoudré de cendré-grisâtre. Abdomen noir, garni de reflets noirs et de reflets gris-flavescent. Balanciers ferrugineux : Cuillerons blancs ; Ailes claires.

Nous ne connaissons qu'une Femelle de cette rare espèce qui deviendra immanquablement le type d'un genre nouveau.

266. — V. Genre OSMINE.
V. *Genus OSMINA*, R.-D.

Caractères des LILÉES et des BESSES ; cinq à six CILS FACIAUX ; deux CILS APICAUX sur le dos du premier segment de l'Abdomen ; deux CILS MÉDIANS et deux CILS APICAUX sur le second ; deux CILS MÉDIANS et rangée complète de CILS APICAUX sur le dos du troisième. Seulement trois à quatre Cils à la base de la nervure longitudinale de la CELLULE 7 B.

Lilæarum et Bessarum characteres ; quinque vel sex Cilia facialia. Duo Cilia apicalia in dorso primi segmenti abdominalis ; duo Cilia medianea, duoque apicalia in dorso secundi ; duo Cilia medianea seriesque integra Ciliorum apicalium in dorso tertii ; solummodo tres quatuorve Cilia basilaria per nervum exteriorem Cellulæ γ B.

Typus : *Osmina lubrica*, R.-D.

Ces insectes, qui font la suite naturelle aux Ephyres et aux Myrsines, n'ont que trois à quatre Cils à la base de la nervure longitudinale de la Cellule γ B des Ailes ; ce caractère, tout faible qu'il paraisse d'abord, devient d'une nécessité absolue dans l'état actuel de la science.

1346. — N° 1. Osmina lubrica, R.-D. *Sp. ined.*

♂. Cylindrica, subnitens ; Abdomen triplici fascia albida.

Long. 3 lignes.

Male : Cylindrique; Frontaux rougeâtres : côtés du Front noir-cendré ; Face albide ; Antennes, Palpes et Pattes noirs. Corselet noir, saupoudré de cendré. Abdomen noir de pruneau, avec trois fascies de reflets cendré-albide. Balanciers brunâtres : Cuillerons blancs ; Ailes assez claires.

Nous ne connaissons que le Mâle de cette rare espèce.

B. Point de Cils médians sur le dos du second segment de l'Abdomen.

267. — VI. Genre OBEIDE.
VI. *Genus OBEIDA*, R.-D.

Caractères des Ephyres ; cinq Cils faciaux qui ne montent pas jusqu'au milieu de la hauteur des Fossettes. Point de Cils médians sur le dos du second segment de l'Abdomen, qui a deux Cils apicaux ; deux Cils basilaires et deux Cils médians peu apparents, avec une rangée complète de Cils apicaux sur le dos du troisième segment. La Cellule γ C ciligère seulement dans le premier tiers de sa nervure longitudinale.

Ephyrarum characteres; quinque Cilia facialia fere usque ad mediam Fovearum altitudinem adscendentia. Duo Cilia apicalia in dorso primi secundique segmenti abdominalis, Ciliis medianeis deficientibus; duo basilaria, duoque medianea parum distincta seriesque apicalium integra in dorso tertii segmenti. Cellula γ B ciligera solum usque ad tertiam partem basilarem nervi longitudinalis.

Typus : *Obeïda obscurata*, R.-D.

La Face n'offre que cinq Cils; il n'existe point de Cils médians sur le dos du second segment abdominal, et la nervure longitudinale de la Cellule γ B est ciligère seulement dans le premier tiers de son étendue. Ce sont des caractères que nous devons prendre en sérieuse considération pour arriver à une démonstration rigoureuse dans l'application de nos principes.

1347. — N° 1. Obeïda obscurata, R.-D. *Sp. ined.*

♀. Atra, atro-cæsia; Frons atra. Abdomen tribus fasciis cinereo ardeaceis.

Long. 2 lignes.

Femelle : Frontaux noirs : côtés du Front noirs et légèrement saupoudrés d'un peu de gris-brunâtre; Face d'un noir-ardoisé; Antennes, Palpes et Pattes noirs. Corselet noir-âtre, obscurément saupoudré de cendré-brunâtre. Abdomen noir de pruneau luisant, avec trois fascies de reflets d'un cendré-ardoisé. Balanciers couleur de rouille : Cuillerons d'un blanc un peu jaunâtre; Ailes claires, avec la base légèrement flavescente.

Nous ne connaissons que la Femelle de cette rare espèce.

C. POINT DE CILS MÉDIANS SUR LE DOS DU SECOND ET DU TROISIÈME SEGMENT DE L'ABDOMEN.

268. — VII. Genre HUBERTIE.
VII. *Genus HUBERTIA*, R.-D.

Tous les caractères des EPHYRES; six CILS FACIAUX montant un peu au-delà du milieu de la hauteur des Fossettes. Point de CILS MÉDIANS sur le dos du second et du troisième segment de l'Abdomen. Nervure extérieure de la CELLULE γ B ciligère sur toute son étendue.

Omnes EPHYRARUM characteres; sex CILIA FACIALIA paulisper ultra mediam Fovearum altitudinem adscendentia. Abdomen secundo tertioque segmento sine CILIIS MEDIANEIS. Nervus exterior CELLULÆ γ B per totam longitudinem ciliger.

TYPUS : *Hubertia elegans*, R.-D.

1348. — N° 1. HUBERTIA ELEGANS, R.-D. *Sp. ined.*

♂. Frons lateribus fusco-flavescentibus. Abdomen tribus fasciis subaureis, tessellatis, medio interruptis.

Long. 1 ligne 2/3.

MALE : Frontaux, Antennes, Pipette, Palpes et Pattes noirs; côtés du Front d'un brun un peu jaunâtre; Face albide-ardoisé. Corselet noir, saupoudré sur les côtés de cendré-flavescent. Abdomen noir, luisant, avec trois fascies de reflets jaune presque doré et interrompues en leur milieu. Balanciers noirâtres : Cuillerons jaunâtres; Ailes claires.

Nous ne connaissons que le Mâle de cette espèce prise en Eté.

269. — VIII. Genre THALPIE.
VIII. *Genus THALPIA*, R.-D.

Caractères des LILÉES; huit CILS FACIAUX qui atteignent

aux deux tiers de la hauteur des Fossettes. Point de Cils médians sur le dos du second et du troisième segment de l'Abdomen; deux petits Cils apicaux sur le dos du premier et du second segment; rangée complète de Cils apicaux sur le dos du troisième. La nervure externe de la Cellule γ B ciligère seulement dans le premier tiers de sa longueur.

Lilæarum characteres; octo Cilia facialia ultra mediam Fovearum altitudinem adscendentia; defectus Ciliorum medianeorum in dorso secundi tertiique segmenti abdominalis; duo Cilia tenuiora apicalia in dorso primi secundique segmenti seriesque integra Ciliorum apicalium in dorso tertii. Cellula γ B nervo exteriori solummodo supra basim ciligero.

Typus : *Thalpia mera*, R.-D.

L'absence de Cils médians sur le dos du second et du troisième segment de l'Abdomen mérite pour les Thalpies et les Huberties une attention toute particulière. Sur les Huberties, les Cils faciaux montent au-delà du milieu de la hauteur des Fossettes, tandis que la nervure longitudinale de la Cellule γ B est ciligère sur presque toute son étendue.

1349. — N° 1. Thalpia mera, R.-D. *Sp. ined.*

♀. Frons lateribus cinereo-subflavescentibus. Abdomen tribus fasciis cinereis tessellatis.

Long. 2 lignes 1/2.

Femelle : Frontaux, Antennes, Pipette, Palpes et Pattes noirs; côtés du Front d'un cendré un peu flavescent; Face cendrée; Barbe blanche. Corselet saupoudré de cendré, avec les lignes dorsales noires. Abdomen noir, luisant, avec les trois fascies à reflets cendrés et interrompues en leur milieu. Balanciers noirs : Cuillerons à bord extérieur jaune; Ailes claires, avec la base un peu sale.

Nous ne connaissons que la Femelle de cette rare espèce.

1350. — N° 2. THALPIA CÆSIA, R.-D. *Sp ined.*

♀. Cæsia, nitens; Frontalibus nigris. Thorax nonnullis tessellis cinereis. Abdomen tessellis cinereo-infuscatis obscurioribus.

Long. 1 ligne 1/2.

FEMELLE : Frontaux noirs : côtés du Front d'un noir à peine cendré; Face d'un noir-blanchâtre; Antennes, Palpes et Pattes noirs. Corselet noir de pruneau luisant, n'offrant que quelques reflets cendrés. Abdomen noir de pruneau luisant, avec trois fascies de reflets cendré-brun et obscurs. Balanciers bruns, avec la tête diaphane : Cuillerons blanchâtres ; Ailes claires.

Nous ne connaissons qu'une Femelle de cette rare espèce.

1351. — N° 3. THALPIA HUMILIS, R.-D. *Sp. ined.*

♀. Frons Faciesque ardeaceæ. Abdomen tribus fasciis angustatis, cinereo-albidis, paulo manifestis.

Long. 1 ligne 2/3.

FEMELLE : Frontaux, Antennes, Pipette, Palpes et Pattes noirs ; côtés du Front et Face d'un cendré-bleuâtre ou ardoisé. Corselet saupoudré de cendré-bleuâtre, avec les lignes dorsales noires. Abdomen noir, avec trois fascies très-étroites, à reflets albides et peu marqués. Balanciers noirâtres : Cuillerons d'un blanc-jaunâtre ; Ailes claires.

Nous ne connaissons que la Femelle de cette rare espèce.

D. LARVES VIVANT DANS LES HÉMIPTÈRES.

LES CIMÉCOPHAGES.
CIMECOPHAGÆ.

Les Entomobies Cimécophages, comme les Carabophages, laissent encore beaucoup à désirer sous le rapport de l'étude des mœurs de leurs larves. Les faits observés nous ont cependant paru assez concluants pour que nous introduisions dans ce groupe les cinq tribus suivantes :

Face nue; Palpes à l'état rudimentaire. Corps très-effilé et très-cylindrique. Abdomen composé de quatre segments, avec des Cils apicaux; Anus du Mâle formé de deux pièces qui se recourbent sous le Ventre :

I. Tribu : LES OCYPTÉRÉES.

Face nue; Palpes atteignant l'Epistôme; Epistome non saillant. Abdomen composé de quatre segments, avec des Cils apicaux. Pince horizontale au sommet de l'Anus du Mâle :

II. Tribu : LES CLAIRVILLIDES.

Palpes filiformes, atteignant l'Epistôme. Abdomen aplati, hémisphérique et non cilié; Anus des Mâles ne se prolongeant point en dessous :

III. Tribu : LES GYMNOSOMÉES.

Cils faciaux. Abdomen composé de cinq segments, large, hémisphérique et déprimé, avec des Cils apicaux; Anus du Mâle formé de deux crochets recourbés en dessous; Anus de la Femelle placé sous le Ventre :

IV. Tribu : LES PHASIENNES.

Face nue. Abdomen presque arrondi, avec de très-petits Cils au bord apical des segments :

V. Tribu : LES CLYTIDES.

I. Tribu : LES OCYPTÉRÉES.

I. *Tribus : OCYPTERATÆ*, R.-D.

Ocyptera : Oliv.-Latr.

ANTENNES assez longues, inclinées, descendant jusqu'à l'Epistôme ; le premier article le plus court ; le troisième comprimé sur les côtés, plus ou moins arrondi sur le devant et ordinairement plus long que le second ; premiers articles du CHÈTE plus ou moins développés ; le dernier nu.

YEUX nus, également distants sur les deux sexes ; FRONT en carré long, également large sur les deux sexes ; une seule rangée de Cils de chaque côté sur les deux sexes, FACE verticale, nue ; PÉRISTOME plus long que large ; EPISTOME triangulaire et en saillie ; seconde division de la TROMPE solide en majeure partie ; PALPES presque nuls, rudimentaires, ordinairement indistincts.

ABDOMEN formé de quatre segments cylindriques ; point de CILS BASILAIRES, ni MÉDIANS sur le premier et le second segment qui offrent quatre CILS APICAUX (deux dorsaux et deux latéraux) ; une rangée de CILS APICAUX sur le dos du troisième ; ANUS du Mâle composé de deux segments qui se recourbent et se cachent sous le Ventre.

PATTES, surtout les postérieures, allongées. CUILLERONS larges ; AILES à peu près d'égale largeur dans toute leur étendue ; la CELLULE γ C pétiolée au-dessus du sommet de l'Aile, avec sa nervure transversale sinueuse ou flexueuse.

FORME du Corps étroite, cylindrique ; TEINTES noires, avec des segments abdominaux fauves.

Une de leurs LARVES a vécu dans le corps d'un Hémiptère.

ANTENNÆ elongatæ, incumbentes, ad Epistoma descendentes ; primo articulo breviori ; tertio lateribus compresso, anticeque subrotundato, longiore secundo ; primis CHETI articulis plus minusve elongatis, ultimo nudo.

OCULI nudi, æque distantes in utroque sexu ; FRONS quadrilatera, æque lata in utroque sexu, serie simplici Ciliorum in utroque sexu ; FACIES verticalis, nuda ; PERISTOMA magis longum quam latum. EPISTOMA triangulare et porrectum ; PROBOSCIDIS secunda sectio majori parte subsolida ; Palpi utpote nudi, rudimentarii, solito inconspicui.

ABDOMEN cylindricum, quadri-annulatum ; quatuor CILIA APICALIA (duo dorsalia duoque lateralia) in dorso primi secundiquesegmenti ; semi-circulus CILIORUM APICALIUM in dorso tertii. ANUS in ♂ bi-annulatum, sub ventre reflexum, reconditum.

PEDES præsertim posteriores subelongati. CALYPTA ampla ; ALÆ fere æqua latitudine per totam superficiem. CELLULA γ C petiolata in apice Alæ, nervo transverso flexuoso.

CORPUS subangustatum, cylindricum, nigrum, segmentis Abdominis lateribus fulvidis.

LARVÆ observatæ vivunt in corpore HEMIPTERARUM.

Ces insectes ont le Corps le plus effilé, le plus cylindrique parmi les Entomobies Cimécophages ; leur seul aspect les fait aussitôt reconnaître. Mais ils présentent d'autres caractères tout-à-fait remarquables, entre lesquels on doit surtout noter l'absence presque complète de Palpes lesquels n'existent qu'à l'état rudimentaire. C'est leur caractère capital. Par l'exiguité de ces Palpes et par les formes de leur Corps, les OCYPTÉRÉES se rapprochent évidemment des MICROPALPÉES qui font partie des Entomobies Campéphages.

Nous n'insistons pas sur les autres signes qui dénotent cette tribu de la manière la plus tranchée au milieu des races ayant les mêmes mœurs. Nous avons lieu de penser qu'il ne reste plus de nouvelles OCYPTÉRÉES à signaler sous notre climat.

M. Léon Dufour a constaté que la larve de l'*Ocyptera bi-color* vit dans le corps du RHAPHIGASTER GRISEUS.

D'après ce naturaliste, ces larves sont oblongues, glabres, ridées. Leur bouche présente deux mamelons portant chacun deux petits corps cylindriques et deux pièces cornées armées de crochets. Le corps se termine en un tube solide, au bout duquel s'ouve un stigmate. Les larves passent à l'état de nymphes sans quitter leur demeure. Sous cette nouvelle forme, elles sont ovoïdes, sans segments distincts. Elles quittent les insectes qui les ont nourries avant d'arriver à l'état ailé, et quelquefois sans leur causer la mort. Il est très-probable que c'est sur les larves de leurs victimes que les Ocyptères déposent leurs œufs.

Sur les Mâles de cette tribu commence à se manifester la présence de l'appareil anal, composé de deux segments (dont le dernier se termine en pointe aigue) qui se récourbe en dessous et se cache dans les lames latérales du troisième segment ventral.

Dans notre travail primitif, nous avions placé dans cette tribu les genres Olivieria, Phania, Besseria, Weberia et Clairvillia, qui ne sauraient constituer de véritables Ocyptérées, soit sous le rapport des mœurs, soit sous celui de l'organisation.

I. G. OCYPTERA.....	Le troisième article des Antennes le plus long sur les deux sexes.
II. G. PARTHENIA ...	Les deux derniers articles des Antennes presque aussi longs sur la Femelle.
III. G. AUBÆA.......	Sommet du Chète renflé ou plus épais sur le Mâle.

270. — I. Genre OCYPTÈRE.
I. *Genus OCYPTERA*, Oliv.

Musca : Gmel.-De Geer.
Syrphus : Fabric.
Ocyptera : Oliv., *Encyclop. méthod.*-Latr.-Fall.-Fab.-Meig.-Rob. Desv.-Macq.-Zetterst.

ANTENNES descendant contre l'Epistôme ; le second article double du premier pour la longueur; le troisième comprimé sur les côtés et triple du second pour la longueur; premiers articles du CHÈTE bien développés ; le troisième nu ; YEUX nus, également distants sur les deux sexes ; FRONT également large sur les deux sexes, avec une rangée simple de Cils frontaux de chaque côté sur les deux sexes ; FACE verticale, sans aucune espèce de Cils ; PÉRISTOME plus long que large, avec l'EPISTOME triangulaire et en saillie ; la seconde division de la TROMPE effilée et en partie solide ; PALPES presque nuls.

ABDOMEN étroit, cylindrique, avec quatre CILS (deux dorsaux et deux latéraux) APICAUX sur le premier et sur le second segment; une rangée de CILS APICAUX sur le dos du troisième.

PATTES allongées, simples. CUILLERONS larges; AILES peu larges ; CELLULE γ C pétiolée au-dessus du sommet de l'Aile, avec sa nervure transversale sinueuse ou flexueuse.

ANTENNÆ ad Epistoma porrectæ ; secundo articulo bilongiore primo ; tertio lateribus subcompressis, trilongiore secundo ; CHETUM primis articulis æqua longitudine ; tertio nudo : OCULI nudi, æque distantes in utroque sexu ; FRONS æque lata in utroque sexu, serie utrinque simplici Ciliorum in utroque sexu ; FACIES verticalis, nuda ; PERISTOMA magis longum quam latum, EPISTOMATE triangulari, prominente ; PROBOSCIDIS sectio secunda elongata, majori parte coriacea ; PALPI utpote nulli, sæpius indistincti.

ABDOMEN angustatum, cylindricum ; quatuor CILIA (duo dorsalia duoque lateralia) APICALIA in dorso primi secundique segmenti ; semicirculus CILIORUM APICALIUM in dorso tertii.

PEDES elongati, simplices ; CALYPTA ampla ; ALÆ parum latæ ; CELLULA γ C petiolata ante apicem Alæ, nervo transverso flexuoso.

Il est inutile d'insister sur les caractères de ce genre qui, par la forme effilée et cylindrique du Corps, ainsi que par les segments fauves de l'Abdomen, se reconnait au premier coup d'œil.

1352. — N° 1. OCYPTERA BICOLOR, Oliv.

Ocyptera bi-color :	Oliv.-*Encyclop. méthod.*
— —	Macq.-*Buff.* II, p. 185.
Ocyptera coccinea :	Meig.-T. IV.
Ocyptera pentatomæ :	Rob. Desv.-*Myod.*, p. 229, n° 1.

♂. Frontalia fusco-rubra : Frontis lateribus nigris, tessellis argenteis ; Facies argentea ; Antennæ et Pedes atra. Thorax ater, cinereo micante plus minusve lineatus et tessellatus. Abdomen rufo-coccineum, primi segmenti basi, lineaque dorsali atris. Halteres rufi : Calypta albida ; Alæ subfuliginosæ.

♀. Similis ; paulo major ; secundi segmenti abdominalis linea dorsali nigra.

Long. 7-9 lignes.

MALE : Frontaux brun-rougeâtre : côtés du Front noirs, avec des reflets argentés ; Antennes et Pattes noires ; Hanches glacées de cendré. Corselet noir, luisant, rayé et glacé de cendré-albide plus ou moins marqué. Abdomen d'un beau rouge ; le premier segment noir à la base, avec une ligne dorsale noire ; on distingue de légers reflets albides à l'insertion des segments. Balanciers rougeâtres : Cuillerons blancs ; Ailes légèrement fuligineuses.

FEMELLE : Semblable ; un peu plus grande ; la ligne dorsale noire du premier segment se poursuit sur le second.

Cette espèce est rare à Paris ; M. Léon Dufour a constaté que sa larve vit dans le corps du RHAPHIGASTER GRISEUS, Fabr..

1353. — N° 2. OCYPTERA BRASSICARIA, Fabr.

Musca cylindrica :	De Geer.-*Insect.* VI, p. 30, n° 9.
Musca brassicaria :	Gmel.-*Syst. nat.*, v, 1847, n° 209.
— —	Schœff.-*Icon.*, tab. 118, fig. 4.

Syrphus segnia :	Panz.-*Faun. Germ.*, XXII, n° 22.
Ocyptera brassicaria :	Fabr.-*Antl.*, p. 312, n° 1.
— —	Fall.-*Rhyzom.*, p. 5, n° 1.
— —	Meig.-IV, p. 211, n° 2.
— —	Meig.-VII, p. 215, n° 2.
— —	Rob. Desv.-*Myod.*, n° 4.
Ocyptera brassicaria :	Macq.-*Buff.* II, p. 125, n° 2.
— —	Zetterst.-*Dipt. Skand*, n° 1.

♂. Frontalia nigra : Frontis lateribus fusco-cinereis ; Facies alba ; Antennæ Pedesque nigra. Thorax niger, albo-cinereo lineatus et irroratus. Abdomen primis duobus segmentis rubris ; primi basi, vittaque dorsali nigris ; reliqua segmenta nigra, fascialia albido-tessellante ad insertionem secundi tertiique segmenti. Halteres flavo-fulvescentes : Calypta alba ; Alæ basi costaque exteriori nebulosis.

♀. Similis ; paulo major ; Frons lateribus flavescentibus ; Alæ flavescentes.

Long. ♂ 5 lignes ; ♀ 7-8 lignes.

Male : Frontaux noirs : côtés du Front brun-cendré ; Face blanche ; Antennes et Pattes noires. Corselet noir, rayé et glacé de cendré. Les deux premiers segments de l'Abdomen rouges ; le premier noir à la base, avec une ligne dorsale également noire ; les derniers segments noirs ; une légère bande transversale de reflets albides aux insertions du second et du troisième segment. Balanciers jaune-fauve : Cuillerons blancs ; Ailes d'un jaune-nébuleux à la base et le long de la côte extérieure.

Femelle : Semblable au Mâle ; plus grande ; côtés du Front flavescents. Ailes un peu plus flavescentes, ordinairement non nébuleuses.

Cette espèce est assez commune sur les fleurs des Ombellifères.

1354. — N° 3. Ocyptera intermedia, Meig.

Ocyptera intermiedia : Meig.-T. iv, n° 4.

— — Rob. Desv.-*Myod.*, n° 5.

♀. Frontalia nigra : Frontis lateribus subflavis ; Facies albida ; Antennæ Pedesque nigra. Thorax niger, cinereo lineatus et irroratus. Abdomen primis duobus segmentis rufis, vitta dorsali continua rufa ; primo segmento basi nigra ; reliquis segmentis nigris ; fasciola albido-tessellante ad incisuras secundi tertiique segmenti. Halteres flavi : Calypta alba ; Alæ flavescentes.

Long. 5 lignes.

Femelle : Frontaux noirs : côtés du Front flavescents ; Face albide ; Antennes et Pattes noires. Corselet noir, rayé et glacé de cendré. Les deux premiers segments de l'Abdomen fauves, avec une ligne dorsale noire continue ; base du premier noire ; les autres segments noirs ; une ligne ou petite fascie blanche de reflets aux insertions du second et du troisième segment. Balanciers jaunes : Cuillerons blancs ; Ailes flavescentes.

Cette espèce aime à se reposer sur les fleurs des Ombellifères.

Comme notre collection actuelle ne contient que des Femelles, nous allons transcrire notre texte (*Myod.*, p. 221) pour ce qui concerne le Mâle :

« Long. 4 lignes 1/2.

« ♂. Simillima Ocypt. brassicariæ ; Thorax magis albidus. Abdomen « nigrum secundo tertioque segmento fulvis ; vitta dorsali nigra. «

« Male : L'individu que je décris et que je rapporte à « l'*Ocyptera intermedia* de Meigen est tout-à-fait semblable « à l'*Ocypt. brassicaria ;* mais il est plus petit ; son Cor- « selet est un peu plus cendré, et une ligne noire s'étend sur « le deuxième et le troisième segment de l'Abdomen ; Anus « recourbé en dessous.

« Cette espèce est très-rare à Paris. »

271. — II. Genre PARTHÉNIE.
II. *Genus PARTHENIA*, R.-D.

Ocyptera : Fabr.-Fall.-Meig.-Macq.-Zetterst.
Parthenia : Rob. Desv.-*Myod.*, p. 232.

ANTENNES descendant contre l'Epistôme ; sur le Mâle : le premier article très-court, le second double du premier pour la longueur, le troisième prismatique et triple du second pour la longueur; sur la Femelle : le second article de la longueur du troisième, qui est comprimé, un peu élargi sur les côtés et arrondi en devant; premiers articles du CHÈTE très-courts ; le dernier nu ; YEUX nus, également distants sur les deux sexes ; FRONT également large sur les deux sexes ; une simple rangée de Cils de chaque côté sur les deux sexes; FACE verticale, nue; PÉRISTOME plus long que large ; EPISTOME triangulaire et en saillie ; PALPES presque nuls.

ABDOMEN cylindrique, étroit ; quatre CILS (deux dorsaux et deux latéraux) APICAUX sur le premier et sur le second segment.

PATTES allongées. CUILLERONS larges ; AILES rétrécies, n'atteignant pas le sommet de l'Abdomen ; CELLULE γ C pétiolée, avec sa nervure transversale sinueuse.

ANTENNÆ ad Epistoma porrectæ; in ♂ primo articulo brevissimo ; secundo bilongiore primo ; tertio prismatico, trilongiore secundo ; in ♀, secundo articulo æqua longitudine tertii lateribus compressis, subdilatatis ; apice subrotundato ; CHETUM primis articulis brevissimis, tertio nudo ; OCULI nudi, æque distantes in utroque sexu ; FRONS lata in utroque sexu, simplici serie ciliorum utrinque in utroque sexu ; FACIES verticalis, nuda ; PERISTOMA magis elongatum quam latum, EPISTOMATE triangulari, prominente ; PALPI fere nulli.

ABDOMEN cylindricum, angustatum ; quatuor CILIA (duo dorsalia duoque lateralia) APICALIA in dorso primi secundique segmenti.

PEDES elongati. CALYPTA ampla; ALÆ angustatæ, non ad Abdominis apicem extensæ.

CELLULA γ C petiolata, nervo transverso flexuoso.

Ce genre ne diffère en réalité des OCYPTÈRES que par le troisième article antennaire plus court sur la Femelle, dilaté et arrondi au sommet ; les AILES sont aussi proportionnellement plus courtes.

1355. — N° 1. PARTHENIA CYLINDRICA, Fabr.

Ocyptera cylindrica : Fabr.-*Antl.*, p. 313, n° 2.
— — Meig.-T. IV, p. 213, n° 4.
— — Meig.-T. VII, p. 315, n° 4.
— — Macq.-*Buff.*, t. II, p. 186, n° 4.
— — Zetterst.-*Dipt. Skand.*, n° 2.
Parthenia cylindrica : Rob. Desv.-*Myod.*, p. 231, n° 1.

♂. Frontalia nigra : Frontis lateribus cinereis ; Facies alba ; Antennæ primis duobus articulis fuscis, fusco-fulvescentibus, fulvis, ultimo nigro. Thorax niger, cinereo-cærulescente lineatus et irroratus. Abdomen primo secundoque segmento rufis, vitta dorsali communi nigra, primi segmenti basi nigra ; reliqua segmenta nigra ; fasciola albida tessellante in insertionibus secundi tertiique segmenti. Pedes nigri. Halteres fulvescentes : Calypta albidiora ; Alæ basi et costa exteriori fuliginosis.

♀. Similis ; paulo minus angustata ; Antennæ basi fusca. Alæ flavescentes.

Long. 5-5 lignes 1/2.

MALE : Frontaux noirs : côtés du Front cendrés ; Face albide ; premiers articles des Antennes bruns, brun-fauve, fauves ; le dernier article noir. Corselet noir, rayé et glacé de cendré-bleuâtre. Les deux premiers segments de l'Abdomen fauves, avec une ligne dorsale noire ; base du premier segment noire ; les autres segments noirs ; une bande transversale peu large de reflets albides aux insertions du second et du troisième segment. Pattes noires. Balanciers jaune-ferrugineux : Cuillerons blancs, parfois un peu fuligineux ; Ailes fuligineuses à la base et le long de la côte extérieure.

FEMELLE : Tout-à-fait semblable au Mâle ; un peu moins étroite ; premiers articles des Antennes bruns ; Ailes plutôt flavescentes que fuligineuses.

Cette espèce, qui n'est pas commune, se rencontre plus particulièrement sur les fleurs des OMBELLIFÈRES.

1356. — N° 2. PARTHENIA BOSCII, R.-D.

Ocyptera radicum : Fabr.
Parthenia Boscii : Rob. Desv.-*Myod.*, p. 232, n° 3.

Comme nous ne pouvons avoir sous les yeux cet insecte, qui ne se trouve peut-être plus dans les collections de Paris, nous transcrivons notre texte primitif. Nous avons la certitude d'avoir eu à notre disposition les individus mêmes que Fabricius décrivit sous le nom d'*Ocyptera radicum*, car cette étiquette était écrite de sa propre main.

« Similis PARTH. CYLINDRICÆ ; minor ; Pedibus brunicosis. »

« Semblable au *Parth. cylindrica;* plus petite; les derniers « segments de l'Abdomen noirs. Pattes d'un noir-brunâtre. « Cuillerons d'un beau blanc; Ailes un peu plus claires. »

M. Bosc a obtenu cette très-rare espèce de nymphes trouvées dans les racines du chou; Fabricius, d'après cette donnée, l'avait étiquetée *Musca* ou *Ocyptera radicum*.

272. — III. Genre AUBÉE.
III. *Genus AUBÆA*, R.-D.

Ocyptera : Meig.-Macq.

ANTENNES ne descendant pas tout-à-fait jusqu'à l'Epistôme; sur la Femelle, le troisième article à peine plus long que le second, comprimé sur les côtés et arrondi sur le devant; premiers articles du CHÈTE indistincts, avec le sommet du troisième article plus épais, fusiforme sur le Mâle; ce même article est filiforme sur la Femelle; YEUX nus, également distants sur les deux sexes; FRONT en carré allongé; FACE un peu plus oblique, non ciligère; PÉRISTOME plus long que large; EPISTOME en saillie.

ABDOMEN cylindrique; quatre CILS (deux dorsaux et deux latéraux) APICAUX sur le premier et sur le second segment. CELLULE γ C de l'Aile pétiolée, avec sa nervure transversale sinueuse.

ANTENNÆ non omnino ad Epistoma descendentes in ♀; tertius articulus vix longior secundo, lateribus compressus, apiceque subrotundatus; CHETUM primis articulis indistinctis; tertius articulus apice incrassato, fusiformi in ♂, filiformi in ♀; OCULI nudi, æque distantes in utroque sexu; FRONS quadrato elongata; FACIES subobliqua, haud ciligera; PERISTOMA magis elongatum quam latum, EPISTOMATE non prominulo.

ABDOMEN cylindricum; quatuor CILIA (duo dorsalia duoque lateralia) APICALIA in primo secundoque segmento.

CELLULA γ C Alæ petiolata, nervo transverso flexuoso.

Nous ne possédons que des Mâles de ce genre remarquable entre toutes les Entomobies de nos climats par le sommet fusiforme de son Chète sur le Mâle; Zetterstedt écrit que ce même article est filiforme au sommet sur la Femelle.

Nous n'avons pu constater la longueur des Palpes.

Nous dédions ce genre à notre collègue le docteur Aubé, auteur d'un traité sur les HYDROCANTHARES.

1357. — N° 1. AUBÆA INTERRUPTA, Meig.

Ocyptera cylindrica : Fall.-*Rhyzom.*, n° 2.

Ocyptera interrupta : Meig.-T. VI, n° 5.
— — Zetterst.-*Dipt. Skand.*, n° 3.

♂. Frontalia nigra; Facies albida; Antennæ, Pedes nigra. Thorax niger, cinereo lineatus et irroratus. Abdomen primis duobus segmentis rufis, vitta dorsali nigra; reliqua segmenta nigra, fasciola albida in incisuris secundi tertiique segmenti. Halteres flavo-subfulvi : Calypta alba ; Alæ subnebulosæ.

Long. 3 lignes.

MALE : Frontaux noirs; Face brun-cendré; Antennes, Chète et Pattes noirs. Corselet noir, luisant, rayé et glacé de cendré. Les deux premiers segments de l'Abdomen fauves, avec une ligne dorsale noir plus ou moins prononcé ; le reste des segments noir; une légère bande transversale de reflets albides aux insertions du second et du troisième segment. Balanciers jaune-fauve : Cuillerons blancs ; Ailes légèrement nébuleuses.

Nous ne possédons que des Mâles de cette rare espèce très-bien décrite par Zetterstedt qui, ayant sous les yeux les pièces mêmes du procès, la rapporte à l'*Ocyptera cylindrica* de Fallen.

II. Tribu : LES CLAIRVILLIDES.
II. *Tribus : CLAIRVILLIDÆ*, R.-D.

Clairvillia : Rob. Desv., *Myod.*, p. 234.

ANTENNES descendant contre l'Epistôme; le premier article assez court; le second presque de la longueur du troisième qui est un peu comprimé sur les côtés et arrondi sur le devant; premiers articles du CHÈTE très-courts; le dernier allongé et à peine tomenteux à la loupe.

YEUX nus, distants sur les deux sexes; FRONT large sur

les deux sexes; une simple rangée de Cils sur le Mâle; FACE verticale, sans aucun Cil; PÉRISTOME un peu plus long que large; EPISTOME non saillant; PALPES atteignant l'Epistôme.

ABDOMEN cylindrique, formé de quatre segments; deux CILS APICAUX sur le dos du premier et du second; rangée de CILS APICAUX sur le dos du troisième; au sommet de l'ANUS est une pince horizontale formée par le rapprochement et la rencontre de deux crochets.

CELLULE γ C ouverte dans le sommet de l'Aile, avec sa nervure transversale presque droite.

CORPS cylindrique, à teintes noires, mélangées de fauve.

ANTENNÆ ad Epistoma porrectæ; primus articulus brevis; secundus tertio longitudine vix æquus, tertius lateribus paulo compressus anticeque rotundatus; CHETUM primis articulis brevissimis, ultimo elongato, sub lentem vix tomentoso.

OCULI nudi, in utroque distantes; FRONS in utroque lata, serie simplici in ♂ ciliata; FACIES verticalis, non ciliata; PERISTOMA longius quam latius, EPISTOMATE non prominulo PALPISQUE ad Epistoma porrectis.

ABDOMEN cylindricum, quadrisegmentatum; duo CILIA APICALIA in primo secundoque segmento cum serie APICALIUM integra in tertio. ANUS ♂ forcipe munitus.

CELLULA γ C in apice Alarum aperta, nervo transverso vix recto.

CORPUS cylindricum, colore nigro, nigro-fulvo; LARVÆ ignotæ.

La tribu des CLAIRVILLIDES n'est encore composée que d'un genre et d'une espèce que la longueur de ses Palpes, qui arrivent à l'Epistôme, distingue nettement des OCYPTÉRÉES. La présence d'une pince horizontale au sommet de l'Anus du Mâle est encore un caractère de la plus haute importance et qui rapproche cette tribu de celle des LABIDELLIDES. On doit pareillement tenir compte de l'Epistôme non saillant.

Nous ignorons les mœurs des Larves.

273. — I. Genre CLAIRVILLIE.
I. *Genus CLAIRVILLIA*, R.-D.

Clairvillia : Rob. Desv.-*Myod.*, p. 234.

Comme la tribu ne se compose encore que d'un genre, les caractères assignés à la tribu sont nécessairement ceux du genre.

1358. — N° 1. CLAIRVILLIA FORCIPATA, R.-D.

Clairvillia pusilla : Rob. Desv.-*Myod.*, n° 1.
Ocyptera pusilla : Macq.-*Buff.* II, n° 6.

♂. Frontalia nigro-velutina : Frontis lateribus nigro-argenteis; Facies argentea; Antennæ, Palpi, Pedes nigra. Thorax niger, nitens, lineis, tessellisque cinereo-cærulescentibus. Abdomen primo secundoque segmento fulvis, vitta dorsali nigra, tertio quartoque segmento nigris. Halteres fulvo-brunicosi : Calypta alba; Alæ basi flava, disco fucescente.

Long. 3 lignes 1/2.

MALE : Cylindrique; Frontaux noir de velours : côtés du Front noir-argenté; Face argentée; Antennes, Palpes et Pattes noirs. Corselet noir-luisant, avec les lignes et les reflets cendré-bleuâtre. Le premier et le second segment de l'Abdomen fauves, avec une ligne dorsale noire; les derniers segments noirs, assez luisants. Balanciers fauve-brunâtre : Cuillerons blancs; Ailes jaunes à la base, avec le disque un peu noirâtre.

Cette espèce est très-rare; nous ne possédons que des Mâles.

Dans notre travail primitif, nous l'avions à tort rapportée à l'*Ocyptera pusilla* de Fallen et de Meigen. Tous nos individus ont la Cellule γ C de l'Aile ouverte ; l'individu cité par M. Macquart n'est donc pas notre espèce puisqu'il présente cette même Cellule fermée.

III. Tribu : LES GYMNOSOMÉES.
III. *Tribus : GYMNOSOMEÆ*, Fall.

Gymnosomeæ, Rhyzomyzæ : Fall.-Macq.
Gastrodeæ : Rob. Desv.
Gymnosoma : Meig.
Tachina : Fab.
Musca : Linn.

ANTENNES descendant jusqu'à l'Epistôme, quelquefois plus courtes ; les deux premiers articles presque d'égale longueur ; le troisième prismatique, plus long ; premiers articles du CHÈTE très-courts ; le troisième nu.

YEUX nus, distants sur les deux sexes ; FRONT nu ou presque nu, ordinairement large ; FACE presque verticale, avec peu ou point de CILS FACIAUX ; PÉRISTOME plus long que large, à EPISTOME très-légèrement saillant ; PALPES filiformes.

ABDOMEN aplati, hémisphérique, ne paraissant formé que de quatre segments ; CILS ABDOMINAUX nuls ou rudimentaires (γυμνοσομα, Corps nu).

CUILLERONS larges ; CELLULE γ C n'atteignant pas tout-à-fait le sommet de l'Aile, à pétiole ordinairement allongé, avec sa nervure transversale droite ou à peine cintrée.

TEINTES noires et jaunes.

ANTENNÆ ad Epistoma porrectæ, interdum abbreviatæ ; primi duo articuli fere æqua longitudine, tertio prismatico longiore ; CHETUM primis articulis brevissimis, ultimo nudo.

OCULI nudi, in utroque sexu distantes; FRONS lata non vel paululo ciliata; FACIES quasi verticalis, CILIIS FACIALIBUS nullis vel raris; PERISTOMA longius quam latius, EPISTOMATE perquam paulisper prominulo; PALPI filiformes.

ABDOMEN depressum, hemisphericum utpote quatuor segmentis unicis compositum; CILIA RIGIDA nulla vel minima.

CALYPTA ampla; CELLULA γ C non penitus ad Alæ apicem porrecta, longe petiolata, nervo transverso vel recto vel vix arcuato.

COLOR ater et flavus.

Les insectes de cette section sont tout-à-fait voisins des OCYPTÉRÉES par la plupart de leurs caractères. La largeur de leurs Cuillerons les distingue aisément des MYOPAIRES. Ils diffèrent des OCYPTÉRÉES par un Abdomen plus aplati, plus hémisphérique, et qui jamais sur les Mâles ne se prolonge en dessous en un tube cylindrico-conique. Les OCYPTÉRÉES et les GYMNOSOMÉES doivent marcher sur la même ligne.

I. G. GYMNOSOMA...	Antennes descendant jusqu'à l'Epistôme. Cellule γ C n'atteignant pas le sommet de l'Aile, à pétiole assez allongé.
II. G. CISTOGASTER.	Antennes dépassant à peine le milieu de la Face. Cellule γ C terminée par un long pétiole.
III. G. BELLINA...	Antennes descendant jusqu'à l'Epistôme. Cellule γ C ouverte dans le sommet de l'Aile et non pétiolée.

274. — I. Genre GYMNOSOME.
I. *Genus GYMNOSOMA*, Fall.

Musca : Linn..-Panz.-Rossi.
Tachina : Fabr.
Gymnosoma : Fall.-Meig,-Rob. Desv.-Macq.-Zetterst.

ANTENNES allongées, descendant jusqu'à l'Epistôme ; le dernier article prismatique, plus long ; le second article du CHÈTE double du premier.

ANTENNÆ elongatæ, ad Epistoma porrectæ ; tertio articulo prismatico, longiore ; secundus CHETI articulus primo bilongior.

TYPUS : *Musca rotundata,* Linn.

Ce genre a été établi par Fallen et Meigen ; un Corps à teintes noires et flaves, resserré sur lui-même, presque semi-globuleux, la Cellule γ C n'atteignant pas le sommet de l'Aile, forment ses principaux caractères.

1359. — N° 1. GYMNOSOMA ROTUNDATA, Linn.

Musca rotundata :	Linn.-*Faun. Suec.*, 1838.
— —	Panz.-*Faun. Germ.*, p. 20, fig. 19.
— —	Rossi.-*Faun. Etrusc.*
Tachina rotundata :	Fabr.-*Antl.*, p. 311, n° 12.
Gymnosoma rotundata :	Fall.-*Rhyz.*, p. 9, n° 1. ♂ et ♀.
— —	Meig.-*Dipt.* IV, p. 204, n° 1.
— —	Rob. Desv.-*Myod.*, n° 1.
— —	Macq.-*Buff.* II, n° 1.
— —	Zetterst.-*Dipt. Skand*, n° 1.
La Mouche noire, à ventre hémisphérique, roux, taché de noir :	Geoff.-*Ins.* II, 509, n° 32.
Var. β. *Musca costata* :	Panz.-*Faun. Germ.*, LXXIII, n° 13.
Gymnosoma costata :	Meig.-IV, n° 2.
Gymnosoma obliqua :	Rob. Desv.-*Myod.*, n° 2.
♀ *Gymnosoma Latreillii* :	Rob. Desv.-*Myod.*, n° 3.

♂. Frontalia fulva : Frons lateribus aureo-micantibus ; Facie albida ; Barba nivea ; Antennæ nigræ, ultimi segmenti basi subfulvescente ; Palpi flavi ; Pedes atri. Thorax ater, subnitens, dorso antice flavo aut flavo-aureo, lateribus cinereis. Abdomen subrotundatum, subrufum; primi segmenti basi nigra; puncto rotundato nigro in dorso singulorum segmentorum; duobus punctis lateralibus nigris in ultimo segmento; Genitale subfulvum. Halteres flavi : Calypta alba, albo-flavescentia; Alæ limpidæ, basi flava.

♀. Similis; Frons latior, lateribus nigris aut nigricantibus. Thorax medio dorso nigro, non tomentoso aureo. Abdomen punctis maculariformibus, sæpius discretis, interdum conjunctis, interdum subelongatis.

Long. 2 1/2-3-3 lignes 1/2.

Male : Frontaux fauves ou rouges : côtés du Front dorés; Face albide; Barbe blanche; Antennes noires, avec un peu de fauve-obscur à la base du troisième article; Chète jaunâtre; Palpes jaunes. Corselet noir-luisant; les deux tiers antérieurs du dos jaunes ou jaune-doré; les côtés sont garnis d'un duvet cendré. Abdomen jaune-fauve; la base du premier segment est noire; un point noir sur le milieu du dos de chaque segment; deux petits points noirs sur les côtés du dernier segment; Organe de la copulation jaune-fauve. Pattes noires. Balanciers jaunes : Cuillerons blanc-jaunâtre; Ailes claires, avec la base jaune.

Femelle : Semblable; Corselet noir sur le dos; Poils dorés aux seules Epaules; Front un peu plus large; ses côtés sont noirs ou noirâtres. Les points noirs de l'Abdomen deviennent plus larges et même forment des taches qui sur quelques individus se réunissent; Anus noir.

Var. β. Plusieurs taches aggrégées ou réunies sur le dos de l'Abdomen de la Femelle.

Var. γ. Une ligne dorsale noire sur l'Abdomen.

Var. δ. Deux points noirs au lieu d'une tache sur le deuxième segment de l'Abdomen de la Femelle.

Var. ε. De moitié plus petite.

Cette espèce est commune; on la prend sur les fleurs des OMBELLIFÈRES; on la rencontre presque toute l'année. Nous l'avons obtenue d'une larve ayant vécu dans le corps d'un PENTATOMITE non déterminé.

Les *Gymnosoma minuta, nitens, microcera,* décrits dans notre travail primitif, n'ont pas encore été trouvés aux environs de Paris.

275. — II. Genre CISTOGASTRE.
II. *Genus CISTOGASTER*, Latr.

Tachina : Fabr.
Gymnosoma : Meig.
Pallasia : Rob. Desv., *Myod.* p. 239.
Cistogaster : Latr., *Rég. anim.*-Macq.-Meig.-Zetterst.

ANTENNES courtes, dépassant à peine le milieu de la Face; le premier article très-court; le troisième un peu plus long que le second, comprimé sur les côtés et arrondi au sommet; premiers articles du CHÈTE indistincts; le troisième nu; YEUX nus, distants sur les deux sexes; FRONT plus large sur la Femelle; FACE verticale; point de CILS FACIAUX; EPISTOME arrondi.

ABDOMEN globuleux, à segments presque indistincts; CELLULE γ C de l'Aile terminée par un long pétiole, avec sa nervure transversale droite ou à peine cintrée.

ANTENNÆ breves, vix mediam Faciei partem excedentes; primus articulus brevissimus, tertius paulo longior secundo, lateribus compressus et apice rotundatus; CHETUM primis articulis non distinctis, tertio nudo; OCULI nudi, in utroque distantes; FRONS in ♀ latior; FACIES verticalis, nunquam ciliata; EPISTOMATE rotundato.

ABDOMEN globulosum, segmentis vix distinctis.

CELLULA γ C longe petiolata, nervo transverso recto vel paululo arcuato.

La brièveté des Antennes établit ce genre sur des bases solides.

Meigen a décrit un assez grand nombre de CISTOGASTRES ; mais il faut tout d'abord retrancher les espèces de sa seconde section qui appartiennent évidemment à d'autres tribus.

Le premier nous avions fait un genre des espèces en question sous le nom de PALLASIE, *Pallasia;* plus tard M. Latreille leur imposa celui de CISTOGASTER ; respectons la mémoire de notre illustre maître.

1360. — N° 1. CISTOGASTER GLOBOSUS, Fabr.

♂ *Tachina globosa* :	Fabr.-*Antl.*, p. 311, n° 13.
Syrphus globosus :	Fabr.-*Sp. Ins.* II, p. 432, n° 56.
Pallasia globosa :	Rob. Desv.-*Myod.*, p. 239, n° 1.
Gymnosoma globosa :	Meig.-IV, p. 206, n° 3, tab. 39.
— —	Macq.-*Buff.* II, p. 190, n° 1.
♂ et ♀. — —	Zetterst.-*Dipt. Skand.*, n° 1.
♀ *Pallasia ovata* :	Rob. Desv.-*Myod.*, n° 2.
♂ et ♀ *Gymnosoma dispar* :	Fall.-*Rhyz.*, p. 9, n° 2.

♂. Frontalia fulva : Frontis lateribus aureo-micantibus; Facies albida ; Antennæ, Pedes atra. Palpi flavo-pallidi. Thorax ater, subnitens, dorso antice aureo, lateribus fusco-cinereis. Abdomen subfulvum, linea dorsali, majorique parte ultimi segmenti nigris. Halteres et Calypta flava ; Alæ limpidæ, basi subflava.

♀. Tota atra, nitens. Frontalia fusco-subrubra : Frontis lateribus atris, tomento subaureo ; Facies albida ; Palpi pallentes ; Antennæ et Pedes atra. Thorax dorso nigro, Scapulis lateribusque cinereo-flavescentibus. Halteres flavi : Calypta albo-flavescentia ; Alæ hyalinæ, basi flavescente.

Long. 2 lignes.

MALE : Frontaux rouges : côtés du Front dorés et brillants ;

Face albide; Antennes et Pattes noires; Barbe blanche; Palpes pâles. Corselet noir, luisant; moitié extérieure du Corselet dorée; les côtés brun-cendré. Abdomen jaune-fauve, avec une ligne dorsale et la majeure partie du dernier segment noires. Balanciers et Cuillerons jaunes; Ailes claires, avec la base flavescente. Sur plusieurs individus, au lieu de la ligne dorsale noire, on voit une série de taches noires.

Femelle : Un peu plus grosse; tout le Corps noir-luisant; Frontaux brun-rougeâtre : côtés du Front noirs, avec des reflets flavescents; Face argentée; Palpes pâles; Antennes et Pattes noires. Epaules et côtés du Corselet cendré-flavescent; parfois un peu de testacé sur les côtés du premier segment. Balanciers jaunes : Cuillerons blanc-jaunâtre; Ailes claires, avec la base flavescente.

On prend cette espèce sur les fleurs des Ombellifères et principalement sur celles du Daucus carotta, L., et du Petroselinum sativum, Hoff..

1361. — N° 2. Cistogaster punctatus, R.-D. *Sp. ined.*

♂. Frontalia nigra aut nigro-subfulva : Frontis lateribus aureis; Facie albida; Antennis nigris; Palpis pallidis. Thorax lateribus fusco-cinereis, dorso parte antica aurea, parte postica nigra; Scutello nigro. Abdomen flavo-testaceum, puncto dorsali rotundo, in utroque segmento nigro; puncta illa interdum confluentia. Pedes nigri. Halteres et Calypta flava; Alæ hyalinæ, basi flava.

Long. 2 lignes 1/2.

Male : Frontaux noirs ou d'un noir un peu fauve; côtés du Front dorés; Face albide; Antennes noires; Palpes pâles. Corselet noir, avec les côtés brun-cendré; la moitié antérieure du dos est flavescente et la moitié postérieure est noire. Abdomen jaune-testacé, avec un point rond sur le dos de chaque segment ; le dernier point s'élargit et couvre entièrement le dos du quatrième segment; ces points peuvent être unis ensemble. Pattes noires. Balanciers et Cuillerons jaunes ; Ailes claires, avec la base flavescente.

Nous ne possédons que des Mâles de cette espèce qui est le quart plus grande que le *Cist. globosus*. Nous l'avons prise sur les fleurs de l'ACHILLEA MILLEFOLIUM, L..

1362. — N° 3. CISTOGASTER AURANTIACUS, Meig.

Gymnosoma aurantiaca : Meig.-T. IV. p. 207, n° 5.
Cistogaster aurantiacus : Macq.-*Buff.* II, n° 3.
— — Meig.-T. VII, n° 5.

Comme nous n'avons jamais trouvé ni vu cette espèce, nous la transcrivons d'après les auteurs qui en parlent.

« Fulva ; Thorace postice fascia nigra. » (Meig.)

« Long. 2 lignes.

« Semblable au *Cist. globosus*. Thorax noir. Abdomen « orangé et sans tache. » (Macq.)

Baumhauer l'a trouvée à GENTILLY sur les fleurs de l'ACHILLEA PTARMICA, L..

276. = III. ✱ Genre BELLINE (1).
III. ✱ *Genus BELLINA*, R.-D.

ANTENNES longues, descendant jusqu'à l'Epistôme ; les deux premiers articles courts ; le troisième long, cylindriforme ; premiers articles du CHÈTE très-courts ; le dernier nu ; YEUX nus, distants sur les deux sexes : FRONT plus large sur la Femelle que sur le Mâle ; FACE légère-

(1) Ne pas confondre avec *Bellinia*, genre botanique (*F. des Solanées*).

ment oblique ; point de CILS FACIAUX ; PÉRISTOME un peu plus long que large ; EPISTOME non saillant ; PALPES filiformes, ne dépassant point l'Epistôme.

ABDOMEN composé de quatre segments ; Organes copulateurs recourbés en dessous, celui du Mâle moins développé que celui de la Femelle qui offre deux robustes crochets à son extrémité ; deux Cils raides et peu allongés sur le milieu du bord postérieur des trois premiers segments.

PATTES assez longues, simples. AILES presque partout de la même largeur ; CELLULE γ C ouverte dans le sommet de l'Aile, avec sa nervure transversale plus ou moins cintrée.

CORPS cylindriforme, à teintes noires et testacées.

Antennæ elongatæ, ad Epistoma incumbentes ; primis articulis brevibus, tertio longo, cylindriformi ; CHETUM primis articulis brevibus, ultimo nudo ; OCULI nudi, distantes in utroque sexu ; FRONS in ♀ latior ; FACIES subobliqua, CILIIS FACIALIBUS nullis ; PERISTOMA subelongatum, EPISTOMATE haud prominulo ; Palpi filiformes, Epistoma non excedentes.

ABDOMEN quadrisegmentatum, tribus primis segmentis margine postico duobus Ciliis medianeis ; Organa copulativa subtus recurva ; ORGANA ♂ minus quam in ♀ ampla, apice bi-uncinato.

PEDES subelongati, simplices. ALÆ fere æqua latitudine ; CELLULA γ C in Alæ apice aperta, nervoque transverso subarcuato.

CORPUS cylindriforme ; color niger et testaceus.

Au premier abord on prendrait l'insecte qui constitue ce genre pour une GYMNOSOME dont l'Abdomen serait un peu allongé ; l'appareil antennaire est identique sur les deux races, mais la BELLINE a la Cellule γ C ouverte dans le sommet de l'Aile et non pétiolée. En outre, les trois premiers segments de l'Abdomen offrent chacun deux Cils raides sur le milieu de leur bord postérieur ; les organes de la copulation sont pareillement plus développés. Ce genre repose donc sur des caractères solides et forme une section nouvelle parmi les GYMNOSOMÉES.

1363. = N° 1. ✱ BELLINA MELANURA, R.-D. *Sp. ined.*

♂ et ♀. Frontalia atra : Frontis lateribus fusco-cinereis ; Facie cinereo-argentea ; Vertice nigro-grisescente, villoso ; Antennis, Palpis, Pedibus nigris. Thorax cinerascente irroratus, lineis dorsalibus nigris. Abdomen testaceum, macula apicali in dorso tertii segmenti quartoque segmento atris. Halteres flavi; Calypta alba; Alæ fuliginosæ.

Long. 5-6-lignes.

Male et Femelle : Frontaux noirs : côtés du Front d'un brun-cendré; Face cendré-argenté; derrière de la Tête noir, avec des Poils gris-cendré; Antennes noires; Chète d'un brun-rougeâtre; Palpes noirs; Corselet saupoudré d'un duvet cendré-brunâtre, avec les lignes dorsales noires. Abdomen testacé; le quatrième segment et une large tache sur le dos du troisième noirs. Pattes noires. Balanciers jaunes: Cuillerons blancs; Ailes fuligineuses.

Cet insecte est originaire de l'Inde. M. Bigot en possède les deux sexes.

IV. Tribu : LES PHASIENNES.
IV. *Tribus : PHASIANEÆ*, R. D.

Phasianeæ : Rob. Desv.-Macq.-Westw.-Meig.
Rhyzomyzæ : Fall.
Phasiariæ : Zetterst.
Phasidæ : Bigot.
Phasiina : Rondani.

Antennes courtes, distantes; les deux premiers articles ordinairement égaux; le dernier plus ou moins comprimé sur les côtés et arrondi au sommet; Chète nu, contracté, à premiers articles très-courts.

Tête large; Yeux gros, transversaux; Front ordinairement étroit; Face large; Péristome allongé, elliptique, à Epistome ordinairement un peu saillant.

Abdomen large, hémisphérique; Cils abdominaux nuls ou rudimentaires.

Cuillerons larges ; Ailes trigones, plus ou moins tachées et zonées; la Cellule γ C ouverte vers le sommet et le plus souvent pétiolée; Corps subarrondi, à teintes assez brillantes.

Antennæ breves, distantes; duobus primis articulis sæpius æqualibus, ultimo articulo plus minusve lateribus compresso et versus apicem subrotundato; Chetum nudum, strictum; primis articulis brevissimis.

Caput latum; Oculis grossis, transversis; Fronte angustata; Facie lata; Peristoma elongatum, ellipticum; Epistomate sæpius prominulo.

Abdomen latum, hemisphæricum; Ciliis nullis vel minimis.

Calypta ampla; Alæ trigonæ, plus minusve formicatæ et zonatæ. Cellula γ C aperta ad apicem aut sæpius petiolata.

Corpus subrotundatum, nitens.

La briéveté des Antennes, la proportion de leurs articles, le Chète nu et resserré, la Tête grosse et transversale, avec de gros Yeux pourprés, le Front presque nul, la Face étendue, le Péristôme elliptique, la largeur des Cuillerons, les Ailes trigones plus ou moins maculées, avec la nervure γ C ordinairement pétiolée, le Corps déprimé, l'Abdomen hémisphérique, constituent une réunion de caractères si décisifs qu'il semble d'abord impossible de ne pas distinguer une Phasienne au milieu des Myodaires.

Linné avait déjà pressenti que ces insectes forment une coupe spéciale, et il en avait réuni une partie à son genre Conops, qu'on a depuis affecté à une autre famille. Fabricius en fit ses Thérèves, dénomination fort inexacte sous le rapport des mœurs.

Cette tribu, que j'avais proposée en 1830, a successivement été adoptée par les auteurs, et la découverte des mœurs des larves les rapproche encore davantage des Gymnosomées et des Ocyptères dont j'avais signalé la parenté en établissant qu'elles sont extrêmement voisines de la tribu qui nous occupe par les Xystes et les Trichopodes, genres appartenant bien aux Phasiennes, mais n'ayant jamais été rencontrés sous notre climat.

Ces Myodaires sont très-difficiles à caractériser entre elles lorsqu'on veut spécifier soit un genre, soit une espèce ; c'est ce qui expliquera la longueur de nos descriptions.

Les Phasiennes ne paraissent que vers la fin de l'Eté et au commencement de l'Automne ; on ne les trouve guère que sur les fleurs des Ombellifères. Quelques-unes peuvent s'échapper dans la plaine et sur les collines, mais elles ont leur véritable séjour dans les lieux humides et voisins de l'eau. La nature semble avoir pris plaisir à modeler ces insectes sur un type spécial et à les orner de couleurs capables d'attirer notre attention. La grâce de leur port, les formes de leurs Ailes, la légèreté de leur vol, leurs teintes dorées et d'un noir-brillant leur valurent de la part de Linné le titre de Mouches nobles (*Muscæ nobiles*).

Les grandes espèces aiment, sous un pur rayon de soleil, à étaler leur belle parure sur le disque bombé d'une Ombelle et à s'y promener avec une sorte d'affectation ; mais les races plus petites ont d'autres mœurs ; elles ont des habitudes aériennes. Semblables au *Musca chorea* de Fabricius, elles exécutent des danses diversifiées à l'infini. Sous les rameaux d'un vieux chêne, au-dessus de l'allée ombragée d'un bois et vers l'heure de midi, elles se réunissent souvent en assez grand nombre et forment les colonnes ascendantes et descendantes d'une danse qui, sous le rapport de la vivacité, de la prestesse des mouvements et de l'exactitude des manœuvres, n'est pas sans intérêt pour l'œil de l'observateur.

En 1830, nous écrivions : « Les Phasiennes à l'état parfait ne se nourrissent jamais que du miel de certaines Ombellifères. Je présume que leurs larves sont botanophages ; mais aucun caractère essentiel d'organisation ne les différencie des Entomobies. Il peut même se faire que leurs larves soient parasites d'autres animaux ; ce fait ne me surprendrait point. Dès lors elles ne formeraient plus qu'une tribu d'Entomobie dont la place serait très-facile à assigner. »

L'expérience est venue confirmer nos prévisions, et il est maintenant bien constaté que les Phasiennes sont cimécophages.

I. G. PHASIA.	Cellule γ C des Ailes toujours ouverte.
II. G. ALOPHORA	Caractères des Phasies ; Tibias postérieurs arqués ; Cellule γ C pétiolée vers le sommet de l'Aile.
III. G. ELOMYA	Caractères des Alophores : Cellule γ C fermée avant d'atteindre le sommet de l'Aile et non pétiolée.
IV. G. ERATIA.	Caractères du genre Phasie ; Cellule γ C de l'Aile fermée sur le côté extérieur.
V. G. HYALOMYA	Absence complète de Cils sur le dos des segments de l'Abdomen. Cellule γ C des Ailes toujours pétiolée, avec sa nervure transversale convexe en dehors.

277. — I. Genre PHASIE.
I. *Genus PHASIA*, Latr.

Conops : Linn.
Syrphus : Fabr.
Phasia : Latr.-Meig.-Rob. Desv.-Macq.-Rond.-Zetterst.
Thereva : Fabr.-Panz.

ANTENNES assez courtes, ne descendant que jusqu'au milieu de la Face ; le premier article très-court ; les deux autres à peu près d'égale longueur ; le troisième comprimé sur les côtés, arrondi en devant, presque semi-circulaire ; CHÈTE à premiers articles courts ; le dernier nu, avec sa base un peu plus épaisse ; TÊTE grosse, au moins de la largeur du Corselet et arrondie en devant ; YEUX grands, nus, non contigus ; FRONTAUX étroits, quoique un peu plus larges sur la Femelle ; FRONT étroit, un peu proéminent sur le Mâle ; CILS FRONTAUX peu développés ; FACE presque verticale, un peu convexe ou bombée vers le bas, avec des Cils qui peuvent monter jusqu'aux deux tiers de sa hauteur ; PÉRISTOME plus long que large.

ABDOMEN composé de cinq anneaux dont le bord postérieur est muni de CILS médiocres ; il est sous-arrondi sur les Mâles et déprimé sur les Femelles, avec ses bords aigus ; Organe copulateur du Mâle formé de deux crochets terminaux et recourbés en dessous, qui partent directement du cinquième anneau ; Organe copulateur de la Femelle placé sous le Ventre et en deçà du sommet de l'Abdomen.

AILES grandes, trigones, ornées de lignes ou de taches noires, avec la CELLULE γ C ouverte contre le sommet de l'Aile.

Forme du CORPS ovalaire, assez large ; TAILLE souvent assez considérable ; TEINTES noires, jaunes, ferrugineuses, fauves et dorées.

La seule larve observée vit dans le corps des HÉMIPTÈRES PENTATOMITES.

ANTENNÆ abbreviatæ ad mediam Faciem descendentes ; primo articulo brevissimo ; duobus cæteris articulis fere æqua longitudine ;

tertio lateribus compresso, antice subrotundato, fere semi-circulari; CHETUM primis articulis brevibus, ultimo nudo, basi incrassata; CAPUT grossum, saltem latitudine Thoracis, antice subrotundatum; OCULI ampli, nudi, non contigui, et si approximati; FRONTALIA angustiora, in ♀ paululo latiora; FRONS angustata, in ♂ subprominula; CILIA FRONTALIA mediocria; FACIES fere verticalis, inferne subconvexa, usque ad partem apicalem ciligera; PERISTOMA magis longum quam latum.

ABDOMEN quinque annulatum, margine postico segmentorum Ciliis mediocribus munito, subrotundum in ♂, valde depressum in ♀, marginibus subacutis; Organum copulativum in ♀ sub ventre positum trans Abdominis apicem.

ALÆ amplæ, trigonæ, lineis vel maculis ornatæ; CELLULA γ C contra apicem Alæ semper aperta.

Habitus corporis subovatus, sat latus; STATURA sat magna; COLOR niger, flavus, ferrugineus, fulvus, auratus.

Unica larva observata vivit in corpore PENTATOMITARUM.

Au milieu des genres de leur tribu, les PHASIES se reconnaissent aisément à la Cellule γ C de leurs Ailes toujours ouverte.

Ce sont en général de beaux insectes qu'il n'est pas toujours facile de se procurer. Les différences entre les sexes avaient d'abord amené de grandes difficultés dans la disposition et la description des espèces; nous croyons avoir en partie remédié à cet inconvénient.

Il doit nous rester plusieurs espèces à découvrir sous notre climat, et plusieurs de celles que nous décrivons ne sont pas complètes.

Il est à remarquer que la région scandinavique ne paraît produire aucune vraie PHASIE, puisque Fallen et Zetterstedt gardent sur elles le silence le plus absolu.

Ces insectes se rencontrent exclusivement sur les fleurs des OMBELLIFÈRES.

A. *Plusieurs taches aux Ailes des Femelles.*

1364. — N° 1. PHASIA CRASSIPENNIS, Linn.

♂ *Phasia analis* :	Fabr.-*Antl. Syst. suppl.*, p. 561, n° 5; *Syst. Antl.*, p. 219, n° 7.
— —	Meig.-T. VII, n° 4.
Musca dimidiata :	Panz.-*Faun. Germ.*, LX, p. 17.
♀ *Conops crassipennis* :	Linn.
Syrphus crassipennis :	Fab.-*Ent. Syst.*, t. IV, p. 284, n° 23.
Thereva crassipennis :	Panz.-*Faun. Germ.*, LXXIV, p. 15.
Phasia crassipennis :	Latr.-*Gen. Crust. et Ins.* IV, p. 345.
— —	Coquebert-*Icones.*, tab. XXIII, fig. 2.
— —	Meig.-T. IV, n° 1.
— —	Rob. Desv.-*Myod.*, p. 290, n° 1.
— —	Macq.-*Buff.* II, p. 198, n° 1.

♂. Frons lateribus aureo-micantibus : Facies albida; Antennæ primis articulis fulvis aut fulvo-brunicosis, ultimo-nigro; Palpi testacei; Barba nivea. Thorax dorso aureo, ceu aureo-fulvo; pleuris griseo-cinereis. Abdomen primo secundoque segmento, angulisque antero-exterioribus tertii fulvis, vitta media latiore nigra; reliquis segmentis nigris; ultimo dorsalibus tessellis cinereo-subgriseis. Pedes fulvi; Tarsis bruneis. Halteres Calyptaque flava; Alæ basi flava, medio nigro maculato, apice limpido, hyalino.

♀. Similis; major. Frontalia fulva : Frons lateribus aureo-micantibus; Facies medio aurea, lateribus albo-micantibus; Antennæ basi fulva, ultimo articulo nigro; Palpi pallide flavi; Barba nivea. Abdomen depressum, latum, fulvo-citrinum, vitta media latiore, nigra, ante anum sæpius terminata interdum tessellis aureis in lateribus tertii quartique segmenti. Pedes fulvi; Tarsis brunicosis. Halteres Calyptaque flavo-aurata; Alæ basi flava, disco flavescente interdum fuscescente, maculis nigris, interdum tessellato-albescente.

Long. ♂ 5 lignes; ♀ 6-7-8 lignes.

Male : Frontaux étroits et rougeâtres : côtés du Front d'un beau doré-brillant ; Face albide ; les deux premiers articles des Antennes fauves ou fauve-brunâtre ; le dernier noir ; Chète noir ; Palpes jaunes ; Barbe blanche. Le fond du Corselet est noir, mais le dos ainsi que l'Ecusson est garni d'un duvet doré-fauve, tandis que les côtés sont garnis d'un duvet gris-cendré. Le premier et le second segment de l'Abdomen et les angles antéro-externes du troisième sont fauves, avec une ligne dorsale assez large et noire ; les autres segments sont noirs ; le dernier chatoie d'un duvet cendré-grisâtre. Pattes fauves, avec les Tarses bruns ; parfois une tache brune aux Tibias. Balanciers et Cuillerons jaunes ou jaunâtres ; Ailes jaunes à la base, avec une large ligne médiane noire ; le reste apical du disque clair et diaphane.

Il importe surtout de bien observer que le fauve de l'Abdomen s'étend sur les deux premiers segments et un peu aux angles antéro-externes du troisième, tandis que le dernier fragment est reflété de cendré-grisâtre.

Femelle : Frontaux fauves : côtés du Front d'un beau doré-brillant ; Face dorée sur le milieu et blanche sur les côtés ; les deux premiers articles des Antennes fauves et le dernier noir ; Palpes jaunes ou jaune-pâle ; Poils de dessous la Tête argentés. Corselet doré ou doré-fauve sur le dos et sur l'Ecusson, avec les côtés cendré un peu doré. Abdomen fortement déprimé, à bords presque aigus, sans épaisseur, jaune de citron, avec une ligne dorsale assez large, noire, et qui ordinairement se termine avant l'Anus ; très-souvent de beaux reflets dorés sur les côtés du second et du troisième segment. Pattes fauves, avec les Tarses un peu bruns. Balanciers et Cuillerons dorés ou plutôt doré-fauve ; Ailes jaunes à la base, mais fortement lavées d'un noirâtre inégal quelquefois assez prononcé, avec une tache médiane noire, une petite tache allongée et noire le long de la côte extérieure et une tache semblable au sommet. Sous l'influence d'une certaine lumière, le disque de ces Ailes est reflété de blanchâtre.

Cette espèce présente de nombreuses variétés pour la taille. Elle est commune sous notre climat. Fallen et Zetterstedt ne l'ont point signalée dans les régions scandinaves.

Sur les individus à Ailes noirâtres, la ligne dorsale noire de l'Abdomen tend à s'élargir et conduit directement au *Ph. nigra*.

M. Léon Dufour a eu l'insigne bonheur d'obtenir cet insecte de l'éclosion d'une larve qui chez lui avait vécu dans le corps du PENTATOMA GRISEA (*Ann. Soc. ent. Fr.*, 1849 et 1850).

1365. — N° 2. PHASIA ARVENSIS, R.-D.

♀ *Phasia arvensis :* Rob. Desv.-*Myod.* p. 292, n° 7.
— — Macq.-*Dipt. du nord de la France*, p. 64, n° 2.
— — Meig.-T. VII, n° 16.

♂. Frontalia fulva : Frontis lateribus aureis; Facies albida; Antennæ primis articulis fulvis, ultimo nigro; Palpi flavo-pallidi; Barba nivea. Thorax niger, dorso antice, Scutelloque flavo-aureis; lateribus albo-cinereis. Abdomen primo segmento, angulisque antero externis secundi, fulvo-rubris, non flavescentibus, reliquis segmentis atris, tessellis flavescentibus antice vix manifestis sed postice densioribus et griseo-sericeis. Halteres et Calypta flava; Alæ basi flava, macula media transversa atra, disco apicali limpido.

♀. Affinis PH. CRASSIPENNI ♀; vix minor. Thoracis tomentum aureum. Abdomen rufo-ferrugineum, non fulvo-flavescens, lineola (non vitta) media nigra. Femora nigro-fulvoque varia sed nigriora; Tibiæ nigræ, apice sæpius fulvo; Tarsis nigris. Alæ tinctæ et maculatæ in PH. CRASSIPENNI ♀.

Long. ♂ 4 lignes; ♀ 6 lignes.

MALE : Frontaux fauves : côtés du Front dorés; Face albide; premiers articles des Antennes fauves; le dernier noir; Palpes jaune-pâle; Barbe blanche. Corselet noir, avec le dos et l'Ecusson garnis d'un duvet doré plus ou moins brillant; les côtés sont cendrés. Le premier segment de l'Abdomen et les angles antéro-externes du second segment fauve-rouge; les autres segments sont noirs et n'offrent qu'un très-léger duvet doré qui en arrière devient plus épais et gris-soyeux. Les deux Cuisses antérieures noires; les quatre Cuisses postérieures fauves, avec un peu de brun vers le sommet; Tibias et Tarses noirs. Balanciers et Cuillerons jaunes; Ailes jaunes à la base, avec une tache médiane transversale noire; le reste du disque limpide.

FEMELLE : Tout-à-fait semblable à la Femelle du *Ph. crassipennis;* un peu plus petite; le duvet du Corselet est doré moins fauve; l'Abdomen est entièrement rouge-ferrugineux et non fauve-jaunâtre, avec une petite ligne dorsale peu large et noire. Cuisses mélangées de fauve et de brun, mais le brun l'emporte; Tibias noirs et souvent fauves au sommet; Tarses noirs. Ailes du *Ph. crassipennis.*

Cette espèce est commune dans nos campagnes, et les auteurs l'ont sans doute confondue avec le *Ph. crassipennis.* Elle en diffère par l'Abdomen rouge sur la Femelle, avec une ligne dorsale noire très-étroite, ainsi que par le duvet du Corselet et de l'Ecusson qui est moins vif et moins ardent. Le Mâle n'a de fauve qu'aux deux premiers segments de l'Abdomen, et ce fauve est rouge de brique. C'est une espèce tout-à-fait distincte. Nous ne connaissions pas le Mâle à l'époque de notre travail primitif.

1366. — No 3. PHASIA MACULOSA, R.-D. *Sp. ined.*

♂. Thorax niger, dorso antice subflavo, lateribus cinereis; Scutello subflavo. Abdomen primo segmento, angulisque antero-exterioribus secundi fulvis : vitta dorsali nigra; reliquis segmentis nigris, tomento exiguo flavo-grisescente; Femoribus omnibus fulvis; Tibiis, Tarsisque nigris. Halteres, Calyptaque flava; Alæ basi flava, macula media transversa nigra, apice limpido.

♀. Frontalia nigra : Frontis lateribus aureis; Facies albida; Antennæ primis articulis fulvis, ultimo nigro; Palpi pallidi; Barba nivea. Thorax niger aut fuscus, dorso antice, Scutelloque flavescentibus; lateribus cinereo-albis. Abdomen rufum, linea dorsali macularum punctiformium trigonarum nigrarumque. Coxæ et Femora fulva; Tibiis, Tarsisque nigris. Halteres Calyptaque flavo-subfulva; Alæ basi flava, disco sublimpido, maculis nigricantibus ut in ♀ PHAS. CRASSIPENNIS ornato.

Long. 6 lignes.

MALE : Frontaux fauves : côtés du Front jaunes; Face albide, Barbe blanche; Palpes pâles. Corselet jaunâtre sur le dos, avec les côtés cendrés; Ecusson jaunâtre. Le premier segment de l'Abdomen et les angles antéro-externes du second fauves, avec une ligne médiane noire; le reste de l'Abdomen noir et garni d'un court duvet gris à peine flavescent. Cuisses entièrement fauves; Tibias et Tarses noirs. Balanciers et Cuillerons jaunes; Ailes jaunes à la base, avec une tache transversale médiane noire; le reste du disque est clair.

FEMELLE : Frontaux rouges : côtés du Front dorés; Face albide; premiers articles des Antennes fauves; le dernier noir; Palpes jaune-pâle; Barbe argentée. Corselet noir ou brun, avec un duvet flavescent sur le devant du dos et sur l'Ecusson; ses côtés sont blanc-cendré. Abdomen fauve, avec une tache ponctiforme et presque triangulaire noire sur le dos de chaque segment. Hanches et Cuisses fauves; Tibias et Tarses noirs. Balanciers et Cuillerons jaune-fauve; Ailes jaunes à la base, avec le disque assez clair et orné de plusieurs taches noires ou noirâtres.

Nous ne possédons qu'un couple de cette espèce rare et bien distincte.

1367. — N° 4. Phasia discoïdalis, Macq.

♀ *Phasia discoïdea :* Macq.-*Dipt. du nord de la Fr.*, p, 64, n° 4.
— — Meig.-T. vii, n° 13.

♀. Frontalia fulva : Frontis lateribus aureis ; Facies albida ; Antennæ primis articulis fulvis, ultimo nigro ; Palpi pallide flavi. Thorax dorso antico, Scutelloque flavo-aureis, lateribus cinereis. Abdomen ferrugineum, vitta dorsali latiore, confusa, atrata. Pedes fulvi, Femoribus intermediis cum Tibiis fulvo-maculatis. Halteres flavi : Calypta flavo-subfulva; Alæ basi flava, disco sublimpido, maculisque ordinariis.

Long. 4 lignes.

Femelle : Frontaux fauves : côtés du Front dorés ; Face albide; premiers articles des Antennes fauves; le dernier noir; Palpes jaune-pâle. Corselet flavescent sur le devant, noir en arrière et cendré sur les côtés; Ecusson jaune-doré. Abdomen ferrugineux, avec une large tache noire sur le dos; cette tache est formée par des bandes transversales qui se croisent avec la bande dorso-longitudinale; cette même tache ne s'étend pas jusqu'aux bords de l'Abdomen. Pattes noires, avec un peu de fauve aux Cuisses et aux Tibias intermédiaires. Balanciers jaunes : Cuillerons jaune-fauve; Ailes jaunes à la base, avec le disque assez clair et orné de taches noires ordinaires.

Nous ne connaissons que la Femelle de cette espèce rare et bien distincte.

1368. — N° 5. PHASIA NIGRA, R.-D.

Phasia nigra : Rob. Desv.-*Myod.*, n° 2.
— — Macq.-*Buff.* II, n° 2.
— — Meig.-T. VII, p. 199, n° 15.

♂. Frontalia fulva : Frontis lateribus aureis; Facies alba, medio flavescente; Antennæ primis articulis fulvis, ultimo nigro; Barba nivea; Palpi flavi. Thorax niger, dorso antice Scutelloque cinereo-flavescentibus; lateribus albidis. Abdomen primo segmento, angulisque antero-exterioribus secundi, fulvis, vitta media nigra; reliqua segmenta nigra, vix tessellantia, postremis cinereo-tessellantibus. Femora fulva; duo priora antice nigra, quatuor posteriora apice fusco; Tibiæ basi fulva, apice nigro, Tarsis nigris. Halteres Calyptaque flava; Alæ basi flava, macula media transversa nigra, disco apicali limpido, subflavescente.

♀. Thorax niger, dorso antice æureo, lateribus cinereis. Abdomen totum nigrum nitidum, laterali segmentorum margine vix fulvescente. Pedes nigri. Halteres Calyptaque flava, aurea; Alæ disco flavescente aut albescente, maculis nigris ut in PH. GRASSIPENNI dispositis.

Long. ♂ 5 lignes; ♀ 4-5 lignes.

MALE : Frontaux fauves : côtés du Front dorés; Face albide, avec le milieu un peu flavescent; premiers articles des Antennes fauves; le dernier noir; Barbe blanche; Palpes jaunes. Corselet noir, à peine un peu flavescent sur le devant et sur l'Ecusson ; ses côtés sont blanc-cendré. Le premier segment de l'Abdomen et les angles antéro-externes du second fauves; le reste de l'Abdomen noir, avec des reflets cendrés qui ne sont manifestes que sur les derniers segments.

Cuisses fauves : les deux antérieures noires sur le devant; les quatre postérieures brunes vers le sommet; Tibias fauves à la base et noirs au sommet; Tarses noirs. Ailes jaunes à la base avec une tache médiane transversale noire ou noirâtre ; le reste du disque est clair-flavescent.

FEMELLE : Frontaux fauves : côtés du Front dorés ; le derrière de la Tête noir; Face albide ; Palpes pâles; Barbe blanche. Pattes noires. Balanciers et Cuillerons jaune-doré ; Ailes jaunes à la base, avec le disque d'un flavescent ou d'un blanchâtre plus ou moins nébuleux et avec les taches noires disposées comme sur le *Ph. crassipennis*.

Cette espèce n'est pas commune; on la prend en Eté sur fleurs des OMBELLIFÈRES.

Nous possédons une Femelle dont les deux premiers segments de l'Abdomen sont un peu fauves.

1369. — N° 6. PHASIA OBLONGA, R.-D.

♀ *Phasia oblonga ;* Rob. Desv.-*Myod.*: n° 4.
— — Macq.-*Buff.* II, n° 4.
— — Meig.-T. VII, n° 14.

♂. Frontalia fulva : Frontis lateribus aureis ; Facies albida ; Barba nivea ; Antennæ primis articulis fulvis, ultimo nigro; Palpi pallidi. Thorax niger, dorso antice flavo-aureo, lateribusque cinereis; Scutello flavo-aureo. Abdomen primo segmento, angulisque externis secundi, fulvis; reliquis nigris, postice sericeo-flavescente tomentosis, tomento ad ultima segmenta vix densiore. Pedes anteriores aut nigri aut antice nigri et postice fulvi ; quatuor Femora posteriora fulva, Tibiis fulvis, apice fusco, Tarsis fuscis. Halteres flavi, flavo-subfulvi : Calypta flavo-fulvida ; Alæ basi flava, vitta media latiore nigra, aut atra, non integra, apice pellucido.

♀. Major ; Abdomine toto rubro. Pedes sæpius nigri ; lineola antica apicali fulva in singulis femoribus ; non perraro quatuor Femora posteriora, omnesque Tibiæ fulva aut subfulva. Halteres Calyptaque flava, flavo-aurea; Alæ basi flava, disco plus minusve limpido, plus minusve nebuloso, maculis ut in ♀ PH. CRASSIPENNI dispositis.

Long. ♂ 4 lignes; ♀ 5-6-7 lignes.

MALE : Frontaux fauves : côtés du Front dorés ; Face argentée ; les deux premiers articles des Antennes fauves ; le dernier noir ; Palpes jaunes, jaune-pâle ; Barbe blanche. Corselet noir, avec le dos et l'Ecusson garnis d'un duvet doré ou doré-fauve ; ses côtés sont cendrés. Le premier segment de l'Abdomen et les angles antéro-externes du second fauve-rouge ; le reste de l'Abdomen noir et garni de rares reflets flavescent-doré aux derniers segments. Les deux Pattes antérieures ordinairement noires, souvent noires en devant et fauves en arrière ; les quatres Hanches postérieures noires ; les quatre Cuisses postérieures fauves avec le sommet brun ; les quatre Tibias postérieurs et leurs Tarses noirs. Balanciers et Cuillerons jaunes, jaune-fauve ; Ailes jaunes à la base, avec une tache médiane noire ; le reste de l'Aile est clair et hyalin.

Dans notre premier travail, nous avions confondu ce Mâle avec le Mâle du *Ph. crassipennis;* on reconnaîtra toujours notre espèce au fauve qui ne s'étend que sur les deux premiers segments de l'Abdomen dont les reflets sont presque dorés.

FEMELLE : Frontaux rouges : côtés du Front dorés ; premiers articles des Antennes fauves ; le dernier noir ; Face blanche ; Barbe blanche ; Palpes jaune-pâle. Le fond du Corselet est noir, mais le dos est jaune jusqu'à son tiers postérieur, tandis que les côtés sont cendrés ; Ecusson jaune-doré. Abdomen d'un beau rouge-fauve, et non d'un fauve-jaune comme sur le *Ph. crassipennis ;* point de ligne noire dorsale ; on distingue ordinairement trois lignes de taches noires sous le Ventre. Le plus souvent les Pattes sont noires, avec un petit trait fauve sur le côté antérieur de toutes les Cuisses ; mais il n'est pas rare de voir les quatre Cuisses postérieures, et même quelque peu des Cuisses antérieures, fauves. Balanciers et Cuillerons fauve-doré ; Ailes à base jaune, à disque plus ou moins clair, plus ou moins nébuleux et même blanchâtre, avec les taches noires du *Ph. crassipennis* Femelle.

Cette espèce n'est pas commune ; on la prend sur les fleurs des OMBELLIFÈRES en Eté et en Automne. Nous lui avons imposé le nom de *Ph. oblonga* parce que sur le type primitif l'Abdomen de la Femelle est plus oblong et moins large que sur le *Ph. crassipennis ;* mais quand on possède un certain nombre d'individus, on s'aperçoit bientôt que cet Abdomen oblong est susceptible de devenir aussi large que sur l'espèce précitée.

Ces différentes modifications tendent à indiquer un fréquent hybridisme. Le *Ph. oblonga* n'en constitue pas moins une espèce bien distincte.

1370. — N° 7. PHASIA HOLOSERICEA, R.-D. *Sp. ined.*

♂. Frontalia fulva : Frontis lateribus aureis ; Facies albida ; Antennæ primis articulis fulvis, ultimo nigro ; Barba nivea ; Palpi flavescentes. Thorax niger, dorso cinereo-flavescente lineato et irrorato, lateribus cinereis. Abdomen griseo-sericeo dense tomentosum, primi segmenti secundique macula laterali testacea. Femora fulva, duo priora antice nigra, quatuor posteriora apice nigricante ; Tibiæ fulvæ ; duo priores antice nigræ ; Tarsi nigri. Halteres et Calypta flava ; Alæ basi flava, macula medio-transversa nigra, apice limpido.

Long. 4 lignes.

Male : Frontaux rouges : côtés du Front dorés ; Face albide ; premiers articles des Antennes fauves, avec le dernier noir ; Barbe blanche ; Palpes jaune-pâle. Corselet noir, rayé et saupoudré de cendré-flavescent sur le dos et de cendré sur les côtés. Abdomen couvert d'un épais duvet gris-soyeux et à reflets ; une tache testacée sur les côtés du premier et du second segment. Cuisses fauve-testacé, avec le sommet noir ; les deux Tibias antérieurs noirs en devant et fauves en arrière ; les quatre Tibias postérieurs fauves, avec les Tarses noirs. Balanciers et Cuillerons jaunes ; Ailes jaunes à la base, avec une tache médiane transversale noire et le sommet clair.

Nous ne possédons qu'un Mâle de cette espèce qui parait être très-rare.

B. *Une seule ligne ou tache noire sur les Ailes de la Femelle.*

†. Front doré.

* *Reflets argentés sur l'Abdomen de la Femelle.*

1371. — N° 8. Phasia dorsalis, R.-D. *Sp. ined.*

♀. Frontalia fulva : Frontis lateribus aureo-nitidis ; Facies medio flava, lateribus albis, macula fuscescente ; Barba cana ; Vertex niger, villis albis ; Antennæ nigræ ; Palpi luteo-fulvescentes. Thorax lateribus cinereo-flavescentibus, dorsi parte antica aurea, parte postica aurea nigro-nitente, Scutello nigro-nitente. Abdomen testaceum, tessellis albidis, ultimo segmento lateribus aureis ; fascia dorsali lata, nigra. Femora nigra, Tibiis fulvo-subfuscis, Tarsis nigris. Halteres flavi. Calypta dense flava ; Alæ basi flava, medio nigro, apice hyalino-fuscescente.

Long. 4 lignes.

Femelle : Frontaux fauves : côtés du Front doré-luisant ; Face jaune sur le milieu, blanche sur les côtés, avec une tache médiane brune et avec des Poils blancs ; Antennes noires ; Palpes jaunes. Corselet cendré-flavescent sur les côtés, doré sur la moitié antérieure du dos et noir-luisant sur la moitié postérieure ; Ecusson noir. Abdomen testacé, avec des reflets albides ; les derniers segments dorés sur les côtés ; une large bande noire sur le milieu du dos. Cuisses noires ; Tibias d'un fauve un peu brun ; Tarses noires. Balanciers jaunes : Cuillerons d'un blanc-jaune ; Ailes jaunes à la base, noires sur le milieu, avec la portion apicale d'un transparent nébuleux.

Nous avons pris cette rare et intéressante espèce sur une Ombellifère au mois de Juin.

1372. — N° 9. Phasia fuscana, R.-D. *Sp. ined.*

♂. Frontalia fulva : Frontis lateribus aureis ; Facies albida ; Barba nivea ; Antennæ primis articulis fulvis, ultimo nigro ; Palpi flavi. Thorax dorsi et Scutelli tessellis aureis, lateribusque griseo-cinereis. Abdomen atrum, tessellis exiguis, haud densis, flavescentibus ; primi segmenti lateribus flavo-fulvis. Femora fulva ; duo priora antice nigra ; quatuor posteriora apice nigro maculato, Tibiis Tarsisque atris. Halteres Calyptaque flava ; Alæ basi flava, macula media transversa nigra, apice limpido.

Long. 4 lignes 1/2.

Male : Frontaux fauves : côtés du Front dorés ; Face albide ; premiers articles des Antennes fauves ; le dernier noir ; Barbe blanche ; Palpes jaunes. Corselet à reflets dorés sur le dos et sur l'Ecusson, avec les côtés gris-cendré. Abdomen noir et garni d'un très-léger duvet flavescent ; les côtés du premier segment jaune-fauve. Cuisses fauves ; les deux antérieures noires sur le devant; une tache brune vers le sommet des quatre postérieures; Tibias et Tarses noirs. Ailes jaunes à la base, avec une tache médiane transverse noire; le sommet du disque clair.

Nous ne possédons qu'un Mâle de cette espèce; c'est peut-être le Mâle du *Phasia dorsalis.*

1373. — N° 10. Phasia tessellata, R.-D. *Sp. ined.*

♀. Frontalia fulva : Frontis lateribus aureis; Barba nivea; Antennæ primis articulis fulvis, ultimo nigro; Palpi flavi. Thorax niger, dorso antice, Scutelloque aureis; lateribus aureis. Abdomen absolute rubro-fulvum, tessellis argenteo-micantibus, lineolaque dorsali fusca, obscura. Femora nigra fulvaque, Tibiis nigris, basi plus minus flavescentibus, Tarsis nigris. Halteres et Calypta aureo-subfulva; Alæ basi flava, macula unica media transversa nigra, apice limpido.

Long. 5 lignes.

Femelle : Frontaux rouges : côtés du Front dorés; Face albide; premiers articles des Antennes fauves; le dernier noir; Palpes pâles; Barbe blanche. Corselet noir, avec le dos doré en devant, ainsi que l'Ecusson; ses côtés sont cendrés. Abdomen entièrement rouge-fauve, avec des reflets argentés et une ligne dorsale noire, obscure; deux bandes rouges sous le Ventre. Cuisses mélangées de fauve et de noir; Tibias noirs, avec la base plus ou moins fauve; Tarses noirs. Balanciers et Cuillerons jaune-fauve; Ailes jaunes à la base, avec une tache médiane transversale noire et le sommet clair.

Nous ne possédons qu'une Femelle de cette espèce voisine du *Ph. flaviventris* de Meigen.

1374. — N° 11. Phasia lineata, R.-D. *Sp. ined.*

♂. Frontalia fulva : Frontis lateribus aureis; Facies albida; Antennæ primis articulis fulvis, ultimo nigro; Barba nivea; Palpi flavi.

Thorax niger, dorso antice, Scutelloque aureis; lateribus cinereis. Abdomen primo segmento, angulisque antero-exterioribus secundi fulvis, vitta dorsali, reliquisque segmentis nigro-subflavescente tessellantibus. Femora fulva; duo priora antice nigra; duæ Tibiæ anteriores nigræ, quatuor posteriores antice nigræ, postice fulvæ, Tarsis nigris. Halteres Calyptaque flavida: Alæ basi flava, macula media transversa nigra, apice limpido.

♀. Similis; Thorax niger, dorso antice, Scutelloque aureo-subfulvis. Abdomen testaceo-fulvum, tessellis argenteis micantibus, vitta dorsali angustata, maculisque nonnullis ultimorum segmentorum nigris. Pedes nigri. Femorum lineola antica apicali fulvescente. Halteres Calyptaque aureo-fulvida; Alæ basi flava, macula media transversa nigra, apice limpido.

Long. 3 lignes 1/2.

MALE : Frontaux fauves : côtés du Front dorés; Face albide; premiers articles des Antennes fauves; le dernier noir; Barbe blanche; Palpes jaune-pâle. Corselet noir, avec le dos et l'Ecusson saupoudrés et rayés de jaune-doré; ses côtés sont cendrés. Premier segment de l'Abdomen et angles antéro-extérieurs du second segment noirs et garnis d'un court duvet gris-flavescent. Cuisses fauves; les antérieures noires sur le devant; les deux Tibias antérieurs noirs; les quatre postérieurs noirs sur le devant et fauves sur le derrière; Tarses noirs. Ailes jaunes à la base, avec une tache médiane transversale et le sommet noirs.

Cette description est faite d'après le seul individu en notre possession. Il n'est pas bien certain que ce soit le véritable Mâle de l'espèce.

FEMELLE : Frontaux fauves : côtés du Front dorés; Face albide; premiers articles des Antennes fauves; le dernier noir; Barbe blanche; Palpes jaunes. Corselet noir, avec le devant du dos et l'Ecusson dorés; les côtés sont cendrés.

Abdomen testacé-fauve, garni de reflets argentés, avec une petite ligne dorsale et des taches plus ou moins larges sur les derniers segments noires ou noirâtres. Pattes noires, avec un trait fauve sur le devant du sommet des Cuisses. Balanciers et Cuillerons doré-fauve; Ailes jaunes à la base, avec une tache médiane transversale noire et avec le sommet clair.

Nous ne possédons qu'une Femelle de cette espèce qui paraît être rare.

1375. — N° 12. PHASIA TÆNIATA, Panz.

♀ *Musca tæniata* : Panz.-*Faun. Germ.*, LX, n° 18.
Phasia tæniata : Meig.-T. IV, n° 4; id. t. VII, n° 10.
— — Rob. Desv.-*Myod.*, n° 9.
— — Macq.*Buff.* II, n° 4.

♂. Frontalia fulva : Frontis lateribus aureis; Facie albida ; Antennæ primis articulis fulvis, ultimo nigro ; Palpi flavescentes; Barba nivea. Thorax niger, dorso, Scutelloque aureis, lateribus cinereis. Abdomen primo segmento, angulisque antero-exterioribus secundi aurantiacis, reliquis segmentis nigris, tomento flavescente postice densiore. Femora fulvo-testacea; duo priora antice nigra; quatuor posteriora macula nigra versus apicem ; Tibiis Tarsisque nigris. Halteres Calyptaque flava; Alæ basi flava, macula media transversa nigra, apice limpido.

♀. Facies lateribus albidis, medio flavescente; Palpi flavi. Thorax niger dorso, Scutelloque flavis aut flavo-aureis, lateribus cinereis. Abdomen flavo-fulvum, tessellis albo-argenteis, vitta dorsali fusca in toto dorso ultimorum segmentorum extensa; sub Ventre duplex linea macularum rubrarum. Pedes absolute nigri. Halteres et Calypta flavo-aurea; Alæ basi flava, macula media transversa nigra, apice limpido.

Long. 4 lignes.

Male : Frontaux fauves : côtés du Front dorés; Face albide; premiers articles des Antennes fauves; le dernier noir; Palpes jaunes. Corselet doré sur le dos et sur l'Ecusson, avec les côtés cendrés. Premiers segments de l'Abdomen et angles antéro-externes du second segment jaune-orangé; le reste de l'Abdomen noir, mais garni d'un duvet flavescent et plus épais sur les derniers segments. Cuisses fauve-testacé; les deux premières brunes sur le devant; les quatre dernières avec une tache brune vers le sommet; Tibias et Tarses noirs. Balanciers et Cuillerons jaunes; Ailes jaunes à la base, avec une tache médiane transversale noire et le reste de l'Aile limpide.

Nous possédons un individu dont les Cuisses sont entièrement noires.

Femelle : Face albide sur les côtés et flavescente sur le milieu; les deux premiers articles des Antennes fauves; le dernier article noir; Palpes jaunes; Barbe blanche. Corselet noir, avec un duvet fauve sur le dos et sur l'Ecusson; ses côtés sont cendrés. Abdomen jaune-fauve et garni de reflets blanc-argenté, avec une ligne dorsale noire qui va en s'élargissant au point de couvrir les derniers segments; deux lignes de taches rouges sous le Ventre. Pattes entièrement noires. Balanciers et Cuillerons jaune-fauve; Ailes jaunes à la base avec une tache médiane transversale noire et le sommet clair.

Cette description est parfaitement conforme au texte de Panzer : « *Musca tœniata* : Pilosa, cinerea; Abdomine tes- « taceo, dorso linea apiceque fuscis; Alis basi subflavis, « macula fusca. » Meigen ajoute : « Pedibus nigris. » Seulement Meigen croit avoir décrit et figuré un Mâle (p. 219, fig. 12), tandis qu'il avait décrit et figuré une Femelle. Nous étions tombé dans la même erreur, qui a été pareillement copiée par M. Macquart. Les Pattes sont entièrement noires. Nous possédons cependant un individu qui a les Cuisses postérieures un peu plus claires.

Cette espèce n'est pas rare sur les fleurs des OMBELLIFÈRES de l'Eté et de l'Automne.

✱✱ Dos de l'Abdomen opaque ou sans reflets argentés sur la Femelle.

1376. — N° 13. PHASIA PLACIDA, R.-D. *Sp. ined.*

♂. Frontalia fulva : Frontis lateribus aureis ; Facies albida; Barba nivea; Antennæ primis articulis fulvis, ultimo nigro ; Palpi fulvi. Thorax niger, dorso antice, Scutelloque aureo-subfulvis, lateribus cinereis. Abdomen nigrum, primo segmento, majorique parte marginis anterioris secundi, fulvis ; reliquis segmentis nigris ; ultimo sericeo-griseo valde tomentoso. Femora fulva ; duo priora antice nigra, Tibiis, Tarsisque nigris. Halteres ferruginei : Calypta flavescentia ; Alæ basi flava, vitta media nigra, apice limpido.

♀. Frontalia fulva : Frontis lateribus aureis ; Facies albida, Barba nivea ; Palpi pallidi. Thorax niger, dorso antice, Scutelloque aureis, lateribus cinereis Abdomen primo secundoque segmento fulvo-flavis, vitta dorsali, reliquisque segmentis, nigris ; Ano tomentoso grisescente; Femora fulva, plus minusve bruneo maculata. Tibiæ nigricantes, apice flavescente, Tarsis nigris. Halteres Calyptaque flava ; Alæ basi flava, macula media transversa nigra, apice sublimpido.

Long. 4 lignes.

MALE : Frontaux fauves : côtés du Front dorés ; Face argentée ; Barbe blanche ; premiers articles des Antennes fauves ; le dernier noir ; Palpes fauves. Corselet noir, jaune-doré sur la partie antérieure du dos et de l'Ecusson ; les côtés sont cendrés. Le premier segment de l'Abdomen et la majeure partie antérieure du dos fauves ; le reste du dos de l'Abdomen noir, avec un duvet gris-soyeux fortement prononcé sur le dernier segment. Toutes les Cuisses fauves ; les deux antérieures noires sur le devant ; Tibias et Tarses noirs. Balanciers fauves : Cuillerons jaunâtres ; Ailes jaunes à la base, avec la tache ou bande médiane noire ; le sommet est limpide.

Femelle : Face albide, avec la Barbe blanche ; premiers articles des Antennes fauves ; le dernier noir ; Palpes jaune-pâle. Corselet doré sur le devant du dos et sur l'Ecusson, avec les côtés cendrés. Les deux premiers segments de l'Abdomen fauves, avec une ligne dorsale noire, ainsi que les autres segments qui sont garnis d'un duvet assez épais et à reflets cendré-gris-soyeux. Cuisses fauves, plus ou moins tachées de noirâtre ; Tibias noirâtres, avec le sommet un peu fauve ; Tarses noirs. Balanciers et Cuillerons jaunes ; Ailes jaunes à la base, avec une tache médiane transversale noirâtre et le sommet assez clair.

Nous ne possédons qu'un couple de cette espèce rare et bien distincte.

1377. — N° 14. Phasia fuscipes, R.-D. *Sp. ined.*

♂. Frontalia fulva : Frontis lateribus aureis ; Facies albida ; Barba nivea ; Antennæ primis articulis fulvis, ultimo nigro ; Palpi flavi. Thorax niger, dorsi lineis vix cinereis. Abdomen atrum, macula laterali primi segmenti testacea maculaque laterali minori secundi pariter testacea ; reliquis segmentis nigris, ultimo dorso densius cinereo tomentoso. Pedes nigri. Halteres Calyptaque flava ; Alæ basi flava, macula media transversa nigra, apiceque limpido.

Long. 2 lignes 1/2.

Male : Frontaux fauves : côtés du Front dorés ; Face albide ; premiers articles des Antennes fauves ; le dernier noir; Palpes jaunes. Corselet noir, à peine rayé de cendré sur le dos et sur l'Ecusson. Une tache latérale testacée sur le premier segment de l'Abdomen et une autre plus petite sur le second segment; le reste de l'Abdomen noir, n'offrant qu'un très-léger et très-rare duvet flavescent, le dernier segment garni sur le dos d'un duvet plus épais et cendré. Pattes noires. Balanciers et Cuillerons jaunes; Ailes jaunes à la base, avec la tache médiane noire et le sommet limpide.

Nous ne possédons que le Mâle de cette espèce prise en Eté.

1378. — N° 15. Phasia obscuripennis, R.-D.

♀ *Phasia obscuripennis :* Rob. Desv.-*Myod.*, n° 10.

♂. Frontalia fulva : Frontis lateribus aureis; Facie albida, medio flavescente; Antennæ primis articulis fulvis, ultimo nigro; Barba nivea; Palpi pallide flavi. Thorax niger, dorso antice, Scutelloque flavo-subaureis; lateribus cinereo-griseis. Abdomen primo segmento, parteque antica secundi fulvis, vitta dorsali, reliquisque segmentis atris, vix tomentosis, tomento postice densiore, griseo-sericeo. Femora fulva, apice nigro-maculato; Tibiæ antice nigræ, postice fulvæ, Tarsis nigris. Halteres Calyptaque flava; Alæ basi flava, macula media transversa nigra, apice sublimpido.

♀. Palpi pallidi. Thorax dorso, Scutelloque subaureis, lateribus cinereo-subaureis. Abdomen flavum, flavo-fulvum, opacum absque tessellis micantibus; vitta dorsali, ultimoque segmento nigris : Ano cinereo-tessellante. Pedes atri. Halteres Calyptaque pulchre flava; Alæ basi flava, macula media transversa nigra, apice limpide subnebuloso.

Long. 3 1/2-4 lignes.

Male : Côtés du Front dorés; Face albide sur les côtés et un peu flavescente sur le milieu; premiers articles des Antennes fauves; le dernier noir; Barbe blanche; Palpes jaune-pâle. Corselet noir, avec le dos brun-doré sur le devant et sur l'Ecusson ; ses côtés sont cendré-grisâtre. Le premier segment de l'Abdomen et la moitié antérieure du second jaune-fauve. Cuisses fauves, avec un peu de brun vers le sommet antérieur ; Tibias noirs en devant et fauves en arrière ; Tarses noirs. Balanciers et Cuillerons jaunes ; Ailes jaunes à la base, avec une tache médiane transversale noire et avec le sommet assez clair.

Femelle : Frontaux fauves : côtés du Front dorés ; Face albide sur les côtés et jaune sur le milieu ; premiers articles des Antennes fauves ; le dernier noir ; Barbe blanche ; Palpes jaune-pâle. Corselet jaune-doré sur le devant et sur l'Ecusson, avec les côtés cendré-doré. Abdomen jaune, jaune-fauve, mat, sans reflets, avec une ligne médiane et le dernier segment noirs et garnis de quelques reflets cendrés. Pattes noires. Ailes jaunes à la base, avec une tache médiane transversale noire et avec le sommet d'un clair légèrement nébuleux.

Cette espèce, facile à distinguer par l'absence de reflets sur l'Abdomen, n'est pas commune ; on la trouve en Eté et en Automne. A l'époque de notre travail primitif, nous ne connaissions pas le Mâle.

1379. — N° 16. Phasia agricola, R.-D. *Sp. ined.*

♂. Frontalia fulva : Frontis lateribus aureis ; Facies albida ; Barba nivea ; Antennæ primis articulis fulvis, ultimo nigro ; Palpi flavo-fulvescentes. Thorax niger, dorso antice, Scutelloque flavo-aureis ; lateribus subcinereis. Abdomen nigrum, primo segmento, angulisque antero-exterioribus secundi, fulvis ; reliquis segmentis nigris, ultimi dorso dense griseo. Pedes nigri. Halteres flavi : Calypta subflava ; Alæ basi flava, macula media transversa nigra, apice limpido.

♀. Similis Phasiæ obscuripenni ; minor. Palpi flavo-pallidi. Thorax

niger, dorso, Scutelloque flavo-aureis ; lateribus fusco-cinereis. Abdomen primis duobus segmentis, tertiique angulis antero-exterioribus cum lateribus fulvis, opacis. Halteres Calyptaque aurea ; Alæ basi flava, macula media transversa nigra, apice limpido, subobscuro.

Long. 3 lignes.

Male : Frontaux fauves : côtés du Front dorés; Face albide; Barbe blanche; premiers articles des Antennes fauves; le dernier noir; Palpes jaune-fauve. Corselet noir, mais doré sur le dos et sur l'Ecusson, avec les côtés cendrés, Abdomen noir; le premier segment et les angles antéro-externes du second fauves; les autres segments noirs, avec un duvet brun-cendré qui devient épais sur le dos du dernier. Pattes entièrement noires. Balanciers jaunes : Cuillerons jaunes ou jaunâtres; Ailes jaunes à la base, avec la tache médiane transversale noire et le sommet limpide.

Femelle : Frontaux fauves : côtés du Front dorés ; Face albide ; premiers articles des Antennes fauves; le dernier noir; Barbe blanche ; Palpes jaune-pâle. Corselet noir, avec le dos et l'Ecusson dorés et les côtés brun-cendré. Les deux premiers segments de l'Abdomen, les angles antéro-extérieurs et les côtés du troisième jaune-fauve et opaques, avec une ligne dorsale et le reste des segments noirs, à peine garnis d'un léger duvet cendré qui devient un peu plus épais vers l'Anus. Pattes noires. Balanciers et Cuillerons jaune-doré; Ailes jaunes à la base, avec une tache médiane transversale noire et avec le sommet d'un clair un peu obscur.

Nous possédons un couple de cette espèce qui a beaucoup de ressemblance avec le *Ph. obscuripennis*, mais qui est plus petite et qui n'offre du jaune-fauve qu'aux trois premiers segments de l'Abdomen.

*** *Côtés du Front blancs, avec la base des Antennes fauve sur le Mâle,*

1380. — N° 17. PHASIA CINERELLA, R.-D. *Sp. ined.*

♂. Frontalia fulva : Frontis lateribus cinereo albis ; Facies albida ; Antennæ primis articulis fulvis, ultimo nigro ; Palpi flaveoli ; Barba nivea. Thorax niger, cinerascens, dorso vix subfulvescente. Abdomen primi segmenti lateribus secundique angulis antero-exterioribus fulvo-testaceis, vitta media lata, reliquisque segmentis nigris, cinerascente tomentosis. Pedes nigri. Halteres Calyptaque flava ; Alæ basi flava, macula media transversa nigra aut nigricante apiceque sublimpido.

Long. 2 1/4-2 lignes 1/2.

MALE : Frontaux fauves : côtés du Front blanc-cendré ; Face albide; premiers articles des Antennes fauves; le dernier noir; Palpes jaunes; Barbe blanche. Corselet noir, garni d'un duvet cendré et à peine un peu flavescent sur le dos. Côtés du premier segment de l'Abdomen et angles antéro-extérieurs fauve-testacé, avec une large bande dorsale et le reste de l'Abdomen noirs et saupoudrés d'un léger duvet brun-cendré. Pattes noires. Balanciers et Cuillerons jaunes ; Ailes jaunes à la base, avec une tache médiane transversale noirâtre et le sommet clair.

Nous ne possédons que des Mâles de cette espèce tout-à-fait voisine de notre *Ph. albifacies*, n° 8 ; c'est une espèce bien distincte.

**** *Antennes noires à la base.*

†. FRONT DORÉ.

1381. — N° 18. PHASIA FUSCICORNIS, R.-D. *Sp. ined.*

♂. Frontalia fulva : Frontis lateribus aureis ; Facies albida ; Barba nivea ; Antennæ nigræ; Palpi pallide flavi. Thorax niger, dorso Scutelloque aureis, lateribus cinereis. Abdomen primo segmento, secundique lateribus fulvis, vitta dorsali reliquisque segmentis nigris, tomentoso sericeo-flavescentibus, tomento postico densiore. Pedes nigri, quatuor Femoribus posterioribus externe fulvis. Halteres albidi: Calypta subalbida, non flava; Alæ basi flava, macula transversa media nigra, apiceque limpido.

Long. 4 lignes.

Male : Frontaux fauves : côtés du Front dorés; Face albide; premiers articles des Antennes noirs ou noirâtres; le dernier noir; Palpes jaune-pâle. Corselet noir, avec le dos et l'Ecusson dorés et les côtés cendrés. Premier segment de l'Abdomen et côtés du second fauves, avec une ligne dorsale et le reste des segments noirs et munis d'un duvet soyeux-flavescent d'abord rare et qui devient plus épais en arrière. Pattes noires, avec un peu de fauve à la partie apicale et postérieure des quatre Cuisses postérieures. Balanciers et Cuillerons presque blancs et non jaunes ; Ailes jaunes à la base, avec une tache médiane transversale noire et le sommet clair.

Nous ne possédons qu'un Mâle de cette espèce.

1382. — N° 19. Phasia atratella, R.-D. *Sp. ined.*

♂. Frontalia fulva : Frontis lateribus aureis; Facies albida; Barba nivea; Antennæ primis articulis fuscis, ultimo nigro; Palpi flaveoli. Thorax ater, cinerascente lineatus et irroratus. Abdomen atrum, postice fusco-cinereo tessellatum, primi segmenti parva macula laterali testacea. Pedes nigri. Halteres flavescentes : Calypta cinereo vix flavescentia; Alæ basi flava, macula media transversa nigricante, apice limpido.

Long. à peine 2 lignes.

Male : Frontaux fauves : côtés du Front dorés; Face

albide; premiers articles des Antennes bruns; le dernier noir; Palpes jaunes. Corselet noir, rayé et saupoudré de cendré. Abdomen noir, âtre, avec des reflets brun-cendré sur le derrière et une petite tache testacée sur les côtés du premier segment. Pattes noires. Balanciers jaunâtres : Cuillerons d'un blanc à peine flavescent; Ailes jaunes à la base, avec une tache médiane transversale noirâtre et le sommet clair.

Nous ne possédons qu'un Mâle de cette espèce rare et bien distincte.

††. Côtés du Front non dorés.

1383. — N° 20. Phasia albifrons, R.-D. *Sp. ined.*

♂. Frontalia fulva : Frontis lateribus cinereis aut albis; Facies albida; Antennæ nigræ; Palpi pallide flaveoli. Thorax niger, dorso Scutelloque aureis, lateribus cinereis. Abdomen primo segmento, secundique angulis antero-exterioribus fulvis, vitta media reliquisque segmentis nigris, tomento flavescente tessellante, postice densiore. Pedes nigri, quatuor Tibiis posterioribus parte apicali fulva. Halteres Calyptaque flava; Alæ basi flava, macula media transversa nigra apiceque limpido.

Long. 2 lignes 2/3.

Male : Frontaux fauves : côtés du Front bruns ou cendrés; Face albide; Antennes noires; Barbe blanche; Palpes cendré-pâle. Corselet noir, doré sur le dos et sur l'Ecusson, cendré sur les côtés. Premier segment de l'Abdomen et angles antéro-externes du second testacés, avec une ligne dorsale et le reste des segments noirs et avec un duvet flavescent plus épais vers l'Anus. Pattes noires, avec la moitié supérieure des quatre Cuisses postérieures testacé-fauve. Balanciers et Cuillerons jaunes ; Ailes jaunes à la base, avec une tache médiane transversale noire et le sommet clair.

Nous ne possédons qu'un Mâle de cette rare espèce.

278. — II. Genre ALOPHORE.
II. *Genus ALOPHORA*, R.-D.

Thereva : Fab.-Panz.
Phasia : Latr.-Meig.-Zetterst.
Alophora : Rob. Desv.-Macq.
Conops : Linn.

Caractères du genre PHASIE. TIBIAS postérieurs arqués ; la CELLULE γ C pétiolée vers le sommet de l'Aile, avec la nervure transverse concave en dehors; côte extérieure de l'Aile convexe, arrondie.

PHASIARUM characteres ; TIBIIS posticis arcuatis ; CELLULA γ C ad Alæ apicem petiolata, nervo transverso externe concavo ; ALÆ limbus aut costa exterior subconvexa, subrotundata.

Il n'est pas difficile de distinguer ce genre des PHASIES. Les Mâles sont plus petits que les Femelles.

Nous n'avons jamais rencontré aux environs de Paris l'*Alophora pilosa* et l'*Alophora ferruginea* (*Myod.*, nos 3 et 4, p. 295).

Le *Thereva hemiptera* de Fabricius, type du genre, offre une foule de variétés qui l'ont fait confondre par les différents auteurs et par nous-même.

1384. — No 1. ALOPHORA SUBCOLEOPTRATA, R.-D.

Conops subcoleoptratus : Linn.-*Syst. nat.*, II, p. 1006, no 13.
Syrphus subcoleoptratus : Fabr.-*Syst. Antl.*

Thereva subcoleoptrata : Fabr.-*Syst. Antl.*, n° 1.
Phasia coleoptrata : Latr.-*Gen.*, n° 4, p. 345.
— — Meig.-N° 7, tab. 39, fig. 13.
— — Fall.-N° 1.
Alophora subcoleoptrata : Rob. Desv.-*Myod.*, p. 294, n° 1.

Nous n'avons pas en ce moment cet insecte à notre disposition, mais nous croyons pouvoir copier notre ancien texte.

« ♀. Facie albescente. Thorax dorso nigro, pleuris pectoreque « fulvo-villosis. Abdomen luteo-fulvum, vitta lata dorsali nigra, cine- « reoque tessellans. Calyptis flavescente bruneis; Alæ flavescente « brunicoso lavatæ, vitta fuliginosa versus medium limbum; vittis « duabus ad apicem et in medio disco minoribus.

« ♂. Minor; Alis subfuliginosis, absque maculis nigricantibus. »

« Long. ♂ 4-5 lignes; ♀ 6-7 lignes.

« Femelle : Frontaux d'un brun-fauve : côtés du Front « bruns; Face blanche; Antennes d'un brun-fauve. Corselet « noir sur le dos, ayant un épais duvet fauve sur les côtés « et en dessous; Ecusson d'un jaune-testacé. Abdomen lar- « gement noir sur le milieu du dos, d'un jaune-fauve sur « les côtés et en dessous, avec quelques légers reflets cen- « drés. Pattes brunes; majeure partie des Cuisses flaves- « cente; Tibias postérieurs arqués. Cuillerons d'un jaune un « peu brun; Ailes lavées de jaune-brunissant, surtout vers la « côte extérieure; une longue tache fuligineuse sur le milieu « du bord externe; deux autres plus petites, l'une au sommet « de l'Aile et l'autre sur le milieu de la nervure médio-longi- « tudinale.

« Male : Plus petit; il a l'Ecusson moins fauve; ses « Ailes enfumées sur la totalité du disque n'offrent pas de « taches noirâtres. »

Cette espèce se trouve dans toute la France, mais elle est rare.

1385. — N° 2. ALOPHORA HEMIPTERA, Fabr.

♂ *Thereva hemiptera :*	Fabr.-*Syst. Antl.*, p. 218, n° 2.
♀ *Thereva subcoleoptrata :*	Schœff.-*Icon.*, tab. 71, fig. 6.
— —	Panz.-*Faun. Germ.*, p. 74, nos 13 ♂, 14 ♀.
Thereva affinis.	Fabr.-*Syst. Antl.*, p. 218, n° 4.
— —	Panz.-*Faun. Germ.*, p. 74, n° 16.
Phasia hemiptera :	Meig.-T. IV, p. 191, n° 8 ♂ et ♀.
— —	Zetterst.-*Ins. Skand.*, n° 2.
Alophora hemiptera :	Rob. Desv.-*Myod.*, p. 295, n° 2.
— —	Macq.-*Buff.* II, p. 202, n° 2.
— —	Meig.-T. VII, p. 284, n° 1.

♂. Frontalibus fulvis : Frontis lateribus fusco-subcinereis ; Facie cinerea ; primis Antennarum articulis fulvo-subfuscis, ultimo nigro ; Palpis flavescentibus. Thorax ater, dorso subvilloso, lateribus longe flavescente aureo pilosis. Abdomen nigrum, primis segmentis margine testaceo. Halteres Calyptaque flava ; Alæ disco subflavescente.

♀. Similis ; paulo major. Thorax obscure dorso cinerascens ; Scutellum basi brunea, apice fulvo. Calyptis obscurioribus ; Alæ fusco lavatæ, maculis non manifestis.

Long. 6-7-8 lignes.

MALE : Frontaux fauves : côtés du Front brun-grisâtre ; Face gris-cendré ; premiers articles des Antennes fauve-brun ; le dernier noir ; Palpes jaune-pâle. Corselet noir, avec des Poils courts et flavescents sur le dos et avec des Poils longs et dorés sur les côtés ; majeure partie de l'Ecusson fauve. Abdomen noir, avec un peu de fauve sur les côtés des premiers segments. Pattes noires, avec la base des Cuisses fauve. Balanciers et Cuillerons jaunes ; Ailes légèrement lavées de flavescent.

Femelle : Semblable ; un peu plus forte ; le dos du Corselet offre un peu de cendré-obscur ; l'Ecusson, fauve au sommet, est brun à la base. L'Abdomen offre une large ligne noire. Cuillerons un peu plus bruns ; Ailes lavées de noirâtre, mais à taches non distinctes.

Cette espèce, qui offre une foule de variétés, se trouve dans toute la France.

279. — III. Genre ELOMYE.
III. *Genus ELOMYA*, R.-D.

Phasia : Latr.-Meig., t. iv.
Elomya : Rob. Desv.-Macq.
Ananta : Meig., t. vii.

Antennes descendant au milieu de la Face ; le premier article très-court ; les deux autres presque d'égale longueur ; le troisième un peu arrondi en dessous ; premiers articles du Chète très-courts ; le dernier nu ; Tête grosse, un peu plus large que le Corselet, arrondie en devant ; Yeux grands, nus, presque contigus sur les Mâles, peu distants sur les Femelles, à cause de l'extrême étroitesse des Frontaux ; Face bombée ou un peu convexe au devant de la bouche ; point de vrais Cils faciaux ; Poils assez longs sur les côtés du Corselet.

Abdomen un peu déprimé sur les Femelles ; les Cils apicaux des segments à peine plus développés que les autres.

Pattes simples. Cuillerons grands ; Ailes trigones ; la Cellule γ C fermée avant d'atteindre le sommet de l'Aile et non pétiolée, sa nervure transversale venant se réunir à la nervure longitudinale en formant un petit angle rentrant. Teintes flavescentes.

Antennæ in mediam Faciem descendentes ; primo articulo brevissimo; duobus Alis fere æqua longitudine; tertio subtus subrotundato; Cheti primis articulis brevissimis, ultimo nudo; Caput grossum, Thorace paulo latius, et antice subrotundatum; Oculi ampli, nudi, fere in ♂ contigui, pauloque in ♀ distantiores, ob Frontalia angustissima; Facies subconvexa ante oris aperturam, Ciliis facialibus nullis; villi elongati in Thoracis lateribus.

Abdomen in ♀ subdepressum; Cilia apicalia segmentorum aliis Ciliis vix validiora.

Pedes simplices. Calypta magna; Alæ trigonæ; Cellula γ C ante costam exteriorem occlusa, non petiolata, nervo transverso, arcuatim flexo.

Colores flavescentes.

Rien ne ressemble davantage aux Alophores que les Elomyes; mais le caractère des deux nervures jointes ensemble par un angle rentrant, de manière que la Cellule γ C paraît n'avoir pas de vrai pétiole, nous a semblé assez important pour l'établissement et la conservation de ce genre.

Les espèces d'Elomyes sont très-rares; leur capture est toujours un véritable bonheur.

1386. — N° 1. Elomya rubida, R.-D. *Sp. ined.*

♀. Frons lateribus argenteis; Facies cana; Barba nivea; Antennæ Pedesque nigra; Palpi flavi. Thorax niger, dorso, Scutelloque cinereo lineatis et tessellantibus, lateribusque cinereo-pilosis. Abdomen rubidum, obscure subfuscum, nonnullis tessellis super posteriora segmenta, lineaque dorsali nigra. Halteres Calyptaque flavida; Alæ disco infuscato.

Long. 4 lignes 1/4.

Femelle : Côtés du Front argentés; Face albide; Barbe argentée; Antennes et Pattes noires; Palpes testacés. Corselet noir, avec des reflets et des lignes cendrés sur le dos et sur l'Ecusson; les côtés sont garnis de poils épais et cendrés.

Abdomen rouge un peu brun, avec des reflets cendrés sur les deux derniers segments et avec une ligne dorsale noire. Balanciers et Cuillerons jaunes; Ailes lavées de nébuleux.

Nous ne connaissons qu'une Femelle de cette espèce prise au mois de Juin; elle est tout-à-fait voisine du *Phasia ornata* de Meigen, mais elle a le disque des Ailes noirâtre et l'Abdomen plus rougeâtre.

1387. — N° 2. ELOMYA ORNATA, Meig.

Phasia ornata : Meig.-T. IV, n° 31.
Ananta ornata : Meig.-T. VII, n° 3.

♀. Frons lateribus argenteis; Facies albida; Peristoma Epistomaque flavescentia; Antennæ Pedesque nigra; Barba cana. Thorax ater, nitens, dorso antice Scutelloque fusco-subflavescentibus, lateribusque albo-pilosis. Abdomen fulvo-testaceum, tessellis levioribus cinereis, lineaque dorsali macularum nigrarum. Halteres Calyptaque cana; Alæ basi flava, disco albescente.

Long. 4-4 lignes 1/4.

FEMELLE : Côtés du Front et Face argentés; Péristôme et Epistôme rougeâtres; Antennes et Pattes noirs; Barbe blanche. Corselet noir, avec un léger duvet brun-flavescent sur le dos et sur l'Ecusson; ses côtés sont garnis de poils cendrés. Abdomen testacé, garni de reflets cendrés peu prononcés, avec une ligne dorsale de points allongés et noirs. Balanciers et Cuillerons jaunes; Ailes jaunes à la base, avec le disque blanchâtre.

Nous ne possédons qu'une Femelle de cette espèce trouvée en Eté. M. Bigot possède également une Femelle qui lui a été envoyée de PIÉMONT.

1388. — N° 3. ELOMYA FLAVIVENTRIS, Macq.

Elomya flaviventris : Macq.-*Dipt. du Nord de la France*, p. 68, n° 6.
Ananta flaviventris : Meig.-T. VII, n° 9.

« Abdomen jaune, à base dorsale noire. »

« Face d'un blanc-argenté ; Front d'un blanc-jaunâtre, à « lignes noirâtres longitudinales ; Antennes noires. Thorax « noir, à bandes de reflets blanchâtres ; une bande dorsale « noire assez étendue sur l'Abdomen ; quatrième segment « obscur. Pieds noirs. Cuillerons d'un jaune-pâle ; Ailes « hyalines ; base jaune ; un peu de gris peu distinct au « milieu.

« Long. 3 lignes 1/2.

« Des environs de Paris. »

N'ayant jamais rencontré cette espèce, nous avons transcrit le texte de Macquart.

1389. — N° 4. ELOMYA PUNCTATA, Meig.

Phasia punctata : Meig. T. IV, n° 28.
Elomya punctata : Macq.-*Buff.* II, n° 6.
Ananta punctata : Meig.-T. VII, n° 2.

♀. Frons lateribus aureis ; Facies Barbaque argenteæ ; Antennæ et Pedes nigri ; Palpi flavi. Thorax ater, nitens, dorso Scutelloque nonnullis tessellis cinereis ; lateribus albo dense pilosis. Abdomen primis duobus segmentis angulisque antero-exterioribus secundi flavo testaceis ; reliquis fuscis ; linea dorsali punctorum nigrorum trigonarum ; tria posteriora segmenta tessellis dorsalibus argenteo micantibus. Halteres Calyptaque flava ; Alæ basi flava, disco hyalino.

Long. 4 lignes.

Femelle : Côtés du Front dorés ; Face et Barbe argentées ; Palpes jaunes ; Antennes et Pattes noires. Corselet noir, luisant, avec quelques reflets cendrés sur le dos et sur l'Ecusson ; les côtés sont garnis de poils épais et blancs. Les deux premiers segments de l'Abdomen, les angles antéro-externes du troisième jaune-testacé ; les autres segments bruns ; des reflets cendré-argenté garnissent le dos des trois derniers segments ; une ligne dorsale de taches ou points trigones et noirs. Balanciers et Cuillerons jaunes ; Ailes à disque clair, avec la base jaune.

Nous ne possédons que la Femelle de cette rare espèce.

1390. — N° 5. Elomya lateralis, Meig.

Phasia lateralis : Meig.-T. iv, n° 29.
Elomya lateralis : Macq.-*Buff.* ii, n° 3.
Ananta lateralis : Meig.-T. vii, n° 2.

♀. Frons aurea ; Facies argentea. Thorax ater, pilis lateralibus cinereis. Abdomen nigrum, lateribus griseo-tessellatis lineaque dorsali nigra, plus minusve conspicua. Calypta Alæque flavescentia.

Long. 3-3 lignes 1/4.

Femelle : Front doré ; Face argentée. Corselet noir, avec des poils cendrés sur les côtés. Abdomen noir, mais garni sur les côtés de duvet grisâtre, avec une ligne dorsale noire ou une ligne de taches noires plus ou moins distinctes. Cuillerons et Ailes flavescentes.

Si nous ne donnons pas une description plus complète de cette espèce, c'est que nous nous servons d'une ancienne diagnose faite le jour même de sa prise ; nous avons perdu l'individu qui en était l'objet.

Nous avons pris cette espèce au mois de Juin sur les fleurs de l'Œnanthe phellandrium, Lam.

1391. — N° 6. ELOMYA NEBULOSA, Panz.

Musca nebulosa : Panz.-*Faun. Germ.*, LIX, n° 20.
Phasia nebulosa : Latr.-*Gen. Ins. et Crust.*, IV, p. 345.
Elomya nebulosa : Rob. Desv.-*Myod.*, p. 296, n° 1.
— — Macq.-*Buff.* II, p. 200, n° 1.
Ananta nebulosa : Meig.-T. VII, n° 6.

La perte des rares individus de notre collection nous oblige à copier la description primitive de cette espèce.

« Nigro-æneа; Facie argentea; Fronte argenteo-aurulente. Thorax « dorso pilis aurulantibus, pleurisque cinereo-villosis. Calyptis fus- « canis; Alæ fuscæ, apice clariore. »

« Long. 4 lignes 1/2.

« Antennes et Pattes noires; Face argentée; Front argenté- « doré. Corselet noir, rayé de doré sur le dos et garni de « poils blanchâtres sur les côtés. Abdomen d'un noir-luisant « un peu bronzé. Cuillerons ferrugineux; Ailes jaunes, avec « des reflets argentés; leur tiers basilaire noirâtre; leur tiers « moyen plus noir et leur tiers apical plus clair. »

J'ai trouvé cette espèce à Paris sur le DAUCUS CAROTTA, L..

1392. — N° 7. ELOMYA CLARIPENNIS, R.-D.

Elomya claripennis : Rob. Desv.-*Myod.*, n° 12.

« Statura ELOM. NEBULOSÆ; nigra, minus nitens, tomento magis « bruneo; Alis limpidis, sine maculis, neque fuligine. »

« Taille de l'*Elom. nebulosa*; Corps d'un noir moins bril- « lant, plus mat, avec un duvet plus brun; Ailes claires, « sans taches ni nébulosité. »

Cette espèce faisait partie de la collection Dejean; nous avons sujet de lui attribuer une origine parisienne.

1393. — N° 8. ELOMYA AURULANS, R.-D.

Elomya aurulans : Rob. Desv.-*Myod.*, p. 297, n° 3.
Ananta aurulans : Meig.-T. VII, n° 7.

Comme nous avons perdu l'insecte qui servit à notre description primitive, nous sommes contraint de copier l'ancien texte :

« Affinis ELOM. CLARIPENNI. Abdomen tomento aurulente. Alæ costa « exteriore, fasciaque transversa fuscis. «

« Long. 4 lignes.

« Face argentée. Corselet noir et rayé de cendré-doré. « Abdomen garni sur le dos d'un duvet doré. Cuillerons « blanchâtres ; Ailes à côte extérieure et à ligne transversale « noirâtres.

« J'ai trouvé cette espèce à Paris sur le DAUCUS CAROTTA, « L.. »

1394. — N° 9. ELOMYA NIGRA, R.-D.

Elomya nigra : Rob. Desv.-*Myod.*, p. 297, n° 4.
— — Macq.-*Buff.* II, n° 2.
Ananta nigra : Meig.-T. VII, n° 8.

♂. Nigra, gagatea, nitens. Frons lateribus albis ; Facies argentea ; Antennæ, Pedes nigra. Palpi et Halteres flavi ; Calypta flavescentia ; Alæ basi flava. Thorax dorso cinerascente lineato, lateribusque canopilosis. Abdomen ultimis segmentis cinerascente vix tessellantibus.

♀, Similis ; Abdomen tessellis paulo magis cinereis. Calypta absolute flava ; Alæ basi flava, disco flavescente.

Long. 3 lignes.

MALE : Tout le Corps noir-jais assez luisant ; côtés du Front cendré-argenté; Face argentée; Antennes noires; Palpes jaunes; Barbe argentée. Ligne d'un cendré plus ou moins prononcé sur le dos du Corselet dont les côtés sont garnis de poils blancs. Quelques reflets cendrés sur les derniers segments de l'Abdomen. Pattes noires. Balanciers jaunes : Cuillerons jaunâtres; Ailes jaunes à la base.

FEMELLE : Tout-à-fait semblable au Mâle; reflets de l'Abdomen d'un cendré un peu plus prononcé. Cuillerons fortement jaunes; Ailes à disque flavescent, avec la base jaune.

Cette espèce parait être très-rare.

1395. — N° 10. ELOMYA COLLINARIS, R.-D. *Sp. ined.*

♀. Tota atra, nitida; Facies argentea; Palpi flavi; Antennæ Pedesque atra. Abdomen postice vix tessellatum, Thoracis pilis lateralibus cinereo-subgriseis. Halteres et Calypta flava; Alæ flavescentes, apice limpido.

Long. 2 lignes 1/2.

FEMELLE : Tout le Corps d'un beau noir-jais luisant; on distingue à peine quelques reflets obscurs vers l'Anus. Face argentée; Palpes jaunes; Antennes et Pattes noirs. Côtés du Corselet garnis de poils cendré-gris. Balanciers et Cuillerons jaunes; Ailes flavescentes, avec le sommet plus clair.

Nous ne possédons qu'une Femelle de cette espèce prise en Eté sur les fleurs du DAUCUS CAROTTA, L..

1396. — N° 11. ELOMYA ABDOMINALIS,

Elomya abdominalis : Rob. Desv.-*Myod.*, p. 297; n° 5.
— — Macq.-*Buff.* II, p. 200, n° 5.
Ananta abdominalis : Meig.-T. VII, n° 4.

Comme nous avons perdu l'individu qui servit à la description primitive, nous sommes forcé de copier cette même description :

« Similior ELOM. NIGRÆ. Abdomen primis segmentis lateribus fulvis.

« Semblable à l'*Elom. nigra* pour le port et pour la teinte ; « mais l'Abdomen offre un duvet gris-cendré et ses premiers « segments sont fauves sur les côtés.

« J'ai trouvé cette espèce à Paris sur le DAUCUS CAROTTA, « L.. »

1397. — N° 12. ELOMYA ALBISETA, Macq.

Elomya albiseta : Macq.-*Dipt. Nord de la Fr.*, p, 68, n° 4.
— *albivillosa* : Macq.-*Buff.* II, p. 201, n° 7.
Ananta albovillosa : Meig.-T. VII, n° 5.

« Noire ; style des Antennes blanc. Thorax à poils blancs. « Ailes à base jaune et tache brunâtre.

« Long. 3 lignes 1/2.

« Noire ; Palpes jaunes ; Face et Front blancs ; style des « Antennes noir et épaissi dans le tiers de sa longueur, « blanchâtre dans le reste. Thorax à poils blancs et bandes « de duvet grisâtres. Abdomen d'un noir-brunâtre. Cuillerons « blancs ; Ailes à base jaunâtre et tache brunâtre au bord « extérieur.

« Assez rare. » (Macquart).

280. — IV. Genre ERATIE.
IV. *Genus ERATIA*, R.-D.

Tous les caractères du genre PHASIE ; la CELLULE γ C de l'Aile fermée sur la côte extérieure.

Omnes G. PHASIÆ characteres; CELLULA γ C Alarum occlusa in costa exteriori.

Ce petit genre fait manifestement le passage des véritables PHASIES aux genres qui ont la Cellule γ C pétiolée.

Les espèces comme les individus paraissent être très-rares ; nous n'avons encore pu signaler qu'un Mâle.

1398. — No 1. ERATIA OCCLUSA, R.-D. *Sp. ined.*

♂. Frontalia nigra : Frontis latera, Faciesque albida ; Antennæ, Palpi et Pedes atra. Thorax ater, cinereo vix irroratus. Abdomen atrum, tribus postremis segmentis tomentoso cinereis, maculisque trigonis nigris. Halteres flavi : Calypta subalba ; Alæ limpidæ ; Cellula γ C in costa exteriori occlusa.

Long. 2 lignes.

MALE : Frontaux noirs : côtés du Front et Face albides ; Antennes, Palpes et Pattes noirs. Corselet noir, à peine saupoudré d'un peu de cendré. Abdomen noir, avec un duvet cendré sur le dos des trois derniers segments : ce duvet est coupé par plusieurs taches trigones noires. Balanciers jaunes ; Cuillerons blanc-jaunâtre ; Ailes très-claires, avec la Cellule γ C fermée sur la côte extérieure.

Nous ne connaissons qu'un membre de cette rare et intéressante espèce.

281. — V. Genre HYALOMYE.
V. *Genus HYALOMYA*, R.-D.

Thereva : Panz.-Fabr.-Fall.
Phasia : Meig., t. IV.-Latr.-Zetterst., *Ins. Skand.*
Hyalomya : Rob. Desv., *Myod.*, p. 298.-Macq., *Buff.* II, p. 202.
Alophora : Meig., t. VII.

ANTENNES courtes, ne descendant qu'au milieu de la Face; le premier article très-court; les deux autres à peu près d'égale longueur; le troisième un peu arrondi en devant; les deux premiers articles du CHÈTE très-courts; le dernier nu; TÊTE grosse, hémisphérique, de la largeur du Corselet; YEUX grands, nus, contigus ou presque contigus sur le Mâle, à peine séparés sur la Femelle; FRONT nul ou très-étroit; FACE presque verticale, un peu bombée en devant; CILS FACIAUX plus ou moins nombreux; PÉRISTOME plus long que large; seconde division de la TROMPE plus ou moins solide en partie.

ABDOMEN formé de cinq segments qui n'offrent de Cils raides et allongés ni sur le dos, ni à leur bord postérieur; il est cylindrico-conique sur le Mâle et déprimé sur la Femelle; deux petits crochets recourbés en arrière après le cinquième segment sur le Mâle; l'organe copulateur sur la Femelle replié jusque sous le quatrième segment du Ventre.

CUILLERONS grands; AILES plus ou moins tachetées et nuancées de fuligineux ou fuligineuses, flavescentes et même claires; CELLULE γ C longuement pétiolée, et sa nervure transverse fortement arquée ou convexe en dehors.

Forme du CORPS arrondie, avec l'Abdomen déprimé sur les Femelles; TEINTES noir-brillant, noir-jais, noir-pourpré.

La LARVE d'une espèce a vécu dans le corps d'un CURCULIONITE.

ANTENNÆ breves, Facici mediam partem vix attingentes; primus articulus brevissimus; secundus longitudine æquus tertio antice subrotundato; CHETUM primis articulis brevissimis, ultimo nudo; CAPUT grossum, hemisphericum; OCULI nudi et ampli, in ♂ contigui vel vix contigui, in ♀ vix separati; FRONS nulla vel maxime angustata; FACIES paulo verticalis, antice paulo rotundata; CILIIS FACIALIBUS plus minusve numerosis; PERISTOMA longius quam latius; HAUSTELLI secunda divisione plus minusve partim solida.

ABDOMEN quinque segmentatum, in ♂ cylindrico-conicum, in ♀ depressum; Ciliisque rigidis nullis, ultimo segmento forcipe in ♂ subtus recurva ornato; Organa copulativa in ♀ usque ad quartum segmentum subtus recurva.

CALYPTA ampla; ALÆ plus minusve fuligine ornatæ vel toto fuliginosæ, vel flavescentes, etiam limpidæ; CELLULA γ C longe petiolata nervoque transverso valide arcuato vel convexo.

CORPUS rotundatum, Abdomine in ♀ depresso; COLORE nigro, nigro-gagateo, nigro-purpureo.

LARVA speciei in cujusdam CURCULIONITIS corpore vixit.

L'absence complète de Cils sur le dos des segments de l'Abdomen et la Cellule γ C des Ailes toujours pétiolée, avec sa nervure transversale arquée ou convexe en dehors constituent pour ce genre deux caractères d'une haute importance et qui plus tard nécessiteront peut-être l'établissement d'une nouvelle tribu.

Les HYALOMYES sont nombreuses sous le rapport des espèces et parfois sous celui des individus ; quoique nous en connaissions déjà plus de 30 espèces sous le seul climat de Paris, il est à présumer que nous sommes loin de les connaître toutes. Nous appelons donc l'attention des entomologistes sur ces races auxquelles M. Léon Dufour vient d'ajouter un si grand intérêt en annonçant qu'une d'entre elles est sortie chez lui du corps d'un Curculionite. Comme cette observation n'est que signalée et comme notre infatigable collègue ne l'a pas encore publiée, il ne nous est pas possible de donner le moindre renseignement sur ce sujet. Mais, est-ce bien une Hyalomye que M. Léon Dufour a eu occasion de voir éclore? Nous serions presque tenté d'en douter, et nous attendrons pour nous prononcer.

Les petites espèces d'Hyalomyes aiment à former des chœurs de danses; on rencontre souvent leurs essaims au coucher du soleil et sous l'ombrage des bois.

TYPUS : *Hyalomya atro-purpurea*, Meig.

1399. — N° 1. HYALOMYA VIOLACEA, Meig.

Hyalomya violacea : Meig.-T. IV, p. 193, n° 10.
— — Macq.-*Buff.* II, p. 203, n° 2.
Alophora violacea : Meig.-T. VII, n° 5.

♀. Frontis lateribus fuscis, obscure subaureis; Facie argentea; Antennæ, Pedesque nigra; Palpi obscuri. Thorax niger, nitens, cinereo lineatus. Abdomen atro-purpureo-violascens. Halteres flavi : Calypta atra ; Alæ atratæ usque ad partem apicalem limpidam.

Long. 3-3 lignes 1/4.

FEMELLE : Côtés du Front brun-doré-obscur ; Face argentée ; Antennes brunes ; Palpes obscurs. Corselet noir, assez luisant et rayé de cendré. Abdomen noir-pourpre-violet très-luisant. Pattes noires. Balanciers jaunes : Cuillerons noirs ; Ailes noires jusqu'au tiers apical qui est clair.

Nous ne possédons qu'une Femelle de cette espèce prise en Eté; nous ignorons quel peut être son Mâle.

1400. — N° 2. HYALOMYA DIMIDIATA, R.-D. *Sp. ined.*

♀. Simillima HYAL. VIOLACEÆ; at Alæ saltem dimidia parte interiori cum apice limpido, basi, margine costali usque ad vittam transversam, nigris, ceu nigricantibus.

Long. 3 lignes 1/4.

FEMELLE : Tout-à-fait semblable à l'*Hyal. violacea;* mais les Ailes ne sont pas noires sur plus de leur moitié interne;

la base, les deux tiers le long de la côte et une ligne transversale sont seuls noirs ou noirâtres.

Nous ne possédons qu'une Femelle de cette espèce dont nous ignorons le Mâle.

1401. — N° 3. Hyalomya umbripennis, Meig.

Phasia umbripennis : Meig.-T. iv, n° 16.
Alophora umbripennis : Meig.-T. vii, n° 10.

♀. Frons lateribus nigro-cinereis; Facies lateribus argenteis; Antennæ, Palpi, Pedes nigri. Thorax ater, subnitens, dorso subcinereo lineato. Abdomen dorso nigro metallice nitido. Halteres fulvicantes : Calypta fuscana; Alæ nigricantes usque ad partem apicalem solummodo nebulosam.

Long. 2 lignes 1/2.

Femelle : Côtés du Front noir-cendré; Face argentée sur les côtés; Antennes, Palpes et Pattes noirs. Corselet noir, luisant, avec des lignes cendrées peu prononcées sur le dos. Abdomen d'un beau noir-luisant métallique sur le dos. Balanciers jaunâtres : Cuillerons noirâtres; Ailes noires ou noirâtres jusqu'à leur tiers apical qui n'est que nébuleux.

Nous ne possédons qu'une Femelle de cette espèce que nous n'hésitons pas à rapporter au *Phasia umbripennis* de Meigen. Voici la diagnose de cet auteur : « Long. 2-2 lignes 1/2. — Abdomine nigro-æneo; Alis dilatatis, fuscis; squamis fuscanis. »

1402. — N° 4. Hyalomya atro-purpurea, Meig.

♀ *Phasia atropurpurea :* Meig.-T. iv, n° 9.
♀ *Hyalomya atropurpurea :* Rob. Desv.-*Myod.*, n° 1.

♀ *Alophora atropurpurea* :	Macq.-*Buff.* II, n° 1.
— —	Meig.-T. VII, n° 4.
♂ *Phasia albipennis* :	Meig.-T. IV, n° 12.
♂ *Hyalomya albipennis* :	Rob. Desv.-*Myod.*, n° 5.
— —	Macq.-*Buff.* II, n° 5.
♂ *Alophora albipennis* :	Meig.-T. VII, n° 16.

♂. Frontis lateribus fuscis ; Facie albida ; Antennis, Pedibus nigris ; Palpi flavescentes. Thorax niger, cinereo-albicante lineatus. Abdomen nigrum, tribus ultimis segmentis dorso cinerascente-obscuro vix tessellato. Halteres subflavi : Calypta albida ; Alæ limpidæ, basi flavescente.

♀. Frontis lateribus fusco-subaureis ; Facie albida ; Antennis , Pedibus nigris ; Palpi flavescentes, interdum apice fusco. Thorax niger, nitens, albicante lineatus. Abdomen dorso nigro atro-purpureo nitido ; Ventris majori parte testaceo-pallescente. Halteres flavescentes : Calypta subalbida ; Alæ margine costali vittaque transversa fuscanis aut fusco-nebulosis.

Long. ♂ 2 lignes 1/2 ; ♀ 3-3 lignes 1/2.

Male : Côtés du Front bruns ; Face albide ; Antennes et Pattes noires ; Palpes flavescents, quelquefois avec le sommet brun. Corselet noir, avec des lignes cendrées. Abdomen noir, avec des reflets cendré-brun peu prononcés sur le dos des trois derniers segments. Balanciers jaunes : Cuillerons blanchâtres ; Ailes claires, avec la base lavée de flavescent.

Femelle : Côtés du Front bruns, avec quelques reflets dorés ; Face albide ; Antennes et Pattes noires ; Palpes flavescents et parfois bruns au sommet. Corselet noir, luisant, rayé de blanc-cendré. Abdomen d'un beau noir-violet luisant sur le dos ; ses côtés sont à peine glacés de quelques légers reflets cendrés. Balanciers blanc-jaunâtre : Cuillerons blanchâtres, rarement un peu nébuleux ; Ailes d'un noirâtre enfumé sur leur bord externe et vers le tiers apical du disque.

Cette espèce est commune sur les OMBELLIFÈRES de l'Eté et de l'Automne.

1403. — N° 5. HYALOMYA PURPUREA, R.-D. *Sp. ined.*

♂ et ♀. Frontis lateribus fuscis; Facies albida lateribus cinereis in ♀; Antennis, Pedibus nigris; Palpis obscuris. Thorax ater, nitidus, albo-cinereo lineatus. Abdomen dorso subpurpureo. Halteres flavi: Calypta alba aut subalba; Alæ disco limpido, vel subalbescente, costa inferiori fuscescente usque ad vittam transversam similiter fuscescentem.

Long. ♂ 2 lignes; ♀ 2 lignes 1/2.

FEMELLE : Côtés du Front bruns; Face cendrée sur les côtés; Antennes et Pattes noires; Palpes brun-jaune-obscur. Corselet noir-jais luisant, avec des lignes cendrées. Abdomen noir-pourpré sur le dos. Balanciers jaunes : Cuillerons blancs ou blanchâtres; Ailes à disque assez clair et même albescent, avec la côte extérieure noirâtre ou brune jusqu'à la bande transverse également brune.

MALE : Face albide; Antennes et Pattes noires. Corselet noir-luisant et rayé de blanc-cendré. Abdomen noir moins luisant, avec des reflets brun-cendré peu prononcés sur le dos des trois derniers segments. Balanciers jaunes : Cuillerons blancs; Ailes claires, à peine un peu flavescentes à la base.

Cette espèce, assez voisine de l'*Hyalom. atropurpurea*, est toujours plus petite; les nébulosités des Ailes sont moins prononcées sur la Femelle, et la base de ces mêmes Ailes est à peine flavescente sur le Mâle.

1404. — N° 6. HYALOMYA GRATELLA, R.-D. *Sp. ined.*

♂. Facies lateribus argenteis; Antennæ et Pedes nigra; Palpi, Halteresque flavi. Thorax nigro-cæsius, cinereo lineatus. Abdomen atrum, tribus posterioribus segmentis dorso cinereo tessellantibus. Alæ hyalinæ, basi flava.

♀. Frons lateribus fusco-flavescentibus; Facies argentea; Antennæ et Pedes nigra; Palpi pallide flavi. Thorax nigro-cæsius, lineis dorsalibus lateribusque cinereis. Abdomen nigrum dorso atro ænescente nitido. Halteres flavi: Calypta albo-flavescentia; Alæ basi flava, macula ceu vitta transversa obscure nebulosa, apice limpido.

Long. ♂ 2 lignes; ♀ 2 lignes 1/2.

Male : Côtés de la Face argentés; Antennes et Pattes noires; Palpes et Balanciers jaunes. Corselet noir de pruneau rayé de cendré. Abdomen noir, avec des reflets cendrés sur le dos des trois derniers segments. Cuillerons assez clairs; Ailes à disque clair, avec la base jaune.

Femelle : Frontaux noirs : côtés du Front brun-flavescent; Face argentée; Antennes et Pattes noires; Palpes jaune-pâle. Corselet noir de pruneau, avec des lignes cendrées sur le dos et un duvet cendré sur les côtés. Abdomen noir, avec le dos noir-bronzé-brillant. Balanciers jaunes : Cuillerons blanc un peu jaunâtre; Ailes claires, avec la base jaune et l'ombre d'une tache ou bande noirâtre sur le milieu.

Nous avons pris cette espèce sur les Ombellifères d'un champ.

1405. — N° 7. Hyalomya cærulescens, R.-D. *Sp. ined.*

♂. Frons lateribus fusco-cinereis; Facies argentea; Antennæ, Pedes nigra; Palpi fusci, apice fulvescente. Thorax niger, nitens, lineis cinereis. Abdomen atrum, subpurpurescens, ultimis tribus segmentis dorso tomentose cærulescente tesssellato, lineaque media nigra. Halteres flavescentes: Calypta alba; Alæ subhyalinæ, basi vix flavescente.

♀. Frons lateribus fusco-aureis, aut fusco-cinereis; Antennæ, Pedesque nigra; Palpi et Halteres flavescentes. Thorax ater, dorso cinereo-cærulescente lineato et tessellato. Abdomen atrum, dorso segmentorum cærulescente-cinereis tessellis. Calypta subobscura; Alæ margine exteriori usque ad vittam transversam nigricante, apice sublimpido.

Long. 2 lignes 2/3.

Male : Côtés du Front brun-cendré; Face argentée; Antennes et Pattes noires; Palpes noirs, avec le sommet fauve. Corselet noir-luisant, rayé de cendré. Abdomen noir-luisant et légèrement pourpré, avec des reflets légers et cendré-bleuâtre sur le dos des trois derniers segments et avec une ligne dorsale noire. Balanciers jaunâtres : Cuillerons blancs; Ailes claires, à peine flavescentes à la base.

Femelle : Côtés du Front brun-doré ou brun-flavescent; Face argentée sur les côtés; Antennes et Pattes noires; Palpes jaunâtres. Corselet noir-luisant, avec les lignes et les reflets cendré-bleuâtre. Abdomen noir-luisant et un peu pourpré sur le dos, avec des reflets bleuâtre-cendré assez prononcés. Balanciers jaunâtres : Cuillerons un peu obscurs; Ailes noires au bord externe jusqu'à la bande transversale également noire ou noirâtre; le sommet assez clair.

Cette espèce, assez semblable à l'*Hyal. atropurpurea*, s'en distingue aisément par sa petitesse et par les reflets tomenteux du dos de son Abdomen. Il n'est pas bien certain que le Mâle décrit soit celui de cette espèce.

1406. — N° 8. Hyalomya apicalis, R.-D. *Sp. ined.*

♀. Frons lateribus fusco-cinereis; Facies cinereo-cærulescens; Antennæ et Pedes nigra; Palpi palliduli. Thorax ater, nitens, dorso cinereo-cærulescente lineato. Abdomen dorso nigro, tomento brevissimo cinereo-fuscescente et cærulescente, opaco, lineaque media nigricante. Halteres flavi : Calypta nigricantia; Alæ nigræ aut nigricantes, apice limpido.

Long. 2 lignes.

FEMELLE : Côtés du Front brun-cendré; Face cendré-bleuâtre; Antennes et Pattes noires; Palpes pâles. Corselet noir, luisant, avec des lignes cendré-bleuâtre. Dos de l'Abdomen noir et garni d'un très-court duvet cendré-brun-bleuâtre et mat, avec une ligne médiane noire assez obscure. Balanciers jaunes; Cuillerons noirâtres; Ailes noirâtres ou noires jusqu'à leur tiers apical qui est clair.

Nous ne connaissons que la Femelle de cette espèce.

1407. — N° 9. HYALOMYA HAMATA, Meig.

Phasia hamata : Meig.-T. IV, n° 11.
Hyalomya hamata : Rob. Desv.-*Myod.*, p. 298, n° 2.
— — Macq.-*Buff.* II, p. 203, n° 3.
Alophora hamata : Meig.-T. VII, n° 6.

♂. Frons fusco-cinerea; Facies lateribus albis; Antennæ, Pedes nigra; Palpi flavescentes; Barba cana. Thorax niger, nitens, cinereo-fuscescente lineatus; pleuris cinereo-subfuscis. Abdomen atrum, primo segmento levi, reliquis dorso cinereo-cærulescente tessellatis. Halteres subferruginei : Calypta alba; Alæ hyalinæ, basi flavescente.

♀. Frons lateribus fusco-albidis; Facies lateribus albidis; Barba nivea; Antennæ et Pedes nigra; Palpi flavescentes. Thorax niger, dorso cinereo lineato. Abdomen dorso fusco-purpurescente, tessellis subopacis cinereo-cærulescentibus. Halteres subflavi : Calypta alba, aut albida; Alæ basi flava, margine costali fusco nebuloso usque ad fasciam transversam pariter fusco-nebulosam, apice limpido.

Long. ♂ 2 1/2.-3 lignes; ♀ 3-3 lignes 1/4.

MALE : Côtés du Front brun-cendré; Face albide sur les côtés; Antennes et Pattes noires; Palpes flavescents; Barbe blanche. Corselet d'un beau noir luisant et rayé de cendré un peu brun; ses côtés sont cendré-brun. Abdomen noir; les trois derniers segments garnis d'un court duvet à reflets cendré-bleuâtre, avec une ligne dorsale noire plus ou moins prononcée. Balanciers un peu ferrugineux : Cuillerons blancs ou blanchâtres; Ailes claires, avec la base flavescente.

FEMELLE : Plus forte ; côtés du Front brun-cendré ; Face albide sur les côtés ; Antennes et Pattes noires ; Palpes flavescents ; Barbe blanche. Corselet noir-luisant et rayé de cendré. Dos de l'Abdomen à fond noir-pourpré et garni d'un duvet court et cendré-bleuâtre ; Ventre noir, avec du testacé aux premiers segments. Balanciers jaunâtres : Cuillerons blancs ou blanchâtres ; Ailes jaunes à la base, avec le bord costal noirâtre jusqu'à la ligne transversale également noirâtre et irrégulière qui coupe l'Aile vers son quart apical, lequel est clair.

Cette espèce est assez commune sur les fleurs des OMBELLIFÈRES en Eté et en Automne. Les auteurs n'ont pas du connaître le Mâle.

On distingue facilement les Femelles aux reflets opaques d'un cendré-bleuissant qui occupent tout le dos de l'Abdomen; chez ces mêmes Femelles le sommet de l'Aile est clair; il commence néanmoins à offrir quelques nébulosités sur certains individus.

1408. — N° 10. HYALOMYA INTERSECTA, R.-D. *Sp. ined.*

♀. Frons lateribus fusco-argenteis; Facies argentea; Antennæ, Pedesque nigra; Palpi fusco-pallidi. Thorax ater, nitens, cinereo-cærulescente lineatus et irroratus. Abdomen atrum, nitens tessellis brevioribus cærulescentibus, incisuris segmentorum nigris. Halteres subflavi : Calypta subalba; Alæ flavescentes, margine costali vittaque transversa nebulosis, parum conspicuis.

Long. 3 lignes.

FEMELLE : Côtés du Front brun-argenté; Face argentée;

Antennes et Pattes noires ; Palpes brun-pâle. Corselet noir, rayé et saupoudré de cendré-bleuissant. Abdomen cylindriforme, noir assez luisant, avec un léger duvet bleuâtre ; le bord supérieur et le bord inférieur de chaque segment noirs au lieu de leur insertion. Balanciers jaunes : Cuillerons blanchâtres; Ailes flavescentes, avec la majeure partie du bord costal et la tache transversale d'un noirâtre nébuleux à peine manifeste.

Nous ne connaissons qu'une Femelle de cette rare espèce.

1409. — N° 11. Hyalomya vestita, R.-D. *Sp. ined.*

♂. Frons lateribus fusco-argenteis ; Facie argentea ; Antennæ, Pedesque nigra ; Palpi fusco-flavescentes. Thorax ater, nitens, lineis tessellisque cinereis. Abdomen atrum, tomento grisescente, lineaque dorsali subnigra, parum distincta. Halteres subferruginei : Calypta alba ; Alæ disco limpido, basi flavescente.

♀. Frons fusco-argentea ; Facie argentea ; Antennæ et Pedes nigra ; Palpi pallide-flavi ; Barba nivea. Thorax nigro-velutinus, lineis dorsalibus cinereis. Abdomen dorso toto griseo aut grisescente tomentoso, opaco, macula punctiformi nigra in medio marginis antici singuli segmenti. Halteres flavo-ferruginei : Calypta subalba ; Alæ basi flava aut flavescente, margine costali nebuloso-nigricante usque ad vittam transversam pariter nebuloso-nigricantem, apice subnebuloso.

Long. 2-3-3 lignes 1/4.

Male : Côtés du Front brun-argenté ; Face argentée ; Antennes et Pattes noires; Palpes brun-jaunâtre. Corselet d'un beau noir, avec le dos rayé de cendré. Abdomen noir, garni en dessus d'un duvet brun-grisâtre, avec une ligne médiane dorsale noirâtre plus ou moins marquée. Balanciers jaune-fauve : Cuillerons blancs ; Ailes assez claires, avec la base flavescente.

Femelle : Côtés du Front brun-argenté ; Face argentée ;

Antennes et Pattes noires; Palpes jaune-pâle; Barbe blanche. Corselet noir de velours, avec les lignes dorsales cendrées. Abdomen noir, entièrement garni sur le dos d'un duvet opaque gris ou grisâtre, avec une petite tache punctiforme, noire, plus ou moins apparente sur le milieu du bord apical de chaque segment. Balanciers jaunâtres : Cuillerons blancs; Ailes jaunâtres à la base, avec le bord costal qui est noirâtre jusqu'à la ligne transversale également noirâtre; une légère nébulosité plus ou moins marquée au sommet.

Cette espèce est rare; on la prend sur les fleurs des Ombellifères; elle affecte de grandes variations sous le rapport de la taille. Les *Phasia umbrata* et *grisea* de Zetterstedt doivent être voisins de cette espèce.

1410. — N° 12. Hyalomya nitida, R.-D. *Sp. ined.*

♂. Nigra, nitens; Frontis lateribus fusco-cinereis; Facies lateribus argenteis; Antennæ et Pedes nigra; Palpi obscuri. Thorax dorso cinereo-lineato. Abdomen postremis tribus segmentis tessellis tenuibus cinereo-subcœrulescentibus. Halteres flavi : Calypta subalbida; Alæ disco limpido, basi et costa exteriori flavescentibus.

♀. Frontis lateribus fusco-albidis; Facies lateribus argenteis; Antennæ Pedesque nigra; Palpi obscuri. Thorax ater, nitens, albo-cinereo lineatus. Abdomen dorso atro-micante, interdum vix purpurescente. Halteres subflavi : Calypta subalbida : Alæ disco limpido, basi flavescente, margine costali fusco-nebuloso usque ad vittam transversam pariter fusco-nebulosam, apice pariter fusco-nebuloso.

Long. ♂ 3 lignes; ♀ 3-4 lignes.

Male : Corps noir assez luisant; Frontaux brun-cendré; Face argentée; Antennes et Pattes noires; Palpes obscurs. Dos du Corselet rayé de cendré. Des reflets légers et d'un cendré déjà bleuissant sur le dos des trois derniers segments de l'Abdomen. Balanciers jaunes : Cuillerons blanc-jaunâtre;

Ailes à disque clair, mais flavescentes à la base et le long de la côte.

Femelle : Côtés du Front brun-argenté ; côtés de la Face argentés ; Antennes et Pattes noires ; Palpes obscurs. Corselet noir-luisant, rayé de blanc-cendré. Abdomen noir-jais luisant et parfois obscurément pourpré ; à peine quelques reflets cendrés très-obscurs sur les côtés des segments. Balanciers jaunâtres : Cuillerons blanchâtres ; Ailes à disque clair, mais à base jaune, avec le bord costal brun-nébuleux jusqu'à la bande transversale pareillement brun-nébuleux.

Cette espèce n'est pas très-rare sur les fleurs des Ombellifères ; la Femelle a le port et la taille de l'*Hyal. atropurpurea*, mais le dos de son Abdomen, quoique noir très-luisant, n'est pas aussi pourpré et le sommet de l'Aile offre une tache nébuleuse : il en résulte que le disque présente plusieurs intervalles ou espaces clairs sur un fond brun-nébuleux. Le Mâle a les reflets abdominaux cendrés un peu plus prononcés.

1411. — N° 13. Hyalomya opacina, R.-D. *Sp. ined.*

♀. Atra, nitens ; Thorax cinereo lineatus. Abdomen dorso nigro ; opaco, tomentulo breviori, cinereo-fusco-subcærulescente vix distincto ; Alæ fuliginoso-atratæ, nonnullis intervallis clarioribus.

Long. 4 lignes.

Femelle : Tout-à-fait semblable à l'*Hyal. nitida* Femelle ; dos de l'Abdomen noir, mat, avec un duvet très-court cendré-brun-bleuâtre et peu marqué. La totalité des Ailes est noirâtre ; on ne distingue que quelques espaces plus clairs sur le disque.

Nous ne possédons qu'une Femelle de cette espèce bien distincte et prise en Eté sur une Ombellifère.

1412. — N° 14. Hyalomya rustica, R.-D. *Sp. ined.*

♀. Frons lateribus fusco-cinereis; Facie cinereo-cœrulescente; Antennæ, Pedes nigra; Palpi flavescentes. Thorax ater, cinereo lineatus. Abdomen dorso nigro-purpurescente, tomento brevi, cinereo-cœrulescente. Halteres flavi : Calypta albo-sordida aut albo-fuscescentia; Alæ basi flava, margine costali nigricante usque ad vittam transversam subnigricantem, apicalique macula obscure nebulosa.

Long. 4 lignes.

Femelle : Côtés du Front brun-cendré; Face cendré-bleuâtre; Antennes et Pattes noires; Palpes jaunâtres. Corselet noir-luisant et rayé de cendré sur le dos. Le dos de l'Abdomen noir-pourpré et tout garni d'un léger duvet cendré-bleuâtre. Balanciers jaunes : Cuillerons d'un jaune sale ou brunâtre; Ailes jaunes à la base, avec le bord costal noirâtre jusqu'à la bande transverse qui est d'un nébuleux-obscur; une tache nébuleuse encore plus obscure au sommet de l'Aile.

Nous ne possédons qu'une Femelle de cette espèce bien distincte quoique voisine de l'*Hyal. nitida;* le dos de l'Abdomen est un peu plus pourpré et garni d'un léger duvet cendré-bleuâtre. Les Cuillerons sont plus bruns et le sommet de l'Aile est obscurément nébuleux.

1413. — N° 15. Hyalomya basalis, R.-D.

Hyalomya basalis : Rob. Desv.-*Myod.*, p. 299, n° 4.

Comme nous n'avons plus à notre disposition que d'informes débris de cette espèce, nous sommes obligé de recourir à notre description primitive :

« Thorax albo-vittatus. Abdomen nigro-subcinerascens, basi rubes-
« cente. Alis ♂ subatratis, ♀ obscuris. «

« Long. 3 lignes.

« MALE et FEMELLE : Port et taille du *Musca domestica ;*
« Antennes noires ; Face d'un noir-blanchâtre. Corselet noir
« de velours et rayé de blanc. Abdomen noirâtre, avec un
« léger duvet cendré ; les segments de la base sont rou-
« geâtres. Cuillerons assez clairs ; Ailes assez enfumées sur
« le Mâle et plus claires sur la Femelle.

« J'ai trouvé cette espèce à Paris et à Saint-Sauveur. »

Dans la description ci-dessus, le Mâle avait été pris pour la Femelle et réciproquement.

1414. — N° 16. HYALOMYA NEBULOSA, Panz.

Musca nebulosa : Panz.-*Faun. Germ.*, LIX, n° 20.
Phasia nubeculosa : Meig.-T. IV, n° 15.
Hyalomya nebulosa : Rob. Desv.-*Myod.*, p. 300, n° 6.
Alophora nubeculosa : Meig.-T. VII, n° 9.
Hyalomya fuscipennis : Macq.-*Buff.* II, p. 203, n° 6.

♂. Frons lateribus fusco-cinereis ; Facies lateribus argenteis ; Antennæ, Pedesque nigra. Thorax ater, dorso cinereo lineatus. Abdomen atrum, nonnullis tessellis cinereo-grisescentibus in dorso postremorum segmentorum. Halteres subalbidi : Calypta alba ; Alæ limpidæ, basi vix flavescente.

♀. Frons lateribus fusco-aureis vel fusco-cinereis ; Facies cinereo-subcærulescens ; Palpi obscuri ; Antennæ et Pedes nigra. Thorax ater, nitens, dorso cinereo lineato. Abdomen dorso atro-metallico- nitido. Halteres claro-flavescentes : Calypta subclara ; Alæ totæ fusco-nebulosæ.

Long. ♂ 2 lignes 1/4 ; ♀ 2 2/3-2 lignes 3|4.

MALE : Côtés du Front brun-argenté ; Face argentée sur les

côtés ; Antennes et Pattes noires. Corselet noir-luisant et rayé de cendré. Abdomen noir, avec de légers reflets cendré-grisâtre sur le dos des trois derniers segments. Balanciers blanchâtres : Cuillerons blancs; Ailes claires, à peine flavescentes à la base.

FEMELLE : Côtés du Front brun-doré ou brun-argenté ; Face cendré-bleuâtre; Palpes obscurs; Antennes et Pattes noires. Corselet noir-luisant et rayé de cendré. Abdomen noir-métallique luisant sur le dos. Balanciers clair-jaunâtre : Cuillerons assez clairs ; Ailes lavées en totalité de noirâtre-nébuleux.

Cette espèce n'est pas rare sur les fleurs ; c'est bien le *Musca nebulosa* de Panzer : « Atra, nitida, Thorax basi striato, Alis inæqualibus fusco-nebulosis. » Nous pensons que M. Macquart n'a pas eu raison de ne tenir aucun compte de notre observation et de substituer le nom d'*Hyal. fuscipennis* au nom primitif.

Le *Hyal. nebulosa* est bien aussi le *Phasia nubeculosa* de Meigen (n° 15), cet auteur s'étant trompé dans la constatation des espèces.

1415. —N° 17. HYALOMYA FUSCANA, R.-D. *Sp. ined.*

♂. Atra, nitens; Frons lateribus fusco-cinereis; Facies fusco-cinerea; Antennæ et Pedes atra; Palpi fusci. Thorax dorso cinereo lineato. Abdomen tribus ultimis segmentis dorso vix cærulescente obscure tessellato. Halteres flavi : Calypta alba ; Alæ subflavescentes.

♀. Frons lateribus fusco-flavescentibus; Facie fusco-albida; Palpi subfulvi ; Antennæ et Pedes atra. Thorax ater, dorso cinereo lineato et irrorato. Abdomen dorso atro-purpurescente. Halteres flavi : Calypta, Alæque nigricantes.

Long. 3 lignes.

MALE : Tout le Corps noir-luisant ; côtés du Front brun-cendré; Face cendrée; Antennes et Pattes noires; Palpes bruns. Corselet rayé de cendré-bleuâtre. Reflets bleuâtre-obscur sur le dos des trois derniers segments de l'Abdomen. Balanciers jaunes : Cuillerons blancs; Ailes lavées d'une légère teinte flavescente.

FEMELLE : Côtés du Front brun-flavescent; Face brun-cendré; Antennes et Pattes noires; Palpes brun-fauve. Corselet noir-luisant, rayé et glacé de cendré. Abdomen noir-pourpre sur le dos. Balanciers jaunes : Cuillerons noirâtres ; Ailes à disque noirâtre.

Cette jolie espèce aime à se reposer sur les fleurs des OMBELLIFÈRES ; elle avait été jusqu'à ce jour confondue avec l'*Hyal. nebulosa*, mais elle est toujours de taille plus forte, avec l'Abdomen pourpré sur le dos, les Cuillerons et les Ailes noirâtres.

1416. — No 18. HYALOMYA OBESA, Meig.

Phasia obesa : Meig.-T. IV, nº 13.
Hyalomya obesa : Rob. Desv.-*Myod.*, p. 299, nº 3.
— — Macq.-*Buff.* II, p. 203, nº 4.
Alophora obesa : Meig.-T. VII, nº 7.

♂. Atra, nitens; Frons lateribus fusco-argenteis ; Facies cærulescente-cinerea ; Antennæ et Pedes nigra ; Palpi brunei. Thorax cinereo-cærulescente lineatus, Abdominisque tribus postremis segmentis dorso obscure cærulescente tessellatis. Halteres flavo-fulvescentes : Calypta subclara ; Alæ disco hyalino, basi flavescente.

♀. Frons lateribus fusco-cinereis; Facie cærulescente-cinerea ; Antennæ, Pedes nigra ; Palpi fusci aut obscuri. Thorax ater, dorso cinereo aut cinereo-cærulescente lineatus. Abdomen atrum, primi segmenti dorso lævi ; reliquorum dorso tomentoso cærulescente, linea media nigricante obsoleta. Halteres flavo-ferruginei : Calypta clara ; Alæ nebuloso-subflavescentes.

Long. 3 lignes.

Male : Corps noir-luisant, avec des lignes cendré-bleuâtre sur le Corselet et des reflets bleuâtres peu prononcés sur le dos des trois derniers segments de l'Abdomen. Côtés du Front brun-argenté ; Face cendré-bleuâtre ; Antennes et Pattes noires ; Palpes bruns. Balanciers jaune un peu fauve : Cuillerons assez clairs ; Ailes claires, avec la base un peu flavescente.

Femelle : Côtés du Front brun-cendré ; Face bleu-cendré ; Antennes et Pattes noires ; Palpes bruns ou obscurs. Corselet noir-luisant, avec des lignes dorsales cendrées ou cendré-bleuâtre. Abdomen noir un peu pourpré ; le premier segment lisse sur le dos ; les trois suivants garnis d'un léger duvet bleuâtre, avec une ligne médiane noirâtre peu marquée. Balanciers jaune-ferrugineux : Cuillerons clairs ; Ailes flavescentes.

Cette espèce, voisine de l'*Hyal. nebulosa*, en diffère essentiellement par les reflets bleuâtres qui couvrent le dos des trois derniers segments de l'Abdomen.

1417. — N° 19. Hyalomya pratensis, R.-D. *Sp. ined.*

♀. Frons lateribus fuscis ; Facies cærulescens ; Antennæ et Pedes nigra ; Palpi obscuri. Thorax ater, nitens, dorso griseo lineato. Abdomen dorso nigro nitido tessellisque subexiguis cinereo-subcæruleis. Halteres et Calypta flavescentia ; Aæ basi flava, disco toto fusconebuloso.

Long. 3 lignes.

Femelle : Côtés du Front bruns ; Face brun-bleuâtre ;

Antennes et Pattes noirs; Palpes obscurs. Corselet noir-luisant, avec le dos rayé de gris ou de grisâtre. Dos de l'Abdomen noir-luisant et garni de petits reflets noir-bleuissant. Balanciers et Cuillerons jaunâtres ; Ailes à disque brun-nébuleux et à base jaune.

Nous ne possédons qu'une Femelle de cette espèce.

1418. — N° 20. Hyalomya integra, R.-D. *Sp. ined.*

♀. Frons lateribus fusco-argenteis; Facies lateribus argenteis, Antennæ, Pedesque nigra ; Palpi obscure flavi. Thorax ater, nitens; lineis tessellisque cinereis. Abdomen dorso toto cærulescente-cinereo tessellato, lineola media absolute nigricante. Halteres flavi : Calypta clara ; Alæ subflavescentes.

Long. 2 1/2-2 lignes 3/4.

Femelle : Côtés du Front brun-argenté; Face argentée sur les côtés ; Antennes et Pattes noires ; Palpes jaune-obscur. Corselet noir-luisant, avec le dos rayé de cendré; reflets cendrés sur les côtés. Abdomen noir, avec tous les segments garnis d'un léger duvet bleuâtre-cendré sur le dos, avec une ligne médiane noirâtre-obscur. Balanciers jaunes : Cuillerons clairs; Ailes un peu moins flavescentes que sur l'*Hyalomya floralis*.

La Femelle de cette espèce diffère de celle de l'*Hyal. floralis* par le duvet bleuâtre qui couvre le dos de tous les segments de l'Abdomen ; sa taille est aussi un peu moins forte et ses Ailes sont un peu moins nébuleuses ; elle constitue une espèce bien distincte.

1419. — N° 21. Hyalomya ænea, R.-D. *Sp. ined.*

♀. Frons lateribus fusco-aurulantibus ; Facies fusco-cinerea; Antennæ, Pedes nigri. Thorax ater, nitens, lineis tessellisque cinereis.

Abdomen nigrum, dorso æneseente, tessellis cinereo-cærulescentibus levioribus vix conspicuis. Halteres flavi : Calypta alba ; Alæ fuliginosæ.

Long. 3 lignes.

FEMELLE : Frontaux brun-flavescent; Face brun-cendré; Antennes et Pattes noires. Corselet noir-luisant, rayé et saupoudré de cendré qui devient un peu gris sur le dos. Abdomen noir, avec le dos noir-bronzé et à peine glacé d'un très-léger duvet cendré-bleuâtre.

Nous ne possédons qu'une Femelle de cette espèce prise en Eté.

1420. — N° 22. HYALOMYA GLABRATA, R.-D. *Sp. ined.*

♀. Frons lateribus fusco-cinereis micantibus; Facies argentea ; Antennæ et Pedes nigri ; Palpi obscuri. Thorax ater, dorso cinereo lineato. Abdomen atrum, dorso trium ultimorum segmentorum cinereo-cærulescente vel cinereo-subviridescente vix tessellato, vitta dorsali nigricante, parum manifesta. Halteres fulvescentes : Calypta flava ; Alæ flavescentes, basi flava.

Long. 2 lignes 1/4.

FEMELLE : Côtés du Front brun-cendré-brillant ; Face argentée ; Antennes et Pattes noires ; Palpes brun-jaunâtre. Corselet noir et rayé de cendré sur le dos. Abdomen noir, âtre ; le dos des trois derniers segments à peine reflété de cendré-bleuâtre ou verdâtre, avec une ligne dorsale brune peu apparente. Balanciers ferrugineux : Cuillerons jaunes ; Ailes jaunes à la base, avec le disque flavescent.

Nous ne possédons qu'une Femelle de cette espèce bien distincte.

1421. — N° 23. HYALOMYA MINUTA, R.-D. *Sp. ined.*

♀. Frons lateribus, Faciesque argenteæ ; Antennæ, Pedes nigri ;

Palpi fusco-subfulvi. Thorax ater, nitens, lineis tessellisque cinereis. Abdomen nigrum, nitens, tessellis vix perpicuis cærulescentibus. Halteres tigillo flavescentes, capitulo clariore : Calypta clariora ; Alæ subfulvescentes.

Long. 2 lignes.

Femelle : Côtés du Front et Face argentés ; Antennes et Pattes noires ; Palpes brun-fauve. Corselet noir-luisant, avec des lignes et des reflets cendrés. Abdomen noir assez luisant ; la loupe fait à peine distinguer des reflets bleuâtre-obscur sur le dos des derniers segments. Balanciers à tige jaune et à tête clair-albide : Cuillerons clairs ; Ailes légèrement flavescentes.

Nous ne possédons qu'une Femelle de cette petite espèce.

1422. — N° 24. Hyalomya limpidipennis, R.-D. *Sp. ined.*

♂. Frontalia atro-velutina : Frontis lateribus fusco-cinereis ; Facies cinerea ; Palpi fusco-obscuri ; Antennæ et Pedes nigri. Thorax ater, nitens, cinereo lineatus. Abdomen atrum. Halteres flavi : Calypta absolute alba ; Alæ absolute limpidæ, hyalinæ.

Long. 1 ligne 2/3.

Male : Yeux pourpres ; Frontaux noir de velours : côtés du Front brun-cendré ; Face cendrée ; Antennes et Pattes noires ; Palpes brun-obscur. Corselet noir-luisant et rayé de cendré. Abdomen noir-âtre. Balanciers jaunes : Cuillerons tout-à-fait blancs ; Ailes tout-à-fait claires.

Nous ne possédons qu'un Mâle de cette espèce.

1423. — N° 25. Hyalomya femoralis, R.-D. *Sp. ined.*

♂. Frontis latera fusco-cinerea ; Facies albida ; Antennæ nigræ. Thorax ater, cinereo lineatus et irroratus. Abdomen nigrum, tribus ultimis segmentis dorso cinereo-grisescente; primis Ventris segmentis subrufis. Pedes nigri; Femoribus quatuorque Tibiis posterioribus fusco-fulvis. Halteres flavi : Calypta clariora: Alæ disco hyalino, basi subflavescente.

Long. 1 ligne 2/3.

Male : Frontaux brun-cendré; Face albide; Antennes noires. Corselet noir, rayé et saupoudré de cendré. Abdomen noir, avec un duvet cendré-gris-obscur sur le dos des trois derniers segments; premiers segments du Ventre brun-fauve. Pattes noires; les Cuisses et les quatre jambes postérieures brun-fauve. Balanciers jaunes : Cuillerons très-clairs; Ailes claires, à peine flavescentes à la base.

Nous ne possédons qu'un Mâle de cette rare espèce.

1424. — N° 26. Hyalomya claripennis, R.-D. *Sp. ined.*

♂. Frons lateribus flavescentibus; Facies cinerea; Antennæ et Pedes nigri; Palpi brunco-flavescentes. Thorax niger, cinereo lineatus. Abdomen nigrum, ultimis tribus segmentis dorso grisescente tomentoso. Halteres flavi : Calypta alba; Alæ omnino limpidæ, pellucidæ.

♀. Frons lateribus cinereis; Facies albida; Antennæ et Pedes atri; Palpi brunco-flavescentes. Thorax ater, cinereo lineatus et irroratus. Abdomen atrum, dorso atro-purpurescente, tomentoque brevissimo cinereo-cærulescente. Halteres flavi : Calypta alba; Alæ limpidæ, basi vix subflavescente.

Long. 3 lignes.

Male : Côtés du Front flavescents; Face cendrée; Antennes et Pattes noires; Palpes brun-flavescent. Corselet noir, rayé de cendré. Abdomen noir, avec un duvet grisâtre sur le dos des trois derniers segments. Balanciers jaunes : Cuillerons blancs; Ailes tout-à-fait claires et diaphanes.

Femelle : Côtés du Front cendrés; Face albide; Antennes

et Pattes noires; Palpes brun-flavescent. Corselet noir, rayé et saupoudré de blanc-cendré. Abdomen noir, avec le dos noir-pourpré et garni d'un très-léger duvet cendré-bleuâtre. Balanciers jaunes : Cuillerons blancs; Ailes claires, à peine un peu flavescentes à la base.

Nous ne possédons qu'un couple de cette espèce prise en Été.

1425. — N° 27. HYALOMYA ATRATA, R.-D. *Sp. ined.*

♀. Atra, nitens; Facies lateribus argenteis; Barba nivea; Palpi flavescentes. Halteres flavescentes : Calypta subalba; Alæ flavescentes, linea pellucida sub quodam luminis situ in disco medio.

Long. 3 lignes.

FEMELLE : Tout le Corps noir, âtre, un peu luisant; côtés du Front brun-flavescent; Face argentée sur les côtés; Antennes et Pattes noires; Barbe blanche. Balanciers jaunâtres : Cuillerons blanchâtres; Ailes flavescentes, avec une ligne diaphane à une certaine lumière sur le milieu du disque.

Nous ne possédons que la Femelle de cette espèce remarquable par la ligne diaphane que, sous un certain rayon de lumière, on distingue au milieu du disque de ses Ailes.

1426. — N° 28. HYALOMYA ATRA, R.-D. *Sp. ined.*

♂. Frons lateribus fusco-cinereis; Facies albida; Antennæ subfulvæ : Palpi obscure flavescentes; Barba cana. Thorax ater, nitens, cinereo lineatus et irroratus. Abdomen atrum, tribus ultimis segmentis cinereo-obscuro vix tessellantibus. Halteres subalbidi : Calypta alba; Alæ subflavescentes.

Long. 2-2 lignes 1/2.

MALE : Côtés du Front brun-cendré; Face albide; Antennes

fauve-obscur; Palpes jaune-obscur; Poils de dessous la Tête blancs. Corselet noir-luisant, avec des lignes et des reflets cendrés. Abdomen noirâtre, avec des reflets cendré-brun-obscur sur le dos des trois derniers segments. Pattes tout-à-fait noires. Balanciers blanchâtres : Cuillerons blancs ; Ailes lavées d'un légère teinte flavescente.

Nous ne connaissons que le Mâle de cette espèce.

1427. — N° 29. HYALOMYA CARBONARIA, R.-D.

Hyalomya carbonaria : Rob. Desv.-*Myod.*, p. 300, n° 7.
— — Macq.-*Buff.* II, p. 204, n° 7.
Alophora carbonaria : Meig.-T. VII, n° 27.

♂. Corpus totum atrum, nitens ; Frons lateribus fusco-cinereis ; Facies albida ; Antennæ, Palpi, Pedes atri. Halteres atrati : Calypta subalbida ; Alæ subflavescentes.

♀. Atra, nitens, tessellis abdominalibus fere inconspicuis ; Frontalia atro-velutina : Frontis lateribus fusco-cinereis ; Facies albida ; Antennæ, Palpi, Pedes atri. Halteres nigri aut nigricantes : Calypta subfuliginosa ; Alæ flavescentes.

Long. 1 ligne 1/2.

MALE : Tout le Corps noir-luisant ; côtés du Front brun-cendré ; Face albide ; Antennes, Palpes et Pattes noirs. Balanciers noirs ou noirâtres : Cuillerons blanchâtres ; Ailes légèrement lavées de flavescent.

FEMELLE : Tout le Corps d'un beau noir-luisant ; on ne distingue pas de reflets sur le dos des segments de l'Abdomen, quoique à une certaine lumière ils paraissent un peu plus obscurs. Frontaux noirs : côtés du Front brun-cendré ; Face albide ; Antennes, Palpes et Pattes noirs. Balanciers noirs ou noirâtres : Cuillerons un peu fuligineux ; Ailes légèrement flavescentes.

On prend cette espèce sur les fleurs des OMBELLIFÈRES. Elle se distingue par l'absence presque complète de reflets sur le dos de l'Abdomen.

1428. — N° 30. HYALOMYA HYALIPENNIS, Fall.

Hyalomya hyalipennis : Rob. Desv.-*Myod.*, p. 301, n° 10.
— — Macq.-*Buff.* II, n° 10.
Phasia hyalipennis : Meig.-T. VII, n° 25.

Comme nous ne possédons plus que des débris de cette espèce, nous sommes contraint de transcrire notre description primitive.

« Minor HYAL. CARBONARIÆ : nigro-nitida, immaculata ; Ano ♀ vix « cinereo tomentoso ; Calyptis subfuscanis. »

« Long. 2 lignes ♂ et ♀.

« Tout le Corps d'un beau noir-jais ; à peine un peu de « duvet cendré sur le dos des derniers segments abdominaux « de la Femelle. Cuillerons un peu noirâtres ; Ailes assez « claires, mais un peu obscures sur le Mâle.

« J'ai trouvé cette espèce à Saint-Sauveur. »

Dans la description ci-dessus, le Mâle a été pris pour la Femelle et réciproquement.

Nous avions rapporté cette espèce au *Phasia hyalipennis* de Fallen (n° 5). Mais la description de cet auteur, mieux appréciée, nous porte à croire que l'insecte ainsi nommé par lui n'est pas une PHASIENNE ; car il lui attribue les Yeux distants sur la Femelle (*Oculi Feminæ distantes*). Pourtant Zetterstedt, dans ses *Diptères Scandinaves,* conserve ce *Phasia hyalipennis* de Fallen : mais il accorde des Yeux contigus sur la Femelle et un peu distants sur le Mâle (*Oculis in ♂ remo-*

tiusculis, in ♀ coherentibus). Ce serait alors l'espèce que nous mentionnons nous-même, en faisant observer que Zetterstedt s'est trompé sur la nature réciproque des sexes.

1429. — N° 31. HYALOMYA PALLIPES, R.-D. *Sp. ined.*

♀. Atra; Frontalia atra: Frontis lateribus, Facieque cinereis; Antennæ nigræ; Palpi fusci. Femora et Tibiæ fusco-fulvescentes; Tarsis nigris. Halterum capitulo nigro: Calyptis flavescentibus; Alæ disco subflavescente.

Long. 2 lignes.

FEMELLE : Frontaux noirs : côtés du Front et de la Face brun-cendré; Antennes noires; Palpes bruns. Corselet noir de velours. L'Abdomen manque. Cuisses et Tibias brun-obscur et pâlissant; Tarses noirs. Tête des Balanciers noirâtre : Cuillerons jaunâtres; Ailes lavées de flavescent.

Nous ne connaissons que la Femelle de cette espèce.

1430. — N° 32. HYALOMYA SECUTRIX, R.-D. *Sp. ined.*

♀. Carbonaria; Frontalia nigra : Frontis, Facieique lateribus argenteis; Facies alba; Antennæ nigræ; Palpi pallide flavi. Abdomen tribus ultimis segmentis dorso ardeaceo tessellato. Pedes nigri. Calypta flavescentia; Alæ hyalinæ, non flavescentes.

Long. 1 ligne 1/4.

FEMELLE : Frontaux noirs : côtés du Front et de la Face argentés; Face blanche; Antennes noires; Palpes pâles. Corselet d'un beau noir. Abdomen d'un beau noir, avec le dos des trois derniers segments cendré-ardoisé. Pattes pâles ou d'un brun-pâle. Cuillerons jaunâtres; Ailes claires et non flavescentes comme sur l'*Hyal. pallipes*.

Nous ne possédons que la Femelle de cette espèce prise au mois de Juin.

1431. — N° 33. HYALOMYA CORINNA, R.-D.

Hyalomya corinna : Rob. Desv.-*Myod.*, p. 301, n° 9.
— — Macq.-*Dipt. Nord de la Fr.*, n° 7.
Alophora corinna : Meig.-T. VII, n° 25.

♂. Atra, absque lineis cinereis ; Frons lateribus, Facieque cinereo-argenteis ; Antennæ nigræ, ultimo articulo fusco-fulvescente. Abdomen tribus ultimis segmentis dorso obscure cinereo tomentoso. Pedes nigri ; Femoribus, Tibiisque fusco obscure fulvescentibus. Halteres nigricantes : Calypta subalba, Alæ disco hyalino, basi vix flavescente.

♀. Atra, velutina, sine lineis cinereis ; Frons lateribus, Faciesque argenteis ; Antennæ, Palpi, Pedes atri ; Proboscide majori parte coriacea. Abdomen tribus postremis segmentis tessellis argenteis, macula trigona nigra media in utroque margine basali. Halteres subnigri : Calypta obscurelle albida ; Alæ perquam leviter subfuliginosæ, aut sæpius disco limpido, basi flavescente.

Long. 2 lignes 1/2.

MALE : Tout le Corps d'un noir-jais luisant ; côtés du Front et de la Face argentés ; le dernier article des Antennes brun obscurément fauve. A peine quelques légers reflets cendré-obscur sur le dos des trois derniers segments de l'Abdomen. Pattes brunes, mais obscurément fauves sous une certaine lumière. Balanciers noirâtres : Cuillerons assez clairs ; Ailes à disque limpide et à base à peine flavescente.

FEMELLE : Côtés du Front et Face argentés ; Antennes, Palpes et Pattes noirs. Corselet d'un beau noir de velours sans lignes cendrées. Abdomen d'un beau noir-âtre et mat ; le dos des trois derniers segments couvert de reflets argenté-brillant, avec une petite tache trigone noire sur le milieu du bord basilaire. Balanciers noirâtres : Cuillerons d'un blanc légèrement fuligineux ; Ailes très-légèrement lavées de fuligineux et le plus souvent claires, avec la base flavescente.

On trouve cette espèce, qui n'est pas commune, sur les Ombellifères; nous l'avons surprise plusieurs fois au milieu de ses danses aériennes.

1432. — N° 34. Hyalomya chorea, R.-D. *Sp. ined.*

♂. Atra, nitens; Frontalia nigra : Frons lateribus fusco-albidis; Facies albida; Antennæ, Palpi, Pedes, Halteres atri. Thorax nonnullis tessellis cinereis. Abdomen tribus ultimis segmentis dorso obscuro vix tessellato. Calypta alba; Alæ limpidæ, hyalinæ.

♀. Tota nigra, velutina; Frontalia velutina : Frons lateribus, Faciesque albidæ; Antennæ, Palpi, Pedes, Halteres atri. Abdomen tribus ultimis segmentis dorso cinereo-fusco-subobscuro. Calypta albo-flavescentia; Alæ limpidæ, basi subflavescente.

Long. 2-2 lignes 1/3.

Male : Tout le Corps noir un peu luisant; Frontaux noirs : côtés du Front brun-cendré; Face albide; Antennes et Pattes noirâtres; Palpes noirs. Quelques reflets cendrés sur le dos du Corselet. Reflets cendré-brun-obscur sur le dos des trois derniers segments de l'Abdomen. Balanciers noirs : Cuillerons blancs; Ailes claires.

Femelle : Tout le Corps d'un beau noir de velours, avec des reflets cendré-brun sur le dos des trois derniers segments de l'Abdomen; Frontaux noirs de velours : côtés du Front et Face brun-albide; Antennes, Palpes et Pattes noirs. Balanciers noirs : Cuillerons blanc un peu jaunâtre; Ailes claires, avec la base à peine flavescente.

On prend cette espèce sur les fleurs des Ombellifères. Les reflets ternes de l'Abdomen sur les Femelles la distinguent aisément de l'*Hyal. corinna.*

1433. — N° 35. Hyalomya pusilla, Meig.

Phasia pusilla : Meig.-T. iv, p. 198, n° 23.

Hyalomya pusilla : Rob. Desv.-*Myod.*, p. 300, n° 8.
— — Macq.-*Buff.* II, p. 204, n° 9.
Alophora pusilla : Meig.-T. VII, n° 20.

♂. Tota gagatea, velutina ; ultimis tribus segmentis Abdominis dorso vix cinerascente tessellato. Frons lateribus, Facieque argenteis ; Antennæ, Palpi, Pedes atra. Halteres nigri : Calypta alba ; Alæ limpidæ, hyalinæ.

♀. Frontalia gagatea : Frons lateribus, Faciesque argenteæ. Abdomen tribus ultimis segmentis dorso obscure cærulescente-cinereo tessellato. Calypta flavescentia ; Alæ basi flavescente, sæpius disco limpido.

Long. ♂ 1 ligne 3/4 ; ♀ 2 lignes.

MALE : Tout le Corps noir-jais luisant, avec des reflets cendré-obscur sur le dos des trois derniers segments de l'Abdomen ; côtés du Front et de la Face argentés ; Antennes, Palpes et Pattes noirs. Balanciers noirs : Cuillerons blancs ; Ailes claires.

FEMELLE : Semblable ; Cuillerons un peu jaunâtres ; Ailes flavescentes à la base et le plus souvent claires.

Nous avons pris cette espèce dans l'air, pendant qu'elle y exécutait des danses. Nous avons également pris les deux sexes dans l'acte de l'accouplement. Meigen n'a décrit que le Mâle.

1434. — N° 36. HYALOMYA SEMICINEREA, Meig.

Phasia semicinerea : Meig.-T. IV, n° 24.
Hyalomya semicinerea : Rob. Desv.-*Myod.*, p. 301, n° 11.
— — Macq.-*Buff.* II, p. 204, n° 11.
Alophora semicinerea : Meig.-T. VII, n° 21.

♂. Nigra, nitens ; ultimis Abdominis segmentis dorso vix tessellatis. Frons lateribus fusco-albidis ; Facies albida ; Antennæ et Pedes nigri, sub certo luminis situ fusco-fulvescentes. Palpi et Halteres obscuri : Calypta alba ; Alæ hyalinæ, basi subflavescente.

♀. Nigra, velutina ; Frons lateribus Faciesque albidæ ; Antennæ, Pedes nigri sub certo luminis situ fusco-fulvescentia ; Palpi fulvo-obscuri. Abdomen tribus ultimis segmentis cinereo tessellatis. Halteres obscure pallescentes : Calypta subflavescentia ; Alæ limpidæ, basi vix flavescente.

Long. 1 1/4-1 ligne 1/2.

Femelle : Côtés du Front brun-argenté ; Face argentée ; Antennes et Pattes noires, mais d'un brun-fauve sous une certaine lumière ; Palpes obscurément fauves. Corps d'un beau noir de velours, avec des reflets cendré-argenté sur le dos des trois derniers segments de l'Abdomen. Balanciers pâle-obscur : Cuillerons jaune-fuligineux ; Ailes flavescentes.

Male : Un peu plus petit que la Femelle ; Corps noir-luisant ; côtés du Front brun-cendré ; Face cendrée ; Antennes et Pattes noires, mais d'un brun-fauve à une certaine lumière. A peine quelques reflets obscurs sur les derniers segments de l'Abdomen. Palpes et Balanciers obscurs : Cuillerons blancs ; Ailes claires, avec la base à peine flavescente.

C'est la plus petite espèce prise sous notre climat ; on la trouve sur les fleurs des Ombellifères. Meigen n'a décrit que le Mâle ; pareille chose nous était arrivée à l'époque de notre travail primitif.

V. Tribu : LES CLYTIDES.
V. *Tribus : CLYTIDÆ*, R.-D.

Clytia : Rob. Desv.-Macq.-Meig.

Antennes courtes, ne descendant pas jusqu'à l'Epistôme ; le premier article très-court ; les deux derniers presque d'égale longueur; le troisième un peu aplati sur les côtés, à sommet arrondi et parfois un peu dilaté; CHÈTE à premiers articles très-courts; le troisième nu et ordinairement un peu épais à la base.

TÊTE grosse, de la largeur du Corselet, semi-orbiculaire, c'est-à-dire arrondie en devant; YEUX toujours nus, plus ou moins distants sur les Mâles, suivant les genres; FRONT plus ou moins large suivant les sexes et les genres; FRONTAUX ordinairement étroits, principalement sur les Mâles; FACE nue, ordinairement convexe contre l'Epistôme; point de CILS FACIAUX; PÉRISTOME plus allongé que large; EPISTOME jamais saillant, TROMPE membraneuse.

ABDOMEN formé de quatre segments principaux; le cinquième n'est pas toujours apparent; une rangée de CILS médiocres au bord apical des segments.

PATTES simples. CUILLERONS larges; AILES sans tache; la CELLULE γ C couverte, ou fermée, ou pétiolée au sommet de l'Aile, avec sa nervure transversale ordinairement cintrée, rarement droite.

FORME du Corps cylindrico-arrondie; TEINTES brunes ou flavescentes.

LARVES inconnues.

ANTENNÆ breves, haud usque ad Epistoma porrectæ; primus articulus brevissimus; duo ultimi fere æqua longitudine; tertius lateribus subcompressus, apice subrotundato, interdumque subdilatato; CHETI primi articuli brevissimi; tertius nudus, basi subincrassata.

CAPUT amplum, Thoracis latitudine, semi-orbiculare seu antice rotundatum; OCULI semper nudi, plus minus pro sexu vel genere distantes; FRONS plus minus pro sexu vel genere lata; FRONTALIA sæpius angustata præcipue in ♂; FACIES nuda, solito convexa contra Epistoma; CILIA FACIALIA absentia; PERISTOMA magis longum quam latum, EPISTOMATE nusquam prominulo; PROBOSCIS membranacea.

ABDOMEN distincte quadri-annulatum, quinto annulo sæpe parum manifesto, CILIIS mediocribus per apicem singuli annuli.

PEDES simplices ; CALYPTA lata ; ALÆ immaculatæ, jam subtrigonæ ; CELLULA 7 C aut aperta aut occlusa, aut petiolata in Alæ apice, nervo transverso sæpius arcuato, rarius recto.

Forma CORPORIS cylindrico-rotundata ; COLOR bruneus et flavescens.

LARVÆ ignotæ.

La forme cylindrico-arrondie du Corps, celle des Antennes, la nature des teintes; l'ensemble des Pattes, de la Trompe et des Palpes, la composition segmentaire de l'Abdomen nous indiquent de la manière la plus manifeste que nous sommes dans le voisinage des GYMNOSOMÉES et surtout des PHASIENNES. Nous pensons que Macquart (*Buff.* II) eut tort de placer ces insectes à la suite de ses TACHINES. Meigen (t. VII) a suivi ou plutôt copié son exemple.

Nous n'hésitons pas à établir cette nouvelle tribu, parce que d'autres individus de races et d'organisations différentes, quoique frappés au même type, sont venus se ranger autour de notre genre CLYTIE et former avec lui un groupe qui nous semble tout-à-fait naturel.

Les CLYTIDES se distinguent aisément des GYMNOSOMÉES à leur Abdomen moins hémisphérique et non entièrement lisse. Les femelles des PHASIENNES ont l'Abdomen plus large, plus déprimé, avec des bords plus tranchants ; elles ont aussi des Cils faciaux et des Cils apicaux aux segments de l'Abdomen qui se trouve presque arrondi sur les espèces qui nous occupent.

Les caractères que nous venons d'indiquer ne s'appliquent qu'aux espèces rencontrées jusqu'à ce jour sous le climat de Paris, car Meigen a décrit plusieurs espèces que nous ne connaissons pas et qui paraissent différer des nôtres surtout sous le rapport des articles antennaires.

Nous croyons les CLYTIDES appelées à former un groupe intéressant. Plusieurs espèces doivent rester à découvrir dans nos champs, et la plupart de celles que nous possédons restent à compléter pour ce qui concerne les sexes.

Ces insectes aiment à s'abattre de préférence sur les ombelles du PEUCEDANUM SILAUS, L., de l'HERACLEUM SPONDYLIUM, de l'IMPERATORIA SYLVESTRIS et du DAUCUS CAROTTA. Ils paraissent être rares et leur rencontre est toujours une bonne fortune.

Nous n'avons absolument aucune donnée sur les mœurs de leurs larves; mais tout nous engage à soupçonner qu'elles vivent dans le Corps des Hémiptères.

A. YEUX VELUS.

†. *Chète nu.*

I. G. PTILOPSIS	Cellule γ C ouverte, avec sa nervure transversale droite. Yeux velus.

B. YEUX NUS.

II. G. ETHERIA......	Cellule γ C des Ailes pétiolée.
III. G. OPESIA.......	Cellule γ C des Ailes presque toujours fermée.
IV. G. MACULIA......	Cellule γ C des Ailes fermée, avec sa nervure transversale cintrée.
V. G. CLYTIA........	Cellule γ C des Ailes toujours ouverte, avec sa nervure transversale cintrée.
VI. G. CHRYSERIA ...	Cellule γ C des Ailes ouverte, avec sa nervure transversale droite.

††. *Chète villeux.*

VII. * G. ARISBÆA. .	Chète villeux. Cellule γ C des Ailes ouverte, avec sa nervure transversale droite ou presque droite.

A. Yeux velus.

†. *Chète nu.*

282. — I. Genre PTILOPSIDE.
I. *Genus PTILOPSIS*, R.-D.

Antennes ne descendant pas tout-à-fait jusqu'à l'Epistôme; le premier article très-court; le troisième un peu comprimé sur les côtés, un peu plus long que le second; les deux premiers articles du Chète très-courts; le dernier paraissant nu; Yeux velus, presque contigus sur le Mâle, dont le Front est très-étroit; Face peu élevée, un peu oblique, non ciligère; Péristome un peu plus long que large; Epistome à bord antérieur large, non saillant; Palpes ne dépassant point l'Epistôme.

Abdomen convexe sur le dos; point de Cils plus raides sur le dos du premier segment; deux Cils apicaux plus raides sur le dos du second; rangée complète de Cils médians et de Cils apicaux sur le dos du troisième. Anus du Mâle replié en dessous.

Cellule 7 C ouverte contre le sommet de l'Aile, avec sa nervure transversale droite.

Forme du Corps cylindrico-convexe, à teintes brunes et cendrées.

Antennæ non usque ad Epistoma porrectæ, primus articulus brevissimus; tertius lateribus paulo compressus, pauloque longior secundo; Chetum primis articulis brevissimis, ultimo nudo; Oculi villosi, in ♂ vix contigui; Frons in ♂ maxime angustata; Facies paulo elevata, pauloque obliqua, non ciligera; Peristoma longius quam latius, Epistomate latiore, non prominulo, Palpisque non Epistoma excedentibus.

Abdomen dorso convexum; Cilia rigida nulla in primo; duo apicalia rigidiora in secundo, MEDIANEA APICALIAQUE, serie integra disposita in tertio Abdominis segmento ; ANUS ♂ subtus recurvus.

CELLULA γ C contra apicem Alæ aperta, nervo transverso recto.

CORPUS cylindrico convexum ; COLORE bruneo et griseo.

Jusqu'à ce jour, le PTILOPSIDE est le seul genre qui ait les Yeux villeux parmi les CLYTIDES.

1435. — N° 1. PTILOPSIS SEX-MACULATA. R.-D. *Sp. ined.*

♂. Frontalia rubra : Frontis lateribus nigro-subargenteis ; Facies argentea ; Antennæ et Pedes nigri ; Palpi flavidi. Thorax niger, lateribus cinereis, dorso cinereo-fusco. Abdomen cinereum duabus maculis quadratis nigris in dorso primi, secundi tertiique segmenti. Halteres flavi : Calypta flavescentia ; Alæ limpidæ basi flavescente.

Long. 2 lignes 1/2.

MALE : Frontaux rouges : côtés du Front noir-argenté ; Face argentée ; Antennes et Pattes noires ; Palpes jaune-fauve. Corselet noir, avec un duvet cendré sur les côtés et brun sur le dos. Abdomen cendré, avec deux taches carrées noires sur le dos des trois premiers segments. Balanciers jaunes : Cuillerons flavescents ; Ailes claires, avec la base flavescente.

Nous ne connaissons qu'un Mâle de cette très-rare espèce. Serait-ce le *Medoria phasiæformis* de Meigen (t. VII, p. 204, n° 8) ? Voici la diagnose du naturaliste allemand :

« Thorace nigro. Abdomine ovato, cano ; basi punctisque dorsalibus nigris. » S'il en était ainsi, et nous sommes porté à le croire, cet auteur aurait formé son genre MÉDORIE d'espèces bien hétérogènes !

B. YEUX NUS.

283. — II. Genre ETHÉRIE.

II. *Genus ETHERIA*, R.-D.

ANTENNES descendant jusqu'au milieu de la Face ; le premier article très-court ; le second et le troisième à peu près d'égale longueur ; le troisième un peu comprimé sur les côtés ; les deux premiers articles du Chète très-courts ; le troisième nu et un peu épais à la base ; Tête assez grosse, arrondie ; Yeux nus, légèrement séparés sur le Mâle par les Frontaux ; Front peu large sur le Mâle, sans Cils faciaux ; les Cils de l'Epistôme s'élèvent jusqu'au tiers de la Face ; Péristome plus long que large ; Epistome échancré ; Trompe membraneuse.

Abdomen sous-arrondi, formé de quatre segments distincts, avec des Cils médiocres ; deux Cils apicaux sur le dos du premier segment ; deux Cils médians et une rangée de Cils apicaux sur le dos du second ; une rangée médiane et une rangée apicale de Cils sur le dos du troisième segment.

La Cellule γ C de l'Aile fermée et distinctement pétiolée dans le sommet de l'Aile. Teintes grises.

Antennæ in mediam Faciem incumbentes ; primo articulo brevissimo, secundo tertioque fere æqua longitudine, tertio lateribus compressis ; Cheti primis articulis brevissimis, ultimo nudo, basi subincrassata.

Caput sat amplum, subrotundatum ; Oculi nudi, paulisper in ♂ separati ; Frons parum lata in ♂ ; Cilia facialia nulla, Cilia Epismatis ad tertiam Faciei partem adscendentia ; Peristoma magis longum quam latum, Epistomate non prominulo ; Proboscis membranacea.

Abdomen subrotundatum, quadri-annulatum, Ciliis mediocribus : duo Cilia apicalia in dorso primi segmenti ; duo Cilia medianea et semi-circulus Ciliorum apicalium in dorso tertii segmenti.

Cellula γ C Alarum occlusa et distincte petiolata in Alæ apice. Color griseus.

La Cellule γ C pétiolée sur le sommet de l'Aile assure un excellent caractère à ce genre.

1436. — N° 1. ETHERIA PEDICELLATA, R.-D. *Sp. ined.*

♂. Corpus tomentoso-grisescens aut griseo-cinerascens, aut cinereo-fuscescens ; Thoracis dorso nigro quadrilineato. Frontalibus fulvis : Frontis lateribus, Facieque albidis, primis Antennarum articulis fulvis, ultimo nigro ; Palpis pallide testaceis. Pedibus nigris. Halteribus flavescentibus : Calyptis albis aut flavescentibus ; Alæ sublimpidæ, basi flavescente.

Long. 3 lignes.

MALE : Corps garni d'un duvet gris, gris-cendré, cendré-brunâtre, avec quatre lignes brunes sur le dos du Corselet. Frontaux fauves ou brun-fauve : côtés du Front et Face albides ; premiers articles des Antennes fauves ou brun-fauve ; le dernier article noir ; Palpes testacé-pâle. Pattes noires. Balanciers jaunâtres : Cuillerons blancs ou flavescents ; Ailes assez claires, avec la base un peu flavescente.

Nous possédons plusieurs individus de cette espèce prise au mois d'Août sur les fleurs des OMBELLIFÈRES, surtout sur celles de l'ŒNANTHE PHELLANDRIUM, Lam. ; il nous est impossible de distinguer le sexe d'une manière certaine.

Tous nos individus offrent le caractère frontal indiqué et n'ont qu'une seule rangée de Cils frontaux. N'avons-nous que des Mâles ? Nous le présumons. La Femelle a peut-être les Yeux plus distants et le Front plus large, avec une double rangée de Cils.

1437. = N° 2. ✶ ETHERIA VERNALIS, R.-D. *Sp. ined.*

♂. Cinerea ; Abdomen primo segmento nigro, reliquis cinereis, secundo tertioque triplici macula nigra, quarto unica macula nigra. Frontalibus, Antennis, Pedibus, Palpis nigris.

Long. 2 2/3-3 lignes.

MALE : Frontaux noirs : côtés du Front et Face d'un brun-albicant ;

derrière de la Tête brun-cendré; Yeux rouges; Antennes et Palpes noirs. Corselet garni de cendré. Premier segment de l'Abdomen noir; les autres cendrés, avec trois taches noires sur le dos du deuxième et du troisième segment et une seule tache médiane sur le dos du quatrième segment; l'insertion des poils est piquetée de noir; Ventre cendré. Pattes noires. Balanciers blanchâtres : Cuillerons légèrement flavescents; Ailes claires, à peine un peu obscures vers la base.

Nous avons pris cet insecte, au mois de Février, sur les montagnes de Nice.

284. — III. Genre OPÉSIE.
III. *Genus OPESIA*, R.-D.

Tous les caractères du genre Ethérie; mais Yeux contigus sur les Mâles; Face un peu convexe ou bombée au-dessus de l'Epistôme. A peine quelques Cils sur les segments de l'Abdomen. La Cellule γ C fermée dans la nervure costale, avec sa nervure transversale presque droite. Teintes noires.

Omnes Etheriæ characteres; at Oculi in ♂ contigui; Facie inferne convexiuscula. Vix nonnulla Cilia in Abdominis segmentis. Cellula γ C Alarum aperta in nervo costali, nervo transverso subrecto.

Color ater, niger.

Nous avons pensé qu'une pareille réunion de caractères suffit pour l'établissement d'un genre.

Nous n'avons pu jusqu'ici nous procurer que des Mâles.

1438. — N° 1. Opesia gagatea, R.-D. *Sp. ined.*

♂. Tota gagatea, nitida, vix cinerascens; Frontis lateribus Facieque atris; Antennis, Pedibus nigris; Palpis fulvescentibus. Halteribus flavo-fulvescentibus : Calyptis albis; Alæ limpidæ basi flavescente.

Long. 3 lignes.

Male : Tout le Corps noir-jais luisant; on y distingue à

peine un peu de cendré-obscur ; côtés du Front et Face noirs ; majeure partie des Palpes fauve. Balanciers jaune-fauve : Cuillerons blancs ; Ailes à disque clair et à base jaunâtre.

Nous ne possédons qu'un Mâle de cette espèce prise en Juin sur les fleurs de l'HERACLEUM SPONDYLIUM.

1439. — N° 2. OPESIA ADSPERSA, R.-D. *Sp. ined.*

♂. Tota atra ; Frontis lateribus et Facie atris cum tessellulis cinereo-subatris ; Palpi flavescentes. Halteres fulvescentes : Calypta alba : Alæ limpidæ, hyalinæ, basi subflava.

Long. 3 lignes.

MALE : Tout le Corps noir ; côtés du Front et Face noirs, avec un léger duvet cendré-brun et à reflets ; Palpes fauves. Corselet à peine glacé de cendré-brunâtre. Le premier segment de l'Abdomen noir et lisse ; les autres garnis d'un léger duvet cendré-grisâtre. Balanciers rougeâtres : Cuillerons blancs ; Ailes claires, avec la base flavescente.

Nous ne possédons qu'un Mâle de cette espèce prise au mois de Juillet.

1440. — N° 3. OPESIA FLORILEGA, R.-D. *Sp. ined.*

♂. Similis antecedentibus, minor, nigra ; Thorax dorso cinereo-grisescente lineato. Abdomen primo segmento atro lævi ; reliquis dorso subgriseis. Palpi Halteresque subfulvescentes : Calypta alba ; Alæ limpidæ, basi subflava.

Long. 2 lignes.

MALE : Corps noir, âtre ; le dos du Corselet rayé de cendré-grisâtre. Le premier segment de l'Abdomen noir et lisse sur le dos ; les autres chatoient d'un duvet grisâtre sur le dos.

Palpes et Balanciers rougeâtres : Cuillerons blancs; Ailes claires, avec la base flavescente.

Nous ne possédons que des Mâles de cette espèce prise sur les fleurs d'une OMBELLIFÈRE.

1441. — N° 4. OPESIA GRISEA, R.-D. *Sp. ined.*

♂. Tota fusco-grisescens; Frontis lateribus, Facieque tessellis cinereis; Palpi subfulvi. Thoracis dorso nigro lineato. Halteres fulvescentes : Calypta nebulosa, Alæ flavescentes.

Long. 3 lignes.

MALE : Tout le Corps garni d'un duvet gris-brunâtre; des lignes noires sur le dos du Corselet. Côtés du Front et Face à reflets cendrés; Palpes fauves. Balanciers rougeâtres : Cuillerons nébuleux; Ailes flavescentes.

Nous ne possédons que des Mâles de cette espèce prise au mois de Juillet sur les fleurs d'une OMBELLIFÈRE.

1442. — N° 5. OPESIA OCCLUSA, R.-D. *Sp. ined.*

♀. Tota atra; Thorax lineis cinerascentibus, vix conspiciendis; Frons lateribus, Faciesque cærulescente-cinereæ; Antennæ, Palpi, Pedes atri. Halteres æruginosi : Calypta, Alæque obscure subfuliginosa; Cellula 7 C occlusa, breviterque petiolata.

Long. 1 ligne 2/3.

FEMELLE : Tout le Corps noir-jais; à peine distingue-t-on quelques lignes bleuâtres sur le Corselet; côtés du Front et Face bleuâtre-cendré; Palpes, Antennes et Pattes noirs. Balanciers couleur de rouille : Cuillerons et Ailes obscurément fuligineux; la Cellule 7 C fermée et avec un court pétiole.

Nous ne possédons qu'une Femelle de cette rare espèce dont il serait facile de faire un bon sous-genre.

285. — IV. Genre MACULIE.
IV. *Genus MACULIA*, R.-D.

Antennes ne descendant pas tout-à-fait jusqu'à l'Epistôme; le premier article très court; le troisième prismatique, presque double du deuxième pour la longueur; premiers articles du Chète courts; le dernier nu; Yeux nus, distants sur les deux sexes; Front plus large sur la Femelle; une simple rangée de Cils sur le Mâle.

Point de Cils apicaux sur le milieu du dos des deux premiers segments de l'Abdomen; une rangée de Cils apicaux sur le dos du troisième; dos des segments marqués de taches noires.

Cuillerons larges; Cellule γ C ouverte avant le sommet de l'aile, avec sa nervure transversale fortement cintrée.

Antennæ non omnino ad Epistoma porrectæ; primus articulus brevissimus, tertius prismaticus, secundo bilongior; Chetum primis articulis brevibus, ultimo nudo; Oculi nudi in utroque distantes; Frons in ♀ latior, Ciliis in ♂ simplici serie dispositis.

Abdomen Ciliis apicalibus in primo secundoque segmento deficientibus sed in tertio serie dispositis, dorso maculis nigris ornato.

Calypta ampla; Cellula γ C ante apicem Alæ aperta, nervo transverso valde arcuato.

Les Ethéries ont la Cellule γ C des Ailes pétiolée; cette Cellule est fermée sur les Opésies, tandis que sur les Maculies elle est ouverte avant le sommet de l'Aile, avec sa nervure transversale fortement cintrée. En outre, le dos de l'Abdomen est marqué de taches ponctiformes.

1443. — N° 1. Maculia punctata, R.-D. *Sp. ined.*

♂. Frontalia nigra : Frontis lateribus fusco-cinereis; Antennæ, Palpi, Pedes nigra. Thorax niger, cinereo lineatus et sparsus. Abdomen cinereum, in dorso primi segmenti duæ maculæ punctiformes nigræ, quatuor in dorso secundi et tertii, denique duo in dorso quarti. Halteres ferruginei : Calypta alba ; Alæ limpidæ.

Long. 2 lignes 1/2.

Male : Frontaux noirs : côtés du Front brun-cendré ; Face cendrée ; Antennes, Trompe, Palpes et Pattes noirs. Corselet noir, rayé et saupoudré de cendré. Abdomen cendré, avec deux taches noires sur le dos du premier segment ; quatre taches noires sur le dos du second et du troisième ; deux taches noires sur le dos du quatrième. Balanciers ferrugineux : Cuillerons blancs ; Ailes claires.

Nous ne possédons qu'un Mâle de cette rare espèce.

286. — V. Genre CLYTIE.
V. *Genus CLYTIA*, R.-D.

Clytia : Rob. Desv., *Myod.*, p. 287.
— Macq., *Buff.* II, p. 150.
— Meig., t. VII.-Rondan.
Tachina : Meig., t. IV.-Fabr.

Antennes courtes, ne descendant qu'au milieu de la Face : le premier article très-court ; les deux derniers presque d'égale longueur ; le troisième un peu comprimé sur les côtés et arrondi en devant ; le second article du Chète un peu plus long que le premier qu'on ne distingue pas ; Tête assez grosse, semi-globuleuse ; Yeux nus, distants sur les deux sexes ; Front assez large, avec une seule rangée de Cils même sur la Femelle ; Frontaux étroits sur les Mâles et un peu larges sur les Femelles ; Face convexe ou bombée contre l'Epistôme ; Péristome plus long que large.

Quatre segments manifestes sur l'Abdomen ; une rangée de

Cils médiocres au sommet des quatre premiers segments.

Cellule γ C des Ailes ouverte dans le sommet de l'Aile, avec la nervure transversale cintrée.

Corps cylindrico-arrondi, à teintes brunes ou flavescentes.

Antennæ breves, solum ad mediam Faciem descendentes; primo articulo brevissimo; duobus ultimis articulis fere æqua longitudine; tertio lateribus subcompressis, apiceque subrotundato; secundus Cheti articulus paulo longior secundo fere indistincto; Caput sat amplum, semi-globosum; Oculi nudi, in utroque distantes; Frons sat lata, unica serie Ciliorum vel in ♀; Frontalibus in ♂ angustis, in ♀ paulo latioribus; Facies ante Epistoma convexiuscula; Peristoma magis longum quam latum.

Abdomen quadri-annulatum, semi-circulo Ciliorum medianeorum in apice singuli segmenti.

Cellula γ C Alarum in apice Alæ aperta, nervo transverso arcuato.

Corpus cylindrico-rotundatum, colore fusco et flavescente.

Les Clyties ont pour principaux caractères les Yeux distants sur les deux sexes, une petite rangée de Cils médiocres sur le bord apical des segments abdominaux, une seule rangée de Cils frontaux sur la Femelle observée et enfin la Cellule γ C ouverte dans le sommet de l'Aile, avec sa nervure transversale cintrée.

1444. — No 1. Clytia aurea, R.-D. *Sp. ined.*

♂. Frontalia fulva : Frontis lateribus aureo-micantibus; Facies medio aurea, lateribus argenteis; Antennæ, Pedesque nigri; Palpi subfulvi. Thorax dorso aureo-nitido, lateribus fusco-cinereis, nonnullisque tessellis aureis. Abdomen croceo-aurulans, ultimis segmentis aureo tessellatis. Halteres, Calyptaque aurata; Alæ flavescentes, basi subaurea.

♀. Frontalia fulva : Frons lateribus fulvo-micantibus; Facies albida, medio flavicante; Barba nivea; Palpi flavescentes; Antennæ et Pedes atri. Thorax dorso cum Scutello aureo, lateribus subcinereis. Abdomen flavo-aurantiacum, ultimo segmento aureo. Halteres et Calypta aurea ; Alæ hyalinæ, basi subaurea.

Long. 3-3 lignes 1/2.

Male : Frontaux rouges : côtés du Front d'un beau doré-luisant ; Face dorée sur le milieu et argentée sur les côtés ; Antennes noires ; Palpes fauves. Corselet doré-brillant sur le dos et sur l'Ecusson et brun-cendré sur les côtés, avec quelques reflets dorés. Abdomen entièrement d'un beau jaune, avec des reflets dorés sur les derniers segments. Pattes noires. Balanciers jaunes : Cuillerons dorés ; Ailes claires, avec la base jaune-doré.

Femelle : Un peu plus grosse que le Mâle ; Frontaux fauves : côtés du Front dorés et brillants ; Face albide, avec le milieu flavescent ; Barbe blanche ; Palpes jaunes ; Antennes et Pattes noires. Dos du Corselet et Ecusson d'un beau doré ; côtés du Corselet brun-cendré. Abdomen entièrement jaune orangé, avec le dernier segment doré. Balanciers et Cuillerons d'un beau jaune ; Ailes assez claires avec la base tout-à-fait jaune.

Nous ne possédons qu'un couple de cette jolie et rare espèce prise en Eté sur les fleurs des Ombellifères.

M. Bigot possède un *Clytia aurea* originaire de Corse, qui offre les taches brunes sur le dernier segment de l'Abdomen et dont les Cuillerons sont un peu plus clairs.

1445. — N° 2. Clytia continua, Panz.

♂ *Musca continua* :	Panz.-*Faun. Germ.*, LX, n° 19.
Tachina continua	Meig.-T. IV, n° 65.
Clytia continua :	Rob. Desv.-*Myod.*, p. 288, n° 5.
— —	Macq.-*Buff.* II, n° 1, p. 151.
— —	Meig.-T. VII, n° 2 ; et *Collect. du Muséum* ♂.

♂. Frontalibus angustatis, rubris : Frontis lateribus aureis ; Facie albido-argentea ; Antennis atris ; Palpis pallide flavis ; Pilis sub capite niveis. Thorax dorso flavo, pleuris et sterno cinerascentibus. Abdomen fulvo-subaureum, linea dorsali media, ultimisque segmentis fuscis. Pedes nigri. Halteres flavi : Calypta aurea ; Alæ sublimpidæ, basi flava.

♀. Similis ; Frontalia nigra : Frontis lateribus subflavis. Abdomen primo segmento solo fulvo.

Long. 2 2/3-3 lignes.

MALE : Frontaux étroits et rouges : côtés du Front dorés ; Antennes noires ; Chète brun-rougeâtre ; Face blanc-argenté ; Poils de dessous la Tête blancs ; Palpes jaune-pâle. Corselet jaune sur le dos et brun-cendré sur les côtés. Abdomen fauve-doré, avec une ligne dorsale et le dernier segment noirâtres ou bruns. Pattes noires. Balanciers jaunes ; Ailes assez claires, avec la base jaune.

FEMELLE : Semblable ; Frontaux noirs : côtés du Front flavescents ; Face blanche ; le premier segment de l'Abdomen seul est fauve.

On trouve cette espèce sur les fleurs des OMBELLIFÈRES ; on rencontre plus rarement la Femelle.

Zetterstedt a confondu cette espèce avec notre *Clytia pratensis*. Il paraît que le véritable *Cl. continua* ne se trouve pas en Suède, puisque Fallen ne le mentionne pas non plus.

Un individu provenant d'ALGER (Coll. du Muséum) offre une tache ponctiforme noire ou noirâtre de chaque côté de la Face.

Le *Clytia pellucens*, Meig. (Coll. du Muséum), me paraît être une simple variété de cette espèce, si je m'en rapporte à la description que j'en ai faite et que je retrouve dans mes notes.

1446. — N° 3. CLYTIA PRATENSIS, R.-D.

Clytia pratensis : Rob. Desv.-*Myod.*, n° 6.
Tachina continua : Zetterst.-*Dipt. Skand.*, n° 82.

Il ne nous reste plus que des débris de cette espèce dont nous copions la description primitive, mais non exacte.

« Simillima CLYTIÆ CONTINUÆ : paulo brunior ; Alis subbruneis. »

« Long. 2 lignes.

« Semblable au *Clytia continua ;* mais Corps plus brun « et Ailes obscures. »

Cette espèce se trouve sur les fleurs de plusieurs OMBELLIFÈRES.

1447. — N° 4. CLYTIA VAGA, R.-D.

Clytia vaga : Rob. Desv.-*Myod.*, n° 7.
— — Macq.-*Buff.* II, n° 4.

Comme nous ne possédons plus que des débris informes de cette espèce ; nous allons en transcrire la description primitive :

« Subcylindrica ; nigra, vix aurulans ; Fronte aurea vel argentea. »

« Long. 2 lignes 1/4.

« Corps noir, offrant à peine un peu de flavescent ; Front « doré ou argenté sur les côtés. Ailes à peine une peu fla- « vescentes.

« Cette espèce est rare et bien distincte. »

Sur les débris qui nous restent, il est facile de constater que le dos du Corselet est flavescent.

1448. — N° 5. CLYTIA VERNALIS, R.-D. *Sp. ined.*

♂. Frontalia, Antennæ, Proboscis, Pedes nigra; Frontis latera, Faciesque nigro-argentea. Thorax niger, lineis tessellisque cinereis aut cinereo-subgriseis. Abdomen nigrum, tribus ultimis segmentis dorso fusco-grisescente. Halteres ferruginei: Calypta flavescentia; Alæ basi subflava, disco limpido.

Long. 3-3 lignes 1/2.

MALE : Frontaux noirs : côtés du Front et Face d'un noir-argenté; Antennes, Trompe et Pattes noires; Palpes fauves. Corselet noir, à lignes et à reflets cendrés, cendré-grisâtre. Abdomen noir; les trois derniers segments garnis d'un court duvet brun-grisâtre. Balanciers ferrugineux : Cuillerons blanc-jaunâtre; Ailes claires, avec la base jaune.

Nous ne possédons que des Mâles de cette espèce prise au Printemps.

1449. — N° 6. CLYTIA RURALIS, R.-D. *Sp. ined.*

♀. Corpus nigricans, tessellis subaureis obsoletis; Frontalibus rubris : Frontis lateribus aureo micantibus; Facie argentea; Antennis, Pedibus nigris; Palpis pallidis; Barba nivea. Thoracis lateribus fusco-cinereis. Halteribus, Calyptisque flavo-aureis; Alæ disco limpido, basi flava.

Long. 2 lignes 1/2.

FEMELLE : Fond du Corps brun et garni de reflets dorés peu intenses; Frontaux rouges : côtés du Front dorés et brillants; Face argentée; Antennes noires; Palpes pâles; Poils de dessous la Tête blancs. Côtés du Corselet brun-cendré. Pattes noires. Balanciers et Cuillerons jaune-doré; Ailes à disque clair, avec la base jaune.

Nous ne possédons qu'une Femelle de cette rare espèce prise au mois d'Août.

1430. — N° 7. CLYTIA VILLANA, R.-D. *Sp. ined.*

♀. Nigra; Frontalibus fulvis : Frontis lateribus cinereis; Facie albida; Antennis, Pedibus nigris; Palpis albide pallidis; Barba nivea. Thorax subcinereo lineatus et irroratus. Abdomen nonnullis tessellis subcinereis; primi segmenti ventralis lateribus fulvescentibus. Halteribus fulvescentibus: Calyptis flavescentibus; Alæ basi flavescente.

Long. 2 lignes.

FEMELLE : Tout le Corps noir, assez mat; Frontaux rouges ou brun-rougeâtre : côtés du Front cendrés; Face blanche; Antennes noires; Palpes blanc-pâle; Poils de dessous la Tête blancs. Corselet légèrement rayé et saupoudré de cendré. Des reflets cendrés et obscurs sur l'Abdomen; le premier segment du Ventre fauve-obscur sur les côtés. Pattes noires. Balanciers rougeâtres : Cuillerons flavescents; Ailes à base flavescente.

Nous ne possédons que des Femelles de cette rare espèce qu'on prend en Eté sur les fleurs des OMBELLIFÈRES.

1431. = N° 8. ✱ CLYTIA HELVEOLA, Fab.

Musca helveola : Fabr. *Syst. Antl.* n° 58.
Clytia helveola : Meig.-*Coll. du Muséum.*
— *helveola* : Macq.-*Buff.* II, p. 152. n° 6.

♂. Frontalia flavo-fulva : Frontis lateribus bruneo-flavescentibus; Facies albida; Pilis occipitalibus cinereis, Antennæ nigræ; Palpis pallescentibus. Thorax bruneo-flavescens, tribus primis Abdominis segmentis flavo-testaceis lineaque dorsali nigra. Pedes nigri. Halteribus, Calyptis, Alisque flavis.

♀. Frons aurea; Facies albida. Thorax dorso aureus, Abdomen flavo-testaceum.

Long. 3 lignes.

MALE : Frontaux jaune-fauve : côtés du Front brun-flavescent; Face albide; Poils de derrière la Tête cendrés: Antennes noires; Palpes pâles. Corselet brun-flavescent. Les trois premiers segments de l'Abdomen jaune-testacé, avec la ligne dorsale noire et qui s'étend ou s'élargit depuis le troisième segment jusqu'à l'Anus. Pattes noires. Balanciers, Cuillerons et Ailes jaunes.

FEMELLE : Front doré; Face albide. Corselet doré sur le dos. Le premier segment ne parait garni que de quatre Cils apicaux.

1452. = N° 9. ✱ CLYTIA ROTUNDICOLLIS, Meig.

Clytia rotundicollis : Meig.-*Coll. du Muséum.*

♂ et ♀. Frontalia nigra, Frontis lateribus bruneo-cinereis; Facie albida; medianeis rubescentibus; Antennis, Palpisque flavis. Thorax bruneo-cinereus, Scutello parte posteriori flavo. Abdomen testaceo-fulvum, cinereo irroratum, maculaque nigra in dorso utrinque segmenti ornatum. Pedes flavo-testacei; Tarsis nigris. Halteres flavi : Calyptis, Alisque flavis vel flavescentibus.

Long. 2 lignes.

MALE et FEMELLE : Frontaux noirs : côtés du Front d'un brun-cendré; Face albide, avec les médians rougeâtres; Antennes et Palpes jaunes. Corselet brun-cendré; moitié postérieure de l'Ecusson jaune. Abdomen testacé-fauve et glacé de cendré; un point noir sur le dos de chaque segment. Pattes jaune-testacé; Tarses noirs. Balanciers jaunes : Cuillerons jaunes ou jaunâtres; Ailes jaunâtres. Le Mâle a le Corselet noir.

Cette espèce, qui se trouve dans la collection du Muséum, est originaire d'ALLEMAGNE. Le deuxième article antennaire est assez petit; le troisième est cylindrique et paraît au moins triple du deuxième.

1453. = N° 10. CLYTIA OBSOLETA, Meig.

Clista obsoleta : Meig.-*Coll. du Muséum*

♂. Frontalia nigra : Frontis lateribus Facieque bruneo-cinereis; medianeis rubescentibus; Antennæ bruneo-fulvæ; Palpis fulvis. Thorax niger, cinereo-ardeaceo obscure radiatus et irroratus. Abdomen nigrum, dorso griseo-obscuro. Pedes nigri. Halteres brunescentes; Alis bruneis.

Long. 2-2 lignes 1/2.

MALE : Frontaux noirs : côtés du Front et Face brun-cendré; Médians rougeâtres; Antennes d'un brun-fauve; Palpes fauves. Corselet noir, obscurément saupoudré et rayé de cendré-ardoisé. Abdomen noir, d'un grisâtre-obscur sur le dos. Pattes noires. Balanciers brunâtres; Ailes brunes.

Cette espèce est originaire d'ALLEMAGNE. Tout en offrant l'aspect des CLYTIES, elle parait cependant en différer par des Yeux très-rapprochés, par le troisième article des Antennes qui est double du deuxième, par les Cils de l'Abdomen qui sont nuls ou presque nuls, enfin par la Cellule γ C à court pétiole et à nervure transversale droite. Il faudrait revoir de nouveaux échantillons pour décider de la véritable place de cet insecte parmi les CLYTIDES.

287. — VI. Genre CHRYSÉRIE.
VI. *Genus CHRYSERIA*, R.-D.

Clytia : Rob. Desv.-Macq.

Tous les caractères du genre CLYTIE ; mais la CELLULE γ C de l'Aile a sa nervure transversale droite et non cintrée ; le FRONT de la Femelle offre de chaque côté une double rangée de CILS.

Absolute characteres Gen. CLYTIE ; at CELLULA γ C Alarum nervo transverso recto, non arcuato ; FRONS in ♀ utrinque duplici serie Ciliorum ornata.

Toutes les vraies CLYTIES connues ont la Cellule γ C de l'Aile à sa nervure transversale cintrée et non droite. En outre, les CHRYSÉRIES Femelles offrent de chaque côté du Front une double rangée de Cils raides.

Nous n'avons pas encore signalé ces mêmes Cils sur le Front des Femelles des CLYTIES. Ce genre nous parait donc fondé sur des caractères décisifs.

1454. — N° 1. CHRYSERIA CYLINDRICA, R.-D.

Clytia cylindrica : Rob. Desv.-*Myod.*, n° 3.
— — Macq.-*Buff.* II, n° 2.

♂. Frontalia fulva : Frontis lateribus aureis; Facie argentea; Antennæ, Pedesque nigri ; Palpi flavi ; Barba nivea. Thorax dorso flavo, pleuris fusco cinereis. Abdomen testaceo-flavum, nonnullis tessellis aureis. Halteres, Calyptaque flava ; Alæ flavescentes, basi flava.

Long. 4 lignes.

MALE : Frontaux rouges : côtés du Front dorés et luisants; Antennes noires: Face argentée; Palpes jaunes ; Poils de dessous la Tête blancs. Corselet jaune sur le dos et brun-cendré sur les côtés. Abdomen jaune-testacé, avec quelques reflets dorés. Pattes noires. Balanciers et Cuillerons jaunes; Ailes flavescentes, avec la base jaune.

Cette jolie espèce est très-rare ; à l'époque de notre travail primitif, nous possédions les deux sexes ; il ne nous reste plus qu'un individu Mâle.

1455. — N° 2. CHRYSERIA GENTILIS, R.-D.

Clytia gentilis : Rob. Desv.-*Myod.*, p. 288: n° 4.

♀. Frontalia fulva : Frontis lateribus atris, tomento flavo; Facie argentea; Antennæ, Pedesqne nigri; Palpi testacei. Thorax niger, dorso valde aureo lineatus et irroratus, pleuris fusco-cinereis. Abdomen primis duobus segmentis, parteque antica tertii flavo-fulvis, linea dorsali reliquisque segmentis fuscis aureoque tessellatis. Halteres flavescentes : Calypta flava; Alæ limpidæ, basi flava.

Long. 3 lignes.

FEMELLE : Frontaux rouges : côtés du Front noirâtres, avec un duvet jaune; deux rangées de Cils de chaque côté; Antennes noires; Face argentée; Palpes testacés; Poils de dessous la Tête blancs. Corselet noir, fortement rayé et saupoudré de doré sur le dos, avec les côtés brun-cendré. Les deux premiers segments de l'Abdomen et la partie antérieure du troisième jaune-fauve ; une ligne dorsale et les derniers segments noirâtres, avec des reflets dorés. Pattes noires. Balanciers jaune-fauve : Cuillerons jaunes ; Ailes claires, avec la base jaune.

Nous n'avons jamais pris que la Femelle de cette espèce. Ce fut sa capture, en 1821, dans la vallée de MONTMORENCY, qui nous inspira l'idée d'étudier les Mouches. Si ce fatal insecte ne fût jamais tombé sous notre main, de combien de peines et d'études n'eussions-nous pas été exempt!

††. *Chète villeux.*

288. = VII. ✱ Genre ARISBÉE.
VII. ✱ *Genus ARISBÆA*, R.-D.

ANTENNES ne descendant qu'au milieu de la Face ; le premier article très-court ; le troisième un peu comprimé sur les côtés, avec le sommet arrondi et presque double du second pour la longueur ; premiers articles du CHÈTE très-courts, indistincts ; le dernier villosule ; Yeux nus, rapprochés sur le Mâle ; FRONT assez étroit sur le Mâle ; FACE verticale, bombée ou un peu convexe sur le milieu de sa hauteur et nue ; seconde division de la TROMPE en partie solide ; PALPES ne dépassant point l'Epistôme.

ABDOMEN subarrondi ; point de Cils sur le premier segment ; deux CILS MÉDIANS et plusieurs CILS APICAUX sur le dos du second ; deux CILS MÉDIANS et rangée complète de CILS APICAUX sur le dos du troisième.

CELLULE γ C ouverte contre le sommet de l'Aile, avec sa nervure transversale droite ou presque droite.

CORPS cylindrico-subarrondi, à teintes noires et testacées.

ANTENNÆ non mediam Faciei partem excedentes ; primus articulus brevissimus : tertius paulo lateribus compressus, apice rotundato vixque secundo bilongiore ; CHETUM primis articulis brevissimis, indistinctis, ultimo villosulo ; OCULI nudi, in ♂ approximati ; FRONS in ♂ angustata ;

Facies verticalis, rotundata vel paulo convexa et nuda. Haustelli secunda divisio partim solida; Palpi Epistoma non excedentes.

Abdomen subrotundatum, Ciliis in primo segmento nullis; duo mediana Ciliaque apicalia nonnulla in secundo; duo mediana seriesque apicalium integra in tertio.

Cellula γ C contra apicem Alæ aperta, nervo transverso recto vel vix recto.

Corpus cylindrico-subrotundatum; Colore nigro-testaceo,

Le véritable caractère de ce genre consiste dans son Chète villeux. Les Clytides du climat de Paris n'ont pas encore offert ce fait.

1456. = N° 1. ✱ Arisbæa lateralis, Macq.

Zophomya lateralis : Macq.-Collect. Bigot.

♂. Frontalia rubra : Frontis lateribus fusco-cinereis; Facies subalbida; Antennæ primis articulis fulvis, ultimo nigro; Palpi fulvi. Thorax ater, vitta subfulva inter basim Alarum et Scutellum; Scutellum majori parte fulvo-testacea. Abdomen fulvo-testaceum, pellucidum, vitta dorsali, vittaque ventrali basi primi segmenti, quatuorque segmento nigris, tessellis cinereo-flavescentibus. Pedes nigri. Halteres flavo-fulvescentes : Calypta flavo-subbrunicosa; Alæ flavedine lavatæ.

Long. 4 lignes.

Male : Frontaux rouges : côtés du Front brun-cendré; Face blanchâtre; premiers articles des Antennes fauves ; le dernier noir ; Palpes jaune-fauve. Corselet noir, âtre, avec un peu de fauve entre l'Ecusson et la base des Ailes ; majeure partie de l'Ecusson testacée. Abdomen testacé-diaphane, avec une ligne dorsale, une ligne ventrale, la base du premier segment et le dernier segment noirs, le tout garni de reflets cendré-flavescent plus épais vers l'Anus. Pattes noires. Balanciers jaune-fauve : Cuillerons jaune un peu brun; Ailes lavées de flavescent.

Cet insecte, originaire de Corse, fait partie de la collection de M. Bigot. M. Macquart l'avait étiqueté *Zophomya lateralis* ; c'est une véritable Clytide.

§ II. Chète ordinairement plumeux.
Chetum sæpius plumosum.

B. Larves sarcobies, coprobies, vipipares.
Larvæ sarcobiæs, coprobiæ, viviparæ.

Les insectes de cette division vivent à l'état de larves soit dans les excréments, soit dans les débris végétaux et animaux. Ils pondent des œufs qui devront éclore par la suite, ou bien ils donnent naissance à des larves vivantes. Nous avions fait d'abord trois sections des différents genres qui se trouvent dans ces conditions; la découverte des mœurs des Graosomes nous en a fait joindre une quatrième.

A. LES VIVIPARES.

Chète effilé, à premiers articles indistincts; Face peu élevée, à peine oblique; Frontaux étroits; Péristome plus long que large; Epistome en saillie; Médians toujours comprimés. Deux Cils apicaux sur le premier et le deuxième segment. Pattes grèles et fragiles :

I. Tribu : LES GRAOSOMES.

Antennes courtes; bord inférieur de la Face écrasé; Péristome étroit, allongé; Médians comprimés. Cils abdominaux variables suivant les genres. Anus des Mâles toujours replié en dessous. Pattes très-longues :

II. Tribu : LES MACROPODÉES.

Bord inférieur de la Face non écrasé; Péristome plus long que large; Epistome un peu saillant et en carré. Abdomen cylindrico-conique; Cils raides placés ordinairement à la base des segments abdominaux. Anus des Mâles replié en tube solide. Pattes de longueur moyenne.

III. Tribu : LES THERAMIDES.

B. LES OVIPARES.

Antennes descendant ordinairement jusqu'à l'Epistôme. Abdomen arrondi, dépourvu de Cils raides sur les segments. Anus du Mâle jamais composé de pièces solides, rarement replié en dessous. Femelle presque toujours ovivare. Pattes moyennes.

IV. Tribu : LES MUSCIDES.

A. LES VIVIPARES.

VIVIPARÆ.

Scaliger, dans les commentaires qui accompagnent sa traduction de l'*Histoire des Animaux* d'Aristote, décrivit le premier une Myophore qui pond des larves vivantes. Les observations ultérieures des Naturalistes, et surtout de Réaumur, en mettant cette assertion hors de doute, l'ont étendue à plusieurs espèces. La science ne peut rien désirer de plus exact que les mémoires de Réaumur qui traitent de ce curieux sujet. Dans notre *Essai snr les Myodaires*, publié en 1830, nous avions déjà adopté la division qne nous proposons de nouveau aujourd'hui et nous avions décrit un grand nombre d'espèces vivipares. De nombreuses découvertes sont venues se joindre aux anciennes et nous osons espérer que le résultat de nos recherches ne sera pas sans quelque intérêt, quoique nous n'ayons point encore la prétention d'avoir dit le dernier mot sur ce sujet.

I. Tribu : LES GRAOSOMES.
I. *Tribus : GRAOSOMÆ,* R.-D.

ANTENNES assez courtes ; le second article double du premier pour la longueur ; le troisième prismatique, double ou triple du second pour la longueur ; CHÈTE allongé, filiforme, tomenteux à une forte loupe, à premiers articles très-courts.

YEUX nus, distants sur les deux sexes ; FRONT large sur les deux sexes ; FRONTAUX étroits ; FACE légèrement oblique ; FACIAUX nus ; MÉDIANS un peu comprimés ; PÉRISTOME un peu plus long que large ; EPISTOME légèrement en saillie ; seconde division de la Trompe solide ; TROMPE parfois solide.

Point de CILS BASILAIRES ni MÉDIANS sur le dos du second et du troisième segment de l'Abdomen ; deux CILS APICAUX sur le milieu du bord postérieur du premier et du second segment.

PATTES fragiles. CELLULE γ C ouverte dans le sommet de l'Aile.

TAILLE médiocre ; CORPS cylindrique ou cylindriforme.

TEINTES grises, gris-cendré, gris-flavescent et même flavescentes ; les côtés de l'Abdomen offrent ordinairement des taches fauves, jaunes ou testacées, toujours plus prononcées sur les Mâles que sur les Femelles.

LARVES vivipares.

ANTENNÆ abbreviatæ ; secundus articulus primo bilongior ; tertius secundo bi aut trilongior ; CHETUM elongatum, filiforme ad lentem tomentosulum, primis articulis brevissimis.

OCULI nudi, in utroque sexu distantes ; FRONS lata ; FRONTALIBUS angustatis ; FACIES subobliqua ; FACIALIBUS nudis, medianeis subcompressis ; PERISTOMA subelongatum, EPISTOMATE paulisper prominulo ;

Proboscidis intersectio secunda coriacea; PROBOSCIS interdum coriacea.

CILIIS BASALIBUS aut MEDIANEIS nullis in dorso secundi tertiique segmenti abdominalis; duobus CILIIS APICALIBUS in medio marginis posterioris secundi tertiique segmenti.

PEDES fragiles. CELLULA γ C aperta in apice Alarum.

STATURA mediocris; CORPUS cylindricum aut cylindriforme. COLOR griseus, aut griseo-cinereus, aut griseo-flavescens, aut flavescens; Abdomen sæpius segmentorum lateribus fulvo, aut flavo, aut testaceo-maculatis.

LARVÆ viviparæ.

Quand la nature fait des créations aussi nombreuses et aussi variées que celles observées dans l'immense famille des Mouches, et surtout quand elle diversifie à l'infini leurs mœurs et leurs habitudes, le Naturaliste doit s'armer d'une patience à toute épreuve si, l'un des premiers, il entreprend de donner soit leur histoire, soit leur classification. Les essais et les tâtonnements seront poussés à l'extrême, et, pour prix de ses efforts répétés, de ses comparaisons plus ou moins solides, de ses rapprochements plus ou moins ingénieux, souvent le travailleur ne recueillera que l'erreur. L'erreur est donc une nécessité dans les études zoologiques. Ce résultat est inhérent au sujet lui-même, et il est d'autant plus déplorable que parfois il faut plus de temps pour le reconnaître et le détruire qu'il n'en a fallu pour le propager. Telle est la faiblesse de notre intelligence, que nous n'arrivons guère à la vérité qu'après avoir passé par cette voie de l'erreur !

Nous devons surtout en accuser notre impatience qui devance toujours les faits et qui ne sait pas attendre. Nous sommes pressés de conclure avant d'avoir réuni les preuves nécessaires pour cette opération définitive. Notre existence individuelle est si éphémère, la durée de notre travail est si courte, que nous avons hâte de construire l'édifice, sans nous assurer de la valeur réelle des matériaux employés. Nous avons des listes à dresser, des catalogues à compléter : nous nous disons alors : c'est un travail qui sera mené à bonne fin. Qu'importe une erreur qui ne sera reconnue que plus tard? L'essentiel est de pourvoir au présent. Si nous nous sommes trompé dans nos appréciations, si nous avons cru pouvoir avancer une chose qui n'est pas, nos successeurs nous redresseront. Aussi répétons-nous ce que disait Fabricius : « Il « faut laisser quelque chose à nos successeurs, *Est aliquid* « *relinquendum posteris nostris.* »

Ce malheur est inévitable, car il faut compter avec ce que l'on a devant soi ; il faut marcher alors. Nous étayons un échafaudage comme nous pouvons et nous présentons notre œuvre à la science qui bientôt le prendra en pitié, si elle n'en fait un sujet d'amère raillerie.

Cependant, ne déversons pas le blâme sur les entomologistes qui ont le malheur de tomber dans l'erreur : ils ne sont pas toujours à blâmer; ils couraient après la vérité et ils ne l'ont pas atteinte, parce qu'ils ont fait fausse route. Le défaut de réussite est déjà assez triste pour eux sans qu'il soit besoin d'ajouter encore à leurs regrets. Que de patience, que de peines souvent perdues sans retour et sans compensation! Après eux, d'autres remettront l'ouvrage sur le métier, d'autres s'efforceront de mener à bien la besogne à leur tour.

Ces réflexions me sont suggérées par la récente découverte que ma tribu des Graosomes ne comprend que des espèces vivipares, tandis qu'on présumait que leurs larves vivaient aux dépens d'autres insectes. Leur viviparisme est aujourd'hui constaté. Cette tribu ne doit donc plus rester parmi les Entomobies. Ainsi la lumière se fait chaque jour.

Qu'on veuille lire mes réflexions, imprimées en 1848, au sujet de ces Myodaires. On verra avec quelles hésitations je les plaçais à l'endroit assigné ; qu'on tienne compte de mes aperçus, de mes doutes, et l'on appréciera l'incertitude qui me portait à croire que je pouvais me tromper et qui me faisait soupçonner que ces races se rapprochent des Macropodées ou Dexiaires. Dans mon travail primitif, j'avais même avancé que les Aries et les Féries pouvaient être des Entomobies, tant je trouvais de points de ressemblance et d'analogie entre ces divers insectes. Je déclarais même que leur présence était une anomalie au milieu des Entomobies.

Mon erreur était donc indépendante de ma volonté puisque les moyens de rectification me manquaient. Maintenant le doute est défendu. Les Graosomes n'appartiennent pas aux Entomobies ; elles rentrent dans la grande famille des vivipares et se placent naturellement à côté des Macropodées, dont elles offrent d'ailleurs les principaux caractères. Si j'ai d'abord contribué à accréditer une erreur, j'ai l'avantage de revenir le premier à la vérité.

A. *Sommet des Palpes renflé sur les Femelles.*

I. G. LESKIA........	Le troisième article des Antennes triple du second. Front plus large sur le Mâle.
II. G. MYOBIA.......	Le troisième article des Antennes double du second. Front rétréci sur les Mâles.

B. *Sommet des Palpes non renflé sur les Femelles.*

III. G. SOLIERIA.....	Front aussi large sur les Mâles que sur les Femelles. Cellule γ C ouverte dans le sommet de l'Aile.

IV. G. CHREMIA.....	Caractères des SOLIERIES ; le bord postérieur du second segment entièrement ciligère.
V. G. ORILLIA.......	Cellule γ C fermée dans le sommet de l'Aile.
VI. G. FISCHERIA ...	Trompe solide ; Teintes rouges et cendrées.

A. *Sommet des Palpes renflé sur les Femelles.*

289. — I. Genre LESKIE.
I. *Genus LESKIA*, R.-D.

Leskia : Rob. Desv., *Myod.*
Tachina : Meig.
Myobia : Macq.

ANTENNES assez courtes ; le second article double du premier pour la longueur ; le troisième comprimé sur les côtés et triple du second pour la longueur ; CHÈTE allongé, tomenteux à la loupe, à premiers articles courts ; YEUX nus, distants sur la Femelle, plus rapprochés et rétrécis sur le Mâle ; FRONT large sur les deux sexes ; FACE oblique ; FACIAUX nus ; EPISTOME large et un peu saillant ; seconde division de la TROMPE en partie solide ; sommet des PALPES renflé sur la Femelle.

CELLULE apicale avec sa nervure transversale cintrée vers son sommet ; TEINTES dorées.

ANTENNÆ abbreviatæ ; secundus articulus primo bilongior ; tertius lateribus compressus, secundoque bilongior ; CHETUM ad lentem tomentosum, apice filiformi ; primis articulis brevibus ; OCULI nudi, distantes in ♀, approximati in ♂ ; FRONS lata in utroque sexu ; FACIES obliqua ; EPISTOMATE latiore, leviterque prominulo ; FACIALIBUS nudis ; PROBOSCIS secunda sectione coriacea ; PALPI apice inflati in ♀.

CELLULA γ C Alarum apicalis, nervo transverso versus apicem subarcuato.

1457. — N° 1. LESKIA AUREA, Fall.

Tachina aurea : Fall.-*Musc.*, n° 42.
— — Meig.-T. IV, n° 175.
— — Zetterst.-*Dipt. Skand.*, n° 170.
Leskia aurea : Rob. Desv.-*Myod*, n°s 1 et 2.
Myobia aurea : Macq.-*Buff.*, II, n° 2.

♂. Flavo-aureus ; Frontalibus, Antennis, Palpis flavo-croceis; Frontis lateribus, Facie, Pedibusque flavis. Thoracis lateribus cinereo-flavescentibus. Abdomen flavo-pellucidum dorso flavo-fulvicante, fascialisque transversis albide tessellatis. Tarsis nigris. Halteribus, Calyptis, Alisque flavis.

♀. Similis; Facie albida. Thorax dorso interdum brunescente.

Long. 3-4 lignes.

MALE : Tout le Corps jaune-doré, avec les côtés du Corselet cendré-flavescent. Frontaux, Antennes et Palpes jaune de safran; côtés du Front, Face et Pattes jaunes. Abdomen jaune transparent, avec le dos jaune-fauve et avec de légères lignes de reflets albide. Tarses noirs. Balanciers, Cuillerons et Ailes jaunes.

FEMELLE : Semblable ; Face albide. Dos du Corselet souvent un peu brunâtre.

Cette espèce n'est pas très-rare sur les fleurs des OMBELLIFÈRES durant les mois d'Eté.

La Femelle affecte parfois d'avoir le dos du Corselet brun ou brunâtre. Nous en avions à tort fait une espèce spéciale sous le nom de *Leskia flavescens*.

Une Femelle pondit des larves sur mes doigts au moment de sa capture. Je possède une autre Femelle dont les derniers segments de l'Abdomen sont à l'extérieur garnis de ces mêmes larves.

290. — II. Genre MYOBIE.
II. *Genus MYOBIA*. R.-D.

Tachina : Meig.-Fabr.
Myobia : Rond.-Macq.-Rob.-Desv.

ANTENNES assez courtes; le second article double du premier pour la longueur, et le troisième double du second; CHÈTE allongé, tomenteux à la loupe à premiers articles courts; YEUX nus, distants sur la Femelle, plus rapprochés et rétrécis sur le Mâle; FRONT beaucoup plus étroit sur les Mâles que sur les Femelles; FACE oblique; FACIAUX nus; EPISTOME large et un peu saillant; seconde division de la TROMPE en partie solide; sommet des PALPES souvent renflé chez les Femelles.

ABDOMEN des Mâles fauve-testacé dans sa totalité ou sa presque totalité; celui des Femelles offrant toujours du fauve sur les côtés du second et du troisième segment.

CELLULE γ C ouverte dans le sommet de l'Aile avec sa nervure transversale droite. CORPS du Mâle cylindrique; celui de la Femelle un peu déprimé.

ANTENNÆ abbreviatæ; secundus articulus primo bilongior; tertius secundo bilongior; CHETUM ad lentem tomentosum, apice filiformi, primis articulis brevibus; OCULI nudi, distantes in ♀, approximati in ♂; FRONS magis angustior in ♂ quam in ♀; FACIES obliqua; FACIALIBUS nudis; EPISTOMATE latiore leviterque prominulo; PROBOSCIS secunda sectione coriacea; PALPI apice sæpe inflati in ♀.

ABDOMEN magis vel toto fulvo-testaceum in ♂, fulvum in parte posteriori secundi, tertiique segmenti ♀.

CELLULA γ C Alarum in apice aperta, nervo transverso recto; Abdomen in ♂ cylindricum, in ♀ subdepressum.

Les deux caractères de ce genre consistent dans le Front

rétréci des Mâles et dans le sommet renflé des Palpes sur les Femelles qui ont aussi l'Abdomen ordinairement plus déprimé que les SOLIÉRIES.

Il serait facile d'établir deux genres distincts parmi les MYOBIES actuelles si l'on voulait tenir un compte rigoureux de l'étroitesse plus ou moins prononcée du Front sur les Mâles. Je me contenterai de dire que toute espèce qui a le Front plus étroit sur le Mâle et qui porte le Front plus ou moins en saillie appartient au genre dont il est question.

A. FRONT TRÈS-ÉTROIT SUR LE MALE.

1458. — N° 1. MYOBYA FRAGILIS, R.-D.

Myobia fragilis : Rob. Desv.-*Myod.*, p. 98, n° 1.
☿ *Myobia fulvipalpis :* Rob. Desv., *Ann. Soc. ent.* 1848, n° 2.

♂. Frontis lateribus, Facieque albidis ; Palpis fulvis, nonnullis pilis apicalibus fuscis. Frontalibus bruneo-rubescentibus ; Antennarum primis articulis fulvis, ultimo nigro Thorax niger, cinereo lineatus ; Scutelli apice testaceo. Abdomen flavo-testaceum, linea dorso-longitudinali postice latiori, fusco-flavescente. Pedibus flavis ; Tarsis nigris. Halteribus flaveolis : Calyptis albide-flavescentibus ; Alis limpidis, basi subflavescente.

♀. Frontalibus rubescentibus : Frontis lateribus subfusco-cinereis. Thorax niger, cinereo lineatus et irroratus. Abdomen fusco-subflavescens ; secundi, tertiique segmenti lateribus fulvis.

Long. 3-3 1/2-4 lignes.

MALE : Frontaux brun-rougeâtre ; les premiers articles des Antennes fauves ; le dernier noir ; côtés du Front et Face albides ; Palpes jaune-testacé, avec les Poils apicaux bruns. Corselet noir, rayé de cendré ; sommet de l'Ecusson testacé ;

Abdomen jaune-testacé, avec une ligne dorso-longitudinale brun-jaunâtre qui s'élargit sur les deux derniers segments. Pattes jaunes ; Tarses noirs. Balanciers jaune un peu pâle : Cuillerons jaune-blanchâtre ; Ailes claires, à peine flavescentes à la base.

Femelle : Frontaux rougeâtres : côtés du Front cendrés un peu bruns. Corselet noir, à peine rayé et saupoudré de cendré. Abdomen légèrement flavescent sur un fond brun. côtés du second et du troisième segment fauves.

C'est mon *Myobia fulvipalpis* no 2, publié dans les Annales de la Société entomologique, 1848. Par compensation, la Femelle, que nous avions d'abord attribuée par mégarde à cette espèce, est la Femelle du *Myobia sublutea.*

Cette espèce est semblable au *Myobia sublutea* ; mais son Corselet est brun-cendré et non brun-flavescent ; les côtés du Front et de la Face sont plus albides, les Cuillerons sont moins jaunes.

Je suis porté à croire que c'est le *Tachina inanis* décrit par Zetterstedt, n° 171, à qui il donne un Coprs cendré (*Corpus cinereum*), ainsi qu'un Front un peu proéminent et étroit (*Fronte subprominente, angusta*).

On prend cette espèce sur les fleurs de l'Eté.

1459. — N° 2. Myobia sublutea, R.-D.

Myobia sublutea : Rob. Desv.-*Myod.*, n° 2 ; et 1848, n° 2.
Myobia inanis : Macq.-*Buff.*, II, n° 4.

♂. Frontalibus fuscis ; primis Antennarum articulis fulvis, ultimo nigro ; Frontis lateribus, Facieque albido-cinereis ; Palpis, Pedibus, Halteribus, Calyptisque flavo-testaceis. Thorax dorso flavo laterибusque cinereis. Abdomen flavo-testaceum pellucidum, linea dorso-longitudinali, postice latiore, fusco-flavescente. Alis limpidis, basi flavescente.

♀. Frontis lateribus cinereo-subflavescentibus; Facie albida. Thorax dorso subaureo, lateribusque cinereis. Abdomen secundi segmenti lateribus fulvis; lateribus tertii segmenti antice solum fulvis; reliquis segmentis fusco-flavescentibus.

Long. 3 1/2-4 lignes.

Male : Frontaux bruns; premiers articles des Antennes fauves; le dernier noir; côtés du Front et Face blanc-cendré; Palpes, Pattes, Balanciers et Cuillerons jaune-testacé. Corselet jaune sur le dos et cendré sur les côtés. Abdomen jaune-testacé-diaphane, avec une ligne dorso-longitudinale brun-jaunâtre qui s'élargit sur les derniers segments. Tarses noirs. Ailes claires, lavées de flavescent à la base.

Femelle : Côtés du Front cendré un peu flavescent; Face albide. Corselet jaune ou jaune-doré sur le dos et cendré sur les côtés. Le second segment de l'Abdomen jaune-testacé sur les côtés; la tache testacée est moins développée sur le troisième; les autres segments jaunes sur un fond brun.

On prend cette espèce en Eté.

Une courte et curieuse digression ne me paraît pas hors de propos. Fallen a le premier décrit le *Tachina inanis* (*Musc.*, p. 21, n° 63). Il lui donne des Jambes noirâtres (*Tibiis iufuscatis*) et des Palpes noirs au sommet (*Palpi flavi, apice nigri*). Aucune de mes Graosomes n'offre la réunion de ces deux caractères qui, avec l'ensemble de la description, constituent une espèce de Macropodée.

Meigen (t. iv, n° 177) arrive aussi avec une *Tachina inanis* qu'il rapporte à celui de Fallen. Mais il fait précéder son espèce par le *Tachina longipes*, n° 176, dont tous les caractères indiquent une Macropodée dont j'ai dû donner la description sous un autre nom. Cet auteur donne à son *Tachina inanis* des Antennes d'un brun foncé, avec la base gris-cendré (*basi cenerea*), un Abdomen légèrement bombé et de couleur jaune de rouille, avec les Ailes un peu écourtées. Ces caractères, surtout ceux de l'Abdomen et des Ailes, indiquent un insecte voisin de la tribu des Ocyptérées, et que j'ai dû également décrire sous un autre nom.

Meigen indique son *Tachina longipes* comme étant très-rare, et son *Tachina inanis* comme étant rare. Les espèces auxquelles je rapporte ces deux espèces Meigéniennes sont également rares, tandis que mes espèces de GRAOSOMES sont assez communes.

Inutile de dire que Meigen, par l'adoption de mon genre MYOBIA, a de nouveau consacré sa double erreur.

Ainsi en 1830, je publiai le *Myobia fragilis* et le *Myobia sublutea*. En 1835, M. Macquart rapporta cette dernière espèce au *Tachina inanis* de Meigen, et Meigen, dans l'adoption du genre MYOBIA, en 1837, ne s'aperçut point qne l'espèce primitivement décrite par lui n'était pas celle que j'avais décrite, et que M. Macquart répétait.

Voici donc trois espèces de Mouches, appartenant à des sections différentes, que les auteurs n'hésitent pas à rapporter à une Mouche identique (TACHINA INANIS, Fall., TACHINA INANIS, Meig., et MYOBIA SUBLUTEA, R.-D). Il serait difficile de pousser plus loin la confusion.

Zetterstedt (*Diptera Scandinaviæ*) décrit également un *Tachina inanis*, nº 171 ; mais il décrit une véritable MYOBIE, et il ne fait erreur qu'en rapportant son espèce au *Tachina inanis* de Fallen et surtout à celui de Meigen.

Cet auteur a également tort de faire, à l'exemple de son prédécesseur, une MYOBIE du *Tachina longipes* de Meigen. Enfin sa variété C est une de mes SOLIÉRIES.

En 1848 (*Ann. de la Soc. ent. de France,*) je reproduisis ces erreurs; mais je rapportai le *Tachina inanis* de Fallen et de Meigen à une espèce de Soliérie.

Toutefois, je n'étais point satisfait de mon travail : lorsque les circonstances me permirent une exacte et littérale comparaison des descriptions, je ne tardai point de rentrer dans la vérité.

Il résulterait de cette dissertation que Fallen et Meigen, dans l'origne, n'ont pas connu mes *Myobia fragilis* et *sublutea,* ni même aucune de mes Graosomes. Cependant, loin d'admettre cette opinion, je pense qu'ils les ont connues et possédées, mais qu'ils ne les ont pas distinguées. Ils les avaient sans doute placées dans la même case, sous la même étiquette, s'en rapportant à la ressemblance que ces insectes peuvent avoir entre eux, et n'ayant pas songé à vérifier si tous les individus présents étaient identiques. Cet exemple de négligence n'est pas rare dans les fastes de l'Entomologie. Depuis la publication de leurs ouvrages, ces auteurs ont pu remplacer les espèces anciennement décrites par des espèces différentes et décrites par d'autres entomologistes. Mais leurs descriptions primitives restent et attestent de quel côté se trouvent l'exactitude et la vérité.

Je termine en disant que le *Tachina spreta* de Meigen ne saurait être un Graosome, et que le *Tachina pacifica,* nº 178, du même auteur, ayant le Chète finement velu, appartient à une autre section.

1460. — Nº 3. Myobia testacea, R.-D.

♀. *Myobia testacea* : Rob. Desv.-*Ann. Soc. entom.*, 1848, nº 5.

♂. Frontis lateribus, Facieque albidis; Palpis, Pedibusque fulvo-testaceis. Thorax cinereus, postice flavescens; Scutelli apice obscure cinereo. Abdomen fulvo-testaceum, linea dorso-longitudinali, postice latiore fusco-flavescente; ultimo segmento nullomodo fulvo; primis antennarum articulis flavo-fulvis, ultimo nigro. Tarsis nigris. Halteribus, Calyptisque flavis; Alis flavescentibus.

♀. Frontalibus bruneo-rubescentibus : Frontis lateribus subfusco-cinereis; Facie cinerea; Palpis, Pedibusque testaceis. Thorax cinereo lineatus et irroratus, Scutelli apice obscure testaceo. Abdomen fusco-subflavescens; secundo segmento lateribus flavo-testaceis; tertio segmento anticis lateribus solum testaceis Tarsis nigris. Halteribus flavis : Calyptis flavescentibus; Alis basi subflavescente.

Long. 2 1/2-3 lignes.

Male : Frontaux bruns; premiers articles des Antennes fauves; le dernier noir; côtés du Front et Face albides; Palpes et Pattes testacé-fauve. Corselet cendré, devenant flavescent en arrière; sommet de l'Ecusson obscurément testacé. Abdomen testacé-fauve, avec une ligne dorso-longitudinale brun-flavescent qui va en s'élargissant; le dernier segment n'offre pas de fauve. Tarses noirs. Balanciers et Cuillerons jaunes; Ailes flavescentes.

Femelle : Frontaux brun-rougeâtre : côtés du Front brun-cendré; Face cendrée; Palpes et Pattes jaune-testacé, avec les Tarses noirs. Corselet brun, rayé et saupoudré de cendré; sommet de l'Ecusson obscurément testacé. Abdomen brun, obscurément jaunâtre, même sur le dos des premiers segments; majeure partie du second segment jaune-testacé; il n'y a qu'une tache semblable à la base latérale du troisième segment. Balanciers jaunes : Cuillerons jaunâtres; Ailes légèrement flavescentes à la base.

On prend cette espèce en Eté. Elle parait être rare.

1461. — N° 4. Myobia rectinervis, R.-D. *Sp. ined.*

♂. Frontalibus bruneo-rubescentibus : Frontis lateribus fusco-cinereis, Facie albida; primis antennarum articulis fulvis, ultimo nigro; Palpis flavo-fulvis, apice nigro. Thorax fuscus, cinereo lineatus; Scutello flavescente. Abdomen testaceo-fulvum, linea dorso longitudinali fusco-subflavescente. Halteribus flavis : Calyptis claris; Alis subflavescentibus; nervo transverso Cellulæ γ C omnino recto.

Long. 3 lignes 1/2.

Male : Frontaux brun-rougeâtre; premiers articles des Antennes fauves; le dernier noir; côtés du Front brun-cendré; Face albide; Palpes jaune-fauve, avec le sommet noir. Corselet noir, rayé de cendré; Ecusson flavescent. Abdomen testacé-fauve, avec une ligne dorso-longitudinale noirâtre et un peu flavescente. Balanciers jaunes : Cuillerons blancs ou clairs, non flavescents; Ailes légèrement lavées de flavescent à la base. La nervure transversale de la Cellule γ C est tout-à-fait droite, caractère qui tôt ou tard fera prendre cette espèce comme type d'une section nouvelle.

Je ne connais que le Mâle de cette espèce prise en Eté.

1462. — N° 5. Myobia prægnata, R.-D. *Sp. ined.*

♂. Frontalibus fulvis : Frontis lateribus, Facieque albide micantibus; primis Antennarum articulis fulvis; ultimo nigro, basi interne fulvescente; Palpi pallide flavi, apice vix brunescente. Thorax cinereus, postice subflavescens. Abdomen pallide flavum, linea dorsali brunicosa, postice latiore. Pedes flavi; Tarsis nigris. Halteribus flavis : Calyptis flavescentibus; Alæ basi flavescentes; Cellula γ C nervo transverso recto.

♀. Similis; Palpis, Pedibusque magis fulvis; Antennarum tertio articulo basi interne fulvescente. Abdomen secundo, tertioque segmento fulvo-pellucidis. Alarum Cellula 7 C nervo transverso non omnino recto, sed ad apicem subarcuato.

Long. 3 lignes 1/2.

Male : Frontaux rouges : côtés du Front et Face albides ; premiers articles des Antennes fauves ; le dernier noir, mais un peu rougeâtre à la base et en dedans ; Palpes flavescents, avec le sommet à peine brunâtre. Corselet cendré, mais devenant jaunâtre en arrière. Abdomen jaune-pâle, avec une ligne dorsale brune qui s'élargit sur les derniers segments. Pattes jaunes, avec les Tarses noirs. Balanciers jaunes : Cuillerons flavescents ; Ailes claires, avec la base flavescente. La nervure transversale de la Cellule 7 C est droite.

Femelle : Semblable ; Palpes et Pattes d'un fauve plus prononcé ; on distingue du fauve à la base interne du troisième article des Antennes. Les deux premiers segments de l'Abdomen fauve-diaphane sur les côtés. Cellule 7 C de l'Aile avec sa nervure transverse entièrement droite, mais légèrement arquée vers le sommet.

Cette espèce, dont je possède les deux sexes capturés au mois d'Août, est plus pâle que le *Myobia rectinervis ;* le sommet des Palpes est moins noir, et la base du troisième articles des Antennes est rougeâtre en dedans. La Femelle n'a pas la nervure transverse de la Cellule 7 C de l'Aile entièrement droite. Elle accoucha devant moi de larves bien conditionnées.

1463. — N° 6. Myobia æstivalis, R.-D. *Sp. ined.*

♀. Frontalia nigro-subfulva : Frontis lateribus fusco-cinereis ; Facies albida ; Occiput nigrum ; Antennæ basi fulva, ultimo articulo nigro ; Palpi fulvi. Thorax cinereus, nigro vittatus. Abdomen nigricans, cinereo-bruneo irroratum; primi segmenti lateribus fulvis. Pedes flavo-fulvi; Tarsis nigris. Halteres flavescentes : Calypta alba; Alæ limpidæ, basi lutescente.

Long. 3 lignes 1/2.

FEMELLE : Frontaux brun-fauve : côtés du Front brun-cendré; Face albide; derrière de la Tête cendré; base des Antennes fauve, avec le dernier article noir; Palpes fauves, Corselet cendré, avec des lignes noires sur le dos. Abdomen noir, légèrement saupoudré de cendré-brunâtre; une tache fauve sur les côtés du premier segment. Pattes jaune-fauve, avec les Tarses noirs. Balanciers flavescents : Cuillerons blancs, avec la base jaunâtre.

J'ai pris cette espèce en Eté sur une OMBELLIFÈRE. Je ne connais que la Femelle.

B. FRONT MOINS RÉTRÉCI SUR LES MALES.

1464. — N° 7. MYOBIA PRATENSIS, R.-D. *Sp. ined.*

♀. Frontalibus rubescentibus; primis Antennarum articulis fulvis, ultimo nigro; Frontis lateribus cinereis; Facie alba; Palpis, Pedibusque fulvo-testaceis. Thorax cinereo-grisescens; Scutelli apice testaceo. Abdomen griseum, secundo segmento testaceo, pellucido; tertio antice vix maculato. Tarsis nigris. Halteribus flavis : Calyptis subalbidis; Alis basi flavescente; Cellula γ C nervo transverso recto.

Long. 3 lignes.

FEMELLE : Frontaux rougeâtres; premiers articles des Antennes fauves; le dernier noir; côtés du Front cendrés; Face blanche; Palpes et Pattes fauve-testacé. Corselet garni d'un duvet cendré-grisâtre; sommet de l'Ecusson testacé. Abdomen gris; le second segment testacé-diaphane; le troisième n'offre sur le devant qu'une petite tache semblable. Tarses noirs. Balanciers jaunes : Cuillerons blanchâtres; Ailes à base flavescente; la nervure transversale de la Cellule 7 C de l'Aile est droite.

Je ne connais qu'une Femelle de cette espèce prise en Eté.

1465. — N° 8. MYOBIA AURATA, R.-D. *Sp. ined.*

♂. Frontalibus bruneo-rubescentibus; primis Antennarum articulis fulvis, ultimo nigro; Frontis lateribus aureis; Facie albida; Palpis, Pedibusque flavo-fulvis. Thorax niger, subaureo lineatus et irroratus. Abdomen flavo-fulvum, pellucidum, linea dorso longitudinali fusco-flavescente. Tarsis nigris. Halteribus Calyptisque flavis; Alis basi flavescente.

♀. Frontis lateribus cinereis, vix flavescentibus. Thorax dorso subaureo. Abdomen fusco-obscure subaureo, lateribus secundi, tertiique segmenti fulvo-testaceis. Calyptis flavis.

Long. 3 lignes.

MALE : Frontaux brun-rougeâtre; premiers articles des Antennes fauves; le dernier noir; côtés du Front dorés; Face albide; Palpes et Pattes jaune-fauve. Corselet noir, avec le dos doré et les côtés cendrés. Abdomen jaune-fauve et diaphane, avec une ligne dorso-longitudinale brun-flavescente. Tarses noirs. Balanciers et Cuillerons jaunes; Ailes lavées de jaune à la base.

FEMELLE : Côtés du Front cendrés, à peine flavescents. Corselet doré sur le dos. Abdomen brun obscurément doré, avec une tache fauve sur les côtés du second et du troisième segment. Cuillerons jaunes.

J'ai pris cette espèce dans le cours de l'année 1850.

1466. — N° 9. MYOBIA SCUTELLARIS, R.-D.

Solieria vicina : Rob. Desv.-*Ann. Soc. entom.*, 1848, n° 8.
Tachina inanis : Fallen, n° 40.

♂. Frontalibus brunco-rubescentibus : Frontis lateribus fusco-cinereis, interdum subflavescentibus; Facie albida; primis Antennarum articulis fulvis, ultimo nigro; Palpis, Pedibusque flavo-testaceis. Thorax fusco-cinereus antice et lateribus, postice flavescens; Scutelli apice flavo-testaceo. Abdomenflavo-testaceum, pellucidum, linea dorso-longitudinali postice latiore, fusco-flavescente. Tarsis nigris. Halteribus, Calyptisque albo-flavescentibus; Alis basi flavescentibus.

♀. Frontalibus subrubris : Frontis lateribus cinereo-griseis. Thorax cinereo-pulverulento lineatus; Scutelli apice testaceo. Abdomen fusco-grisescens, secundi, tertiique segmenti lateribus fulvis. Calyptis flavis.

Long. 3 lignes.

Male : Frontaux brun-rougeâtre; premiers articles des Antennes fauves ; le dernier noir; côtés du Front brun-cendré et parfois un peu flavescents ; Face albide ; Palpes et Pattes jaune-testacé. Corselet brun-cendré ou un peu flavescent sur le devant et devenant jaune en arrière; sommet de l'Ecusson testacé-jaune. Abdomen jaune-testacé et diaphane, avec une ligne dorso-longitudinale brune et flavescente qui devient plus large sur les deux derniers segments. Tarses noirs. Balanciers et Cuillerons blanc-flavescent et non entièrement jaunâtres ; Ailes légèrement lavées de flavescent à la base.

Femelle : Frontaux rouges : côtés du Front cendré-grisâtre. Corselet rayé de cendré un peu pulvérulent; sommet de l'Ecusson testacé. Abdomen brun-grisâtre avec les côtés du second et du troisième segment fauve-testacé. Cuillerons jaunes.

Cette espèce n'est pas rare sur les fleurs du mois d'Août.

J'ai changé son nom primitif parce que le nom actuel la désigne parfaitement; dans l'origine, je ne possédais que la Femelle dont j'avais fait une Soliérie.

C'est peut-être le véritable *Tachina inanis* de Zetterstedt, auquel il ne donne que 2 lignes 1/2 de longueur.

1467. — N° 10. MYOBIA ALBISQUAMIS, R.-D. *Sp. ined.*

♂. Frontalibus bruneo-rubescentibus ; primis Antennarum articulis fulvis, ultimo nigro ; Frontis lateribus cinereis ; Facie albida ; Palpis et Pedibus flavo-fulvis. Thorax niger, cinereo lineatus ; Scutelli apice testaceo. Abdomen testaceo-fulvum, pellucidum linea dorso-longitudinali fusco-flavescente, posticeque latiore ; ultimo segmento nullo modo fulvo. Tarsis nigris. Halteribus flavescentibus : Calyptis albis ; Alis limpidis, basi subflavescente.

Long. 3 lignes.

MALE : Frontaux brun-rougeâtre ; premiers articles des Antennes fauves ; le dernier noir ; côtés du Front cendrés ; Face albide ; Palpes et Pattes jaune-fauve. Corselet noir, rayé de cendré ; sommet de l'Ecusson testacé. Abdomen testacé-fauve et diaphane, avec une ligne dorso-longitudinale brun-flavescent et qui s'élargit en arrière ; le dernier segment n'offre pas de fauve. Tarses noirs. Balanciers flavescents : Cuillerons blancs ; Ailes claires, à peine lavées de flavescent à la base.

Je ne connais que le Mâle de cette espèce prise en Eté.

1468. — N° 11. MYOBIA FLAVISQUAMIS, R.-D. *Sp. ined.*

♂. Frontalibus bruneis ; primis Antennarum articulis fulvis, ultimo nigro ; Frontis lateribus flavescentibus ; Facie albida ; Palpis, Pedibusque testaceo-fulvis. Thorax griseo-flavescens ; Scutelli apice non testaceo. Abdomen testaceo-fulvum lateribus quatuor primorum segmentorum, linea dorso-longitudinali, postice latiore, fusco-flavescente ; ultimo segmento haud flavo. Linea anteriore Femorali nigra ; Tarsis nigris. Halteribus, Calyptisque læte flavis ; Alis basi flava.

Long. 3 lignes.

Male : Frontaux bruns; premiers articles des Antennes fauves ; le dernier noir; côtés du Front jaunâtres ; Face albide ; Palpes et Pattes testacé-fauve, avec une ligne noirâtre sur le devant des deux Cuisses antérieures. Corselet noir et garni d'un duvet gris-jaunâtre ; sommet de l'Ecusson non testacé. Abdomen testacé-fauve sur les côtés des quatre premiers segments, avec une ligne dorso-longitudinale brun-flavescent qui s'élargit en arrière et couvre les derniers segments, de sorte que le quatrième segment n'est fauve qu'à sa moitié latérale et antérieure. Tarses noirs. Balanciers et Cuillerons franchement jaunes ; Ailes lavées de jaune à la base.

Je ne connais que le Mâle de cette espèce prise au mois de Septembre.

1469. — N° 12. Myobia ruficrus, R.-D.

Myobia ruficrus : Rob. Desv.-*Myod.*, n° 3.
♂ *Solieria inanis :* Rob. Desv.-*Ann. de la Soc. entom.*, 1848, n° 11.
♀ *Solieria ruficrus :* Rob. Desv.-*Ann. de la Soc. entom.*, 1848, n° 7.

♂. Frontalibus fusco-rubescentibus ; primis Antennarum articulis fulvis, ultimo nigro ; Frontis lateribus fusco-flavescentibus ; Facie albida ; Palpis, Pedibusque flavo-testaceis. Thorax niger, griseo-flavescente lineatus et irroratus. Abdomen flavo-fulvum ad mediam partem quarti segmenti ; linea dorso-longitudinali fusco-flavescente ultimaque segmenta occupante. Tarsis nigris. Halteribus, Calyptisque flavescentibus ; Alis basi flavescente.

♀. Corpus flavescens ; Frontalibus rubris : Frontis lateribus griseo-cinereis ; Facie albida. Abdomen secundi segmenti lateribus fulvo-testaceis ; tertio solum antice flavescente.

Long. ♂ 2 lignes 1/2 ; ♀ 2 lignes.

Male : Frontaux brun-rougeâtre ; premiers articles des Antennes fauves ; le dernier noir : côtés du Front brun-flavescent ; Face albide ; Palpes jaune-fauve. Corselet noir, rayé et saupoudré de gris un peu flavescent. Abdomen jaune-fauve jusqu'au milieu du quatrième segment, avec une ligne dorso-longitudinale brune et un peu flavescente qui va en s'élargissant et qui finit par couvrir les derniers segments. Pattes jaune-testacé ; Tarses noirs. Balanciers et Cuillerons jaunes ; Ailes flavescentes à la base.

Femelle : Corps flavescent ; Frontaux rouges ou rougeâtres : côtés du Front gris-cendré ; Face albide ; Palpes et Pattes jaune-fauve. Une tache fauve sur les côtés du second et du troisième segment de l'Abdomen ; celle du troisième n'existe qu'à la partie antérieure et latérale. Balanciers et Cuillerons jaunes ou jaunâtres.

Telle est la véritable description de mon *Myobia ruficrus* signalé la première fois dans mes *Myodaires.*

On prend cette espèce sur les Ombellifères de l'Eté.

1470. — N° 13. Myobia ruralis, R.-D. *Sp. ined.*

♂. Frontalibus bruneis ; primis Antennarum articulis fulvis, ultimo nigro ; Frontis lateribus cinereo-flavescentibus ; Palpis testaceis. Thorax flavescens ; Scutelli apice testaceo. Abdomen tribus primis segmentis flavo-testaceis, pellucidis, quarto antice solummodo flavo-maculato ; lineaque dorsali fusco-flavescente. Pedibus testaceis, linea femorali antica nigra ; Tarsis nigris. Halteribus flavis : Calyptis albo-flavescentibus ; Alis basi flavescente.

Long. 3 lignes.

Male : Frontaux bruns ; premiers articles des Antennes fauves ; le dernier noir ; côtés du Front cendrés et un peu flavescents ; Palpes testacés. Corselet flavescent; sommet de l'Ecusson testacé. Les trois premiers segments de l'Abdomen jaune-testacé ; le quatrième n'est un peu testacé que sur les côtés ; ligne dorso-longitudinale et derniers segments brun-flavescent. Pattes testacées, avec une ligne noire sur le devant des deux Cuisses antérieures ; Tarses noirs. Balanciers flaves : Cuillerons blanc-jaunâtre; Ailes claires, avec la base un peu flavescente.

Cette espèce, trouvée en Eté, est tout-à-fait voisine du *Myobia ruficrus*, dont elle ne diffère guère que par la ligne noire des Cuisses antérieures. Je ne connais que le Mâle.

1471. — No 14. Myobia villana, R.-D.

Myobia villana : Rob. Desv.-*Ann. Soc. ent.*, 1848, n° 3.

♀. Grisea, subfusca ; Frontalibus bruneo-rubescentibus : primis Antennarum articulis fulvis, ultimo nigro ; Frontis lateribus cinereo-flavescentibus ; Facie albida ; Palpis, Pedibusque flavis ; Scutelli apice testaceo. Abdomen secundi segmenti lateribus testaceis ; tertio vix maculato, Tarsis nigris. Halteribus flavis : Calyptis subalbidis ; Alis basi flavescente ; Cellula γ C vix aperta in apice Alarum.

Long. 3 lignes.

Femelle : Corps garni d'un duvet gris légèrement brun ; Frontaux brun-rougeâtre ; les deux premiers articles des Antennes fauves ; le dernier noir ; côtés du Front cendré-flavescent ; Face blanche ; Palpes et Pattes jaunes. Sommet de l'Ecusson testacé. Les côtés du second segment abdominal testacés ; à peine une légère tache testacée sur les côtés du troisième segment. Tarses noirs. Balanciers jaunes : Cuillerons blanchâtres ; Ailes claires, avec la base flavescente ; la Cellule γ C est à peine ouverte dans le sommet de l'Aile.

Je ne connais que la Femelle de cette espèce.

1472. — N° 15. Myobia fuscana, R.-D.

Solieria fuscana : Rob. Desv.-*Ann. Soc. ent.*, 1848, n° 12.

♂. Frontalibus bruneo-rubescentibus; primis Antennarum articulis obscure-fulvis, ultimo nigro; Frontis lateribus fusco-cinereis; Facie cinerea; Palpis fulvis, apice nigro. Thorax gagateus, nitens. Abdomen tribus primis segmentis fulvis, linea dorso-longitudinali nigra, postice latiore, ultimaque segmenta occupante. Pedibus fulvis; Femoribus anticis nigro lineatis; Tarsis nigris. Halteribus, Calyptisque flavis; Alæ flavescentes, basi flava.

Long. 3 lignes.

Male : Frontaux brun-rougeâtre; premiers articles des Antennes d'un fauve-obscur; le dernier noir; côtés du Front brun-cendré; Face albide; Palpes fauves, avec le sommet noir. Corselet noir-jais luisant. Les trois premiers segments de l'Abdomen fauves, avec une ligne dorso-longitudinale noire qui s'élargit et recouvre les derniers segments. Pattes fauves, avec le devant des Cuisses antérieures noir; Tarses noirs. Balanciers et Cuillerons jaunes; Ailes flavescentes, avec la base jaune.

Je ne connais que le Mâle de cette intéressante espèce.

1473. — N° 16. Myobia festiva, R.-D.

Solieria festiva : Rob. Desv.-*Ann. Soc. ent.*, 1848, n° 2.

♀. Frontalibus bruneo-rubescentibus; primis Antennarum articulis fulvis, ultimo nigro; Frontis lateribus fusco-cinereis; Facie alba; Palpis fulvis. Thorax cinereo-grisescens; Scutello flavescente apiceque testaceo. Abdomen gagateum nitens secundi tertiique segmenti lateribus fulvis. Pedibus fulvo-testaceis, linea femorali antica nigra; Tarsis nigris. Halteribus flavis : Calyptis flavescentibus; Alis basi flavescente.

Long. 3 lignes.

Femelle : Frontaux brun-rougeâtre; premiers articles des Antennes fauves; le dernier noir; côtés du Front cendré-brunâtre; Face blanche; Palpes fauves. Corselet cendré-grisâtre; Ecusson flavescent, avec le sommet testacé. Abdomen noir-jais luisant, avec une tache fauve sur les côtés du second et du troisième segment. Une ligne noire sur le devant des deux Cuisses antérieures; Tarses noirs. Balanciers jaunes : Cuillerons et base des Ailes flavescents.

Je ne connais que la Femelle de cette espèce.

1474. — N° 17. Myobia nitens, R.-D.

Solieria nitens : Rob. Desv.-*Ann. Soc. ent.*, 1848, n° 6.

♀. Frontalibus bruneis; primis Antennarum articulis fulvis, ultimo nigro; Frontis lateribus fusco-cinereis; Facie albida; Palpis flavo-testaceis, apice subinflatis. Thorax niger, cinereo-fuscescente irroratus; Scutelli apice testaceo. Abdomen nigrum, nitens, vix griseo-subfuscum, secundi segmenti lateribus testaceis, tertio antice vix maculato. Pedibus flavo-testaceis; Tarsis nigris. Halteribus flavis : Calyptis albo-flavescentibus; Alis basi flavescente.

Long. 3 lignes.

Femelle : Frontaux bruns; premiers articles des Antennes fauves; le dernier noir; côtés du Front brun-cendré; Face albide; Palpes jaune-testacé et renflés au sommet. Corselet noir, saupoudré de cendré-brun; sommet de l'Ecusson testacé. Abdomen noir, luisant, n'ayant qu'un très-léger duvet gris-brun; le second segment testacé sur les côtés; le troisième testacé seulement en devant. Pattes jaune-testacé; Tarses noirs. Balanciers jaunes : Cuillerons blanc-jaunâtre; Ailes à base flavescente.

Je ne connais que la Femelle de cette espèce.

B. *Sommet des Palpes non renflé sur les Femelles.*

291. — III. Geure SOLIERIE.
III. *Genus SOLIERIA*, R.-D.

Tachina : Meig.
Myobia : Rob. Desv.-Macq.

Caractères des MYOBIES; le FRONT presque aussi large sur le Mâle que sur la Femelle, et non rétréci sur le Mâle ; PALPES de la Femelle non renflés au sommet.

CELLULE γ C ouverte et non fermée au sommet de l'Aile.

CORPS des Femelles ordinairement cylindriforme.

Characteres MYOBIARUM : FRONS in ♂ non angustior et lata sicut in ♀ ; PALPI ♀ apice non inflato.
CELLULE γ C aperta in Alarum apice. CORPUS ♀ cylindriforme.

Comme nous l'avons déjà écrit en 1848, ces insectes paraissent de véritables MYOBIES au premier aspect ; mais le Front élargi des Mâles et les Palpes des Femelles non dilatés au sommet les distinguent d'une manière nette et positive. Leurs caractères alaires servent à les différencier des ORILLIES.

Ce genre comprend de nombreuses espèces que nous ne connaissons pas toutes et dont plusieurs ne sont encore signalées qu'incomplètement. Nous ne pouvons qu'engager de nouveau les entomologistes à porter leur attention sur elles.

Ce genre ne doit comprendre que les espèces dont le sommet des Palpes n'est pas dilaté sur la Femelle et dont le Front non proéminent, mais plane et presque carré, parait aussi large sur les Mâles que sur les Femelles. On peut ajouter que le fauve-testacé ne dépasse presque jamais le troisième segment abdominal sur les Mâles, tandis qu'il est borné au second segment sur les Femelles, qui finissent même par avoir l'Abdomen entièrement brun ou gris.

I. Abdomen testacé.

1475. — N° 1. Solieria testacea, R.-D. *Sp. ined.*

♂. Frontalibus rubris ; primis Antennarum articulis fulvis, ultimo nigro ; Frontis lateribus cinereis ; Facie albida ; Palpis, Pedibusque testaceo-fulvis. Thorax cinereo-subgrisescens. Abdomen quatuor primis segmentis testaceo-fulvis, linea dorso-longitudinali, ultimoque segmento fusco-flavescentibus. Tarsis nigris. Halteribus flavis : Calyptis flavescentibus ; Alis basi flavescente.

Long. 3 lignes.

Male : Frontaux rougeâtres ; premiers articles des Antennes fauves ; le dernier noir ; côtés du Front cendrés ; Face albide ; Palpes et Pattes testacé-fauve. Corselet noir, garni d'un duvet cendré un peu grisâtre. Abdomen testacé-fauve aux quatre premiers segments, avec une ligne dorso-longitudinale brun-jaunâtre. Tarses noirs. Balanciers jaunes : Cuillerons jaunâtres ; Ailes flavescentes.

Cet insecte, le seul de sa section, est une véritable Solié-rie ; je ne connais qu'un Mâle.

II. Abdomen testacé aux premiers segments.

A. *Sommet de l'Ecusson testacé.*

1476. — N° 2. Solieria elongata, R.-D.

Solieria elongata : Rob. Desv.-*Ann. Soc. ent.*, 1848, n° 6.

♂. Frontalibus rubris ; primis Antennarum articulis fulvis, ultimo nigro ; Frontis lateribus cinereis ; Facie albida ; Palpis, Pedibusque flavo-fulvis. Thorax cinereus, postice flavescens; Scutelli apice obscure testaceo. Abdomen secundi et tertii segmenti lateribus flavo-fulvis, linea dorsali reliquisque segmentis fuscis, obscure flavescentibus. Tarsis nigris. Halteribus, Calyptisque flavis; Alis basi flava.

Long. 4 lignes 1/2.

Male : Frontaux rouges; premiers articles des Antennes fauves; le dernier noir; côtés du Front cendrés; Face albide; Palpes et Pattes jaune-fauve. Corselet entièrement saupoudré de cendré et devenant flavescent en arrière; sommet de l'Écusson testacé-obscur. Abdomen jaune-fauve-diaphane sur les côtés du second et du troisième segment; la ligne dorsale et les autres segments bruns et obscurément flavescents. Tarses noirs. Balanciers et Cuillerons jaunes; Ailes jaunes à la base.

Je ne connais que le Mâle de cette espèce.

1477. — N° 3. Solieria bi-notata, R.-D.

♀ *Solieria binotata :* Rob. Desv.-*Ann. de la Soc. entom.*, 1848, n° 1.
♂ *Solieria ruficrus :* Rob. Desv., n° 7. id.
Myobia ruficrus : Rob. Desv.-*Myod.*, n° 3.

♂. Frontalibus rubescentibus; primis Antennarum articulis fulvis, ultimo nigro; Frontis lateribus cinereis; Facie albida; Palpis, Pedibusque flavo-fulvis. Thorax griseo-cinereus, postice flavescens; Scutelli extremo apice testaceo. Abdomen primis duobus segmentis testaceo-fulvis, pellucidis, linea dorsali ultimisque segmentis fusco-flavescentibus. Tarsis nigris. Halteribus flavis : Calyptis albis aut subalbis; Alis basi flavescente.

♀. Frontalia bruneo-rubescentia: Frontis lateribus et paulisper griseis; Facies albida; primis Antennarum articulis fulvis, ultimo nigro; Palpi flavi. Thorax griseo-cinereus; Scutellum flavescens, apice obscure testaceo. Abdomen bruneo-griseum cum macula flavo-fulva in latere secundi segmenti. Pedes flavo-fulvi; duobus Femoribus anterioribus nigro lineatis antice; Tarsis nigris. Halteribus flavis : Calyptis albido-flavis : Alis basi flavescente.

Long. 3 lignes.

MALE : Frontaux rougeâtres : côtés du Front cendrés ; Face albide; premiers articles des Antennes fauves; le dernier noir; Palpes et Pattes jaune-fauve. Corselet saupoudré d'un duvet gris-cendré qui devient flavescent en arrière; le petit sommet de l'Ecusson testacé. Les deux premiers segments de l'Abdomen testacé-fauve, avec une ligne dorsale d'un brun-flavescent qui recouvre entièrement les derniers segments. Tarses noirs. Balanciers jaunes : Cuillerons blancs ou blanchâtres; Ailes à base flavescente.

FEMELLE : Frontaux brun-rougeâtre : côtés du Front cendrés et un peu gris; Face albide; premiers articles des Antennes fauves; le dernier noir; Palpes jaune-fauve. Corselet gris-cendré, avec l'Ecusson flavescent et son sommet testacé-obscur. Abdomen brun-grisâtre; une tache jaune-fauve sur les côtés du deuxième segment. Une ligne noire sur le devant des Cuisses antérieures; Tarses noirs. Balanciers jaunes : Cuillerons blanc-jaunâtre; Ailes à base flavescente.

Les taches latérales jaune-fauve dont il est question sont les côtés jaune-fauve des segments.

1478. — N° 4. SOLIERIA APICALIS, R.-D. *Sp. ined.*

♂. Frontalia nigra : Frontis lateribus bruneo-cinereis; Facies albida; Occiput cinereum; Antennæ basi fulva, ultimo articulo nigro. Thorax cinereus, griseo-cinereus cum lineis nigris in dorso ; Scutellum apice paulo testaceum. Abdominis segmentis testaceis cum linea dorsali brunea et minima. Pedes flavo-fulvi, duobus Femoribus anterioribus antice nigris; Tarsi nigri. Halteres flavi : Calypta albido-flava ; Alæ basi flava.

Long. 2 2/3-3 lignes.

Male : Frontaux noirs : côtés du Front brun-cendré; Face blanche; derrière de la Tête cendré ; Antennes fauves à la base, avec le dernier article noir. Corselet cendré, cendré un peu gris, avec des lignes noires sur le dos ; sommet de l'Ecusson un peu testacé. Tous les segments de l'Abdomen testacés, avec une ligne dorsale brune peu apparente. Pattes jaune-fauve; les deux Cuisses antérieures noires sur le devant ; Tarses noirs. Balanciers jaunes : Cuillerons blanc-jaunâtre ; Ailes jaunes à la base.

Je ne connais que des Mâles de cette espèce qu'on rencontre sur la fin de l'Eté.

Dans la collection de M. Bigot, M. Macquart l'a étiquetée *Myobia inanis*, Meig.

1479. — No 5. Solieria campestris, R.-D. *Sp. ined.*

♀. Frontalia bruneo-rubescentia ; Antennarum primis articulis fulvis, ultimo nigro ; Frontis lateribus bruneo-cinereis ; Facies albida ; Palpi, Pedesque flavo-testacei. Thorax griseo-cinereus, postice flavescens ; Scutelli apice testaceo. Abdomen griseo-subbruneum cum macula paulisper obscura in lateribus secundi segmenti. Tarsi nigri. Halteres flavi : Calyptis flavescentibus ; Alæ basi parum flavescente.

Long. 3 lignes.

Femelle : Frontaux brun-rougeâtre ; premiers articles des Antennes fauves ; le dernier noir ; côtés du Front brun-cendré ; Palpes jaune-testacé, ainsi que les Pattes. Corselet garni d'un duvet grisâtre qui devient flavescent en arrière ;

sommet de l'Ecusson testacé. Abdomen gris un peu brun, avec une tache diaphane-obscur sur les côtés du deuxième segment. Tarses noirs. Balanciers jaunes : Cuillerons jaunâtres; Ailes à base un peu flavescente.

Je ne connais que la Femelle de cette espèce.

1480. — N° 6. SOLIERIA VILLICA, R.-D. *Sp. ined.*

♀. Corpus griseo-cinereum ; Frontalia brunea ; Antennæ basi fulva ; ultimo articulo nigro ; Frons lateribus bruneo-cinereis ; Facies albida ; Palpi, Pedesque fulvo-testacei. Scutellum apice testaceo. Abdomen cum macula fulvo-testacea in lateribus secundi segmenti. Tarsi nigri. Halteres flavi : Calyptis, Alisque flavescentibus.

Long. 4 lignes.

FEMELLE : Corps gris de poussière; Frontaux bruns; base des Antennes fauve avec le dernier article noir ; côtés du Front brun-cendré ; Face albide ; Palpes et Pattes testacé-fauve. Sommet de l'Ecusson testacé. Une tache fauve-testacé sur les côtés du deuxième segment de l'Abdomen. Tarses noirs. Balanciers jaunes : Cuillerons jaunâtres ; Ailes flavescentes.

Je ne connais que la Femelle de cette espèce.

1481. — N° 7. SOLIERIA FEMORALIS, R.-D.

Solieria femoralis : Rob. Desv.-*Ann. Soc. entom.*, 1848, p. 469.
Myobia lateralis : Macq.-*Buff.* II, n° 5?

♂. Frontalia bruneo-rubescentia; Antennæ primis articulis fulvis, ultimo nigro ; Frons lateribus bruneo-cinereis ; Facies albida ; Palpi, Pedesque flavo-testacei. Thorax niger, griseo-cinereo irroratus. Abdomen flavo-bruneum. Femoribus anterioribus nigro lineatis cum macula elongata nigrescente, in apice Femorum posteriorum. Halteres flavescentes : Calyptis albidis ; Alæ basi flavescente.

♀. Frontalia rubescentia : Frons lateribus cinereis. Thorax griseo-cinereus. Abdomen flavo-griseum, cum macula fulva lateribus primi, secundique segmenti. Calypta albide flavescentia.

Long. 3 lignes.

Male : Frontaux brun-rougeâtre ; premiers articles des Antennes fauves ; le dernier noir ; côtés du Front brun-cendré ; Face blanche ; Palpes et Pattes jaune-testacé. Corselet noir, saupoudré de gris-cendré. Abdomen brun-jaunâtre. Une ligne noire sur le devant des Cuisses antérieures ; une tache allongée, noirâtre au sommet des Cuisses postérieures ; Tarses noirs. Balanciers flavescents : Cuillerons blancs ; Ailes à base flavescente.

Femelle : Frontaux rougeâtres : côtés du Front cendrés. Corselet gris-cendré. Abdomen gris un peu flavescent ; une tache fauve sur les côtés du deuxième segment. Cuillerons blanc-jaunâtre.

Cette espèce n'est pas rare.

1482. — N° 8. Solieria maculata, R.-D. *Sp. ined.*

♂. Frontalia bruneo-rubescentia ; primis Antennarum articulis fulvis, ultimo nigro ; Frons lateribus bruneo-cinereis ; Facies albida ; Palpi, Pedesque fulvo-testacei. Thorax niger, cinereus ; Scutello flavescente cum apice obscure-testaceo. Abdomen nigro bruneum, fulvum ; secundo, tertioque segmento lateribus fulvis. Femoribus anterioribus nigro lineatis, posterioribus nigro-maculatis. Tarsis nigris. Halteres testacei : Calyptis albidis ; Alæ basi paulisper flavescente.

Long. 3 lignes.

Male : Frontaux brun-rougeâtre ; premiers articles des Antennes fauves ; le dernier noir ; côtés du Front cendré un peu brun ; Face albide ; Palpes et Pattes fauve-testacé.

Corselet noir, garni d'un duvet cendré; Ecusson jaunâtre, avec le sommet obscurément testacé. Abdomen noirâtre, avec un duvet brun; le second et le troisième segment fauves sur les côtés. Une ligne noire sur le devant des Cuisses antérieures; une tache noire aux Cuisses postérieures; Tarses noirs. Balanciers testacés : Cuillerons blanchâtres ; Ailes à base peu flavescente.

Je ne connais que des Mâles de cette espèce.

1483. — N° 9. SOLIERIA MODESTA, R.-D. *Sp. ined.*

♀. Frontalia rubra ; Antennæ primis articulis fulvis, ultimo nigro ; Frons lateribus nigro-cinereis; Facies albida ; Palpi, Pedesque flavo-fulvi. Thorax niger, paulisper bruneus; Scutellum apice minime testaceo. Abdomen nigrum, tomento bruneo paulisper flavescente; macula testacea lateribus secundi segmenti. Tarsis nigris. Halteres flavi : Calypta albido-flavescentia ; Alæ basi flavescente.

Long. 3 lignes 1/4.

FEMELLE : Frontaux rouges; premiers articles des Antennes fauves; le dernier noir; côtés du Front noir-cendré; Face albide; Palpes et Pattes jaune-fauve. Corselet noir, avec un léger duvet brunâtre; sommet de l'Ecusson à peine testacé. Abdomen noir, garni d'un duvet brun à peine flavescent; une tache testacée sur les côtés du deuxième segment. Tarses noirs. Balanciers jaunes : Cuillerons blanc-jaunâtre ; Ailes lavées de flavescent à la base.

Je ne connais que la Femelle de cette espèce.

1484. — N° 10. SOLIERIA RUSTICA, R.-D.

Solieria rustica : Rob. Desv.-*Ann. Soc. entom.*, 1848 n° 5.

♂. Frontalia rubescentia; Antennæ primis articulis fulvis, ultimo nigro; Frontis lateribus cinereo-flavescentibus; Palpis, Pedibusque testaceis. Thorax cinereo-grisescente tomentosus; Scutellum apice obscure testaceum. Abdomen griseo-flavescens, lateribus secundi, tertiique segmenti testaceis. Femoribus anterioribus nigro lineatis; Tarsis nigris. Halteribus flavis : Calyptis flavescentibus; Alis basi flavescente.

♀. Corpus nigrum, cinereo-grisescens; Frontalia brunea : Frontis lateribus cinereo-flavescentibus; primis Antennarum articulis fulvis. Scutellum apice paulisper testaceum. Abdomen lateribus secundi segmenti macula testaceis. Tarsis nigris. Halteribus flavis : Calyptis flavescentibus; Alis basi flavescente.

Long. 3 lignes.

MALE : Frontaux rougeâtres; premiers articles des Antennes fauves; le dernier noir; côtés du Front cendré un peu flavescent; Face albide; Palpes et Pattes testacés. Corselet garni d'un gris-flavescent; sommet de l'Ecusson obscurément testacé. Abdomen gris-flavescent, avec les côtés du deuxième et du troisième segment testacés. Une ligne noirâtre sur le devant des Cuisses antérieures; Tarses noirs. Balanciers jaunes : Cuillerons flavescents; Ailes à base flavescente.

FEMELLE : Corps noir, saupoudré d'un duvet gris-flavescent; Frontaux bruns : côtés du Front cendrés à peine flavescents; Face albide; premiers articles des Antennes fauves; le dernier noir; Palpes et Pattes fauves. Le sommet de l'Ecusson légèrement testacé. Une tache testacée sur les côtés du deuxième segment de l'Abdomen. Tarses noirs. Balanciers jaunes : Cuillerons jaunâtres; Ailes à base flavescente.

1485. — N° 11. SOLIERIA PALPALIS, R.-D. *Sp. ined.*

♀. Corpus nigrum, toto griseo-flavescente tomentosum; Frontalia brunea : Antennæ primis articulis fulvis, ultimo nigro ; Frons lateribus cinereo-griseis ; Facies grisea ; Palpi flavo-fulvi, apice nigro. Scutellum apice testaceum. Abdomen lateribus secundi segmenti fulvo-maculatum. Pedes flavo-fulvi ; Tarsis nigris. Halteres flavi : Calyptis flavescentibus ; Alæ limpidæ, basi paulisper flavescente.

Long. 2 lignes 2/3.

Femelle : Corps noir, entièrement garni d'un duvet gris-flavescent ; Frontaux bruns ; premiers articles des Antennes fauves ; le dernier noir ; côtés du Front cendré-gris ; Face cendrée ; Palpes jaune-fauve avec le sommet noir. Pattes jaune-fauve, avec les Tarses noirs. Sommet de l'Ecusson entièrement testacé. Une tache fauve sur les côtés du deuxième segment de l'Abdomen. Balanciers jaunes : Cuillerons jaunâtres ; Ailes assez claires, à base un peu flavescente.

Je ne connais que la Femelle de cette espèce.

1486. — No 12. Solieria profuga, R.-D. *Sp. ined.*

♀. Frontalibus rubris ; primis Antennæ articulis fulvis, ultimo nigro ; Frontis lateribus bruneo-cinereis ; Palpis, Pedibusque flavo-fulvis. Thorax niger, cinereo-grisescente tomentosus ; Scutellum apice vix testaceum. Abdomen nigrum, cinereo-bruneo tomentosum, secundi segmenti lateribus fulvis. Halteribus flavis : Calyptis albide-flavescentibus ; Alis basi flavescente.

Long. 3 lignes 1/4.

Femelle : Frontaux rouges ; les premiers articles des Antennes fauves ; le dernier noir ; côtés du Front brun-cendré ; Face albide ; Palpes et Pattes jaune-fauve. Corselet noir, avec un léger duvet cendré-brun ; sommet de l'Ecusson à peine testacé. Abdomen noir, avec un léger duvet cendré-brun ; côtés du deuxième segment fauves. Balanciers jaunes : Cuillerons blanc-jaunâtre ; Ailes flavescentes à la base.

Je ne connais que la Femelle de cette espèce.

1487. — N° 13. SOLIERIA NANA, R.-D. *Sp. ined.*

♀. Frontalia rubra : Frons lateribus cinereis ; Facies albida ; Antennæ primis articulis fulvis, ultimo nigro ; Palpi paulisper testacei. Thorax niger, cinereo irroratus ; Scutellum majori parte testaceum. Abdomen (destructum). Pedes testacei, duobus Femoribus anterioribus nigro lineatis antice ; Tarsis nigris. Calypta albida ; Alis limpidis.

Long. 1 ligne 2/3.

FEMELLE : Frontaux rougeâtres : côtés du Front cendrés ; Face albide ; premiers articles des Antennes fauves ; le dernier noir ; Palpes testacé-pâle. Corselet noir, saupoudré de cendré ; majeure partie de l'Ecusson testacée. L'Abdomen manque ; il parait qu'il n'y a point de tache fauve sur le dos. Pattes testacées ; une ligne noirâtre sur le devant des Cuisses antérieures ; Tarses noirs. Cuillerons blanchâtres ; Ailes claires.

1488. — N° 14. SOLIERIA CINEREA, R.-D.

Solieria cinerea : Rob. Desv.-*Ann. Soc. ent.*, 1848, p. 470, n° 15.

♀. Frontalia bruneo-rubra ; Antennæ primis articulis fulvis, ultimo nigro : Frons lateribus cinereis ; Facies albida ; Palpi, Pedesque flavo-fulvi, duobus Femoribus anterioribus nigro lineatis. Corpus nigrum, toto cinereo tomentosum. Abdomen lateribus secundi segmenti maculatum. Halteribus flavis : Calyptis albidis ; Alis limpidis.

Long. 3-3 lignes 1/4.

FEMELLE : Corps noir, entièrement saupoudré de duvet cendré ; Frontaux brun-rougeâtre ; premiers articles des Antennes fauves ; le dernier noir ; côtés du Front cendrés ; Face albide; Palpes et Pattes jaune-fauve. Une tache testacée sur les côtés du deuxième segment de l'Abdomen. Le devant des deux Cuisses antérieures rayé de noir; Tarses noirs. Balanciers jaunes : Cuillerons blanchâtres; Ailes assez claires.

Je ne connais que des Femelles de cette espèce.

1489. — N° 15. SOLIERIA FLAVESCENS, R.-D. *Sp. ined.*

♀. Frontalia brunea; primis Antennarnm articulis fulvis, ultimo nigro; Frontis lateribus cinereo-flavescentibus; Facie albida; Palpis, Pedibusque testaceo-fulvis. Thorax lateribus bruneo-cinereis, dorso flavescente. Abdomen flavescens, lateribus secundi segmenti fulvo-maculatum. Duobus Femoribus anterioribus paulisper nigro lineatis; Tarsis nigris. Halteribus flavis: Calyptis albido-flavidis; Alis limpidis, basi flavescente.

♂. Similis; Abdomen bruneo-flavum lateribus secundi, tertiique segmenti maculatum; duobus Femoribus anterioribus nigro lineatis. Halteribus, Calyptisque flavis.

Long. ♀ 3 lignes 1/4 ; ♂ 2 lignes 1/2.

FEMELLE : Frontaux bruns; premiers articles des Antennes fauves; le dernier noir; côtés du Front cendré-flavescent; Face albide; Palpes et Pattes testacé-fauve. Corselet brun-cendré sur les côtés et flavescent sur le dos. Abdomen flavescent; une tache fauve-testacée sur les côtés du deuxième segment. Une légère ligne noirâtre sur le devant des Cuisses antérieures ; Tarses noirs. Balanciers jaunes : Cuillerons blanc-jaunâtre; Ailes claires, avec la base flavescente.

MALE : Frontaux bruns : côtés du Front cendré-flavescent ; Face albide; Palpes et Pattes testacé-fauve. Corselet brun-cendré sur les côtés, doré sur le dos. Abdomen brun-jaunâtre; une tache fauve sur les côtés du deuxième et du troisième segment. Une ligne noire sur le devant des Cuisses antérieures ; Tarses noirs. Balanciers et Cuillerons jaunes ; Ailes claires, avec la base flavescente.

Cette espèce est assez rare.

1490. — N° 16. SOLIERIA DIMIDIATA, R.-D.

Solieria dimidiata : Rob. Desv.-*Ann. Soc. entom.* 1848, p. 471, n° 18.

Solieria germana : Rob. Desv.-*Ann. Soc. entom.* 1848, p. 467, n° 10.

♂. Frontalibus rubris; primis Antennarum articulis fulvis, ultimo nigro; Frontis lateribus bruneo-cinereis; Facie albida; Palpis, Pedibusque flavo-testaceis. Thorax niger, griseo-bruneo irroratus. Abdomen nigrum, primis segmentis griseo-bruneo irroratis, ultimis nigris; lateribus secundi fulvo-maculatis. Tarsis nigris. Halteribus, Calyptisque flavis ; Alis paulisper flavescentibus.

♀. Similis ; macula obscuro-fulva lateribus secundi segmenti. Frontalia brunea, lateribus cinereo-bruneis vel cinereo-griseis ; Facies cinerea. Duobus Femoribus anterioribus nigro lineatis. Calypta albida, aliquando albido-flava.

Long. 3 lignes.

MALE : Frontaux rougeâtres; premiers articles des Antennes fauves ; le dernier noir ; côtés du Front brun-cendré ; Face albide ; Palpes et Pattes jaune-testacé. Corselet noir, saupoudré de gris-brunâtre. Abdomen noir, avec un duvet gris-brun sur les premiers segments ; les derniers noir-luisant et lisses ; une tache fauve sur les côtés du deuxième segment, avec une autre très-petite sur les côtés du troisième. Tarses noirs. Balanciers et Cuillerons jaunes ; Ailes lavées de flavescent.

Je possède un individu dont le sommet de l'Ecusson est brun.

Femelle : Semblable ; Frontaux bruns ; Face albide. Une tache fauve très-obscure sur les côtés du deuxième segment. Une ligne noire sur le devant des Cuisses antérieures. Cuillerons blancs ou blanc-jaunâtre ; Ailes avec la base flavescente.

1491. — N° 17. Solieria gagatea, R.-D.

Solieria gagatea : Rob. Desv.-*Ann. Soc. ent.*, 1848, n° 3.

♀. Thorax bruneo-cinereus. Abdomen gagateum, nitidum, macula flava ad latera secundi segmenti.

Long. 3-3 lignes 1/2.

Femelle : Frontaux bruns; premiers articles des Antennes fauves ; le dernier noir ; côtés du Front cendré un peu brun ; Face cendrée; Palpes et Pattes jaune-fauve. Corselet saupoudré d'un léger cendré-brun ; sommet de l'Ecusson non testacé. Abdomen noir de jais, luisant, avec une tache fauve sur les côtés du deuxième segment. Tarses noirs. Balanciers et Cuillerons blanc-jaunâtre ; Ailes claires, avec la base flavescente.

Je ne connais que des Femelles de cette espèce.

1492. — N° 18. Solieria vaga, R.-D.

Myobia vaga : Rob. Desv.-*Ann. Soc. entom.*, 1848, p. 458, n° 4.

♀. Frontalibus bruneis ; primis Antennarum articulis fulvis, ultimo nigro ; Frontis lateribus cinereis ; Facie albida ; Palpis testaceis, apice bruneo. Thorax griseo-cinereus, postice flavescens. Abdomen griseum paulisper flavescens ; lateribus secundi segmenti fulvo-maculatum. Pedibus fulvo-testaceis ; duobus Femoribus anterioribus nigro lineatis. Halteribus flavis : Calyptis flavis aut flavescentibus; Alis sublimpidis.

Long. 2 lignes.

Femelle : Frontaux bruns ; premiers articles des Antennes fauves ; le dernier noir ; côtés du Front cendrés ; Face blanche ; Palpes testacés, avec le sommet brun. Corselet gris-cendré, devenant jaunâtre en arrière. Abdomen gris un peu jaunâtre ; une tache fauve sur les côtés du deuxième segment. Pattes fauve-testacé; avec une ligne noire sur le devant des deux Cuisses antérieures ; Tarses noirs. Balanciers jaunes : Cuillerons jaunes ou jaunâtres ; Ailes claires.

Je ne connais que des Femelles de cette espèce prise en Eté.

1493. — N° 19. Solieria immaculata, R.-D.

♂ et ♀ *Solieria pulverulenta :* Rob. Desv.-*Ann. Soc. ent.*, 1848, p. 471, n° 17.

♀ *Solieria cinerascens :* Rob. Desv.-*Ann. Soc. ent.*, 1848, p. 470 n° 16.

♂ *Solieria immaculata :* Rob. Desv.-*Ann. Soc. ent.*, 1848, p. 464. n° 4.

♂. Frontalia bruneo-rubra ; primis Antennarum articulis fulvis ; Facies cinerea ; Palpi flavo-testacei. Thorax cinereus. Abdomen bruneum, cinereo-bruneo irroratum : lateribus secundi, tertiique segmenti fulvo-testaceis. Duobus Pedibus anterioribus nigris ; Tibiis fulvis ; Pedibus medianeis, posterioribusque fulvo-testaceis ; Femoribus antice nigro lineatis ; Tarsis nigris. Halteribus flavis : Calyptis albido-flavescentibus.

♀. Frontalia bruneo-rubra ; primis Antennarum articulis fulvis, ultimo nigro ; Frons lateribus cinereis ; Facies albida ; Palpi fulvi. Thorax niger, cinereo-bruneo irroratus. Abdomen nigrum, griseo-flavo irroratum, posteriori parte secundi segmenti ventralis solummodo maculatum. Pedes flavo-fulvi ; duobus Femoribus anterioribus antice nigro lineatis ; Tarsis nigris. Halteribus, Calyptisque flavis ; Alis basi flavescente.

Long. ♂ 2 2/3-3 lignes ; ♀ 3 lignes 1/4.

Male : Frontaux brun-rougeâtre; premiers articles des Antennes fauves ; le dernier noir ; côtés du Front brun-cendré ; Palpes jaune-testacé. Corselet saupoudré de cendré. Abdomen brun, avec un duvet cendré un peu brun ; le deuxième et le troisième segment fauve-testacé sur les côtés. Les deux Pattes antérieures noires, avec les Tibias fauves ; Pattes intermédiaires fauve-testacé, ainsi que les Pattes postérieures ; une ligne noire sur le devant des Cuisses ; Tarses noirs. Balanciers jaunes : Cuillerons blanc-jaunâtre.

Femelle : Frontaux brun-rougeâtre ; premiers articles des Antennes fauves ; le dernier noir ; côtés du Front cendrés ; Face albide ; Palpes fauves. Corselet noir, saupoudré de cendré un peu brun. Abdomen noir, saupoudré de gris-flavescent ; on ne voit pas de tache fauve sur les côtés du deuxième segment, mais cette tache existe sous le deuxième segment ventral. Pattes jaune-fauve ; une ligne noire sur le devant des Cuisses antérieures ; Tarses noirs. Balanciers et Cuillerons jaunes ; Ailes à base flavescente.

Je possède un individu absolument sans tache sous le Ventre.

Autrefois je croyais que le *Solieria immaculata* n'avait pas de fauve sous le Ventre. Cette erreur m'a été facilement démontrée.

1494. — No 20. Solieria brunicosa, R.-D. *Sp. ined.*

♂. Frontalia brunea : primis Antennarum articulis fulvis, ultimo nigro ; Frons lateribus nigro-cinereis : Facies albida ; Palpi pallide-flavi, apice bruneo. Thorax nigro-gagateus et paulisper cinereus. Abdomen nigrum minime rufo irroratum, lateribus secundi tertiique segmenti fulvum. Pedes flavo-testacei ; duobus Femoribus anterioribus antice nigro lineatis; Tarsis nigris. Halteribus flavis : Calyptis albidis; Alis limpidis, basi flavescente.

Long. 2 lignes 1/2.

MALE : Frontaux bruns; premiers articles des Antennes fauves; le dernier noir; côtés du Front noir-cendré; Face albide; Palpes jaune-pâle, avec le sommet brunâtre. Corselet noir de jais, luisant et légèrement saupoudré de cendré. Abdomen noir, avec un léger duvet roussâtre; les côtés du deuxième et du troisième segment fauves. Pattes jaune-testacé; une ligne noire sur le devant des Cuisses antérieures; Tarses noirs. Balanciers jaunes : Cuillerons blancs; Ailes claires, avec la base jaunâtre.

Je ne connais que le Mâle de cette espèce.

1495. — N° 21. SOLIERIA OBSCURIPES, R.-D. *Sp. ined.*

♂. Frontalia rubra; primis Antennarum articulis fulvis, ultimo nigro; Frons lateribus brunco-cinereis; Facies albida; Palpi flavo-testacei. Thorax cinereo-griseus. Abdomen bruneo-grisescens, lateribus secundi tertiique segmenti testaceo-bruneo maculatum. Femora flavo-testacea; duobus anterioribus antice nigro lineatis, duobusque posterioribus apice nigro-maculatis; Tibiis flavo-fulvis, apice obscure bruneis: Tarsis nigris. Halteribus flavis : Calyptis albidis; Alis basi flavescente.

♀. Similis; Corpus bruneo-griseo irroratum. Abdomen lateribus nunquam fulvo-maculatum.

Long. 2-2 lignes 1/4.

MALE : Frontaux rougeâtres; premiers articles des Antennes fauves; le dernier noir; côtés du Front brun-cendré; Face albide; Palpes jaune-testacé. Corselet garni d'un duvet cendré-grisâtre. Abdomen brun-grisâtre, avec une tache testacé-brun sur les côtés du deuxième et du troisième segment.

Cuisses jaune-testacé, avec une ligne noire sur le devant des deux antérieures et une tache noire au sommet des deux postérieures ; Tibias jaune fauve, d'un brun-obscur au sommet ; Tarses noirs. Balanciers jaunes : Cuillerons blancs ; Ailes à base flavescente.

FEMELLE : Semblable ; Corps garni d'un duvet brun-grisâtre. Point de taches fauves sur les côtés de l'Abdomen.

La nervure transversale de la Cellule γ C des Ailes est droite. Cette Cellule presque fermée nous fait sentir le voisinage des ORILLIES.

292. — IV. Genre CHREMIE.
IV. *Genus CHREMIA*, R.-D.

Caractères des SOLIERIES ; mais le bord postérieur du second segment de l'Abdomen est entièrement ciligère.

Omnes characteres SOLIERIARUM. ABDOMEN secundi segmenti margine postico toto ciligero.

J'ai dû choisir ce caractère pour établir un point de reconnaissance au milieu de ces races qui ont tant de ressemblance entre elles. Du reste, la CHRÉMIE n'est qu'un sous-genre.

1496. — N° 1. CHREMIA CILIGERA, R.-D. *Sp. ined.*

♀. Frontalia nigra : Frontis lateribus subfusco-cinereis ; Facies albida ; Occiput cinereum, Antennæ basi fulva, ultimo articulo nigro, Palpi testacei. Thorax cinereus, vittis dorsalibus fuscis. Abdomen bruneum, tenui tomento cinereo-flavicante ; lateribus primi, secundique segmenti testaceis ; secundi segmenti margine postico toto ciligero. Pedes testacei ; Tarsis nigris. Halteres flavi : Calypta albo-flavescentia ; Alæ limpidæ, basi flava.

Long. 3 lignes 1/4.

FEMELLE : Frontaux noirs : côtés du Front cendré un peu

brunâtre ; Face albide ; derrière de la Tête cendré ; Antennes fauves à la base, avec le dernier article noir ; Palpes testacés: Corselet cendré, avec des lignes noirâtres sur le dos. Abdomen brun, avec un léger duvet flavescent-cendré ; les côtés du premier et du second segment testacés ; bord postérieur du deuxième segment entièrement garni de Cils raides. Pattes testacées, avec les Tarses noirs. Balanciers jaunes : Cuillerons blanc-jaunâtre ; Ailes claires, avec la base jaune.

Je ne connais que la Femelle de cette espèce prise en Eté blanc-jausur une OMBELLIFÈRE.

293. — V. Genre ORILLIE.
V. *Genus ORILLIA*, R.-D.

Myobia : Rob. Desv., *Myod.*
Orillia : Rob. Desv., *Ann. Soc. ent.*, p. 474.

Tous les caractères des SOLIERIES ; la CELLULE γ C fermée et non ouverte dans le sommet de l'Aile.

Omnino characteres SOLIERIARUM ; at CELLULA γ C haud aperta in Alarum apice.

Nous insistons aujourd'hui, comme en 1848, sur ce caractère, par la nécessité où nous nous trouvons de noter tous les moyens capables de guider dans le labyrinthe des organisations dont nous nous occupons. Du reste, les ORILLIES, de même que la CHREMIE, ne peuvent former qu'un sous-genre.

1497. — N° 1. ORILLIA AURICEPS, R.-D. *Sp. ined.*

♂. Frontalia brunea ; primis Antennarum articulis fulvis, ultimo nigro ; Frons lateribus aureis ; Facies flavo-aurea ; Palpi, Pedesque flavo-fulvi. Thorax Scutelloque flavo-aureo irroratus. Abdomen nigrum, tomento paulisper aureo, secundi tertiique segmenti lateribus fulvo-maculatis. Tarsis nigris. Halteres, Calyptaque flava; Alæ flavedine lavatæ, nervo transverso Cellulæ γ C arcuato.

Long. 4 lignes.

Male : Frontaux bruns; premiers articles des Antennes fauves; le dernier noir; côtés du Front dorés; Face jaune-doré; Palpes et Pattes jaune-fauve. Corselet et Ecusson garnis d'un duvet jaune-doré. Abdomen noir, avec un duvet presque doré; une tache fauve sur les côtés du deuxième et du troisième segment. Tarses noirs. Balanciers et Cuillerons jaunes; Ailes lavées de flavescent; la nervure transversale de la Cellule γ C est cintrée.

Je ne connais que le Mâle de cette espèce.

1498. — N° 2. Orillia curvinervis, R.-D.

Orillia curvinervis : Rob. Desv.-*Ann. Soc. entom.*, 1848, p. 475, n° 1.

♂. Frontalia bruneo rubra; primis Antennarum articulis fulvis, ultimo nigro; Frons lateribus griseis; Facies albida; Palpi, Pedesque flavo-fulvi. Thorax cinereus, dorso cinereo-flavescente; Scutellum apice testaceo. Abdomen bruneo-flavescens, secundi tertiique segmenti lateribus fulvis. Femoribus anterioribus fusco lineatis; Tarsis nigris. Halteres flavi : Calyptis albidis; Alæ limpidæ, basi flava.

Long. 3 lignes.

Male : Frontaux brun-rougeâtre; les premiers articles des Antennes fauves; le dernier noir; côtés du Front cendrés; Face albide; Palpes et Pattes jaune-fauve. Corselet garni d'un duvet gris-jaunâtre sur le dos; sommet de l'Ecusson testacé. Abdomen brun-jaunâtre, avec les deuxième et troisième segments fauves sur les côtés. Une ligne brune sur le devant des Cuisses antérieures; Tarses noirs. Balanciers jaunes : Cuillerons blancs; Ailes claires, avec la base jaune ; la nervure transversale de la Cellule γ C des Ailes est cintrée.

Nous ne possédons qu'un Mâle de cette espèce.

1499. — N° 3. ORILLIA RECTINERVIS, R.-D.

Orillia rectinervis . Rob. Desv.-*Ann. de la Soc. entom.*, 1848, p. 475, n° 2.

♂. Frontalia bruneo-rubra; primis Antennarum articulis fulvis, ultimo nigro ; Frons lateribus griseo-flavescentibus ; Facies albida ; Palpi, Pedesque flavo-fulvi. Thorax cinereo-grisescens. Abdomen nigrum, tomento obscure grisescente, secundi tertiique segmenti lateribus flavo-fulvo late maculatis. Femoribus anterioribus antice nigromaculatis ; Tarsis nigris. Halteres flavi : Calyptis albidis ; Alæ limpidæ, basi paulisper flavescente ; nervo transverso Cellulæ γ C Alarum recto.

Long. 3 lignes.

MALE : Frontaux brun-rougeâtre ; premiers articles des Antennes fauves ; le dernier noir ; côtés du Front cendré-flavescent ; Face albide ; Palpes et Pattes jaune-fauve. Corselet noir, saupoudré de cendré-grisâtre. Abdomen noir, avec un léger duvet gris-brun ; une large tache jaune-fauve sur les côtés du deuxième et du troisième segment. Une ligne noire sur le devant des Cuisses antérieures ; une tache noire vers le sommet des Cuisses postérieures ; Tarses noirs. Balanciers jaunes : Cuillerons blanchâtres ; Ailes claires, à base légèrement flavescente ; la nervure transversale de la Cellule γ C des Ailes est droite.

Nous ne possédons que le Mâle de cette espèce trouvée en Eté.

1500. — N° 4. ORILLIA PELLUCIDA, R.-D.

Orillia pellucida : Rob. Desv.-*Ann. Soc. ent.*, 1848, p. 476, n° 3.

♂. Frontalibus bruneo-rubescentibus ; primis Antennarum articulis fulvis, ultimo nigro ; Frontis lateribus cinereo-brunicosis ; Facie albida ; Palpis, Pedibusque flavo-testaceis. Thorax niger, cinereo irroratus ; Scutellum flavescens, apice obscure testaceo. Abdomen nigrum, tomentose brunicosum, secundi tertiique segmenti lateribus fulvo late maculatis. Femoribus anterioribus antice nigro lineatis ; Tarsis nigris. Halteribus flavis : Calyptis albis ; Alis limpidis, basi flava ; nervo transverso Cellulæ γ C recto.

Long. 3 lignes 1/2.

MALE : Frontaux brun-rougeâtre ; premiers articles des Antennes fauves ; le dernier noir ; côtés du Front cendré un peu brun ; Face albide ; Palpes et Pattes jaune-testacé. Corselet noir, saupoudré de cendré ; Ecusson flavescent, avec le sommet obscurément testacé. Abdomen noir, avec un duvet brunâtre ; une large tache fauve sur les côtés du deuxième et du troisième segment. Une ligne noire sur le devant des Cuisses antérieures ; Tarses noirs. Balanciers jaunes : Cuillerons blancs ; Ailes claires, avec la base jaune ; la nervure transversale de la Cellule γ C de l'Aile est droite.

Nous ne possédons que le Mâle de cette espèce trouvée en Automne.

1501. — N° 5. ORILLIA DELICATA, R.-D. *Sp. ined.*

♂. Frontalia nigro-fulva : Frontis lateribus albo-cinereis ; Antennæ basi fulva, ultimo articulo nigro ; Palpi testacei. Thorax cinereus, vittis dorsalibus fuscis. Abdomen cinereo-grisescens, primi secundique segmenti lateribus testaceis. Pedes testacei ; Tarsis nigris ; Femora anteriora antice nigro lineata. Halteres flavi : Calypta subalba ; Alæ limpidæ.

Long. 2 lignes 2/3.

Male : Frontaux d'un noir-fauve : côtés du Front blanc-cendré ; Face albide ; Antennes à base fauve, avec le dernier article noir ; Palpes testacés. Corselet cendré, avec des lignes noirâtres sur le dos. Abdomen cendré-grisâtre, avec les deux premiers segments testacés sur les côtés. Pattes testacées, avec les Tarses noirs ; Cuisses antérieures noires sur le devant. Balanciers jaunes : Cuillerons blanchâtres ; Ailes claires.

Je ne connais que le Mâle de cette espèce prise en Été.

294. — VI. Genre FISCHERIE.
VI. *Genus FISCHERIA*, R.-D.

Fischeria : Rob. Desv., *Myod.* p. 101.
Myobia : Macq.

Comme nous ne possédons plus l'insecte qui servit à établir ce genre, nous allons copier le peu de renseignements que nous avons déjà donnés sur lui :

« Le troisième article antennaire double du second. Trompe « solide ; Teintes rouges et cendrées. »

« Tertius Antennæ articulus secundo trilongior. Proboscis coriacea, « Coloribus rubris et cinereis. »

« L'insecte qui forme ce genre peut facilement être con- « fondu avec les Aphries (section des Thryptocérées), dont « il a le port, les formes et les teintes ; mais son Chète « tomenteux n'est pas brisé et n'offre que des premiers ar- « ticles très-courts. »

1502. — N° 1. Fischeria bicolor, R.-D.

Fischeria bicolor : Rob. Desv.-*Myod.* p. 101, n° 1.
Myobia bicolor : Macq.-*Buff.* II, p. 157, n° 3.

« Cylindrica; Fronte, Facieque albis. Thorax cinereus. Abdomen « rubescens, insisuris cinereis; primis Antennæ articulis, Fronta- « libus, Pedibus fulvo-flavescentibus: Alæ limpidæ. »

« Long. 3 lignes.

« Face et côtés du Front blancs; Frontaux, premiers ar- « ticles antennaires, Pattes d'un fauve-jaunissant; Trompe « et Palpes jaune-pâle. Corselet tout saupoudré de cendré. « Abdomen d'un rougeâtre-flavescent, avec les incisions et « le dos du quatrième segment cendrés. Cuillerons blancs; « Ailes claires. »

Cet insecte est très-rare; appartient-il réellement au rayon de Paris? Il nous a été communiqué par Carcel.

II. Tribu : LES MACROPODÉES.
II. *Tribus : MACROPODEÆ,* R.-D.

Macropodeæ : Rob. Desv., *Myod.*, p. 303.
Dexiariæ : Macq. *Buff.* II, p. 205.

Antennes moyennes ou descendant rarement jusqu'à l'Epistôme; le deuxième article souvent onguiculé sur le dos; le troisième article le plus long, cylindrique ou prismatique; Chète ordinairement plumeux, quelquefois nu, à premiers articles courts.

Yeux nus et distants; les Optiques, les Médians et souvent

les INTERANTENNAIRES développés ; PÉRISTOME étroit, allongé, à bord inférieur comprimé ; EPISTOME ordinairement saillant.

ABDOMEN le plus souvent étroit, cylindrico-conique, quelquefois assez épais, arrondi, déprimé ; les segments tantôt nus, tantôt garnis de Cils raides peu nombreux et variables suivant les genres ; ANUS des Mâles peu développé et toujours replié en dessous.

PATTES longues. CUILLERONS larges ; AILES fortes, trigones.

CORPS quelquefois épais, arrondi, ordinairement cylindrico-oblong, avec des teintes mélangées de gris, de brun et parfois de fauve.

ANTENNÆ mediæ longitudinis, aut raro ad Epistoma porrectæ ; secundus articulus sæpius dorso unguiculatus ; tertius longior, cylindricus, prismaticusve ; CHETUM sæpius plumosum, rarius nudum, primis articulis brevibus.

OCULI nudi, distantes ; OPTICA, MEDIANEA, sæpe INTERANTENNARIA lata ; PERISTOMA angustatum, elongatum, margine inferiori compresso, EPISTOMATE sæpius prominulo.

ABDOMEN sæpius angustatum, cylindrico-conicum, rarius crassum, rotundatum, vel depressum, segmentis nudis vel Ciliis raris et dispositione secundum genus variis munitis ; ANUS ♂ paulo grossus et subtus semper recurvus.

PEDES elongati ; CALYPTA ampla ; ALÆ validæ, trigonæ.

CORPUS interdum crassum, subrotundatum, sæpius cylindrico-oblongum, nunc griseo et cinereo, nunc fulvo colore permixtum.

Les caractères fondamentaux de cette tribu consistent dans l'écrasement constant de la partie inférieure de la Face, dans la longueur des Pattes et dans un Corps cylindrico-oblong, avec des teintes nuancées de gris, de brun et quelquefois de fauve.

Les insectes de cette tribu, proposée par nous en 1830,

se reconnaissent de suite à la longueur de leurs Pattes et à leurs autres caractères ; on ne peut se dissimuler cependant qu'ils n'aient les plus grandes analogies avec les THÉRAMIDES dont ils paraissent même n'être qu'un démembrement. Mais il ne faut pas oublier que ces dernières ont toujours la Face plus développée, non écrasée vers le bas, les Pattes plus courtes et surtout l'Anus des Mâles terminé par un crochet plus développé.

La largeur des Cuillerons, la figure et l'épaisseur des Ailes, l'ensemble du Corps indiquent que les MACROPODÉES ne sont point des insectes sédentaires. Elles jouissent d'une grande prestesse dans le vol. Sous nos climats, les bouquets des Ombellifères ont seuls le privilége de fournir un miel délicat à leur Trompe ordinairement de consistance solide. Mais toutes les localités ne doivent pas leur convenir. Elles ont coutume de laisser les Berces, les Carottes des endroits humides aux ECHYNOMYES et aux PHRYXÉS ; elles ont soif d'un nectar plus savoureux ; elles exigent des plantes plus solaires et douées d'une plus grande énergie. A ces filles des collines, il faut les Ombellifères des lieux élevés, le Fenouil, le Séséli, l'Ammi, le Chervis des collines calcaires et presque arides, tant la nature a pris soin de répandre partout l'Être mouche sous mille formes diverses.

Les MACROPODÉES ont encore une habitude qui explique et leur nom et l'usage de leurs longues Pattes. Elles s'abattent soit à terre, soit parmi les petites graminées. On les trouve principalement vers la fin de l'Eté et de l'Automne.

Dans notre travail primitif, nous avions compris les espèces exotiques qu'il nous avait été donné d'examiner. Le plan de cet ouvrage ne comporte pas ces descriptions qui eussent cependant été très-utiles pour montrer que tout en appartenant à la même tribu, la taille médiocre, les couleurs grises ou ferrugineuses de nos MACROPODÉES ne peuvent supporter aucune comparaison avec celles des climats chauds. Comme nous l'avons dit autrefois, l'Amérique septentrionale offre les ZÉLIES aux teintes rosées; le Brésil fait briller sur les SOPHIES et les HARRISIES le jais et le violet dont il colore tant d'autres insectes, pendant que la Nouvelle-Hollande incruste les RUTILIES d'or, d'argent, de saphir et d'éméraude.

Nous connaissons la plupart des espèces qui vivent dans nos pays, mais nous pouvons à peine soupçonner ce que les les régions équatoriales ne manqueront pas de fournir à la science.

L'observation a démontré que les MACROPODÉES sont vivipares; elles déposent ordinairement leurs larves dans le fumier ou dans les végétaux en putréfaction.

I. G. ESTHERIA....	Antennes peu allongées; Chète plumeux; Epistôme peu saillant; Médians larges. Cellule γ C pétiolée au-dessus du sommet de l'Aile.
II. ✶ G. ELEONE..	Car. des ESTHÉRIES; Antennes longues; Chète raide, presque nu ou ne paraissant tomenteux qu'à la loupe.
III. G. DINERA	Car. des ESTHÉRIES; Chète villeux; troisième article des Antennes plus long que le deuxième; Epistôme saillant; Cellule γ C paraissant à peine un peu pétiolée vers le sommet.
IV. G. ARIA	Car. des DINÈRES; Cellule γ C fermée et non pétiolée au sommet de l'Aile.
V. G. FERIA	Car. des DINÈRES; Yeux velus. Cellule γ C ouverte contre le sommet de l'Aile, avec sa nervure transversale droite.

VI. G. MYOSTOMA.	Car. des Esthéries; Chète villeux; Yeux presque contigus sur les Mâles; Epistôme moins saillant.
VII. G. AMESIA...	Car. des Myostomes; Front large sur les Mâles: Trompe courte et membraneuse.
VIII. G. TILESIA..	Car. des Esthéries; le dernier article du Chète paraissant nu. Une rangée de Cils optiques. Cellule γ C ouverte au-dessus du sommet de l'Aile, avec sa nervure transverse cintrée.
IX. G. MORETIA..	Car. des Tilésies; Chète plumeux; Face non ciliée.
X. G. ZAIRA......	Antennes assez longues; le troisième article du Chète tomenteux; Faciaux ciligères à la base seulement; Epistôme en carré transversal. Cellule γ C ouverte ou fermée contre le sommet de l'Aile, avec la nervure transverse presque droite.
XI. G. TRIXA.....	Antennes courtes; Péristôme presque carré; Epistôme non saillant. Abdomen ovale, garni de Cils nombreux et irréguliers. Cellule γ C ouverte contre le sommet de l'Aile, avec sa nervure transversale cintrée.
XII. G. STEVENIA.	Antennes assez courtes; le dernier article du Chète tomenteux; Cils optiques contre les Yeux. Cellule γ C à long pétiole et nervure transverse droite.
XIII. G. HYPERÆA	Car. des Stévénies; pas de Cils optiques contre les yeux. Cils dorso-abdominaux différents.

XIV. G. PTILOCERA	Car. des Stévénies ; Chète plumeux ; Palpes maxillaires dilatés sur la Femelle. Cellule γ C n'atteignant pas le sommet de l'Aile.
XV. G. DEXIA.....	Trompe petite et membraneuse ; Péristôme très-resserré et sans Epistôme saillant. Cellule γ C ouverte avant le sommet de l'Aile.
XVI. G. IDA......	Car. du G. Dexia ; Cellule γ C de l'Aile fermée ou pétiolée à son sommet.
XVII. G. PROSENA.	Trompe très-longue ; Epistôme non rostriforme. Cellule γ C fermée contre le sommet de l'Aile.
XVIII. G. MYOCERA	Antennes assez longues ; le troisième article triple pour la longueur ; Chète plumeux ; Palpes à peine un peu plus gros vers le sommet ; Epistôme assez saillant. Cellule γ C ouverte au-dessus du sommet de l'Aile.
XIX. G. ASBELLA..	Car. des Myocères ; Epistôme presque sans saillie. Abdomen déprimé, sans Cils sur le premier segment. Cellule γ C tout à-fait apicale.
XX. G. NICÆA....	Car. des Myocères ; Antennes assez courtes ; Epistôme sans saillie ; Médians non comprimés ; Face arrondie.
XXI. G. THEONE..	Car. des Myocères : Antennes courtes. Point de Cils raides sur le premier et le deuxième segment abdominal. Nervure transversale fortement cintrée.
XXII. G. ADENIA..	Car. des Myocères ; Chète villosule ; Epistôme peu saillant ; Palpes renflés au sommet (♀).

XXIII. G. AMYCLÆA	Tous les car. des MYOCÈRES ; Cellule γ C fermée ou pétiolée au sommet.
XXIV. G. OPPIA...	Chète nu ; rangée complète de Cils optiques sur la Face. Cellule γ C ouverte au-dessus du sommet de l'Aile.
XXV. G. MYORHINA	Chète villosule ; le troisième article aigu à son angle antérieur ; Epistôme saillant. Nervure β C de l'Aile entièrement ciligère.
XXVI. G. THERIA .	Chète villeux ; pas de Cils faciaux, mais quatre, cinq Cils optiques au bas des Yeux. Cellule γ C ouverte au-dessus du sommet de l'Aile.
XXVII. G. LUCASIA	Troisième article antennaire prismatique et trois ou quatre fois aussi long que les deux autres ; Chète nu ; Face oblique, munie de Cils faciaux ; Epistôme non saillant.
XXVIII. G. ORESBIA.	Car. du G. LUCASIA ; Front avancé au-dessus de la base des Antennes. Face comprimée sur les côtés.
XXIX. G. ÆBALIA..	Car. du G. LUCASIA ; Face occupée surtout par les optiques et non ciliée. Pas de Cils raides sur les deux premiers segments abdominaux. Nervure transverse de la Cellule γ C cintrée.

295. — I. Genre ESTHÉRIE.
I. *Genus ESTHERIA*, R.-D.

Estheria : Rob. Desv., *Myod.*, p. 305.
Dexia : Meig.
Dinera : Meig.-Macq. *Buff.* II, 210.

ANTENNES ne descendant pas jusqu'à l'Epistôme ; le deuxième article onguiculé sur le dos ; le troisième le plus long et cylindrique; CHÈTE plumeux; FRONT et MÉDIANS larges ; PÉRISTOME allongé ; EPISTOME peu saillant et en carré ; TROMPE en partie solide et en partie membraneuse.

ABDOMEN cylindriforme, avec deux CILS APICAUX sur chaque segment abdominal.

CELLULE γ C pétiolée au-dessus du sommet de l'Aile.

TEINTES nuancées de brun et de gris.

ANTENNÆ non ad Epistoma porrectæ; secundo articulo dorso unguiculato; tertio longiore et cylindrico; CHETUM plumosum; FRONS et MEDIANEA lata; PERISTOMA elongatum, EPISTOMATE parum prominulo et quadrato; PROBOSCIS semi-coriacea et semi-membranacea.

ABDOMEN cylindriforme, cum duobus CILIIS APICALIBUS in utroque segmento.

CELLULA γ C supra Alæ apicem petiolata.

CORPUS bruneo et griseo-permixtum.

Les Antennes peu allongées, le Chète plumeux, les Médians larges et surtout la Cellule γ C pétiolée au-dessus du sommet de l'Aile, forment les principaux caractères de ce genre dont les espèces, très-légères au vol, se rencontrent à la fin de l'Eté sur les fleurs de l'IMPERATORIA SILVESTRIS.

TYPUS : *Estheria cristata*, Meig.

1503. — N° 1. ESTHERIA CRISTATA, Meig.

Dexia cristata : Meig.-T. v, n° 14.
Dinera cristata : Macq.-*Buff.* II, p. 210, n° 1.
— — Meig.-T. VII, n° 1.

♂ et ♀. Frontalibus rubris; Antennarum basi fulva, ultimo articulo fulvo-bruneo; Facie cinereo-cinerascente; Palpis flavis. Thorax niger, lineis cinereis, Scutello subrubro. Abdomen tessellis nigris tessellisque cinereis aut cinereo-subgriseis. Pedes nigri, Tibiarum medio fulvescente. Halteribus, Calyptis, Alarumque basi flavis.

Long. 4-5 lignes.

MALE et FEMELLE : Frontaux rouges ou rouge-brun ; base des Antennes fauve ; le dernier article fauve ou fauve-brun : Médians rougeâtres ; Face d'un cendré-argenté ; Palpes jaunes. Corselet noir, avec des lignes cendrées ; Ecusson rouge lie de vin. Abdomen garni de reflets noirs et de reflets cendrés et gris. Pattes noires, avec une partie des Tibias fauve. Balanciers, Cuillerons et base des Ailes jaunes.

Cette espèce vit sur la fin de l'Eté ; on la prend principalement sur les fleurs de l'IMPERATORIA SILVESTRIS, L..

Le *Dexia cristata* de Zetterstedt n'est pas l'espèce Meigénienne, si l'on s'en rapporte à l'exacte description donnée par le naturaliste suédois qui a signalé une espèce entièrement nouvelle, à moins que ce ne soit notre *Estheria vicina* (*Myod.*, p. 307, n° 5). N'ayant plus cet insecte à notre disposition, nous ne pouvons vérifier le fait.

1504. — N° 2. ESTHERIA IMPERATORIÆ, R.-D.

Estheria imperatoriæ : Rob. Desv.-*Myod.*, p. 306, n° 3.

♂ et ♀. Simillima ESTH. CRISTATÆ ; fusca, sericeo-flavicans ; Facie sericeo-flavescente.

Long. 4-5 lignes.

MALE et FEMELLE : Tout-à-fait semblable à l'*Esth. cristata ;* mais les reflets du Corps, au lieu d'être blanc-cendré, sont d'un soyeux-flavescent ; la Face offre les mêmes teintes.

C'est une espèce qui nous a paru bien distincte de la précédente ; si on ne voulait la considérer que comme une variété, ce serait une variété bien constante. On la prend aussi sur les fleurs de l'IMPERATORIA SILVESTRIS, L..

1505. — N° 3. ESTHERIA FLORALIS, R.-D.

Estheria floralis : Rob. Desv.-*Myod.*, p. 307, n° 4.

♀. Cæsia, cinerea; Antennis, Palpis fulvis ; Facies albido-flavescens, Scutelli majori parte ferruginea. Abdomen tessellis cinereis et fuscis; Alæ tenui flavedine lavatæ.

Long. 4 lignes.

FEMELLE : Frontaux rouges ou rougeâtres : côtés du Front d'un ardoisé-cendré ; Face d'un albide-flavescent ; Médians rougeâtres ; Antennes et Palpes fauves. Corselet bleu de pruneau et garni d'un duvet cendré un peu ardoisé ; majeure partie de l'Ecusson d'un jaune-ferrugineux. Abdomen garni de reflets cendrés et de reflets noirs. Pattes noires ; milieu des Jambes ferrugineux. Balanciers jaunes : Cuillerons blancs ; Ailes lavées d'une légère teinte flavescente.

Nous ne possédons plus qu'une Femelle de cette espèce prise sur une OMBELLIFÈRE d'Eté.

296. = II. ✱ Genre ELÉONE.
II. ✱ *Genus ELEONE*, R.-D.

Caractères des ESTHÉRIES ; ANTENNES longues, descendant jusqu'à l'Epistôme ; le deuxième article à peine onguiculé sur le dos ; le troisième long, cylindrique ; CHÈTE raide, presque nu ou ne paraissant tomenteux qu'à la loupe ; TROMPE longue, filiforme, solide ; PALPES comprimés sur les côtés, avec le sommet élargi.

Deux CILS BASILAIRES et quatre CILS MÉDIO-APICAUX sur le dos du deuxième segment de l'Abdomen ; deux BASILAIRES et rangée complète d'APICAUX sur le dos du troisième segment; rangée complète de CILS APICAUX et de CILS BASILAIRES sur le dos du quatrième.

CELLULE γ C de l'Aile pétiolée à son sommet, avec sa nervure transversale légèrement cintrée.

TAILLE forte, CORPS cylindriforme et à teintes noires.

Gen. ESTHERIÆ characteres; ANTENNÆ elongatæ, ad Epistoma porrectæ; secundo articulo dorso vix unguiculato; tertio longo, cylindrico; CHETUM rigidum, nudum vel sub lentem solo tomentosum; HAUSTELLUM filiforme et solidum; PALPIS lateribùs compressis, apiceque latiore.

Duo BASILARIA quatuorque CILIA MEDIO-APICALIA in secundo Abdominis segmento; duo BASILARIA seriesque APICALIUM integra in tertio; CILIIS BASILARIBUS et APICALIBUS serie dispositis in quarto.

CELLULA γ C in apice Alæ petiolata, nervo transverso paululum arçuato.

Lors même que les Antennes et la disposition des Cils de l'Abdomen n'apporteraient pas déjà de notables différences entre ce genre et les ESTHÉRIES, la conformation de la Trompe et celle des Palpes présentent deux caractères de premier ordre.

Le genre PROSENA, qui a aussi la Trompe solide et filiforme, n'a point de pétiole au sommet de la Cellule γ C de l'Aile.

Par ses Antennes et par ses Ailes cet insecte doit être placé à côté des ESTHÉRIES.

1506. = N° 1. ✱ ELEONE HAUSTELLATA, R.-D.

♂. Nigra; Facie albida; Antennis nigris; Haustello coriaceo, filiformi, porrecto; Palpis apice subspatulatis: Scutelli apice rubescente, Abdomen nigrum, tribus primis segmentis cinereo tessellatis. Anus, Pedesque nigra. Halteres æruginosi : Calypta alba; Alæ præsertim basi flavedine lavatæ.

Long. 7 lignes.

MALE : Frontaux noirs ou noirâtres : côtés du Front brun-cendré; Face cendré-albide; derrière de la Tête cendré; Antennes et Trompe noirs: Palpes d'un brun-testacé. Corselet cendré-bleuâtre, avec les lignes dorsales noires; moitié postérieure de l'Ecusson rouge ou rougeâtre. Abdomen noir, avec des reflets cendrés sur le dos des trois premiers segments. Anus et Pattes noires. Balanciers couleur de rouille : Cuillerons blancs ; Ailes lavées de flavescent, surtout à la base.

Cette description est faite d'après un échantillon de la collection de M. Bigot. Cet échantillon provenait du PIÉMONT ; c'est peut-être le *Stomoxis pedemontana*, dont je n'ai pas la description sous les yeux.

297. — III. Genre DINÈRE.
III. *Genus DINERA*, R.-D.

Dinera : Rob. Desv.-Macq.-Meig.-Rond.

Caractères des ESTHÉRIES ; CHÈTE villeux ; EPISTOME un peu plus saillant; TROMPE un peu plus longue ; CORPS cylindrique, à teintes brunes et grises, avec deux ou plusieurs APICAUX sur le dos de chaque segment ; la CELLULE γ C paraissant à peine un peu pétiolée vers le sommet de l'Aile, avec la nervure transversale droite ou légèrement cintrée.

ESTHERIARUM characteres ; CHETUM villosum ; EPISTOMA magis prominulum ; PROBOSCIS paulo longior. CORPUS cylindricum bruneo-grisescens duobus vel pluribus apicalibus in utroque segmento ciliatum. CELLULA γ C versus apicem Alæ vix petiolata.

Les insectes de ce genre, créé par nous en 1830, ne peuvent nullement être confondus avec les ESTHÉRIES, dont ils semblent affecter la plupart des caractères ; mais tous ces caractères offrent entre eux des différences faciles à saisir. On doit surtout remarquer que la Cellule γ C est à peine pétiolée vers le sommet de l'Aile. On peut rencontrer quelques individus absolument privés de ce pétiole.

Ces insectes, qui ont le vol très-agile, se trouvent plus spécialement sur les fleurs des OMBELLIFÈRES, dans les lieux un peu humides.

1507. — No 1. DINERA FLAVICORNIS, Meig.

Dexia flavicornis : Meig.-T. v, no 15.
Dexia fulvipes : Rob. Desv.-*Myod.*, p. 308, no 1.
Dinera flavicornis : Macq.-*Buff.* II, p. 210, no 3.

♂ et ♀. Griseo-subcinerascens ; Antennis, Medianeis, Pedibus fulvis ; Tarsis nigris.

Long. 3-3 lignes 1/2.

FEMELLE : Corps grisâtre ; quelques lignes d'un reflet obscur sur le Corselet. Frontaux noirs ; Face blanchâtre ; Antennes, Médians, Palpes, Cuisses et Tibias fauves ; Tarses noirs. Cuillerons blancs ; Ailes assez claires. Les poils de l'Abdomen peuvent simuler des taches à leur insertion.

MALE : Moitié plus petit.

Cette espèce n'est pas rare sur les fleurs du BUTOMUS UMBELLATUS, L., le long de la Seine et de l'Yonne.

1508. — No 2. DINERA ZETTERSTEDTII, R.-D. *Sp. ined.*

♀. Cylindriformis ; Frontalibus fulvis : Frontis lateribus griseis ; Facie griseo-cinerascente ; Medianeis subfulvis ; Antennis basi fulva ; ultimo articulo nigro ; Proboscide nigra ; Palpis flavis. Thorace cinereo. Abdomine griseo. Pedibus testaceis ; Tarsis nigris. Halteribus flavescentibus ; Alis flavedine lavatis.

Long. 3 lignes.

FEMELLE : Cylindriforme ; Frontaux rouges ; côtés du Front gris ; Face cendrée ; Médians rougeâtres ; Antennes fauves à la base, avec le dernier article noir ; Trompe noire ; Palpes jaunes. Corselet gris-cendré, obscurément rayé de brun. Abdomen gris, sans taches. Pattes testacées, avec les Tarses noirs. Balanciers jaunâtres : Cuillerons blanchâtres ; Ailes légèrement flavescentes.

Nous ne connaissons que la Femelle de cette espèce prise en Juillet sur les fleurs de l'ACHILLEA MILLEFOLIUM, L.. Ses Pattes testacées empêchent aisément de la confondre avec le *Musca* (*Dexia*) *grisescens* de Fallen, qui n'offre du testacé qu'aux seuls Tibias. Nous soupçonnons Zetterstedt de l'avoir décrite comme variété de son *Din. grisescens;* ce serait la variété B.

1509. — N° 3. DINERA GRISEA, R.-D.

Dinera grisea : Rob. Desv.-*Myod.*, p. 308, n° 2.

♂ et ♀. Simillima DIN. FLAVICORNI ; Antennarum ultimo articulo, Pedibusque nigris. Thorace subfusco.

Long. 3-3 lignes 1/2.

MALE et FEMELLE : Tout-à-fait semblable au *Din. flavicornis.* Le dernier article des Antennes et Pattes noirs. Corselet un peu plus brun.

On trouve cette espèce dans les champs.

1510. — N° 4. DINERA CYLINDRICA, R.-D.

Dinera cylindrica : Rob. Desv.-*Myod.*, p. 308, n° 4.

♂. Simillima DIN. FLAVICORNI ; nigricans.

Long. 3 lignes 1/2.

MALE : Tout-à-fait semblable au *Din. flavicornis;* Corps noirâtre.

Nous ne connaissons qu'un Mâle trouvé à Paris.

1511. — N° 5. DINERA PYGMÆA, R.-D.

Dinera pygmæa : Rob. Desv.-*Myod.*, p. 309, n° 5.

♀. Parva, griseo-subbrunea; Antennarum basi, Femoribus, Tibiisque rubescentibus.

Long. 1 ligne 1/2.

Femelle : Petite; Corps d'un gris-brunâtre; Face blanche; base des Antennes, Cuisses et Tibias rougeâtres.

Nous avons trouvé cette espèce à Paris; elle offre de grands rapports avec le *Din. arida.*

1512. — N° 6. Dinera arida, R.-D. *Sp. ined.*

♂ et ♀. Grisea; Antennæ basi rufa, apice nigro, Frontalibus rubris aut fusco-rubris; Palpis rubro-flavescentibus. Pedes fusci; Tibiis interdumque Femoribus subfulvis. Alis flavescentibus.

Long. 2-3 lignes.

Male et Femelle : Tout le Corps gris ou grisâtre; Face grise sur la Femelle et cendrée sur le Mâle; Frontaux rouges ou d'un brun-rougeâtre; premiers articles des Antennes et Médians fauves; le dernier article des Antennes noir; Trompe noire ou brune; Palpes jaunes. Pattes noires; Tibias et sommet des Cuisses d'un fauve plus ou moins prononcé; quelquefois la majeure partie des Cuisses est fauve. Balanciers jaunâtres : Cuillerons blanc-flavescent; Ailes flavescentes, parfois un peu plus claires sur la Femelle.

Cette espèce se trouve plus particulièrement dans les lieux arides, au mois de Juillet.

1513. — N° 7. Dinera albida, R.-D. *Sp. ined.*

♂ et ♀. Cylindrica, cinereo-albida; Frontalibus, Medianeis, Antennarum basi, Palpis, Pedibus fulvis; Facie albida. Halteribus flavis : Calyptis subalbis; Alis flavescentibus, nervo transverso Cellulæ γ C breviter arcuato.

Long. 3 lignes 1/2.

Male et Femelle : Corps cylindrique et couvert d'un duvet cendré-blanc ; Frontaux, Médians, base des Antennes, Palpes et Pattes rouges ; côtés du Front et Face blancs ; le dernier article des Antennes et Tarses noirs. Balanciers jaunes : Cuillerons blanc-jaunâtre ; Ailes flavescentes.

Nous ne possédons qu'un couple de cette espèce qui est rare ; la nervure transversale de la Cellule γ C de l'Aile, qui est légèrement cintrée et non droite, distingue aisément cette espèce de ses congénères.

1514. — N° 8. Dinera grisescens, Macq.

Dinera grisescens : Macq.-Collect. Bigot.

♂. Frontalia Medianeaque fulva ; Frontis lateribus Facieque albidis ; Occipite flavescente ; Antennæ flavo-fulvidæ ; Proboscis et Palpi flava. Thorax flavescens, lineis dorsalibus nigris. Abdomen testaceo-pellucidum, tessellis flavo-griseis, vittaquè obscure griseo infuscata ; primum segmentum basi nigricante. Femora testacea, medio nigricante ; Tibiæ testaceæ, Tarsi nigricantes. Halteres flavi : Calypta subalba ; Alæ disco subfuliginoso.

Long. 4 lignes.

Male : Frontaux et Médians fauves ; côtés du Front et Face blancs ; derrière de la Tête flavescent ; Antennes jaune-fauve ; Trompe et Palpes jaunes. Corselet cendré-grisâtre, avec les lignes dorsales noires. Abdomen testacé-diaphane, avec des reflets jaune-grisâtre et un peu de gris-brunâtre sur le milieu du dos, noirâtre à la base du premier segment. Cuisses testacées, avec une large tache noirâtre sur le milieu ; Tibias testacés ; Tarses noirâtres. Balanciers jaunes : Cuillerons blanchâtres ; Ailes à disque légèrement enfumé.

Cette description est faite d'après un individu Mâle de la collection de M. Bigot et que M. Macquart a étiqueté *Dinera grisescens.* Sans le pétiole des Ailes ce serait une véritable DEXIA ; ce n'est certainement pas le *Dexia grisescens* de Fallen et de Meigen.

Les Cils de l'Abdomen de cette espèce et de la suivante présentent la disposition suivante : deux Cils médians et deux Cils médio-apicaux sur le deuxième segment; deux Cils médians et rangée complète de Cils apicaux sur le troisième segment. La présence de Cils médians sur les segments de l'Abdomen fait de ces deux espèces une section à part.

1515. — N° 9. DINERA CINEREA, R.-D. *Sp. ined.*

♀. Cinerea; Frontalia fusca; Frons lateribus Faciesque cinereo-albida ; Antennæ basi fulva, ultimo articulo nigro; Palpi flavi. Thorax lineolis dorsalibus nigris. Abdomen cinereum, tessellis obscuris fuscis. Pedes nigri. Halteres flavidi : Calypta alba ; Alæ limpidæ, basi flavescente.

Long. 4 lignes.

FEMELLE : Frontaux bruns : côtés du Front et Face d'un cendré-albide; base des Antennes fauve, avec le dernier article noir; Palpes jaunes. Corselet cendré, avec les lignes dorsales noires. Abdomen cendré, avec des reflets d'un brun-obscur. Pattes noires. Balanciers jaunes : Cuillerons blancs ; Ailes claires, avec la base flavescente.

Nous ne possédons qu'une Femelle de cette espèce prise en Eté. Elle forme, avec le *Dinera grisescens*, une section qui offre deux Cils dorsaux sur le deuxième et le troisième segment; ces mêmes Cils manquent sur les autres espèces.

298. — IV. Genre ARIE.

IV. *Genus ARIA*, R.-D.

Aria : Rob. Desv.-*Myod.*, p. 309.

Caractères des ESTHÉRIES et des DINÈRES ; CHÈTE villeux ;

EPISTOME plus saillant; CORPS assez déprimé. La CELLULE γ C fermée et non pétiolée au sommet de l'Aile.

ESTHERIARUM DINERARUMQUE characteres; at CHETUM villosum; EPISTOMA magis porrectum. CORPUS depressum. CELLULA γ C clausa, non in apice Alæ petiolata.

Il m'est impossible de placer ce genre parmi les DINÈRES et les ESTHÉRIES, avec lesquelles il a les plus grands rapports, mais dont il diffère par les caractères énoncés ci-dessus et par un port particulier.

1516. — N° 1. ARIA FULVICRUS, R.-D.

Aria fulvicrus : Rob. Desv.-*Myod.*, p. 309, n° 1.

♀. Atrata; Antennarum basi, Medianeis, Femoribus rubris. Alis sublimpidis.

Long. 3 lignes 1/2.

FEMELLE : Tout le Corps noir-mat et légèrement déprimé; Frontaux, Médians, premiers articles antennaires rouge-fauve. Cuillerons blancs ; Ailes assez claires.

Nous n'avons jamais vu qu'un individu trouvé au Printemps.

299. — V. Genre FÉRIE.
V. *Genus FERIA*, R.-D.

Feria : Rob. Desv.-*Myod.*, p. 309.

ANTENNES descendant contre l'Epistôme; le second article presque de la longueur du troisième qui est légèrement comprimé sur les côtés; YEUX velus, distants sur les deux sexes; FRONT plus large sur la Femelle; FACE presque verticale, non ciligère ; PÉRISTOME plus long que large; EPISTOME non saillant; seconde division de la TROMPE presque solide; PALPES filiformes, dépassant un peu l'Epistôme.

ABDOMEN cylindriforme; CILS dorso-segmentaires assez variables; ordinairement sur le Mâle deux MÉDIO-APICAUX sur le premier segment; deux BASILAIRES, deux MÉDIANS et rangée ordinairement complète de CILS APICAUX sur le deuxième; deux BASILAIRES, deux MÉDIANS et parfois deux lignes de MÉDIANS et rangée complète de CILS APICAUX sur le troisième; sur la Femelle, points de CILS sur le premier segment; deux BASILAIRES et deux APICAUX sur le deuxième; deux BASILAIRES et rangée d'APICAUX sur le troisième segment.

PATTES allongées. CELLULE γ C ouverte contre le sommet de l'Aile, avec sa nervure transversale droite.

ANTENNÆ contra Epistoma descendentes; secundus Antennarum articulus longitudine tertii lateribus paulisper compressi; OCULI villosi, in utroque distantes; FRONS in ♀ latior; FACIES verticalis, nunquam ciligera; PERISTOMA longius quam latius, EPISTOMATE prominulo, HAUSTELLI secunda divisio vix omnino solida; PALPI filiformes, Epistoma vix excedentes.

ABDOMEN CYLINDRIFORME, CILIIS variis sed sæpius in ♂: duo MEDIO-APICALIA in primo segmento; duo BASILARIA, duo MEDIANEA seriesque APICALIUM integra in secundo; duo BASILARIA, duo MEDIANEA et aliquando MEDIANEA et APICALIA duplici serie disposita in tertio; in ♀: CILIA in primo segmento nulla; duo BASILARIA duoque APICALIA in secundo; duo BASILARIA seriesque APICALIUM integra in tertio.

PEDES elongati. CELLULA γ C contra apicem Alæ aperta, nervo transverso recto.

CORPUS cylindriforme, colore nigro, cinereo.

1517. — N° 1. FERIA NITIDA, R.-D.

Feria nitida : Rob. Desv.-*Myod.*, p. 310, n° 2.

♀. Frontalia nigra : Frontis lateribus fusco-cinereis; Facies cinereo-albicans; Antennæ Pedesque nigri; Palpi fusco-subfulvi. Thorax cinereus, lineis dorsalibus nigris. Abdomen nigrum, nitidum, tessellis cinereo albidis. Halteres ferrugati : Calypta alba ; Alæ limpidæ, basi flavescente.

♂. Similis ; Frontis lateribus cinereo-albidis. Abdomen tribus primis segmentis lateribus pellucide fulvo-testaceis.

Long. 3-4 lignes.

Femelle : Frontaux noirs : côtés du Front brun-cendré ; Face d'un cendré-albicant ; Antennes noires ; Palpes brun-fauve. Corselet cendré, rayé de noir sur le dos. Abdomen noir-luisant, avec les reflets cendré-albide. Pattes noires. Balanciers ferrugineux : Cuillerons blancs ; Ailes claires, avec la base un peu jaunâtre.

Male : Semblable à la Femelle ; côtés du Front cendré-blanc ; une tache d'un testacé-fauve sur les côtés des trois premiers segments de l'Abdomen.

Dans notre premier travail, nous n'avions décrit que la Femelle de cet insecte dont les Mâles sont beaucoup plus nombreux. On le prend en Eté sur les fleurs des Ombellifères.

300. — VI. Genre MYOSTOME.
VI. *Genus MYOSTOMA*, R.-D.

Myostoma : Rob. Desv.-Rond.

Caractères des Esthéries ; mais Chète villeux ou à peine plumosule, avec le troisième article des Antennes un peu plus court ; Yeux presque contigus sur les Mâles ; Epistome moins saillant.

Abdomen des Mâles cylindriforme, un peu renflé sur le dos ; celui des Femelles cylindrico-subarrondi.

Pétiole de la Cellule γ C un peu plus court ; la nervure de cette Cellu le pouvant être simplement fermée et même ouverte et la nervure longitudinale se poursuivant un peu dans la Cellule δ C.

Gen. ESTHERIÆ characteres; CHETUM villosum vel vix plumosum, tertio Antennarum articulo breviore; OCULI in ♂ vix contigui; EPISTOMATE minus prominulo.

ABDOMEN in ♂ cylindriforme, in ♀ cylindrico-subrotundatum.

CELLULA γ C breve petiolata, nervo transverso occluso vel aperto nervoque longitudinali in Cellula δ C prominente.

Sans la minutie exigée pour l'étude de ces races, il est certain qu'au premier abord les MYOSTOMES ne paraissent être que des ESTHÉRIES dont le Chète serait garni de villosités moins longues; mais les Yeux presque contigus sur les Mâles, l'absence de bord saillant à l'Epistôme, le prolongement de la nervure longitudinale de la Cellule δ C de l'Aile, le dos légèrement renflé de l'Abdomen des Mâles indiquent bientôt la nécessité d'une division.

Ce genre se fait surtout remarquer par l'inconstance de la Cellule γ C de l'Aile qui, le plus souvent pétiolée à son sommet, peut être simplement fermée et même tout-à-fait ouverte. Il serait facile de multiplier les espèces et même les genres, mais des observations positives nous ont démontré qu'on ne serait pas dans le vrai en procédant de cette façon.

Il est assez remarquable qu'aucun autre entomologiste n'ait encore signalé les insectes de ce genre, qui sont assez nombreux et de taille assez développée.

1518. — N° 1. MYOSTOMA MICROCERA, R.-D.

Myostoma microcera : Rob. Desv.-*Myod.*, p. 327, n° 1.

♂. Cylindriformis; Frontalibus nigris; Facie albicante; Medianeis rufescentibus; Antennis rubris, ultimo articulo interdum fusco aut fuscescente; Palpis flavo-rubescentibus. Thorax niger, griseo aut griseo-cinerascente lineatus et irroratus, Scutello fulvo. Abdomen tessellis nigris, tessellisque griseis aut griseo-cinereis; lateribus interdum fulvis aut fulvescentibus. Pedes nigri: Tibiis posterioribus medio rufescente. Halteribus flavescentibus : Calyptis subalbis; Alæ cum nervis flavedine lavatæ.

♀. Similis; Abdomine elliptica.

Long. 4-5 lignes.

MALE : Frontaux noirs : côtés du Front brun-cendré; Face albide, avec les Médians rougeâtres; Antennes fauves; le dernier article parfois brun; Palpes jaune-fauve. Corselet noir, fortement rayé et saupoudré de gris, de gris-cendré, de cendré; Ecusson fauve. Abdomen entièrement garni de reflets noirs et de reflets gris ou cendrés; les côtés des deuxième, troisième et quatrième segments peuvent être plus ou moins fauves; le plus souvent ils ne le sont pas. Pattes noires; milieu des Tibias postérieurs rougeâtres. Balanciers jaunâtres : Cuillerons blancs; Ailes et nervure des Ailes avec une teinte flavescente.

FEMELLE : Semblable; Abdomen elliptique, avec des reflets plus larges et sans rougeâtre sur les côtés de l'Abdomen.

On prend cette espèce en Eté parmi les herbes des champs arides, sur les fleurs du DAUCUS CAROTTA, L.. Dans notre premier travail, nous n'avions sous les Yeux que des individus à Cellule γ C ouverte.

1519. — N° 2. MYOSTOMA SCUTELLARIS, R.-D.

Myostoma scutellaris : Rob. Desv.-*Myod.*, p. 327, n° 2.

♀. Nigra; Thorax cinereo obscure vittatus, linea utrinque humerali, Scutelloque fulvis. Abdomen tessellis griseo-cinereis.

Long. 5 lignes.

Femelle : Les deux premiers articles antennaires rougeâtres; le dernier noir; Face albicante; Médians rougeâtres; côtés du Front légèrement jaunâtres. Corselet noir, un peu rayé de gris; deux taches humérales et Ecusson rougeâtres. Abdomen garni de reflets d'un gris-chatoyant. Pattes noires, avec un peu de fauve aux Tibias. Cuillerons blancs; Ailes claires, avec la base un peu sale.

Cette espèce a été prise en Juillet dans une localité aride de la commune de Lainsecq (Yonne) et sur l'Anethum fœniculum, L.. Comme nous ne la possédons plus, il nous est impossible de décider si elle a la nervure alaire spinigère. En tout cas, on la reconnaîtra aisément aux deux lignes fauves des côtés du Corselet.

301. — VII. Genre AMÉSIE.
VII. *Genus AMESIA*, R.-D.

Caractères du genre Myostome; mais avec le Front large sur les Mâles et la Trompe courte et membraneuse. Nervure de la Cellule β C de l'Aile parfois presque entièrement ciligère, parfois ciligère en partie et parfois ciligère seulement à la base.

Gen. Myostomæ characteres; Frons in ♂ lata, Haustello brevi et membranaceo, nervoque Cellulæ β C Alarum vel toto vel partim ciligero, aliquandoque basi solummodo ciligero.

L'espèce qui nous a déterminé à former ce genre est tout-à-fait remarquable par les variations que présentent les Cils de la nervure des Ailes. Quant aux teintes, elles varient du gris au gris-cendré et au cendré.

Nous en sommes encore à nous demander comment il se fait qu'elle soit restée inaperçue et inédite.

1520. — N° 1. AMESIA VARIABILIS, R.-D. *Sp. ined.*

♀. Frontalibus, Antennarum basi, Palpis, Tibiis fulvis; Facie albida subflavescente. Thorax niger, lineis cinereis. Abdomen tessellis nigris tessellisque cinereis. Femoribus Tarsisque nigris. Halteribus flavo-brunicosis : Calyptis Alisque sublimpidis, vix flavescentibus.

♂. Corpus griseo-flavescens.

Long. 6-7 lignes.

FEMELLE : Frontaux, base des Antennes, Palpes et Tibias fauves; côtés du Front et Face d'un blanc un peu jaunâtre. Corselet noir, fortement rayé de cendré ou de cendré-grisàtre. Abdomen garni de reflets noirs et de reflets cendrés. Cuisses et Tarses noirs. Balanciers jaune-brun : Cuillerons et Ailes très-légèrement nuancés de flavescent. Sur plusieurs individus les Tibias sont noirs.

MALE : Duvet du Corps gris-flavescent.

On trouve cette espèce en abondance en Eté, soit à terre, soit sur les fleurs des OMBELLIFÈRES et le plus souvent sur l'écorce des arbres où les Mâles aiment à se reposer.

302. — VIII. Genre TILÉSIE.
VIII. *Genus TILESIA*, R.-D.

ANTENNES courtes; le deuxième article presque de la longueur du troisième qui est prismatique; CHÈTE très-court, à premiers articles indistincts; le dernier, un peu épaissi à la base, parait nu à la loupe; YEUX nus, éloignés sur la Femelle; FRONT large, avancé ou saillant en devant; FACE oblique; les OPTIQUES avec une rangée de Cils peu raides; MÉDIANS à peine comprimés, non élargis; PÉRISTOME un peu plus long que large; EPISTOME à bord antérieur non saillant, mais développé de manière à faire partie de la Face ; majeure partie de la Trompe membraneuse ; Palpes courts, filiformes, non renflés au sommet.

Abdomen cylindriforme ; pas de Cils apicaux sur le dos du premier segment ; deux apicaux sur le deuxième, et rangée complète des mêmes Cils sur le troisième.

Pattes un peu allongées. Cuillerons larges ; Cellule γ C ouverte au-dessus du sommet de l'Aile, avec sa nervure transversale fortement cintrée.

Taille petite ; Corps cylindriforme, à teintes grisâtres. Viviparisme constaté.

Antennæ breves, secundo articulo vix longitudine tertio prismatico ; Chetum brevissimum, primis articulis indistinctis, ultimo basi crasso, sub lentem nudo ; Oculi nudi, in ♀ distantes ; Frons lata, antice prominula ; Facies obliqua ; Optica serie Ciliorum munita ; Medianea vix compressa, non elata ; Peristoma longius quam latius ; Epistomate parte anteriori non prominulo, Faciem tamen prominente ; Haustellum majori parte membranaceum ; Palpi breves et filiformes, apiceque non inflati.

Abdomen cylindriforme ; Cilia apicalia in primo segmento nulla ; duo in secundo seriesque integra in tertio.

Pedes paulo elongati. Calypta ampla ; Cellula γ C super apicem Alæ aperta, nervo transverso valde arcuato.

Corpus minimum, cylindriforme, colore grisescente.

Ce genre diffère essentiellement de l'Amésie par son Chète nu, par ses Cils optiques sur la Face et par le peu d'étendue de ses médians ; du reste, il faut le placer à ses côtés. Il diffère de l'Oresbie par la briéveté de ses Antennes, par la Cellule γ C non apicale, avec la nervure transversale cintrée et surtout par ses Cils qui appartiennent aux optiques et non aux faciaux.

1521. — N° 1. TILESIA FRONTALIS, R.-D. *Sp. ined.*

♀. Subcinerea; Fronte porrecta; Antennis brevibus nigris.

Long. 2 lignes 1/4.

FEMELLE : Frontaux noirs : côtés du Front brun-cendré ; Face cendrée ; Antennes et Palpes noirs. Corselet cendré, avec les lignes dorsales noires. Abdomen cendré-grisâtre. Pattes noires. Balanciers jaunâtres : Cuillerons blanc-jaunâtre ; Ailes claires, avec la base flavescente.

Nous ne possédons qu'une Femelle de cette rare espèce ; elle porte la preuve de son viviparisme.

303. — IX. Genre MORETIE.
IX. *Genus MORETIA*, R.-D.

ANTENNES courtes, n'atteignant que le milieu de la Face ; le premier article très-court ; le second assez long ; le troisième comprimé sur les côtés et à peine double du second pour la longueur ; CHÈTE court, plumeux, à premiers articles très-courts ; YEUX nus, contigus sur le Mâle ; FRONT presque nul sur le Mâle ; FACE sous-arrondie, dépourvue de Cils ; PÉRISTOME un peu plus long que large ; EPISTOME presque sans saillie, avec son bord antérieur semi-circulaire ; seconde division de la TROMPE presque solide ; PALPES filiformes, non saillants.

ABDOMEN hémisphérique, sans CILS sur le premier et le deuxième segment, avec une rangée complète de CILS APICAUX sur le troisième.

CUILLERONS larges ; CELLULE γ C ouverte non loin du sommet de l'Aile, avec la nervure transversale fortement cintrée.

TAILLE moyenne ; CORPS subarrondi, à teintes bleu de pruneau et nuancées de cendré.

ANTENNÆ breves, non ad mediam Faciei partem attingentes; primus articulus brevissimus; secundus satis longior; tertius lateribus compressus, vix bilongior secundo; CHÆTUM breve, plumosum, primis articulis brevissimis; OCULI nudi, in ♂ contigui; FRONS in ♂ maxime angustata; FACIE subrotundata nunquam Ciliis munita; PERISTOMA longius quam latius; EPISTOMATE vix prominente parteque anteriori semi-circulari; HAUSTELLI secunda divisio jamjam solida; PALPI filiformes, non prominuli.

ABDOMEN hemisphericum, CILIIS nullis in primo secundoque segmento, cum serie APICALIUM integra in tertio.

CALYPTA ampla; CELLULA γ C prope apicem Alarum aperta, nervo transverso valde arcuato.

CORPUS mediocre, subrotundatum, cæsium, cinereoque irroratum.

Le Corps ramassé sur lui-même, les Yeux contigus sur le Mâle, l'Abdomen hémisphérique et dépourvu de Cils raides sur le dos du premier et du second segment nous fournissent une imposante réunion de caractères.

La MORÉTIE, dont nous ne connaissons encore qu'un individu, conduit à ces belles MACROPODÉES exotiques qui ont le Corps gros et comme arrondi.

1522. — N° 1. MORETIA SINOPHTALMA, R.-D. *Sp. ined.*

♂. Tota cæsia; Frontalibus Frontisque lateribus nigris; Facie fusco-albida; Medianeis rubescentibus; Antennis, Palpisque fulvis. Thorax cinereo-fuscescente lineatus et irroratus. Abdomen convexo-hemisphericum, tessellis cinereo-ardeaceis. Pedes nigri. Halteres flavescentes : Calypta fusca; Alæ basi fuliginosa.

Long. 4 lignes.

MALE : Tout le Corps bleu de pruneau; Frontaux et côtés du Front noirs; Face d'un brun albide, avec les Médians rougeâtres; Antennes et Palpes fauves. Corselet rayé et saupoudré de cendré un peu brun. Abdomen convexo-hémisphérique, avec les reflets cendré-ardoisé. Pattes noires. Balanciers jaunâtres : Cuillerons bruns ; Ailes à base un peu fuligineuse.

Nous ne possédons qu'un Mâle de cette intéressante espèce.

304. — X. Genre ZAIRE (1).
X. *Genus ZAIRA*, R.-D.

Zaïra : Rob. Desv.-*Myod.*, p. 150.
Senometopia : Macq.-*Buff.* II, p. 113.

ANTENNES assez longues, n'atteignant pas tout-à-fait l'Epistôme ; le premier article court ; le second plus long ; le troisième prismatique et trois fois aussi long que le second ; les deux premiers articles du CHÈTE très-courts, mais distants sur les deux sexes ; le troisième allongé et tomenteux ; yeux nus, distants sur les deux sexes ; FRONT moins large sur le Mâle que sur la Femelle, avec deux ou trois CILS OPTIQUES ; FACE un peu oblique ; FACIAUX ciligères seulement à la base ; PÉRISTOME un peu plus long que large ; EPISTOME sans bord saillant, mais coupé en carré transversal ; PALPES filiformes, non renflés au sommet sur le Mâle et dépassant à peine l'Epistôme.

ABDOMEN cylindriforme, même sur la Femelle ; deux CILS APICAUX peu développés sur le premier et le deuxième segment ; rangée complète des mêmes Cils sur le troisième.

PATTES de longueur ordinaire. CUILLERONS larges ; CELLULE γ C ouverte contre le sommet et parfois fermée, avec sa nervure transversale presque droite et son angle plus ou moins obtus.

(1) C'est par suite d'une erreur que le genre Zaïre a été placé dans les Entomobies (tom. I, p. 914). Au milieu de l'immense quantité de notes que nous avons eu à consulter et à mettre en ordre il était presque impossible de ne pas être trompé quelquefois par des notes manuscrites modifiées plus tard ou remplacées sans avoir été détruites.

ANTENNÆ elongatæ, non omnino ad Epistoma porrectæ primus articulus brevis, secundus longior primo ; tertius prismaticus secundoque trilongior ; CHETUM primis articulis brevibus, distinctis, tertio elongato et tomentoso ; OCULI nudi, in utroque distantes ; FRONS angustior in ♂ quam in ♀, bi vel tri ciliata ; FACIES paulo obliqua, FACIALIBUS basi solo ciligeris ; PERISTOMA longius quam latius ; EPISTOMATE non prominulo, transverse truncato ; PALPI filiformes in ♂ non apice inflati, Epistomaque vix excedentes.

ABDOMEN cylindriforme in utroque sexu ; duo CILIA APICALIA in primo secundoque segmento cum serie integra in tertio.

CALYPTA ampla ; CELLULA γ C contra apicem aperta, aliquando occlusa, nervo transverso vix recto. CORPUS mediocre, cylindriforme ; COLOR griseus vel griseo-bruneus aut bruneus.

LARVÆ ignotæ.

Nous ignorons si les insectes de ce genre sont ovipares ou vivipares ; dans le premier cas, ils appartiendraient de droit aux Entomobies, et dans l'origine nous les avions attribués aux ERYCINES.

Ce genre a sa place parmi les races à longues Antennes ; les Faciaux n'ont de légers Cils qu'à la base ; les Cils de l'Abdomen sont pareillement peu prononcés ; l'Epistôme ne forme point de saillie ; les Pattes ne sont pas allongées et la Cellule γ C est presque apicale, avec sa nervure transversale presque droite (cette même Cellule peut être fermée) ; enfin le Corps est cylindriforme.

TYPUS : *Zaïra agrestis*, R.-D.

1523. — N° 1. ZAÏRA AGRESTIS, R.-D.

Zaïra agrestis : Rob. Desv.-*Myod.*, p. 150, n° 1.
Senometopia agrestis : Macq.-*Buff.* II, p. 114, n° 34.

♂ et ♀. Grisea, griseo-cinerea, griseo-infuscata ; Antennæ basi fulva ; Palpi nigri, apice fulvo aut absolute fulvi. Abdomen lineola dorsali nigra plus minusve conspicua. Alæ basi flavescente; Cellula γ C solito aperta, rarius occlusa.

Long. 3-3 lignes 1/2.

FEMELLE : Corps gris-cendré, grisâtre, gris, gris de souris, gris-brun ; Frontaux rouges ou d'un brun-rougeâtre : côtés du Front d'un brun-cendré ou d'un brun-grisâtre; Face albide ou d'un albide-grisâtre; base des Antennes fauve, d'un fauve-brun, brun; le dernier article noir; Palpes rarement noirs, ordinairement fauves, avec le sommet fauve-testacé, assez souvent testacé-fauve. Corselet rayé de noir. Les reflets de l'Abdomen sont en rapport avec la teinte générale du Corps; à une certaine lumière on peut distinguer une légère ligne noirâtre. Pattes noires. Balanciers ferrugineux : Cuillerons jaunâtres ou d'un blanc-jaunâtre; Ailes à base jaunâtre, avec la Cellule γ C ordinairement ouverte, rarement fermée.

MALE : Semblable; Corps d'un gris-brun.

Cette espèce est commune; les individus diffèrent entre eux par les teintes du Corps, des Frontaux, des articles basilaires des Antennes et par la Cellule γ C de l'Aile. Rien ne serait plus facile que d'établir des espèces avec les différentes variétés.

1524. — No 2. ZAÏRA INFUSCATA, R.-D. *Sp. ined.*

♂. Simillima Z. AGRESTI; Corpus nigro-nitens, tomento grisescente rariore. Calyptis fuliginosis; Alæ levi fuligine lavatæ.

Long. 3 lignes.

MALE : Semblable au *Zaïra agrestis ;* Corps noir-luisant, avec un duvet grisâtre peu épais; Frontaux brun-rougeâtre. Cuillerons fuligineux; Ailes légèrement lavées de fuligineux.

Nous ne possédons que des Mâles de cette espèce prise en Eté.

1525. — N° 3. ZAÏRA MUSCA, R.-D. *Sp. ined.*

♀. Subcinerea, cinereo-subgrisescens; Frontalia rubra : Frons lateribus cinereis; Facies albida; Antennæ nigræ; Palpi flavo-testacei. Thorax lineis dorsalibus nigris. Abdomen linea dorsali nigra, parum conspicua. Pedes nigri. Halteres flavi : Calypta albo-flavescentia; Alæ basi vix subflavescente.

♂. Similis; Frontalibus bruneo-rubris.

Long. 2 lignes 1/2.

FEMELLE : Frontaux rouges : côtés du Front cendrés; Face albide; Antennes noires; Palpes d'un jaune-fauve. Corselet cendré et légèrement grisâtre, avec les lignes dorsales noires. Abdomen cendré un peu grisâtre, avec la ligne dorsale noire peu marquée. Pattes noires. Balanciers jaunes : Cuillerons blanc-jaunâtre ; Ailes claires, à peine un peu flavescentes à la base.

MALE : Semblable ; Frontaux d'un brun-rougeâtre.

Cette espèce, trouvée en Eté, paraît être rare. Les Cils de l'Abdomen sont un peu plus forts que dans les espèces précédentes et la Cellule 7 C est ouverte un peu plus loin du sommet de l'Aile.

305. — XI. Genre TRIXA.
XI. *Genus TRIXA*, Meig.

Trixa : Meig.-Latr.-Macq.-Zetterst.-Rond.
Crameria : Rob. Desv., *Myod.*, p. 59.

ANTENNES courtes, épaisses ; le troisième article de la longueur du deuxième et un peu globuleux ; premiers articles du CHÈTE très-courts ; FACE oblique ; YEUX nus ; PÉRISTOME presque carré, sans ÉPISTOME saillant; sommet des PALPES épaissi et globuleux.

ABDOMEN ovale; les segments garnis de Cils raides, nombreux, irréguliers et ne pouvant servir de guide.

CELLULE γ C ouverte contre le sommet de l'Aile, avec sa nervure transversale cintrée.

ANTENNIS brevioribus, incrassatis; tertius articulus longitudine secundi et subglobosus; primis CHETI articulis indistinctis; OCULI nudi; FACIES obliqua; PERISTOMA fere quadratum; EPISTOMATE nullo modo prominulo; PALPIS ad apicem subglobosis.

ABDOMEN ovatum, CILIIS numero et dispositione variis.

CELLULA γ C contra apicem Alæ aperta, nervo transverso arcuato.

1526. — N° 1. TRIXA ŒSTROÏDEA, R.-D.

Crameria æstroïdea :	Rob. Desv.-*Myod.*, p. 60, n° 1.
Trixa æstroïdea :	Macq.-*Buff.* II, p. 97, n° 4.
— —	Zetterst.-*Dipt. Skand.*, n° 3.
Trixa variegata :	Meig.-*Dipt.*, t. VI, n° 7.

♀. Frontalia brunea : Frontis lateribus nigris, tessellis cinereis ; Facies cinereo-albida, tessellis cinereis; Antennæ flavo-fulvæ ; Palpi apice inflati, flavo-fulvi. Thorax niger, lineis tessellisque cinereo-albidis. Abdomen nigro-gagateum tessellis albidis. Femora nigra, Tibiis Tarsisque ferrugineis. Halteres flavi : Calypta albida ; Alæ nebulosæ, nervis maculaque medianea nigrescentibus.

Long. 4-6 lignes.

FEMELLE : Frontaux bruns : côtés du Front noirs, avec des reflets cendrés ; Face cendré-albide, avec quelques reflets bruns; Antennes jaune-fauve; Palpes renflés au sommet et jaune-fauve. Corselet noir, assez luisant, avec des lignes et des reflets cendré-albide. Abdomen noir assez luisant, avec des reflets albides. Cuisses noires ; Tibias et Tarses ferrugineux. Balanciers jaunes : Cuillerons blancs; Ailes un peu sales, avec les nervures et une tache médiane noirâtres.

Nous ne possédons que des Femelles de cette espèce prise dans notre jardin sur les excréments de l'homme aux mois de Septembre et d'Octobre. Plusieurs de ces Femelles ont encore l'Abdomen garni de larves qu'elles émirent après avoir été épinglées.

1527. — N° 2. TRIXA CÆRULESCENS, Meig.

Trixa cœrulescens : Meig., n° 2; Macq., n° 1.

♀. Atra, nitida, subcærulescens, Thoracis vittis Abdominisque fasciis albidis. Frontalibus, Antennis, Palpis fulvis aut rufis. Pedes rufi, quartis Femoribus anterioribus antice nigris. Halteribus flavo-fulvis : Calyptis, Alis flavo-nebulosis, nervis flavescentibus.

Long. 6-7 lignes.

FEMELLE : Tout le Corps d'un beau noir-luisant, un peu bleuissant, avec quelques lignes sur le Corselet et quelques reflets sur l'Abdomen albides. Frontaux rouges : côtés du Front noirs, avec un duvet albide ; Face albide sur les côtés et rougeâtre au milieu ; Antennes rouges ; Chète noir ; Palpes fauves. Pattes fauves, avec du brun sur le devant des quatre Cuisses antérieures. Balanciers jaunes : Cuillerons blancs ; Ailes lavées de flavescent, avec les nervures jaunâtres.

C'est le véritable *Tr. cærulescens* de Meigen. L'insecte sur lequel nous avons pris cette description fait partie de la collection de M. Goureau et provient du département de l'AIN. Nous avons vérifié depuis les caractères ci-dessus énoncés avec le *Tr. cærulescens* de Meigen déposé au Muséum.

1528. — N° 3. Trixa parisiensis, R.-D. *Sp. ined.*

♀. Tota atra; Antennis fulvis; Facie cinerascente. Abdomen tessellis insertionum cærulescentibus vel ardeaceis. Pedibus fulvis.

Long. 7 lignes.

Femelle : Frontaux noirs : côtés du Front noir-cendré; Face cendrée; Antennes fauves; pourtour des Yeux cendré; Corselet noir obscurément saupoudré de cendré; Ecusson noir. Abdomen noir-âtre luisant, avec des reflets bleu-ardoisé sur les côtés des deuxième, troisième et quatrième segments; ces reflets sont peu larges et situés au bord supérieur des segments. Pattes fauves; les Cuisses noires à leur partie supérieure. Balanciers jaunes : Cuillerons blanc jaunâtre; Ailes flavescentes.

Environs de Paris. Ce bel insecte a été confondu avec le *Tr. cærulescens* du Muséum par M. Macquart; le même entomologiste a fait de notre *Tr. æstroïdea* un *Tr. cærulescens* de Meigen.

En observant les Cils abdominaux de cette espèce, on trouve deux Cils médians, quatre Cils apicaux sur le premier segment; deux basilaires, deux médians et rangée complète de Cils apicaux sur le deuxième; deux basilaires, deux ou quatre médians et rangée complète d'apicaux sur le dos du troisième.

1529. = N° 4. ✱ Trixa ferruginea, Meig.

Trixa ferruginea : Meig.-*Coll. du Muséum.*

♂. Frons nigra; Faciei lateribus bruneis; Facie Antennis fulvis. Thorax niger, macula antero-humerali testaceo-fulva, scutello testaceo; Abdomine fulvo; Pedibus testaceo-fulvi; Alis flavedine lavatis.

♀. Minor; Frontalibus fulvis: Frontis lateribus nigro-aureis, Facieique lateribus aureo-argenteis; Palpis fulvis. Scutello nigro. Abdomen nigrum, duobus fasciis angustis, aureis in secundo tertioque segmento ornatum. Pedes testacei. Halteres fulvi : Calyptis albido flavescentibus; Alæ limpidæ vel apice hyalinæ, basi flava.

Long. 6 lignes.

MALE : Front noir ; côtés de la Face d'un beau soyeux ; Antennes et Face fauves. Corselet noir, avec une tache antéro-humérale testacé-fauve. Ecusson Testacé. Abdomen fauve. Pattes testacé-fauve. Ailes lavées de jaune.

FEMELLE : Plus petite ; Frontaux fauves : côtés du Front noir-doré ; côtés de la Face doré-argenté ; Face et Palpes fauves. Corselet noir, avec un duvet brun-flavescent ou brun-doré ; Ecusson noir. Abdomen noir, avec deux fascies étroites, un peu dorées à la partie supérieure du deuxième et du troisième segment. Pattes testacées. Balanciers fauves ; Cuillerons blanc-jaunâtre ; Ailes claires ou hyalines au sommet, avec la base jaune.

Cette espèce, originaire d'Allemagne, fait partie de la collection du Muséum de Paris. Les Cils de l'Abdomen sont irréguliers, comme ceux des espèces précédentes.

1550. = N° 5. ✱ TRIXA DORSALIS, Meig.

Trixa dorsalis : Meig., n° 5 ; Macq., n° 5.

♂. Frons brunea ; Facies albido-brunea ; Antennis, Palpisque fulvis. Thorax nigro-cœsius, cinereo-obscuro irroratus. Abdomen fulvum, tessellis albidis, maculaque dorso longitudinali nigra. Femora nigra, Tibiis Tarsisque fulvis. Halteribus flavescentibus : Calyptis albidis ; Alis claris nervisque nebulosis maculaque discoïdali latiore.

Long. 5 lignes.

MALE : Front brun ; Face d'un brun plus clair ; Antennes et Palpes fauves. Corselet noir de pruneau, saupoudré de cendré-obscur, avec des lignes noires ; Ecusson noir. Abdomen fauve, avec des reflets albides ; une large tache dorso-longitudinale noire. Cuisses noires ; Tibias et Tarses fauves. Balanciers jaunâtres : Cuillerons blancs ; Ailes assez claires, avec les nervures nébuleuses et une tache discoïdale un peu plus large.

Cette espèce est originaire d'ALLEMAGNE; nous en avons pris la description sur l'exemplaire du Muséum.

1531. = N° 6. ✶ TRIXA GRISEA, Meig.

Trixa grisea : Meig., n° 5; Macq., n° 5.

♀. Frontalia rubescentia. Frontis lateribus griseo-argenteis; Antennis, Facie, Palpis fulvo-testaceis. Thorax niger, bruneo-grisescente irroratus et lineatus. Abdomen nigrum, cinereo-griseo irroratum. Pedes fulvi, Halteres, Calyptaque flavescentia; Alæ basi et costa flavis.

Long. 5 lignes.

FEMELLE : Frontaux rougeâtres : côtés du Front gris-argenté; Antennes, Face et Palpes fauve-testacé. Corselet noir, saupoudré et rayé de brun-grisâtre. Abdomen noir, saupoudré d'un cendré-grisâtre plus ou moins prononcé; une petite ligne ou fascie plus prononcée vers l'insertion des segments. Pattes fauves. Balanciers et Cuillerons jaunâtres; Ailes jaunes à la base et le long de la côte.

Nous avons pris cette description sur l'exemplaire du Muséum, qui est originaire d'ALLEMAGNE. Nous avons compté deux Cils apicaux sur le dos du premier segment; point de Cils basilaires ni médians, mais rangée complète de Cils apicaux sur le deuxième; quelques Cils basilaires, rangée complète de Cils apicaux sur le dos du troisième.

1532. = N° 7. ★ TRIXA VARIEGATA, Meig.

Trixa variegata : Meig., n° 6; Macq., n° 6.

♀. Frons nigra; Antennæ, Proboscis, Palpi fulvo-rubri; Facies lateribus bruneo-argenteis. Abdomen nigrum, tessellis cærulescentibus. Pedes bruneo-testacei. Halteres pallescentes : Calyptis albis; Alis limpidis, nervis fuliginosis.

Long. 5 lignes.

FEMELLE : Front noir; Antennes, Pipette et Palpes fauve-rouge; côtés de la Face d'un brun-argenté. Tout le Corps noir, avec des reflets bleuâtres sur les segments de l'Abdomen. Pattes d'un beau testacé. Balanciers pâles : Cuillerons blancs ; Ailes blanches, avec les nervures fuligineuses.

Cet exemplaire est originaire de l'ALLEMAGNE ; nous en avons pris la description sur l'exemplaire du Muséum. Nous avons observé sur cet insecte quatre Cils apicaux sur le premier segment, deux Cils médians, quatre Cils apicaux sur le second, rangée complète ou presque complète de Cils médians et rangée complète de Cils apicaux sur le dos du troisième segment.

306. — XII. Genre STÉVENIE.
XII. *Genus STEVENIA*, R.-D.

Stevenia : Rob. Desv., p. 221.-Rond.
Ptilocera : Macq.-Meig.

ANTENNES assez courtes ; le second article presque de la longueur du troisième et plus gros ; premiers articles du CHÈTE très-courts ; le dernier manifestement tomenteux ; YEUX nus, distants sur les deux sexes ; FACE peu élevée ; CILS appartenant aux Optiques et implantés contre les Yeux ; MÉDIANS développés ; PÉRISTOME un peu plus long que large ; EPISTOME en saillie ; seconde division de la TROMPE presque solide ; PALPES filiformes, ne dépassant pas l'Epistôme.

ABDOMEN cylindrique ; deux CILS MÉDIO-APICAUX sur le dos du premier segment ; deux MÉDIO-BASILAIRES et deux MÉDIO-APICAUX sur le second ; deux MÉDIO-BASILAIRES et rangée complète de CILS APICAUX sur le dos du troisième.

CELLULE γ C terminée par un long pétiole qui se fixe au sommet de l'Aile, avec sa nervure transversale droite.

ANTENNÆ breves ; secundus articulus vix longitudine tertii, crassior ; CHETUM primis articulis brevissimis, ultimo tomentoso ; OCULI nudi, in utroque distantes ; FACIES parum elevata ; CILIIS ex opticis nascentibus, MEDIANEISQUE amplis ; PERISTOMA longius quam latius ; EPISTO-

MATE prominulo; HAUSTELLI secunda divisio vix solida; PALPI filiformes, non excedentes Epistoma.

ABDOMEN cylindricum; duo MEDIO-APICALIA in primo; duo MEDIO-BASILARIA duoque MEDIO-APICALIA in secundo; duo MEDIO-BASILARIA seriesque APICALIUM integra in tertio.

CELLULA γ C longe petiolata, nervo transverso recto.

TYPUS : *Stevenia tomentosa*, R.-D.

1533. — N° 1. STEVENIA TOMENTOSA, R.-D.

Stevenia tomentosa : Rob. Desv.-*Myod*, p. 220, n° 1.
Ptilocera tomentosa : Macq.-*Buff.* II, p. 171, n° 6.

♂. Caput nigrum aut nigricans, Facie fusco-albicante; Antennæ, Palpi, Pedes nigri. Thorax niger, cinereo vix lineatus. Abdomen nigrum, nitens, fasciola albido tessellata in margine antico secundi tertiique segmenti. Halteres æruginosi: Calypta albo-flavescentia; Alæ sordide flavescentes.

Long. 3 lignes 1/2.

MALE : Tête noire ou noirâtre; Face d'un brun-blanchâtre; Antennes et Palpes noirs. Corselet noir et légèrement rayé de cendré. Abdomen noir assez luisant; une petite fascie albide au bord antérieur du deuxième et du troisième segment. Pattes noires. Balanciers couleur de rouille : Cuillerons blanc-jaunâtre; Ailes d'un jaunâtre un peu sale.

Nous ne possédons plus que des Mâles de cette espèce qui n'est pas commune.

1534. — N° 2. STEVENIA NITENS, R.-D.

Stevenia nitens : Rob. Desv.-*Myod.*, p. 221, n° 2.

Comme nous n'avons pas cet insecte sous les Yeux, nous sommes réduit à en copier le texte primitif.

« Nigro-nitida, vix cinerascens; Alis nebulosis. »

« Long. 3 lignes.

« Face albicante; Corps d'un beau noir-brillant, à peine « rayé ou glacé de cendré. Cuillerons blancs; Ailes fuli- « gineuses. »

« Cette jolie espèce a été trouvée par M. de Saint-Fargeau. »

1535. — N° 3. STEVENIA VELOX, R.-D.

Stevenia velox : Rob. Desv.-*Myod.*, p. 221, n° 4.

♀. Simillima STEV. TOMENTOSÆ; minor, magis cylindrica, magis nigro nitens. Calypta alba; Alæ fuliginosæ.

Long. 2 lignes.

FEMELLE : Tout-à-fait semblable au *Stev. tomentosa;* plus petite, plus effilée, d'un noir plus brillant. Cuillerons blancs; Ailes fuligineuses.

On trouve cette espèce en Eté.

307. — XIII. Genre HYPÉRÉE.
XIII. *Genus HYPERÆA*, R.-D.

ANTENNES assez courtes; les deux derniers articles d'égale longueur; premiers articles du CHÈTE très-courts; le dernier tomenteux à la loupe; YEUX nus, distants sur les deux sexes; FRONT plus large sur la Femelle et avancé en saillie sur la base des Antennes; FACE peu élevée, un peu oblique, non ciligère; MÉDIANS développés; PÉRISTOME un peu plus long que large; EPISTOME carré, développé aux dépens de la Face et saillant; seconde division de la TROMPE presque solide; PALPES non saillant, non dilatés ni renflés au sommet.

ABDOMEN cylindrique; deux CILS MÉDIO-APICAUX sur le dos du premier et du deuxième segment; rangée complète de CILS APICAUX sur le troisième.

CELLULE γ C de l'Aile avec un pétiole long et avec sa nervure transversale légèrement arquée.

TAILLE médiocre ; FORME cylindrique ; TEINTES noires et brunes.

ANTENNÆ breves, duobus ultimis articulis longitudine æquis ; CHETUM primis articulis brevissimis, ultimo sub lentem tomentoso ; OCULI nudi, in utroque distantes ; FRONS in ♀ latior, Antennarum basim prominens ; FACIES paulo elevata pauloque obliqua, non ciligera ; MEDIANEIS amplis ; PERISTOMA longius quam latius ; EPISTOMATE quadrato, Faciem excedente ; HAUSTELLI pars secunda vix solida ; PALPI non prominuli nec dilatati nec apice inflati.

ABDOMEN cylindricum ; duo CILIA MEDIO-APICALIA in primo secundoque segmento cum serie APICALIUM integra in tertio.

CELLULA γ C alarum longe petiolata, nervo transverso leviter arcuato,

CORPUS mediocre, cylindricum ; COLOR niger et bruneus.

Ce genre diffère des STÉVÉNIES pas le nombre des Cils dorso-abdominaux et surtout par la présence dans le genre précédent de Cils faciaux qui appartiennent aux Optiques et qui sont situés contre les Yeux.

1536. — N° 1. HYPERÆA ABDOMINALIS, R.-D. *Sp. ined.*

♂. Frontalia nigra : Frontis lateribus nigro-ardeaceis ; Facie albido-ardeacea ; Antennæ Proboscisque nigræ ; Palpi fulvi. Thorax niger, cinereo-ardeaceo irroratus et lineatus. Abdomen tribus primis segmentis pellucidis, fulvis, vitta dorsali nigra ; secundi tertiique segmenti margine antico albido, tessellato ; reliquis segmentis atris. Pedes nigri. Halteres fulvescentes : Calypta subalbida ; Alæ sublimpidæ, basi lutescente.

♀. Similis ; Frons latior.

Long. 3-4 lignes.

MALE : Frontaux noirs : côtés du Front d'un brun-ardoisé ; côtés de la Face d'un blanc-ardoisé ; Médians rouges ; Antennes et Trompe noires ; Palpes fauves. Corselet noir, saupoudré et rayé de cendré-ardoisé. Les trois premiers segments de l'Abdomen fauve-diaphane sur les côtés, avec une ligne dorsale noire ; une bande de reflets cendrés vers le bord antérieur du second et du troisième segment ; le reste de l'Abdomen noir. Pattes noires. Balanciers rougeâtres : Cuillerons blanchâtres ; Ailes assez claires, avec la base flavescente.

FEMELLE : Semblable ; Front plus large.

Nous possédons un couple de cette espèce qu'il est très facile de confondre (ainsi que nous l'avions fait) avec l'*Olivieria lateralis*, quand on ne l'examine pas avec une sérieuse attention.

308. — XIV. Genre PTILOCÈRE.
XIV. *Genus PTILOCERA*, R.-D.

Ptilocera : Rob. Desv., p. 221.-Rond.
— Macq., *Buff.* II, p. 169.
Tachina : Meig.

Caractères des STÉVÉNIES ; ANTENNES rapprochées, ne descendant pas jusqu'à l'Epistôme ; le second article plus épais, ongulé ; CHÈTE plumeux ; EPISTOME non saillant ; PALPES maxillaires dilatés sur la Femelle.

ABDOMEN cylindrique ou conique ; deux CILS MÉDIO-APICAUX sur le premier segment ; deux BASILAIRES, deux MÉDIANS et deux APICAUX sur le second ; deux BASILAIRES, deux MÉDIANS et série complète d'APICAUX sur le troisième segment.

CELLULE γ C n'atteignant pas le sommet de l'Aile.

CORPS cylindrico-conique, noir, couvert d'un duvet gris-cendré.

Gen. STEVENIÆ characteres; ANTENNÆ approximatæ, non ad Epistoma porrectæ ; secundo articulo crassiori, ungulato ; CHETUM plumosum ; EPISTOMA non prominulum ; PALPIS maxillaribus in ♀ dilatatis.

ABDOMEN cylindricum vel conicum ; duo MEDIO-APICALIA in primo segmento ; duo BASILARIA, duo MEDIANEA duoque APICALIA in secundo ; duo BASILARIA duoque MEDIANEA cum serie APICALIUM integra in tertio.

CELLULA γ C non usque ad Alæ apicem porrecta.

CORPUS cylindrico-conicum, nigro-cinerascens.

TYPUS : *Ptilocera rubetra*, R.-D.

Ce genre doit suivre les STÉVÉNIES, avec lesquelles il a les plus grands rapports, mais dont il est à jamais séparé par le Corps un peu plus épais, par les Palpes maxillaires dilatés sur la Femelle et surtout par les Ailes qui n'ont pas la Cellule γ C prolongée jusqu'à leur sommet. On doit aussi noter le Chète qui est plumosule.

1537. — N° 1. PTILOCERA RUBETRA, R.-D. *Sp. ined.*

♂ et ♀. Cylindriformis; Frontalibus fusco-subrubris; Antennæ basi rufa, ultimo articulo nigro ; Palpi apice rufo, in ♀ inflato. Thorax fusco-cinereo lineatus et irroratus. Abdomen testaceo-rubescens aut subrubrum, pube sericea. Pedes nigri. Calyptis albis; Alis sublimpidis, basi flavescente.

Long. 5 lignes.

MALE : Corps cylindriforme; Frontaux brun-rougeâtre : côtés du Front gris; Face gris-cendré ; base des Antennes fauve, avec le dernier article noir; Palpes testacé-fauve au sommet. Corselet et Ecusson noirâtres, rayés et saupoudrés de cendré-grisâtre. Abdomen garni d'un duvet gris-soyeux et en grande partie d'un testacé-fauve. Pattes noires. Balanciers jaunâtres : Cuillerons blancs ; Ailes claires, avec la base flavescente.

Femelle : Semblable ; côtés du Front plus cendrés ; Palpes rouges et renflés au sommet. Abdomen un peu plus rouge.

On prend cette espèce sur les fleurs des Ombellifères en Eté. Nous ignorons comment elle a pu échapper à notre premier travail.

1538. — N° 2. Ptilocera nigricornis, R.-D. *Sp. ined.*

♂. Affinis Pt. rubetræ ; Antennæ nigræ. Abdomen lateribus secundi tertiique segmenti subrubescentibus.

Long. 3 lignes 1/4.

Male : Frontaux bruns : côtés du Front cendré-grisâtre ; Face cendré-albide, avec les Médians rougeâtres ; Antennes noires ; Palpes noirs, avec le sommet fàuve. Corselet cendré-grisâtre, avec les lignes dorsales noires. Abdomen cendré-grisâtre, avec quelques reflets bruns ; les côtés du deuxième et du troisième segment obscurément fauves. Pattes noires. Cuillerons d'un jaune-ferrugineux : Balanciers blancs ; Ailes claires avec la base un peu flavescente.

Nous ne connaissons qu'un individu Mâle de cette espèce prise au mois de Juillet.

1539. — N° 3. Ptilocera palpalis, R.-D.

Ptilocera palpalis : Rob. Desv.-*Myod.*, p. 222, n° 1.

♂ et ♀. Cylindrica, nigricante grisescens ; Palpis ad ♀ inflatis, luteis. Calyptis albis ; Alis basi vix sordidiuscula

Long. 3 lignes.

Male et Femelle : Frontaux noirs : côtés du Front et Face blanc-cendré ; le derrière de la Tête cendré ; Antennes d'un brun-rougeâtre à la base, avec le dernier article noir ; Palpes jaunes très-renflés au sommet sur la Femelle. Corselet cendré, avec les lignes dorsales noires. Abdomen cendré. Anus et Pattes noirs. Balanciers jaunes : Cuillerons blancs ; Ailes claires, avec la base un peu sale.

On prend cette espèce au mois de Mai ; elle paraît être très-rare. Comme nous n'en possédons plus que des débris, nous en avons vérifié la description sur un individu de la collection Bigot.

1540. — N° 4. Ptilocera conica, R.-D.

Ptilocera conica : Rob. Desv.-*Myod.*, p. 222, n° 2.

♂. Similior Pt. palpali ; paulo minor ; secundus Antennæ articulus subruber. Abdomen conicum cinerascens.

Long. 2 lignes 2/3.

Male : Semblable au *Ptil. palpalis ;* un peu plus petite ; le second article antennaire rougeâtre. Abdomen conique, cendré.

Nous ne connaissons que le Mâle de cette espèce prise au mois de Mai.

309. — XV. Genre DEXIE.
XV. *Genus DEXIA*, Meig.

Musca : Fab.-Fall.
Dexia : Meig.-Latr.-Rob. Desv.-Macq.-Rond.

Antennes ne descendant pas jusqu'à l'Epistôme ; le deuxième article court et onguiculé ; le troisième prismatique ;

CHÈTE plumeux ; PÉRISTOME peu étendu ; EPISTOME non saillant ; TROMPE petite et membraneuse.

ABDOMEN cylindrique, avec les segments munis de deux CILS APICAUX.

CELLULE γ C ouverte avant le sommet de l'Aile.

ANTENNÆ non ad Epistoma porrectæ ; secundo articulo brevi, unguiculato ; tertio prismatico ; CHETUM plumosum ; PERISTOMA coarctatum ; EPISTOMATE haud prominulo ; PROBOSCIS parva et tota membranacea.

ABDOMEN cylindricum, segmentis abdominalibus CILIIS duobus munitis APICALIBUS.

CELLULA γ C supra Alæ apicem aperta.

Le Péristôme très-resserré et sans Epistôme saillant, la Cellule γ C de l'Aile ouverte et surtout la Trompe petite et membraneuse, sont des caractères qui ne permettront jamais de confondre ce genre avec les ESTHÉRIES et les DINÈRES.

Les DEXIES sont faciles à reconnaître à leur corps oblong-cylindrique, ainsi qu'à leurs teintes grises et jaunâtres, parfois nuancées de fauve. Elles se trouvent plus spécialement sur les OMBELLIFÈRES des pays élevés et calcaires. On les rencontre aussi quelquefois à terre parmi les feuilles des GRAMINÉES.

TYPUS : *Musca rustica,* Fabr.

1541. — N° 1. DEXIA RUSTICA, Fabr.

Musca rustica : Fabr.-*Syst. Antl.*, p. 296, n° 64, ♀.
— — Gmel.-*Ed. Syst. nat.* v, p. 2842, 187.
— *tachinaria :* Fall.-N° 17.
Dexia rustica : Meig.-*Dipt.*, t. v, p. 46, n° 22 ♂, ♀.
— — Macq.-*Buff.* II, p. 211, n° 1.
— — Zetterst.-*Dipt. Skand.*, III, p. 1264, n° 2.

♂ *Dexia rustica :* Rob. Desv.-*Myod.*, p. 311, n° 1.
♀ *Dexia grisea :* Rob. Desv.-*Myod.*, p. 314, n° 7.

♂. Flavescens aut subcinerea; Thorace nigro lineato. Frontalibus, Antennis, Medianeis fulvis; Palpis, Femoribus, Tibiis testaceis. Abdomen diaphane-flavescens, vitta dorsali fusca, plus minusve manifesta.

♀. Similis; Abdomen integre grisescens aut cinerascens.

Long. 4-5-6 lignes.

Male : Frontaux noirs, ou brun-fauve, ou fauves : côtés du Front dorés, flavescents, jaune-cendré ou cendrés ; Antennes et Médians fauves; Palpes jaune-fauve. Corselet doré, jaune-flavescent ou cendré, avec des lignes noirâtres ; moitié postérieure de l'Ecusson testacé-fauve ou testacée. Abdomen testacé-fauve ou testacé, avec des reflets flavescents ou cendrés ; on distingue sur le milieu du dos une ligne brune plus ou moins marquée ; les derniers segments de l'Abdomen sont ainsi plus ou moins ombrés de brun. Pattes testacées, avec les Tarses noirs. Balanciers jaunes : Cuillerons jaunâtres; Ailes lavées de flavescent.

Femelle : Semblable au Mâle; un peu plus grise ; l'Abdomen est entièrement gris ou cendré; rarement on distingue un peu de fauve-testacé sur les côtés des premiers segments.

Cette espèce varie beaucoup pour la taille et les nuances des teintes; le Mâle se rencontre plus particulièrement le long des sentiers des champs et parmi les herbes, à terre ; il aime à voltiger devant le voyageur ; la Femelle se plait surtout à sucer le miel des fleurs des Ombellifères. Elle est moins commune.

On trouve cette espèce durant les mois d'Eté. Nous avions décrit la Femelle sous le nom de *Dexia grisea ;* nous ne possédions que ce sexe; plus heureux que nous, M. Macquart a reconnu et mesuré le Mâle de cette prétendue espèce! Il y a nécessairement erreur de la part du Naturaliste Lillois.

1542. — N° 2. DEXIA CANINA; Fabr.

Musca canina : Fabr.-*Syst. Antl.*, p. 290, n° 60, ♀.
— — Gmel.-*Ed. Syst. nat.* I, 5, 2842, 185.
— — Fall.-*Musc.*, p. 11, n° 8, ♂ et ♀.
Dexia canina : Meig.-*Dipt.*, t, v, p. 147, n° 24.
— — Rob. Desv.-*Myod.*, p. 313, n° 6, ♀.
— — Macq.-*Buff.* II, p. 212, n° 2.
— — Zetterst.-*Dipt. Skand.*, III, p. 1263, n° 1.
Dexia cincta : Rob. Desv.-*Myod.*, p. 312, n° 4.

♂. Frontis lateribus, Facieque aureis; Antennæ flavo-fulvidæ; Proboscis, Palpi, Pedes flavi. Thorax dorso-subaureo, lineis nigris. Abdomen dorso flavescente, incisuris nigrioribus. Tarsi brunicosi. Halteres flavi : Calypta albo-flavescentia; Alæ basi flava.

♀. Griseo-flavescens; Medianeis fulvis ; Antennis, Palpis, Pedibus flavis. Abdomen gagateo-nitidum, tribus annulis griseo-flavescentibus. Tarsis nigris. Calyptis albicantibus ; Alis flavedine lavatis.

Long. 4-4 lignes 1/2.

MALE : Côtés du Front et Face jaune-doré ; Antennes jaune-fauve ; Trompe, Pattes et Palpes jaunes. Corselet jaune-doré sur le dos, avec les lignes noires. Abdomen garni d'un duvet flavescent, avec les incisions des segments noirâtres. Tarses bruns. Balanciers jaunes : Cuillerons blanc-jaunâtre ; Ailes jaunes à la base.

FEMELLE : Frontaux d'un brun obscurément fauve ; côtés du Front gris-flavescent ; Face gris cendré ; Antennes et Palpes jaunes ; Médians rouges. Corselet gris-flavescent, avec des lignes noires. Abdomen noir-jais luisant, avec trois anneaux d'un gris-flavescent. Pattes jaunes, à Tarses noirs.

Balanciers jaunes : Cuillerons blanchâtres ; Ailes lavées de flavescent.

On prend cette espèce en Eté sur les OMBELLIFÈRES et dans les herbes des champs ; elle n'est pas commune.

1543. — N° 3. DEXIA VACUA, Fall.

Musca vacua : Fall.-*Act. holm.*, 1816, p. 240, n° 10, et *Muscides*, p. 42, n° 10.
Dexia vacua : Meig.-T. v, p. 46, n° 23 ; VII, p. 370, n° 10.
— — Macq.-*Buff.* II, p. 212, n° 3.
— — Zetterst.-*Dipt. Skand.*, III, p. 1265, n° 3.

♂. Frontalia nigro-fulvida : Frontis, Facieique lateribus flavo-aureis ; Occipite griseo ; Antennæ Palpique flavi. Thorax flavescens, lineis dorsalibus nigris ; Scutelli parte postica pellucide testacea. Abdomen pellucido-testaceum, segmentorum margine postico nigro, lineaque dorsali nigra plus minusve interrupta. Pedes flavi, Tarsis nigris. Halteres flavi : Calypta flavescentia ; Alæ flavedine lavatæ.

Long. 4 lignes

MALE : Frontaux brun-fauve : côtés du Front et de la Face jaune-doré ; derrière de la Tête gris-flavescent ; Antennes et Palpes jaunes. Corselet gris-flavescent, avec les lignes dorsales noires ; sommet de l'Ecusson testacé. Abdomen testacé-diaphane, avec le bord postérieur des segments noir ; une ligne noire plus ou moins marquée, plus ou moins interrompue sur le milieu du dos. Anus jaune ; Pattes jaunes, avec les Tarses noirs. Balanciers jaunes : Cuillerons jaunâtres ; Ailes lavées de jaune.

Nous ne connaissons que le Mâle de cette espèce ; elle paraît être rare sous le climat de Paris, à moins toutefois que notre *Dexia gracilis* n'en soit qu'une variété.

1544. — N° 4. Dexia gracilis, R.-D.

Dexia gracilis : Rob. Desv.-*Myod.*, p. 313, n° 5.

♂. Similis Dex. rusticæ ; flavo-aurulans ; Facies aurea ; Antennis, Palpis, Pedibus flavis. Abdomine flavo-testaceo, linea dorsali interrupta, tertii segmenti margine postico nigricante. Halteribus, Calyptis flavis ; Alis flavedine lavatis.

Nous ne connaissons que des Mâles de cette espèce qui n'est pas commune et qu'on peut prendre en Eté sur les vitres des appartements. Elle se rapproche beaucoup du *Dexia vacua* de Meigen, mais cette dernière a le bord postérieur de tous les segments noir.

310. — XVI. Genre IDA.
XVI. *Genus IDA*, R.-D.

Tous les caractères du genre Dexia ; Cellule γ C de l'Aile fermée ou pétiolée à son sommet.

Omnes Gen. Dexiæ characteres ; Cellula γ C occlusa vel apice petiolata.

1545. — N° 1. Ida petiolata, R.-D. *Sp. ined.*.

♂. Frontalia rubra : Frontis lateribus bruneo-flavescentibus ; Facie aurea ; Occipite flavo-aureo ; Antennis flavis. Thorax lateribus griseus, dorso griseo-aureus, lineis nigris, Scutelloque apice testaceo. Abdomen testaceo-fulvum, linea dorso longitudinali brunea. Pedes testacei, Tarsis nigris. Halteres flavo-fulvi : Calypta flavescentia ; Alæ basi flavedine lavatæ.

♀. Affinis Dexiæ rusticæ ♀ ; Thorax niger, tomentose flavescens, Scutelli majori parte testacea. Abdomen tomentose griseo-flavescens. Frontalibus, Antennis, Medianeis, Palpis, Pedibus fulvis ; Facie griseo-subaurea. Calyptis, Alisque flavis.

Long. ♂ 5 lignes ; ♀ 6 lignes.

Male : Frontaux rouges : côtés du Front d'un brun-flavescent; Face dorée; derrière de la Tête jaune-doré ; Antennes jaunes. Corselet gris sur les côtés, gris-doré sur le dos, avec les lignes noires ; sommet de l'Ecusson testacé-fauve, avec une ligne dorso-longitudinale brune. Pattes testacées, avec les Tarses noirs. Balanciers jaune-fauve : Cuillerons jaunâtres ; Ailes lavées de jaunâtre à la base.

Femelle : Voisine du *Dexia rustica* ♀; Frontaux, Antennes, Médians, Palpes et Pattes fauves; Face gris-doré. Corselet brun et couvert d'un duvet flavescent; majeure partie de l'Ecusson testacée. Abdomen garni d'un duvet gris-flavescent. Balanciers, Cuillerons et Ailes jaunes.

Cette espèce est très-rare ; M. Bigot en possède un Mâle dans sa collection.

311. — XVII. Genre PROSÈNE.
XVII. *Genus PROSENA*, St.-Farg. et Serv.

Stomoxys : Fab.-Latr.-Meig.-Fall.
Prosena : St.-Farg. et Serv.-Rob. Desv.-Macq.-Rond.

Le troisième article des Antennes au moins triple des précédents ; Chète plumeux ; Epistome non rostriforme ; Trompe fort longue ; Palpes courts et renflés au sommet. Abdomen cylindrico-conique. Pattes filiformes. Cellule 7 C fermée contre le sommet de l'Aile.

Antennarum tertius articulus aliis saltem trilongior; Chetum plumosum; Epistoma non rostriforme; Proboscis elongata, coriacea; Palpis brevibus, apice inflatis.

Abdomen cylindrico-conicum. Pedes filiformes. Cellula 7 C versus Alæ apicem occlusa.

Typus : *Musca siberita*, Linn.

Ce genre a été détaché des STOMOXES par M. Lepeletier de Saint-Fargeau et Audinet Serville (*Encyclopédie méthodique*, article Stomoxe).

1546. — N° 1. PROSENA SIBERITA, Fabr.

Musca siberita :	Linn.
♂ *Stomoxys siberita :*	Fabr.-*Syst. Antl.*, p. 280; n° 1.
♀ — *grisea :*	Fabr.-*Syst. Antl.*. p. 280, n° 2.
Stomoxys longipes :	Gmel.-*Syst. nat.*, v, p. 2892, n° 7.
♂ *Stomoxys irritans :*	Panz.-*Faun. Aust.*, p. 5, n° 24.
Hæmatomyza siberita :	Fall.-*Musc.*, p. 5, n° 1.
— —	Meig.-*Dipt.*, IV, p. 160, n° 2.
Prosena siberita :	St.-Farg., *S. Enc. méth.*, X, p. 500.
— —	Rob. Desv.-*Myod.*, p. 317, n° 1.
— —	Macq.-*Buff.* II, p. 208, n° 1.
— —	Zetterst.-T. IV, p. 983.

♂ et ♀. Grisea, griseo-subcinerea; Facie alba, Frontalibus, Antennis, Palpis, Pedibus flavo-testaceis.

Long. 3-3 lignes 1/4.

MALE et FEMELLE : Tout le Corps gris, gris-cendré ou un peu nuancé de brun ; plusieurs reflets bruns sur l'Abdomen du Mâle ; cet Abdomen est gris sur la Femelle. Frontaux, Antennes, Palpes, base de la Trompe, Cuisses et Jambes jaune-fauve. Parfois on distingue un peu de jaune-fauve sur les côtés de l'Abdomen. Tarses noirs. Balanciers jaunes : Cuillerons blanchâtres ; Ailes assez claires, quoique très-légèrement lavées de flavescent.

Cette espèce, qui parait répandue dans toute l'Europe, est rare sous notre climat ; on la prend en Juillet dans les lieux secs et arides.

1547. = N° 2. ✱ PROSENA FULIGINOSA, R.-D. *Sp. ined.*

♂. Frontalia, Antennæ flavo-mellinæ; Frontis lateribus, Facie, Haustelli majori parte, Palpis, Pedes flavis. Thorax subrubescens; Scutelli apice flavo-testaceo. Abdomen testaceo-fulvum, vitta dorsali postremisque segmentis fuscis. Tarsi brunei. Halteres, Calypta, Alæque luteo-subfuliginosæ.

Long. 4 lignes 1/2.

MALE : Frontaux et Antennes jaune de miel ; côtés du Front, Face, Trompe et Palpes jaunes. Corselet rougeâtre; sommet de l'Ecusson testacé. Abdomen testacé-rougeâtre, avec une ligne dorsale et les derniers segments bruns. Pattes jaunes, avec les Tarses noirâtres. Balanciers, Cuillerons et Ailes d'un jaune un peu fuligineux.

Cet insecte, qui appartint autrefois à M. Latreille, fait aujourd'hui partie de la collection de M. Bigot. J'en ignore la patrie.

312. — XVIII. Genre MYOCÈRE.
XVIII. *Genus MYOCERA*, R.-D.

Myocera : Rob. Desv.
Musca : Fall.
Dexia : Meig.-Macq.-Zetterst.
Phorostoma : Rob. Desv.-Rond.

ANTENNES descendant presque jusqu'à l'Epistôme ; le deuxième article court et ne paraissant pas onguiculé ; le troisième article triple pour la longueur et prismatique : CHÈTE plumeux ; EPISTOME assez saillant.

ABDOMEN cylindrique, à teintes brunes et grises ; les segments munis de deux CILS APICAUX. PATTES grêles. CELLULE γ C ouverte au-dessus du sommet de l'Aile.

ANTENNÆ fere ad Epistoma porrectæ ; secundo articulo breviori et forsan non unguiculato, tertioque trilongiore et prismatico ; CHETUM plumosum ; EPISTOMA prominulum.

ABDOMEN cylindricum, bruneo-grisescens; duo CILIA APICALIA in unoquoque segmento disposita. PEDES graciles. CELLULA γ C supra Alæ apicem aperta.

Toutes les espèces de ce genre ont entre elles la plus grande analogie. Le développement de l'Epistôme les différencie nettement des DEXIES; celui des Antennes les distingue des FÉRIES. Elles ont toujours la Cellule γ C ouverte; cette Cellule est plus ou moins pétiolée sur les ESTHÉRIES et les DINÈRES.

Ces insectes se trouvent presque exclusivement sur les OMBELLIFÈRES des collines calcaires.

1548. — N° 1. MYOCERA FERINA, Fall.

Musca ferina :	Fall.-*Act. holm.*, 1806, p. 212. n° 14, ♂ et ♀.
Dexia ferina :	Meig.-*Dipt.*, v, n° 9.
♂ *Myocera longipes* :	Rob. Desv.-*Myod.*, p. 329, n° 1.
♀ *Phorostoma subrotunda* :	Rob. Desv.-*Myod.*, p. 327, n° 1.
Dexia ferina :	Macq.-*Buff.* II, p. 213, n° 9.
— —	Zetterst.-*Dipt. Skand*, n° 5.

♂. Nigra; lineis Thoracis tessellisque Abdominis cinereo-albicantibus; Frontalibus nigris; Facie albida; Medianeis rufescentibus; Antennis basi fulva, ultimo articulo nigro; Palpis testaceis. Pedibus nigris. Halteribus flavis: Calyptis albis; Alis limpidis, basi sordidiuscula.

♀. Similis; Antennarum basi sæpius fusca aut fuscescente.

Long. ♂ 5-7 lignes; ♀ 5-6 lignes.

MALE : Corps noir assez luisant, avec des lignes cendrées sur le Corselet et des reflets cendrés sur l'Abdomen; Frontaux noirs : côtés du Front brun-cendré; Face cendré-blanchâtre ; base des Antennes fauve, avec le dernier article noir ; Médians rougeâtres ; Trompe noire ; Palpes testacés. Pattes entièrement noires. Balanciers flaves : Cuillerons blancs ; Ailes claires, avec la base un peu sale.

FEMELLE : Semblable ; base des Antennes ordinairement noire.

Cette espèce n'est pas rare en Juillet et en Août ; on la trouve surtout dans les localités arides. Plusieurs Femelles de notre collection portent la preuve de leur viviparisme.

1549. — N° 2. MYOCERA APICALIS, R.-D. *Sp. ined.*

♂ et ♀. Cæsia, cinereo lineata et tessellata ; Palpis nigris apice rufescentibus ; Alis basi sublimpida.

Long. 3-4 lignes.

MALE : Semblable au *Myoc. ferina ;* beaucoup plus petite ; Palpes noirs ; le sommet seul est rougeâtre. Les Ailes sont plus claires à la base.

FEMELLE : Frontaux noirs : côtés du Front blanc-cendré ; Face albide, avec les Médians rougeâtres ; base des Antennes rougeâtre ; le dernier article noir ; Palpes noirs, avec le sommet fauve. Corselet blanc-cendré, avec les lignes dorsales noires. Abdomen noir de pruneau, avec les reflets d'un blanc un peu bleuâtre. Pattes noires. Balanciers jaunes : Cuillerons blancs ; Ailes claires, avec la base un peu obscure.

Nous avons pris cette espèce en Automne sur les fleurs de l'IMPERATORIA SYLVESTRIS, L.. La Femelle porte les preuves de son viviparisme.

1550. — N° 3. MYOCERA NOMADA, R.-D.

Myocera nomada : Rob. Desv.-*Myod.*, p. 330, n° 5.

♂ et ♀. Nigra, albido lineata et tessellata; Frontalibus, Antennis, Pedibus nigris; Frontis lateribus bruneis; Facie albida; Medianeis rufescentibus; Palpis fuscis, fusco-testaceis, testaceis. Halteribus subflavescentibus : Calyptis subalbis; Alis flavedine lavatis.

Long. ♂ 2 1/2-3 lignes; ♀ 3 lignes.

MALE : Noir; Frontaux, Antennes, Trompe et Pattes noirs; côtés du Front bruns; Face albide, avec les Médians rouges; Palpes bruns, brun-testacé ou testacés. Corselet rayé et arrosé de cendré-albide. Abdomen garni de reflets cendré-albide. Balanciers jaunâtres : Cuillerons assez clairs; Ailes ayant une légère teinte flavescente.

FEMELLE : Semblable; plus grosse; Ailes plus claires.

On prend cette espèce sur les fleurs du DAUCUS CAROTTA et de l'IMPERATORIA SYLVESTRIS. Nous avons la preuve que la Femelle est vivipare.

1551. — N° 4. MYOCERA CARINIFRONS, Fall.

Musca carinifrons :	Fall.-*Act. holm.*, p. 243.
— —	Fall.-*Musc.*, p. 14, n° 15, ♂ et ♀.
Dexia carinifrons :	Meig.-v, p. 47, n° 20.
— —	Macq.-*Buff.* II, p. 214, n° 10.
— —	Zetterst.-*Dipt. Skand.*, n° 7.
Myocera fera :	Rob. Desv.-*Myod.*, p. 330, n° 4.
Var. *Myocera grisescens* :	Rob. Desv.-*Myod.*, p. 330, n° 6.

♂. Frontalibus, Antennis, Pedibus nigris; Frontis lateribus subbruneis; Medianeis rubris; Palpis fulvis. Thorax niger, cinereo-grisescente lineatus et irroratus. Abdomine griseo. Halteribus flavis : Calyptis albide-flavescentibus; Alis basi flavescente.

♀. Similis; interdum tota grisea; interdum Thorace griseo-cinerascente. Abdomine griseo. Palpis nigris.

Long. 2-4-5 lignes.

Male : Frontaux d'un brun obscurément fauve : côtés du Front bruns ; Face brun-cendré, avec les médians rouges ; Antennes et Trompe noires ; Palpes rouges ou rougeâtres. Corselet et Ecusson noirs, rayés et saupoudrés de cendré-grisâtre. Abdomen gris ou grisâtre. Pattes noires. Balanciers jaunes : Cuillerons blanc-jaunâtre ; Ailes flavescentes à la base.

Femelle : Palpes noirs. Corselet cendré, ou gris-cendré, ou gris. Abdomen gris. Tout le Corps est souvent gris.

Cette espèce est commune en Automne sur les fleurs des Ombellifères et des Corymbifères.

Fallen la déclare vivipare ; c'est à tort que M. Macquart l'a rapportée à notre *Myoc. anthophila.* Une variété tout-à-fait semblable est moitié plus petite : c'est notre ancien *Myoc. grisescens.*

1552. — N° 5. Myocera squalida, R.-D. *Sp. ined.*

♂. Affinis Myoc. carinifronti ; nigricans, griseo aut pulverulente lineatus et adspersus ; Frontalibus, Antennis, Pedibus nigris ; Palpis fusco-testaceis ; Frontis lateribus fuscis ; Facie fusco-albida ; Medianeis rubris. Alis fuliginosis.

Long. 3 lignes.

Male : Voisin du *Myoc. carinifrons ;* Corselet noirâtre, rayé et lavé de gris-pulvérulent. Abdomen noir, couvert d'un duvet gris de poussière. Frontaux, Antennes et Pattes noires ; côtés du Front bruns ; Face d'un brun-albide, avec les Médians rouges ; Palpes brun-rougeâtre. Balanciers jaunâtres : Cuillerons blanchâtres ; Ailes jaune-sale.

Nous ne possédons que deux Mâles de cette espèce prise en Eté sur les fleurs du Daucus carotta, L..

1553. — N° 6. MYOCERA ANTHOPHILA, R.-D.

Myocera anthophila : Rob. Desv.-*Myod.*, p. 330, n° 3.

♂. Nigra, nitens, albo vix lineat et tessellat ; Antennis, Frontalibus, Pedibus nigris. Ventre subrufescente. Alis limpidis, basi flavescente.

♀. Grisescens.

Long. 3-3 lignes 1/2.

MALE : Cylindriforme; Antennes, Frontaux et Pattes noirs ; Face albide ; Médians rouges ; Ailes un peu flavescentes à la base. Corselet noir-luisant, légèrement rayé et arrosé de cendré. Abdomen noir-luisant, avec de légers reflets cendrés et le dessous du Ventre un peu rougeâtre.

FEMELLE : Corps grisâtre.

C'est à tort que M. Macquart a confondu avec le *Myoc. carinifrons* cette espèce bien distincte par le Corps noir-luisant du Mâle. On la prend en Eté sur les fleurs des OMBELLIFÈRES.

1554. — N° 7. MYOCERA VAGA, R.-D. *Sp. ined.*

♂. Affinis MYOC SQUALIDÆ ; nigra, subnitens, lineis tessellisque cinereo-albidis ; Palpis rubescentibus. Alis sublimpidis.

Long. 3 lignes.

MALE : Taille et forme du *Myoc. squalida*; Corps noir assez luisant, avec des lignes albides sur le Corselet et des reflets cendré-albide sur l'Abdomen. Frontaux, Antennes, Pattes noirs : côtés du Front bruns ; Face d'un brun-albide, avec les Médians rouges; Palpes rougeâtres. Balanciers flavescents : Cuillerons blanchâtres ; Ailes assez claires.

Nous ne possédons qu'un Mâle de cette espèce prise en Eté.

313. — XIX. Genre ASBELLE.
XIX. *Genus ASBELLA*, R.-D.

ANTENNES n'atteignant pas tout-à-fait l'Epistôme ; le premier article court; le deuxième plus long; le troisième prismatique et double du second ; premiers articles du CHÈTE indistincts ; le dernier plumosule ; YEUX nus, distants sur les deux sexes ; FRONT large, un peu déclive sur la FACE qui est légèrement oblique et privée de Cils ; il y a quelques CILS OPTIQUES au haut du Front; PÉRISTOME un peu plus long que large ; EPISTOME non saillant et coupé droit ; seconde division de la TROMPE presque solide ; PALPES un peu saillants, avec le sommet renflé sur la Femelle.

ABDOMEN déprimé, sans CILS APICAUX sur le premier segment ; deux APICAUX sur le second et rangée complète de CILS APICAUX sur le troisième.

PATTES un peu allongées. CUILLERONS larges ; CELLULE γ C s'ouvrant dans le sommet même de l'Aile, avec la nervure transversale cintrée.

CORPS cylindriforme, à teintes noires et grisâtres.

ANTENNÆ non omnino ad Epistoma porrectæ ; primus articulus brevis, secundus longior, tertius prismaticus et bilongior secundo ; CHETUM primis articulis indistinctis, ultimo plumosulo ; OCULI nudi, in utroque distantes ; FRONS Ciliis non nullis opticis ornata, paulo decliva in FACIE obliqua nulloque modo ciligera ; PERISTOMA longius quam latius ; EPISTOMATE non prominulo et quadrato ; HAUSTELLI pars secunda solida ; PALPIS leviter prominulis, apice in ♀ inflato.

ABDOMEN depressum in ♀ ; CILIA APICALIA nulla in primo, duo in secundo, seriesqne integra in tertio segmento.

PEDES elongati. CALYPTA ampla ; CELLULA γ C in apice Alæ aperta, nervoque transverso arcuato.

CORPUS cylindriforme, colore nigro-grisco.

L'ASBELLE, tout en ayant les plus grands rapports avec les MYOCÈRES, en diffère par son Epistôme presque sans saillie, par son Chète plumeux, par son Abdomen déprimé et sans Cils sur le premier segment, et par la Cellule γ C de l'Aile tout-à-fait apicale.

1555. — N° 1. ASBELLA RUFICORNIS, R.-D. *Sp. ined.*

♀. Nigro-cæsia, cinereo-albidulo lineata, irrorata et tessellata ; Antennæ basi fulva ; Palpi fulvi, apice inflato. Abdomen depressum. Alæ Cellula γ C apicali.

Long. 4 lignes.

FEMELLE : Frontaux noirs : côtés du Front d'un cendré-blanc un peu brun ; Face d'un blanc-cendré ; base des Antennes fauve ; le dernier article noir ; Palpes fauves. Corselet noir, rayé et fortement saupoudré de blanc-cendré. Abdomen noir-jais, avec des reflets cendré flavescent ; le bord postérieur du deuxième et du troisième segment du Ventre testacé. Balanciers jaunâtres : Cuillerons blancs ; Ailes claires, avec les nervures brunes.

Nous ne possédons qu'une Femelle de cette espèce trouvée en Eté.

314. — XX. Genre NICÉE.
XX. *Genus NICÆA*, R.-D.

ANTENNES assez courtes ; le premier article très-court ; le second conique et presque de la longueur du troisième qui est déprimé sur les côtés et un peu arrondi en devant ; CHÈTE court, à premiers articles indistincts ; le dernier plumosule ou villeux.

YEUX nus, distants sur les deux sexes ; le devant de la

TÊTE arrondi; FACE peu élevée; point de CILS FACIAUX; PERISTOME un peu plus large que long; EPISTOME non saillant, coupé droit en devant; seconde division de la TROMPE presque solide; PALPES dépassant un peu l'Epistôme, avec le sommet légèrement renflé sur le Mâle, mais renflé en bouton sur la Femelle.

ABDOMEN conique; deux CILS APICAUX sur le premier et le second segment, avec une rangée complète de CILS APICAUX sur le troisième.

JAMBES postérieures légèrement ciliées au côté externe sur le Mâle. CUILLERONS larges; CELLULE γ C ouverte presque dans le sommet de l'Aile.

TAILLE moyenne; CORPS cylindrico-conique, à teintes noires et nuancées de grisâtre.

Viviparisme constaté.

ANTENNÆ breves, primus articulus brevissimus; secundus conicus, vix æqua longitudine tertio, lateribus compresso et antice rotundato; Chetum breve, primis articulis indistinctis, ultimo plumosulo vel villosulo; OCULI nudi, in utroque distantes; CAPUT antice rotundatum; FACIES paulo elevata, CILIIS FACIALIBUS nullis; PERISTOMA paulo latius quam longius; EPISTOMATE non prominulo, antice quadrato; HAUSTELLI secunda divisio vix solida; PALPIS excedentibus Epistoma, apice in ♂ leviter inflato, in ♀ rotunde inflato.

ABDOMEN conicum; duo CILIA APICALIA in primo secundoque segmento cum serie APICALIUM integra in tertio.

TARSI posteriores in ♂ leviter parte externa ciliati. CALYPTA ampla; CELLULA γ C in apice Alarum vix aperta.

CORPUS mediocre, cylindrico-conicum, colore nigro, griseo irrorato.

Au milieu des races à Antennes raccourcies, ce genre se fait aisément reconnaître à son Epistôme sans saillie et à ses Médians non comprimés ni développés, ce qui rend la

Face arrondie. On doit ajouter la présence d'une rangée de petits Cils au côté externe des Jambes sur le Mâle et le fort renflement du sommet des Palpes sur la Femelle.

1556. — N° 1. NICÆA PALPATA, R.-D. *Sp. ined.*

♂ et ♀. Cinereo-grisea; Palpi apice inflati in ♀. Tibiæ posteriores externe ciliatæ in ♂.

Long. 3-4 lignes.

MALE : Frontaux noir de velours : côtés du Front d'un noir-albide ; Face albide, avec les Médians rougeâtres ; Antennes noires ; Palpes ordinairement noirs, parfois fauves au sommet, rarement entièrement fauves. Corselet noir, rayé et saupoudré de cendré-albide. Abdomen garni de reflets cendré-grisâtre ou gris et de reflets noirs. Pattes noires, avec les Jambes ciliées au côté externe. Balanciers d'un rouge très-obscur : Cuillerons blancs ; Ailes claires, avec la base un peu obscure.

FEMELLE : Un peu plus petite ; reflets de l'Abdomen cendrés ; sommet des Palpes renflés en bouton ferrugineux.

Nous possédons un assez grand nombre de Mâles de cette espèce qu'on prend vers la fin de l'Eté sur les fleurs en ombelles. Nous ne possédons qu'une Femelle qui porte la preuve manifeste de son viviparisme.

315. — XXI. Genre THEONE.
XXI. *Genus THEONE*, R.-D.

ANTENNES courtes ; le deuxième article onguiculé sur le dos ; CHÈTE à peine tomenteux à la loupe.

Point de CILS RAIDES sur le premier ni sur le second segment abdominal.

CELLULE γ C largement ouverte au-dessus du sommet de l'Aile, avec sa nervure transversale fortement cintrée.

ANTENNÆ breves secundo articulo dorso unguiculato; CHETUM sub validam lentem vix tomentosum.

CILIA RIGIDA in primo secundoque Abdominis segmento nulla.

CELLULA γ C supra Alarum apicem aperta, nervo transverso valde arcuato.

1557. — N° 1. THEONE TRIFARIA, R.-D. *Sp. ined.*

♂. Frons, Faciesque griseo-argentea; Frontalibus, Antennis, Palpis, Pedibus nigris. Thorax niger, cinereo-albido lineatus et irroratus. Abdomen cinereum, linea dorsali fusca, tribus maculis posticis trigonis. Calypta alba; Alæ sublimpidæ.

Long. 3-5 lignes.

MALE : Front et Face gris-argenté; Frontaux, Antennes, Palpes et Pattes noirs. Corselet noir, rayé et saupoudré de blanc-cendré, de cendré-grisâtre. Abdomen cendré, avec une ligne dorsale noire; bord postérieur de chaque segment orné d'une tache triangulaire noire. Balanciers brun-jaunâtre : Cuillerons blancs et Ailes claires.

On trouve cette espèce vers la fin de l'Eté; nous ne possédons que des Mâles.

1558. — N° 2. THEONE VILLANA, R.-D. *Sp. ined.*

♂. Facies cinereo-argentea; Frontalibus, Antennis, Palpis, Pedibus nigris. Thorax niger, griseo lineatus et irroratus. Abdomen nigrum, tribus maculis trigonis sordide griseis in dorso secundi, tertii, quartique segmenti. Calypta subalbida; Alæ sublimpidæ.

Long. 3 lignes.

MALE : Front et Face cendrés; Frontaux, Antennes, Palpes et Pattes noirs. Corselet noir, rayé et saupoudré de grisâtre.

Abdomen noir, avec trois taches triangulaires sur le dos des second, troisième et quatrième segments. Balanciers obscurs : Cuillerons blanchâtres ; Ailes assez claires.

Nous ne possédons qu'un Mâle de cette espèce qui paraît être rare.

316. — XXII. Genre ADÉNIE.
XXII. *Genus ADENIA*, R.-D.

Caractères des Myocères ; Chète villosule ; Epistome peu saillant ; Palpes renflés au sommet sur la Femelle.

Gén. Myoceræ characteres ; at Chetum villosum ; Epistoma vix leviter prominulum ; Palpis in ♀ apice inflatis.

Les Myocères ont le Chète villeux ou plumosule, l'Epistôme en saillie et les Palpes à peine un peu plus gros vers le sommet. Nous ne pensons pas qu'on puisse éviter la distinction des deux genres.

1559. — N° 1. Adenia volucris, R.-D. *Sp. ined.*

♀. Nigro-cæsia, cinereo lineata, irrorata et tessellata. Palpi apice inflato, fulvo. Halteres fusci ; Alæ limpidæ.

Long. 3 lignes.

Femelle : Frontaux noir de velours : côtés du Front d'un noir-albide, avec les Médians rougeâtres ; Face albide ; Antennes et Pattes noires ; Palpes noirs, avec le sommet renflé. Corselet noir, rayé et saupoudré de blanc-cendré. Abdomen garni de reflets cendrés et noirs. Balanciers bruns : Cuillerons blancs ; Ailes claires.

Nous ne possédons qu'une Femelle prise en Eté sur une Ombellifère.

317. — XXIII. Genre AMYCLÉE.
XXIII. *Genus AMYCLÆA*, R.-D.

Tous les caractères des Myocères; mais Cellule γ C de l'Aile fermée ou légèrement pétiolée.

Omnes Gen. Myoceræ characteres; Cellula γ C occlusa, vel leviter petiolata.

Ce sous-genre est aux Myocères ce que le sous-genre Ida est aux Dinères.

1560. — N° 1. Amyclæa serva, R.-D. *Sp. ined.*

♂ et ♀. Nigro-grisea; Frontalibus, Antennis, Proboscide, Palpis, Pedibus nigris; Facie albicante; Medianeis rufescentibus. Calyptis albis; Alis basi flavescente.

Long. 3-3 lignes 1/2.

Male et Femelle : Frontaux, Antennes, Trompe, Palpes et Pattes noirs; côtés du Front bruns, brun-cendré; Face cendré-albide, avec les Médians rougeâtres. Corselet noir, rayé et fortement saupoudré de gris plus ou moins cendré. Abdomen garni de reflets bruns et gris. Balanciers jaunâtres : Cuillerons blancs; Ailes un peu flavescentes à la base.

Cette espèce se rencontre sur les fleurs des Ombellifères en Été.

318. — XXIV. Genre OPPIE.
XXIV. *Genus OPPIA*, R.-D.

Antennes de longueur moyenne et plus épaisses; le premier article très-court; le deuxième plus long; le troisième au moins double du second pour la longueur; Chète à premiers articles très-courts; le dernier allongé et nu; Yeux nus, distants sur les deux sexes; FRONT un peu plus large sur la Femelle; FACE presque verticale, avec une rangée de CILS OPTIQUES; PÉRISTOME plus long que large; EPISTOME peu saillant et coupé carrément; seconde division de la TROMPE moitié solide; PALPES un peu saillants et légèrement renflés au sommet.

ABDOMEN cylindrique, cylindriforme; point de CILS sur le premier segment; deux APICAUX sur le second et rangée complète de CILS APICAUX sur le troisième.

CUILLERONS larges; CELLULE γ C ouverte bien au-dessus du sommet de l'Aile, avec la nervure fortement cintrée.

TAILLE moyenne; CORPS cylindriforme, à teintes noires et nuancées de blanc-cendré.

ANTENNÆ crassæ, mediocres; primus articulus brevissimus, secundus longior primo, tertius bilongior secundo; primis CHETI articulis brevissimis, ultimo elongato et nudo; OCULI nudi, in utroque distantes; FRONS in ♀ latior; FACIES leviter verticalis, CILIIS OPTICIS seriata; PERISTOMA longius quam latius; EPISTOMATE vix prominulo et quadrato; HAUSTELLI secunda divisio partim solida; PALPI leviter prominuli et apice inflati.

ABDOMEN cylindricum, cylindriforme; CILIA APICALIA nulla in primo segmento; duo in secundo seriesque in tertio integra.

CALYPTA ampla; CELLULA γ C supra Alæ apicem aperta, nervo transverso valde arcuato.

STATURA mediocris; CORPUS cylindriforme, colore nigro, albido-cinereo irrorato.

Dans cet insecte, tous les caractères nous portent à la grande tribu des THÉRAMYDES, à laquelle il appartient peut-être. Le caractère essentiel consiste dans une rangée de Cils raides et optiques sur la Face.

1561. — N° 1. Oppia ciligera, R.-D. *Sp. ined.*

♂ et ♀. Cæsia, nigra, albido irrorata, lineata et tessellata ; Opticis in Facie ciligeris.

Long. 4-4 lignes 1/2.

Male et Femelle : Tout le Corps noir de pruneau ; Front noir, garni de reflets blanc-bleuâtre ; Face albide ; Antennes noires ; le milieu du Chète blanc ou cendré; Palpes noirs. Corselet rayé et saupoudré de cendré-albide. Abdomen garni de reflets albides et de reflets noirs. Pattes noires. Balanciers bruns : Cuillerons blancs ; Ailes claires.

Parfois le Mâle est plus petit que la Femelle. Nous possédons un Mâle dont les Palpes sont testacés, avec le sommet noir.

Nous avons pris cette espèce en Eté sur les fleurs en ombelle. La Femelle que nous possédons est environnée de larves au pourtour de l'Anus.

319. — XXV. Genre MYORHINE.
XXV. *Genus MYORHINA*, R.-D.

Miorhina : Rob. Desv.-*Myod.* p. 383.

Antennes courtes, ne descendant que jusqu'au milieu de la Face ; le deuxième article épais, presque de la longueur du troisième ; celui-ci épais également, aigu à son angle antérieur ; Chète villosule ; Epistome encore saillant ; Médians un peu comprimés.

Cellule γ C ouverte au-dessus du sommet de l'Aile, avec sa nervure cintrée; la nervure β C entièrement ciligère.

Corps cylindriforme, à teintes brunes et grises.

Antennæ breves mediam Faciei partem vix attingentes ; secundus articulus crassus longitudine tertio ; tertius crassus parteque anteriori acutus ; CHETUM villosulum ; EPISTOMATE rostriformi ; MEDIANEIS leviter compressis.

CELLULA γ C supra Alæ apicem aperta, nervo transverso arcuato, nervoque β C toto ciligero.

CORPUS cylindriforme, colore bruneo et griseo.

Nous avions d'abord placé ce genre parmi nos MUSCIDES, auxquelles il n'appartient en aucune façon.

Nous marchons tout-à-fait sur les Sarcophagines.

1562. — N° 1. MYORHINA CAMPESTRIS, R.-D.

Myorhina campestris : Rob. Desv.-*Myod.*, p. 383, n° 1.

♂ et ♀. Nigra, lineis, tessellisque griseis aut subcinereis ; Frontalibus, Antennis, Pedibus nigris ; Frontis lateribus fuscis ; Facie subfusca. Calyptis albis ; Alis sublimpidis, basi flavescente.

Long. 3 lignes.

MALE et FEMELLE : Cylindriforme ; Frontaux, Antennes, Palpes, Pattes noirs ; côtés du Front noirâtres ; Face brune (la Trompe et les Palpes manquent). Corselet noir, rayé de gris-brunâtre ou de gris-cendré. Abdomen noir, avec des reflets grisâtres ou gris-cendré. Cuillerons blancs ; Ailes assez claires, avec la base flavescente.

Nous ne possédons que deux individus, en très-mauvais état, de cette espèce trouvée dans le mois de Mai aux environs de Paris. Nous regrettons de ne pouvoir assigner le caractère des Palpes. Nous possédons un Mâle et une Femelle.

320. — XXVI. Genre THÉRIE.
XXVI. *Genus THERIA*, R.-D.

Sarcophaga : Meig.-Macq.-Zetterst.
Theria : Rob. Desv.-Rond.

ANTENNES de longueur moyenne, mais assez épaisses ; le premier article très-court ; le deuxième plus long ; le troisième épais et double du second pour la longueur ; les premiers articles du CHÈTE courts ; le troisième allongé et velu ; YEUX nus, distants sur les deux sexes ; FRONT plus large sur la Femelle que sur le Mâle ; FACE presque droite, sans CILS FACIAUX, mais le bas des Yeux garni de quatre à cinq CILS OPTIQUES bien développés ; PÉRISTOME plus long que large ; EPISTOME un peu avancé et droit à son bord antérieur ; PALPES dépassant la bouche et plus ou moins renflés vers le sommet.

ABDOMEN cylindrico-arrondi ; point de CILS sur le dos du premier segment ; quatre CILS APICAUX sur le dos du second ; et rangée complète de CILS APICAUX sur le dos du troisième.

PATTES allongées. CUILLERONS larges ; CELLULE γ C ouverte au-dessus du sommet de l'Aile, avec la nervure transversale fortement cintrée.

CORPS de taille assez forte, subarrondi, à teintes noir de pruneau, avec des lignes et des reflets cendrés.

Le viviparisme a été constaté chez l'espèce connue.

ANTENNÆ mediocres et crassæ ; primus articulus brevissimus ; secundus longior ; tertius crassus, secundo bilongior ; CHETUM primis articulis brevibus, ultimo elongato et villoso ; OCULI nudi, in utroque distantes ; FRONS in ♀ latior ; FACIES vix recta, Ciliis facialibus nullis, CILIIS OPTICIS ad partem oculorum inferiorem quatuor vel quinque dispositis ; PERISTOMA longius quam latius ; EPISTOMATE leviter prominulo parteque anteriori recto, PALPISQUE elongatis et apice plus minusve inflatis.

ABDOMEN cylindrico-rotundatum ; CILIA in primo segmento nulla ; quatuor in secundo, seriesque integra in tertio.

PEDES elongati. CALYPTA ampla ; CELLULA γ C supra Alæ apicem aperta, nervo transverso valde arcuato.

STATURA valida; CORPUS subrotundatum, colore nigro-gagateo, griseo lineato et irrorato.

TYPUS : *Sarcophaga muscaria*, Meig.

Meigen et Robineau-Desvoidy avaient placé ce genre parmi les Sarcophagines; la forme de l'Epistôme et la présence de Cils optiques sur la Face nous indiquent qu'on doit le rapporter à une autre section.

La THÉRIE n'a pas le Corps cylindrique ni le Chète nu comme l'OPPIE, qui d'ailleurs offre sur la Face une rangée complète de Cils optiques.

1563. — N° 1. THERIA MUSCARIA, Meig.

Sarcophaga muscaria : Meig., n° 3; Macq., n° 2; Zetterst., n° 23.
Theria palpalis : Rob. Desv.-*Myod.*, p. 337, n° 1.

♀. Nigra, lineis, tessellisque cinereis; Fronte Facieque fusco-cinereis; Antennis, Pedibus nigris; Palpis fulvis. Calyptis albis: Alis subinfuscatis.

♂. Interdum minus nigra, tomento grisescente.

Long. 6-7 lignes.

MALE et FEMELLE : Front et Face brun-cendré; Frontaux, Antennes et Pattes noirs; Palpes fauves. Corselet noir, avec des reflets cendrés. Balanciers brun-rougeâtre : Cuillerons blancs; Ailes légèrement lavées de noirâtre. Le Mâle est parfois d'un noir-brillant et son duvet peut être gris-pulvérulent.

L'espèce n'est pas très-rare.

321. — XXVII. Genre LUCASIE.
XXVII. *Genus LUCASIA*, R.-D.

ANTENNES longues, descendant jusqu'à l'Epistôme; le premier article court; le deuxième un peu plus long, légèrement onguiculé; le troisième prismatique, trois ou quatre fois aussi long que les deux autres; le premier article du CHÈTE court; le second triple du premier pour la longueur; le troisième allongé et paraissant nu; YEUX nus, distants sur les deux sexes; FRONT carré sur la Femelle; FACE oblique, non comprimée vers le bas, avec des CILS FACIAUX qui remontent jusqu'aux trois quarts des Fossettes; PÉRISTOME presque transversal ou presque aussi large que long; EPISTOME non saillant; TROMPE membraneuse; PALPES filiformes, ne sortant pas de la cavité buccale.

Deux CILS APICAUX sur le premier segment de l'Abdomen; deux BASILAIRES et deux APICAUX sur le second; deux ou quatre MÉDIANS et rangée complète de CILS APICAUX sur le troisième.

PATTES allongées. CUILLERONS larges; CELLULE γ C ouverte contre le sommet de l'Aile, avec la nervure transversale droite.

CORPS cylindriforme, de taille moyenne, à teintes noires et nuancées de cendré.

Le viviparisme a été constaté sur l'espèce connue.

ANTENNÆ elongatæ, usque ad Epistoma porrectæ; primus articulus brevis; secundus paulo longior, leviter unguiculatus, tertio prismatico tres quatuorve aliis longiore; CHETI primus articulus brevis, secundus trilongior primo, tertius elongatus et nudus; OCULI nudi, mediocres, in utroque distantes; FRONS in ♀ quadrata; FACIES obliqua inferiori parte compressa, CILIIS FACIALIBUS tertiam Fossularum partem attingentibus; PERISTOMA fere transversum et quadratum; EPISTOMATE non prominulo: HAUSTELLUM membranaceum; PALPI filiformes, non excedentes.

Duo CILIA APICALIA in primo, duo BASILARIA duoque APICALIA in secundo; duo vel quatuor MEDIANEA seriesque apicalium in tertio Abdominis segmento.

PEDES elongati. CALYPTA ampla; CELLULA γ C contra apicem Alæ aperta, nervo transverso recto.

STATURA mediocris; CORPUS cylindriforme, colore nigro, cinereo irrorato.

Sur cet insecte, la longueur des Pattes semble bien annoncer une MACROPODÉE; mais la longueur et la forme du troisième article des Antennes, l'obliquité de la Face et la présence de Cils raides constateraient plutôt une Entomobie de la section des PHOROCÉRÉES. Il a pondu sur mes doigts des larves vivantes, et plusieurs d'entre elles adhèrent encore au corps de leur mère.

1564. — N° 1. LUCASIA CYRRHATA, R.-D. *Sp. ined.*

♀. Nigra, nitens, cinereo irrorata, lineata et tessellata; Antennis longioribus; Facie obliqua, cyrrhata. Alæ basi flavescente.

Long. 5 lignes.

FEMELLE : Frontaux noirs : côtés du Front noirs, avec des reflets cendrés; Face albide, avec des Cils raides; Antennes et Palpes noirs. Corselet noir-luisant, saupoudré et rayé de cendré. Abdomen noir-luisant, avec trois fascies de reflets cendré-ardoisé. Pattes noires. Balanciers ferrugineux : Cuillerons blanc-jaunâtre; Ailes claires, avec la base un peu flavescente.

Nous ne connaissons qu'une Femelle de cette curieuse espèce prise en Eté et qui pondit des larves vivantes en notre présence.

322. — XXVIII. Genre ORESBIE.
XXVIII. *Genus ORESBIA*, R.-D.

ANTENNES longues, descendant jusqu'à l'Epistôme; le premier article très-court; le second plus allongé; le troisième prismatique, au moins trois fois aussi long que le second; Chète à premiers articles très-courts; le dernier nu; Yeux petits, nus, distants sur les deux sexes; Front large, en carré long, avancé au-dessus de la base des Antennes; Face oblique, munie d'une rangée presque complète de Cils faciaux et comprimée vers le bas; Péristome carré; Epistome non saillant; Trompe membraneuse; Palpes simples.

Abdomen cylindrique; deux Cils médio-apicaux sur le dos du premier segment; deux médians et deux médio-apicaux sur le dos du deuxième; deux médians et rangée complète de Cils apicaux sur le dos du troisième segment.

Pattes simples. Cuillerons larges; Cellule γ C ouverte dans le sommet même de l'Aile, avec sa nervure transversale droite.

Taille assez petite; Corps cylindriforme, à teintes grises. Mœurs inconnues.

Antennæ elongatæ, usque ad Epistoma porrectæ; primus articulus brevissimus; secundus longior, tertius prismaticus, trilongior secundo; primis Cheti articulis brevissimis, ultimo nudo; Oculi minores et nudi in utroque distantes; Frons quadrato-elongata, supra Antennarum basim prominula; Facies obliqua, inferiorique parte compressa, Ciliis facialibus serie fere integra dispositis; Peristoma quadratum; Epistomate non prominulo; Haustello membranaceo; Palpisque ordinariis.

Abdomen cylindricum; duo medio-apicalia in primo; duo medianea, duo medio-apicalia in secundo; duo medianea seriesque apicalium integra in tertio segmento.

Pedes simplices. Calypta ampla; Cellula γ C in apice Alæ aperta, nervo transverso recto.

Statura mediocris; Corpus cylindriforme, colore griseo. Larvæ ignotæ.

Tous les caractères de ce genre, la longueur des Antennes,

la petitesse des Yeux, la largeur du Front, l'obliquité de la Face, le Corps cylindrique annoncent le voisinage des Amésies et surtout de l'Œbalie. Mais la Cellule γ C ouverte dans le sommet même de l'Aile, avec sa nervure transversale droite, les en séparent d'une manière nette et formelle, ainsi que l'existence sur la Face de Cils faciaux raides et appartenant aux Faciaux et la présence de Cils raides sur tous les segments de l'Abdomen. Combien il est plus difficile de distinguer l'espèce formant ce genre de la Lucasie qui pourtant en diffère énormément, au point qu'il est impossible de les placer à côté l'une de l'autre. La Lucasie, outre son port d'Entomobie, n'a pas la Face comprimée sur les côtés inférieurs dans la région des Médians; elle n'a pas non plus le Front avancé en forte saillie.

1565. — N° 1. Oresbia arenaria, R.-D. *Sp. ined.*

♂ et ♀. Corpus cylindricum, bruneo-griseum; Palpis flavis.

Long. 2 lignes 1/2.

Femelle : Corps cylindrique, brun, avec un léger duvet grisâtre; Frontaux noirs ou noirâtres et striés : côtés du Front et Face d'un cendré-grisâtre; Médians rougeâtres; Antennes et Pattes noires; Palpes jaunes. Balanciers jaunâtres : Cuillerons blancs; Ailes claires, avec la base un peu sale.

Male : Tout-à-fait semblable; plus étroit.

Nous avons trouvé cette espèce dès le mois d'Avril dans une localité des plus sablonneuses et des plus arides; les teintes de son Corps sont dans un rapport parfait avec les teintes du sol qu'elle fréquentait.

Nous ne possédons aucune donnée sur les mœurs de cet insecte à l'état de larve.

323. — XXIX. Genre ŒBALIE.
XXIX. *Genus OEBALIA*, R.-D.

Antennes longues, descendant jusqu'à l'Epistôme; les deux premiers articles très-courts ; le troisième long et prismatique; Chète comme resserré sur lui-même; le second article un peu plus long que le premier; Yeux nus, distants sur les deux sexes ; Front large ; Face oblique, non ciliée et occupée surtout par les Optiques; Péristome un peu plus long que large; Epistome non saillant; Trompe membraneuse ; Palpes non saillants.

Abdomen cylindrique, sans Cils raides sur le dos des deux premiers segments.

Pattes simples. Cellule γ C ouverte contre le sommet de l'Aile, avec sa nervure transversale cintrée.

Taille petite; Corps cylindrique; Teintes brunes et grises.

Mœurs inconnues.

Antennæ elongatæ, ad Epistoma porrectæ : primis duobus articulis brevissimis; tertio longiore, prismatico; Chetum quasi coarctatum; secundus articulus bilongior primo, ultimus nudus; Oculi nudi, distantes; Frons quadrata; Facies obliqua absque Ciliis facialibus, Opticis latis; Peristoma subelongatum; Epistomate non prominulo; Proboscis membranacea; Palpis non excedentibus.

Abdomen cylindricum absque Ciliis abdominalibus.

Pedes simplices. Cellula γ C aperta paulo ante Alæ apicem, nervo transverso arcuato; nervus exterior Cellulæ γ B non ciliger.

Statura sat parva; Corpus cylindricum, nigro-grisescens.

Mores ignoti.

L'insecte que nous étudions semble d'abord, par la forme de son Abdomen, se rapprocher des Brachycérées, tandis que par ses Antennes il tiendrait aux ARGYRIDES ; mais la nervure extérieure de la Cellule γ B n'est pas ciligère et l'exclue nettement de la grande section des ACANTHONEURÉES. La longueur de ses Antennes, l'absence de Cils sur la Face et sur les premiers segments de l'Abdomen, la petitesse de la bouche, la prédominance presque complète des Optiques sur la Face, font de cet insecte une section particulière parmi les MACROPODÉES.

1566. — N° 1. ŒBALIA ANACANTHA, R.-D. *Sp. ined.*

♂. Cylindricus, nigro-subcinereus ; Fronte porrecta ; Antennis elongatis ; Facie nuda. Abdomen primis segmentis haud ciliatis.

Long. 2 lignes 1/4.

MALE : Frontaux, Antennes, Trompe, Palpes et Pattes noirs ; côtés du Front et Face cendrés. Corselet brun-cendré, avec les lignes dorsales peu marquées. Abdomen brun-cendré ; à une certaine lumière on distingue sur chaque segment trois taches obscures, trigones et partant du bord postérieur de chaque segment, disposition qui rappelle les ARGYRIDES. Balanciers jaunâtres : Cuillerons blancs ; Ailes claires.

Nous ne connaissons qu'un Mâle de cette espèce prise en Eté sur les feuilles d'une haie.

III. Tribu : LES THÉRAMIDES.
III. *Tribus : THERAMIDÆ*, R.-D.

Theramidæ : Rob. Desv.
Sarcophagii : Macq.

ANTENNES de longueur ordinaire ; le second article onguiculé sur le dos; le troisième le plus long et prismatique; Chète ordinairement velu.

Yeux nus et distants; Face assez élevée; Péristome en carré long, avec l'Epistome un peu saillant et un peu en carré; le bord inférieur de la Face non écrasé.

Abdomen des Femelles oviforme; celui des Mâles cylindrique, avec l'Anus en tube plus ou moins épais à la base et replié en dessous; Cils raides variables et placés ordinairement à la base des segments.

Pattes de longueur moyenne. Cuillerons larges; Ailes à nervure γ C toujours arquée vers la base.

Corps cylindriforme, à teintes grises et brunes, quelquefois métalliques.

Les Femelles sont vivipares et déposent leurs petits sur les cadavres en décomposition, sur les caries végétales et sur les excréments. Les insectes parfaits se rencontrent partout dans les champs, soit à terre, soit sur les fleurs.

Les Pattes de longueur moyenne et le bord inférieur de la Face non écrasé sont les deux seuls caractères qui différencient nettement les Théramides des Macropodées et qui restent constants sur cette tribu très-naturelle et composée d'une foule d'individus que l'entomologie avait repartis dans d'autres sections. Le viviparisme, l'Anus des Mâles replié en tube solide, le Péristôme toujours plus long que large, avec un Epistôme un peu saillant et en carré, empêchent de les confondre avec les Muscides dont ils s'éloignent encore par la présence fréquente de Cils raides sur les segments abdominaux.

Des teintes grises, tantôt placées en lignes, tantôt disposées en plaques chatoyantes, se font ordinairement remarquer sur un Corps oblong-noirâtre et que ses formes signalent de suite au milieu de toutes les Myodaires ; mais les couleurs peuvent être tout-à-fait métalliques comme sur la Cynomye ; elles peuvent être brunes et métalliques comme sur les Onésies.

Nous conservons à cette tribu la dénomination que nous lui avons attribuée dans notre travail primitif. Nous préférons de beaucoup cette dénomination à celle donnée par M. Macquart (*Sarcophagii*), qui a l'inconvénient d'être absolue. Toutes les espèces composant cette tribu ne pompent point les sucs des cadavres, et nous n'aimons pas à employer des termes qui, appropriés à un grand nombre d'êtres peu ou mal étudiés dans leurs vrais caractères, ne servent qu'à embrouiller la science et à donner des notions très-fausses sur les individus.

Le viviparisme reconnu des Théramides remonte aux premiers temps de la renaissance des lettres. Comme nous l'avons annoncé en 1830, l'honneur de cette découverte est dû à un homme incapable d'aucune idée et d'aucune vue en histoire naturelle, quoiqu'il ait publié de très-longs commentaires sur l'*Histoire des Animaux* d'Aristote. Cette découverte demeura inaperçue et enfouie dans un fatras de notes où le hasard me la fit rencontrer en étudiant les variantes du texte grec. Scaliger écrit positivement que le *M. carnaria* pond des vermisseaux vivants et que ces vermisseaux produisent ensuite des mouches. Dans le siècle dernier, Réaumur compta ces mêmes vermisseaux, et il annonça que vingt mille petits vivaient dans l'abdomen d'une seule Femelle !

L'utérus des mouches vivipares acquiert de grandes dimensions ; il devient organe d'incubation et de nutrition ; il s'allonge, il se replie sur lui-même d'une manière indéfinie, suivant la grosseur et la quantité des larves qu'il recèle.

D'autres fois il est contourné en spirale ; chaque larve est logée dans un domicile spécial, dans une poche particulière formée par le prolongement de la membrane utérine. Je ne connais dans la nature rien de plus admirable que cette prodigieuse quantité d'enfants nourris dans les entrailles d'une mère si petite. Ils ne se nourrissent point de la substance maternelle ; c'est la mère qui leur filtre ses propres aliments. Ils ne lui déchirent point les flancs pour paraître dans le monde extérieur, mais ils sortent les uns après les autres par l'orifice qui, chez les insectes, donne passage aux œufs. Ils ont cela de commun avec les petits de la vipère, qu'ils ne sont pas à terme tous à la fois ; mais ils grandissent plus ou moins vite, selon leur proximité de l'issue anale.

Le viviparisme, tout étonnant qu'il peut paraître, n'est chez les Myodaires qu'une sorte d'accident momentané qui n'influe que sur l'utérus, puisque les larves, à peine mises au jour, rentrent dans l'identité des mœurs accordées à toutes les larves de leur famille. Leurs mères les pondent vivantes sur le fumier ou sur des matières soit végétales, soit animales en décomposition qui doivent les nourrir. Elles éclosent dans les entrailles maternelles au lieu d'éclore à la chaleur solaire; elles ne présentent que cette seule différence. Il n'est donc point vrai, comme le dit Réaumur, qu'elles naissent deux fois. La petite vipère offre réellement deux naissances : celle où, sortie de l'œuf, elle reste dans la matrice de sa mère et y croît sans que l'air dilate son poumon ; la seconde est celle qui ajoute l'acte respiratoire à sa première existence. Mais les larves de nos Théramydes respirent dans le ventre de leur mère ; elles n'attendent que le moment où les contractions abdominales les chasseront de leur lieu d'incubation; elles ne naissent donc qu'une seule fois. Toutefois, on ne doit pas moins admirer les procédés sans nombre dont la nature se sert et la variété de ses opérations.

Réaumur n'a connu que cinq espèces de mouches vivipares; il assurait qu'on en découvrirait un plus grand nombre. J'en ai décrit dans mon premier ouvrage plus de quatre-vingts espèces constatées par mes seules observations, et aujourd'hui j'arrive avec un nombre bien plus considérable.

Si les Théramides sont vivipares, il faut dire cependant qu'elles ne pondent pas toutes la prodigieuse quantité de larves que Réaumur attribue à deux espèces qui ne sont pourtant pas encore les plus prolifères, ainsi que je m'en suis assuré. Chaque mère nourrit soixante, quatre-vingts, cent, cent vingt larves; il en est qui n'en alimentent que cinq à six; et, chose digne d'attention, elle sont plus nombreuses que ces races si fécondes dont les vers périssent sans doute par des causes que nous ignorons.

Dans cette tribu nous commençons à trouver des espèces qui, à l'état parfait, aiment à pomper les sucs des excréments. Aucune entomobie ne se rencontre jamais sur ces matières; il ne lui faut que le miel des fleurs et des fleurs les plus sucrées. Les Graosômes et les Macropodées sont encore anthophiles, mais elles préfèrent certaines plantes et certaines localités, quoiqu'elles déposent leurs petits sur des substances en décomposition. Les Théramides vivent dans tous les endroits et souvent en grande abondance. Cette grosse mouche grise, qui bourdonne à terre pendant les jours d'Eté et qui emporte son Mâle avec elle, est une de leurs espèces. Ces races aiment pareillement à s'abattre sur les Ombellifères; elles sont à la fois carnivores et mélittophages.

†. Point de Cils aux Tibias postérieurs des Mâles.

I. G. PIERRETIA...	Front des Mâles un peu saillant. Deux Cils médians au sommet du deuxième segment abdominal.
II. G. SERVAISIA..	Car. des PIERRETIES : dernière pièce anale ♀ prolongée en hameçon dont le sommet est recourbé sous le Ventre.
III. G. BELLIERIA.	Car. des MYOPHORES ; pas de Cils au milieu du bord postérieur du deuxième segment ; pas de filaments aux Tibias postérieurs des Mâles.
IV. G. RAVINIA....	Pas de Cils au milieu du bord postérieur du deuxième segment. Pièces anales ♂ développées ; deuxième pièce anale ♀ creusée en cuiller sous le Ventre. Rayon B garni de Cils le long de la Cellule γ.

††. Tibias postérieurs des Mâles villifères.

V. G. SARCOPHAGA.	Troisième article des Antennes ordinairement triple du deuxième ; Palpes maxillaires non saillants. Deux Cils au milieu du bord postérieur du deuxième segment. Tibias postérieurs des Mâles villifères.
VI. G. SCALIGERIA.	Car. des SARCOPHAGES ; Yeux plus rapprochés ; Frontaux rétrécis ; les deux Cils médians du deuxième segment exigeant la loupe pour être distingués ; le premier segment de l'Anus toujours rentré.
VII. G. ERICHSONIA.	Car. des SARCOPHAGES ; le rayon B garni de Cils le long de la seule Cellule γ ; le rayon D garni de Cils tout le long de la Cellule β.

VIII. G. MYOPHORA..	Car. des SARCOPHAGES; Front ♂ plus large. Premier segment de l'Anus ♂ très-développé; sixième segment de l'Abdomen offrant un enfoncement semi-circulaire. Le rayon D garni de Cils tout le long de la Cellule β.
IX. G. HARTIGIA...	Front ♂ large. Tibias postérieurs non arqués. Rayon B garni de Cils le long des Cellules γ et β. Rayon D garni de Cils tout le long de la Cellule.
X. G. PHORELLA..	Car. des MYOPHORES; Chète plus allongé; Front ♂ large.
XI. G. ONESIA.....	Abdomen ovalaire, à segments garnis de Cils courts ou nuls; Anus ♂ peu développé. Cellule γ C ouverte presque au sommet de l'Aile.
XII. G. BELLARDIA.	Car. des ONÉSIES; Cellule γ C pétiolée au sommet de l'Aile.
XIII. G. BERCE.....	Car. des ERICHSONIES; pas de Cils médians au sommet du deuxième segment abdominal. Cils le long de la nervure de la Cellule γ C; premier segment de l'Anus ♀ échancré en cœur.
XIV. G. MULSANTIA.	Car. des SARCOPHAGES et des BERCES; trois Cils au rayon B; trois Cils au rayon D de l'Aile.
XV. G. CALYPTIA...	Car. des MULSANTIES; deuxième segment de l'Anus ♀ développé sur les côtés en une large pièce squamiforme.
XVI. G. CYNOMYA...	Troisième article des Antennes trois et quatre fois aussi long que le second. Anus ♂ terminé par deux longs crochets recourbés en dessous.

324. — I. Genre PIERRETIE.
I. *Genus PIERRETIA*, R.-D.

Chète plumeux ; Front des Mâles un peu saillant.

Deux Cils sur le milieu du bord postérieur du deuxième segment de l'Abdomen. Point de Cils aux Tibias postérieurs des Mâles. Six Cils alaires.

Chetum plumosum ; Frons ♂ leviter prominula.

Duo Cilia abdominalia in secundo segmento ; Ciliaque nulla Tibiis posterioribus ♂ ; sed sex Cilia alarum.

1567. — N° 1. Pierretia æstivalis, R.-D. *Sp. ined.*

♂. Nigro-cæsia ; Frontis lateribus atratis ; Facie fusco-argentea. Thoracis lineis Abdominisque tessellis albis ; Ani primo segmento non excedente, secundo lævigato, nigro-nitido. Halteribus æruginosis : Calyptis albis ; Alis limpidis.

♀. Similis ; Frontis lateribus atris. Ani apice rufescente.

Long. 4-4 lignes 1/2.

Male : Frontaux, Antennes, Palpes et Pattes noirs ; le milieu du Chète un peu pâle ; les côtés du Front noirs ; Face d'un brun-argenté. Corselet noir de pruneau, avec les lignes blanc-cendré. Abdomen noir de pruneau, avec les reflets blanc-cendré ; le premier segment de l'Anus noir et caché ; le second lisse, d'un noir-brillant. Balanciers couleur de rouille : Cuillerons blancs ; Ailes claires, limpides, à peine un peu obscures à la base.

Femelle : Semblable ; Corps noir de pruneau, avec les lignes et les reflets blancs ; côtés du Front d'un noir-âtre. Sommet de l'Anus rougeâtre.

Nous avons pris cette espèce, dans notre jardin, sur la fin du mois d'Août.

1568. — N° 2. PIERRETIA PRÆCOX, R.-D. *Sp. ined.*

♀. Nigra, cinereo-grisescente lineata, adspersa et tessellata; Facie griseo-cinerea. Halteribus obscuris; Alis omnino limpidis.

Long. 1 ligne 2/3.

FEMELLE : Corps noir, avec les lignes et les reflets cendré-gris; Frontaux bruns; Antennes, Palpes et Pattes noirs; côtés du Front et Face gris-cendré. Balanciers obscurs : Cuillerons blancs; Ailes tout-à-fait limpides.

Nous ne possédons que la Femelle de cette espèce prise dans le mois d'Avril.

1569. — N° 3. PIERRETIA VIVIDA, R.-D.

Myophora vivida : Rob. Desv.-*Myod.*, p. 358, n° 73.

♂. Nigra, subcæsia, lineis, tessellisque cinereo-albis; Frontis lateribus Facieque subcinereis. Abdominis dorso subænescente; Ano atro. Halteribus flavescentibus : Calyptis albis; Alis limpide subobscuris.

♀. Similis; solito major; Facies albidior.

Long. 1 1/2-2 lignes.

MALE : Corps noir de pruneau, avec les lignes et les reflets blanc-cendré et avec un aspect légèrement métallique sur le dos de l'Abdomen; Anus noir. Frontaux, Antennes, Palpes et Pattes noirs; côtés du Front et Face brun-cendré. Balanciers couleur de rouille : Cuillerons blancs; Ailes claires, mais légèrement obscures.

Var. α. Plus forte; reflets de l'Abdomen moins prononcés.

Var. β. Ailes plus obscures, plus sales.

Var. γ. Cuillerons brunâtres.

FEMELLE : Semblable au Mâle; un peu plus forte; Face

plus albide. L'aspect bronzé de l'Abdomen peut ne pas exister.

On rencontre cette espèce pendant toute l'année entomogique. Elle aime à voltiger et à courir sur les feuilles des buissons et des haies. Ses mouvements sont très légers et très alertes.

1570. — N° 4. Pierretia rusticana, R.-D. *Sp. ined.*

♂. Nigra, griseo-cænoso lineata, adspersa et tessellata; Frontis lateribus fusco-griseis; Facie cinerea. Ano atro. Alis sordidis.

Long. 2 lignes 1/4.

Male : Frontaux, Antennes, Palpes et Pattes noirs; côtés du Front gris-brun; Face cendrée. Corselet noir, rayé et fortement saupoudré de gris-sale. Reflets gris-boueux sur l'Abdomen qui n'offre aucune teinte métallique; Anus noir. Balanciers jaunâtres : Cuillerons blancs; Ailes sales.

Nous ne possédons qu'un Mâle de cette espèce.

1571. — N° 5. Pierretia atra, R.-D.

Myophora atra : Rob. Desv.-*Myod.*, p. 360, nº 81.

♂ et ♀. Atra, nitens, lineis obscuris, tessellis cinereo-obscuris; Frontis lateribus fusco cinereis; Facie cinerea. Ani segmentis lævigatis, atris, nitidis. Halteribus flavescentibus : Calyptis albis; Alis fuliginosis.

Long. 2 1/2-3 lignes.

Male et Femelle : Frontaux, Antennes, Palpes et Pattes noirs; côtés du Front brun-cendré; Face cendrée. Corselet noir, un peu luisant, avec des lignes obscures. Abdomen noir, luisant, avec les reflets cendré-obscur; le premier segment de l'Anus noir et entièrement rentré; le second lisse et noir-luisant. Balanciers jaunâtres : Cuillerons blancs; Ailes lavées de fuligineux.

Cette espèce est rare; on la trouve en Eté.

1572. — N° 6. Pierretia maura, R.-D. *Sp. ined.*

♂. Atra; Fronte et Facie atris. Thoracis lineis cinerascentibus, vix perspicuis. Ano atro-nitido. Halteribus æruginosis : Calyptis albis; Alis fuliginosis.

Long. 2 lignes.

Male : Tout le Corps d'un noir presque mat; Front et Face noir-âtre. A peine distingue-t-on quelques lignes d'un cendré-obscur sur le Corselet. Anus d'un noir-âtre luisant. Balanciers couleur de rouille : Cuillerons blancs; Ailes fuligineuses.

Nous ne connaissons que le Mâle de cette espèce prise dans le cours de l'Eté.

1573. — N° 7. Pierretia limpida, R.-D. *Sp. ined.*

♂ et ♀. Nigra, cinerea aut cinereo-grisescente lineata et tessellata; Frontalibus, Antennis, Palpis, Pedibus, Anoque nigris; Frontis lateribus fusco-griseis; Facie cinereo-grisea. Halteribus subfuscis : Calyptis albis; Alis limpidis.

Long. ♂ 5 lignes; ♀ 4 lignes.

Male et Femelle : Frontaux, Antennes, Trompe, Palpes et Pattes noirs; côtés du Front brun-grisâtre; Face d'un cendré-grisâtre. Corselet noir-luisant, avec des lignes cendré-grisâtre. Abdomen noir-luisant, avec des reflets cendrés ou cendré-grisâtre; Anus noir. Balanciers noirâtres : Cuillerons blancs; Ailes claires.

On trouve cette espèce dès le mois de Mai, ainsi qu'en Juillet et Août, sur les fleurs des Ombellifères.

1574. — N° 8. Pierretia vernalis, R.-D. *Sp. ined.*

♂. Frontalia fusca; Antennis, Palpis, Pedibus, Anoque nigris. Thorax niger, nitens, cinereo-albido lineatus et irroratus. Abdomen tessellis cinereis, postice cinereo-grisescentibus. Halteres subrubescentes : Calyptis albis; Alis limpidis.

Long. 6 lignes.

Male : Frontaux bruns; Antennes, Trompe, Palpes et Pattes noirs; côtés du Front brun-grisâtre; Face grise. Corselet noir-luisant, rayé et saupoudré de blanc-cendré. Abdomen noir-luisant, avec des reflets albides qui deviennent un peu gris vers les derniers segments; Anus noir. Balanciers obscurément rougeâtres : Cuillerons blancs; Ailes claires.

Nous ne connaissons que le Mâle de cette espèce prise au mois de Mai.

1575. — N° 9. Pierretia squalens, R.-D. *Sp. ined.*

♂. Nigra; Frontalia, Palpi, Pedes nigra; Antennæ basi nigra, ultimo articulo fusco-fulvescente; Facie fusco-cinerea. Thorax cinereo-grisescente lineatus. Abdomen tessellis cinereis; Ano crasso, nigronitente. Calypta alba; Alæ subsordidæ.

Long. 5 lignes.

Male : Frontaux, base des Antennes, Palpes et Pattes noirs; le dernier article des Antennes brun obscurément fauve; côtés du Front brun; Face d'un Front brun-cendré. Corselet noir, rayé de cendré-grisâtre. Abdomen noir, avec des reflets cendrés; Anus très-développé et noir-luisant. Balanciers blanchâtres : Cuillerons blancs; Ailes assez sales.

Nous ne connaissons que le Mâle de cette espèce prise en Eté sur une Ombellifère.

1576. — N° 10. Pierretia parva, R.-D. *Sp. ined.*

♂. Nigra-nitens, lineis, tessellisque cinereis, parum distinctis; Facies albida; Frontalibus; Antennis, Palpis, Pedibus nigris. Ano rufo. Calyptis albis; Alis sordidiusculis.

Long. 2-2 lignes 1/2.

Male : Corps noir-luisant, avec des lignes et des reflets cendrés peu prononcés; Face blanche; Frontaux, Antennes, Palpes et Pattes noirs. Anus rouge. Cuillerons blancs; Ailes un peu sales.

On trouve cette espèce en Eté. Notre description a été prise sur un mauvais échantillon.

1577. — N° 11. Pierretia agilis, R.-D.

Myophora agilis : Rob. Desv.-*Myod.*, p. 343, n° 19.

♂. Nigra, nitens, lineis tessellisque cinereis; Facie albida; Frontalibus, Antennis, Palpis, Pedibus nigris. Ano rufo. Halteribus albis capitulo fusco : Calyptis albis; Alæ limpidæ, basi obscuriore.

Long. 4 lignes.

Male : Corps d'un noir-gris, avec les lignes et les reflets cendrés; côtés du Front brun-cendré; Face blanche; Antennes, Palpes et Pattes noirs. Anus rouge. Balanciers blancs, avec la tête brune : Cuillerons blancs; Ailes claires, avec la base un peu sale.

Nous ne connaissons que le Mâle de cette espèce.

1578. — N° 12. Pierretia arvorum, R.-D.

Myophora arvorum : Rob. Desv.-*Myod.*, p. 361, n° 84.

♂ et ♀. Nigra, nitens, lineis tessellisque cinereo-subalbidis; Fronte

subfusca; Facie fusco-cinerea; Frontalibus, Antennis, Palpis, Pedibus nigris. Ano nigro. Calyptis albidis; Alis vix infuscatis.

Long. 2 lignes.

FEMELLE : Corps noir, avec les lignes et les reflets cendré un peu albide; Front brun; Face brun-cendré; Frontaux, Antennes, Palpes et Pattes noirs. Anus noir. Cuillerons blancs; Ailes n'ayant qu'une légère teinte enfumée.

MALE : Semblable; Ailes un peu plus claires.

Par l'Anus de la Femelle, cette espèce est une PIERRETIE; mais nous ne possédons plus les Tarses postérieurs des Mâles.

1579. — N° 13. PIERRETIA MELANURA, R.-D. *Sp. ined.*

♂. Nigra; Frontalibus, Antennis, Palpis, Pedibus nigris; Facie argentea. Thorace cinereo lineato. Abdomine nigro, nitente, tessellis cinereis; Ano nigro-nitente. Calyptis albis; Alis limpidis.

Long. 4 lignes 1/2.

MALE : Frontaux, Antennes, Trompe, Palpes et Pattes noirs; côtés du Front brun-albide; Face argentée. Corselet noir et rayé de cendré. Abdomen noir, un peu luisant, avec des reflets cendrés; Anus noir et luisant. Balanciers obscurs : Cuillerons blancs; Ailes claires, à peine un peu obscures à la base.

Nous ne connaissons que le Mâle de cette espèce prise en Eté.

1580. — N° 14. PIERRETIA SORDIDA, R.-D.

Myophora sordida : Rob. Desv.-*Myod.*, p. 350, n° 41.

♀. Frontalia, Antennæ, Palpi, Pedes nigra; Fronte Facieque aureis.

Thorax ater, griseo-flavescente lineatus. Abdomen atrum, subnitidum, tessellis tenuioribus cinereis. Halteribus flavis : Calyptis albidis ; Alis subfuliginosis.

Long. 5-6 lignes.

FEMELLE : Côtés du Front et Face dorés ; Frontaux, Antennes, Palpes et Pattes noirs. Corselet noir-mat, avec de fortes lignes gris-flavescent. Abdomen noir un peu luisant, avec un léger duvet cendré plus prononcé sur les côtés. Balanciers jaunes : Cuillerons blancs ; Ailes lavées de flavescent.

Comme nous ne connaissons pas les Mâles de cette espèce, nous ne pouvons nous prononcer sur les Tarses postérieurs.

325. — II. Genre SERVAISIE.
II. *Genus SERVAISIA*, R.-D.

Caractères des PIERRETIES ; mais la dernière pièce anale des Femelles prolongée en un croc ou hameçon dont le sommet s'abat sur le Ventre. Point de CILS aux Tibias postérieurs des Mâles. ABDOMEN des Femelles cylindrico-arrondi ; il ne paraît bémisphérique qu'à la suite de la compression ; deux CILS RAIDES sur le milieu du bord postérieur du second segment de l'Abdomen. Pièces anales, surtout la seconde, moins développées sur le Mâle.

Gen. PIERRETIÆ characteres ; ABDOMEN ♀ cylindrico-rotundatum, CILIIS duobus rigidis in secundo segmento munitum, ultimo ani segmento hamiformi et subtus recurvo.

TYPUS : *Sarcophaga erythrocera*, Meig.

1581. — N° 1. SERVAISIA ERYTHROCERA, Meig.

Sarcophaga erythrocera : Meig.-*Dipt.*, v, n° 26, ♂.
— — Zetterst.-*Dipt. Skand.*, n° 21.

Myophora riparia : Rob. Desv.-*Myod.*, p. 344, nº 24.
— *collinaris* : Rob. Desv.-*Myod.*, p. 345, nº 26 ♀.

♂. Nigro-cæsia, nitens; Frontalibus; Antennis, Palpis, Pedibus nigris; Frontis lateribus brunco-cincreis; Facie cinerea aut argentea. Thorace cinereo aut cinereo-grisescente lineato. Abdomen quatuor lineis maculiformibus cinereo aut cinereo-grisescente tessellantibus; Ano rufo. Halteribus obscuris : Calyptis albis; Alis limpidis, basi vix obscuriore.

♀. Similis; lineis, tessellisque minime albidis; Abdomine cylindrico-rotundato; Ano uncinato.

Long. 3-4 lignes 1/2.

Male : Frontaux, Antennes, Palpes et Pattes noirs; côtés du Front brun-albide; Face albide-argenté. Corselet noir de pruneau, avec des lignes blanches, blanc-cendré, blanc-grisâtre ou grises. Abdomen noir de pruneau luisant, avec quatre rangées de reflets blancs, blanc-cendré, blanc-grisâtre ou gris; Anus rouge de vermillon. Balanciers obscurs : Cuillerons blancs; Ailes claires, à peine un peu sales à la base.

Femelle : Semblable; Corps d'un noir un peu plus sombre, avec les lignes et les reflets cendrés et le plus souvent d'un cendré un peu obscur. Dernière pièce anale recourbée en hameçon; une variété a les Ailes un peu fuligineuses.

Cette espèce a été nommée par Meigen qui n'en a connu que le Mâle; elle abonde pendant tout le cours de l'année entomologique, mais surtout en Eté. On la prend sur les Ombellifères, sur les excréments, à terre et le long des berges. Sa taille varie ainsi que ses teintes qui du cendré peuvent passer au gris. Sous le nom de *Myophora collinaris* (nº 26), nous avions décrit une Femelle à reflets abdominaux cendrés; enfin notre *Myophora riparia* (nº 24) avait les reflets de l'Abdomen un peu plus soyeux.

1582. — N° 2. SERVAISIA EGENA, R.-D. *Sp. ined.*

♂ et ♀. Similis SERV. ERYTHROCERÆ; nigra, nitens aut gagatea; lineis Thoracis, tessellisque Abdominis vix manifestis; Alæ basi sordidiuscula.

Long. 3-3 lignes 1/4.

MALE : Semblable au *Serv. erythrocera;* Corps noir-luisant ou noir-jais ; les lignes du Corselet et les reflets de l'Abdomen à peine marqués. Anus rouge de vermillon. Base des Ailes un peu sale.

FEMELLE : Semblable ; un peu plus petite.

On trouve cette espèce aux mois de Juin et de Juillet sur les terrains sablonneux et arides et sur les fleurs des OMBELLIFÈRES.

1583. — N° 3. SERVAISIA GAGATEA, R.-D. *Sp. ined.*

♂. Tota gagatea, nitida. Alis basi obscurioribus.

Long. 3 lignes.

MALE : Tout-à-fait semblable au *Serv. erythrocera;* Corps entièrement noir-jais luisant, sans lignes ni reflets cendrés. Ailes un peu obscures à la base.

Nous ne possédons que des Mâles de cette espèce prise en Eté.

1584. — N° 4. SERVAISIA LUTEICAUDA R.-D. *Sp. ined.*

♀. Gagatea; Ano luteo. Alis basi obscurioribus.

Long. 2 lignes 2/3.

FEMELLE : Tout le Corps noir-jais luisant; Anus jaune. Ailes obscures à la base.

Nous ne possédons qu'une Femelle de cette espèce prise au mois de Juillet.

1585. — N° 5. SERVAISIA CROCATA, R.-D.

Myophora crocata : Rob. Desv.-*Myod.*, p. 343, n° 16.

♂ et ♀. Frontalibus, Antennis, Palpis, Pedibus nigris; Frontis lateribus fuscis; Facie fusco-cinerea. Thorax niger, cinereo-pulverulento lineatus. Abdomen nigrum, nitens, tessellis cinereo-pulverulentis; Ano crocato. Calyptis albis; Alis sordidis.

Long. 3-3 lignes 1/2.

MALE et FEMELLE : Frontaux, Antennes, Palpes et Pattes noirs; côtés du Front bruns; Face d'un brun-cendré. Corselet noir, rayé et saupoudré de cendré-pulvérulent. Abdomen noir-luisant, avec des reflets cendré-grisâtre ou pulvérulents; Anus rouge de vermillon. Cuillerons blancs; Ailes sales à la base et le long de la côte.

On trouve cette espèce en Eté dans les champs et le long des cours d'eau.

326. — III. Genre BELLIERIE.
III. *Genus BELLIERIA*, R.-D.

Myophora : Rob. Desv.

Caractères des MYOPHORES; pas de CILS au milieu du bord postérieur du deuxième segment de l'Abdomen. Point de filaments aux Tibias postérieurs des Mâles.

Gen. MYOPHORÆ characteres; CILIIS in secundo Abdominis segmento nullis, et in Tibiis posterioribus ♂ deficientibus.

TYPUS : *Myophora cinerea*, R.-D.

1586. — N° 1. Bellieria rubricornis, R.-D. *Sp. ined.*

♂. Tota atra, subopaca, lineis tessellisque vix distinguendis; Antennis fulvis. Ano atro-nitido. Halteribus subrubris; Alis sordide fuliginosis.

Long. 3 lignes.

Male : Tout le Corps d'un noir presque mat, sur lequel on ne distingue qu'à peine quelques lignes et quelques reflets cendrés; Frontaux, Palpes et Pattes noirs; Antennes rouges ou rougeâtres; côtés du Front noirs; Face d'un brun-argenté. A une certaine lumière on peut distinguer un peu de rougeâtre-obscur sur les côtés de l'Abdomen; Anus noir-âtre et luisant. Balanciers rougeâtres : Cuillerons blancs; Ailes d'un fuligineux-sale.

Nous ne possédons qu'un Mâle de cette rare espèce trouvée en Eté. C'est à sa suite qu'il faut sans doute placer notre *Myoph. rubescens* n° 76 (*Myod.*, p. 359) recueilli par Carcel.

1587. — N° 2. Bellieria cinerea, R.-D.

Myophora cinerea : Rob. Desv.-*Myod.*, p. 355, n° 61.

♂. Nigra, subcæsia, lineis tessellisque cinereo-albis; Antennis nigris; Facie fusco-argentea. Ano crasso, lævigato, atro-nitido. Halteribus æruginosis : Calyptis albis; Alis limpidis, basi obscuriore.

♀. Similis; lineis tessellisque cinereis, obscure subgriseis.

Long. 4-4 lignes 1/4.

Male : Frontaux, Antennes, Palpes et Pattes noirs; côtés du Front brun-cendré; Face cendré-flavescent. Corselet noir de pruneau assez luisant, avec les lignes cendrées. Abdomen noir de pruneau, avec les reflets albides bien prononcés; Anus épais, lisse, noir et brillant. Balanciers couleur de rouille : Cuillerons blancs; Ailes claires, avec la base un peu obscure.

FEMELLE : Semblable; la ligne et les reflets peuvent paraitre cendré-grisâtre.

Nous possédons un couple de cette espèce prise au mois de Mai.

327. — IV. Genre RAVINIE.
IV. *Genus RAVINIA*, R.-D.

Myophora : Rob. Desv.
Sarcophaga : Meig.-Macq.-Zetterst.

ABDOMEN de la Femelle hémisphérique ; pas de CILS sur le disque des premiers segments de l'Abdomen : pièces anales développées, principalement la seconde, sur le Mâle ; cette seconde pièce anale creusée en cuiller sous le Ventre de la Femelle.

TIBIAS postérieurs des Mâles sans houppes de poils. Le rayon B garni de Cils le long de la CELLULE 7.

ABDOMEN ♀ hæmisphericum; CILIIS MEDIANEIS in segmentis nullis ; Ano et præcipue secundo Ani segmento amplo in ♂ et subtus recurvo in ♀.

TIBII ♂ posteriores non villiferi. Radius B prope CELLULAM 7 ciliatus.

TYPUS : *Sarcophaga hæmatodes*, Meig.

1588. — No 1. RAVINIA AUREA, R.-D. *Sp. ined.*

♂. Frontalibus, Antennis, Palpis, Pedibus nigris ; Frontis lateribus fusco-aureis; Facie aurea. Thorax niger, lineis cinereo-subgriseis. Abdomen atrum, nitens, quatuor lineis tessellorum maculiformium et griseo-aureorum; Ano rufo-flavescente, primo segmento flavo. Halteribus flavis : Calyptis albo-flavescentibus; Alis limpidis, nervis fuscis.

Long. 6 lignes.

Male : Frontaux, Antennes, Trompe, Palpes et Pattes noirs; côtés du Front brun-doré; Face dorée. Corselet noir-luisant, avec les lignes d'un cendré-grisâtre. Abdomen noirâtre, avec quatre lignes de reflets maculiformes et d'un gris-doré; Anus rouge-flavescent, avec le premier segment doré. Balanciers flaves : Cuillerons blanc-jaunâtre; Ailes claires, à nervures brunes.

Nous ne possédons qu'un Mâle de cette belle espèce qui est très-rare et que nous avons trouvée en Eté. Combien ne doit-il pas exister d'espèces intermédiaires entre elles et le *Rav. hæmatodes?*

1589. — N° 2. Ravinia hæmatodes, Meig.

Sarcophaga hæmatodes :	Meig.-T. v, n° 25.
— —	Macq.-*Buff.* II, p. 225, n° 8.
— —	Zetterst.-*Ins. Skand.*, n° 5.
Myophora limpidipennis .	Rob. Desv.-*Myod.*, p. 346, n° 27.
— *hæmispherica :*	Rob. Desv.-*Myod.*, p. 346, n° 28.
— *horticola :*	Rob. Desv.-*Myod.*, p. 346, n° 29.

♂. Frontalibus, Antennis, Palpis, Pedibus nigris; Frontis lateribus fusco-sericeis; Facie cinereo-sericea. Thorax niger, lineis, tessellisque cinereis, raro cinereo-grisescentibus. Abdomen nigrum tessellis cinereis aut cinereo-sericeis; Ano rufo; primi segmenti dorso fusco-cinereo. Halteribus æruginosis : Calyptis albis; Alis limpidis, basi sæpius obscuriore.

♀. Similis; Frontis lateribus Facieque sæpius sericeis. Abdomine solito fusco-subolivaceo, tessellis cinereo-sericeis aut grisescentibus : Ano rufo, primo segmento sæpius obscuriore.

Long. 2 1/2-3 lignes.

Male : Frontaux, Antennes, Trompe, Palpes et Pattes noirs; côtés du Front d'un brun-grisâtre; Face d'un cendré ou d'un gris-soyeux. Corselet noir, rayé et saupoudré de cendré qui parfois passe au grisâtre. Abdomen noir-luisant, avec les reflets cendrés ou cendré-soyeux; Anus rouge de vermillon, avec le premier segment brun-cendré sur le dos. Balanciers couleur de rouille : Cuillerons blancs; Ailes claires, avec la base un peu sale et parfois limpide.

Femelle : Semblable; l'Abdomen est ordinairement d'un brun-olivacé, avec ses reflets cendrés, ou çendré-soyeux, ou cendré-grisâtre. Les lignes du Corselet peuvent être cendré-grisâtre. Les côtés du Front et la Face peuvent paraître un peu dorés. Anus rouge de vermillon, avec le premier segment parfois un peu obscur.

Plusieurs des Femelles de notre collection portent la preuve authentique de leur viviparisme.

Cette espèce abonde en Eté dans les champs, dans les jardins, le long des cours d'eau, sur les feuilles et sur les excréments des animaux.

Notre *Myophora limpidipennis* (nº 27) n'est que la variété à dos de l'Abdomen soyeux et à Ailes claires.

Notre *Myophora horticola* (nº 29) est un Mâle à reflets cendrés, avec la base des Ailes claire.

1590. — Nº 3. Ravinia hebes, R.-D. *Sp. ined.*

♂. Affinis Rav. hæmatodes; paulo minor; Frontis lateribus Facieque fulvo-albidis vix flavescentibus; Frontalibus fuscis; Antennarum ultimo articulo bruneo-fulvescente; Palpis, Pedibus nigris. Thorax lineis griseo-subsordidis. Abdomen tessellis cinereo-subgriseis; Ano miniato, primi segmenti dorso fusco. Calyptis albis; Alis subfuliginosis.

♀. Facies aurea. Abdomen tessellis griseo subsordidis.

Long. 2 lignes 1/2.

MALE : Semblable au *Rav. hæmatodes;* un peu plus petit; Corps d'un noir plus mat; côtés du Front et Face d'un brun-cendré; Frontaux bruns; le troisième article des Antennes brun-fauve; Palpes et Pattes noirs. Lignes du Corselet d'un gris-sale. Reflets de l'Abdomen cendré-grisâtre; Anus couleur de vermillon, avec le dos du premier segment brun. Cuillerons blancs; Ailes sales.

FEMELLE : Face dorée. Reflets de l'Abdomen gris-soyeux.

On trouve cette espèce pendant le mois de Septembre. On la distingue aisément aux teintes de son Corps et à ses Ailes fuligineuses.

1591. — No 4. RAVINIA SULCATA, R.-D. *Sp. ined.*

♂. Nigra, lineis griseo-cinereis, Abdominisque tessellis griseo-sericeis. Frontalibus fuscis; Antennis, Palpis, Pedibus nigris; Frontis lateribus, Facieque griseis. Ano rufo, primi segmenti dorso griseo lineaque longitudinali media excavata. Calyptis albis; Alis vel basi limpidissimis.

Long. 2 lignes.

MALE : Frontaux bruns; Antennes, Palpes et Pattes noirs; côtés du Front et Face gris. Corselet noir, rayé de gris-cendré. Abdomen noir, avec les reflets gris-soyeux; Anus rouge de vermillon, avec le premier segment gris sur le dos et marqué d'une ligne longitudinale enfoncée sur le milieu. Cuillerons blancs; Ailes très-claires, même à la base.

Nous ne possédons qu'un Mâle de cette petite espèce prise au mois de Juin.

328. — V. Genre SARCOPHAGE.
V. *Genus SARCOPHAGA*, Meig.

Musca : Linn.-Fab.-Fall.
Sarcophaga : Meig.-Latr.-Macq.-Rond.-Zetterst.
Myophora : Rob. Desv.

Antennes de longueur ordinaire ; le troisième article double ou triple du deuxième ; Chète plumeux ; Palpes maxillaires non saillants.

Tibias postérieurs des Mâles villifères.

Teintes grises et cendrées.

Antennæ mediocres ; tertius articulus bi vel trilongior secundo ; Chetum plumosum ; Palpis maxillaribus non prominulis.

Abbomen duobus Ciliis medianeis in utroque segmento munitum.

Tibiæ posteriores ♂ villiferi.

Color griseus et cinereus.

Ce genre, l'un des plus nombreux qu'on rencontre parmi les Myodaires, se compose d'une foule d'espèces très-difficiles à distinguer entre elles et qui sont répandues sur tout le globe. Afin de faciliter l'étude de ces espèces, nous avons dédoublé le genre Sarcophaga de Meigen, ce qui nous a permis de conserver notre genre Myophora en lui donnant une nouvelle définition basée sur des caractères qui nous ont paru constants.

Les Sarcophages et les Myophores se rencontrent en abondance dans les champs et sur les fleurs. Les grosses espèces font entendre un assez fort bourdonnement.

Typus : *Musca carnaria*, Linn.

A. *Anus rouge ou rougeâtre.*

1592. — N° 1. SARCOPHAGA ZETTERSTEDTII, R.-D,

Sarcophaga hæmorrhoïdalis : Zetterst.-*Faun. Skand.* IV, p. 1297, n° 17.

♂. Frontis lateribus Facieque cinereo aurea. Thorax niger, cinereo lineatus. Abdomen nigrum, tessellis cinereis ; secundi segmenti duobus Ciliis apicalibus elongatis. Calyptis albis ; Alis limpidis, basi obscuriore.

♀. Nigra, lineis tessellisque cinereo-albidis ; Frontis lateribus Facieque griseo-cinereis. Ano rubido.

Long. 5 lignes.

MALE : Frontaux, Antennes, Palpes et Pattes noirs ; côtés du Front et Face cendré-doré. Corselet noir, avec des lignes cendrées. Abdomen noir, avec des reflets cendrés ; le premier segment de l'Anus noir ; le second rouge. Balanciers obscurs : Cuillerons blancs ; Ailes claires, avec la base un peu sale.

FEMELLE : Côtés du Front et Face gris-cendré. Corps noir, avec les lignes du Corselet et les reflets de l'Abdomen blanc-cendré ; Anus rouge de vermillon. Ailes claires, avec la base un peu obscure.

Les teintes cendrées du Corps, la Face cendré-doré et surtout le développement des deux Cils apicaux sur le deuxième segment de l'Abdomen indiquent le *Sarcophaga hæmorrhoïdalis* de Zetterstedt. Cette espèce paraît être rare sous notre climat.

1593. — N° 2. SARCOPHAGA INERS, R.-D. *Sp. ined.*

♀. Frontis Facieique lateribus fusco-flavescentibus ; Frontalibus, Antennis, Palpis, Pedibus nigris. Thorax ater, lineis cinereo-sub-

griseis, fere inconspicuis ad partem dorsi posteriorem. Abdomen nigrum, tessellis cinereis, subobscuris; Ano rufo. Halteribus rufescentibus : Calyptis albis; Alis basi et costa subfuliginosis, nervis rufescentibus.

Long. 6 lignes.

FEMELLE : Voisine du *Myoph. squalida* (*Myod*, n° 5) que nous n'avons plus à notre disposition ainsi que la suivante; côtés du Front et de la Face d'un brun-flavescent; Face cendrée; Frontaux, Antennes, Palpes et Pattes noirs; le milieu du Chète rougeâtre. Corselet noir, avec des lignes d'un cendré-grisâtre peu marqué sur la partie postérieure du dos. Abdomen noir, avec des reflets cendrés peu prononcés; Anus rouge. Balanciers rougeâtres : Cuillerons blancs; Ailes fuligineuses à la base et le long de la côte, avec les nervures rougeâtres.

Nous ne connaissons que la Femelle de cette espèce prise au mois de Septembre.

1594. — N° 3. SARCOPHAGA VILLICA, R.-D.

Myophora villica : Rob. Desv.-*Myod.*, p. 340, n° 8.

♂. Frontalibus, Antennis, Palpis, Pedibus nigris; Frontis lateribus Facieque aureis. Thorax niger, griseo-flavescente lineatus et irroratus. Abdomen nigrum, nitidum, tessellis flavescentibus; Anus exsertus, primo articulo nigro-flavescente, secundo rubro. Calyptis albis; Alis limpidis, basi vix subobscuriore.

♀. Similis; Ani primo segmento fusco, secundo rufo aut rufescente.

Long. ♂ 6-7 lignes; ♀ 5-6 lignes.

MALE : Frontaux, Antennes, Trompe, Palpes et Pattes noirs; côtés du Front et Face dorés. Corselet noir, rayé et saupoudré de gris-flavescent. Abdomen noir-luisant, avec des reflets gris-flavescent; le premier segment de l'Anus noir-flavescent; le second rouge. Balanciers obscurs : Cuillerons blancs; Ailes claires, avec la base plus ou moins obscure.

Femelle : Semblable; le premier segment de l'Anus brun, un peu rougeâtre en arrière; le second rougeâtre et ordinairement rentré.

Sur cette espèce, les deux Cils apicaux du second segment de l'Abdomen sont très-courts; on ne les distingue qu'avec une grande attention. Ces insectes se font aisément reconnaître à leurs lignes et reflets flavescents presque dorés comme la Tête. On les trouve en Automne. Nous possédons une variété plus petite qui a la Face cendré-doré.

Nous croyons pouvoir affirmer que cette espèce est véritablement la *grande Mouche vivipare à extrémité du Ventre rougeâtre* décrite par Geoffroy (t. II, p. 527, n° 65) à laquelle il attribue *des bandes et des taches grises*. Cette même mouche a dû servir aux études de Réaumur.

1595. — N° 4. Sarcophaga pabulorum, R.-D. *Sp. ined.*

♀. Nigra; Facies aurea. Lineis Thoracis griseo-flavescentibus. Abdominis tessellis subcinereo-grisescentibus; Ciliis secundi segmenti sat validis; Ani primo segmento nigro postice rubro, reliquis rubris. Calyptis albis; Alis sublimpidis.

Long. 4 lignes.

Femelle : Frontaux, Antennes, Trompe, Palpes et Pattes noirs; côtés du Front et Face dorés. Corselet noir, rayé de gris-flavescent. Abdomen noir, avec les reflets cendré-grisâtre; le premier segment de l'Anus noir, avec son bord postérieur rouge; les autres segments rouges; les deux Cils du deuxième segment de l'Abdomen assez forts. Balanciers obscurs : Cuillerons blancs ; Ailes assez claires.

Cette espèce, dont nous ne connaissons qu'une Femelle, est voisine du *Sarcophaga villica*, dont elle diffère par une taille plus petite, les reflets abdominaux moins luisants et par les deux Cils du deuxième segment plus forts.

1596. — N° 5. SARCOPHAGA FULVIPALPIS, R.-D. *Sp. ined.*

♀. Facie aurata ; Palpis fulvis. Thorax niger, lineis griseis. Abdomen subcæsium, tessellis cinereis ; Ano fusco-rufescente. Alis subflavescentibus.

Long. 5 lignes.

FEMELLE : Frontaux, Antennes et Pattes noirs ; le milieu du Chète ferrugineux ; côtés du Front et Face dorés ; Palpes fauves. Corselet noir, rayé de gris. Abdomen noir de pruneau, avec les reflets cendrés ; Anus brun-rougeâtre. Balanciers couleur de rouille : Cuillerons blancs ; Ailes lavées d'une très-légère teinte flavescente.

Nous ne connaissons que des Femelles de cette espèce remarquable par la couleur fauve de ses Palpes ; ce n'est peut-être qu'une variété.

1597. — N° 6. SARCOPHAGA MEIGENII, R.-D. *Sp. ined.*

♀. Fronte Facieque griseo-subauratis ; Frontalibus, Antennis, Palpis, Pedibus nigris. Thorax niger, griseo-flavescente lineatus. Abdomen nigro-cæsium, tessellis cinereo-albidis ; Ano rubro. Halteribus flavescentibus : Calyptis albidis ; Alis sublimpidis basi obscuriore.

Long. 5 lignes.

FEMELLE : Front et Face gris un peu doré ; Frontaux,

Antennes, Palpes et Pattes noirs. Corselet noir, rayé d'un gris un peu flavescent. Abdomen noir de pruneau, avec des reflets cendré-albide; Anus rouge. Balanciers flavescents : Cuillerons blancs; Ailes assez claires, avec la base un peu obscure.

Nous ne connaissons que la Femelle de cette espèce qui est voisine du *Sarcoph. Blondeli* (*Myod.*, p. 344, n° 20).

1598. — N° 7. SARCOPHAGA CAMPESTRIS, R.-D.

Myophora campestris : Rob. Desv.-*Myod.*, p. 346, n° 30.

♂. Nigra, nitida, lineis tessellisque obscure cinereis vix manifestis; Fronte nigra; Facie cinereo-argentea. Ani secundo segmento rufo. Alis basi sordida aut sordidiuscula.

Long. 2 lignes 1/2.

MALE : Frontaux, Antennes, Palpes et Pattes noirs; côtés du Front noirs; Face cendré-argenté; Epistôme et bords du Péristôme un peu rougeâtres. Corps noir-luisant; lignes cendrées à peine marquées sur le Corselet. A peine peut-on distinguer quelques reflets d'un cendré-obscur sur l'Abdomen; le deuxième segment de l'Anus rouge. Balanciers un peu rougeâtres : Cuillerons blanchâtres; Ailes un peu sales à la base.

Nous ne possédons plus que le Mâle de cette rare espèce dont autrefois nous avons possédé et décrit les deux sexes.

1599. — N° 8. SARCOPHAGA INCLYTA, R.-D. *Sp. ined.*

♂. Fronte Facieque aureis; Antennis, Palpis, Pedibus nigris. Thorax niger, lineis subauratis. Abdomen nigrum, tessellis aureis; Ano nigro. Calyptis subalbidis; Alis sublimpidis, basi squalidiuscula.

♀. Similis; minor; Fronte Facieque aureo minus nitidis.

Long. 6-9 lignes.

MALE : Front et Face dorés ; Frontaux, Antennes, Palpes et Pattes noirs; Barbe blanche. Corselet noir, avec des lignes jaune-doré. Abdomen noir, avec des reflets dorés ; Anus rouge. Tibias postérieurs avec des poils noirs. Balanciers brun-ferrugineux : Cuillerons blancs ou blanchâtres ; Ailes claires, n'étant un peu sales qu'à la base.

FEMELLE : Plus petite ; Front et Face un peu moins dorés. Nous avons pris cette rare espèce en Eté.

B. *Anus noir ou noirâtre.*

1600. — N° 9. SARCOPHAGA CARNARIA, L.

Musca carnaria :	Linn.-*Faun. Suec.*, 1832.
— —	Fabr.-*Syst. Antl.*, n° 4.
— —	Latr.-*Gen.*, p. 4, n° 345.
— —	Fall.-*Dipt. Suec.*, p. 38, n° 1.
— —	Gmel.-*Ed. Syst. nat.* I, 5, 2840, 68.
— *vivipara-major :*	Deg.-*Ins.* VI, p. 31, n° 8, pl. 3, fig. 5-18.
— *variegata :*	Scop.-*Ent. Carn.*, p. 869.
Sarcophaga carnaria :	Meig.-*Dipt.* V, p. 18, n° 6.
— —	Macq.-*Buff.* II, p. 226, n° 10.
Myophora carnaria :	Rob. Desv.-*Myod.*, p. 347, n° 31.

♂ et ♀. Facie et Frontis lateribus aureis ; Antennis, Pedibus nigris. Thorax niger, griseo lineatus. Abdomen nigrum, cinereo-grisescente tessellatum ; Ano in ♂ nigro, nitido, Tibiisque posticis intus villosis. Calyptis albis ; Alis basi sordidis.

Long. 6-7 lignes.

MALE et FEMELLE : Corps noir ; Antennes et Pattes noires ; Face et côtés du Front dorés. Corselet rayé de gris-flavescent.

Abdomen garni de taches d'un cendré-gris à reflets; Anus des Mâles d'un noir-brillant, avec les Tibias postérieurs villeux en dedans. Cuillerons blancs; Ailes sales à la base.

Cette espèce est assez commune dans les champs; on la rencontre dans toute l'Europe.

1601. — N° 10. SARCOPHAGA AURATA, R.-D. *Sp. ined.*

♂ et ♀. Nigra, lineis tessellisque subaureis; Frontis lateribus Facieque aureis; Ano, Frontalibus, Antennis, Palpis, Pedibus nigris. Halteribus subfuscis : Calyptis albis; Alis limpidis, in ♀ sublimpidis.

Long. 7-8 lignes.

MALE : Corps noir, avec les lignes du Corselet et les reflets de l'Abdomen gris-doré. Côtés du Front et Face dorés; Frontaux, Antennes, Palpes et Pattes noirs. Anus noir. Balanciers bruns : Cuillerons blancs; Ailes claires.

FEMELLE : Semblable; reflets de l'Abdomen un peu moins dorés. Ailes un peu moins claires.

On trouve cette espèce dans les champs en Eté et en Automne. Jusqu'à ce jour on l'avait confondue avec le *Sarcoph. carnaria*. On la distingue aisément des espèces voisines à ses teintes dorées.

1602. — N° 11. SARCOPHAGA PROPINQUA, R.-D. *Sp. ined.*

♂ et ♀. Simillima SAR. AURATÆ; at Abdomen tessellis aureo-albidis.

Long. 6-7 lignes.

MALE et FEMELLE : Tout-à-fait semblable au *S. aurata* pour la taille et les teintes; mais les reflets de l'Abdomen sont doré-albide.

Nous possédons les deux sexes de cette espèce qui n'est peut-être qu'une variété.

1603. — N° 12. Sarcophaga albida, R.-D.

Myophora aurifacies : Rob. Desv.-*Myod.*, p. 354. n° 55.
— *striata :* Rob. Desv.-*Myod* , p. 352, n° 49.

♂. Nigra ; Frontis lateribus Facieque aureis ; Barba cinereo-aurata. Thorax absolute cinereo-albido lineatus et irroratus. Abdomen subnitens, tessellis albis, licet albido-subcærulescentibus ; Ani segmentis lævigatis, nigris, nitidis. Halteribus flavescentibus : Calyptis albis ; Alis limpidis, levi flavedine lavatis.

♀. Paulo minor; lineis tessellisque albidis aut albido-subgrisescentibus ad quamdam lucem. Abdomine nigro-cæsio, nitente; Ano nigro aut partim rufescente.

Long. ♂ 3-4-5-6-7 lignes ; ♀ 3-5 lignes.

Male : Frontaux, Antennes, Palpes et Pattes noirs ; milieu du Chète jaunâtre-pâle ; côtés du Front et Face dorés ; Barbe d'un cendré-doré. Corselet noir, rayé et saupoudré de cendré-blanchâtre. Abdomen noir assez luisant, avec les reflets d'un albide-bleuissant ; les deux premiers segments de l'Anus noirs et luisants. Balanciers jaunâtres : Cuillerons blancs ; Ailes claires quoique lavées d'une très-légère teinte flavescente.

Femelle : Un peu plus petite ; les lignes du Corselet sont d'un blanc un peu grisâtre. Abdomen noir de pruneau assez luisant, avec les reflets albides et d'un albide légèrement grisâtre sous la lumière solaire ; Anus noir, offrant parfois un peu de fauve.

Cette Sarcophage, telle que nous venons de la décrire, était naguère confondue avec le *S. striata* (*Myod.*, p. 49) ;

l'absence complète de reflets flavescents sur le Mâle sert aisément à la distinguer.

Les individus mâles auxquels se rapporte la description ci-dessus n'ont pas encore été pris en copulation avec des Femelles à lignes et à reflets flavescents; leurs Femelles sont presque entièrement cendrées.

Il faut bien distinguer les reflets d'un albide-bleuissant et non entièrement albide, ni d'un albide-flavescent, si l'on veut reconnaître les individus de petite taille et les différencier de certains Mâles à reflets albides et dont les Femelles ont les reflets flavescents.

Sous le nom de *Myophora aurifacies*, nous avions décrit des Mâles ayant quatre lignes de longueur.

1604. — N° 13. Sarcophaga erratica, R.-D. *Sp. ined.*

♀. Fronte et Facie aureis; Frontalibus, Antennis, Palpis, Pedibus nigris. Thorax niger, cinereo-flavescente lineatus. Abdomen tessellis cinereo-subflavescentibus. Halteribus æruginosis : Calyptis albis; Alis disco limpido, basi obscura.

Long. 5-6 lignes.

Femelle : Côtés du Front et de la Face dorés; Frontaux Antennes, Palpes et Pattes noirs. Corselet noir, avec des lignes d'un cendré-flavescent. Abdomen noir, avec des reflets d'un cendré légèrement flavescent. Balanciers ferrugineux : Cuillerons blancs; Ailes à disque clair, avec la base un peu sale.

Nous ne connaissons que la Femelle de cette espèce qui serait peut-être le *S. albida* si les lignes du Corselet étaient absolument cendrées.

1605. — N° 14. Sarcophaga pratensis, R.-D. *Sp. ined.*

♀. Fronte Facieque aureis, Antennis, Palpis, Pedibus nigris. Thorax niger, lineis subcinereis. Abdomen nigrum, tessellis absolute cinereis. Alæ fuligine lavatæ.

Long. 4 lignes.

Femelle : Front et Face dorés; Frontaux, Antennes, Palpes et Pattes noirs; Barbe cendrée. Corselet noir, rayé de cendré. Abdomen noir, avec des reflets tout-à-fait cendrés. Balanciers brun-obscur : Cuillerons blancs; Ailes lavées de fuligineux.

Nous ne connaissons que la Femelle de cette espèce voisine du *S. albida*.

1606. — N° 15. Sarcophaga nigra, R.-D.

Myophora nigra : Rob. Desv.-*Myod.*, p. 349, n° 39.

♂. Atra, subnitens; Facie aurata, cinereo-aurata, cinerea, cinereo-brunicante, brunicosa. Thorax dorso sæpius absque lineis manifestis; lineis lateralibus manifestis cinereis aut cinereo-ardeacis. Abdomen tessellis subcinereis, obscurioribus. Alis flavo-fuliginosis.

♀. Similis; lineis Thoracis lateralibus griseo-flavescentibus.

Long. 5-7 lignes.

Male : Frontaux, Antennes, Trompe, Palpes et Pattes noirs; côtés du Front brun-cendré, parfois doré ou brun-doré; Face dorée, ou cendré-argenté, ou cendré-brunâtre; bord de l'Epistôme flavescent; ses deux pièces latérales rougeâtres à une certaine lumière. Corselet noir, avec trois lignes d'un noir-âtre mat sur le dos; les lignes et les reflets d'un cendré-ardoisé obscur ne sont apparents que sur les côtés; on distingue rarement les lignes du dos; on ne peut distinguer à une certaine lumière que quelques reflets cendré-ardoisé très-obscurs; Anus d'un noir-âtre. Balanciers flavescents : Cuillerons blancs; Ailes d'un fuligineux sale surtout à la base, avec les nervures fuligineuses; une variété les a simplement flavescentes.

Femelle : Côtés du Front et Face dorés. Corps noir-âtre assez luisant; les lignes du dos du Corselet absentes ou à peine manifestes; celles des côtés sont d'un gris-flavescent. Reflets de l'Abdomen d'un cendré-obscur. Balanciers jaunâtres : Cuillerons blanchâtres; Ailes jaunes ou jaunâtres, avec les nervures rougeâtres.

Cette espèce, qui se fait aisément reconnaître à son Corps presque entièrement noir, parce que les lignes et les reflets peuvent n'être qu'à peine distincts, offre une foule de variétés sous le rapport de la coloration de la Face qui est ou dorée, ou d'un brun-doré, ou d'un cendré-doré, ou cendrée, ou enfin d'un brun-cendré. Les Ailes sont d'un jaune qui diminue sur certains individus.

1607. — N° 16. Sarcophaga squamosa, R.-D.

Myophora squamosa : Rob. Desv.-*Myod.*, p. 351, n° 16.

♂. Facie cinerea aut cinereo-aurata; Cheti media parte flavescente. Thorax niger, lineis griseo-subflavescentibus. Abdomen nigrum, subnitens, tessellis cinereis, subgriseis; Ano atro-nitido. Halteribus ferrugineis : Calyptis albis; Alis sordidiuscule fuliginosis.

♀. Frontis lateribus Facieque aureis. Thorax lineis cinereis. Abdomen tessellis cinereis; Ano nigro. Alis subfuliginosis. (An vera femina maris prædicti?)

Long. 4-5 lignes 1/2.

Male : Frontaux, Antennes, Palpes et Pattes noirs ; le milieu du Chète jaunâtre ; côtés du Front et Face cendrés, ou cendré-doré, ou dorés. Corselet noir, avec des lignes d'un gris-flavescent bien prononcé. Abdomen noir un peu luisant, avec les reflets peu prononcés et cendré légèrement grisâtre ; segments de l'Abdomen noirs et luisants. Balanciers couleur de rouille : Cuillerons blancs ; Ailes lavées d'un jaune un peu sale.

Femelle : côtés du Front et Face dorés ; lignes du Corselet rayées de cendré. Reflets de l'Abdomen cendrés ; Anus noir. Ailes un peu moins fuligineuses.

Est-ce bien la vraie Femelle du Mâle ci-dessus ? Ces deux insectes ont été pris en même temps, mais non accouplés, au mois d'Août.

1608. — N° 17. Sarcophaga tenebricosa, R.-D. *Sp. ined.*

♂. Nigra, subopaca, lineis tessellisque cœnosis ; Cheti parte apicali albicante ; Epistomate cum lateralibus rufescentibus ; Ano atro-nitido. Halteribus æruginosis : Calyptis albis ; Alis sordide fuliginosis.

Long. 5 lignes.

Male : Frontaux, Antennes, Trompe, Palpes et Pattes noirs ; moitié apicale du Chète blanche ; côtés du Front d'un brun obscurément doré, ainsi que la Face ; bords des Epistômes rougeâtres, ainsi que les pièces latérales. Corselet noir, rayé et saupoudré de gris-boueux. Abdomen noir, avec des reflets couleur de boue ; Anus noir-âtre. Balanciers ferrugineux : Cuillerons blancs ; Ailes sales.

Nous ne possédons qu'un Mâle de cette rare espèce.

1609. — N° 18. Sarcophaga obscuricauda, R.-D.

Myophora obscuricauda : Rob. Desv.-*Myod.*, p. 354, n° 54.

♂. Atra, subnitens, lineis tessellisque cinereo-fuscis, obscuris ;

Cheti parte media albide-ferruginea; Frontis lateribus atris; Facie fusco-cinerea. Ani segmentis lævigatis, atris, nitidis. Halteribus æruginosis : Calyptis albis; Alis subsqualidis.

♀. Atra, lineis, tessellisque cinereis, obscuris; Frontis lateribus Facieque fusco-cinereo-sericeis. Ano fusco-rufescente.

Long. 4-5 lignes.

Male : Frontaux, Antennes, Palpes et Pattes noirs; le milieu du Chète blanc-ferrugineux; côtés du Front noirs; Face d'un noir-âtre-cendré. Corselet noir-luisant, avec les lignes cendré-brun peu marquées. Abdomen noir-luisant, avec les reflets cendré-brun peu prononcés; segments de l'Anus lisses, noirs et luisants. Balanciers couleur de rouille : Cuillerons blancs; Ailes lavées de brun, avec la base noir-âtre et les nervures brunes.

Femelle : Semblable; côtés du Front et de la Face d'un brun-cendré-doré. Corps noir-âtre, avec les lignes et les reflets cendré-obscur. Anus d'un noir-rougeâtre.

Nous ne possédons qu'un couple de cette rare espèce prise au mois de Juillet.

1610. — N° 19. Sarcophaga villana, R.-D.

Myophora villana : Rob. Desv.-*Myod.*, p. 351, n° 45.

♂. Nigra, lineis, tessellisque griseo-sordidiusculis; Cheti media parte flavescente; Frontis lateribus Facieque subaureis. Ano lævigato atro, nitido. Halteribus flavescentibus : Calyptis albis; Alis flavescente subsordidis.

♀. Similis; lineis, tessellisque manifestis; Ano nigro.

Long. 4-7 lignes.

Male : Frontaux, Antennes, Palpes et Pattes noirs; le milieu du Chète jaunâtre; côtés du Front brun-flavescent;

Face flavescente. Corselet noir, fortement rayé de gris un peu sale. Abdomen noir, avec les reflets gris; segments de l'Anus lisses, noirs et luisants. Balanciers jaunâtres : Cuillerons blancs; Ailes fortement lavées d'un jaunâtre un peu sale.

Femelle : Semblable; lignes et reflets flavescents bien prononcés. Anus noir.

Cette description est faite d'aprés deux individus pris ensemble. Dans notre premier travail, nous n'avions fait connaître que le Mâle.

1611. — N° 20. Sarcophaga cæsia, R.-D. *Sp. ined.*

♂ et ♀. Nigro-cæsia, cinereo-albido lineata, irrorata et tessellata; Frontalibus, Antennis, Palpis, Pedibus, Anoque nigris; Frontis lateribus fuscis; Facie fusco-cinerea. Halteribus flavicantibus : Calyptis albis; Alis limpidissimis.

Long. 2-4 lignes.

Male : Frontaux, Antennes, Trompe, Palpes et Pattes noirs; côtés du Front bruns; Face d'un brun-cendré. Corselet noir de pruneau luisant, rayé et saupoudré de blanc-cendré. Abdomen noir de pruneau luisant, avec des reflets blanc-cendré; Anus noir. Balanciers rougeâtres : Cuillerons blancs; Ailes très-limpides.

Femelle : Semblable; Face un peu argentée.

Nous avons trouvé cette espèce dès le mois de Mai. Les filaments des Tibias postérieurs des Mâles sont plus ou moins nombreux et sujets à se détacher.

1612. — N° 21. Sarcophaga mœsta, R.-D. *Sp. ined.*

♀. Similis Sar. obscuricaudæ; Frontis lateribus Facieque griseo-albidis. Thorax niger, non nitens, lineis cinereis, non albidis. Abdomen nigrum, tessellis cinereis, non albidis. Halteribus obscuris : Calyptis albis; Alis subsqualidis.

Long. 4 lignes.

Femelle : Côtés du Front d'un brun-gris-cendré; Face gris-cendré; Barbe cendrée. Corselet noir-mat, avec des lignes cendrées non albides. Abdomen noir, avec des reflets non cendrés. Balanciers obscurs : Cuillerons blancs; Ailes un peu sales.

Nous ne possédons que la Femelle de cette espèce voisine du *Sar. obscuricauda.*

1613. — N° 22. Sarcophaga procax, R.-D. *Sp. ined.*

♂. Nigra; Cheti media parte flavescente; Frontis lateribus Facieque griseo-cinerascentibus. Thorax lineis cinereo-subgriseis. Abdomen tessellis cinereis; Ano atro, primo segmento non exserto. Halteribus flavescentibus : Calyptis albis; Alis leviter ad basim et costam flavedine sublavatis.

♀. Similis; lineis tessellisque cinereo-subgriseis. Ano fusco-rubescente.

Long. 1 1/2-2 lignes.

Male : Frontaux bruns; Antennes, Palpes et Pattes noirs; milieu du Chète flavescent; côtés du Front et Face gris-cendré. Corselet noir, avec les lignes cendré un peu grisâtre. Abdomen noir, avec les reflets cendré-luisant; segments de l'Anus noir-luisant; le premier est rentré. Balanciers jaunâtres : Cuillerons blancs; Ailes légèrement lavées de flavescent à la base et le long de la côte extérieure.

Femelle : Semblable; lignes du Corselet un peu plus grises. Reflets de l'Abdomen cendré-grisâtre; Anus noir, avec un peu de rougeâtre.

Nous avons pris au mois de Juillet un couple de cette espèce dans l'état du coït ; de plus nous avons la preuve matérielle que la Femelle est vivipare.

1614. — N° 23. SARCOPHAGA ARVENSIS, R.-D. *Sp. ined.*

♂. Nigro-cæsia, nitens, lineis, tessellisque albidis; Facie argentea. Abdominis dorso leviter subænescente. Alis limpidis.

♀. Similis; Abdomine hæmisphærico.

Long. 2 lignes.

MALE : Frontaux, Antennes, Palpes et Pattes noirs; côtés du Front brun-argenté; Face argentée. Corps noir de pruneau luisant, avec une légère teinte bronzée sur le dos de l'Abdomen; lignes du Corselet et reflets de l'Abdomen blancs ; le premier segment de l'Anus noir, avec le dos cendré ; le deuxième noir-luisant. Balanciers couleur de rouille : Cuillerons blancs ; Ailes claires.

FEMELLE : Semblable; Abdomen hémisphérique.

On trouve cette espèce au mois d'Août.

1615. — N° 24. SARCOPHAGA FLORIDA, R.-D. *Sp. ined.*

♂. Nigra, lineis tessellisque cinereis ; Frontis lateribus et Facie aureis. Ano atro-nitido. Halteribus subferrugineis : Calyptis albis; Alis flavedine lavatis.

♀. Facie cinereo-albida. Ani majori parte rubescente.

Long. 4-6 lignes.

MALE : Frontaux, Antennes, Palpes et Pattes noirs; le milieu du Chète obscurément ferrugineux ; côtés du Front et de la Face dorés. Corselet noir, avec des reflets cendrés qui, à une certaine lumière, peuvent paraître un peu grisâtres. Abdomen noir, avec les reflets albides et luisants; segments de l'Anus âtres et luisants. Balanciers couleur de rouille : Cuillerons blancs ; Ailes lavées de flavescent.

FEMELLE : Corps noir, avec les lignes cendrées et les reflets albide-brillant; côtés du Front et Face d'un cendré-albide. Est-ce bien la vraie Femelle?

Cette espèce se distingue de ses congénères par ses Ailes lavées d'une teinte flavescente.

1616. — N° 25. SARCOPHAGA CILIATULA, R.-D. *Sp. ined.*

♂. Frontis lateribus et Facie aurulentis : Cheti media parte albescente. Thorax niger, nitens, lineis albidis aut albido-subflavescentibus. Abdomen cæsium, tessellis albidis; secundi segmenti Ciliis apicalibus minoribus; Ano lævigato, atro-nitido. Halteribus obscuris : Calyptis albis; Alis limpidis, basi sordidiuscula.

♀. Similis; Facie cinereo flavescente. Thoracis lineis cinereis. Ano nigro.

Long. 4-5 lignes.

MALE : Frontaux, Antennes, Palpes et Pattes noirs; le milieu du Chète blanc; côtés du Front et Face flavescents. Corselet noir de pruneau, rayé de cendré légèrement grisâtre ou flavescent. Abdomen noir-luisant, avec les reflets albides ; les deux Cils du premier segment peu développés ; le premier segment de l'Anus entièrement rentré; le deuxième lisse et noir-brillant. Balanciers obscurs : Cuillerons blancs; Ailes claires, avec la base légèrement flavescente.

FEMELLE : Semblable; Face cendré-flavescent. Lignes du Corselet cendrées. Anus noir.

On prend cette espèce pendant tout le cours de l'Eté.

1617. — N° 26. SARCOPHAGA AGILIS, R.-D. *Sp. ined.*

♂. Nigra, nitida, lineis albidis, tessellis albidis minus manifestis ;

Frontis lateribus fusco-argenteis; Facie argentea. Ani primo segmento dorso cinereo, secundo lævigato, atro nitido. Halteribus fuscis; Alis limpidis.

Long. 3 lignes.

MALE : Frontaux, Antennes, Palpes et Pattes noirs; côtés du Front brun-argenté; Face argentée. Corps noir de pruneau brillant; lignes du Corselet blanc-cendré. Reflets de l'Abdomen cendré peu prononcé; le premier segment de l'Anus cendré sur le dos; le second lisse et noir-luisant. Balanciers bruns : Cuillerons blancs; Ailes limpides.

Nous ne possédons qu'un Mâle de cette espèce prise en Eté.

1618. — N° 27. SARCOPHAGA CLARIPENNIS, R.-D. *Sp. ined.*

♂. Nigro-cæsia, subnitens, lineis tessellisque albidis; Facie aurea. Ani segmentis atro-nitidis. Halteribus infuscatis; Alis vel basi limpidissimis.

Long. 4 lignes.

MALE : Frontaux, Antennes, Palpes et Pattes noirs; côtés du Front et de la Face dorés. Corselet noir de pruneau, avec les lignes cendrées. Abdomen noir de pruneau luisant, avec des reflets albides et luisants; segments de l'Anus noirs. Balanciers bruns : Cuillerons clairs; Ailes parfaitement limpides, même à la base.

Nous ne possédons que le Mâle de cette espèce prise au mois d'Août et facilement reconnaissable à l'absolue limpidité de ses Ailes. Elle est voisine de l'espèce suivante.

1619. — N° 28. SARCOPHAGA VERNALIS, R.-D.

Myophora vernalis : Rob. Desv.-*Myod.*, p. 356, n° 62.
— *aprilis :* Rob. Desv.-*Myod.*, p. 355, n° 59.

♂. Nigra, nitens; Facie albida; Frontalibus, Antennis, Palpis, Pedibus nigris. Thorax lineis albidis. Abdomen tessellis albido-subflavescentibus. Calyptis albidis; Alis limpidis.

♀. Nigra, lineis tessellisque cinereo-subflavescentibus; Fronte griseo-flavescente; Facie cinereo-argentea, subflavescente.

Long. 4-5 lignes.

Male : Frontaux, Antennes, Palpes et Pattes noirs; Face blanche. Corps noir un peu luisant; lignes du Corselet albides. Reflets de l'Abdomen d'un albide un peu flavescent; Anus noir. Cuillerons blancs; Ailes claires.

Femelle : Semblable; Corps noir, avec des lignes et des reflets cendré-gris ou légèrement flavescents; Front gris-flavescent; Face cendré-argenté légèrement flavescente.

Nous possédons les deux sexes de cette espèce printanière.

1620. — N° 29. Sarcophaga auriflua, R.-D. *Sp. ined.*

♂. Nigra, cæsia, subnitens, lineis, tessellisque subaureis; Frontis lateribus Facieque aureis. Ani segmentis lævigatis, atris, nitidis. Halteribus obscuris : Calyptis albis; Alis limpidis.

♀. Cæsia, lineis tessellisque subaureis. Ano nigro aut rufescente.

Long. 3 1/2-4-5 lignes.

Male : Frontaux, Antennes, Palpes et Pattes noirs ; côtés du Front et Face dorés; le milieu du Chète obscur. Corselet noir de pruneau, avec les lignes d'un flavescent-doré. Abdomen noir de pruneau luisant, avec les reflets flavescent-doré; segments de l'Anus lisses, noirs et luisants. Balanciers obscurs : Cuillerons blancs; Ailes claires.

Femelle : Semblable; Corps noir de pruneau luisant, avec

les lignes et les reflets flavescent-doré; majeure partie de l'Anus rougeâtre ou entièrement noire.

Nous avons eu le bonheur de saisir au vol cette jolie espèce durant l'acte du coït, au mois d'Août.

1621. — N° 30. SARCOPHAGA GEOFFROYI, R.-D. *Sp. ined.*

♀. Nigra, lineis tessellisque griseo-flavescentibus; Fronte Facieque aureis; Frontalibus, Antennis, Palpis, Pedibus nigris. Ano nigro. Calyptis albis; Alis limpidis.

Long. 7-8 lignes.

FEMELLE : Corps noir, avec les lignes du Corselet et les reflets de l'Abdomen gris-flavescent; Anus noir. Front et Face dorés, avec quelques reflets bruns; Frontaux, Antennes, Palpes et Pattes noirs. Balanciers bruns : Cuillerons blancs; Ailes claires.

Nous ne connaissons que la Femelle de cette espèce trouvée dès le mois d'Avril.

1622. — N° 31. SARCOPHAGA CURSORIA, R.-D. *Sp. ined.*

♂. Nigra, subcæsia, lineis cinereo-subflavescentibus, tessellisque cinereo-aureis; Fronte fusco-aurata; Facie aurata; Frontalibus, Antennis, Palpis, Pedibus Anoque nigris. Calyptis albis; Alis limpidis, hyalinis.

Long. 5-6 lignes.

MALE : Front brun-doré; Face dorée; Frontaux, Antennes, Palpes et Pattes noirs. Corps d'un noir assez gai, avec des lignes d'un cendré légèrement flavescent sur le Corselet. Reflets de l'Abdomen d'un cendré-doré; Anus noir. Tibias postérieurs des Mâles garnis de poils noirs. Balanciers obscurs; Cuillerons blancs; Ailes claires.

Nous ne connaissons que le Mâle de cette espèce trouvée en Avril et voisine du *Sar. vernalis*.

1623. — N° 32. SARCOPHAGA MYOÏDÆA, R.-D. *Sp. ined.*

♀. Nigra, lineis tessellisque cinereis, non albidis; Fronte Facieque griseo-cinereis; Frontalibus, Antennis, Palpis, Pedibus nigris. Ano nigro. Halteribus fusco-obscuris: Calyptis albidis; Alis sublimpidis.

Long. 3 lignes.

FEMELLE : Front et Face gris-cendré; Frontaux, Antennes, Palpes et Pattes noirs. Corps noir, avec les lignes et les reflets cendrés, non albides. Anus noir. Balanciers obscurs : Cuillerons blancs ; Ailes assez claires.

Nous ne connaissons que la Femelle de cette espèce.

1624. — N° 33. SARCOPHAGA HERBARIA, R.-D. *Sp. ined.*

♂. Nigra, cæsia, lineis cinereo-albidis, tessellisque cinereo-subgrisescentibus; Fronte, Facieque griseo-cinereis; Frontalibus, Antennis, Palpis, Pedibus nigris. Ano nigro. Calyptis albis; Alis limpidis, hyalinis.

Long. 2 1/2-3 lignes.

MALE : Corps noir de pruneau ; Front et Face gris-cendré ; Frontaux, Antennes, Palpes, Anus et Pattes noirs. Corselet rayé de cendré-albide. Reflets de l'Abdomen d'un albide légèrement grisâtre. Tarses postérieurs n'ayant que peu de villosités. Balanciers obscurs : Cuillerons blancs; Ailes très-claires.

Nous ne connaissons que le Mâle de cette espèce prise au commencement de Mai ; nous avons pris en même temps une variété moins cendrée.

1625. — N° 34. SARCOPHAGA VELOX, R.-D. *Sp. ined.*

♂ et ♀. Nigra, nitens, lineis tessellisque albidis; Facie albida;

Frontalibus, Antennis, Palpis, Pedibus, Anoque nigris. Calyptis albis; Alis limpidis, nervis subflavescentibus.

Long. 3 1/2-4 lignes.

MALE et FEMELLE : Corps noir un peu luisant, avec les lignes et les reflets blanc-cendré; Face albide; Frontaux, Antennes, Palpes, Anus et Pattes noirs. Cuillerons blancs; Ailes assez claires, avec les nervures d'un brun-ferrugineux.

On trouve cette espèce au Printemps.

1626. — N° 35. SARCOPHAGA LIVIDA, R.-D.

Myophora livida : Rob. Desv.-*Myod.*, p. 350, n° 42.

♂. Facie fusco-flavescente; Frontalibus, Antennis, Palpis nigris. Thorax niger, lineis flavescentibus. Abdomen nigro-lividum, tessellis cinereo-obscuris; Ano nigro. Pedibus nigro-lividis. Calyptis albidis; Alis subfuliginosis.

Long. 6 lignes.

MALE : Face d'un brun un peu jaune; Frontaux, Antennes et Palpes noirs. Corselet noir, avec des lignes flavescentes. Abdomen brun-livide, avec des reflets cendré-obscur; Anus noir. Pattes d'un brun-livide. Ailes assez sales.

Nous n'avons jamais connu qu'un Mâle de cette espèce.

1627. — N° 36. SARCOPHAGA SPECIALIS, R.-D.

Myophora specialis : Rob. Desv.-*Myod.*, p. 356, n° 63.

♂ et ♀. Facies albida; Frontalibus, Antennis, Palpis, Pedibus nigris. Thorax niger, lineis cinereo-griscescentibus. Abdomen in ♂ subæneseens, tessellis cinereis, in ♀ subrotundatum, tessellis cinereo-subgriseis; Ano nigro. Calyptis albidis; Alis sublimpidis.

Long. 4 lignes.

MALE et FEMELLE : Face blanche; Frontaux, Antennes,

Palpes et Pattes noirs. Corselet noir, avec des lignes d'un cendré un peu gris. Abdomen du Mâle un peu bronzé, avec des reflets blanc-cendré; celui de la Femelle arrondi, avec des reflets cendré-grisâtre; Anus noir. Cuillerons blancs; Ailes un peu claires.

Cette espèce paraît être rare.

1628. — N° 37. SARCOPHAGA SQUALENS, R.-D.

Myophora squalens : Rob. Desv.-*Myod.*, p. 356, n° 64.

♂. Facie albida; Frontalibus, Antennis, Palpis, Pedibus nigris. Thorax niger, lineis cinereo-flavescentibus. Abdomen nigrum, tessellis cinereis vel flavescentibus; Ano nigro. Calyptis subalbidis; Alis fuligine lavatis.

Long. 4 lignes.

MALE : Face albide; Frontaux, Antennes, Palpes et Pattes noirs. Corselet noir, avec des reflets d'un cendré à peine flavescent. Anus noir. Tarses postérieurs garnis de poils bruns. Cuillerons blanc-jaunâtre; Ailes lavées de flavescent.

Nous ne connaissons que le Mâle de cette espèce.

1629. — N° 38. SARCOPHAGA ATRATA, R.-D.

Myophora atrata : Rob. Desv.-*Myod.*, p. 349, n° 40.

♂. Fronte Facieque aureis; Frontalibus, Antennis, Palpis, Pedibus nigris. Thorax ater, dorso obscure lineato, lineis lateralibus flavescentibus. Abdomen atrum fere sine tessellis. Calyptis albis; Alis sublimpidis, basi sordidiuscula.

Long. 5-6 lignes.

MALE : Côtés du Front et de la Face dorés; Frontaux, Antennes, Palpes et Pattes noirs; Barbe grise. Corselet noir, avec des lignes peu prononcées sur le dos et gris-flavescent sur les côtés. Abdomen noir; à peine peut-on y distinguer de très légers reflets obscurément cendrés. Les Tibias postérieurs ont les poils noirs. Balanciers brun-flavescent : Cuillerons blancs; Ailes un peu sales à la base.

Nous ne connaissons que le Mâle de cette espèce.

1630. — N° 39. Sarcophaga intermedia, R.-D.

Myophora intermedia : Rob. Desv.-*Myod.*, p. 349, n° 37.

♂. Atrata; Fronte Facieque subfusco-auratis; Frontalibus, Antennis, Palpis, Pedibus nigris. Thorax lineis cinereis parum manifestis. Abdomen tessellis plus minusve cinereis, parum manifestis. Calyptis albidis; Alis subsordidis.

♀. Similis; subrotundata; Fronte Facieque aureis.

Long. 7-9 lignes.

Male : Corps noir un peu mat; Front et Face brun-doré; Frontaux, Antennes, Palpes et Pattes noirs. Corselet rayé de cendré un peu obscur. Abdomen à reflets plus ou moins cendrés et peu prononcés. Tibias postérieurs villeux en dedans. Balanciers couleur de rouille; Ailes légèrement sales surtout à la base.

Femelle : Corps subarrondi; Front et Face dorés.

On trouve cette espèce en Eté.

1631. — N° 40. Sarcophaga brunifacies, R.-D.

Myophora brunifacies : Rob. Desv.-*Myod.*, p. 348, n° 34.

♀. Nigra, lineis tessellisque cinereis; Fronte, Facieque fusco subauratis; Frontalibus, Antennis, Palpis, Pedibus nigris. Ano nigro. Calyptis albidis; Alis limpidis non ferrugineis.

Long. 6-7 lignes.

Femelle : Front et Face brun légèrement doré ; Frontaux, Antennes, Palpes et Pattes noirs ; Barbe grise. Corps noir, avec des lignes sur le Corselet et des reflets sur l'Abdomen cendrés ; Anus noir. Cuillerons blancs ; Ailes claires, à nervures d'un brun-ferrugineux.

Nous ne connaissons plus que la Femelle de cette espèce.

1632. — N° 41. Sarcophaga vagans, R.-D. *Sp. ined.*

♂. Nigra, subnitens, lineis tessellisque cinereis aut cinereo obscure flavescentibus ; Fronte subfusca ; Facie argenteo-subflavescente ; Barba subflavescente. Tibiarum posteriorum villis minus densis nigris. Halteribus fuscis : Calyptis albidis ; Alis limpidis, claris, nullo modo flavescentibus.

Long. 5 lignes.

Male : Corps d'un noir un peu luisant, avec des lignes cendrées sur le Corselet et des reflets cendrés sur l'Abdomen ; à une certaine lumière ces lignes et ces reflets paraissent légèrement flavescents. Côtés du Front bruns ; Face d'un cendré un peu flavescent ; Barbe un peu flavescente. Tibias postérieurs garnis de poils peu nombreux et noirs. Balanciers bruns : Cuillerons blancs ; Ailes à disque clair, non flavescent, avec la base un peu sale.

Nous ne connaissons que le Mâle de cette espèce.

1633. — N° 42. Sarcophaga tristis, R.-D. *Sp. ined.*

♂. Tota atra, absque lineis et tessellis manifestis ; Fronte atra ; Facie atro-cinerascente ; Medianeis fulvescentibus ; Calyptis albis ; Alis squalidis.

Long. 3 lignes.

Male : Tout le Corps noir-mat, sans lignes ni reflets distincts ; Front noir ; Face d'un brun obscurément cendré ; Médians rougeâtres : Antennes, Palpes et Pattes noirs ; Barbe flavescente. Des poils noirs aux Tibias postérieurs. Balanciers brunâtres : Cuillerons blancs ; Ailes noirâtres.

Nous ne connaissons que le Mâle de cette espèce.

1634. — N° 43. SARCOPHAGA AFRA, R.-D. *Sp. ined.*

♂. Atra, nitens, lineis tessellisque obscure flavescentibus ; Fronte fusco-cinerea ; Facie cinereo-albida ; Frontalibus, Antennis, Palpis, Pedibus nigris. Ano nigro. Alis fuliginosis, nervis fulvescentibus.

Long. 4 lignes.

MALE : Corps noirâtre luisant, avec des lignes et des reflets cendré-flavescent peu marqués sur le milieu du Corselet et de l'Abdomen ; Anus noir. Côtés du Front brun-cendré ; Face cendré-argenté ; Frontaux, Antennes, Palpes et Pattes noirs. Cuillerons blanchâtres ; Ailes lavées de fuligineux, avec les nervures ferrugineuses.

Nous ne connaissons qu'un Mâle de cette rare espèce.

1635. — N° 44. SARCOPHAGA SOROR, R.-D.

Myophora soror : Rob. Desv.-*Myod.*, p. 347, n° 32.

♀. Fronte, Facieque aureis aut subaureis ; Frontalibus, Antennis, Palpis, Pedibus nigris. Thorax niger, lineis flavescentibus. Abdomen nigrum, tessellis cinereis aut cinereo-subflavescentibus ; Ano nigro. Calyptis albis ; Alis limpidis, basi vix squalida.

Long. 6-7 lignes.

FEMELLE : Front et Face dorés ; Frontaux, Antennes, Palpes et Pattes noirs ; Barbe grise. Corselet noir, rayé de flavescent. Abdomen noir, avec des reflets cendrés ou cendré à peine flavescent ; Anus noir. Balanciers obscurs : Cuillerons blancs ; Ailes claires, à base un peu sale.

Nous ne possédons que des Femelles de cette espèce, bien qu'elle soit commune dans les champs ; elle est tout-à-fait voisine du *Sar. carnaria* n° 9.

1636. — N° 45. SARCOPHAGA PRÆCOX, R.-D. *Sp. ined.*

♂. Fronte Facieque fusco auratis ; Frontalibus, Antennis, Palpis, Pedibus nigris. Lineis et tessellis cinereo-flavescentibus. Ano nigro. Halteribus subfuscis : Calyptis albidis ; Alis vel basi limpidis.

Long. 7-8 lignes.

MALE : Front et Face brun-doré ; Frontaux, Antennes, Palpes et Pattes noirs ; Barbe cendrée. Corps noir, avec les lignes et les reflets cendré-flavescent. Anus noir. Tibias postérieurs garnis de poils noirs. Balanciers brun-obscur : Cuillerons blancs ; Ailes claires et limpides, même à la base. Un individu a le Front et la Face tout-à-fait dorés.

Nous ne connaissons que des Mâles de cette espèce prise dès le premier Printemps. Elle est intermédiaire entre le *Sar. Boisduvalii* et le *Sar. soror ;* il pourrait bien se faire du reste que ce fût le Mâle de cette dernière espèce.

1637. — N° 46. SARCOPHAGA BOISDUVALII, R.-D. *Sp. ined.*

♂ et ♀. Fronte et Facie in ♂ aureis, in ♀ subaureis ; Ano, Antennis, Palpis, Pedibus nigris. Thorax niger, lineis flavescentibus. Abdomen nigrum, nitidum, tessellis cinereo-aureis. Calyptis albidis ; Alis sublimpidis.

Long. ♂ 8-9 lignes ; ♀ 5-6 lignes.

MALE : Front et Face dorés ; Frontaux, Antennes, Palpes,

Anus et Pattes noirs ; Barbe flavescente. Corselet noir, avec des lignes flavescentes. Abdomen avec des reflets cendré-doré. Tibias postérieurs avec des poils noirs. Balanciers bruns : Cuillerons blancs ; Ailes claires.

FEMELLE : Plus petite ; Front et Face d'un brun un peu moins doré.

On trouve cette espèce en Eté.

1638. — No 47. SARCOPHAGA RAMBURII, R.-D. *Sp. ined.*

♀. Fronte Facieque subaureis ; Frontalibus, Antennis, Palpis, Anoque nigris. Thorax niger, lineis flavescentibus. Abdomen cæsium tessellis cinereo-flavescentibus. Halteribus obscuris : Calyptis albidis ; Alis limpidis.

Long. 5 lignes.

FEMELLE : Côtés du Front et de la Face dorés; Frontaux, Antennes, Palpes, Anus et Pattes noirs. Corselet noir, avec des lignes flavescentes. Abdomen noir de pruneau luisant, avec des reflets plus cendrés que flavescents. Balanciers bruns : Cuillerons blancs ; Ailes assez claires.

Nous ne possédons que la Femelle de cette espèce dont les reflets ne sont pas dorés comme sur le *Sar. Boisduvalii*.

1639. — No 48. SARCOPHAGA MITIS, R.-D. *Sp. ined.*

♂. Fronte Facieque subauratis ; Ano, Antennis, Palpis, Pedibus nigris. Thorax niger, flavescente lineatus. Abdomen tessellis cinereo-subflavescentibus. Halteribus fuscis : Calyptis albidis ; Alis fuligine lavatis.

Long. 5 lignes.

MALE : Front et Face flavescents ; Antennes, Palpes, Anus et Pattes noirs. Corselet noir, avec des lignes cendré-flavescent. Abdomen noir, avec des reflets cendré légèrement flavescent. Tibias postérieurs à poils noirs. Balanciers bruns : Cuillerons blancs ; Ailes lavées de flavescent.

Nous ne connaissons que le Mâle de cette espèce.

1640. — N° 49. SARCOPHAGA AGRICOLA, R.-D.

Myophora agricola : Rob. Desv.-*Myod.*, p. 353, n° 52.
Sarcophaga agricola : Macq.-*Buff.* II, p. 227, n° 16.

♂. Nigra, cæsia, Thoracis lineis cinereis. Abdominis tessellis cinereo-albidis. Fronte Facieque griseo obscure subflavescentibus ; Antennis, Palpis, Pedibus, Anoque nigris. Halteribus fuscis : Calyptis albidis ; Alis limpidis.

♀. Lineis tessellisque cinereo-subflavescentibus.

Long. 4-6 lignes.

MALE : Corps noir assez gai, avec des lignes et des reflets cendrés ; Front et Face d'un gris à peine flavescent ; Frontaux Antennes, Palpes, Anus et Pattes noirs. Tibias postérieurs garnis de poils noirs. Balanciers noirâtres : Cuillerons blancs ; Ailes claires.

FEMELLE : Lignes et reflets d'un cendré un peu flavescent.

Nous possédons l'accouplement de cette espèce.

1641. — N° 50. SARCOPHAGA TESSELLATA, R.-D. *Sp. ined.*

♂ et ♀. Fronte Facieque griseo-albidis ; Antennis, Palpis, Pedibus nigris. Thorax niger, lineis cinereo-subgriseis. Abdomen nigrum, nitens, tessellis cinereo-albidis, non flavescentibus. Calyptis albis ; Alis limpidis.

Long. 4 lignes 1/2.

MALE et FEMELLE : Côtés du Front et Face gris-soyeuxcendré ; Frontaux, Antennes, Palpes et Pattes noirs ; Barbe grise. Corselet noir gai, avec des lignes d'un cendré un peu gris. Abdomen noir-luisant, avec des reflets cendrés. Balanciers obscurs : Cuillerons blancs ; Ailes claires.

Nous possédons les deux sexes de cette espèce voisine du *Sar. agricola ;* elle est plus cendrée soit à ses lignes, soit à ses reflets. Le Mâle est plus petit que la Femelle.

1642. — N° 51. SARCOPHAGA LUSORIA, R.-D. *Sp. ined.*

♀. Nigra, cæsia, nitens, lineis tessellisque cinereo-ardeaceis ; Ano, Frontalibus, Antennis, Palpis, Pedibus nigris ; Fronte Facieque fusco-ardeaceo-subcinereis. Calyptis albidis ; Alis sublimpidis.

Long. 3 lignes.

FEMELLE : Tout le Corps noir de pruneau luisant, avec des lignes et des reflets cendré-ardoisé ; Front et Face ardoisé-cendré ; Frontaux, Antennes, Palpes, Anus et Pattes noirs. Balanciers ferrugineux : Cuillerons blancs ; Ailes ayant une légère teinte enfumée.

Nous ne connaissons que la Femelle de cette espèce.

1643. — N° 52. SARCOPHAGA FRONTALIS, R.-D. *Sp. ined.*

♀. Fronte Facieque subauratis ; Frontalibus subrubris ; Antennis, Palpis, Pedibus Anoque nigris. Thorax niger, lineis cinereo-grisescentibus. Abdomen nigrum, tessellis auratis. Calyptis albidis ; Alis limpidis.

Long. 4 lignes 1/2.

FEMELLE : Front et Face dorés ; Frontaux rougeâtres, Antennes, Palpes et Pattes noirs. Corselet noir, avec des lignes cendré-grisâtre. Abdomen noir, avec des reflets flavescent-doré. Cuillerons blancs ; Ailes claires.

Nous ne possédons que la Femelle de cette espèce trouvée dès le premier Printemps.

1644. — N° 53. SARCOPHAGA CARCELI, R.-D.

Myophora Carceli : Rob. Desv.-*Myod.*, p. 348, n° 35.

♂ et ♀. Nigra, lineis tessellisque cinereo-subalbidis; Fronte fusco-flavescente; Facie albide-aurata; Frontalibus, Antennis, Palpis, Pedibus, Anoque nigris. Halteribus flavescentibus : Calyptis albidis ; Alis sublimpidis, basi sordidiuscula.

Long. 7-8 lignes.

MALE et FEMELLE : Corps noir, avec des lignes et des reflets cendré un peu albide; côtés du Front brun-flavescent; Face albide-doré; Frontaux, Antennes, Palpes, Anus et Pattes noirs; Barbe flavescente. Tibias postérieurs garnis de poils noirs. Balanciers flavescents : Cuillerons blancs; Ailes claires, un peu sales à la base.

1645. — N° 54. SARCOPHAGA VIRGO, R.-D. *Sp. ined.*

♂. Nigra, cæsia, lineis tessellisque absolute cinereo-albidis ; Fronte Facieque aureis; Frontalibus, Antennis, Palpis, Pedibus, Anoque nigris. Calyptis albidis ; Alis basi sordidiuscula.

Long. 6-7 lignes.

MALE : Front et Face dorés ; Frontaux, Antennes, Palpes, Anus et Pattes noirs ; Barbe grise. Tout le Corps noir assez gai ou noir de pruneau; des lignes cendré-albide sur le Corselet. Des reflets cendré-albide sur l'Abdomen. Tibias postérieurs garnis de poils noirs. Balanciers brun-obscur : Cuillerons blancs ; Ailes un peu sales à la base.

Nous ne possédons que des Mâles de cette espèce tout-à-fait voisine du *Sar. Carceli*, mais plus petite et à Face complétement dorée.

1646. — N° 55. SARCOPHAGA SQUAMIGERA, R.-D.

Myophora squamigera : Rob. Desv.-*Myod.*, p. 352, n° 50.
Sarcophaga squamigera : Macq.-*Buff.* II, p. 226, n° 14.

♂. Nigra, cæsia, lineis tessellisque cinereo-ardeaceis parum distinctis; Fronte fusco-cinerea; Facie cinerea; Frontalibus, Antennis, Palpis, Pedibus, Anoque nigris. Calyptis albidis; Alis sublimpidis.

Long. 6-7 lignes.

MALE : Corps noir de pruneau assez luisant; côtés du Front brun-cendré; Face cendré-argenté; Frontaux, Antennes, Palpes, Anus et Pattes noirs ; Barbe blanche. Lignes du Corselet d'un cendré peu prononcé. Reflets de l'Abdomen d'un cendré-ardoisé peu prononcé. Tibias postérieurs à poils noirs. Balanciers flavescents : Cuillerons blancs ; Ailes assez claires.

Nous ne connaissons que le Mâle de cette espèce.

1647. — N° 56. SARCOPHAGA AFFINIS, R.-D.

Myophora affinis : Rob. Desv.-*Myod.*, p. 356, n° 65.

♂ et ♀. Nigra, nitens, tessellis cinereo-obscuris in ♂, cinereis in ♀; Facie albida; Frontalibus, Antennis, Palpis, Pedibus, Anoque nigris. Halteribus infuscatis : Calyptis albidis; Alis tenui fuligine lavatis.

Long. 4 lignes.

MALE et FEMELLE : Corps noir-luisant, avec des lignes cendré-obscur sur le Mâle et cendrées sur la Femelle; Face blanche; Frontaux, Antennes, Palpes, Anus et Pattes noirs. Tarses postérieurs des Mâles garnis de poils noirs. Balanciers bruns : Cuillerons blancs ; Ailes légèrement fuligineuses.

Ou trouve cette espèce en Eté.

1648. — N° 57. SARCOPHAGA AMBULATORIA, R.-D. *Sp. ined.*

♂. Nigra, subcæsia, lineis cinereo-subgriseis, tessellis cinereis; Fronte Facieque fusco-subauratis; Frontalibus, Antennis, Palpis, Pedibus, Anoque nigris. Halteribus fusco-obscuris : Calyptis albis; Alis basi sordida, nervis nigris.

Long. 7 lignes.

MALE : Corps noir assez luisant; Front et Face d'un doré-obscur; Frontaux, Antennes, Palpes, Anus et Pattes noirs; Barbe grise. Lignes du Corselet d'un cendré un peu gris. Reflets de l'Abdomen cendrés. Tibias postérieurs garnis de poils noirs. Balanciers brun-obscur : Cuillerons blancs; Ailes à base sale, avec les nervures noires.

Nous ne possédons que le Mâle de cette espèce voisine du *Sar. squamigera* n° 55.

1649. — N° 58. SARCOPHAGA HILARIS, R.-D. *Sp. ined.*

♂. Nigro-cæsia, subnitens, lineis, tessellisque cinereo-ardeaceis parum manifestis; Fronte, Facieque aureis : Frontalibus, Antennis, Palpis, Pedibus nigris. Halteribus fuscis : Calyptis albidis; Alis sublimpidis.

Long. 8 lignes.

MALE : Corps noir de pruneau assez luisant; Front et Face dorés; Frontaux, Antennes, Palpes et Pattes noirs ; Barbe cendrée. Lignes du Corselet et reflets de l'Abdomen d'un cendré-ardoisé peu prononcé. Tibias postérieurs à poils noirs. Balanciers bruns : Cuillerons blancs ; Ailes assez claires.

Nous ne connaissons que le Mâle de cette espèce qui ne diffère du *Sar. squamigera* n° 55 que par les côtés de son Front et de la Face dorés; ce n'est peut-être qu'une variété.

1650. — 59. Sarcophaga grisea, R.-D.

Myophora grisea : Rob. Desv.-*Myod.*, p. 353, nº 51.

♀. Fronte Facieque subauratis; Frontalibus, Antennis, Palpis, Ano, Pedibus nigris. Thorax niger, lineis cinereo-griseis. Abdomen tessellis subaureis. Halteribus subferrugineis : Calyptis albidis; Alis basi flavescente.

Long. 6 lignes.

Femelle : Front et Face flavescent-doré ; Frontaux, Antennes, Palpes, Anus et Pattes noirs ; pourtour extérieur des Yeux doré. Balanciers bruns : Cuillerons blancs: Ailes flavescentes à la base.

Nous ne connaissons que la Femelle de cette espèce.

1651. — Nº 60. Sarcophaga modesta, R.-D. *Sp. ined.*

♂. Nigro-cæsia, nitens, tessellis lineisque subalbido-ardeaceis; Fronte fusco-cinerea; Facie cinerea; Frontalibus, Antennis, Palpis, Ano, Pedibus nigris; villis abdominalibus, tibialibusque fusco-rufescentibus. Calyptis albidis; Alis fuligine lavatis.

Long. 4 lignes 1/2.

Male : Corps noir-luisant, avec des lignes et des reflets albide-ardoisé; côtés du Front brun-cendré; Face cendrée; Frontaux, Antennes, Palpes, Anus et Pattes noirs; Barbe blanche. Poils des Tibias et du dessous de l'Abdomen brun-roussâtre à une certaine lumière. Balanciers couleur de rouille : Cuillerons blancs; Ailes assez claires, quoique avec une légère teinte fuligineuse.

Nous ne connaissons que le Mâle de cette espèce.

1652. — Nº 61. Sarcophaga ruricola, R.-D. *Sp. ined.*

♂ et ♀. Nigra, subnitens, lineis tessellisque cinereis; Fronte,

Facieque fusco-cinereis; Frontalibus, Antennis, Palpis, Pedibus nigris. Halteribus flavescentibus : Calyptis albidis; Alis basi sordidiuscula.

Long. ♂ 5 lignes; ♀ 3 lignes.

Male : Corps noir un peu luisant, avec des lignes et des reflets cendrés ; Anus, Frontaux, Antennes, Palpes et Pattes noirs; côtés du Front et de la Face brun-cendré; Barbe blanche. Tibias postérieurs à poils noirs. Balanciers jaunâtres : Cuillerons blancs; Ailes sales à la base.

Femelle : Semblable; plus petite; Ailes un peu plus claires.

On trouve cette espèce en Eté.

1653. — N° 62. Sarcophaga humilis, R.-D. *Sp. ined.*

♂. Nigra; Frontalibus, Antennis, Palpis, Ano, Pedibusque nigris; Frontis lateribus fusco-griseis; Facie fusco-cinerea. Thorax lineis cinereo-flavescentibus, obscuris. Abdomen tessellis subfuscis-obscurioribus. Halteribus fusco-ferrugineis : Calyptis albidis; Alis subfuscis.

Long. 3 lignes.

Male : Cylindrique; d'un noir-obscur; côtés du Front brun-grisâtre; Face brun-cendré; Frontaux, Antennes, Palpes, Anus et Pattes noirs; Barbe cendrée. Des lignes cendrées brunes et obscures sur le Corselet. Abdomen revêtu d'un très-léger duvet brun-obscur. Des poils bruns aux Tibias postérieurs. Balanciers brun-ferrugineux : Cuillerons blanchâtres; Ailes enfumées.

Nous ne connaissons que le Mâle de cette espèce.

1654. — N° 63. Sarcophaga hyalipennis, R.-D. *Sp. ined.*

♂. Nigra, lineis tessellisque distinctioribus, cinereo-subflavescentibus; Frontis lateribus, Facieque albide-grisescentibus ; Frontalibus, Antennis, Palpis, Pedibus nigris. Ano atro. Calyptis albis ; Alis absolute limpidis.

Long. 3 lignes 1/2.

MALE : Côtés du Front et Face albide-grisâtre ; Frontaux, Antennes, Palpes et Pattes noirs. Corps noir assez gai, avec les lignes et les reflets bien prononcés et d'un cendré légèrement flavescent. Cuillerons blancs ; Ailes très-limpides, sans aucune nuance flavescente.

Nous ne connaissons que le Mâle de cette espèce prise en Eté et qui parait se rapprocher des *Sar. vernalis* n° 28 et *Sar. specialis* n° 36.

1655. — N° 64. SARCOPHAGA SORDIDA, R.-D. *Sp. ined.*

♂. Nigra haud nitens ; Facie obscure-subflavescente ; Frontalibus, Antennis, Palpis, Pedibus nigris. Thorax obscure flavescens. Abdominis tessellis obscure subaureis ; Ano nigro. Calyptis albis ; Alis subfuliginosis.

Long. 6 lignes.

MALE : Côtés du Front brun-cendré-obscur ; Face brune et légèrement flavescente ; Frontaux, Antennes, Palpes et Pattes noirs ; le milieu du Chète rougeâtre. Corps noir-mat, avec le dos du Corselet d'un flavescent-obscur. Reflets de l'Abdomen d'un flavescent-obscur ; Anus noir de jais. Balanciers assez clairs : Cuillerons blancs ; Ailes lavées de fuligineux.

Nous ne possédons plus que le Mâle de cette espèce prise au mois d'Août ; le *Pierretia sordida*, dont nous avons décrit la Femelle, paraît se rapprocher beaucoup de cette espèce et il faudra peut-être les réunir.

1656. — N° 65. SARCOPHAGA NIGRITA, R.-D. *Sp. ined.*

♂. Fronte atra ; Facie atro-cinerascente ; Palpis, Pedibus nigris ;

Antennis obscure atro-fulvescentibus; Cheti parte apicali albescente. Corpus nigrum atrum, absque lineis tessellisque manifestis; Ventre tessellis cinereo-obscuris; Ano gagateo. Calyptis albis. Halteribus Alisque fuliginosis.

Long. 4 lignes.

Male : Côtés du Front noirs; Face noire, avec un léger duvet brun-cendré; Frontaux, Palpes et Pattes noirs; Antennes d'un brun obscurément fauve; partie apicale du Chète blanchâtre. Tout le Corps noir-âtre; on ne distingue ni lignes sur le Corselet ni reflets sur l'Abdomen; quelques reflets cendré-brun-obscur sous le Ventre. Balanciers fuligineux : Cuillerons blancs; Ailes fuligineuses.

Nous ne connaissons que le Mâle de cette espèce prise en Eté.

1657. — N° 66. Sarcophaga fallax, R.-D. *Sp. ined.*

♂. Nigra, nitida, lineis tessellisque cinereis; Fronte fusca; Facie cinereo-argentea; Frontalibus, Antennis, Palpis, Ano, Pedibusque nigris. Calyptis obscure albidis; Alis sublimpidis, basi infuscata, nervis nigris.

Long. 4 1/2-5 lignes.

Male : Corps noir-luisant, avec des lignes et des reflets cendrés; côtés du Front bruns; Face cendré-argenté; Frontaux, Antennes, Palpes et Pattes noirs; Barbe gris-cendré. Tibias postérieurs n'ayant que peu de poils noirs. Balanciers noirs; Cuillerons d'un blanc un peu obscur; Ailes assez claires, à base noirâtre et à nervures noires.

Nous ne connaissons que le Mâle de cette espèce; l'Anus peu développé, le petit nombre de poils tarsiens nous ont sollicité un instant d'en faire une division distincte; ce n'est en effet ni une véritable Sarcophage ni une Myophore.

1658. — No 67. Sarcophaga lugubris, R.-D. *Sp. ined.*

♂. Frontis lateribus fusco-subflavescentibus parum distinctis; Facie fusco-cinerea. Thorax ater, lineis flavescentibus parum distinctis. Abdomen atrum, lateribus vix cinereo obscure tessellantibus. Halteribus æruginosis : Calyptis flavescentibus; Alis nigricantibus.

Long. 6 lignes.

Male : Côtés du Front brun un peu flavescent; côtés de la Face brun-cendré; Frontaux, Antennes, Palpes et Pattes noirs; un peu de fauve au sommet du second article. Corselet noir-âtre mat, avec des lignes jaunes peu prononcées. Abdomen noir-mat; on ne distingue quelques reflets gris-cendré-obscur que sur les côtés. Poils des Tibias postérieurs bruns. Balanciers couleur de rouille : Cuillerons d'un blanc-fuligineux; Ailes noirâtres.

Nous ne connaissons que le Mâle de cette espèce.

329. — VI. Genre SCALIGERIE.
VI. *Genus SCALIGERIA*, R.-D.

Caractères des Sarcophages; Yeux plus rapprochés sur les Mâles et touchant presque aux Frontaux qui sont rétrécis en arrière.

Les deux Cils médians du sommet du second segment de l'Abdomen peu développés et exigeant la loupe pour être distingués; segments de l'Anus peu développés; le premier toujours rentré; toutes les pièces de l'Anus noires sur les Femelles,

Gen. Sarcophagæ characteres; Oculi magis in ♂ approximati; Frontalibus retro angustatis.

Duo CILIA MEDIANEA in secundo Abdominis segmento minima ; segmentis ANI minime manifestis primoque segmento semper insertato, ANOQUE toto in ♀ nigro.

TYPUS : *Myophora maïalis*, R.-D.

Nous dédions ce genre à Scaliger qui le premier observa le viviparisme des races qui nous occupent.

Nous nous sommes déterminé à séparer des autres SARCOPHAGES les espèces qui composent ce petit genre en raison de la petitesse des Cils du second segment de l'Abdomen ; ces Cils tendent peut-être à être inégaux, selon les individus.

1659. — N° 1. SCALIGERIA MYOÏDÆA, R.-D. *Sp. ined.*

♂. Cæsia, nitens, lineis tessellisque cinereo-albidis, interdum subardeaceis ; Frontis lateribus nigris aut nigro-albidis ; Facie albida aut albido-subaurea. Halteribus fuscis : Calyptis albis : Alis limpidis, basi obscuriore.

Long. 4-5 lignes.

MALE : Frontaux, Antennes, Palpes et Pattes noirs ; côtés du Front bruns ou brun-doré ; Face cendré-doré. Corselet noir de pruneau assez gai, avec les lignes cendrées. Abdomen noir de pruneau luisant, avec les reflets cendré-albide légèrement bleuissants ; Anus noir ; le premier segment brun-grisâtre sur le dos. Balanciers noirâtres : Cuillerons blancs ; Ailes claires, avec la base un peu noirâtre.

Nous ne connaissons que des Mâles de cette espèce qu'on trouve dans le mois d'Août.

1660. — N° 2. SCALIGERIA MAÏALIS, R.-D.

Myophora maïalis : Rob. Desv.-*Myod.*, p. 357, n° 70.

♂. Cæsia, nitida ; Frontis lateribus fusco-argenteis ; Facie argentea, lineis, tessellisque Abdominis albis; Ani primum segmentum nigrum, dorso cinereo : secundum atrum, nitidum. Halteribus obscuris : Calytis albis; Alis limpidis, basi subfusca.

♀. Similis; minor; Fronte atra; Facie argentea. Alarum basi limpidiore.

Long. ♂ 4-4 lignes 1/2; ♀ 3 1/4, 3 lignes 1/2.

Male : Frontaux, Antennes, Palpes et Pattes noirs; côtés du Front brun-argenté; Face argentée. Tout le Corps noir de pruneau luisant, avec une légère teinte rosée sur le dos de l'Abdomen; les lignes du Corselet et les reflets de l'Abdomen sont blancs, Anus noir; le deuxième segment cendré sur le dos. Balanciers obscurs : Cuillerons blancs; Ailes claires, avec la base lavée de noirâtre.

Femelle : Un peu plus petite; côtés du Front noirs. Ailes claires, à peine un peu obscures à la base.

Nous n'avions primitivement que la description du Mâle de cette jolie espèce, qui, d'abord trouvée aux premiers jours de Mai, a ensuite été prise dans le mois d'Août. Elle est assez commune; la Femelle abandonne aisément ses larves.

1661. — N° 3. Scaligeria ardeacea, R.-D. *Sp. ined.*

♀. Nigra; Facie argentea. Lineis, tessellisque cinereo-ardeaceis; Ano nigro; primi segmenti dorso cinereo. Halteribus æruginosis : Calyptis albis; Alis præsertim ad basim flavescente lavatis.

Long. 3 lignes.

Femelle : Frontaux, Antennes, Palpes et Pattes noirs; côtés du Front cendrés; Face argentée. Corps noir, avec les lignes et les reflets cendré-ardoisé; Anus noir; le premier segment cendré. Balanciers rougeâtres : Cuillerons blancs; Ailes lavées de flavescent surtout à la base.

Nous ne possédons que la Femelle de cette espèce prise en Eté.

1662. — N° 4. Scaligeria humilis, R.-D. *Sp. ined.*

♂. Atrata, lineis tessellisque griseis ; Facie fusco-cinerea. Ano atro. Halteribus infuscatis ; Alis subfuliginosis.

Long. 3 lignes 1/2.

Male : Frontaux, Antennes, Palpes et Pattes noirs ; côtés du Front noirâtres ; Face d'un noir-cendré. Corselet noir, rayé et saupoudré de cendré-gris. Abdomen noir, avec des reflets cendré-gris ; Anus d'un noir-âtre. Balanciers noirâtres : Cuillerons blancs ; Ailes un peu fuligineuses.

Nous ne possédons qu'un Mâle de cette espèce.

1663. — N° 5. Scaligeria brunisquamis, R.-D. *Sp. ined.*

♂. Nigra, cæsia, lineis, tessellisque cinereo-ardeaceis-subobscuris ; Frontis lateribus atris ; Facie fusco-argentea. Ano nigro-nitido. Halteribus coffeanis : Calyptis albo-subfuscis ; Alis subnebulosis.

Long. 3 lignes.

Male : Côtés du Front âtres ; Face d'un brun-argenté. Corps noir de pruneau, avec les lignes et les reflets d'un cendré-ardoisé peu marqué. Anus noir-âtre. Balanciers couleur de café : Cuillerons blanc-brunâtre ; Ailes nébuleuses.

Nous ne possédons qu'un Mâle de cette espèce prise au mois de Juin.

1664. — N° 6. Scaligeria fuligo, R.-D. *Sp. ined.*

♂. Atra, subopaca, lineis tessellisque griseo-fuscis, obscuris ; Frontis lateribus atratis ; Facie fusco-cinerea. Ano atro. Halteribus ferrugineis ; Calyptis subalbis ; Alis sordidis.

Long. 2 lignes 2/3.

MALE : Corps noir, avec les lignes et les reflets gris-brun-obscur; Frontaux, Antennes, Palpes et Pattes noirs; côtés du Front noirs; Face d'un noir-cendré. Anus noir-âtre luisant. Balanciers couleur de rouille : Cuillerons blanchâtres; Ailes sales.

Nous ne possédons que le Mâle de cette rare espèce.

1665. = N° 7. ✱ SCALIGERIA PRÆCEPS, R.-D. *Sp. ined.*

♂. **Nigra, cinereo-grisescente lineata et tessellata; Facie cinereo-argentea. Ano croceo. Alæ limpidæ, nervis nigris.**

Long. 3 lignes.

MALE : Frontaux, Antennes, Palpes et Pattes noirs; côtés du Front d'un brun-cendré luisant; côtés de la Face argentés; Yeux rouges. Corselet noir, fortement saupoudré et rayé de cendré un peu grisâtre. Abdomen à reflets noirs et grisâtres; Anus couleur de vermillon. Balanciers obscurs : Cuillerons blancs; Ailes claires, avec les nervures noires.

Nous avons pris cette espèce, au mois de Mars, sur les hautes collines de NICE.

1666. = N° 8. SCALIGERIA PERVIA, R.-D. *Sp. ined.*

♂ et ♀. **Nigra, cinereo-albido irrorata et lineata. Alis limpidis.**

Long. 4 lignes.

MALE : Yeux rouges; Frontaux, Antennes, Palpes, Anus et Pattes noirs; côtés du Front et de la Face argentés; derrière de la Tête cendré. Corselet noir, fortement saupoudré et rayé de cendré-blanc. Abdomen à reflets noirs et blanc-cendré. Balanciers bruns : Cuillerons blancs; Ailes claires, avec les nervures noires.

FEMELLE : Semblable; côtés du Front et Face cendrés.

Nous avons pris cette espèce sur les collines de NICE, au mois de Mars.

1667. = N° 9. ✱ Scaligeria fugax, R.-D. *Sp. ined.*

♂. Nigra, cinereo lineata et tessellata, Ano rufido-croceo. Alis limpidis.

Long. 4 lignes.

Male : Frontaux, Antennes, Palpes et Pattes noirs ; côtés du Front noir-cendré ; Face d'un cendré-luisant. Corselet noir, fortement saupoudré et rayé de cendré. Dos de l'Abdomen garni de reflets noirs et cendrés ; Anus rouge de vermillon. Balanciers obscurs : Cuillerons blancs ; Ailes claires, avec les nervures brunes.

Nous avons pris cette espèce, au mois de Mars, sur les collines de Nice.

330. — VII. Genre ERICHSONIE.
VII. *Genus ERICHSONIA*, R.-D.

Myophora : Rob. Desv.
Sarcophaga : Meig. Macq.

Caractères des Sarcophages ; le Rayon B garni de Cils le long de la seule Cellule γ ; le Rayon D garni de Cils tout le long de la Cellule β.

Gen. Sarcophagæ characteres ; Radius B prope Cellulum γ solo ciliatus ; Radius D prope Cellulam β omnino ciliatus.

Typus : *Sarcophaga hæmorrhoa*, Meig.

A. Anus rouge.

†. *Nervures brunes ou noires.*

1668. — N° 1. Erichsonia hæmorrhoa, Meig.

Sarcophaga hæmorrhoa : Meig., n° 24.
— — Macq.-*Buff.* ii, p. 227, n° 7.
Myophora æstivalis : Rob. Desv.-*Myod.*, n° 344, n° 22.

♂ et ♀. Nigra; Frontalibus, Antennis, Palpis, Pedibus nigris; Chetum nigrum aut nigro-subfulvescens; lineis tessellisque cinereo-subflavescentibus. Ano miniato. Calyptis albis; Alis limpidis, basi sordidiuscula, nervis fuscis.

Long. 3-5 lignes.

MALE et FEMELLE : Corps noir assez gai; Frontaux, Antennes, Palpes et Pattes noirs; Chète noir ou d'un noir un peu fauve, ou n'offrant en son milieu qu'un intervalle brun-fauve non albide; côtés du Front brun-albicant; Face d'un albide un peu jaunâtre; Barbe cendrée ou d'un cendré-soyeux. Lignes du Corselet et reflets de l'Abdomen cendré-jaunâtre; Anus rouge de vermillon. Tige des Balanciers d'un transparent plus ou moins obscur : Cuillerons blancs; Ailes claires, diaphanes, avec la base plus obscure et les nervures noires.

On trouve cette espèce pendant les mois de Juillet et Août sur les fleurs, à terre, dans les contrées calcaires et arides; on la distingue surtout à l'absence d'intervalle albide sur le milieu du Chète; cependant il ne faut pas oublier que cette espèce forme deux variétés :

Var. A. Dès le premier printemps on trouve une variété dont les lignes et les reflets sont gris ou presque gris.

Var. B. On trouve au mois de Mai, à terre et sur les feuilles des arbres, une variété dont les lignes et les reflets sont entièrement cendrés, avec le Chète albide en son milieu.

1669. — N° 2. ERICHSONIA VALIDA, R.-D. *Sp. ined.*

♂. Nigra, subnitens; Facie albida; Frontalibus, Antennis, Palpis, Pedibus nigris, lineis tessellisque albide-cinereis. Ano miniato. Calyptis albis; Alis sublimpidis, nervis fuscis. Tibiarum posteriorum facie interiori nonnullis villis elongatis.

Long. 6 lignes.

Male : Côtés du Front brun-cendré; Face albide; Frontaux, Antennes, Palpes et Pattes noirs. Corps noir assez luisant, avec les lignes et les reflets blanc-cendré. Anus rouge de vermillon. On voit quelques poils allongés au sommet de la face interne des Tibias postérieurs. Cuillerons blancs; Ailes assez claires, avec les nervures brunes.

Nous ne connaissons que le Mâle de cette espèce prise au mois d'Août.

1670. — N° 3. Erichsonia pilosa, R.-D. *Sp. ined.*

♂. Atrata, lineis tessellisque cinereo-grisescentibus; tessellis per dorsum Abdominis subobscuris; Ano miniato. Alis limpidis, basi costaque exteriori subinfuscata, cunctis nervis fuscis. Tibiarum posteriorum facie interiori pilosula.

♀. Nigra, lineis tessellisque cinereo-subgriseis; Facie grisescente. Ano rubescente. Alis limpidis.

Long. 4-5 lignes.

Male : Côtés du Front brun-cendré; Face cendrée ou cendré un peu grisâtre; Frontaux, Antennes, Palpes et Pattes noirs; Chète noir, avec l'intervalle médian d'un brun obscurément fauve. Corps noir-mat, noir-luisant, avec les lignes et les reflets d'un cendré un peu grisâtre; les reflets du dos de l'Abdomen moins prononcés. Balanciers d'un clair un peu obscur : Cuillerons blancs; Ailes claires, mais paraissant brunes vers la base et le long de la côte, avec les nervures noires. La face interne des Tibias postérieurs offre plusieurs poils allongés.

Femelle : Noire, avec les lignes et les reflets d'un cendré légèrement grisâtre ; Face d'un cendré légèrement flavescent. Anus rougeâtre. Ailes claires. Il n'est pas certain que ce soit la véritable Femelle.

On trouve cette espèce au mois d'Août ; elle se distingue aisément de l'*Er. hæmorrhoa* par une taille plus forte, par le noir-mat de son Corps, par les reflets obscurs du dos de l'Abdomen et par l'existence de plusieurs poils allongés à la face interne des Tibias postérieurs.

1671. — N° 4. Erichsonia campestris, R.-D. *Sp. ined.*

♀. Nigra, nitens, lineis Thoracis cinereo grisescentibus ; tessellis Abdominis griseo-flavescentibus. Frontis lateribus Facieque cinereo-griseis ; Frontalibus, Antennis, Palpis, Pedibus nigris. Calyptis albis ; Alis limpidis.

Long. 4 lignes 1/2.

Femelle : Corps noir-luisant ; côtés du Front et Face cendré-gris ; Frontaux, Antennes, Palpes et Pattes noirs. Des lignes d'un cendré un peu gris sur le Corselet. Reflets de l'Abdomen gris-flavescent ; Anus rouge ou rougeâtre. Cuillerons blancs ; Ailes claires.

Nous ne connaissons que la Femelle de cette espèce prise en Septembre. Ne serait-ce pas la Femelle des gros individus mâles de l'*Er. hæmorrhoa?* Les observations de l'avenir nous l'apprendront peut-être.

1672. — N° 5. Erichsonia chetalis, R.-D. *Sp. ined.*

♂. Similis Er. hæmorrhoæ, lineis tessellisque albide-cinereis ; Cheti parte apicali alba.

Long. 6 lignes.

Male : Semblable à l'*Er. hæmorrhoa;* moitié apicale du Chète blanche ; lignes et reflets du Corps cendrés.

Nous ne connaissons que le Mâle de cette espèce prise au mois d'Août.

1673. — N° 6. Erichsonia labialis, R.-D. *Sp. ined.*

♂. Similis Er. hæmorrhoæ ; Epistomatis margine rufescente, lineis, tessellisque cinereo-griseis aut flavescentibus. Tibiarum posteriorum facie interiori nonnullis villis.

Long. 4 lignes 1/2.

Male : Semblable à l'*Er. hæmorrhoa;* lignes et reflets d'un cendré-gris ou flavescent; le milieu du Chète blanc-jaunâtre; bords de l'Epistôme rougeâtres. Quelques poils à la face interne des Tibias postérieurs.

Nous ne connaissons que le Mâle de cette espèce trouvée au mois de Juin.

1674. — N° 7. Erichsonia oralis, R.-D. *Sp. ined.*

♂. Nigra, lineis tessellisque albide-cinereis ; Facie cinerea ; Frontalibus, Antennis, Palpis, Pedibus nigris; Epistomate rubescente. Alæ sublimpidæ, vix subobscuræ, duobus nervis fusco-fulvescentibus.

♀. Paulo major; Alis absolute limpidis; invita Epistomate Anoque vix fulvescentibus.

Long. 5-6 lignes.

Male : Corps noir assez gai, avec des lignes et des reflets blanc-cendré ; côtés du Front et Face cendrés ; bords de l'Epistôme rougeâtres; intervalles médians du Chète blanchâtres ; Frontaux, Antennes, Palpes et Pattes noirs. Balanciers d'un clair un peu obscur : Cuillerons blancs ; Ailes assez claires quoiqu'avec une légère teinte obscure; deux nervures longitudinales d'un brun un peu fauve à une certaine lumière.

Femelle : Un peu plus forte; Ailes claires, sans teintes obscures; Epistôme et Anus à peine rougeâtres sur le vivant.

Nous avons pris cette espèce au mois d'Août.

1675. — N° 8. Erichsonia ambulatrix, R.-D. *Sp. ined.*

♂. Nigra, lineis tessellisque cinereo-grisescentibus; Cheti majori parte rufescente. Alarum disco-fucescente. Tibiarum posticarum facie interiori nonnullis villis munita.

Long. 4 lignes.

Male : Corps noir, avec les lignes et les reflets cendré-grisâtre; majeure partie du Chète rougeâtre. Ailes à disque fuligineux. Quelques poils à la face interne des Tibias postérieurs.

Nous ne connaissons que le Mâle de cette espèce prise au mois de Juin.

1676. — N° 9. Erichsonia ardeacea, R.-D. *Sp. ined.*

♂ et ♀. Nigra, lineis, tessellisque cinereo-ardeaceis; Facie cinereo-ardeacea; Antennis, Palpis, Pedibus nigris. Ano rubro. Alis paulisper fuliginosis.

Long. 2-5 lignes.

Male et Femelle : Côtés du Front et Face brun-cendré-ardoisé; Frontaux, Antennes, Palpes et Pattes noirs; intervalle médian du Chète un peu fauve. Corps noir, avec des lignes et des reflets cendré-ardoisé. Anus rouge. Balanciers jaunâtres : Cuillerons blancs ou blanchâtres; Ailes légèrement fuligineuses.

Nous possédons l'accouplement de cette espèce ; la Femelle est près de trois fois plus petite que le Mâle.

1677. — N° 10. Erichsonia fuliginosa, R.-D. *Sp. ined.*

♂. Atrata, lineis, tessellisque cinereo-griseis, vel potius cinereo-infuscatis ; Facie cinereo-grisescente ; Frontalibus, Antennis, Palpis, Pedibus nigris. Alis subfuliginosis, nervis fuscis.

Long. 4 lignes.

Male : Côtés du Front et Face cendré-grisâtre ; Frontaux, Antennes, Palpes et Pattes noirs. Corps noir-mat, non luisant, avec les lignes et les reflets cendré-grisâtre ou plutôt cendré-brun. Anus rouge. Cuillerons blancs ; Ailes fuligineuses, avec les nervures brunes.

Nous ne connaissons que le Mâle de cette espèce prise au mois d'Août.

1678. — N° 11. Erichsonia musca, R.-D. *Sp. ined.*

♀, Nigra ; Frontis lateribus Facieque albide-grisescentibus ; Epistomate rufescente ; Antennis, Palpis, Pedibus nigris. Lineis Thoracis cinereis, tessellis Abdominis griseis : Ano rufescente. Calyptis albis ; Alis basi flavescente, nervis flavescentibus.

Long. 3 lignes.

Femelle : Noire ; côtés du Front et Face d'un albide un peu gris ; bord antérieur de l'Epistôme rougeâtre ; Frontaux, Antennes, Palpes et Pattes noirs. Lignes cendrées sur le Corselet. Reflets de l'Abdomen gris. Cuillerons blancs ; Ailes flavescentes à la base, avec les nervures flavescentes.

Nous ne connaissons que la Femelle de cette espèce prise en Septembre.

1679. — N° 12. ERICHSONIA ALBICANS, R.-D.

Myophora albicans : Rob. Desv.-*Myod.*, p. 345, n° 25.

♂ et ♀. Nigro-cæsia, lineis tessellisque albidis; Frontalibus, Antennis, Palpis, Pedibus nigris; Cheti intervallo medianeo fulvescente. Ano miniato. Calyptis albis; Alis fuligine leviter lavatis cunctisque nervis fuscis.

Long. 3-4 lignes.

MALE : Corps noir de pruneau, avec des lignes et des reflets albides; Frontaux, Antennes, Palpes et Pattes noirs; Chète noir, avec un intervalle médian nuancé de fauve. Anus rouge de vermillon. Balanciers à tige plus ou moins obscure : Cuillerons blancs; Ailes légèrement lavées de fuligineux, avec toutes les nervures noires.

FEMELLE : Semblable; celle que nous possédons appartient à la variété qui a les reflets d'un cendré un peu flavescent.

Les Mâles de cette espèce sont assez nombreux en Eté; les lignes et les reflets du Corps sont d'un albide-glacé; le disque des Cils est plus ou moins ombré de brunâtre; quelques individus ont les lignes et les reflets d'un cendré un peu gris ou un peu flavescent.

1680. — N° 13. ERICHSONIA RUSTICA, R.-D. *Sp. ined.*

♂. Similis ER. ALBICANTI; lineis tessellisque griseis; Facie cinereo-grisescente; Cheti intervallo medianeo albescente. Alis limpidis, disco haud brunicante.

Long. 3 lignes 1/2.

MALE : Tout-à-fait semblable à l'*Er. albicans;* les reflets et les lignes sont grises et non cendrées; Face d'un cendré-grisâtre; intervalle médian du Chète blanchâtre. Ailes claires, non lavées de blanchâtre.

Nous ne connaissons que le Mâle de cette espèce prise en Eté.

1681. — N° 14. Erichsonia umbripennis, R.-D. *Sp. ined.*

♂. Nigra, nitens, lineis tessellisque absolute cinereis, parum manifestis; Facie argentea. Ano rufo. Halteribus obscuris : Calyptis albis; Alis fuliginosis.

Long. 2 lignes 1/2.

Male : Corps noir-luisant, avec des lignes et des reflets cendré peu prononcé; Front noir; Face argentée; Frontaux, Antennes, Palpes et Pattes noirs; intervalles médians du Chète blanchâtres. Anus rouge. Balanciers obscurs : Cuillerons blancs; Ailes fuligineuses.

Nous ne connaissons que le Mâle de cette espèce.

1682. — N° 15. Erichsonia procax, R.-D. *Sp. ined.*

♀. Nigra, nitens, lineis tessellisque cinereis aut cinereo-subgrisescentibus; Fronte fusco-cinerascente; Facie cinerascente. Ano miniato. Calyptis albidis; Alis subinfuscatis.

♂. Similis; lineis tessellisque cinereis.

Long. 2 lignes 1/2.

Femelle : Corps noir-luisant, avec des lignes et des reflets cendré un peu grisâtre; Front et Face brun-cendré; Frontaux, Antennes, Palpes et Pattes noirs. Balanciers flavescents : Cuillerons blancs; Ailes avec une légère teinte enfumée.

Male : Semblable; lignes et reflets cendrés.

On trouve cette espèce en Eté.

1683. — N° 16. Erichsonia claripennis, R.-D. *Sp. ined.*

♀. Nigra, lineis tessellisque absolute cinereo-albis; Cheti intervallo medianco albescente. Alis absolute limpidis, nervis fuscis.

Long. 3 lignes.

Femelle : Corps noir assez luisant, avec les lignes et les reflets cendré-albide; côtés du Front et Face brun-cendré; Frontaux, Antennes, Palpes et Pattes noirs; intervalles médians du Chète blanchâtres. Cuillerons blancs; Ailes claires, sans aucune nébulosité, même à la base, avec les nervures noires.

Nous ne connaissons que la Femelle de cette espèce prise au mois de Mai.

††. *Deux nervures brunes et deux nervures fauves.*

1684. — N° 17. Erichsonia æstivalis, R.-D.

Myophora hæmorrhoa : Rob. Desv.-*Myod.*, p. 344, n° 21.

♂ et ♀. Nigra, lineis tessellisque in ♂ subgriseis, in ♀ cinereo-subgrisescentibus. Alæ disco subnebuloso, duobus nervis longitudinalibus fuscis, duobusque fulvescentibus.

Long. 5 lignes.

Femelle : Corps noir, avec des lignes et des reflets d'un cendré légèrement grisâtre; Face d'un cendré légèrement grisâtre. Ailes ayant une légère teinte fuligineuse, avec deux nervures longitudinales brunes et deux nervures fauves.

Male : D'un noir un peu plus luisant, avec les lignes et les reflets un peu plus grisâtres.

On trouve cette espèce en Eté.

1685. — N° 18. ERICHSONIA VARINERVIS, R.-D. *Sp. ined.*

♂. Nigra, cæsia, lineis tessellisque cinereo-albidis ; Facie cinereo-albida; Cheti intervallo centrali albescente. Ano miniato. Calyptis albis ; Alis limpidis, basi sola subfuliginosa ; duobus nervis longitudinalibus fuscis, duobusque fulvescentibus.

Long. 4-5 lignes.

MALE : Corps noir de pruneau, avec les lignes et les reflets cendré-albide ; Face cendré-albide ; Frontaux, Antennes, Palpes et Pattes noirs ; intervalle médian du Chète blanchâtre. Anus rouge de vermillon. Cuillerons blancs ; Ailes claires, n'étant un peu fuligineuses que vers la base, avec deux nervures brunes et deux nervures fauves.

Nous ne connaissons que le Mâle de cette espèce prise au mois de Juin.

1686. — N° 19. ERICHSONIA ARBOREA, R.-D. *Sp. ined.*

♂. Similis ER. VARINERVI ; paulo minus nigra, lineis tessellisque cinereo-griseis, vel grisescentibus. Alæ duobus nervis longitudinalibus fuscis, duobusque fulvescentibus.

Long. 4-5 lignes.

MALE : Semblable à l'*Er. varinervis ;* Corps moins noir ; les lignes et les reflets cendré-gris ou grisâtres ; deux nervures longitudinales brunes aux Ailes, avec deux nervures rougeâtres.

Nous ne connaissons que le Mâle de cette espèce prise en Eté sur le tronc d'un arbre.

1687. — N° 20. ERICHSONIA INCONSTANS, R.-D. *Sp. ined.*

♂. Nigra, lineis, tessellisque cinereo-grisescentibus; Facie cinerea ;

Frontalibus fuscis; Fronte latiore. Ano miniato; Alis sublimpidis; Radii B Cellula γ vix spinosa.

♀. Paulo major; Abdominis tessellis subgriseis; Facie flavescente.

Long. ♂ 3 lignes; ♀ 3 lignes 1/2.

Male : Corps noir, avec des lignes et des reflets cendré-grisâtre; Frontaux bruns; Antennes, Palpes et Pattes noirs; intervalle médian du Chète blanchâtre; Face d'un cendré un peu gris. Cuillerons blancs; Ailes assez claires.

Femelle : Semblable; un peu plus grosse; reflets de l'Abdomen gris ou flavescents; Face flavescente; Frontaux bruns.

Nous avons pris les deux sexes de cette espèce pendant l'accouplement; le Mâle a le Front plus large que les autres espèces; ses Tibias postérieurs sont droits et nullement arqués; ils sont nus à leur face interne; en outre, on ne distingue que quelques Cils le long de la Cellule γ du rayon B. C'est un véritable sous-genre.

1688. — N° 21. Erichsonia contigua, R.-D. *Sp. ined.*

♂ et ♀. Nigra, nitens, lineis, tessellisque cinereis; Facie cinerea; Antennis, Palpis, Pedibus nigris. Ano rufo. Calyptis albidis; Alis basi flavescente, duobus nervis longitudinalibus fuscis, duobusque flavescentibus.

Long. 3 lignes.

Male et Femelle : Corps noir-luisant, avec les lignes et les reflets cendrés; Face cendrée; Frontaux, Antennes, Palpes et Pattes noirs. Anus rouge. Cuillerons blancs; Ailes flavescentes à la base, avec deux nervures longitudinales brunes et deux flavescentes.

On trouve cette espèce en Eté.

††† . *Nervures jaunâtres.*

1689. — N° 22. ERICHSONIA FLAVINERVIS, R.-D. *Sp. ined.*

♂. Nigra, lineis tessellisque griseis. Alæ disco subflavescente, nervis pallide-flavescentibus.

Long. 5 lignes.

MALE : Corps noir un peu mat, avec les lignes et les reflets gris ; Frontaux, Antennes, Palpes et Pattes noirs ; l'intervalle médian du Chète blanc-grisâtre ; côtés du Front gris ; Face brun-cendré. Ailes à légères teintes flavescentes et à nervures d'un jaunâtre-pâle.

Nous ne connaissons que le Mâle de cette espèce prise en Eté.

1690. — N° 23. ERICHSONIA ANXIA, R.-D. *Sp. ined.*

♂. Atra, lineis tessellisque obscurioribus, griseo-subfuscis ; Facie fusco-subcinerea ; Frontalibus, Palpis, Pedibus nigris ; Antennarum ultimo articulo fusco subfulvescente. Ano rufo. Calyptis albidis ; Alis fuliginosis, nervis flavescentibus.

Long. 3 lignes.

MALE : Corps noir-mat, avec des lignes et des reflets peu prononcés d'un gris brun et triste ; côtés du Front et Face brun-cendré ; Frontaux, Palpes et Pattes noirs ; le dernier article des Antennes brun obscurément fauve ; moitié apicale du Chète d'un blanc sale. Anus fauve. Balanciers obscurs : Cuillerons blancs ; Ailes fuligineuses, avec les nervures jaunâtres.

Nous ne connaissons que le Mâle de cette rare espèce.

1691. — N° 24. ERICHSONIA CONTEMPTA, R.-D.

Myophora contempta : Rob. Desv.-*Myod.*, p. 343, n° 18.

♂. Nigra, nitens, lineis tessellisque obscure cinereis; Facie subalbida; Frontalibus, Antennis, Palpis, Pedibus nigris. Ano rufo. Calyptis albidis; Alis nervisque flavescentibus.

Long. 2 lignes 1/2.

MALE : Noir, avec les lignes et les reflets d'un cendré-obscur; Face d'un brun-albide; Frontaux, Antennes, Palpes et Pattes noirs. Anus rouge. Cuillerons blancs; Ailes à disque et à nervures flavescents.

Nous ne connaissons que le Mâle de cette rare espèce.

B. ANUS NOIR.

1692. — N° 25. ERICHSONIA NIGRICAUDA, R.-D. *Sp. ined.*

♀. Antennis, Palpis, Frontalibus, Pedibus, Anoque nigris; Frontis lateribus bruneo-griseis; Facie grisea. Thorax niger, griseo-flavescente lineatus et irroratus. Abdomen nigrum, nitens, tessellis cinereogrisescentibus. Halteribus æruginosis : Calyptis subalbis; Alis limpidis, nervis fuligine subumbrosis.

Long. 4 lignes.

FEMELLE : Frontaux, Antennes, Trompe, Palpes, Anus et Pattes noirs; côtés du Front d'un brun-gris; Face d'un brun-grisâtre. Corselet noir, rayé et saupoudré de gris-jaunâtre. Abdomen noir-luisant, avec des reflets cendré-gris. Balanciers couleur de rouille : Cuillerons blanchâtres; Ailes assez claires, avec les nervures un peu ombrées.

Nous ne possédons que la Femelle de cette espèce prise en Eté.

1693. — N° 26. ERICHSONIA CURSORIA, R.-D. *Sp. ined.*

♀. Nigra, lineis, tessellis, Facieque cinereis; Frontalibus fuscis;

Antennis, Palpis, Pedibus nigris. Calyptis albis; Alis disco paulisper subfuliginoso.

Long. 5 lignes.

FEMELLE : Corps noir, avec les lignes et les reflets cendrés; Frontaux, Antennes, Palpes et Pattes noirs. Cuillerons blancs; Ailes légèrement lavées de fuligineux, avec les nervures brunâtres.

Nous ne connaissons que la Femelle de cette espèce.

1694. — N° 27. ERICHSONIA VIATRIX, R.-D. *Sp. ined.*

♂. Nigra, lineis tessellisque cinereo-subgriseis; Facie cinereo-grisescente; Frontalibus, Antennis, Palpis, Pedibus nigris. Calyptis albis; Alis sublimpidis, nervis brunicosis.

Long. 3 lignes 1/2.

MALE : Corps noir, avec des lignes et des reflets d'un cendré un peu grisâtre; Face cendré-grisâtre; Frontaux, Antennes, Palpes et Pattes noirs; intervalle médian du Chète blanchâtre. Balanciers d'un clair-obscur : Cuillerons blancs; Ailes n'ayant à la loupe aucune teinte fuligineuse, avec les nervures brunâtres.

Nous ne connaissons que le Mâle de cette espèce.

1695. — N° 28. ERICHSONIA ARVENSIS, R.-D.

Myophora arvensis : Rob. Desv.-*Myod.*, p. 358, n° 71.

♂. Atrata, quasi lævigata, tessellis, lineisque fere nullis; Facie fusco-albicante; Frontalibus, Antennis, Palpis, Pedibus, Anoque nigris. Alis subfuscanis, nervis atris.

Long. 3 lignes.

MALE : Corps noir; les lignes et les reflets cendrés sont à

peine marqués et presque nuls; Face d'un brun-albicant; Antennes, Palpes, Anus et Pattes noirs. Ailes noirâtres, avec les nervures âtres.

Nous ne connaissons que le Mâle de cette espèce.

1696. — N° 29. ERICHSONIA HILARIS. R.-D. *Sp. ined.*

♂. Nigra, nitens, lineis, tessellisque albide-cinereis; Facie albida; Frontalibus, Antennis, Palpis, Pedibus, Anoque nigris. Calyptis albis; Alis limpidis, subfuscescentibus.

♀. Lineis, tessellisque cinereo-subobscuris aut ciner eo-grisescentibus; Alis limpidis.

Long. 2-2 lignes 1/2.

MALE : Corps noir-luisant et même un peu bronzé, avec les lignes et les reflets cendré-albide; côtés du Front et Face d'un brun-albide; Frontaux, Antennes, Palpes, Anus et Pattes noirs. Cuillerons blancs; Ailes claires, avec une légère teinte brune.

FEMELLE : Un peu plus petite; les lignes et les reflets sont d'un cendré-albide peu prononcé.

J'en possède un individu dont les reflets de l'Abdomen sont d'un cendré un peu grisâtre.

On prend cette espèce en Eté sur les feuilles des haies. Elle n'a pas les Ailes fuligineuses de l'*Er. maïalis*.

1697. — N° 30. ERICHSONIA NIGRICANS, R.-D.

Myophora nigricans : Rob. Desv.-*Myod.*, p. 360, n° 82.

♂ et ♀. Frontalibus, Antennis, Palpis, Ano, Pedibus nigris. Thorax niger, nitens, lineis obscure cinereis. Abdomen nigrum, tessellis quasi indistinctis. Calyptis albis; Alis sublimpidis.

Long. 2 lignes 1/4.

Male : Côtés du Front et Face d'un brun un peu cendré ; Frontaux, Antennes, Palpes, Anus et Pattes noirs. Corselet noir-luisant, avec des lignes brun-cendré. Abdomen d'un noir un peu mat et n'offrant que des reflets obscurs. Cuillerons blancs ; Ailes assez claires.

Femelle : Corps noir-luisant, avec des lignes et des reflets cendrés peu marqués ; Ailes claires.

Nous avons trouvé cette espèce au mois de Juillet.

1698. — N° 31. Erichsonia infuscata, R.-D. *Sp. ined.*

♀. Nigra, nitens, lineis tessellisque cinereis ; Frontalibus, Antennis, Palpis, Ano, Pedibus nigris. Calyptis albis ; Alarum disco subfuliginoso.

Long. 2 lignes.

Femelle : Corps noir-luisant, avec les lignes et les reflets cendrés ; Frontaux, Antennes, Palpes, Anus et Pattes noirs ; Face cendrée. Cuillerons blancs ; Ailes lavées d'une légère teinte fuligineuse.

Nous ne connaissons que la Femelle de cette espèce trouvée au mois de Juillet.

1699. — N° 32. Erichsonia fuscipennis, R.-D.

Myophora fuscipennis : Rob. Desv.-*Myod.*, p. 361, n° 83.

♂ et ♀. Nigra, nitens, lineis, tessellisque cinereo grisescentibus ; Facie fusco-cinerea ; Frontalibus, Antennis, Palpis, Ano, Pedibus nigris. Alis infuscatis.

Long. 2-2 lignes 1/2.

Male et Femelle : Corps noir-luisant, avec les lignes et les reflets d'un cendré-grisâtre ; Frontaux noirâtres ; Face brun-cendré ; Antennes, Palpes, Anus et Pattes noirs. Cuillerons blanc-obscur ; Ailes noirâtres. Sur le Mâle les reflets sont un peu plus gris et les Ailes un peu plus claires.

Cette espèce est commune ; semblable à l'*Er. hilaris*, elle est toujours un peu plus petite, avec des lignes et des reflets plus gris et le disque plus obscur.

1700. — N° 33. Erichsonia grisella, R.-D.

Myophora grisella : Rob. Desv.-*Myod.*, p. 361, n° 86.

(C'est par erreur qu'on avait primitivement imprimé *M. grisea* comme nom de cette espèce, car ce nom est employé ailleurs).

♂ et ♀. Nigra, lineis tessellisque cinereo-griseis valde manifestis ; Facie albida. Calyptis subalbidis ; Alis sublimpidis, nervis subflavescentibus.

Long. 2 lignes.

Male et Femelle : Corps noir, avec des lignes et des reflets cendré-grisâtre fortement prononcés ; Face albide. Cuillerons blanchâtres ; Ailes ayant une légère teinte enfumée.

On trouve cette espèce en Eté.

1701. — N° 34. Erichsonia nana, R.-D.

Myophora nana : Rob. Desv.-*Myod.*, p. 361, n° 87.

♂ et ♀. Nigro-nitens, lineis et tessellis obscurioribus. Ano nigro. Alis obscuris.

Long. 1 ligne 1/2.

Male et Femelle : « Cylindrique, noir-luisant, avec des lignes et des reflets obscurs. » Anus noir. Ailes légèrement enfumées.

On trouve cette espèce en Eté; nous n'en possédons plus que des débris, mais c'est bien une véritable ERICHSONIE voisine de l'*Er. fuscipennis*.

1702. — N° 35. ERICHSONIA MORIO, R.-D. *Sp. ined.*

♂. Gagatea, nitens, lineis, tessellisque subfuscis, obscuris; Fronte Antennis, Palpis, Pedibus atris; Facie atro-cinerascente. Halteribus æruginosis; Alæ basi obscura, nervis nigris.

Long. 2 lignes 2/3.

MALE : Corps d'un noir-âtre luisant, avec les lignes et les reflets bruns à peine distincts; Front, Antennes, Palpes et Pattes noirs; Face d'un brun-cendré. Balanciers couleur de rouille : Cuillerons blancs; Ailes obscures à la base, avec les nervures noires.

Nous ne connaissons que le Mâle de cette espèce prise en Eté.

331. — VIII. Genre MYOPHORE.
VIII. *Genus MYOPHORA*, R.-D.

Myophora : Rob. Desv.
Sarcophaga : Meig.-Latr.-Macq.-Rond.

Caractères des SARCOPHAGES; FRONT du Mâle un peu plus large.

Le sixième segment de l'Abdomen offrant chez la Femelle un enfoncement semi-circulaire sur le dos; le premier segment de l'Anus des Mâles très-développé.

Le RAYON D garni de CILS tout le long de la Cellule β.

Gen. SARCOPHAGÆ characteres; FRONS ♂ paulo latior.

Sexto Abdominis segmento dorso depressione quadam hemicyclia ornato. Ani primo segmento maxime amplo.

RADIUS D in tota Cellula β ciliatus.

1703. — N° 1. MYOPHORA FUNEBRIS, R.-D. *Sp. ined.*

♂. Atra, lineis tessellisque ardeaceis ; Frontis lateribus atro-cinerascentibus ; Facie nigro-cinerascente. Ano gagateo. Calyptis subalbis ; Alis subnigricantibus.

Long. 5 lignes 1/2.

MALE : Côtés du Front d'un noir obscurément cendré ; Face d'un brun-cendré ; Frontaux, Antennes, Palpes et Pattes d'un noir-âtre ; Epistôme obscurément rougeâtre. Corselet noir, avec des lignes d'un cendré-ardoisé. Abdomen noir-âtre, avec des reflets ardoisés ; Anus noir-jais. Cuillerons blanchâtres ; Ailes noirâtres.

Nous ne connaissons que le Mâle de cette espèce prise en Eté.

1704. — N° 2. MYOPHORA PALUDOSA, R.-D. *Sp. ined.*

♀. Atra ; Frontis lateribus Facieque subaureis ; Frontalibus, Antennis, Palpis, Pedibus nigris ; Cheti intervallo medianeo æruginoso. Thoracis lineis subdistinctis, cinereo obscure grisescentibus. Abdominis tessellis obscuris, cinereis. Calyptis albis ; Alis fuliginosis, nervis rubiginosis.

Long. 5 lignes.

FEMELLE : Corps noir-âtre ; côtés du Front et Face dorés ou d'un cendré-doré ; Frontaux, Antennes, Palpes et Pattes noirs ; le milieu du Chète d'un jaune de rouille. Lignes du Corselet d'un cendré-grisâtre peu prononcé. Reflets de l'Abdomen peu prononcés et d'un cendré-obscur. Balanciers d'un clair-obscur : Cuillerons blancs ; Ailes fuligineuses, avec les nervures ferrugineuses.

Nous ne connaissons que des Femelles de cette espèce prise dans les marais sur la fin d'Août. Elle est plus forte que le *M. fuliginosa* et son Corselet plus nu.

1705. — N° 3. MYOPHORA FULIGINOSA, R.-D.

Myophora fuliginosa : Rob. Desv.-*Myod.*, p. 349, n° 38.
Sarcophaga fuliginosa : Macq.-*Buff.* II, p. 226, n° 11.

♂. Fronte Facieque aureis; Frontalibus, Antennis, Palpis, Pedibus nigris; Cheti medianeo intervallo flavescente. Thorax niger, lineis subaureis. Abdomen nigrum, tessellis cinereo-flavescentibus. Calyptis albidis; Alis plus minusve fuliginosis, nervis rubidis.

♀. Frontis lateribus bruneo-subauratis.

Long. 7 lignes.

MALE : Front et Face dorés ; Frontaux, Antennes, Palpes et Pattes noirs ; intervalle médian du Chète jaunâtre ; Barbe gris-flavescent. Corselet noir, avec des lignes jaunes ou jaunâtres. Abdomen noir avec des reflets cendré un peu flavescent. Tibias postérieurs garni de poils noirs. Balanciers brun-jaunâtre : Cuillerons blancs ; Ailes plus ou moins fuligineuses, avec les nervures rougeâtres.

FEMELLE : Corps un peu plus mat ; côtés du Front brun-doré.

On trouve cette espèce en Eté.

1706. — N° 4. MYOPHORA RUBIGINOSA, R.-D.

Myophora rubiginosa : Rob. Desv.-*Myod.*, p. 343, n° 17.

♂. Facies albida ; Frontalibus, Antennis, Palpis fuscis. Thorax cum Scutello fusco-subferrugatus ; lineis griseo-flavescentibus. Abdomen cum Ano obscure rubiginosum, tessellis fuscis, tessellisque cinereis. Pedibus fusco-subæruginosis. Calyptis albidis ; Alis fuligine lavatis.

Long. 3 lignes 1/2.

MALE : Face d'un beau blanc ; Frontaux, Antennes et Palpes noirs. Corselet brun un peu ferrugineux et rayé de gris un peu jaunâtre. Abdomen et Anus d'un rouge de rouille obscur, avec des reflets noirs et des reflets cendrés. Pattes d'un brun un peu rouillé. Cuillerons blancs ; Ailes ayant une teinte flavescente.

Nous ne connaissons que le Mâle de cette rare espèce,

1707. — N° 5. MYOPHORA BLONDELI, R.-D.

Myophora Blondeli : Rob. Desv.-*Myod.*, p. 344, n° 20.

♂ et ♀. Frons fusco-cinerascens ; Facie fusco-albida ; Frontalibus, Antennis, Palpis, Pedibus nigris. Thorax niger, lineis, cinereis. Abdomen nigro-subcæsio-nitens, tessellis cinereo-albidis ; Ano rufo, in ♀ rufescente. Calyptis albidis ; Alis sublimpidis, basi obscuriore.

Long. 4 lignes.

MALE et FEMELLE : Front brun-cendré ; Face d'un brun-albicant ; Frontaux, Antennes, Palpes et Pattes noirs. Corselet noir, rayé de cendré. Abdomen noir-luisant, avec des reflets cendré-albide. Anus rouge sur le Mâle et rougeâtre sur la Femelle. Pas de poils apparents aux Tibias postérieurs. Balanciers ferrugineux, avec le sommet brun : Cuillerons blancs ; Ailes assez claires, avec la base plus obscure.

On trouve cette espèce en Eté.

1708. — N° 6. MYOPHORA PRATICOLA, R.-D. *Sp. ined.*

♂. Frontis lateribus Facieque aureis ; Frontalibus, Antennis, Palpis, Pedibus nigris. Thorax niger, lineis flavescentibus. Abdomen tessellis cinereis, subobscuris. Calyptis subalbis ; Alis flavescentibus.

♀. Thoracis lineis obscure cinereis. Abdomen tessellis cinereis plus minusve distinctis.

Long. ♂ 6 lignes ; ♀ 5 lignes.

MALE : Côtés du Front et Face dorés ; Frontaux, Antennes, Palpes et Pattes noirs. Corselet noir, avec des lignes flavescentes. Abdomen noir, avec des reflets cendrés un peu obscurs. Balanciers couleur de rouille : Cuillerons blanchâtres ; Ailes fuligineuses.

Femelle : Front et Face dorés. Corselet noir, avec des lignes d'un cendré-brun-obscur. Abdomen noir, avec des reflets cendrés plus ou moins prononcés.

On trouve cette espèce au mois de Juillet. L'Abdomen est plus terne que celui du *M. fuliginosa*, et le Corselet de la Femelle n'offre que des lignes d'un cendré-brun-obscur.

1709. — N° 7. Myophora obscura, R.-D. *Sp. ined.*

♂. Affinis M. fuliginosæ ; minor ; Frontis lateribus Facieque flavescentibus ; Cheti intervallo medianeo flavescente. Thorax niger, lineis flavescentibus. Abdomen nigrum, tessellis cinereo-fusco-obscuris. Alis fuligine lavatis, nervis rubescentibus.

Long. 5 lignes.

Male : Voisin du *M. fuliginosa;* côtés du Front et Face d'un flavescent un peu doré ; Frontaux, Antennes, Palpes et Pattes noirs; intervalle médian du Chète jaunâtre. Corselet noir, avec des lignes jaunes ou jaunâtres. Abdomen noir, n'ayant que des reflets d'un cendré-brun assez obscur. Cuillerons blancs ; Ailes lavées de fuligineux, avec les nervures rougeâtres.

Nous ne connaissons que le Mâle de cette espèce prise en Eté.

1710. — N° 8. Myophora obscurella, R.D. *Sp. ined.*

♂. Omnino similis M. obscuræ ; differt lineis Thoracis cinereis.

Long. 5 lignes.

Male : Tout-à-fait semblable au *M. obscura ;* les lignes du Corselet sont cendrées et non flavescentes.

Nous ne connaissons que le Mâle de cette espèce.

1711. — N° 9. MYOPHORA VAGA, R.-D. *Sp. ined.*

♂. Frontis lateribus cinereis: Facie cinereo-albida; Frontalibus, Antennis, Palpis, Pedibus nigris. Thorax ater, lineis flavescentibus. Abdomen atrum, tessellis fusco-cinereis subobscuris ; Ano gagateo. Calyptis albis; Alis fuliginosis.

Long. 6 lignes.

MALE : Côtés du Front brun-cendré; Face cendré-albide; Frontaux, Antennes, Palpes et Pattes noirs. Corselet noir, avec les lignes flavescentes. Abdomen noir, avec des reflets brun-cendré peu prononcés; Anus noir-jais : Cuillerons blancs ; Ailes à disque sale, avec les nervures rougeâtres.

Nous ne connaissons que le Mâle de cette espèce prise en Septembre.

1712. — N° 10. MYOPHORA FULVESCENS, R.-D. *Sp. ined.*

♂. Nigra, lineis tessellisque cinereis plus minusve distinctis, Fronte, Palpis, Pedibus nigris; Facie aurea; Antennarum ultimo articulo fusco-fulvescente. Abdomen lateribus obscure fulvescentibus. Calyptis albis; Alis fuliginosis.

Long. 4-5 lignes.

MALE : Côtés du Front noirs ; Face dorée ; Frontaux, Palpes et Pattes noirs; le dernier article des Antennes d'un brun un peu fauve. Corselet noir, avec des lignes cendrées peu marquées. Abdomen noir, avec des reflets cendrés plus ou moins marqués et avec les côtés rougeâtres à une certaine lumière. Balanciers jaunâtres : Cuillerons blancs; Ailes fuligineuses.

Nous ne connaissons que le Mâle de cette espèce prise au mois de Septembre.

1713. — N° 11. MYOPHORA MISERA, R.-D. *Sp. ined.*

♂. Nigra, lineis tessellisque cinereis aut subcinereis; Frontalibus subauratis ; Facie fusco albide flavescente. Halteribus fuscis : Calyptis subalbis; Alis subfuliginosis.

♀. Similis ; Fronte Facieque albide-flavescentibus. Abdominis tessellis paulo magis cinereis.

Long. 3 lignes.

Male : Corps noir, presque mat, avec les lignes et les reflets cendrés et un peu gris-obscur; côtés du Front dorés ; Face d'un brun-albide un peu doré ; Frontaux, Antennes, Palpes et Pattes noirs. Balanciers bruns : Cuillerons blanchâtres ; Ailes un peu fuligineuses.

Femelle : Semblable ; reflets de l'Abdomen un peu plus cendrés. Face d'un gris-albide-flavescent.

Nous avons trouvé cette espèce au mois de Septembre.

1714. — N° 12. Myophora pascuorum, R.-D. *Sp. ined.*

♀. Nigra ; Facie Frontisque lateribus albide subflavescentibus ; Frontalibus, Antennis, Palpis, Pedibus nigris. Thoracis lineis cinereo-subgriseis. Abdominis tessellis cinereis. Calyptis albis ; Alis sublimpidis, basi vix subflavescente, nervis subrubescentibus.

♂. Lineis griseis ; Frontis lateribus Facieque albidis, leviter subauratis.

Long. ♀ 6 lignes ; ♂ 6-7 lignes.

Femelle : Corps noir ; Face et côtés du Front d'un albide légèrement flavescent ; Frontaux, Antennes, Palpes et Pattes noirs ; milieu du Chète blanchâtre. Lignes du Corselet cendrées ou d'un cendré un peu gris. Reflets de l'Abdomen cendrés. Cuillerons blancs ; Ailes assez claires, avec la base légèrement flavescente et les nervures un peu rougeâtres.

Male : Côtés du Front et Face d'un albide légèrement doré. Lignes du Corselet d'un cendré-gris.

On trouve cette espèce au mois d'Août dans les localités marécageuses. Elle se rapproche du *Sar. grisea.*

1715. — N° 13. Myophora angustata, R.-D. *Sp. ined.*

♂. Cylindrica, angustata, nigra, lineis tessellisque cinereis; Frontis lateribus aureis; Facie inferne albida; Frontalibus, Antennis, Palpis, Pedibus nigris. Calyptis albis; Alis leviter subflavescentibus.

Long. 5-6 lignes.

Male : Corps étroit, noir, avec les lignes et les reflets cendrés; côtés du Front dorés; Face albide vers le bas; Frontaux, Antennes, Palpes et Pattes noirs. Cuillerons blancs; Ailes assez claires quoique avec une légère teinte flavescente.

Nous ne connaissons que le Mâle de cette espèce prise au mois d'Août dans un marais.

1716. — N° 14. Myophora chrysifacies, R.-D. *Sp. ined.*

♂. Frontis et Faciei lateribus aureis; Frontalibus, Antennis, Palpis, Pedibus nigris. Thorax niger, lineis cinereo-flavescentibus. Abdomen nigrum, tessellis cinereis; Ano gagateo. Calyptis albis; Alis fuligine lavatis.

♀. Similis; Fronte Facieque subaureis. Abdominis dorso parumper subænescente.

Long. ♂ 7 lignes; ♀ 5 lignes.

Male : Côtés du Front et de la Face dorés; Face d'un albide-doré; Frontaux, Antennes, Palpes et Pattes noirs. Corselet noir, avec des lignes cendré-flavescent bien marquées. Abdomen noir, avec des reflets cendrés; Anus noir-jais. Cuillerons blancs; Ailes légèrement lavées de jaunâtre, avec les nervures rougeâtres.

Femelle : Semblable; Front et Face dorés. Le dos de l'Abdomen un peu bronzé.

On trouve cette espèce en Eté et dans les champs.

1717. — N° 15. Myophora frontalis, R.-D. *Sp. ined.*

♂. Frontis lateribus subaureis; Facie cinereo-flavescente; Frontalibus, Antennis, Palpis, Pedibus nigris. Thorax niger, lineis cinereis simul et lineis flavescentibus. Abdomen nigrum tessellis absolute cinereis. Calyptis albis; Alis sublimpidis, basi vix subflavescente, nervis subrubescentibus.

♀. Frontalibus subfulvis; Frontis lateribus cinereo-flavescentibus. lineis tessellisque cinereis. Coxis majorique Tibiarum parte fusco-pallescentibus.

Long. ♂ 6-7 lignes; ♀ 4 lignes.

Male : Côtés du Front d'un jaune-doré; Face d'un albide un peu doré; Frontaux, Antennes, Palpes et Pattes noirs; milieu du Chète flavescent. Corselet noir, avec des lignes cendrées et des lignes d'un gris un peu flavescent. Abdomen noir, avec des reflets tout-à-fait cendrés. Ailes assez claires, à peine nuancées de flavescent vers la base, avec les nervures rougeâtres ou flavescentes.

Femelle : Plus petite; Frontaux rougeâtres : côtés du Front et Face cendré un peu flavescent. Hanches et majeure partie des Cuisses d'un brun-pâle à une certaine lumière. Ailes assez claires.

On trouve cette espèce en Eté dans les champs.

1718. — N° 16. Myophora pallidipes, R.-D. *Sp. ined.*

♂. Nigra, lineis cinereo-subflavescentibus tessellisque cinereis; Frontis et Faciei lateribus subaureis; Facie albide-subaurea; Frontalibus, Antennis, Palpis, Pedibus nigris. Alis subflavescentibus.

♀. Similis; lineis paulo magis cinereis; Femoribus certo situ fusco-pallescentibus.

Long. ♂ 6 lignes; ♀ 5 lignes.

Male : Noir, avec des lignes d'un cendré-gris ou un peu flavescent et avec des reflets cendrés ; côtés du Front et de la Face dorés ; Face d'un albide-doré; Frontaux, Antennes, Palpes et Pattes noirs. Cuillerons blancs ; Ailes nuancées de flavescent, avec les nervures flavescentes.

Femelle : Semblable; lignes du Corselet un peu plus cendrées. A une certaine lumière les Cuisses sont d'un brun-pâle.

Cette espèce se trouve dans les champs vers la fin d'Août. Elle se distingue du *M. herbaria* par sa Face moins dorée et par ses Cuisses qui à une certaine lumière sont d'un brun-pâle. Le *M. frontalis* a les Frontaux fauves.

1719. — N° 17. Myophora dumeti, R.-D. *Sp. ined.*

♀. Nigra, lineis tessellisque cinereis; Frontis lateribus albide-cinereis; Facie albide-flavescente; Frontalibus, Antennis, Palpis, Pedibus nigris. Femoribus certo situ subpallescentibus. Calyptis albis; Alis sublimpidis, nervis flavescentibus.

Long. 4 lignes.

Femelle : Voisine du *M. pallidipes;* Corps noir, avec les lignes et les reflets cendrés ; côtés du Front cendré-albide ; Face d'un albide-flavescent ; Frontaux, Antennes et Palpes noirs. Pattes noires, mais à une certaine lumière les Cuisses pâlissent légèrement. Cuillerons blancs ; Ailes claires, à nervures flavescentes.

Nous ne connaissons que la Femelle de cette espèce prise au mois d'Août.

1720. — N° 18. Myophora herbaria, R.-D. *Sp. ined.*

♀. Simillima M. pallidipedi ; differt occipite aurulento, oculorum margine postico aureo, Femoribusque absolute nigris.

Long. 5 lignes.

Femelle : Semblable au *M. pallidipes;* mais le bord postérieur des Yeux et le derrière de la Tête jaune-doré. Cuisses entièrement noires.

Nous ne connaissons que la Femelle de cette espèce prise au mois d'Août.

1721. — N° 19. Myophora pabulina, R.-D. *Sp. ined.*

♂ et ♀. Similis M. pallidipedi et herbariæ; differt M. pallidipedis Femoribus absolute nigris; differt M. herbariæ occipite non aurulento.

Long. 5-6 lignes.

Male et Femelle : Semblable aux *M. pallidipes* et *herbaria;* ses Cuisses tout-à-fait noires le distinguent du *M. pallidipes,* et l'absence de duvet doré derrière l'occiput le distingue du *M. herbaria.*

On trouve cette espèce dans les champs, vers la fin du mois d'Août et dans les herbes des marais et des pâturages.

1722. — N° 20. Myophora claripennis, R.-D. *Sp. ined.*

♂. Nigra, lineis tessellisque flavescentibus; Frontis lateribus aureis; Facie albide-subaurea; Frontalibus, Antennis, Palpis, Pedibus nigris. Calyptis albis; Alis sublimpidis, basi flavescente.

♀. Lineis tessellisque cinereo-griseis; Frontis lateribus cinereo-griseis; Facie cinereo-albida. Alis absolute limpidis.

Long. ♂ 4 lignes; ♀ 3 lignes.

Male : Corps noir, avec les lignes et les reflets cendré-flavescent; côtés du Front dorés; Face d'un albide-doré; Frontaux bruns; Antennes, Palpes et Pattes noirs. Cuillerons blancs; Ailes assez claires, avec la base un peu jaunâtre.

Femelle : Noire, avec les lignes et les reflets cendré-gris;

côtés du Front cendré-gris; Face cendré-albide. Ailes tout-à-fait claires.

On trouve cette espèce au mois de Juillet.

1723. — N° 21. Myophora nitida, R.-D. *Sp. ined.*

♂. Cylindrica, atra, nitida; Facie cinerea; Antennis, Palpis, Pedibus nigris. Lineis Thoracis subcinereis, tessellis Abdominis cinereo-obscurioribus; Ano rufo. Calyptis albidis; Alis subsordidis.

Long. 3 lignes.

Male : Côtés du Front bruns; Face brun-cendré; Frontaux, Antennes, Palpes et Pattes noirs. Corselet noir-luisant, légèrement rayé de cendré. Abdomen noir-brillant, n'offrant que des reflets cendrés très obscurs; Anus fauve. Tarses postérieurs garnis de poils noirs. Balanciers flavescents : Cuillerons blancs; Ailes fuligineuses.

Nous ne connaissons que le Mâle de cette espèce.

1724. — N° 22. Myophora subnitens, R.-D.

Myophora subnitens : Rob. Desv.-*Myod.*, p. 358, n° 72.

♂. Facies albida; Antennis, Palpis, Ano, Pedibus nigris. Thorax niger, lineis cinereo-griseis. Abdomen nigro-nitens, subæñescens, tessellis albidis. Calyptis, Alisque flavescentibus.

Long. 3 lignes.

Male : Face blanche; Frontaux, Antennes, Palpes, Anus et Pattes noirs. Corselet noir, avec des lignes cendré-gris. Abdomen noir-luisant un peu bronzé, avec des reflets blancs. Cuillerons et Ailes flavescents.

Nous ne connaissons que le Mâle de cette espèce.

1725. — N° 23. MYOPHORA NEBULOSA, R.-D. *Sp. ined.*

♂. Facies griseo-argentea. Thorax lineis griseo-flavescentibus. Abdomen nigrum, nitens, tessellis flavescentibus. Alæ subfuscæ.

Long. 2 lignes 1/2.

MALE : Côtés du Front brun-cendré; Face d'un gris-argenté; Antennes, Palpes et Pattes noirs. Corselet noir, avec des lignes cendré-flavescent ou flavescentes. Abdomen noir-luisant, avec des reflets flavescents. Balanciers flavescents : Cuillerons blanc-jaunâtre; le disque des Ailes est un peu enfumé.

Nous ne connaissons que le Mâle de cette espèce.

1726. — N° 24. MYOPHORA GRISESCENS, R.-D.

Myophora grisescens : Rob. Desv.-*Myod.*, p. 359, n° 77.

♂ et ♀. Fronte Facieque cinereo-griseis; Frontalibus, Antennis, Palpis, Pedibus nigris. Thorax niger, lineis flavescentibus. Abdomen hæmisphericum, nigrum, tessellis flavescentibus. Calyptis subalbidis; Alis sublimpidis, basi sordidiuscula.

Long. 3 lignes.

MALE et FEMELLE : Front et Face gris-cendré; Frontaux, Antennes, Palpes et Pattes noirs; Barbe grise. Corselet noir, rayé de flavescent. Abdomen hémisphérique, noir, avec des reflets flavescents. Balanciers obscurs : Cuillerons d'un blanc un peu obscur; Ailes un peu flavescentes à la base.

On trouve cette espèce en Eté.

1727. — N° 25. MYOPHORA GERMANA, R.-D. *Sp. ined.*

♀. Fronte Facieque cinereo-subflavescentibus. Thorax niger, lineis cinereo-subflavescentibus. Abdomen hæmisphericum, nigrum, tessellis cinereis. Calyptis albis ; Alis sublimpidis, basi flavescente.

Long. 3 lignes.

Femelle : Front et Face légèrement flavescents ; Barbe cendrée ; Frontaux, Antennes, Palpes et Pattes noirs. Corselet noir, rayé de cendré obscurément jaunâtre. Abdomen hémisphérique, d'un noir non métallique, avec des reflets cendrés. Balanciers jaunes : Cuillerons blancs ; Ailes assez claires, avec la base un peu flavescente.

Nous ne connaissons que la Femelle de cette espèce tout-à-fait voisine du *M. grisescens*, mais qui en diffère par ses reflets plus cendrés et surtout par son Abdomen d'un noir non bronzé. Il est probable que ce n'est qu'une variété du *M. grisescens*.

1728. — N° 26. Myophora fugax, R.-D. *Sp. ined.*

♀. Fronte Facieque fusco-griseo-subcinereis ; Antennis, Palpis, Pedibus nigris. Thorax niger, lineis cinereis. Abdomen tessellis subflavescentibus ; Ano nigro. Calyptis subalbidis ; Alis basi flavescente.

Long. 3 lignes.

Femelle : Front et Face d'un brun-gris-cendré ; Antennes, Palpes, Anus et Pattes noirs. Corselet noir, avec des lignes cendrées. Abdomen noir, avec des reflets cendré-flavescent. Balanciers flavescents : Cuillerons blanchâtres ; Ailes flavescentes à la base.

Nous ne connaissons que la Femelle de cette espèce.

1729. — N° 27. Myophora festiva, R.-D. *Sp. ined.*

♂. Nigra, subnitens, lineis, tessellisque cinereo-subflavescentibus ; Fronte fusco-grisea ; Facie griseo-cinerea. Ano nigro. Tibiis posticis interne piligeri. Calyptis albidis ; Alis subinfuscatis, non subflavescentibus.

Long. 3 lignes.

MALE : Côtés du Front brun-gris ; Face gris-cendré ; Barbe flavescente ; Antennes, Palpes, Anus et Pattes noirs. Corps noir assez luisant ; des lignes d'un cendré un peu flavescent sur le Corselet. Reflets cendré-flavescent sur l'Abdomen. Quelques poils noirs aux Tibias postérieurs. Balanciers brun-ferrugineux : Cuillerons blancs ; Ailes à disque plutôt fuligineux que flavescent.

Nous ne connaissons que le Mâle de cette espèce ; les Ailes non flavescentes le distinguent du *M. grisescens;* mais ses lignes et ses reflets sont plus flavescents que sur le *M. germana*.

1730. — N° 28. MYOPHORA ALBIDULA, R.-D. *Sp. ined.*

♂. Nigra, nitens, lineis tessellisque cinereo-albidis ; Facie argentea ; Frontalibus, Antennis, Palpis, Pedibus nigris. Ano rufo. Calyptis albidis ; Alis sordidis.

Long. 3 lignes.

MALE : Noir-luisant, avec les lignes et les reflets cendré-albide ; Face argentée ; Frontaux, Antennes, Palpes et Pattes noirs. Anus rouge. Tibias postérieurs velus. Cuillerons blancs ; Ailes sales.

Nous ne connaissons que le Mâle de cette espèce.

1731. — N° 29. MYOPHORA TETRELLA, R.-D. *Sp. ined.*

♀. Fronte Facieque griseo-cinerascentibus. Thorax niger, lineis cinereis. Abdomen nigrum, nitidum, tessellis griseis. Calyptis subalbidis ; Alis sublimpidis.

Long. 2 lignes.

Femelle : Front et Face gris-cendré; Frontaux, Antennes, Palpes et Pattes noirs. Corselet noir, rayé de cendré-grisâtre. Abdomen noir, luisant, avec des reflets gris; Anus noir. Balanciers couleur de rouille : Cuillerons blanc-jaunâtre; Ailes assez claires.

Nous ne connaissons que la Femelle de cette espèce.

1732. — N° 30. Myophora Macquarti, R.-D. *Sp. ined.*

♂. Cylindrica, nigro-nitens, lineis, tessellisque absolute cinereis; Fronte Facieque argenteis; Frontalibus, Antennis, Palpis, Pedibus Anoque nigris. Halteribus ferrugatis : Calyptis albidis; Alæ limpidæ, basi subflavescente.

Long. 3 lignes.

Male : Corps noir tout-à-fait luisant, avec des lignes et des reflets tout-à-fait cendrés; Face et Front argentés; Frontaux, Antennes, Palpes, Anus et Pattes noirs; Barbe cendrée. Pas de poils aux Tibias postérieurs. Balanciers ferrugineux : Cuillerons blancs; Ailes claires, avec la base flavescente.

Nous ne connaissons que le Mâle de cette espèce.

1733. = N° 31. ✱ Myophora errans, R.-D. *Sp. ined.*

♀. Nigra, flavescente lineata et tessellata; Frontis lateribus Facieque semi-aureis. Alis limpidis.

Long. 6-7 lignes.

Femelle : Frontaux noirs : côtés du Front et Face d'un flavescent-soyeux; Barbe d'un blanc-grisâtre, derrière de la Tète brun-cendré; Antennes, Palpes et Pattes noirs. Corselet noir, fortement saupoudré et rayé de cendré qui devient flavescent surtout sur les côtés. Abdomen noir, avec les reflets cendré-flavescent. Balanciers obscurément rouillés : Cuillerons blancs; Ailes claires.

Nous avons pris cette espèce dès le mois d'Avril sur les montagnes de Nice.

1734. = N° 32. MYOPHORA AGRARIA, R.-D. *Sp. ined.*

♀. Nigra ; Facie lateribus cinereo-subsericeis. Thorax cinereo lineatus. Abdomen tessellis nigris tessellisque cinereis. Alæ limpidæ.

Long. 5 lignes.

FEMELLE : Frontaux noirs : côtés du Front et de la Face d'un gris un peu soyeux ; Antennes, Palpes et Pattes noirs ; Yeux rouges. Corselet noir, fortement rayé de cendré-blanchâtre ; sur les côtés le cendré devient un peu grisâtre. Abdomen à reflets noirs et à reflets blanc-cendré, paraissant un peu grisâtres. Balanciers obscurs : Cuillerons blancs ; Ailes claires, à peine un peu sales à la base, avec les nervures noires.

Nous avons pris cette espèce sur les collines de NICE dès le mois de Mars. Ce n'est peut-être qu'une variété du *M. errans*.

1735. = N° 33. ✱ MYOPHORA LUSORIA, R.-D. *Sp. ined.*

♂. Nigra, subnitens, lineis tessellisque cinereis aut cinereo-ardeaceis aut cinereo-subgriseis ; Facie argentea. Alæ limpidæ, nervis nigris.
♀. Minor, minus cinerea.

Long. 2-3 lignes.

MALE : Frontaux, Antennes, Trompe et Palpes noirs ; côtés du Front d'un brun-cendré-luisant ; Face d'un cendré albide luisant, Barbe blanche ; Yeux rouges ; derrière de la Tête brun-cendré. Corselet noir un peu luisant, fortement saupoudré et rayé de cendré-blanc ou de cendré-ardoisé. Abdomen assez luisant sur le dos, avec des reflets noirs et des reflets cendré-albide, cendré-ardoisé et parfois cendré-grisâtre ; Anus noir-luisant. Pattes noires. Balanciers obscurs : Cuillerons blancs ; Ailes claires, avec les nervures noires.

FEMELLE : Semblable ; plus petite ; côtés du Front et Face cendrés. Les lignes et les reflets du Corps d'un cendré plus terne.

Nous avons trouvé cette espèce en abondance au mois de Mars, sur les fleurs de l'EUPHORBIA CYPARISSIAS, L. (vulg. TITHYMALE), dans un bois sur les bords du VAR. Elle est très agile et très svelte ; ses teintes sont assez luisantes.

1736. = N° 34. ★ MYOPHORA COMMENDATA, R.-D. *Sp. ined.*

♂. Nigra, cinereo irrorata, lineata et tessellata. Ano rubro. Halteribus fusco-obscuris.

Long. 6-7 lignes.

MALE : Frontaux, Antennes, Trompe, Palpes et Pattes noirs; côtés du Front brun-argenté; Face argentée; Yeux rouges, derrière de la Tète noir-cendré. Corselet noir, fortement saupoudré et rayé de cendré obscurément grisâtre. Abdomen à reflets noirs et à reflets cendré obscurément grisâtre; Anus rouge. Balanciers bruns : Cuillerons blancs; Ailes claires, avec la base un peu sale et les nervures noires.

Nous avons pris cette espèce, comme la précédente, sur les bords du VAR et sur les fleurs de l'EUPHORBIA CYPARISSIAS, L.

1737. = N° 35. ★ MYOPHORA VAGANS, R.-D. *Sp. ined.*

♂ et ♀. Nigra, subnitens; Facies argentea in ♂. Thorax lineis, Abdomen tessellis albo-subardeaceis, in ♀ cinereo-albidis. Alis limpidis.

Long. ♂ 4-5 lignes; ♀ 5 lignes.

MALE : Frontaux noirâtres : côtés du Front brun-argenté; Face blanc-argenté; Yeux rouges; le derrière de la Tête cendré-albide; poils de la Barbe blancs; Antennes et Palpes noirs. Corselet noir, saupoudré et rayé de blanc légèrement ardoisé. Abdomen noir, avec les reflets obliques d'un blanc légèrement ardoisé; derniers segments de l'Anus noir luisant. Pattes noires, avec du cendré aux Cuisses. Balanciers obscurément rougeâtres, avec le bouton blanc : Cuillerons blancs; Ailes claires.

FEMELLE : Semblable au Mâle; lignes du Corselet et reflets de l'Abdomen cendré-blanc.

Nous avons pris cette espèce sur les montagnes de NICE dès le mois de Février.

1738. = N° 36. ★ MYOPHORA COLLINARIS, R.-D. *Sp. ined.*

♂ et ♀. Nigra; in ♂ Frontis lateribus Facieque fusco-argenteis, in ♀

albo-cinereis; Frontalibus, Antennis, Palpis, Pedibus nigris. Abdomen in ♂ tessellis cinereo-subardeaceis, in ♀ tessellis albo-cinereis. Alis limpidis, basi subobscura.

Long. 3 lignes.

MALE : Frontaux noirs ou noirâtres : côtés du Front et de la Face brun-argenté; Face et derrière de la Tête d'un brun-cendré; Yeux rouges; Antennes noires, avec le dernier article un peu plus clair; Palpes noirs. Corselet noir, garni et rayé de cendré un peu ardoisé. Abdomen noir, avec des reflets cendré-ardoisé; Anus noir-luisant. Pattes noires. Balanciers blanchâtres : Cuillerons blancs; Ailes claires, avec la base un peu obscure.

FEMELLE : Semblable; Frontaux obscurs : côtés du Front et de la Face, lignes du Corselet, reflets de l'Abdomen cendrés et non d'un cendré légèrement ardoisé.

Nous avons pris cette espèce dès le mois de Février sur les collines des environs de NICE.

1739. = N° 37. ✶ MYOPHORA MONTICOLA, R.-D. *Sp. ined.*

♀. Cinerea, lineis tessellisque nigris; Facie albida. Alis limpidis.

Long. 4 lignes.

FEMELLE : Frontaux, Antennes, Palpes et Pattes noirs; côtés du Front cendré-grisâtre; Face d'un cendré-albide; derrière de la Tête cendré; Yeux rouges. Corselet cendré, avec des lignes noires sur le dos. Abdomen garni de reflets noirs et de reflets cendré un peu grisâtre. Balanciers blanchâtres : Cuillerons blancs; Ailes claires.

Nous avons pris cette espèce dès les premiers jours de Mai sur les collines de NICE.

1740. = N° 38. ✶ MYOPHORA RIPARIA, R.-D. *Sp. ined.*

♀. Nigra, cinereo-grisescente lineata et tessellata; Frontis lateribus nigro-grisescentibus. Alis limpidis.

Long. 2 lignes 1/4.

FEMELLE : Frontaux noirs : côtés du Front d'un brun à peine grisâtre; Face d'un brun-grisâtre; Antennes, Palpes et Pattes noirs. Corselet noir, saupoudré et rayé de cendré-grisâtre. Abdomen garni de reflets noirs et de reflets cendré-grisâtre. Balanciers jaunâtres : Cuillerons blancs; Ailes tout-à-fait claires, avec les nervures noires.

Nous avons pris cette espèce dès le mois de Mars à l'embouchure du VAR.

1741. = N° 39. ✱ MYOPHORA CURSITANA, R.-D. *Sp. ined.*

♂. Nigra, subnitens, lineis tessellisque albidis ; Facie albida ; Antennis nigris. Alis hyalinis, omnino limpidis.

Long. 6 lignes.

MALE : Frontaux rougeâtres : côtés du Front brun-cendré; Barbe blanche ; derrière de la Tète brun-cendré ; Yeux rouges ; Antennes, Chète et Palpes noirs. Corselet noir, fortement garni et rayé de cendré-albide. Abdomen noir, avec le dos garni de reflets noirs et de reflets albides; Anus noir-luisant. Pattes noires, avec les Cuisses cendrées. Balanciers obscurs, avec le bouton blanc : Cuillerons blancs; Ailes hyalines, claires même à la base, avec les nervures noires.

Nous avons pris cette espèce à NICE dès le mois de Février.

1742. = N° 40. ✱ MYOPHORA MONTANA, R.-D. *Sp. ined.*

♂. Nigra, cinereo-grisescens; Abdomen tessellis griseo-sericeis, dorso subcupreo. Calypta alba; Alæ limpidæ.

♀. Similis; Frontis lateribus cinereo-griseis aut cinereis. Thorax cinereo-grisescens, sæpius griseus. Abdomen tessellis griseis.

Long. 3 lignes.

MALE : Frontaux noirs ou noirâtres : côtés du Front et Face gris-cendré; derrière de la Tête brun-cendré-grisâtre ; Yeux rougeâtres ; Antennes, Palpes et Pattes noirs. Corselet noir, saupoudré et rayé de cendré-grisâtre, Abdomen noir, avec les reflets cendré-gris-soyeux; le dos offre un léger aspect cuivreux; Anus noir-luisant. Balanciers gris : Cuillerons blancs; Ailes claires.

FEMELLE : Semblable ; côtés du Front cendré-gris ou cendré. Thorax cendré-gris et le plus souvent gris. Abdomen à reflets gris.

Nous avons pris cette espèce au mois de Février sur les montagnes de NICE ; l'aspect luisant et un peu bronzé du dos de l'Abdomen la fait aisément reconnaître.

1743. = N° 41. ✶ MYOPHORA TEMERARIA, R.-D. *Sp. ined.*

♂ et ♀. Nigra, cæsia, lineis, tessellis, Frontis lateribus et Facie albis. Alis limpidis.

Long. 5-6-7-8 lignes.

MALE et FEMELLE : Frontaux noirs : côtés du Front et Face d'un blanc-argenté pouvant passer un peu au jaunâtre ; Yeux rouges ; Antennes, Palpes et Pattes noirs ; le derrière de la Tête blanc-cendré. Corselet noir de pruneau, fortement saupoudré et rayé de blanc cendré. Abdomen noir de pruneau, avec des reflets blancs ; Anus noir-luisant. Balanciers obscurs : Cuillerons blancs ; Ailes très claires, avec les nervures noires.

Nous avons pris cette espèce dès le mois de Février sur les montagnes de NICE ; elle varie beaucoup pour la taille ; elle se distingue surtout à ses teintes noir-bleuâtre, avec les lignes et les reflets tout-à-fait blanc-cendré ; les Ailes sont entièrement claires, même à la base.

1744. = N° 42. ✶ MYOPHORA SILVATICA, R.-D. *Sp. ined.*

♂. Nigra, cinereo-grisescente valde irrorata, lineata et tessellata. Ano nigro-nitido. Halteres albo-flavescentes ; Alæ sublimpidæ, basi flavescente.

Long. 3-4 lignes.

MALE : Frontaux, Antennes, Palpes et Pattes noirs ; Frontaux d'un brun-argenté ; Face argentée : Barbe blanche ; derrière de la Tête brun-cendré. Corselet noir, fortement arrosé et rayé de cendré-grisâtre ou de cendré. Abdomen noir, légèrement luisant sur le dos, avec des reflets noirs et des reflets cendré-grisâtre ou simplement cendrés ; Anus noir-luisant. Balanciers blanc-jaunâtre : Cuillerons blancs ; Ailes claires, avec la base flavescente et les nervures brunâtres.

Nous avons rencontré les MALES de cette espèce en abondance dans un bois, à NICE, sur les fleurs de l'EUPHORBIA CYPARISSIAS, L., au mois de Mars. Les individus de petite taille sont ordinairement cendrés, presque sans teintes grisâtres.

1745. = N° 43. ✶ MYOPHORA INTEGRA, R.-D. *Sp. ined.*

♂. Nigra, cinereo-griseo irrorata, lineata et tessellata; Frontalibus fuscis; Fronte Facieque fusco-subgriseis. Alæ limpidæ, nervis nigris.

Long. 3 lignes.

MALE : Frontaux bruns : côtés du Front brun-cendré-grisâtre ; Face d'un brun-cendré ; Antennes, Palpes et Pattes noirs ; Barbe blanche; Yeux rouges ; derrière de la Tête cendré-grisâtre. Corselet noir, fortement saupoudré et rayé de cendré-gris. Abdomen un peu luisant sur le dos, avec des reflets noirs et des reflets gris-soyeux : Anus noir-luisant. Balanciers d'un jaunâtre-obscur : Cuillerons blancs ; Ailes claires, avec les nervures noires.

Nous avons pris cette espèce au mois de Mars sur les fleurs de l'EUPHORBIA CYPARISSIAS, L., dans un bois, à NICE.

1746. = N° 44. ✶ MYOPHORA FUSCIFACIES, R.-D. *Sp. ined.*

♂. Nigra, griseo irrorata, lineata et tessellata ; Frontis lateribus Facieque fuscis. Abdomen dorso subnitente. Alæ limpidæ, nervis nigris.

Long. 2 1/2-3 lignes.

MALE : Frontaux bruns ; Antennes, Trompe, Palpes et Pattes noirs ; côtés du Front et Face noirs, à peine légèrement cendrés. Corselet noir, saupoudré et rayé de grisâtre. Abdomen luisant sur le dos, avec des reflets noirs et des reflets gris ; Anus noir-brillant. Balanciers et Cuillerons blanchâtres ; Ailes claires, avec les nervures noires.

Nous avons pris cette espèce au mois de Mars, sur les fleurs de l'EUPHORBIA CYPARISSIAS, L., dans un bois, à NICE.

1747. = N° 45. ✶ MYOPHORA NITENS, R.-D. *Sp. ined.*

♀. Nigra, subnitens ; Abdominis dorso paulisper subcuprescente.

Thorax lineis, Abdomen tessellis albidis, leviter subardeaceis. Alæ limpidæ.

♀. Similis; Facie lateribus cinereis.

Long. 2 3/4-3 lignes.

MALE : Frontaux bruns : côtés du Front cendré-ardoisé; Face cendré-argenté; derrière de la Tête brun-cendré; Antennes, Palpes, Anus et Pattes noirs. Corselet noir, saupoudré et rayé de blanc légèrement ardoisé. Abdomen noir, avec les reflets cendré-blanc très légèrement ardoisé; le dos est d'une teinte luisante légèrement bronzée. Balanciers d'un brun-rougeâtre-obscur : Cuillerons blancs; Ailes tout-à-fait claires, avec la base à peine un peu obscure, et les nervures noires.

FEMELLE : Semblable; côtés de la Face cendré-blanc.

Nous avons pris cette espèce dès le mois de Février sur les montagnes de NICE. Par l'ensemble de ses caractères et par les teintes bronzées du Corps, elle se rapproche du *Myoph. montana*, également pris à NICE.

332. — IX. Genre HARTIGIE.
IX. *Genus HARTIGIA*, R.-D.

CHÈTE allongé; FRONT des Mâles large.

TIBIAS postérieurs des Mâles non arqués ni villifères.

Le RAYON B garni de CILS épineux le long des Cellules γ et δ; le RAYON D garni de CILS épineux tout le long de la Cellule β.

CHETUM elongatum; FRONS in ♂ latior.

TIBIÆ posteriores in ♂ nec arcuatæ nec villiferæ.

RADIUS B Alarum CILIIS spinosis munitus secundum Cellulas γ et δ; RADIUS D spinosus secundum Cellulam β.

TYPUS : *Hartigia concolor*, R.-D.

1748. — N° 1. HARTIGIA STRENUA, R.-D. *Sp. ined.*

♀. Nigra, lineis tessellisque cinereis; Facie albide-cinerea; Frontalibus, Antennis, Palpis, Pedibus nigris; Cheti intervallo medianeo albescente. Calyptis albis; Alis limpidis, basi subflavescente, duobus nervis longitudinalibus fuscis duobusque flavescentibus.

Long. 5 lignes.

FEMELLE : Corps noir, avec les lignes et les reflets cendrés; côtés du Front brun-cendré; Face cendrée; Frontaux; Antennes, Palpes et Pattes noirs; intervalle médian du Chète blanchâtre. Balanciers obscurs : Cuillerons blancs; Ailes claires, n'ayant qu'une légère teinte jaunâtre à la base, avec deux nervures longitudinales brunes et deux nervures flavescentes.

Nous ne connaissons que la Femelle de cette espèce prise au mois d'Août.

1749. — N° 2. HARTIGIA SISTORIA, R.-D. *Sp. ined.*

♂ et ♀. Similis H. STRENUÆ; minor; Abdomen tessellis flavescentibus aut cinereo-flavescentibus.

Long. 4-4 lignes 1/2.

MALE et FEMELLE : Semblable à l'*H. strenua;* les reflets de l'Abdomen sont d'un cendré-flavescent.

Nous possédons les deux sexes de cette espèce trouvée au mois de Juillet.

1750. — N° 3. HARTIGIA FLAVESCENS, R.-D. *Sp. ined.*

♂ et ♀. Fronte Facieque flavescentibus; Frontalibus, Antennis, Palpis, Pedibus nigris. Thorax niger, lineis flavescentibus. Abdomen nigro-nitens, tessellis subaureis; Ano nigro. Calyptis flavescentibus; Alis sublimpidis.

Long. 3-3 lignes 1/2.

MALE et FEMELLE : Côtés du Front et Face flavescents;

Frontaux, Antennes, Palpes et Pattes noirs; Barbe cendrée. Corselet noir, avec des lignes flavescentes. Abdomen noir-luisant, avec des reflets flavescent-doré; Anus noir. Balanciers obscurs : Cuillerons flavescents; disque des Ailes assez clair.

On trouve cette espèce en Eté.

1751. — N° 4. Hartigia opaca, R.-D. *Sp. ined.*

♂. Frontalibus fusco-rubentibus; Antennis, Palpis, Pedibus, Anoque nigris; Facie argentea. Thorax niger, opacus, cinereo lineatus et irroratus. Abdomen nigrum, opacum, tessellis cinereis. Halteribus obscuris : Calyptis subalbis; Alis sublimpidis levi fuligine lavatis.

Long. 3 lignes.

Male : Frontaux brun-rougeâtre; Antennes, Palpes, Anus et Pattes noirs; côtés du Front brun-argenté; Face argentée. Corselet noir-mat, rayé et saupoudré de cendré. Abdomen noir opaque, avec les reflets cendrés. Balanciers obscurs : Cuillerons blancs, avec le pourtour obscur; Ailes légèrement fuligineuses.

Nous ne possédons que le Mâle de cette espèce prise en Automne.

1752. — N° 5. Hartigia concolor, R.-D. *Sp. ined.*

♂. Frontalibus, Antennis, Palpis, Pedibus, Anoque nigris; Facie argentea. Thorax niger, nitens, cinereo-albido lineatus et irroratus. Abdomen nigrum, nitens, subolivaceum, tessellis albidis. Halteribus obscuris : Calyptis albis; Alis sublimpidis.

♀. Similis; tessellis albidis, non flavescentibus.

Long. 3 lignes.

Male : Frontaux, Antennes, Trompe, Palpes, Anus et Pattes noirs; côtés du Front brun-argenté; Face argentée.

Corselet noir-luisant, rayé et saupoudré de blanc-cendré. Abdomen noir-luisant et légèrement olivâtre, avec les reflets blancs. Balanciers obscurs : Cuillerons blancs; Ailes claires, n'offrant qu'une légère teinte flavescente.

Femelle : Semblable ; reflets de l'Abdomen blanc-cendré et non flavescents.

On trouve cette espèce en Automne.

1753. — N° 6. Hartigia claripennis, R. D. *Sp. ined.*

♂. Nigra, nitens; Abdomine æenescente, lineis tessellisque cinereis. Alis limpidis, basi vix flavescente.

♀. Similis; Alis absolute limpidis.

Long. 3-3 lignes 1/4.

Male : Face albide; Frontaux, Antennes, Palpes et Pattes noirs. Corps noir-luisant et même un peu bronzé sur l'Abdomen, avec les lignes et les reflets blanc-cendré. Cuillerons blancs ; Ailes claires, n'ayant qu'une très-légère teinte flavescente à la base.

Femelle : Noir-luisant, avec les lignes et les reflets cendrés ; Ailes tout-à-fait claires.

Nous croyons posséder les deux sexes de cette espèce, mais le Mâle n'est pas certain ; le nom spécifique appartient donc à la Femelle. On la trouve en Eté.

1754. — N° 7. Hartigia villana, R.-D. *Sp. ined.*

♂. Frontis lateribus cinereis ; Facie albida ; Frontalibus, Antennis, Palpis, Pedibus nigris. Thorax niger, lineis cinereo-subgriseis. Abdomen nigrum, subnitens, tessellis cinereis. Halteribus flavescentibus : Calyptis sub albis ; Alis subflavescentibus, nervis flavescentibus.

Long. 3 lignes 1|2.

Male : Côtés du Front cendrés; Face albide; Frontaux, Antennes, Palpes et Pattes noirs. Corselet noir-luisant, avec des lignes cendré-grisâtre. Abdomen noir un peu luisant, avec des reflets cendrés. Balanciers jaunâtres : Cuillerons blanchâtres; Ailes à disque flavescent, avec les nervures jaunâtres.

Nous ne connaissons que le Mâle de cette espèce prise au mois de Juillet.

1755. — N° 8. Hartigia myoïdea, R.-D. *Sp. ined.*

♂. Nigra, nitens, lineis tessellisque albidis; Frontis lateribus bruneo-cinereis; Facie albicante; Frontalibus, Antennis, Palpis, Pedibus nigris. Calyptis subalbis; Alis limpidis, basi subfuscescente.

♀. Similis; Alæ paulo limpidiores.

Long. 2 1/2-3 lignes.

Male : Côtés du Front brun-argenté; Face argentée; Frontaux, Antennes, Palpes et Pattes noirs. Corps noir-luisant, avec les lignes et les reflets blanc-cendré. Balanciers couleur de rouille : Cuillerons blanchâtres; Ailes claires, mais brunissant vers la base et le long de la côte.

Femelle : Semblable; Ailes un peu plus claires.

1756. — N° 9. Hartigia grisella, R.-D. *Sp. ined.*

♂. Cylindriformis, nigra, nitens, lineis, tessellisque cinereo-subgriseis aut cinereo-flavescentibus; Facie cinereo-grisescente; Frontalibus, Antennis, Palpis, Pedibus nigris. Calyptis albide-subflavescentibus; Alis limpidis, ad quamdam lucem brunescentibus.

Long. 2 lignes 2/3.

Male : Cylindriforme, noir, avec des reflets cendré-gris ou cendré-flavescent; côtés du Front et Face cendré-grisâtre;

Frontaux, Antennes, Palpes et Pattes noirs. Cuillerons d'un blanc un peu jaunâtre; Ailes à disque hyalin, mais brunissant à une certaine lumière.

Nous ne connaissons que le Mâle de cette espèce prise au mois d'Août.

1757. — N° 10. HARTIGIA OBSCURIPENNIS, R.-D.

Myophora obscuripennis : Rob. Desv.-*Myod.*, p. 359, n° 75.

♂ et ♀. Nigra, subnitens, lineis, tessellisque cinereis; Facie albida; Frontalibus, Antennis, Palpis, Ano, Pedibusque nigris. Calyptis subalbidis; Alis subinfuscatis.

Long. 2 1/2-3 lignes.

MALE et FEMELLE : Corps noir un peu luisant, avec les lignes et les reflets cendrés; Face albide; Frontaux, Antennes, Palpes, Anus et Pattes noirs. Cuillerons blanchâtres; Ailes à disque brunâtre.

On trouve cette espèce en Eté.

1758. — N° 11. HARTIGIA SOCIA, R.-D. *Sp. ined.*

♀. Nigra, lineis et tessellis cinereo-flavescentibus; Fronte Facieque griseo-cinereis; Antennis, Palpis, Pedibus, Anoque nigris. Calyptis albidis; Alis infuscatis.

Long. 2 lignes.

FEMELLE : Corps noir un peu luisant, avec des lignes et des reflets cendré-flavescent; Front et Face gris-cendré; Frontaux, Antennes, Palpes, Anus et Pattes noirs. Balanciers obscurs : Cuillerons blancs; Ailes enfumées.

Nous ne connaissons que la Femelle de cette espèce; c'est peut-être une variété de l'*H. obscuripennis;* elle est plus flavescente, ce qui ne prouverait rien.

1759. — N° 12. Hartigia sordida, R.-D. *Sp ined.*

♀. Nigra; Frontis lateribus Facieque subgriseis; Frontalibus, Antennis, Palpis, Pedibus nigris; Cheto vix villoso. Thorax lineis griseo-pulverulentis. Abdomen subnitens, tessellis cinereis, obscure fuscescentibus. Calyptis subalbis; Alis disco squalide fuliginoso, nervis rubescentibus.

Long. 4-4 lignes 1/3.

Femelle : Côtés du Front brun-grisâtre; Face grisâtre; Frontaux, Antennes, Palpes et Pattes noirs; Chète à peine villeux, avec sa partie apicale d'un blanc-fauve. Corps noir un peu mat, avec des lignes d'un gris un peu brun sur le Corselet et avec des reflets cendré-brun-obscur sur l'Abdomen. Balanciers jaunâtres : Cuillerons blanchâtres; Ailes sales, avec les nervures rougeâtres.

Nous ne connaissons que la Femelle de cette espèce prise au mois d'Août. Semblable à l'*H. tristis*, elle est plus forte, avec les reflets de l'Abdomen plus obscurs et la Face comme flavescente et non albide.

1760. — N° 13. Hartigia tristis, R.-D. *Sp. ined.*

♂. Facie cinerea; Frontalibus, Antennis, Palpis, Pedibus nigris. Thorax niger, lineis griseo-pulverulentis. Abdomen nigrum, subnitens, tessellis subgriseis. Calyptis subalbis; Alis disco squalide fuliginoso, nervis fulvescentibus.

♀. Similis; lineis tessellisque paululo magis cinereis.

Long. 4 lignes.

Male : Côtés du Front d'un brun-gris; Face d'un gris-cendré; Frontaux, Antennes, Palpes et Pattes noirs; Chète villosule, noir, avec l'intervalle médian brun-fauve. Corselet noir, avec des lignes d'un gris un peu brun. Abdomen noir un peu luisant, avec des reflets gris ou grisâtres. Balanciers jaunâtres : Cuillerons blanchâtres ; Ailes à disque d'un jaunâtre sale, avec les nervures flavescentes.

FEMELLE : Semblable ; les lignes et les reflets un peu plus cendrés.

Nous avons pris cette espèce au mois de Juillet.

1761. — N° 14. HARTIGIA FUSCIPENNIS, R.-D. *Sp. ined.*

♂. Facie fusco-cinerea ; Frontalibus, Antennis, Palpis, Pedibus nigris. Thorax niger, lineis cinereo-subbruneis. Abdomen nigrum, subnitens, tessellis obscure cinereis. Calyptis albis ; Alis sordide fuliginosis.

♀. Nigra, lineis, tessellisque griseo-brunicosis aut cinereo-brunicosis ; Frontis lateribus fusco-griseis.

Long. 2 lignes 2/3.

MALE : Côtés du Front cendrés ; Face brun-albide ; Frontaux, Antennes, Palpes et Pattes noirs. Corps noir, avec des lignes d'un cendré-brunâtre. Abdomen noir un peu luisant, avec des reflets cendré peu prononcé. Cuillerons blancs ; Ailes d'un fuligineux sale.

FEMELLE : Un peu plus forte ; Corps noir-mat, avec les lignes et les reflets gris-brun ou cendré-brun ; côtés du Front brun-gris ; Face grise.

On trouve cette espèce en Eté.

1762. — N° 15. HARTIGIA DESPECTA, R.-D.

Phorella despecta : Rob. Desv.-*Myod.*, p. 363, n° 5.

♀. Nigra, subnitens, lineis tessellisque obscure cinereo-grisescentibus; Fronte Facieque fuscis; Antennis, Palpis, Ano, Pedibusque nigris. Alis leviter fuliginosis.

♂. Similis; minor.

Long. 2-3 lignes.

Femelle : Corps noir un peu luisant, avec les lignes et les reflets d'un cendré-grisâtre-obscur; Front et Face noirâtres; Antennes, Palpes, Anus et Pattes noirs. Cuillerons blancs; Ailes ayant une légère teinte fuligineuse.

Male : Semblable; un peu plus petit.

On trouve cette espèce en Eté.

1763. — N° 16. Hartigia tenella, R.-D. *Sp. ined.*

♂ et ♀. Nigra, nitens, lineis obscure cinereis, tessellisque cinereo-subgriseis; Facie albicante; Frontalibus, Antennis, Palpis, Pedibus, Anoque nigris. Calyptis albidis; Alis limpidis.

Long. 1 ligne 1/2.

Male et Femelle : Corps noir-luisant, avec des lignes cendrées sur le Corselet et des reflets cendré-flavescent sur l'Abdomen. Face albicante; Frontaux, Antennes, Palpes, Anus et Pattes noirs. Cuillerons blancs; Ailes claires.

Cette espèce paraît être rare.

1764. — N° 17. Hartigia lugubris, R.-D. *Sp. ined.*

♀. Frontalibus, Antennis, Palpis, Pedibus, Anoque nigris. Thorax niger, cinereo-grisescente lineatus et irroratus. Abdomen nigro-cæsium, nitens, tessellis subcinereis. Halteribus obscuris : Calyptis albis; Alis sordidis.

Long. 2 lignes.

Femelle : Frontaux, Antennes, Trompe, Palpes, Anus et

Pattes noirs. Corselet noir, rayé et saupoudré de cendré-grisâtre. Abdomen noir-bleuâtre assez luisant, avec les reflets cendrés. Balanciers obscurs : Cuillerons blancs; Ailes sales.

Nous ne possédons que la Femelle de cette espèce prise en Eté.

333. — X. Genre PHORELLE.
X. *Genus PHORELLA*, R.-D.

Phorella : Rob. Desv.

Caractères des Myophores; Chète allongé, presque nu; Front large sur le Mâle; Cils du Front entrecroisés les uns dans les autres.

Gen. Myophoræ characteres; Chetum elongatum, fere nudum; Frons in ♂ lata, Ciliis frontalibus serie non dispositis.

Typus : *Phorella arvensis*, R.-D.

Les Phorelles s'éloignent très-peu des Myophores et des Sarcophages. La quantité considérable d'espèces renfermées dans cette tribu nous fait un devoir de ne négliger aucun des caractères qui peuvent en faciliter la distinction.

1765. — N° 1. Phorella arvensis, R.-D.

♂ *Phorella florum :* Rob. Desv.-*Myod.*, p. 362, n° 2.
♀ — *arvensis :* Rob. Desv.-*Myod.*, p. 362, n° 1.
♂ *Sarcophaga arvensis :* Macq.-*Buff.* II, p. 228, n° 24.

♂. Nigro-cæsia, nitens, lineis tessellisque cinereo-albidis; Facie fusco-albida; Antennis, Pedibus nigris: Palpis nigris, aut nigro-flavescentibus; Epistomate albo aut albescente. Halteribus fuscis : Calyptis albis; Alis limpidis, basi sordidiuscula.

♀. Paulo major.

Long. 4-4 lignes 1/2.

Male : Corps noir-luisant; Frontaux, Antennes et Pattes noirs; Palpes noirs ou d'un brun-fauve; côtés du Front et Face d'un brun-albide. Epistôme blanc ou blanchâtre. Lignes cendré-albide sur le Corselet. Les reflets de l'Abdomen sont cendré-albide et disposés sur trois lignes transversales. Balanciers bruns : Cuillerons blancs; Ailes assez claires, avec la base un peu sale.

Femelle : Un peu plus forte et d'un aspect un peu plus gris.

On trouve cette espèce en Eté.

1766. — N° 2. Phorella squalida, R.-D.

Phorella squalida : Rob. Desv.-*Myod.*, p. 362, n° 3.

Comme nous ne possédons plus que des débris de cette espèce, nous copions notre description primitive.

« ♂. Simillima Ph. arvensi; Nigra-atrata, lineis et tessellis obscu-
» rioribus. Alis subfuscis. »

« Long. 5 lignes.

« **Male** : Tout le Corps d'un noir-âtre un peu luisant, avec
« des lignes et des reflets cendré peu prononcé; Face pres-
« que brune. Anus noir. Ailes obscures ou un peu sales.

« J'ai trouvé cette rare espèce à Saint-Sauveur. »

1767. — N° 3. Phorella pauperata, R.-D. *Sp. ined.*

♂. Nigricans, subnitens, lineis, tessellisque fusco-grisescentibus; Fronte fusco-cinerea; Facie cinerea; Frontalibus, Antennis, Palpis, Ano, Pedibus nigris. Halteribus æruginosis : Calyptis subalbidis; Alæ basi squalida.

Long. 3 lignes.

Male : Côtés du Front brun-cendré ; Face cendrée ; Frontaux, Antennes, Palpes, Anus et Pattes noirs ; Barbe cendrée. Corps noir, avec des lignes et des reflets brun-grisâtre et d'un aspect triste. Les Tibias postérieurs n'ont que quelques poils noirs. Balanciers couleur de rouille : Cuillerons blanchâtres ; Ailes à base sale.

Nous ne connaissons que le Mâle de cette espèce.

1768. — No 4. Phorella fulvipalpis, R.-D. *Sp. ined.*

♂. Nigro-cæsia, lineis, tessellis, Facie cinereo-ardeaceis ; Frontalibus, Antennis, Pedibus nigris ; Palpis fulvis. Halteribus fusco-obscuris. Calyptis albis ; Alis subinfuscatis.

Long. 4 lignes.

Male : Côtés du Front et Face brun-cendré-ardoisé ; Frontaux, Antennes et Pattes noirs ; Palpes fauves. Corps noir de pruneau, avec les lignes et les reflets d'un cendré-ardoisé. Balanciers obscurs : Cuillerons blancs ; Ailes brunâtres.

Nous ne connaissons que le Mâle de cette espèce trouvée en Eté.

1769. — No 5. Phorella labialis, R.-D. *Sp. ined.*

♂. Cæsia, nitens, lineis, tessellisque cinereis ; Frontis lateribus cinereo-ardeaceis ; Facie albida ; Epistomate albo ; Frontalibus ; Antennis, Palpis, Pedibus nigris. Calyptis albis ; Alis sublimpidis.

Long. 3 lignes.

Male : Côtés du Front brun-cendré ardoisé ; Face albide ; Epistôme blanc ; Frontaux, Antennes, Palpes et Pattes noirs. Corps bleu de pruneau luisant, avec des lignes et des reflets blanc-cendré. Balanciers bruns : Cuillerons blancs ; Ailes claires.

Nous ne connaissons que le Mâle de cette espèce prise au mois de Mai.

1770. — N° 6. PHORELLA MUSCARIA, R.-D. *Sp. ined.*

♂ et ♀ : Cylindrica; Chetum villosum; Frons fusco-cinerea; Facie cinerea; Antennis, Palpis, Pedibus nigris. Thorax niger, cinereo lineatus et irroratus. Abdomen æneo-viridescente metallicum, tessellis albis. Calyptis albidis; Alis sublimpidis.

Long. 3 lignes.

MALE et FEMELLE : Cylindrique; côtés du Front brun-cendré; Face cendrée; Frontaux, Antennes, Palpes et Pattes noirs; Barbe cendrée. Corselet noir, rayé et saupoudré de cendré. Abdomen bronzé-verdâtre-métallique, avec des reflets cendrés. Balanciers couleur de rouille : Cuillerons blancs; Ailes assez claires.

Nous avons pris cette espèce sur l'écorce des chênes en Eté; les individus ont le Chète villosule.

1771. — N° 7. PHORELLA MINUTA, R.-D. *Sp. ined.*

♂. Nigra, nitens, lineis cinereo-obscuris, tessellisque cinereo-subgriseis; Frontis lateribus fusco-cinereis; Facie albida; Frontalibus, Antennis, Palpis, Pedibus, Anoque nigris. Calyptis subalbidis; Alis limpidis.

Long. 1 1/2-2 lignes.

MALE : Côtés du Front brun-cendré; Face albide; Frontaux, Antennes, Palpes et Pattes noirs. Corps noir assez luisant, avec des lignes cendré-obscur sur le Corselet et des reflets cendré-grisâtre sur l'Abdomen. Cuillerons blanchâtres; Ailes assez claires.

Nous ne connaissons que le Mâle de cette espèce trouvée en Eté.

1772. — N° 8. Phorella atrata, R.-D.

Phorella atrata : Rob. Desv.-*Myod.*, p. 363, n° 4.

♀. Atra, nitens, lineis, tessellisque subcinereis; Facie nigro-infuscata; Fronte, Antennis, Palpis, Pedibus nigris. Alis subfuscis.

Long. 4 lignes 1/2.

Femelle : Front noir; Face d'un noir-brun; Frontaux, Antennes, Palpes et Pattes noirs. Corselet noir-luisant, avec des lignes cendrées peu prononcées. Abdomen noir-luisant, avec des reflets cendrés peu prononcés. Balanciers d'un brun-ferrugineux; Ailes fuligineuses.

Nous ne connaissons que la Femelle de cette espèce.

334. — XI. Genre ONÉSIE.
XI. *Genus ONESIA*, R.-D.

Onesia : Rob. Desv.-Macq.-Rond.
Musca : Meig.-Fabr.

Antennes descendant presqu'à l'Epistôme; le second article onguiculé, le troisième plus long et prismatique; Chète plumeux ou plumosule; les Interantennaires assez développés; Epistome un peu saillant, en carré ou plutôt un peu triangulaire.

Abdomen ovalaire, à segments garnis de Cils assez courts, avec des teintes plus ou moins métalliques; Anus des Mâles replié en dessous, mais peu développé.

Cellule γ C ouverte presque au sommet de l'Aile, avec sa nervure transversale presque droite et quelquefois droite.

Femelles vivipares.

Antennæ fere ad Epistoma porrectæ, secundo articulo unguiculato, tertio longiore, prismatico; Chetum plumosum aut plumosulum; Inter-

ANTENNARIA manifesta; EPISTOMA prominulum, quadratum, potiusve subtriangulare. Abdomen ovatum, ciliis brevibus in segmentis munitum, coloribus plus minusve metallicis ornatum; ANUS ♂ subtus recurvus, non inflatus.

CELLULA γ C versus Alæ apicem aperta, nervo transverso fere recto.

Feminæ viviparæ.

Le port, les teintes et les habitudes indiquent que ces insectes devraient appartenir à la tribu des MUSCIDES plutôt qu'à celle des THÉRAMYDES, dont elles diffèrent essentiellement par l'Anus moins développé sur les Mâles et par la rectitude de la Cellule γ C de l'Aile; mais il est certain que les Femelles sont vivipares (1). D'ailleurs, ces espèces possèdent la plupart des caractères assignés aux THÉRAMYDES; elles sont nombreuses en individus, et on les trouve de préférence sur les fleurs des lieux humides, sur les végétaux pourris et souvent sur les ordures.

Comme nous l'avons déjà rappelé, Geoffroy avait reconnu le viviparisme d'une espèce; nous l'avons constaté sur la plupart des espèces décrites aujourd'hui; elles contiennent une quantité prodigieuse de larves.

1773. — N° 1. ONESIA FLORALIS, R.-D.

Onesia floralis : Rob. Desv.-*Myod.*, p. 366, n° 1.
— — Macq.-*Buff.* II, p. 234, n° 1.

♂ et ♀. Chetum plumosum; Medianeis rubris; Palpis pallidis.

---

(1) Le docteur Desvoidy a eu un instant l'idée de subdiviser ce genre et d'en faire une tribu intermédiaire entre les THÉRAMIDES et les MUSCIDES; mais il n'a pas donné suite à son projet, et nous n'avons pas retrouvé dans ses notes les caractères qu'il comptait assigner à sa nouvelle tribu, ainsi qu'aux genres THELESINA et MARSILIA qui devaient subdiviser le genre ONESIA.

Thorax cæsius, cinereo vix irroratus. Abdomen viride-æneum, cinereo irroratum et tessellatum. Alæ limpidæ, basi leviter fuliginosa in ♂.

Long. 5-5 lignes 1/2.

Male et Femelle : Chète plumeux ; Antennes, Face, côtés du Front, Anus et Pattes noirs ; Médians rougeâtres ; Palpes jaunâtres. Corselet noir de pruneau, légèrement saupoudré de cendré. Abdomen verdoyant-métallique, parsemé d'un cendré assez clair. Cuillerons un peu bruns ; Ailes à disque assez clair, mais à base un peu sale ; celles du Mâles sont un peu lavées de fuligineux.

Cette espèce n'est pas rare sur les fleurs des prairies ; on la rencontre dans toute la France.

1774. — N° 2. Onesia riparia, R.-D.

Onesia riparia : Rob. Desv.-*Myod.*, p. 366, n° 2.

♂ et ♀. Similis O. florali ; Facie brunicante. Thorax lineis paulo magis cinereis. Abdomen viride æquoreum, cinereo irroratum. Alis minus claris.

Long. 5-5 lignes 1/2.

Male et Femelle : Assez semblable à l'*O. floralis* ; souvent un peu plus grosse ; Chète un peu moins plumeux ; Face d'un brun un peu albicant ; Palpes pâles. Les lignes du Corselet sont d'un cendré un peu plus prononcé. Abdomen vert d'eau métallique, avec un léger duvet cendré et à reflets. Le disque des Ailes un peu plus sale sur les deux sexes, ce qui distingue d'abord cette espèce de l'*O. floralis*.

On rencontre cette espèce parmi les plantes humides et littorales.

1775. — N° 3. Onesia claripennis, R.-D.

Onesia claripennis : Rob. Desv.-*Myod.*, p. 367, n° 3.
— — Macq.-*Buff.* II, p. 234, n° 2.

♀. Simillima O. FLORALI; paulo minor. Calyptis albis.

Long. 4-4 lignes 1/2.

FEMELLE : Semblable à l'*O. floralis;* elle en diffère par des proportions moins grandes, des Cuillerons blancs et non brunâtres, et des Ailes claires, la base exceptée.

Je l'ai souvent rencontrée en Automne sur les feuilles du lierre, mais je ne connais que les Femelles.

1776. — N° 4. ONESIA VIARUM, R.-D.

Onesia viarum : Rob. Desv.-*Myod.*, p. 367, n° 4.
— — Macq.-*Buff.* II, p. 234, n° 3.

♂ et ♀. Chetum plumosulum. Thorax nigro-nitens, vix cinereo lineatus. Abdomen viridi-metallicum, cinereo vix tessellans. Alæ squalidæ.

Long. 3 lignes.

MALE et FEMELLE : Chète plumosule; Face d'un noir un peu albescent ou un peu flavescent; Palpes pâles. Corselet noir-luisant, légèrement rayé de cendré. Abdomen d'un beau vert métallique qui tire parfois sur le vert d'eau, avec un léger duvet cendré à reflets. Cuillerons des Femelles blancs, ceux des Mâles un peu obscurs; Ailes, surtout celles du Mâle, un peu sales.

Cette espèce est très-commune au Printemps le long des chemins, sur les écorces des arbres et même sur les excréments.

1777. — N° 5. ONESIA VULGARIS, R.-D.

Onesia vulgaris : Rob. Desv.-*Myod.*, p. 367, n° 5.

♂ et ♀. Simillima O. VIARUM; Abdomen viride æneo-azurescens.

Long. 3-5 lignes.

MALE et FEMELLE : Tout-à-fait semblable à l'*O. viarum;* peut-être un peu plus petite; elle s'en distingue par son Abdomen d'un vert bronzé un peu azuré; l'Abdomen de l'*O. viarum* est plutôt un peu cuivreux. Quoique très-voisines, ces espèces sont bien distinctes, et M. Macquart a eu tort, selon nous, de les réunir.

La taille varie beaucoup.

Cette espèce, comme la précédente, est très-commune; elle se trouve principalement sur les fleurs des prés, des lieux humides et des bois.

1778. — N° 6. ONESIA CUPREA, R.-D.

Onesia cuprea : Rob. Desv.-*Myod.*, p. 368, n° 6.

♀. Statura M. DOMESTICÆ; Abdomen viride-cupreum vix cinereo-sparsum. Alis subobscuris.

Long. 3 lignes.

FEMELLE : Taille du *Musca domestica;* Face d'un noir un peu albide. Corselet noir, un peu rayé de cendré. Abdomen d'un vert cuivreux, à peine un peu arrosé de cendré chatoyant. Cuillerons blancs; Ailes obscures.

Nous avons trouvé cet insecte à Saint-Sauveur.

1779. — N° 7. ONESIA LEPIDA, R.-D.

Onesia lepida : Rob. Desv.-*Myod.*, p. 368, n° 7.

♂ et ♀. Abdomen viridulum, subcyanescens, cinereo subirroratum et tessellans. Alis basi obscuris.

Long. 3 lignes.

MALE et FEMELLE : Corselet bleu de pruneau, avec des lignes d'un cendré-obscur. Abdomen d'un verdoyant-métallique et garni d'un léger duvet cendré et chatoyant. Cuillerons assez clairs ; Ailes obscures à la base et le long de la côte.

On trouve cette espèce parmi les fleurs des prairies.

1780. — No 8. ONESIA VIRIDI-CYANEA, R.-D.

Onesia viridi-cyanea : Rob. Desv.-*Myod.*, p. 368, no 8.

♂ et ♀. Facies obscura. Abdomen viridi-cyaneum, cinereo irroratum. Alæ sublimpidæ.

Long. 2 lignes 1/2.

MALE et FEMELLE : Face d'un brun-obscur. Corselet noir de pruneau, avec un peu de cendré-obscur. Abdomen d'un vert-cyané, avec des reflets légers et cendrés. Ailes claires, à base un peu obscure. Le Mâle a l'Abdomen un peu plus brillant et les Ailes un peu plus obscures.

On trouve, mais rarement, cette espèce parmi les fleurs des prairies.

1781. — No 9. ONESIA VIRIDULA, R.-D.

Onesia viridula : Rob. Desv.-*Myod.*, p. 369, no 9.

♀. Thorax cæsius. Abdomen viride æquoreum. Alis subobscuris.

Long. 2 lignes.

FEMELLE : Face noirâtre. Corselet bleu de pruneau. Abdomen vert d'eau luisant. Ailes un peu noirâtres.

Je n'ai jamais pris qu'un seul individu de cette petite espèce trouvée à Saint-Sauveur.

1782. — No 10. ONESIA TESSELLATA, R.-D.

Onesia tessellata : Rob. Desv.-*Myod.*, p. 369, no 10.

♂. Parva ; Thorax cœsius. Abdomen viride, tessellis cinereis. Alis limpidis.

Long. 1 ligne 2/3.

MALE : Face noire, avec un peu de blanc. Corselet bleu de pruneau. Abdomen d'un vert brillant et garni de reflets cendrés. Ailes claires.

Je ne possède qu'un individu de cette petite espèce trouvée à Saint-Sauveur parmi les herbes d'un endroit sablonneux.

1783. — N° 11. ONESIA VIRIDULANS, R.-D.

Onesia viridulans : Rob. Desv.-*Myod.*, p. 369, n° 11.

♀. Statura O. VIRIDI-CYANEÆ ; Facie albicante. Abdomine viridi-aurulante, tessellis cinereis. Alis subobscuris.

Long. 2 lignes 1/2.

FEMELLE : Taille de l'*O. viridi-cyanea*; Face albicante. Corselet d'un noir-brun. Abdomen d'un beau vert-doré, avec de légers reflets cendrés. Ailes un peu obscures.

J'ai trouvé cette espèce sur les fleurs du CALTHA PALUSTRIS, L..

1784. — N° 12. ONESIA CÆRULEA, R.-D.

Onesia cærulea : Rob. Desv.-*Myod.*, p. 369, n° 12.
— — Macq.-*Buff.* II, p. 234, n° 5.

♂ et ♀. Facies bruneo-albicans ; Palpis pallidis. Thorax cæsius, cinereo lineatus. Abdomen cæruleum, tessellis cinereis. Alæ limpidæ, basi sordida.

Long. 5-6 lignes.

MALE et FEMELLE : Face d'un blanc un peu albide; Palpes pâles ; Médians rougeâtres. Corselet bleu de pruneau, avec des lignes cendrées. Abdomen bleu de ciel, avec de légers reflets cendrés. Cuillerons blancs ; Ailes claires, à base un peu sale.

J'ai rencontré cette espèce à Paris et à Saint-Sauveur, où j'ai trouvé une variété plus petite.

1785. — N° 13. ONESIA PROMPTA, R.-D.

Onesia prompta : Rob. Desv.-*Myod.*, p. 370, n° 13.

♂. Facies nigricans. Thorax cæsius. Abdomen cyaneo-subviridescens, tessellis cinereis. Calyptis, Alisque subfuscanis.

Long. 4 lignes.

MALE : Face noirâtre. Corselet bleu de pruneau, un peu rayé de cendré. Abdomen d'un bleu de ciel un peu verdoyant, avec de légers reflets cendrés. Cuillerons et Ailes un peu noirâtres.

J'ai trouvé cette espèce à Saint-Sauveur.

1786. — N° 14. ONESIA VELOX, R.-D.

Onesia velox : Rob. Desv.-*Myod.*, p. 371, n° 14.

♂. Simillima O. PROMPTÆ ; paulo minor. Abdomen cyaneo-viride. Alæ disco limpidiore.

Long. 3 lignes.

MALE : Semblable à l'*O. prompta ;* un peu plus petite ; Face d'un noir-albicant. Corselet bleu de pruneau. Abdomen d'un bleu de ciel verdoyant, avec de légers reflets cendrés. Cuillerons blancs ; Ailes à base un peu sale et à disque assez clair.

J'ai trouvé cette espèce à Saint-Sauveur.

1787. — N° 15. ONESIA CYANEA, R.-D.

Onesia cyanea : Rob. Desv.-*Myod.*, p. 370, n° 15.

♂ et ♀. Statura MUSCÆ DOMESTICÆ; Facie obscura. Thorax cæsio-subcyaneus. Abdomen cyaneo-nitens, tessellis cinereis. Alis limpidis.

Long. 3 lignes.

MALE et FEMELLE : Frontaux noirs; Face d'un brun un peu albicant. Corselet bleu de pruneau bien prononcé, à peine saupoudré d'un peu de cendré. Abdomen d'un bleu-cyané luisant et garni de légers reflets cendrés. Cuillerons blancs; Ailes claires, un peu sales à la base.

J'ai trouvé cette espèce à Saint-Sauveur.

1688. — N° 16. ONESIA GENTILIS, R.-D. *Sp. ined.*

♂ et ♀. Affinis O. CYANEÆ; minor. Abdomen cyaneo-cæruleum, vix cinereo tessellans. Alæ subobscuræ.

Long. 2 lignes.

MALE et FEMELLE : Voisine de l'*O. cyanea;* plus petite; Face noirâtre ou d'un noir un peu albicant. Corselet d'un noir-bleu luisant. Abdomen cyané-cérulé, presque sans reflets cendrés. Cuillerons blancs; Ailes un peu obscures.

On trouve cette espèce parmi les plantes humides et littorales.

1789. — N° 17. ONESIA TERES, R.-D. *Sp. ined.*

♀. Frontis et Faciei lateribus albicantibus. Thorax teres, cinereo lineatus et non irroratus. Abdomen viridi-æquoreo subcyanescente, nitido. Calyptis albis.

Long. 2 lignes 1/2.

FEMELLE : Frontaux noirs : côtés du Front et de la Face d'un brun-albicant; Face brune, reflétée de cendré; Médians rougeâtres; Antennes, Pipette et Pattes noirs; Palpes jaune-fauve. Corselet rayé et non saupoudré de cendré. Abdomen vert d'eau luisant, légèrement bleuâtre et paraissant lisse. Balanciers ferrugineux : Cuillerons blancs ; Ailes assez claires.

Je ne connais que la Femelle de cette espèce.

1790. — N° 18. Onesia flavida, R.-D. *Sp. ined.*

♀. Frontis et Faciei lateribus subflavis. Thorax dorso cinereo adsperso et lineato. Abdomen dorso viridi-cyanescente, subtessellato. Calyptarum squama inferiori flavescente.

Long. 2 lignes 2/3.

Femelle : Frontaux noirs : côtés du Front jaunes ou jaunâtres ; Face reflétée de flavescent ; Faciaux d'un rougeâtre-obscur ; Antennes, Pipette et Pattes noirs ; Palpes jaune-pâle. Corselet noir, rayé et saupoudré de cendré. Le premier segment de l'Abdomen noir ; les trois suivants vert-bleu luisant, avec les reflets cendré-bleuâtre. Balanciers jaunes : squame inférieure des Cuillerons jaunâtre ; Ailes assez claires.

Je ne connais que la Femelle de cette espèce.

1791. — N° 19. Onesia festiva, R.-D. *Sp. ined.*

♀. Frontis et Faciei lateribus flavescentibus. Thorax dorso cinereo adsperso. Abdomine viridi-æquoreo subcyanescente nitido, quasi lævigato. Calyptis albis ; Alis sublimpidis.

Long. 3 lignes..

Femelle : Frontaux noirs : côtés du Front et de la Face jaunâtres; Face brune, obscurément reflétée de cendré; Faciaux rougeâtres ; Antennes, Pipette et Pattes noirs ; Palpes jaune-testacé. Corselet noir, saupoudré et rayé de cendré. Le premier segment de l'Abdomen noir-verdâtre ; les trois suivants d'un vert d'eau un peu bleuâtre et luisant et reflets à peine sensibles. Balanciers d'un-pâle-obscur : Cuillerons blancs; Ailes assez claires.

Je ne connais que la Femelle de cette espèce.

1792. — N° 20. ONESIA HILARIS, R.-D. *Sp. ined.*

♂ et ♀. Antennæ, Haustellum, Frontalia, Pedesque nigra; Facies nigra, cinereo tessellata; Medianeis obscure rubescentibus; Palpis fulvis. Thorax niger, cinereo lineatus, Abdominis primo segmento nigro, Alisque viridi-aureo nitidis, tessellisque cyanescentibus. Halteres obscuri : Calypta leviter flavescentia; Alis mediocre claris, basi nigrescente.

Long. 2 1/2-3 lignes 1/2.

MALE : Frontaux noirs : côtés du Front d'un brun-cendré-flavescent; Face noire reflétée de cendré; Médians obscurément rougeâtres; Antennes entièrement noires; Pipette et Pattes noires; Palpes fauves. Corselet noir, rayé de cendré. Le premier segment de l'Abdomen noir; les trois suivants d'un vert-doré luisant, avec des reflets bleuâtres. Balanciers obscurs : squame des Cuillerons légèrement jaunâtre; Ailes assez claires, avec la base noirâtre.

FEMELLE : Semblable; dos du Corselet un peu plus cendré. Dos de l'Abdomen d'un vert plus doré. Cuillerons et Ailes presque clairs. Un individu a les côtés de la Face tout-à-fait albicants.

Nous avons pris cette espèce au mois de Mai.

1795. = N° 21. ✱ ONESIA RUBRIFACIES, R.-D. *Sp. ined.*

♂. Medianeis, Facialibus, Epistomate rubescentibus; Palpis flavis Antennarumque secundo articulo leviter fulvo.

Long. 4 lignes.

MALE : Médians, Faciaux, bord de l'Epistôme rougeâtres; Palpes jaunes; on distingue aussi un peu de fauve sur le deuxième article des Antennes.

Je ne connais que le Mâle de cette espèce prise à NICE dès le mois de Mars.

1794. = N° 22. ✶ ONESIA GERMANA, R.-D. *Sp. ined.*

♀. Frons et Facies lateribus fusco-subcinereis. Abdomen viridi-cæruleum aut cæruleo-viride.

Long, 1 ligne 2/3.

FEMELLE : Côtés du Front et de la Face d'un brun-cendré-obscur. Abdomen vert-bleuâtre ou bleu-verdâtre. Nervure transversale de la Cellule γ C droite et même un peu convexe en dehors.

Je ne possède que la Femelle de cette espèce prise à HYÈRES, au mois d'Avril.

1795. = N° 23. ✶ ONESIA ARCUATA, R.-D. *Sp. ined.*

♂. Frontalibus bruneo obscure rubescentibus; Frontis Facieique lateribus bruneo-cinereis vel bruneo-grisescentibus: Medianeis rubescentibus; Palpis flavo-fulvis. Thorax niger, cinereo leviter lineatus, segmento Abdominis primo nigro, secundo cœruleo, tertio cæruleo-viridescente, quatuorque viridi. Halteres bruneo-obscuri : Calyptarum squama inferiori nigra vel nigrescente; Alæ limpidæ, basi vix obscura.

Long. 1 ligne 2/3.

MALE : Frontaux d'un brun obscurément rougeâtre : côtés du Front et de la Face d'un brun-cendré ou d'un brun-grisâtre; Médians rougeâtres; Antennes, Pipette et Pattes noirs; Palpes jaune-fauve. Corselet noir, légèrement rayé de cendré. Le premier segment de l'Abdomen noir; le deuxième bleu; le troisième bleu-verdâtre; le quatrième vert. Balanciers d'un brun-obscur : squame inférieure des Cuillerons noire ou noirâtre; Ailes assez claires, avec la base un peu obscure; nervure transversale de la Cellule γ C cintrée.

J'ai pris ce Mâle à HYÈRES, au mois d'Avril.

1796. = N° 24. ✶ ONESIA FLAVIPALPIS, R.-D. *Sp. ined.*

♂. Frontalibus nigris : Frontis lateribus flavis; Facie cinereo tessellata;

Palpis flavis. Thorax niger, cinereo **leviter radiatus. Abdominis primo** segmento nigro, secundo cæruleo, tertio quartoque cæruleo-viridescentibus. Halteres albescentes : Calyptarum squama inferiori leviter brunescente ; Alæ basi et per costam nigrescentes; Cellulæ γ C nervo transverso recto.

Long. 2 lignes.

Male : Frontaux noirs : côtés du Front jaunes ou jaunâtres ; Face reflétée de cendré; Antennes, Pipette et Pattes noires; Palpes jaunes. Corselet noir, faiblement rayé de cendré. Le premier segment de l'Abdomen noir; le deuxième bleu; les deux suivants bleu-verdâtre. Balanciers blanchâtres : squame inférieure des Cuillerons un peu brune; Ailes noirâtres à la base et le long de la côte ; nervure transversale de la Cellule γ C droite.

Je ne connais que le Mâle de cette espèce prise à Hyères, au mois d'Avril.

· 1797. = N° 25. Onesia melanocera, R.-D. *Sp. ined.*

♂. **Frontis et Faciei lateribus nigro-cinereo-velutinis ; Antennis absolute nigris.,** Abdomen dorso viridi-subaureo, subtessellato. **Calyptarum squama inferiori nigricante; Alæ disco limpido, basi fuscana.**

Long. 3 lignes.

Male : Frontaux brun-rougeâtre : côtés du Front et de la Face d'un brun-cendré-velouté ; Face noirâtre, reflétée de cendré un peu gris ; Médians d'un fauve-obscur; Antennes entièrement noires ; Pipette et Pattes noires; Palpes fauves. Corselet noir, obscurément rayé de cendré. Le premier segment de l'Abdomen noir ; les trois suivants d'un vert un peu doré, avec les reflets ardoisés peu prononcés ; Anus noir. Balanciers obscurs : squame inférieure des Cuillerons noirâtre ; Ailes à disque clair, avec la base noirâtre.

J'ai pris cette espèce à Nice, au mois de Mars.

1798. = N° 26. ✱ Onesia nicæana, R.-D. *Sp. ined.*

♂. Frontis et Faciei lateribus fusco-flavis. Abdomen dorso cæruleo-subvirescente tessellato. Calyptarum squama inferiori nigricante ; Alarum basi et costa fuscanis.

Long. 3 lignes.

Male : Frontaux d'un noir obscurément rougeâtre : côtés du Front et de la Face d'un brun-jaune ou doré; Face noire; Médians rougeâtres ; Antennes noires, avec un peu de fauve-obscur vers le sommet du deuxième article ; Pipette, Anus et Pattes noirs ; moitié apicale des Palpes jaune. Corselet noir un peu luisant, saupoudré et rayé de cendré. Le premier segment de l'Abdomen noir; les trois suivants d'un bleu-verdâtre, luisant, avec les reflets ardoisés. Balanciers brun-ferrugineux : squame inférieure des Cuillerons noirâtre ; Ailes noirâtres à la base et le long de la côte.

Je ne connais que le Mâle de cette espèce prise à Nice, pendant le mois de Mars.

1799. = N° 27. ✱ Onesia misera, R.-D. *Sp. ined.*

♀. **Nigra, cæsia, obscura; Abdominis dorso obscure viridescente. Alæ subfuscescentes, nervis nigris.**

Long. 2 lignes.

Femelle : Frontaux, Antennes, Trompe, Palpes et Pattes noirs ; côtés du Front et de la Face d'un noir obscurément cendré. Corselet noir de pruneau et légèrement saupoudré de cendré-brun-obscur. Abdomen noir, avec le dos d'un brun obscurément verdâtre et avec quelques reflets cendrés et obscurs. Balanciers et Cuillerons d'un blanc légèrement fuligineux ; Ailes ayant une très-légère teinte noirâtre, avec les nervures noires.

Nous avons pris cette espèce au mois de Mars sur une fleur de Bellis perennis, L., dans un pré de Nice.

1800. = N° 28. Onesia campestris, R.-D. *Sp. ined.*

♂ et ♀. **Thorax nigro-cæsius, cinereo irroratus et lineatus. Abdomen viridi-ægialeum, cinereo lavatum.**

Long. 3-4 lignes.

Femelle : Frontaux, Antennes et Pattes noirs ; côtés du Front d'un noir à peine cendré ; Face brun-cendré ; Palpes fauves ; derrière de la Tête cendré. Corselet noir de pruneau, saupoudré et rayé de cendré. Abdomen vert d'eau et glacé de cendré. Balanciers obscurs, avec le bouton blanc : Cuillerons blancs ; Ailes claires, avec les nervures noires.

MALE : Tout-à-fait semblable ; un peu plus petit.

On prend cette espèce au mois de Mars, sur les premières fleurs, à NICE.

1801. = N 29. ✶ ONESIA FLORIDA, R.-D. *Sp, ined.*

♂. Nigra ; Faciei lateribus fusco subaureis ; Palpis fulvis. Abdomen dorso subviridi, tessellis levibus subcinereis.

Long. 3 lignes 1/2.

MALE : Frontaux, Antennes et Pattes noirs ; côtés du Front noirâtres ; Face brune, avec ses côtés obscurément dorés ; Médians rougeâtres ; derrière de la Tête brun. Corselet noir, saupoudré et rayé de cendré-brun. Abdomen verdoyant sur le dos, avec de légers reflets cendrés ; le premier segment noir. Balanciers bruns : Cuillerons blanc-sale ; Ailes sales à la base, avec les nervures noires.

Nous avons pris cette espèce au mois de Mars sur les fleurs du BELLIS PERENNIS L., à NICE.

335. = XII. ✶ Genre BELLARDIE.
XII. ✶ *Genus BELLARDIA*, R.-D.

Caractères des ONÉSIES ; CELLULE γ C pétiolée au sommet de l'Aile.
Gen. ONESIÆ characteres ; at CELLULA γ C in apice Alarum petiolata.

1802. = N° 1. ✶ BELLARDIA VERNALIS, R.-D. *Sp. ined.*

♂. Nigra, subcinereo lineata ; Palpis rufis. Abdomen dorso viridescente aut cærulescente, tessellis subcinereis. Alæ basi sordide infuscata.

Long. 3 lignes 1/2.

MALE : Frontaux noirs, avec un peu de cendré : côtés du Front brun-grisâtre ; Face brune, avec les médians un peu rougeâtres ; Antennes noires, avec un peu de fauve au sommet du deuxième article ; Palpes fauves. Corselet noir, saupoudré et rayé de cendré un peu brun. Abdomen noir-verdâtre ou bleuâtre sur le dos, avec les reflets cendrés; Anus et Pattes noirs. Balanciers brunâtres : Cuillerons blanchâtres; Ailes sales à la base, avec les nervures noires.

Nous avons pris cette espèce dès le mois de Février sur les collines de Nice.

336. — XIII. Genre BERCE.
XIII. *Genus BERCÆA*, R.-D.

Musca : Linn.-Fall.
Myophora : Rob. Desv.
Sarcophaga : Macq.-Meig.

Caractères des Erichsonies; pas de Cils médio-apicaux sur le dos du deuxième segment abdominal; les deux premiers segments de l'Anus saillants, presque d'égale longueur, luisants sur le Mâle; le premier segment de l'Anus échancré en cœur au milieu du bord postérieur sur la Femelle.

Tibias postérieurs des Mâles villeux; en outre, Cils le long de la nervure longitudinale de la Cellule γ C.

Gen. Erichsoniæ characteres; Cilia medio-apicalia, in secundo segmento nulla; Ani duobus primis segmentis ♂ prominulis; amplitudine æquis simul et nitentibus; Ani ♀ primo segmento cordiformi, in parte posteriori truncato.

Tibiæ posteriores in ♂ villosi Cellula γ C in nervo longitudinali ciliata.

Typus : *Bercæa hæmorrhoïdalis*, R.-D.

1803. — N° 1. Bercæa strenua, R.-D. *Sp. ined.*

♂. Nigra, lineis, tessellisque griseo-flavescentibus; Frontis lateribus Facieque aureis. Ani primo segmento nigro, dorso flavescente; secundo rubro-flavescente. Halteribus obscuris : Calyptis albis; Alis limpidis, basi vix obscuriore.

♀. Similis; tessellis flavescenti-subaureis; analibus segmentis pallide flavis.

Long. 6-7 lignes.

Male : Frontaux, Antennes, Trompe, Palpes et Pattes noirs; côtés du Front et Face dorés. Corselet noir, rayé de cendré-gris-flavescent. Abdomen noir, avec les reflets flavescents; premier segment de l'Anus noir, avec le dos flavescent; le second segment rouge-jaunâtre.

Femelle : Semblable; un peu plus grande; les reflets de l'Abdomen sont d'un flavescent-doré; segments de l'Anus d'un jaune-pâle.

Nous ne possédons qu'un Mâle et qu'une Femelle pris dans des localités différentes, au mois d'Août. Appartiennent-ils bien à la même espèce?*

1804. — No 2. Bercæa florea, R.-D.

Myophora florea : Rob. Desv.-*Myod.*, p. 352, n° 47.

♂. Frontalibus, Antennis, Palpis, Pedibus nigris; Frontis lateribus Facieque cinereo-subaureis. Thorax niger, lineis cinereis aut cinereo-grisescentibus aut cinereo-flavescentibus. Abdomen nigrum, tessellis cinereis aut cinereo-griseis; Ano exserto, crasso, atro, nitido. Calyptis albis; Alis limpidis, basi sæpius subflavescente.

♀. Similis; major; nigro-cæsia, subnitens; Facie subaurea, aut aurea, aut cinereo-aurulente. Lineis Thoracis cinereis aut cinereo-grisescentibus, aut cinereo-flavescentibus. Abdominis tessellis cinereis aut cinereo-grisescentibus, aut cinereo-schistaceis.

Long. ♂ 5-5 lignes 1/2; ♀ 5-6 lignes.

Male : Frontaux, Antennes, Trompe, Palpes et Pattes noirs; côtés du Front et Face d'un satiné-argenté plus ou moins doré. Corselet noir, rayé de cendré-gris ou de cendré-flavescent. Abdomen noir, plus ou moins luisant, garni de reflets cendrés ou cendré-grisâtre; Anus noir-jais luisant. Balanciers rougeâtres : Cuillerons blancs; Ailes claires, avec la base légèrement flavescente.

Femelle : Semblable; plus grande et plus forte; côtés du Front et Face cendré-doré ou dorés. Corselet noir de pruneau luisant, avec les lignes cendré-grisâtre ou cendré-flavescent. Abdomen noir de pruneau assez luisant, avec les reflets cendrés, ou cendré-grisâtre, ou cendré-ardoisé.

On trouve cette espèce au Printemps et en Eté.

1805. — N° 3. Bercæa floridula, R.-D. *Sp. ined.*

♂. Nigra, subnitens, lineis tessellisque cinereo-subflavescentibus; Fronte subfusca; Facie fusco-cinerea; Antennis, Palpis, Pedibus, Anoque nigris. Halteribus luteis : Calyptis albis; Alis disco subinfuscato, haud flavescente.

Long. 5 lignes.

Male : Corps noir un peu luisant, avec des lignes et des reflets cendrés légèrement flavescents; côtés du Front brun-cendré; Face cendrée; Frontaux, Antennes, Palpes, Anus et Pattes noirs; Barbe cendrée. Poils noirs aux Tibias postérieurs. Balanciers flavescents : Cuillerons blancs; le disque des Ailes légèrement enfumé et non flavescent.

Nous ne possédons que le Mâle de cette espèce voisine du *B. florea.*

1806. — N° 4. Bercæa hæmathura, R.-D. *Sp. ined.*

♀. Facie albo-subaurulenta. Thorax cæsio-niger, cinereo-albo lineatus et irroratus. Abdomen cæsium, tessellis albis; Ani primo secundoque segmento rufis. Halteribus claris : Calyptis albis; Alis limpidis, basi vix obscuriore.

Long. 4-4 lignes 1/2.

FEMELLE : Frontaux, Antennes, Trompe, Palpes et Pattes noirs ; côtés du Front brun-cendré ; Face d'un cendré légèrement doré. Corselet noir de pruneau, rayé et saupoudré de blanc-cendré. Abdomen bleu de pruneau, avec les reflets blancs et bien prononcés ; les deux premiers segments de l'Anus rouges. Balanciers clairs : Cuillerons blancs ; Ailes claires, à peine un peu obscures à la base.

Nous ne possédons qu'une Femelle de cette espèce trouvée en Eté.

1807. — N° 5. BERCÆA AGILIS, R.-D. *Sp. ined.*

♂. Schistacea ; Frontalibus, Antennis, Palpis, Pedibus nigris ; Frontis lateribus fusco-argenteis ; Facie cinereo-argentea. Thoracis lineis cinereo-albidis. Abdominis tessellis albidis ; Ano rufo ; primi segmenti dorso fusco-cinereo. Calyptis albis ; Alis vel basi limpidis.

♀. Similis ; Ano toto rufo.

Long. 4-5 lignes.

MALE : Frontaux, Antennes, Trompe, Palpes et Pattes noirs ; côtés du Front brun-argenté ; Face cendré-argenté. Corselet noir, rayé de cendré-albide. Abdomen noir-luisant, avec des reflets cendré-albide ; Anus rouge, avec le premier segment cendré sur le dos. Balanciers obscurs : Cuillerons blancs ; Ailes limpides, même à la base.

FEMELLE : Semblable ; toutes les pièces de l'Anus rouges.

Cette espèce n'est pas rare dans les mois d'Eté.

1808. — N° 6. BERCÆA HÆMORRHOÏDALIS, Fall.

Musca hæmorrhoïdalis :	Fall.-*Musc.*, p. 39, n° 2.
— —	Geoff.-*Ins.* II, p. 527, n° 65.
Sarcophaga hæmorrhoïdalis :	Meig.-*Dipt.* v. p. 28, n° 22.

Sarcophaga hæmorrhoïdalis : Macq.-*Buff.* II, p. 224, n° 5.
— — Walk.-*Part.* IV, p. 820.
— — Zetterst. - *Dipt. Skand.* IV, p. 1297, n° 17.
Myophora hæmorrhoïdalis : Rob. Desv.-*Myod.*, p. 340, n° 7.

♂. Frontis lateribus Facieque subaureis aut cinereo-subaureis. Thoracis lineis Abdominisque tessellis cinereo-grisescentibus ; Ani primo segmento nigro, secundo sanguineo. Calyptis albis ; Alis limpidis, basi vix obscuriore.

♀. Similis ; lineis tessellisque cinereo-grisescentibus ; Facie cinereo-flavescente. Ani primo secundoque segmento sanguineis.

Long. 6-7 lignes.

Male : Frontaux, Antennes, Trompe, Palpes et Pattes noirs ; côtés du Front et Face dorés ou cendré-doré. Corselet noir, rayé de cendré-grisâtre. Abdomen noir, avec les reflets cendré-grisâtre ; le premier segment de l'Anus noir ; le second rouge. Balanciers bruns : Cuillerons blancs ; Ailes claires, avec la base un peu obscure.

Femelle : Semblable ; Face cendré-doré. Les reflets de l'Abdomen cendré-grisâtre légèrement obscur ; les deux premiers segments de l'Anus fauves.

On ne distingue pas de Cils au bord postérieur du deuxième segment. Tout nous porte à croire qu'il faudrait rapporter à cette espèce le *Sarcophaga carnaria* de Meigen.

Fallen attribue des reflets blanc-cendré à l'espèce qu'il décrit (*tessellis albo-cinereis*). C'est du reste, à cet entomologiste qu'on doit d'avoir séparé cette espèce du *Sar. carnaria*, avec laquelle Fabricius et l'auteur de l'article Mouche inséré dans l'Encyclopédie la confondaient.

1809. — N° 7. Bercæa oralis, R.-D. *Sp. ined.*

♂. Nigra, lineis, tessellisque subgriseis; tessellis medianeis subobliquis; Facie argentea; Epistomate crocco. Abdominis dorso subolivaceo; Ani primo segmento nigro, reliquis rufis. Halteribus æruginosis : Calyptis albis; Alis obscurioribus.

♀. Similis; Abdominis dorso nigriore; Ani primo secundoque segmento fulvo-croceis.

Long. ♂ 4 lignes; ♀ 3 lignes.

Male : Frontaux, Antennes, Trompe, Palpes et Pattes noirs; côtés du Front gris-cendré; Face argentée : Epistôme jaune-pâle. Corselet noir, avec des lignes grisâtres. Abdomen noir un peu olivacé sur le dos, avec des reflets cendré-grisâtre, ceux du milieu étant un peu obliques; le premier segment de l'Anus noir; les autres rouges. Balanciers couleur de rouille : Cuillerons blancs; Ailes à disque légèrement obscur.

Femelle : Semblable; Epistôme jaune de safran. Dos de l'Abdomen un peu plus noir; le premier et le deuxième segment de l'Anus rouges ou rougeâtres.

Nous ne possédons qu'un couple de cette rare espèce prise au mois de Juin et que la couleur orangée de son Epistôme fait aisément reconnaître.

1810. — N° 8. Bercæa agraria, R.-D. *Sp. ined.*

♂. Facie cinereo-argentea; Epistomate cinereo. Thorax niger, tessellis cinereo-grisescentibus. Abdomen nigrum, tessellis cinereo-subgrisescentibus, medianeis subobliquis, Ani primo segmento nigro, reliquis rufis. Alis sublimpidis, basi vix obscuriore.

Long. 4 lignes.

Male : Frontaux, Antennes, Palpes et Pattes noirs; côtés

du Front gris-cendré; Face cendré-argenté; Epistôme cendré. Corselet noir, avec des lignes cendré-grisâtre. Abdomen à reflets cendré-grisâtre; ceux du milieu un peu obliques; le premier segment de l'Anus noir; les autres rouges. Balanciers jaunâtres : Cuillerons blancs; Ailes claires, un peu obscures à la base.

Nous ne connaissons que le Mâle de cette espèce tout-à-fait semblable au *B. oralis*, mais dont elle diffère essentiellement par la couleur de l'Epistôme.

1811. — N° 9. Bercæa morio, R.-D. *Sp. ined.*

♂. Atra, opaca; Frontalibus, Antennis, Palpis, Pedibus, Frontis lateribus atris; Cheti parte apicali sordide flavescente; Facie atro-cinerascente; Epistomate atro. Thoracis lateribus obscure vix cinereo tessellantibus. Ani primo segmento haud excedente, nigro, secundo lævigato, nigro-nitido. Halteribus æruginosis : Calyptis albis; Alis sordidis.

Long. 3 lignes.

Male : Frontaux, Antennes, Trompe, Palpes et Pattes noirs; moitié apicale du Chète jaunâtre-sale; côtés du Front d'un noir-âtre; Epistôme noir; Face d'un noir-cendré. Corps noir-âtre opaque; à peine distingue-t-on quelques reflets cendré-obscur sur les côtés du Corselet; le premier segment de l'Anus rentré et noir; le deuxième lisse et noir-luisant. Balanciers flavescents : Cuillerons blancs; Ailes d'un fuligineux sale.

Nous ne connaissons qu'un Mâle de cette rare espèce prise au mois d'Août.

1812. — N° 10. Bercæa læta, R.-D. *Sp. ined.*

♂. Nigro-cæsia, lineis, tessellisque cinereo-albidis; Facie fuscocineroscente; Epistomate subdiaphaneo. Ano nigro. Halteribus æruginosis; Alis fuliginosis.

Long. 4 lignes.

MALE : Frontaux, Antennes, Palpes et Pattes noirs; côtés du Front et Face d'un brun légèrement cendré; Epistôme obscurément diaphane. Corps noir de pruneau luisant, avec les lignes du Corselet et les reflets de l'Abdomen d'un beau blanc-cendré; Anus noir, avec le premier segment légèrement cendré. Balanciers couleur de rouille : Cuillerons blancs; Ailes fuligineuses.

Nous ne connaissons qu'un Mâle de cette espèce recueillie au mois d'Août.

1813. = N° 11. ✶ BERCÆA SPONSA, R.-D. *Sp. ined.*

♂ et ♀. Nigra, cinereo ardeaceo irrorata, lineata et tessellata. Anus in ♂ ater, nitidus, primi segmenti dorso grisescente.

Long. 4-5 lignes.

MALE : Frontaux, Antennes, Trompe, Palpes et Pattes noirs ; côtés du Front brun-albide ; Face argentée ; Barbe blanche ; Yeux rouges ; derrière de la Tête blanc-cendré. Corselet noir, fortement saupoudré et rayé de cendré-ardoisé. Abdomen garni de reflets noirs et de reflets cendré-bleuâtre ou ardoisé ; Anus noir-luisant, avec du grisâtre sur le dos du premier segment. Balanciers obscurs : Cuillerons blancs ; Ailes claires, un peu sales à la base, avec les nervures d'un noir-brun.

FEMELLE : Semblable ; côtés du Front cendré-ardoisé.

Nous avons pris cette espèce au mois de Mars sur les collines de NICE.

1314. = N° 12. ✶ BERCÆA APRICATA, R.-D. *Sp. ined.*

♀. Nigra, cinereo-griseo irrorata, lineata et tessellata. Halteres obscuri; Alæ limpidæ, nervis fuscis.

Long. 4 lignes.

FEMELLE : Frontaux, Antennes, Trompe, Palpes et Pattes noirs; côtés du Front et Face d'un cendré légèrement flavescent et luisant; Barbe cendrée; Yeux rouges; derrière de la Tête cendré. Corselet noir, fortement saupoudré et rayé de cendré-grisâtre. Abdomen à reflets noirs et à reflets cendré-grisâtre. Balanciers obscurs : Cuillerons blancs; Ailes claires, avec les nervures noirâtres.

Nous avons pris cette espèce au mois de Mars sur les bords du VAR.

1815. = N° 13. ✱ BERCÆA ANCEPS, R.-D. *Sp. ined.*

♀. Nigra, griseo irrorata, lineata et tessellata; Frontis lateribus, Facieque griseo-sericeis. Alæ limpidæ, nervis brunicosis aut subferrugineis.

Long. 6-7 lignes.

FEMELLE : Frontaux, Antennes, Trompe, Palpes, Anus et Pattes noirs; côtés du Front et Face gris-soyeux brillant; Barbe grisâtre; Yeux rouges; derrière de la Tête cendré-gris. Corselet noir, fortement saupoudré et rayé de cendré-gris. Abdomen à reflets noirs et à reflets cendré-gris. Balanciers blanchâtres : Cuillerons blancs; Ailes claires, avec les nervures brunes ou légèrement ferrugineuses.

Nous avons pris cette espèce au mois de Mars sur les collines de NICE.

337. — XIV. Genre MULSANTIE.
XIV. *Genus MULSANTIA*, R.-D.

Myophora : Rob. Desv.

Caractères des SARCOPHAGES et des ERICHSONIES; point de CILS MÉDIANS au bord postérieur du deuxième segment de l'Abdomen. Trois CILS au rayon B; trois CILS au rayon D de l'Aile.

Gen. SARCOPHAGÆ et ERICHSONIÆ characteres, CILIA MEDIANEA in secundo Abdominis segmento nulla; radiis B et D Alarum triciliatis.

1816. — N° 1. MULSANTIA CAMPESTRIS, R.-D.- *Sp. ined.*

♂ et ♀. Nigra, nitens, lineis, tessellisque cinereis vix distinctis; Facie argentea; Frontalibus, Antennis, Palpis, Pedibus nigris. Ano rufo. Calyptis albis; Alis sordidiusculis.

Long. 2 lignes 1/2.

MALE et FEMELLE : Corps noir-luisant, avec des lignes et des reflets cendrés peu prononcés; Face argentée; Frontaux, Antennes, Palpes et Pattes noirs. Anus rouge. Cuillerons blancs; Ailes un peu sales.

On trouve cette espèce en Eté. Nous soupçonnons fort le *Sar. campestris* (p. 443, n° 7) d'être la même espèce; mais l'état de détérioration du seul échantillon qui nous reste nous empêche d'examiner si les Cils des rayons B et D existaient sur cette espèce.

1817. — N° 2. MULSANTIA LAUTA, R.-D. *Sp. ined.*

♀. Cheti apice pallide rufescente; Frontis lateribus Facieque aureis. Thorax niger, opacus, lineis dorsalibus fere nullis, lineis lateralibus flavescentibus, fere aureis. Abdomen nigrum, subnitens, tessellis cinereis obscuris; Ani parte postica rufescente. Halteribus subflavescentibus : Calyptis albis; Alis subflavis, nervis flavis.

Long. 5 lignes.

FEMELLE : Frontaux, Antennes, Trompe, Palpes et Pattes noirs; sommet du Chète d'un roussâtre-pâle; côtés du Front et Face dorés. Corselet noir-opaque; les lignes à peine indiquées sur le dos; les lignes latérales sont flavescentes ou presque jaunes. Abdomen noir, peu luisant, avec les reflets cendré-obscur; extrémité de l'Anus rougeâtre. Balanciers jaunâtres : Cuillerons blancs; Ailes fortement jaunes ou jaunâtres.

Nous ne connaissons qu'une Femelle de cette espèce prise en Eté.

1818. — N° 3. Mulsantia rustica, R.-D.

Myophora rustica : Rob. Desv.-*Myod.*, p. 348, n° 36.

♂. Frontis lateribus, Facieque aureis aut subaureis; Cheti media parte albo-rufescente; Epistomate pallide albo aut albo-rufescente. Thorax niger, lineis obscure cinereo-grisescentibus. Abdomen atrum, tessellis obscure cinerascentibus; Ani primo segmento exserto, nigro, fere lævigato, secundo lævigato, nigro, nitido. Halteribus æruginosis : Calyptis albis; Alis flavescentibus, sordidis, nervis subferrugineis.

♀. Similis; paulo minor; Facie aurea aut subaurea. Thorax lineis grisescentibus. Abdomen atrum, subopacum, tessellis obscure cinereis, aut nigro-cæsium, tessellis albis. Alis minus flavescentibus.

Long. 5-8 lignes.

Male : Frontaux, Antennes, Trompe, Palpes et Pattes noirs; le milieu du Chète blanc-roussâtre; côtés du Front et Face dorés; Epistôme blanc-pâle ou blanc-rougeâtre. Corselet noir, avec des lignes cendré-grisâtre et même grises. Abdomen noir, avec les reflets cendré-obscur; le premier segment de l'Anus saillant noirâtre, presque lisse; le deuxième lisse et noir-luisant. Balanciers couleur de rouille : Cuillerons blancs; Ailes d'un fuligineux-sale, surtout à la base, avec les nervures ferrugineuses.

Femelle : Semblable; côtés du Front et Face dorés. Lignes du Corselet grises. Abdomen noir-mat, avec des reflets cendré-bleuâtre un peu ternes ou noir de pruneau, avec des reflets blanc-cendré; un peu de rougeâtre-obscur à l'Anus. Balanciers jaunâtres; Ailes à disque plus clair.

Cette espèce, qui est assez rare, offre de grandes différences sous le rapport de la taille. Elle exige de nouvelles études pour les variétés.

On la trouve en Eté.

1819. — N° 4. MULSANTIA TENEBRICOSA, R.-D. *Sp. ined.*

♂. Cheti media parte flavescente; Frontis lateribus Facieque fusco-cinereis; Epistomate plus minusve albescente. Thorax ater, opacus, lineis dorsalibus fere indistinctis, lineis lateralibus cinereis obscuris. Abdomen nigrum, tessellis cinereis obscuris; Ani primo segmento haud excedente, nigro, secundo lævigato, nigro-nitido. Halteribus subflavescentibus : Calyptis albis; Alis limpidis, basi vix flavescente.

Long. 4 1/2-5 lignes 1/2.

MALE : Frontaux, Antennes, Palpes et Pattes noirs; le milieu du Chète jaunâtre; côtés du Front et Face brun-cendré; Epistôme plus ou moins albide. Corselet noir de pruneau peu luisant, avec les lignes dorsales à peine distinctes; les latérales sont d'un cendré-obscur. Abdomen noir, avec les reflets cendrés et obscurs; le premier segment de l'Anus non saillant et noir; le second lisse et noir-luisant. Balanciers jaunâtres : Cuillerons blancs; Ailes claires, à peine un peu flavescentes à la base.

Nous ne possédons que des Mâles de cette espèce qui ne paraît pas être commune.

1820. — N° 5. MULSANTIA ATRA, R.-D. *Sp. ined.*

♂. Atra, lineis tessellisque fere inconspicuis; tertio Antennarum articulo fulvescente; Cheti media parte fulvescente. Ano lævigato, atro-nitido. Halteribus æruginosis : Calyptis albis; Alis flavedine lavatis.

Long. 2 lignes 1/2.

Male : Frontaux, Palpes et Pattes noirs ; le dernier article des Antennes d'un brun-fauve ; le milieu du Chète jaunâtre ; côtés du Front noirs ; Face d'un brun-cendré. Tout le Corps noir-âtre ; les lignes et les reflets sont à peine indiqués ; segments de l'Anus lisses, noirs et luisants. Balanciers couleur de rouille : Cuillerons blancs ; Ailes flavescentes, surtout à la base.

Nous ne possédons qu'un Mâle de cette espèce prise en Eté.

1821. — N° 6. Mulsantia abdominalis, R.-D.

Myophora abdominalis : Rob. Desv.-*Myod.*, p. 354, n° 56.

♂. Nigra ; Facie albida. Thoracis lineis albido-cinereis. Abdomen tessellis albidis ; Ventre obscure rufescente. Calyptis albis ; Alis limpidis.

Long. 4 lignes.

Male : Frontaux, Antennes, Palpes et Pattes noirs ; Face blanche. Corselet noir, rayé de blanc-cendré. Abdomen noir en dessus, avec des reflets blanc-cendré ; Ventre obscurément rougeâtre. (Les Tarses postérieurs manquent.) Cuillerons blancs ; Ailes assez limpides.

Nous n'avons jamais connu qu'un Mâle de cette rare espèce ; le mauvais état de sa conservation nous empêche de constater définitivement chacun de ses caractères ; mais tout nous engage à la placer parmi les Mulsanties.

1822. — N° 7. Mulsantia obscura, R.-D.

Myophora obscura : Rob. Desv.-*Myod.*, p. 357, n° 69.

♂. Atrata ; Thoracis lineis griseo-sordidis aut cœnosis, magis manifestis ad latera quam in dorso. Abdomen atratum, tessellis cænosis, obscuris, vix distinguendis; Ano atro. Alis sordidis.

Long. 3 lignes.

MALE : Frontaux, Antennes, Palpes et Pattes noirs ; Face blanchâtre. Corselet noir, avec des lignes d'un gris-sale, plus marquées sur les côtés que sur le dos. Abdomen noir assez luisant, avec des reflets gris-sale ou couleur de boue, à peine distincts ; Anus noir. Cuillerons blancs ; majeure partie des Ailes d'un sale-ferrugineux.

Nous ne possédons que le Mâle de cette rare espèce trouvée sur la fin de l'Eté.

1823. — N° 8. MULSANTIA PRÆCEPS, R.-D. *Sp. ined.*

♂. Nigra, non atra, nitida ; Cheti media parte pallide ferruginea ; Frontis lateribus fuscis ; Facie fusco-cinerea. Lineis tessellisque griseo-subfuscis, obscuris ; Ano nigro-nitido. Halteribus flavescentibus : Calyptis albis ; Alis flavescentibus, basi sordida, nervis subferrugineis.

Long. 3 lignes.

MALE : Frontaux, Antennes, Palpes et Pattes noirs ; côtés du Front bruns ; Face brun-cendré ; milieu du Chète rougeâtre-pâle. Corps noir-luisant, avec les lignes et les reflets gris-brun, peu marqués ; segments de l'Anus noirs et luisants. Balanciers jaunâtres : Cuillerons blancs ; Ailes flavescentes, avec la base sale et les nervures ferrugineuses.

Nous ne connaissons qu'un Mâle de cette espèce prise au mois de Septembre.

1824. — N° 9. MULSANTIA CAMPORUM, R.-D.

Myophora camporum : Rob. Desv.-*Myod.*, p. 359, n° 78.

♂. Nigra ; Cheti media parte pallescente ; Frontis lateribus fusco-flavescentibus ; Facie flavescenti-albidâ. Thorax lineis dorsalibus obscuris, lateralibus subobscuris. Abdomen tessellis fusco-cinereis subobscuris ; Ani segmentis lævigatis, atris, nitidis. Halteribus flavescentibus : Calyptis subalbis ; Alis flavedine lavatis, basi squalidiore.

♀. Similis ; Frontis lateribus Facieque cinereo-flavescentibus ; lineis tessellisque cinereis. Ani majori parte rubescente.

Long. 3-3 lignes 1/2.

Male : Frontaux, Antennes, Palpes et Pattes noirs ; le milieu du Chète pâle ; côtés du Front brun-jaunâtre ; Face d'un jaunâtre-albide. Corselet noir, avec les lignes d'un gris-obscur sur le dos et grises sur les côtés. Abdomen noir, avec des reflets cendré-brun peu prononcés ; les deux premiers segments de l'Anus lisses et d'un noir-brillant. Balanciers jaunâtres : Cuillerons blanchâtres ; Ailes à disque flavescent, avec la base sale et les nervures d'un brun-ferrugineux.

Nous avons pris cette espèce en Automne.

1825. — No 10. Mulsantia nigrifrons, R.-D. *Sp. ined.*

♂ et ♀. Frontis lateribus fuscis ; Facie fusco-cinerea ; Epistomate subpellucido. Thorax niger, lineis griseo-fuscis. Abdomen nigrum, tessellis cinereo-subfuscis obscuris ; Ani segmentis lævigatis, nigris, nitidis. Halteribus æruginosis : Calyptis albis ; Alis flavescentibus, basi subsqualidiore.

Long. 3 lignes.

Male : Frontaux, Antennes, Palpes et Pattes noirs ; le milieu du Chète pâle ; côtés du Front brun-cendré ; Epistôme un peu diaphane. Corselet noir, avec les lignes gris-brun. Abdomen noir, avec les reflets cendré-brun et obscurs ; segments de l'Anus lisses et noir-luisant. Balanciers couleur de rouille : Cuillerons blancs ; Ailes légèrement lavées de jaunâtre, avec la base plus sale.

FEMELLE : Côtés du Front et Face d'un brun-gris-soyeux. Corselet noir, avec des lignes d'un gris-brun sur le dos et des lignes cendrées sur les côtés. Abdomen noir de pruneau, avec des reflets cendré-bleuâtre; extrémité de l'Anus rougeâtre; Ailes légèrement lavées de flavescent avec la base plus sale.

Cette espèce, voisine du *Mulsantia camporum*, en diffère surtout par les teintes du Front et de la Face.

1826. — No 11. MULSANTIA TRISTIS, R.-D. *Sp. ined.*

♂. Frontalibus bruneis; Cheti media parte pallide ferruginea; Frontis lateribus fusco-cinereis; Facie cinerea. Thorax niger, lineis griseo-infuscatis. Abdomen tessellis obscuris, interdum parum conspicuis, griseo-infuscato-subflavescentibus; Ani segmentis lævigatis, nigris, nitidis. Halteribus flavescentibus : Calyptis albis; Alæ disco flavescente, basi sordidiore.

♀. Frontis lateribus fusco-cinereis; Facie cinereo-argentea. Abdomen nigrum, tessellis cinereis tessellisque fusco-olivaceis; Ano nunc nigro, nunc partim rufescente.

Long. ♂ 4 lignes; ♀ 3-3 lignes 1/2.

MALE : Frontaux bruns; Antennes, Palpes et Pattes noirs; le milieu du Chète fauve-pâle; côtés du Front brun-cendré; Face cendrée. Corselet noir, avec les lignes d'un gris-sombre. Abdomen noir, avec les reflets obscurs, parfois peu distincts et d'un gris-sombre légèrement flavescent; segments de l'Anus lisses, noirs et brillants. Balanciers jaunâtres : Cuillerons blancs; Ailes lavées de flavescent, avec la base sale; nervures d'un brun-ferrugineux.

FEMELLE : Côtés du Front brun-cendré; Face cendré-argenté. Corselet noir, avec les lignes d'un gris-sombre. Abdomen noir, avec des reflets cendrés et des reflets brun-olivacé sur le dos; Anus ou entièrement noir ou en partie rougeâtre; Ailes à disque jaunâtre, avec la base d'un jaune-sale.

On trouve cette espèce dans les mois d'Eté; la Femelle se fait aisément reconnaître par ses reflets d'un brun-olivacé.

1827. — N° 12. Mulsantia striata, Fabr.

Musca striata :	Fabr.-*Ent. Syst.* IV, p. 315, n° 13, et *Syst. Antl.*, p. 288, n° 20.
Sarcophaga striata :	Meig.-*Dipt.* V, p. 21, n° 7.
— —	Macq.-*Buff.* II, p. 226, n° 12.
— —	Zetterst.-*Dipt. Skand.* IV, p. 1286, n° 3.
— —	Walk.-*Dipt. Ins.*, p. 828,
Myophora striata :	Rob. Desv.-*Myod.*, p. 352, n° 49.

♂. Nigra; Frontalibus, Palpis, Antennis, Pedibus nigris; Cheto medio albescente; Frontis lateribus Facieque fusco-subaureis, aut fusco-cinereis, aut cinereo-subaureis. Thorax lineis cinereis, aut cinereo-subardeaceis, aut cinereo-subgriseis. Abdomen nigrum, vix nitens, tessellis cinereo-ardeaceis, licet glaucis; Ani primo segmento nigro, dorso fusco aut cinereo; secundo segmento lævigato, nigro, nitido. Halteribus subobscuris; Calyptis albis; Alis absolute limpidis, hyalinis.

♀. Similis; Abdomen aut nigrum, non nitens, tessellis cinereo-ardeaceis, aut nigro-cæsium, tessellis cinereis; Ano nigro, primo segmento absque fasciculis pilosis aut villosis.

Long. 4-5-6 lignes.

Male : Frontaux, Antennes, Palpes et Pattes noirs ; Chète blanchâtre vers son milieu ; côtés du Front brun-doré ou dorés, brun-cendré, ou cendré-flavescent ; Face dorée, doré-cendré ou albide. Corselet noir, rayé de cendré-albide un peu ardoisé et parfois légèrement grisâtre. Abdomen noir peu luisant, avec des reflets cendré-ardoisé peu luisants, parfois bleu de pruneau, avec des reflets albide-ardoisé ; le prémier segment de l'Anus noir, brun ou cendré sur le dos ; le second lisse, noir et brillant. Balanciers obscurs : Cuillerons blancs ; Ailes très-limpides, rarement un peu obscures à la base.

Femelle : Semblable ; les reflets de l'Abdomen sont cendré-ardoisé peu luisant ; d'autres fois il est noir de pruneau, avec des reflets plus cendrés ; Anus noir, rarement un peu de fauve-obscur vers l'extrême sommet.

Telle est l'exacte description de cette espèce qu'il importe de bien reconnaître si l'on veut éviter des erreurs telles que celle que nous avions faite avec le *Sar. albida* (nº 12), que nous avons rétabli à sa véritable place. L'ensemble du Corps est noir, avec des lignes en général cendrées et bien prononcées, tandisque l'Abdomen est d'un noir moins luisant, avec des reflets d'un cendré-bleuâtre, *tessello glauco*, selon l'expression de Zetterstedt. Meigen lui assigne la *Face blanche* pour caractère ; ce principe en général est vrai ; mais il ne faut pas trop s'y arrêter, car cette même Face peut être cendré-doré et même dorée sur les Mâles.

Les Entomologistes n'avaient pas encore asssigné les deux véritables caractères qui feront toujours reconnaître cette espèce ; d'abord le second segment de l'Abdomen n'offre pas de Cils raides sur le milieu de son bord postérieur. Ensuite le premier segment de l'Anus de la Femelle manque absolument de faisceaux de poils vers le haut de ses faces latérales. Il importe essentiellement de constater ce caractère si l'on veut se démêler au milieu des espèces congénères.

Il est bon de noter également la présence d'un duvet sur

le dos du premier segment de l'Anus. On doit cette observation à Meigen.

Cette espèce est assez commune au mois d'Août ; on la trouve dans les prés et dans les champs.

1828. — N° 13. MULSANTIA CUCULLATA, R.-D. *Sp. ined.*

♀. Fronte porrecta supra Antennarum basim ; Frontalibus atro-velutinis ; Antennis, Palpis, Pedibus nigris ; Cheti media parte flavescente ; Frontis lateribus Facieque aureis. Thorax niger, lineis griseis. Abdomen nigrum, tessellis cinereo-grisescentibus ; Ano nigro, primo segmento absque villis lateralibus. Alis sublimpidis, basi obscuriore.

Long. 6 lignes.

FEMELLE : Front débordant sur les Antennes dont il cache la base ; Frontaux noir de velours ; Antennes, Palpes et Pattes noirs ; milieu du Chète jaune-pâle ; côtés du Front et Face dorés. Corselet noir, rayé de gris. Abdomen noir, avec des reflets cendré-grisâtre ; Anus noir ; point de faisceaux de poils au premier segment. Balanciers obscurs : Cuillerons blancs ; Ailes assez claires, avec la base un peu sale.

Nous ne possédons qu'une Femelle de cette rare espèce qui a été trouvée en Eté. Par le premier segment de l'Anus, qui est privé de poils latéraux, elle est voisine du *Muls. striata ;* mais son principal caractère consiste dans le bord antérieur du Front qui fait saillie au-dessus des Antennes dont il cache la base.

1829. — N° 14. MULSANTIA ALBIDA, R.-D. *Sp. ined.*

♂. Nigra, lineis tessellisque albis ; Frontis lateribus Facieque cinereo-subaureis. Ano atro. Halteribus ferrugineis : Calyptis albis ; Alis limpidis, basi obscura.

Long. 6 lignes.

MALE : Frontaux, Antennes, Palpes et Pattes noirs ; côtés du Front et Face cendré-doré ; le milieu du Chète pâle. Corselet noir, avec les lignes cendré-albide. Abdomen noir un peu luisant, avec les reflets albides et chatoyants ; les segments de l'Anus noirs et brillants. Balanciers couleur de rouille : Cuillerons blancs ; Ailes claires, avec la base un peu sale.

Nous ne possédons que des Mâles trouvés aux mois de Juillet et d'Août ; ce n'est peut-être qu'une variété du *Muls. striata.*

1830. — N° 15. MULSANTIA SERICEA, R.-D. *Sp. ined.*

Myophora sericea : Rob. Desv.-*Myod.*, p. 352, n° 48.

♂. Nigro-cæsia, subnitens, lineis, tessellisque sæpius albido-cinereis, interdum albido-subaureis ; Frontis lateribus et Facie aureis aut subaureis. Ani primo segmento nigro, dorso cinerascente ; secundo lævigato, nigro-nitido. Alis limpidis.

♀. Similis ; Facie cinereo-argentea ; Frontis lateribus nigris.

Long. 4 1/2-5-6 lignes.

MALE : Frontaux, Antennes, Palpes et Pattes noirs ; côtés du Front et Face dorés ou cendré-doré. Corselet noir de pruneau assez luisant, avec les lignes cendrées ou cendré-flavescent. Abdomen noir de pruneau luisant, avec les reflets albides ou albide un peu doré ; le premier segment de l'Anus noir, avec le dos cendré ; le deuxième lisse, noir et brillant. Balanciers obscurément jaunâtres : Cuillerons blancs ; Ailes très-limpides.

FEMELLE : Face cendré-argenté ; côtés du Front noirs.

On trouve cette espèce dans les prés, au mois d'Août ; on la distingue à son Corps noir de pruneau et surtout à ses

Ailes entièrement claires. Elle avait primitivement été établie d'après un individu à lignes et à reflets flavescents.

1831. — N° 16. MULSANTIA PRATICOLA, R.-D. *Sp. ined.*

♂. Facies fusco-aurulenta. Thorax niger, griseo lineatus et irroratus. Abdomen nigrum, opacum, tessellis obscuris, subcinereis; Anus lævigatus, niger, nitidus. Halteres ferruginei : Calyptis albis; Alis sordide flavidis.

Long. 4 lignes.

MALE : Frontaux, Antennes, Trompe, Palpes et Pattes noirs; côtés du Front et Face dorés. Corselet noir, rayé et saupoudré de gris. Abdomen noir-mat, avec des reflets peu prononcés et d'un cendré-obscur; les deux premiers segments de l'Anus lisses, noirs et luisants. Balanciers flavescents : Cuillerons blancs; Ailes lavées d'un jaune qui devient sale vers la base.

Nous ne connaissons qu'un Mâle de cette espèce prise en Automne.

1832. — N° 17. MULSANTIA ARVICOLA, R.-D.

Myophora arvicola : Rob. Desv.-*Myod.*, p. 355, n° 58.

♂. Nigra, subnitens, lineis, tessellis, Frontis lateribus Facieque albidis. Ano atro. Halteribus obscuris : Calyptis albis; Alis limpidis vix fusco-sublavatis.

♀. Similis; Alis paulo limpidioribus.

Long. 4 lignes.

MALE : Corps noir un peu luisant, avec les lignes, les reflets, les côtés du Front et la Face cendrés ou cendré-argenté; Frontaux, Antennes, Palpes, Anus et Pattes noirs. Balanciers obscurs : Cuillerons blancs; Ailes claires, mais obscurément lavées de brunâtre.

Femelle : Semblable ; noire, avec les lignes et les reflets albides ; côtés du Front et Face cendrés. Ailes assez claires.

Cette espèce n'est pas rare sur la fin de l'Eté.

1833. — N° 18. Mulsantia albidipennis, R.-D.

Myophora albidipennis : Rob. Desv.-*Myod.*, p. 358, n° 74.

♂ et ♀. Nigro-cæsia, nitens; lineis, tessellisque albidis; Frontis lateribus fusco-cinereis in ♂, nigrescentibus in ♀ ; Facie cinereo-sericea in ♂, bruneo-argentea in ♀. Ano lævigato, nigro-nitido. Halteribus subfuscis : Calyptis albis, Alis vel basi limpidis.

Long. 2 lignes 1/2.

Male : Frontaux, Antennes, Palpes et Pattes noirs ; côtés du Front brun-cendré ; Face d'un cendré-soyeux. Corselet noir de pruneau luisant, avec les lignes d'un blanc-cendré. Abdomen noir de pruneau luisant, avec les reflets d'un beau blanc ; Anus lisse, noir et luisant. Balanciers brunâtres : Cuillerons blancs ; Ailes claires, même à la base.

Femelle : Semblable; côtés du Front noirâtres ; Face d'un brun-argenté.

On trouve cette espèce au mois d'Août sur les feuilles des haies. Dans notre premier ouvrage, nous n'avions décrit que le Mâle.

1834. — N° 19. Mulsantia consobrina, R.-D. *Sp. ined.*

♂. Nigra, subnitens ; Facie albida ; Frontalibus, Antennis, Palpis, Ano, Pedibus nigris. Thorax lineis cinereo-subflavescentibus. Abdomen tessellis cinereo-flavescentibus. Calyptis subalbidis ; Alis sublimpidis, haud fuscescentibus.

Long. 2 lignes 1/2.

MALE : Corps noir assez luisant ; Face albide ; Frontaux, Antennes, Palpes, Anus et Pattes noirs. Lignes du Corselet d'un cendré à peine flavescent. Reflets de l'Abdomen cendré-flavescent. Cuillerons blanchâtres ; Ailes assez claires, n'étant ni brunes, ni noirâtres.

Nous ne connaissons que le Mâle de cette espèce, qui serait le *Muls. albidipennis* si elle était plus cendrée.

1835. — N° 20. MULSANTIA VAGA, R.-D. *Sp. ined.*

♂. Nigro-cæsia, lineis tessellisque albis ; Frontis lateribus Facieque aureis. Ano atro-nitido. Alarum basi subflavescente.

Long. 3 lignes.

MALE : Corps noir de pruneau luisant ; Frontaux, Antennes, Palpes et Pattes noirs ; côtés du Front et Face dorés. Lignes du Corselet blanc-cendré. Reflets de l'Abdomen blancs ; Anus noir et brillant. Balanciers bruns : Cuillerons blancs ; Ailes claires, à base un peu flavescente.

Nous ne possédons que le Mâle de cette espèce prise en Eté ; ce n'est peut-être qu'une variété du *Muls. albidipennis*, qui aurait la Face dorée et la base des Ailes flavescente.

1836. — N° 21. MULSANTIA FLAVESCENS, R.-D.

Myophora flavescens : Rob. Desv.-*Myod.*, p. 361, n° 85.

♂. Facie fusco-cinerea ; Frontalibus, Antennis, Palpis, Pedibus nigris. Thorax niger, lineis cinereo griseis. Abdomen nigrum, subnitens, tessellis cinereo-flavescentibus ; Ani primo segmento nigro, tomentose griseo, secundo lævigato, atro, nitido. Halteribus fusco-ferrugineis ; Alis fusco lavatis vel limpidis.

♀. Similis ; lineis tessellisque flavescentibus ; Fronte nigricante. Calyptis subalbidis.

Long. 2-2 lignes 1/2.

MALE : Corps noir de pruneau luisant; côtés du Front brun-cendré; Face cendrée. Corselet noir, rayé de cendré-gris. Abdomen noir, un peu luisant, avec des reflets cendré-gris ou un peu flavescents ; le premier segment de l'Anus noir, avec un duvet grisâtre ; le second lisse et noir-luisant. Balanciers d'un brun-ferrugineux : Cuillerons blancs; Ailes lavées de brun.

FEMELLE : Lignes du Corselet et reflets de l'Abdomen flavescents. Cuillerons blanc-obscur ; Ailes claires.

Cette espèce est rare ; on la rencontre pendant le mois de Juin.

1837. — N° 22. MULSANTIA BLANDA, R.-D. *Sp. ined.*

♂. Cæsia, nitida; Facie cinereo-argentea. Thorax lineis albidis aut albido-flavescentibus. Abdominis tessellis cinereo-aureis; Ani primo segmento nigro, dorso tomentose grisescente; secundo lævigato, atro-nitido. Halteribus subobscuris : Calyptis albis; Alis limpidis.

♀. Lineis, tessellis, Facieque aurulentis. Ano rufescente.

Long. 2-2 1/2-3 lignes.

MALE : Tout le Corps d'un beau noir ou bleu de pruneau luisant; Frontaux, Antennes, Palpes et Pattes noirs ; côtés du Front et Face d'un cendré-argenté. Lignes du Corselet cendrées ou cendré-flavescent. Reflets de l'Abdomen cendré un peu doré; premier segment de l'Anus noir, avec un duvet gris-brun sur le dos; le deuxième lisse et noir-luisant. Balanciers obscurs : Cuillerons blancs ; Ailes claires.

FEMELLE : Semblable; lignes du Corselet, reflets de l'Abdomen, côtés du Front et Face cendré-doré. Des parties rougeâtres à l'Anus.

Nous avons pris cette jolie petite espèce au mois d'Octobre.

1838. — N° 23. MULSANTIA FLAVIDULA, R.-D. *Sp. ined.*

♂ et ♀. Nigra ; Frontis lateribus fusco-subaureis ; Facie cinereo-subaurea in ♂, cinerea in ♀. Lineis tessellisque cinereo-flavescentibus ; Ani secundo segmento lævigato, atro, nitido ; Alis basi sordidiuscula.

Long. 4-5 lignes.

MALE : Frontaux, Antennes, Palpes et Pattes noirs ; côtés du Front brun-doré ; Face dorée. Corselet noir, avec les lignes cendré-flavescent. Abdomen noir, avec les reflets flavescents, parfois cendré-flavescent ; le deuxième segment de l'Anus noir-luisant. Balanciers d'un rougeâtre-obscur : Cuillerons blancs ; Ailes claires, avec la base obscure.

FEMELLE : Semblable ; les lignes et les reflets un peu moins jaunes ; Face cendrée. Ailes claires.

1839. — N° 24. MULSANTIA CÆSIA, R.-D. *Sp. ined.*

♀. Cæsia, nitens, lineis tessellisque cinereo-cærulescentibus aut ardeaceis ; Frontis lateribus et Facie cinereo-cærulescentibus. Ano obscure rufescente. Halteribus fuscis : Calyptis albis ; Alis sublimpidis, basi flavescente.

Long. 2 lignes 1/2.

FEMELLE : Frontaux, Antennes, Palpes et Pattes noirs ; côtés du Front et Face d'un cendré-bleuâtre. Corselet bleu de pruneau luisant, avec les lignes cendré-bleuâtre. Abdomen bleu de pruneau luisant, avec les reflets cendré-bleuâtre ; Anus obscurément rougeâtre. Balanciers bruns : Cuillerons blancs ; Ailes assez claires, avec la base flavescente.

Nous ne possédons que la Femelle de cette espèce.

1840. — N° 25. ✶ MULSANTIA INCAUTA, R.-D. *Sp. ined.*

♂ et ♀. Nigra, cinereo-flavescente lineata et tessellata ; Antennis,

Palpis, Pedibus nigris. Ano rubido. Halteres clari ; Alæ limpidæ, nervis nigris.

Long. 5 lignes.

MALE : Frontaux, Antennes et Palpes noirs ; côtés du Front cendré un peu grisâtre ; Face d'un cendré jaunâtre ; Barbe blanche. Corselet noir, fortement saupoudré et rayé de cendré-jaunâtre. Abdomen garni sur le dos de reflets noirs et de reflets cendré-jaunâtre ; Anus rouge de vermillon. Pattes noires. Balanciers clairs : Cuillerons blancs ; Ailes claires, avec les nervures noires.

FEMELLE : Semblable au Mâle ; côtés du Front plus bruns ; Face un peu plus cendrée.

Nous avons pris cette espèce au mois de Mars, à MENTON, contre un ruisseau, et sur les collines de NICE.

1841. = N° 26. * MULSANTIA REGINALDI, R.-D. *Sp. ined.*

♂. Nigra, cinereo-albido irrorata, lineata et tessellata. Ano rubido-croceo. Alæ limpidæ, nervis nigris.

Long. 8 lignes.

MALE : Frontaux, Antennes, Trompe et Palpes noirs ; côtés du Front brun-argenté ; Face argentée ; Barbe blanche ; derrière de la Tête blanc-cendré. Corselet noir un peu luisant, fortement saupoudré et rayé de cendré-blanc. Dos de l'Abdomen garni de reflets noirs et de reflets cendré-blanc ; Anus rouge de vermillon. Pattes noires. Balanciers noirâtres : Cuillerons blancs ; Ailes claires, avec les nervures noires.

Nous avons pris cette espèce au mois de Mars sur les collines de NICE. Elle se distingue par sa forte taille et par ses lignes et ses reflets cendré-blanc pur.

1842. = N° 27. * MULSANTIA SOLLICITATA, R.-D. *Sp. ined.*

♂. Nigro-cinereo-grisescente irrorata, lineata et tessellata. Anus ater, nitidus primi segmenti dorso subgriseo. Alæ limpidæ, nervis nigris.

Long. 3-3 lignes 1/4.

MALE : Frontaux, Antennes, Trompe et Palpes noirs ; côtés du Front cendré-grisâtre; Face cendré-argenté; Barbe blanche; Yeux rouges; derrière de la Tête brun-cendré. Corselet noir, fortement saupoudré et rayé de cendré un peu grisâtre. Dos de l'Abdomen garni de reflets noirs et de reflets cendrés un peu grisâtres; Anus noir-luisant; le deuxième segment grisâtre sur le dos. Pattes noires. Balanciers obscurs : Cuillerons blancs; Ailes claires, avec les nervures noires.

Nous avons pris cette espèce au mois de Mars, dans les environs de Nice, sur des excréments.

1843. = N° ✱ 28. Mulsantia pellex, R.-D. *Sp. ined.*

♂. Nigra, albo irrorata, lineata et tessellata; Facie argentea. Alæ limpidæ, nervis fuscis.

Long. 6 lignes.

Male : Tête d'un cendré-blanc; Frontaux, Antennes, et Palpes noirs; Yeux rouges; côtés du Front et Pattes cendré-argenté. Corselet noir, fortement saupoudré et rayé de cendré blanc. Abdomen à reflets noirs et à reflets blancs; Anus noir-luisant. Pattes noires. Balanciers obscurs : Cuillerons blancs; Ailes claires, un peu obscures à la base, avec les nervures noires.

Nous avons pris cette espèce au mois de Mars, à Saint-Hospice.

1844. = N° 29. ✱ Mulsantia spreta, R.-D. *Sp. ined.*

♂ et ♀. Nigra, cinereo-grisescente irrorata, lineata et tessellata. Ano incrassato, toto lævigato, atro-nitido. Alæ sublimpidæ, nervis subferrugatis.

Long. 4-5 lignes.

Male et Femelle : Frontaux, Antennes, Trompe, Palpes et Pattes noirs; côtés du Front d'un brun-cendré-grisâtre; Yeux rouges; derrière de la Tête cendré-grisâtre. Corselet noir, fortement saupoudré et rayé de cendré-grisâtre. Abdomen garni de reflets noirs et de reflets cendré-grisâtre; Anus lisse et entièrement noir-luisant. Balanciers obscurs : Cuillerons blancs; Ailes assez claires, avec la base un peu obscure et les nervures brunâtres ou d'un brun-rougeâtre.

Nous avons pris cette espèce au mois de Mars sur les collines de Nice; la Femelle pond ses larves sur les excréments.

1845. = N° 30. ★ MULSANTIA MEDITATA, R.-D. *Sp. ined.*

♀. Frontis lateribus, Facieque subaureis, Thorax flavescente lineatus. Abdomen quarti segmenti apice superiori Anoque rubris.

Long. 7-8 lignes.

FEMELLE : Frontaux, Antennes et Pattes noirs; côtés du Front et Face jaune un peu doré; derrière de la Tête blanc-cendré. Corselet noir, fortement saupoudré et rayé de cendré-flavescent. Abdomen garni de reflets noirs et de reflets cendré-blanc; sommet du quatrième segment et Anus rouges. Balanciers rougeâtres : Cuillerons blancs; Ailes claires, un peu sales à la base, avec les nervures noires.

M. Joanny nous a donné cette espèce prise à NICE sur la fin de l'Automne.

338. — XV. Genre CALYPTIE.
XV. *Genus CALYPTIA*, R.-D.

Myophora : Rob.-Desv.

Caractères des MULSANTIES; mais le second segment de l'Anus sur la Femelle est développé sur les côtés en une large pièce squamiforme qui fait saillie; ce même segment est profondément fendu en dessus ou sur le dos.

Gen. MULSANTIÆ characteres; secundo Ani ♀ segmento lateribus amplis, squamiformibus, prominulis.

1846. — No 1. CALYPTIA CARCELI, R.-D. *Sp. ined.*

♂. Tota cæsia, nitens, lineis tessellisque albis; Frontis lateribus, Facieque aureis; Cheti media parte albescente. Ani segmento primo atro dorsoque albido : secundo lævigato, atro, nitido. Halteribus obscuris : Calyptis albis; Alis limpidissimis.

♀. Similis; Ani segmentis nigris.

Long. 7 lignes.

Male : Tout le Corps bleu de pruneau luisant; Frontaux, Antennes, Palpes et Pattes noirs; côtés du Front et Face dorés; Chète noir, avec le milieu albide. Les lignes du Corselet et les reflets de l'Abdomen albides; le premier segment de l'Anus noir, mais cendré sur le dos. Balanciers obscurs : Cuillerons blancs; Ailes très-limpides.

Femelle : Semblable; parfois un peu plus petite; pièces de l'Anus noires.

Nous possédons un Mâle et deux Femelles de cette espèce prise dans un pré, au mois d'Août.

1847. — No 2. Calyptia fuliginosa, R.-D. *Sp. ined.*

♀. Nigra, cœsia, lineis tessellisque subalbidis; Facie aurata. Alarum basi sordide flavescente.

Long. 4 lignes.

Femelle : Frontaux, Antennes, Palpes et Pattes noirs; le milieu du Chète jaunâtre; côtés du Front noir-doré; Face dorée. Corselet noir de pruneau, avec les lignes blanches. Abdomen noir de pruneau, avec les reflets albides, moins brillants que sur le *Cal. Carceli;* premier segment de l'Anus noir. Balanciers d'un rougeâtre-obscur : Cuillerons blancs; Ailes d'un jaune sale à la base, avec les nervures brunes.

Nous ne connaissons qu'une Femelle de cette espèce prise à la fin d'Août; la flavescence de ses Ailes, sa taille moins forte et ses teintes d'un bleu plus brun la font aisément distinguer du *Cal. Carceli.*

339. — XVI. Genre CYNOMYE.
XVI. *Genus CYNOMYA*, R.-D.

Cynomya : Rob. Desv.-Macq.-Rond.

Sarcophaga : Meig.
Musca : Fabr.-Latr.-Fall.

Antennes descendant jusqu'à l'Epistôme ; le troisième article trois et quatre fois aussi long que le second; Chète plumeux ; Epistome en carré un peu saillant.

Abdomen non muni de Cils aux premiers segments.

Teintes métalliques.

Antennæ ad Epistoma porrectæ; tertius articulus tri quadrive longior secundo ; Chetum plumosum ; Epistoma quadrato prominulum.

Cilia in Abdominis segmentis nulla.

Colores metallici.

Les insectes de ce genre ont les Antennes plus allongées que celles des Myophores et des Sarcophages ; leur Epistôme est plus saillant et leurs teintes sont métalliques.

Le *Cynomya mortuorum* ne se rencontre que sur les cadavres de chiens.

1848. — N° 1. Cynomya mortuorum, L.

Cynomya mortuorum :	Rob. Desv.-*Myod.*, p. 364, n° 1.
— —	Macq.-*Buff.* II, p. 233, n° 1.
Musca mortuorum :	Linn.-*Syst. nat.* II, p. 989, pl. 16, fig. 4 ; *Faun. Suec.*, 1830.
— —	Fabr.-*Syst. Antl.*, n° 32.
— —	Latr.-*Gen.* IV, p. 345.
— —	Fall.-*Musc.*, p. 45, n° 18.
Sarcophaga mortuorum :	Meig *Dipt.* V, p. 16, n° 1.
— —	Gmel.-*Ed. Syst. nat.* I, 5, 2839, 67.
— —	Zetterst.-*Ins. Lapon.*, p. 656, n° 6.
— —	Walk.-*Dipt. Brit.*, p. 834.
Volucella vomitoria :	Schrank.-*Faun. Boic.* III, p. 2488.

♂ et ♀. Facies aurea. Thorax cæsius. Abdomen cæruleo-violaceum. Ano nigro-metallico.

Long. 6-8 lignes.

MALE et FEMELLE : Face d'un beau jaune-doré luisant; Antennes rougeâtres ; Trompe brune. Corselet d'un beau noir-bleu de pruneau, avec des lignes d'un gris-obscur. Abdomen d'un beau bleu d'azur violet, avec l'Anus d'un beau noir-bleuâtre métallique. Pattes noires. Cuillerons blancs ; Ailes noirâtres à la base.

On rencontre cette espèce en Avril et Mai sur les chiens morts.

1849. — N° 2. CYNOMYA CHRYSOCEPHALA, R.-D.

Cynomya chrysocephala : Rob. Desv.-*Myod.*, p. 364, n° 2.
— — De Géer.-*Ins.*, p. 30, n° 5, pl. 60, fig. 5.

♂ et ♀. Simillima CYN. MORTUORUM; paulo minor; Abdomen azuro-viridescens.

Long. 6-7 lignes.

MALE et FEMELLE : Semblable au *Cyn. mortuorum* ; ordinairement un peu plus petite ; Face d'un jaune moins doré, moins luisant. Corselet un peu plus noir. Abdomen bleu d'azur verdoyant et métallique, avec l'Anus d'un beau noir-luisant. Pattes plus nues.

J'ai rencontré cette espèce sur les fleurs, en en Eté et Automne.

B. LES OVIPARES.
OVIPARÆ.

Les insectes de cette section pondent des œufs sur les diverses substances animales ou végétales en décomposition. Quoiqu'on puisse leur rapporter la plupart de nos Mésomydes, elles en diffèrent beaucoup trop pour que nous ne conservions pas notre division primitive.

Nous n'aurons donc, comme dans notre premier travail, qu'une tribu unique, celle des Muscides, subdivisée en sections ou curies qui donneront plus de facilité pour l'étude de ces races si nombreuses.

IV. Tribu : LES MUSCIDES.
IV. *Tribus : MUSCIDÆ*, R.-D.

Antennes allongées, descendant ordinairement jusqu'à l'Epistôme; les deux premiers articles courts; le deuxième onguiculé sur le dos; le troisième le plus long, cylindrique ou prismatique; Chète plumeux, très-rarement tomenteux, à premiers articles cours.

Face verticale ou un peu arrondie, rarement un peu gonflée; Péristome un peu plus long que large; Epistome quelquefois rostriforme; Trompe molle ou solide.

Abdomen subarrondi ou un peu oblong; pas de Cils aux bords des segments; Anus des Mâles jamais composé de pièces solides, rarement replié en dessous.

Ailes assez triangulaires, aptes au vol; la Cellule γ C le plus souvent ouverte au-dessus du sommet de l'Aile; sa nervure transverse tantôt concave, tantôt convexe en dehors, souvent droite; Cuillerons larges.

Pattes moyennes.

Teintes grises, cendrées, noires, d'un noir métallique, vertes, d'un bleu-azuré, cuivreuses.

Femelles presque toujours ovipares.

Antennæ elongatæ, sæpius ad Epistoma porrectæ; primis articulis brevioribus; secundo ungulato; tertio longiore, cylindrico aut prismatico; Chetum plumosum perraro tomentosum, primis articulis abbreviatis.

Facies verticalis aut parumper subrotunda, raro buccata; Peristoma plus minusve elongatum, Epistomate interdum rostriformi; Probocis membranacea, interdum coriacea.

Abdomen oblongo-rotundatum; Ciliis segmentorum nullis; Anus ♂ nusquam coriaceus, rarissime recurvus.

Alæ triangulares, ad volitum aptæ; Cellula γ C sæpius aperta ante Alæ apicem, nervo transverso tunc concavo, tunc externe convexo, sæpe recto; Calypta ampla.

Pedes mediocres.

Color griseus, cinereus, niger, nigro-metallicus, viridis, cæruleus, azureus, cupreus, etc.

Feminæ fere semper oviparæ.

Comme nous l'avons établi en 1830, les Muscides qui ont les *Musca domestica* et *vomitoria* de Linné pour types, sont ordinairement faciles à reconnaître, parce qu'elles ont toutes un air de famille que l'œil ne tarde pas à saisir. Mais celui qui veut nettement les caractériser pour les distinguer des tribus voisines, rencontre des obstacles réels. Elles n'ont pas les teintes aussi grises, ni les formes aussi oblongues que les Théramydes. L'absence d'une gaîne solide et repliée en dessous autour des organes sexuels du Mâle et l'absence de Cils sur les segments de l'Abdomen sont des caractères très importants à noter. Toutes les Théramydes observées sont vivipares; les Muscides sont presque toutes ovipares.

Nous savons que la plupart des Graosomes et des Macro-

PODÉES sont également vivipares, mais qu'elles ont les Pattes allongées, les Médians comprimés, les teintes plus testacées et les formes plus oblongues. On ne confondra donc pas ces deux tribus avec celle qui nous occupe en ce moment.

Les MUSCIDES ont les plus grands rapports avec les Aricines et les Hydromydes par les Graphomyes, les Mésembrines, les Hématobies, les Lucilies, les Pyrellies et les Mélindes; mais il ne faut pas oublier qu'elles s'en distinguent par la grandeur des Cuillerons et par la Cellule γ C des Ailes qui dans les Acalyptérées est toujours apicale, sans nervure transverse de conjonction.

Les MUSCIDES constituent une tribu naturelle composée d'un grand nombre de genres, d'espèces et d'individus. Leurs larves, destinées à vivre dans les résidus animaux et dans les détritus végétaux, ont la faculté de pouvoir se développer sous toutes les latitudes qui néanmoins les modifient d'une manière très-sensible. Nous n'avons point à entreprendre dans cet ouvrage la description des MUSCIDES exotiques, mais nous rappellerons que certaines espèces, telles que les MUSCIDES TESTACÉES de notre premier travail, n'ont encore aucune espèce analogue de ce côté de l'Equateur, tandis que les Stomoxes, les Armentaires et les Muscides cérulées sont répandues sur tout le globe. L'Amérique septentrionale possède des Phormies et des Lucilies identiques avec les nôtres. Les Pollénies sont plus spéciales à nos régions froides et tempérées et les Muscides rostrées préfèrent les pays chauds et torrides. Les Muscides métalliques brillent des plus vives couleurs, sous la Ligne, au Pérou, au cap de Bonne-Espérance et au Brésil. Chacune de ces régions en possède une série en propriété. Les marais de la Guyanne, les terres de Timor et de la Nouvelle-Hollande leur font perdre une partie de ces teintes somptueuses et de ces formes robustes qui nous ont charmé sur les Macropodées. On dirait que l'être mouche s'est détérioré dans ces climats.

Nous n'avons point à insister ici sur le nombre ni sur la distribution des Muscides sur le globe. La description des nombreuses espèces de nos contrées que nous sommes parvenu à déterminer, donnera une faible idée de l'immensité des travaux qui resteront à faire pour les autres parties du monde.

Afin de faciliter l'étude des Muscides, nous les avions divisées en sous-tribus ou curies. Nous conservons cette classification, en écartant pour l'instant tout ce qui avait rapport aux espèces exotiques.

Chète jamais plumeux; Trompe molle.

Nervure transverse de la Cellule 7 C cintrée :

Curie A : M. FLORICOLES.

Chète plumeux en dessus, nu en dessous; Trompe tout-à-fait solide, non rétractile.

Cellule 7 C ouverte dans le sommet de l'Aile, avec la nervure transverse un peu convexe en dehors :

Curie B : M. ZOOMYES.

Chète plumeux; Trompe seulement en partie solide ou tout-à-fait membraneuse.

Cellule 7 C ouverte dans le sommet de l'Aile, avec la nervure transverse presque droite :

Curie C : M. ARMENTAIRES.

Chète plumeux; Trompe toujours molle.

Cellule γ C ouverte dans le sommet de l'Aile, avec sa nervure transverse concave en dehors.

Curie D : M. ERRANTES.

Chète plumeux ; Face ordinairement un peu boursouflée. Corselet plus ou moins velu sur la poitrine et les côtés.

Cellule γ C ouverte avant le sommet de l'Aile, avec la nervure convexe en dehors :

Curie E : M. TOMENTEUSES.

Chète plumosule ou tomenteux ; Epistome saillant, rostriforme.

Cellule γ C presque apicale, à nervure transversale droite :

Curie F : M. ROSTRÉES.

Chète plumeux ; Péristome plus long que large.

Cellule γ C ouverte avant le sommet de l'Aile, avec sa nervure transverse arquée, mais droite sur les Mélindes.

Curie G : M. CÉRULÉES.

Chète plumeux ; Face plus ou moins oblique ; Epistome non tout-à-fait vertical, ni tout-à-fait saillant.

Cellule γ C ouverte peu avant le sommet ou dans le sommet de l'Aile, avec sa nervure ordinairement peu concave en dedans, mais convexe en dedans sur les Pyrellies.

Curie H : M. MÉTALLIQUES.

Curie A : MUSCIDES FLORICOLES.
MUSCIDÆ FLORICOLÆ.

Antennes ne descendant pas jusqu'à l'Epistôme ; le deuxième article onguiculé, un peu hérissé ; le troisième cylindrique, double du deuxième; CHÈTE plumosule ou tomenteux; FRONT des Mâles étroit, celui des Femelles assez développé; PÉRISTOME un peu plus long que large; EPISTOME non saillant.

CELLULE γ C légèrement ouverte avant le sommet de l'Aile, avec sa nervure transverse cintrée.

TAILLE médiocre; TEINTES brunes et d'un gris-cendré.

Ces MUSCIDES se trouvent sur les fleurs.

ANTENNÆ non ad Epistoma porrectæ; secundo articulo unguiculato, hirto; tertio bilongiore, cylindrico: CHETUM plumosum aut tomentosum; FRONS ad ♂ angustata, ad ♀ quadrata; PERISTOMA parumper elongatum, EPISTOMATE non prominulo.

CELLULA γ C leviter aperta ante Alarum apicem, nervo transverso intus arcuato.

STATURA mediocris; COLOR bruneus, griseo-cinereus.

INSECTA per flores inveniuntur.

La Trompe molle différencie nettement cette section de celle des ZOOMIES, qui ont une Trompe solide. La nervure transverse de la Cellule γ C, qui est cintrée, empêche de la confondre avec les vraies mouches et les genres voisins. Le Chète n'est jamais plumeux; il peut n'être que tomenteux.

I. G. CLYTHO........	Antennes courtes; Chète tomenteux; Face convexe; Péristôme assez étroit; Trompe offrant à son sommet deux Palpes articulés et manifestes.
II. G. AGRIA	Antennes longues; Chète villeux. Abdomen ponctué.
III. G. GESNERIA...	Antennes courtes; Chète plumosule. Abdomen non ponctué.
IV. G. LISTERIA	Antennes courtes; Chète plumosule. Le premier segment de l'Anus très développé et recourbé en dessous.

340. — I. Genre CLYTHO.
I. *Genus CLYTHO*, R.-D.

Clytho : Rob. Desv.-*Myod.*, p. 375.
Agria : Macq.-*Buff.* II, p. 232.

ANTENNES courtes; CHÈTE tomenteux; FACE convexe; PÉRISTOME assez étroit; TROMPE offrant à son sommet deux Palpes articulés et manifestes.

ANTENNÆ abbreviatæ; CHETO tomentoso; FACIES convexa; PERISTOMATE angustato; PROBOSCIS ad apicem duobus Palpis manifestis articulatis.

Les deux espèces qui composent ce genre n'ont été rencontrées qu'une seule fois par nous.

1850. — N° 1. CLYTHO AURULENTA, R.-D.

Clytho aurulenta : Rob. Desv.-*Myod.*, p. 376, n° 1.
Agria aurulenta : Macq.-*Buff.* II, p. 232, n° 12.

♂? Bruneo-cinerea; Facie sericeo-aurulenta. Thorax vittatus. Abdomen tessellans. Alæ elongatæ.

Long. 4 lignes 1/2.

MALE? Frontaux, Antennes et Pattes noirs; côtés du Front et Face d'un soyeux un peu doré. Corselet d'un brun-cendré, avec des lignes noires. Abdomen à cases d'un gris-cendré, séparées par des lignes noires. Cuillerons blancs; Ailes claires, légèrement fuligineuses à la base, un peu plus longues que l'Abdomen.

Je n'ai jamais rencontré qu'un individu de cette espèce, sur la fin de Juin, à Saint-Sauveur.

1851. — N° 2. CLYTHO ARGENTEA, R.-D.

Clytho argentea : Rob. Desv.-*Myod.*, p. 376, n° 2.

♂ et ♀. Simillima CL. AURULENTÆ ; magis cylindrica ; Facie argenteo-vivida ; Medianeis fulvis. Abdomine paulo grisiore.

Long. 4 lignes 1/2.

MALE et FEMELLE : Semblable au *Cl. aurulenta ;* un peu plus cylindrique ; Face d'un argenté très-brillant, avec les Médians assez fauves. Le dessus de l'Abdomen un peu plus gris, moins cendré.

Nous n'avons jamais rencontré que deux individus de cette espèce, à Saint-Sauveur, en Juillet et sur les fleurs de l'ŒNANTHE PHELLANDRIUM, Lam.

341. — II. Genre AGRIE.
II. *Genus AGRIA*, R.-D.

Agria : Rob. Desv.-Macq.
Sarcophaga : Meig.
Musca : Fall.

ANTENNES un peu épaisses, descendant presque jusqu'à l'Epistôme ; CHÈTE villeux.

ABDOMEN ponctué, toujours privé de Cils sur le deuxième segment abdominal.

ANTENNÆ paulisper incrassatæ, paulo longiores ; CHETO villoso.
ABDOMEN punctatum ; secundo segmento nusquam ciliato.

Ces espèces, peu nombreuses en individus, sont très voisines des GESNÉRIES, dont elles diffèrent par des Antennes un peu plus longues, un Chète seulement villeux et un Abdomen ponctué.

1852. — N° 1. AGRIA AFFINIS, Meig.

Sarcophaga affinis :	Meig., n° 27.
Musca affinis :	Fall., n° 4.
Agria affinis :	Macq.-*Buff.* II, p. 229, n° 1.
— *punctata* :	Rob. Desv.-*Myod.*, p. 377, n° 1.

♂ et ♀. Frontalibus basi subfulvis saltem in ♂; Fronte griseo-subcinerascente; Facie subargentea aut subaurata; Antennis, Palpis, Pedibus nigris. Thorax griseo-subcinereus. Abdomen grisescens, quartis maculis lateralibus serieque dorsali macularum nigrarum ornatum. Calyptis albido-subflavescentibus; Alarum basi sordidiuscula.

Long. 3 1/4-3 lignes 1/2.

MALE et FEMELLE : Front gris-cendré; Face gris-cendré ou gris-doré; Frontaux fauves à la base sur les Mâles; Antennes, Palpes et Pattes noirs. Corselet gris-cendré, avec des lignes d'un noir assez obscur. Abdomen grisâtre, avec quatre taches latérales et une ligne dorsale de taches noires ou noirâtres. Cuillerons jaunâtres; Ailes un peu sales à la base.

On trouve cette espèce en Eté.

1853. — N° 2. AGRIA GRISEA, R.-D.

Agria grisea : Rob. Desv.-*Myod.*, p. 377, n° 2.

♀. Grisea; Fronte grisea; Facie griseo-cinerascente; Antennarum basi subfulva; Palpis, Pedibus nigris. Abdomen quartis maculis lateralibus serieque dorsali macularum nigris aut nigricantibus ornatum. Calyptis albidis; Alis sordidis.

Long. 3 lignes 1/4.

FEMELLE : Front gris; Face gris-cendré; Frontaux, Antennes, Palpes et Pattes noirs; un peu de fauve-obscur à la base des Antennes. Corselet gris, obscurément rayé de brun. Abdomen gris, avec quatre taches latérales et une ligne dorsale de taches noires ou noirâtres. Balanciers flavescents : Cuillerons blancs ; Ailes sales.

Nous ne possédons plus que la Femelle de cette espèce, mais nous avions les deux sexes à l'époque de notre premier travail.

1854. — N° 3. AGRIA GRISESCENS, R.-D.

Agria grisescens : Rob. Desv.-*Myod.*, p. 377, n° 3.

N'ayant plus cette espèce et la suivante à notre disposition, nous reproduisons la description primitive.

♂ et ♀. « Facies lateribus argenteis. Corpus fuscum, griseo tomen-
« tosum. Abdomen nigricante maculatum. Alæ claræ. »

« Long. 2 lignes 1/2.

« MALE et FEMELLE : Côtés du Front et de la Face argentés;
« Frontaux brunâtres. Corselet et Abdomen noirs, saupou-
« drés de grisâtre; quelques petites taches noires chatoyantes
« sur l'Abdomen. Pattes noires. Cuillerons blancs; Ailes
« claires.

« J'ai trouvé cette espèce au mois de Juillet, à Saint-
« Sauveur. »

1855. — N° 4. AGRIA BI-PUNCTATA, R.-D.

Agria bi-punctata : Rob. Desv,-*Myod.*, p. 377, n° 5.

♂ et ♀. Aspectus et statura AG. PUNCTATÆ (affinis); Abdomine
« depresso, solum bi-punctato. »

« MALE et FEMELLE : Tout-à-fait semblable à l'*Agria punc-*

« *tata* (*affinis*). L'Abdomen est déprimé et n'offre que deux « points.

« Cette espèce a été trouvée à Paris par M. de Saint-« Fargeau. »

1856. — N° 5. AGRIA PUNCTULATA, R.-D.

Agria punctulata : Rob. Desv.-*Myod.*, p. 377, n° 4.

♀. Frontalibus, Antennis, Palpis, Pedibus nigris; Frontis et Faciei lateribus grisco-subcinereis. Thorax fusco-grisescens. Abdomen fusco-grisescens quartis maculis punctiformibus lateralibus nigris lineaque dorsali interrupta nigra. Halteribus flavis : Calyptis albido-grisescentibus; Alis basi sordide flavescente.

Long. 3 lignes.

FEMELLE : Frontaux, Antennés, Palpes et Pattes noirs; côtés du Front et de la Face gris un peu cendré. Corselet noir, garni d'un duvet brun-gris. Abdomen gris-brun, avec quatre taches punctiformes latérales et noires et une ligne dorsale interrompue, noire. Balanciers jaunes : Cuillerons d'un blanc-gris; Ailes à disque assez clair, avec la base jaunâtre sale.

Nous ne connaissons que la Femelle de cette espèce.

1857. — N° 6. AGRIA GESNERIOÏDEA, R.-D.

Agria Gesnerioïdea : Rob. Desv.-*Myod.*, p. 378, n° 6.

♀. Fronte Facieque cinereo-argenteis; Frontalibus, Antennis, Palpis, Pedibus nigris. Thorax niger, cinereo lineatus. Abdomen cinereo lineatum, novem punctis nigris ornatum. Calypta subalbida; Alæ limpidæ, basi flavescente.

Long. 1 1/2-2 lignes.

Femelle : Côtés du Front et Face cendré-argenté ; Frontaux, Antennes, Palpes et Pattes noirs. Corselet noir, fortement rayé de cendré. Abdomen noir, avec un duvet cendré et neuf ; points noirs disposés sur trois lignes longitudinales. Balanciers flavescents : Cuillerons blanchâtres ; Ailes claires, avec la base flavescente.

Nous ne connaissons que la Femelle de cette espèce.

342. — III. Genre GESNÉRIE.
III. *Genus GESNERIA*, R.-D.

Gesneria : Rob. Desv.
Agria : Macq.

Antennes ne descendant qu'aux deux tiers de la Face ; Chète plumosule.

Abdomen non ponctué ; point de Cils distincts au bord du deuxième segment.

Antennæ paulo breviores ; Chetum plumosulum.
Abdomine impunctato, secundoque segmento non ciligero.

Le Chète plumosule, l'Abdomen imponctué différencient les Gesnéries des Agries. On les confondra aisément avec les mouches véritables ; mais on devra se rappeler qu'elles ont les Antennes plus courtes et que la Cellule γ C des Ailes a sa nervure transverse cintrée.

Ces insectes ne se trouvent que sur les fleurs. Ils sont assez rares.

1858. — N° 1. Gesneria erythrocera, R.-D.

Gesneria erythrocera : Rob. Desv.-*Myod.*, p. 378, n° 1.
Agria erythrocera : Macq.-*Buff.* ii. p. 230, n° 5.

♂ et ♀. Griseo-subflavescens; Antennæ basi rubra. Alæ basi flavescente.

Long. 4 lignes.

Male et Femelle : Face blanche; Frontaux d'un gris-brun; base des Antennes fauve. Corselet d'un gris-flavescent, rayé de noir. Abdomen d'un gris-flavescent plus prononcé en dessus, avec une ligne dorso-longitudinale d'un brun-obscur. Pattes noires. Cuillerons d'un blanc un peu jaunâtre; Ailes lavées de flavescent.

Cette espèce a été trouvée autrefois à La Rochelle par M. Am. de Saint-Fargeau; nous la transcrivons de notre premier travail, quoique nous ne l'ayons jamais capturée nous-même.

1859. — N° 2. Gesneria brunicans, R.-D.

Gesneria brunicans : Rob. Desv.-*Myod.*, p. 379, n° 2.
Agria brunicans : Macq.-*Buff.* II, p. 231, n° 6.

♂. Bruneo-nigricans; Abdomen cinereo tessellans, linea dorsali nigra. Alæ basi limboque sordidiusculis.

Long. 3 lignes 1/3.

Male : Face d'un brun-argenté. Corselet noir, rayé de gris-cendré. Abdomen noirâtre, garni d'un duvet chatoyant cendré, avec une ligne dorso-longitudinale noire plus large sur le second segment. Squame inférieure des Cuillerons un peu brunissante; Ailes sales à la base et le long de la côte extérieure.

Nous avons trouvé cette espèce au mois d'Août sur les fleurs de l'Imperatoria sylvestris.

1860. — N° 3. GESNERIA CLARIPENNIS, R.-D.

Gesneria claripennis : Rob. Desv.-*Myod.*, p. 379, n° 3.

♂. Similior G. BRUNICANTI ; Alis limpidis.

Long. 3 lignes 1/3.

MALE : Semblable au *G. brunicans;* mais avec une ligne noirâtre sur le dos de l'Abdomen et les Ailes claires.

J'ai rencontré cette espèce autrefois, à Bondi, au mois de Juin. J'en ai trouvé à Saint-Sauveur, au mois de Juillet, un individu un peu plus brun sur les fleurs de l'ŒNANTHE PHELLANDRIUM, Lam.

1861. — N° 4. GESNERIA CINEREA, R.-D.

Gesneria cinerea : Rob. Desv.-*Myod.*, p. 379, n° 4.

♀. Nigra, lineis tessellisque cinereis; Fronte Facieque cinereo-argenteis. Calyptis albidis ; Alis sublimpidis, basi sordidiuscula.

Long. 2 1/2-3 lignes.

FEMELLE : Front et Face cendré-argenté; Frontaux, Antennes, Palpes et Pattes noirs. Corselet noir, fortement rayé de cendré. Abdomen avec des reflets noirs et des reflets cendrés. Balanciers bruns : Cuillerons blancs et Ailes claires, avec la base un peu sale.

Nous ne connaissons que la Femelle de cette espèce.

1862. — N° 5. GESNERIA RAPIDA, R.-D.

Gesneria rapida : Rob. Desv.-*Myod.*, p. 379, n° 5.

♂ et ♀. Simillima G. CINEREÆ; cinereo-griseseens.

Long. 3 lignes.

MALE et FEMELLE : Semblable au *G. cinerea* sous tous les rapports ; mais elle en diffère par un Abdomen d'un gris-cendré et non d'un blanc-cendré.

J'ai trouvé cette espèce sur les fleurs de l'ŒNANTHE PHELLANDRIUM, Lam., à Saint-Sauveur.

1863. — N° 6. GESNERIA CAMPESTRIS, R.-D.

Gesneria campestris : Rob. Desv.-*Myod.*, p. 380, n° 6.

♂ et ♀. Simillima G. CINEREÆ ; paulo major, magis grisescens. Alis sordidiusculis.

Long. 3 lignes.

MALE et FEMELLE : Tout-à-fait semblable au *G. cinerea ;* un peu plus grosse et un peu plus grise ; Ailes plus sales.

J'ai trouvé cette espèce aux environs de Paris.

1864. — N° 7. GESNERIA GRISEA, R.-D.

Gesneria grisea : Rob. Desv.-*Myod.*, p. 380, n° 7.

♂ et ♀. Fronte Facieque subauratis ; Frontalibus, Antennis, Palpis, Pedibus nigris. Thorax cinereus, lineis cinereo-grisescentibus. Abdomen cinereo-subgriseum, tessellis obscure fuscis. Halteribus subflavis : Calyptis albis ; Alis sublimpidis, basi subflavescente.

Long. 2 1/2-3 lignes.

MALE et FEMELLE : Front et Face gris un peu doré ; Frontaux, Antennes, Palpes et Pattes noirs. Corselet cendré, avec des lignes cendré-grisâtre. Abdomen cendré-grisâtre, avec des reflets obscurs et bruns. Balanciers flavescents : Cuillerons blancs ; Ailes assez claires, avec la base un peu flavescente.

On trouve cette espèce en Été ; je l'ai capturée, à Paris et à Saint-Sauveur, sur les fleurs du DAUCUS CAROTTA.

1865. — N° 8. GESNERIA RIPARIA, R.-D.

Gesneria riparia : Rob. Desv.-*Myod.*, p. 380, n° 8.

♂ et ♀. Affinis G. GRISEÆ; griseo-flavescens, præsertim in Thorace; Facie aurulenta.

Long. 2 1/2-3 lignes.

MALE et FEMELLE : Voisine de la précédente, cette espèce s'en distingue par sa Face dorée, par son Corps un peu plus flavescent surtout au Corselet et par ses reflets d'un brun plus prononcé sur les côtés de l'Abdomen.

J'ai capturé cette espèce à Saint-Sauveur sur les fleurs de l'ŒNANTHE PHELLANDRIUM, Lam.

1866. — N° 9. GESNERIA ALBIFRONS. R.-D.

Gesneria albifrons : Rob. Desv.-*Myod.*, p. 381, n° 9.
Agria albifrons : Macq.-*Buff.* II, p. 231, n° 7.

♂ et ♀. Facies, Frons lateribus argentea; Frontalibus, Antennis, Pedibus fuscis. Thorax nigricans, albido cinereo vittatus. Abdomen nigrum, tessellans, casulis albo-cinereis. Alæ limpidæ.

Long. 2 lignes 1/2.

MALE et FEMELLE : Frontaux, Antennes et Pattes noirs ; Face et côtés du Front d'un blanc-argenté. Corselet noirâtre, lavé et rayé de blanc-cendré. Abdomen noir, couvert de petites cases carrées d'un blanc-cendré à reflets. Cuillerons blancs ; Ailes claires.

J'ai trouvé cette espèce à Saint-Sauveur.

1867. — N° 10. GESNERIA GRISELLA, R.-D. *Sp. ined.*

♀. Minima, flavescens; Facie subaurata. Abdomen lineis dorsalibus, lineisque transversis fuscis. Calyptis flavescentibus; Alis sublimpidis, basi flavescente.

Long. 2 lignes.

FEMELLE : Côtés du Front et Face flavescents; Antennes, Palpes et Pattes noirs. Corselet noir, avec de fortes lignes flavescentes. Abdomen noir, garni d'un duvet flavescent, avec une ligne dorsale et une ligne transversale à chaque segment noires. Cuillerons flavescents; Ailes assez claires, avec la base flavescente.

Nous ne connaissons qu'une Femelle de cette petite espèce.

1868. — N° 11. GESNERIA LUTEIFRONS, R.-D.

Gesneria luteifrons : Rob. Desv.-*Myod.*, p. 381, n° 10.
Agria luteifrons : Macq.-*Buff.* II, p. 231, n° 9.

♂ et ♀. Facies albicans; Frons lateribus lutescentibus. Abdomen griseum, vitta longitudinali vittisque transversis fuscis.

Long. 2 lignes 1/2.

MALE et FEMELLE : Frontaux, Antennes et Pattes bruns; côtés du Front un peu dorés; Face un peu blanchâtre. Corselet rayé de gris et de noirâtre. Abdomen gris, avec des raies transverses et une raie longitudinale brunes. Cuillerons blancs; Ailes claires.

J'ai trouvé cette espèce à Rogny.

1869. — N° 12. GESNERIA MUSCA, R.-D.

Gesneria Musca : Rob. Desv.-*Myod.*, p. 381, n° 11.

♂ et ♀. Facies bruneo-argentea. Thorax griseo-cinerascente vittatus. Abdomen grisescens, lineis longitudinalibus lineisque transversis fuscis.

Long. 2 1/4-3 lignes.

Male et Femelle : Yeux pourprés ; Frontaux, Antennes et Pattes noirs ; Face d'un brun-argenté. Corselet noir, un peu rayé de gris-cendré. Abdomen à cases grisâtres, formées par des lignes transversales et longitudinales noires. Cuillerons blancs ; Ailes claires.

Nous avons pris cette rare espèce à Saint-Sauveur.

1870. — N° 13. Gesneria fulvifrons, R.-D. *Sp. ined.*

♂. Facie fusco argentea ; Frontalibus subfulvis ; Antennis, Palpis, Pedibus nigris. Thorax cœsius, lineis albido-cinereis. Abdomen griseo-flavescens, tribus lineis longitudinalibus nigris. Calyptis albidis, subflavescentibus ; Alis sublimpidis.

Long. 2 1/2-3 lignes.

Male : Côtés du Front bruns ; Face brun-cendré ; Frontaux rougeâtres ; Antennes, Palpes et Pattes noirs. Corselet noir de pruneau, avec des lignes cendrées. Abdomen à cases cendré-flavescent formées par trois lignes longitudinales noires. Balanciers jaune-rougeâtre : Cuillerons blanc un peu jaunâtre ; Ailes claires.

Nous ne possédons que des Mâles. Cette espèce, voisine du *G. musca*, a les lignes du Corselet d'un blanc plus prononcé et les Frontaux rougeâtres.

1871. — N° 14. Gesneria floralis, R.-D.

Gesneria floralis : Rob. Desv.-*Myod.*, p. 381, n° 12.

♂ et ♀. Facies Fronsque lateribus albescentes. Thorax griseus, obscure fusco-vittatus. Abdomen cinerascens, obscure nigro tessellans, incisuris nigrioribus. Alæ basi subflava.

Long. 2 lignes 1/2.

Male et Femelle : Yeux d'un rouge pourpré ; côtés du

Front et Face blanchâtres ; Frontaux, Antennes et Pattes d'un gris-brun. Corselet grisâtre, légèrement rayé d'un noir obscur. Abdomen d'un gris-cendré, avec des reflets d'un noir obscur plus prononcé à l'origine des segments. Cuillerons blancs; Ailes claires, flavescentes à la base.

C'est l'espèce la plus commune.

1872. — N° 15. GESNERIA AURIFACIES, R.-D.

Gesneria aurifacies : Rob. Desv.-*Myod.*, p. 382, n° 13.

♂ et ♀. Cylindrica; Facie bruneo-aurata. Thorax grisco-subflavescens. Alis basi subfuliginosis.

Long. 2 lignes 1/2.

MALE et FEMELLE : Assez semblable au *G. floralis ;* un peu plus cylindrique ; Frontaux, Antennes bruns ; Face et côtés du Front d'un brun un peu doré. Corselet gris un peu jaunâtre, avec de légères lignes brunes. Abdomen gris-brunâtre, avec quelques lignes qui semblent brunes à une certaine lumière. Cuillerons blancs; Ailes légèrement fuligineuses à la base.

Cette espèce est rare.

1873. — N° 16. GESNERIA AGRESTIS, R.-D.

Gesneria agrestis : Rob. Desv.-*Myod.*, p. 382, n° 14.

♂ et ♀. Facies bruneo-aurulans. Thorax griseus, fusco vittatus. Abdomen sericeo-griseum, linea dorsali, lineisque transversis nigris. Alæ basi fuliginosæ.

Long. 3 lignes.

MALE et FEMELLE : Frontaux, Antennes et Pattes bruns ; Face et côtés du Front d'un brun-doré. Corselet d'un gris rayé de noir. Abdomen gris-soyeux, avec une ligne dorsale et des lignes longitudinales noires. Cuillerons blancs ; Ailes fuligineuses à la base.

J'ai trouvé cette espèce à Saint-Sauveur.

1874. — N° 17. GESNERIA RUSTICA, R.-D. *Sp. ined.*

♂ et ♀. Frontis lateribus Facieque cinereo argenteis ; Antennis, Palpis, Pedibus nigris. Thorax niger, cinereo irroratus. Abdomen nigrum, tessellis obscure fusco-cinereis. Calyptis albis ; Alis flavescentibus.

Long. 2 1/2-3 lignes.

MALE et FEMELLE : Côtés du Front et de la Face cendré-argenté ; Frontaux bruns ; Antennes, Palpes et Pattes noirs ; le milieu du Chète flavescent. Corselet noir, avec un duvet cendré. Abdomen noir, avec des reflets brun-cendré plus ou moins obscurs. Balanciers assez clairs : Cuillerons blancs ; Ailes flavescentes.

1875. — N° 18. GESNERIA RURALIS, R.-D. *Sp. ined.*

♂ et ♀. Frontis lateribus griseo-subauratis ; Facie cinereo-flavescente ; Antennis, Palpis, Pedibus nigris. Thorax dorso flavescente, lateribus cinereo-griseis. Abdomen tessellis perobscuris, fuscis et grisescentibus. Calyptis albis ; Alis flavescentibus.

Long. 2 lignes 2/3.

MALE et FEMELLE : Côtés du Front gris-doré ; Face cendré-flavescent ; Frontaux, Antennes, Palpes et Pattes noirs. Corselet cendré sur les côtés et gris-flavescent sur le dos. Abdomen à reflets gris et bruns très-obscurs. Cuillerons blancs ; Ailes lavées de flavescent.

On trouve cette espèce en Eté ; elle est assez voisine du *G. grisea.*

343. — IV. Genre LISTÉRIE.
IV. *Genus LISTERIA*, R.-D.

FRONTAUX assez rapprochés sur le Mâle. Point de CILS MÉDIANS au sommet du deuxième segment abdominal ; le premier segment de l'Anus très-développé et recourbé en dessous; le second peu développé. TIBIAS postérieurs nus sur les Mâles.

FRONTALIA in ♂ approximati. CILIA Abdominis medianea in secundo segmento nulla ; Ani primo segmento maximo amplo et subtus recurvo; secundo minime amplo. TIBII posteriores in ♂ non ciligeri.

La réunion de ces caractères nous a engagé à former ce petit genre qui ne se compose encore que d'une espèce.

1876. — N° 1. LISTERIA AGRESTIS, R.-D. *Sp. ined.*

♂. Nigra, subopaca, griseo-fuscescente obscuro lineata et tessellata ; Antennæ subrubræ. Ani primo segmento nigro, fuscescente, tomentoso, secundo parvo nigri subnitido. Calyptis albo-fuscescentibus ; Alis fuliginosis.

Long. 2 lignes 1/2.

MALE : Corps noir, avec les lignes et les reflets d'un gris-brun-obscur; Frontaux, Palpes et Pattes noirs ; Antennes d'un brun-fauve ; côtés du Front bruns ; Face d'un brun-argenté. Premier segment de l'Anus noir, avec un duvet gris-brun ; le second petit et noir-luisant. Balanciers ferrugineux : Cuillerons brunâtres ; Ailes fuligineuses.

Nous ne connaissons qu'un Mâle de cette espèce prise au mois de Juin.

Curie B : MUSCIDES ZOOMYES.
MUSCIDÆ ZOOMYÆ.

ANTENNES ne descendant pas tout-à-fait jusqu'à l'Epistôme ;

le troisième article le plus long et cylindrique; **Chète** plumeux en dessus, nu en dessous; **Front** étroit sur les Mâles, carré sur les Femelles; **Epistome** à peine saillant; **Trompe** solide, cornée dans toute sa longueur, à **Palpes** supérieurs plus ou moins allongés.

Cellule γ C ouverte dans le sommet de l'Aile, avec la nervure transverse un peu convexe en dehors.

Teintes mêlées de brun et de gris.

Antennæ non omnino ad Epistoma porrectæ; tertio articulo longiore, cylindrico; **Chetum** dorso plumatum, infra subnudum; **Frons** ad ♂ angustata, in ♀ quadrata; Epistomate vix prominulo; **Proboscis** tota coriacea; **Palpis** superioribus plus minusve elongatis.

Cellula γ C in ipso Alæ apice aperta, nervo transverso leviter externe convexo.

Les insectes de cette série se distinguent par un caractère qui efface tous les autres : leur Trompe est tout-à-fait solide, non rétractile sur elle-même. Les deux Palpes maxillaires sont cornés ; ce sont les capitules (*capituli*) de Meigen.

Tous les auteurs ont mentionné cette Trompe, parce qu'on a de tout temps voulu connaître l'instrument qui rend ces frêles ennemis si incommodes et quelquefois même douloureux. Ils aiment le sang des animaux vivants et ils peuvent percer les diverses couches de la peau pour satisfaire leur appétit. Ils tourmentent de préférence les solipèdes et les gros ruminants, quoiqu'ils semblent avoir du goût pour tous les quadrupèdes. Ils sont répandus sur l'ensemble du globe et ils conservent à peu près les mêmes teintes.

Leurs larves vivent dans les bouses, dans le fumier.

V. G. STOMOXIS.... { Palpes ne dépassant pas l'Epistôme, non dilatés au sommet.

VI. G. HÆMATOBIA..	Palpes dépassant l'Epistôme, quelquefois un peu dilatés au sommet.
VII. G. PRIOPHORA.	Palpes de la longueur de la Trompe, non dilatés au sommet. Les deux Jambes postérieures un peu arquées ♂, avec les articles de leurs Tarses disposés en scie au côté externe.

344. — V. Genre STOMOXE.
V. *Genus STOMOXIS*, Geoff.

Stomoxis : Geoff.-Fabr.-Latr.-Meig.-Fall.-Rob. Desv.-Macq.-Rond.-Big.-Zetterst.

Conops : Linn.

Palpes ne dépassant pas l'Epistôme et n'étant pas dilatés au sommet ; Front assez large sur le Mâle.

Palpi non ultra Epistoma extensi nec ad apicem dilatati ; Frons in ♂ satis lata.

Les vraies Stomoxes ne doivent comprendre que les insectes qui offrent ces deux caractères unis à ceux de la curie. Ce sont les plus communs et les plus abondants, et ils doivent être rangés au nombre de nos parasites les plus incommodes. Ils sont confondus généralement par le vulgaire avec la mouche domestique.

M. Macquart et les auteurs qui l'ont suivi ont jugé comme nous qu'il fallait séparer ces espèces des Conops et des Myopaires, au milieu desquels Linné les avait placées sur le simple examen de leur Trompe longue et effilée. Tous les autres caractères en faisant des Muscides, nous n'avions pas hésité, dès 1830, à les ranger parmi ces dernières.

1877. — N° 1. Stomoxis calcitrans, Geoff.

Conops calcitrans : Linn.-*Faun. Suec.*, 1900.
— — Schrank-*Ins. Aust.*, p. 990.

Stomoxis calcitrans : Geoff.-*Ins.* II, p. 539, n° 1, tab. 18, fig. 2.
— — Schell.-*Gen. Mouch.*, pl. 17, fig. 1.
— — Schrank.-*Faun. Boic.* III, 2563.
— — Fabr.-*Syst. Antl.*, p. 280, 5.
— — Gmel.-*Ed. Syst. Nat.* V, p. 2891, 4.
— — Fall.-*Hæmat.*, 6, 3.
— — Latr.-*Gen. Crust.* IV, 338.
— — Meig.-*Dipt.* IV, p. 160, 3.
— — Macq.-*Buff.* II, p. 242, n° 1, pl. 16, fig. 6.
— — Rob. Desv.-*Myod.*, p. 386, n° 1.
— — Zetterst.-*Ins. Lapp.*, p. 621, n° 1.
— — Guer.-*Icon. régn. an. Ins.*, pl. 101, fig. 8.
— — Walk.-*British Mus. Ins.* III, 681.
— *testacea* : Fabr.-*Syst. Antl.*, p. 281, n° 7.
Musca pungens : Deg.-*Ins.* VI, p. 39, n° 11, pl. 4, fig. 12-18.

♀. Grisea, obscure subflavescens; Frontalibus fuscis; Antennis nigris; Palpis testaceis; Frontis et Faciei lateribus griseo-cinereo-subflavescentibus. Thorax lineis fuscis; tribus maculis punctiformibus fuscis in utroque segmento Abdominis. Pedes nigri, Tibiarum apice ferrugineo. Halteribus flavescentibus : Calyptis subclaris; Alis basi flavescente, disco subflavescente lavato.

♂. Similis; paulo minor; Abdomen griseum aut griseo-cinerascens aut griseo-subfuscum, punctis maculiformibus minus distinctis. Calyptorum inferiorum squama fuscescente.

Long. 3-3 lignes 1/2.

FEMELLE : Frontaux noirâtres; Antennes noires; côtés du Front et de la Face gris-cendré légèrement flavescent; Palpes testacés. Corselet gris obscurément flavescent. Abdomen à reflets gris ou gris un peu cendré, avec trois taches ponctiformes brunes et disposées en triangle sur chaque segment. Pattes noires, avec le haut des Tibias ferrugineux. Balanciers jaunâtres : Cuillerons assez clairs ; Ailes claires, avec la base flavescente ; le disque est légèrement lavé de flavescent.

Male : Un peu plus petit ; les côtés du Front un peu dorés. Abdomen gris, ou gris-cendré, ou gris-brun ; les taches ponctiformes moins marquées. La squame inférieure des Cuillerons fuligineuse.

Cette espèce abonde en Eté et en Automne ; elle tourmente les bestiaux et même l'homme, surtout aux approches des orages. Elle se fait tout d'abord remarquer par ses Ailes légèrement flavescentes.

1878. — No 2. Stomoxis claripennis, R.-D. *Sp. ined.*

♂. Similis St. calcitranti ♀ ; nigricans, lineis griseo-cinereis tessellisque sericeo-griseis ; Frontis Facieique lateribus cinereo-griseis. Alis limpidis, basi haud flavescente.

Long. 3 lignes.

Male : Semblable au *St. calcitrans;* Corps gris-cendré, avec des lignes brunes sur le Corselet. Le dos de l'Abdomen grisâtre. Côtés du Front et de la Face d'un gris-cendré. Ailes claires, non flavescentes même à la base.

Nous ne connaissons que le Mâle de cette espèce.

1879. — No 3. Stomoxis chrysocephala, R.-D. *Sp. ined.*

♀ Nigricans ; Antennis fuscis ; Frontis lateribus et Facie aureis ; Palpis subfulvis. Thorax lineis, Abdomen tessellis griseo-flavescentibus ; tribus maculis punctiformibus in utroque segmento. Pedes nigri, Tibiis apice ferrugineis. Calyptis leviter flavescentibus ; Alæ limpidæ, basi subflavescente.

♂. Paulo minor; paulo minus flavescens; maculis abdominalibus paulo obscurioribus.

Long. 3 lignes.

Femelle : Frontaux brun de velours; côtés du Front et Face dorés; Palpes fauves. Corselet gris-flavescent, rayé de brun. Abdomen gris-flavescent, avec trois taches ponctiformes noires et disposées en triangle sur chaque segment. Pattes noires, avec le haut des Tibias ferrugineux. Balanciers flavescents : Cuillerons légèrement lavés de jaunâtre; Ailes claires, à base légèrement flavescente.

Male : Un peu plus petit; d'un gris un peu moins doré; les taches brunes de l'Abdomen moins prononcées. Cuillerons un peu plus flavescents.

Cette espèce abonde en Eté et en Automne dans les écuries et sur les bêtes à cornes qu'elle tourmente beaucoup. Outre la Face dorée, les Ailes sont plus claires que sur le *St. calcitrans*. Cependant nous possédons un individu qui a le disque des Ailes flavescent.

1880. — N° 4. Stomoxis vulnerans, R.-D. *Sp. ined.*

♀. Simillima St. chrysocephalæ; Abdomen cinereum, haud griseo-flavescens.

Long. 3 lignes.

Femelle : Corselet gris-flavescent, avec des lignes brunes. Abdomen garni d'un duvet cendré. Pour les autres caractères, elle est tout-à-fait semblable au *St. chrysocephala*.

Nous n'en connaissons que la Femelle.

1881. — N° 5. Stomoxis flavescens, R.-D. *Sp. ined.*

♂. Similis St. chrysocephalæ; magis flavescens; Alis disco flavescente.

Long. 3 lignes.

Male : Semblable au *St. chrysocephala ;* le Corps et surtout l'Abdomen sont plus flavescents. Le disque des Ailes est flavescent.

Nous ne connaissons que le Mâle de cette espèce qui n'est peut-être qu'une variété; nous l'avons prise sur un bœuf.

1882. — N° 6. Stomoxis minuta, R.-D. *Sp. ined.*

♀. Parva, griseo-aurulenta ; Frontalibus nigro-velutinis; Fronte et Facie aureis ; Palpis pallide testaceis. In utroque segmento Abdominis tribus maculis punctiformibus fuscis. Pedes fusci, Tibiarum apice ferrugineo. Alis limpidis.

Long. 2 lignes.

Femelle : Frontaux noir de velours; Antennes et Chète noirs; côtés du Front et Face dorés ; Palpes testacé-pâle. Corselet gris-flavescent, avec des lignes brunes. Abdomen flavescent, avec trois taches ponctiformes noirâtres sur le dos de chaque segment. Pattes noirâtres avec le haut des Tibias ferrugineux. Balanciers et Cuillerons d'un blanc un peu jaunâtre ; Ailes limpides, claires.

Nous ne connaissons que la Femelle de cette petite espèce que nous avons prise sur une vache, au mois d'Août.

1883. — N° 7. Stomoxis rubrifrons, R.-D. *Sp. ined.*

♂. Frontalibus rubris ; Frontis lateribus et Facie aureis. Thorax tomento et lineis cinereo-subgriseis. Abdomen griseum, tribus maculis punctiformibus in utroque segmento. Halteribus flavescentibus ; Alis limpidis.

Long. 3 lignes.

Male : Frontaux rouges ; côtés du Front et Face dorés ; Antennes noires ; Palpes testacé-pâle. Corselet à duvet et à lignes cendré-grisâtre. Abdomen gris, avec trois taches ponctiformes sur chaque segment. Pattes noires, avec le sommet des Tibias ferrugineux. Balanciers jaunâtres : Cuillerons albides ; Ailes très-claires.

Nous ne possédons que des Mâles de cette espèce qu'on rencontre dans les champs.

1884. = N° 8. ✱ STOMOXIS CUNCTANS, R.-D. *Sp. ined.*

♀. **Sordide grisea ; Frontis lateribus, Facieque griseo-subflavis. Abdomen maculis obscure fuscis.**

Long. 2 lignes 1/2.

FEMELLE : Frontaux d'un noir obscurément rougeâtre ; côtés du Front et Face d'un gris-flavescent ; Antennes et Trompe noires ; Palpes testacés. Corselet noir, fortement saupoudré et rayé de gris sale. Abdomen gris sale, avec trois taches d'un brun-obscur sur le dos des trois premiers segments. Pattes noires, avec la base des Tibias d'un ferrugineux-pâle. Balanciers blanchâtres : Cuillerons blancs ; Ailes claires, avec les nervures noires.

Nous avons pris cette espèce au mois de Mars, sur les collines de NICE.

1885. = N° 9. ✱ STOMOXIS AURIFACIES, R.-D. *Sp. ined.*

♀. **Grisea ; Frontis lateribus, Facieque aureis. Alis limpidis, hyalinis.**

Long. 5 lignes.

FEMELLE : Frontaux rouges en devant et noirs en arrière ; côtés du Front et Face dorés ; Antennes noires ; Palpes jaune-pâle. Corselet gris, avec des lignes noires sur le dos. Abdomen gris, avec trois taches ou pointes noires sur le dos de chaque segment. Pattes noires, avec le sommet des Tibias ferrugineux. Balanciers jaune-pâle : Cuillerons blanchâtres ; Ailes claires, hyalines, avec les nervures brunes.

Nous avons pris cette espèce sur les bords de la mer, à NICE, au mois de Février. Nous ne connaissons que des Femelles.

1887. = N° 10. Stomoxis præcox, R.-D. *Sp. ined.*

♂. Cinerea; Antennis, Pedibus nigris; Palpis fulvis. Thorax dorso nigro lineato. Tribus punctis fuscis in utroque Abdominis segmento. Alæ limpidæ, nervis nigris.

Long. 3 lignes.

Male : Tête d'un cendré-blanc ; côtés du Front et Face d'un blanc-argenté ; Frontaux et Antennes noirs ; Palpes fauves. Corselet cendré et rayé de noir sur le dos. Abdomen cendré-brunâtre, avec trois taches ponctiformes noires ou noirâtres sur chaque segment. Pattes noires. Balanciers blanc jaunâtre : Cuillerons blancs ; Ailes claires, avec les nervures noires.

Nous avons pris cette espèce à Nice, dès le mois de Février.

345. — VI. Genre HÉMATOBIE.
VI. *Genus HÆMATOBIA*, R.-D.

Hæmatobia : Rob. Desv.-Macq.
Stomoxis : Fabr.-Latr.-Meig.-Fall.
Conops : Linn.

Tête presque sphérique ; Palpes dépassant l'Epistôme, quelquefois un peu dilatés au sommet ; Yeux presque contigus sur les Mâles ; Epistome assez saillant.

Caput fere sphericum ; Palpi elongati, ultra Epistoma porrecti ; Oculi ♂ fere contigui ; Epistomate satis prominulo.

Les espèces qui composent ce genre sont beaucoup moins fréquentes que les Stomoxes ; on les rencontre dans les prairies et les bois humides.

1887. — N° 1. Hæmatobia ferox, R.-D.

Hæmatobia ferox : Rob. Desv.-*Myod.*, p. 388, n° 1.
— — Macq.-*Buff.* II, p. 243, n° 2.

♂ et ♀. Cinereo-subgrisescens; Frontalibus, Antennis nigris; Palpis fulvis. Thorax nigro-vittatus. Abdomen singulo segmento fusco tripunctato. Duo Pedes anteriores nigri, Genuibus subfulvis, quatuorque Femora posteriora cum Genuibus ferruginea. Alæ limpidæ, basi vix flavescentes.

Long. 3 lignes.

Male et Femelle : Frontaux et Antennes noirs; inter-antennaires cendrés; côtés du Front et Face gris-cendré, parfois flavescents; Palpes fauves; Trompe noire. Corps garni d'un duvet cendré légèrement grisâtre; des lignes noires sur le Corselet. Trois taches ponctiformes et en triangle sur les segments de l'Abdomen. Les deux Jambes antérieures noires, avec les Genoux fauves; les quatre Cuisses postérieures fauves, avec leurs Tibias d'un brun obscurément fauve et leurs Tarses noirs. Balanciers jaunes : Cuillerons blanc-jaunâtre; Ailes claires, à peine flavescentes à la base.

Cette espèce n'est pas commune; on la trouve dans les bois et les endroits humides, vers le mois de Juin.

1888. — N° 2. Hæmatobia pungens, Fabr.

Stomoxis pungens :	Fabr.-*Syst. Antl*, 282, 12.
— —	Fall.-*Dipt. Suec.*, n° 5.
— —	Gmel.-*Ed. Syst. Nat.* v, 2892, 6.
— *irritans* :	Meig., *Dipt.* iv, 162, 5.
Hæmatobia geniculata :	Rob. Desv.-*Myod.*, p. 388, n° 2.
— *irritans* :	Macq.-*Buff.* ii, p. 243, n° 3.
— —	Walk.-*British Mus. Ins.* iii, 681.

♂. Palpi ferruginei. Thorax griseus, nigro lineatus. Abdomen griseum, linea dorsali nigra duobusque punctis fuscis in utroque segmento. Pedibus nigris, Tibiarum basi ferruginea. Alis fuligine lavatis.

Long. 3 lignes.

Male : Frontaux et Antennes noirs; côtés du Front et Face gris; Palpes fauves. Corselet gris, rayé de brun. Abdomen garni d'un duvet gris, avec une ligne dorsale noire et deux taches noires sur chaque segment. Pattes noires, avec la base des Tibias ferrugineuse. Balanciers et Cuillerons flavescents; Ailes avec une légère teinte fuligineuse.

Nous ne connaissons que le Mâle de cette espèce.

1889. — No 3. Hæmatobia irritans, Fabr.

Stomoxis irritans : Fabr. *Syst. Antl.*, no 10.
— — Fall., n° 4.
— *stimulans* : Meig., no 4.
Hæmatobia stimulans : Macq.-*Buff.* II, p. 243, n° 1.

♂. Nigra aut nigricans, grisco-fusco lineata et tessellata. Abdomen linea dorsali quartisque maculis punctiformibus nigris. Frontalibus, Antennis nigris; Facie cinerea; Palpis ferrugineis. Pedes nigri, Tibiarum basi ferruginea. Alis sublimpidis.

Long. 2 lignes 1/2.

Male : Corps noir ou noirâtre, avec un duvet gris-brun; Face cendrée; Frontaux et Antennes noirs; Palpes ferrugineux. Quatre taches ponctiformes et une ligne dorsale noire sur l'Abdomen. Pattes noires, avec la base des Tibias ferrugineuse. Balanciers jaunes : Cuillerons blanc-jaunâtre; Ailes assez claires.

Nous ne connaissons que le Mâle de cette espèce qu'on trouve dès le premier Printemps.

1890. — No 4. Hæmatobia vernalis, R.-D. *Sp. ined.*

♂. Antennis, Pedibus nigris; Palpis flavo-testaceis. Thorax grisescens; sex maculis nigris lineaque dorsali interrupta. Halteribus flavis: Calyptis subalbidis; Alis limpidissimis.

♀. Similis; tota Fronte, Facieque grisco-subflavescentibus. Quatuor Tibiarum posteriorum apice pallide flavescente.

Long. 2 1/2-3 lignes.

Male : Côtés du Front et de la Face gris-cendré; Frontaux, Antennes et Pattes noirs; Palpes testacé-jaune. Corselet gris ou grisâtre, avec des lignes noires. Abdomen gris un peu brun, avec six taches ponctiformes noires et une ligne dorsale interrompue. Balanciers jaunes : Cuillerons blanc-jaunâtre; Ailes tout-à-fait limpides.

Femelle : Front et même les Frontaux et la Face d'un gris un peu flavescent. Les deux tiers supérieurs des quatre Cuisses postérieures jaunes.

On trouve cette espèce sur les premières fleurs du Printemps.

346. — VII. Genre PRIOPHORE.
VII. *Genus PRIOPHORA*, R.-D.

Palpes de la longueur de la Trompe à l'état de repos, non dilatés au sommet. Les deux Jambes postérieures un peu arquées sur les Mâles, avec les articles de leurs Tarses disposés en scie au côté externe.

Palpi longitudine Haustelli, non apice dilatati. Pedes duo posteriores in ♂ paulo arcuati, Tarsis posticis externe serratis.

Nous croyons ces caractères suffisants pour constituer un genre spécial avec l'espèce qui nous a servi de type et que nous avions primitivement placée parmi les Hématobies.

1891. — N° 1. Priophora serrata, R.-D.

Hæmatobia serrata : Rob. Desv.-*Myod.*, p. 389, n° 3.
— — Macq.-*Buff.* ii, p. 244, n° 5.

Hæmatobia tibialis : Rob. Desv.-*Myod.*, p. 389, n° 4.
— — Macq.-*Buff.* II, p. 244, n° 4.

♀. Frontalibus nigris ; Antennis fulvis; Frontis et Faciei lateribus cinereo-argenteis; Palpis subfulvis, subfuscis aut fusco-fulvis. Thorax fusco-cinerascens. Abdomen griseum, linea dorsali punctorum fuscorum. Pedes pallide subfulvi, Femoribus interdum subfuscis. Alis flavescentibus.

♂. Paulo minor, paulo fuscior; Frontalibus nunc rubris, nunc fuscis. Alis nunc flavescentibus, nunc hyalinis.

Long. 1 ligne 1/2.

Femelle : Frontaux noirs ; Antennes fauves ; Chète noir ; côtés du Front et de la Face, pourtour des Yeux argenté ; Palpes fauves, bruns ou brun-fauve. Corselet brun-cendré. Abdomen gris-brunâtre, avec une ligne dorsale de points noirâtres parfois obscurs. Pattes ordinairement fauve-pâle ; les Cuisses souvent brunâtres. Balanciers jaunâtres : Cuillerons et Ailes légèrement lavés de flavescent.

Male : Un peu plus petit et un peu plus brun ; Frontaux noirs, ou rouges, ou rougeâtres. Ailes claires ou lavées de flavescent.

Cette espèce couvre en Eté le corps des bêtes bovines qu'elle tourmente beaucoup. On la rencontre aussi dans les endroits marécageux. Les individus offrent entre eux de grandes différences pour la coloration.

Curie C : MUSCIDES ARMENTAIRES. *MUSCIDÆ ARMENTARIÆ*.

Muscidæ Armentariæ : Rob. Desv.

Antennes descendant presque jusqu'à l'Epistôme ; le second article peu onguiculé ; Chète plumeux, soit sur ses deux faces, soit principalement sur la supérieure ; Epistome jamais saillant ; Trompe ou solide en partie ou tout-à-fait membraneuse.

Cellule γ C ouverte un peu avant le sommet de l'Aile et à nervure transversale presque droite.

Teintes d'un brun métallique.

Antennæ fere ad Epistoma porrectæ; secundo articulo parumper unguiculato ; Chetum aut plumosum aut soli dorso magis plumosum ; Epistoma haud prominulum ; Proboscis aut tota membranacea aut partim coriacea.

Cellula γ C parumper ante apicem Alarum aperta, nervo transverso fere recto.

Color brunco-metallicus.

Les espèces de cette section vivent dans les prés, les bois et poursuivent l'homme et les animaux jusque dans les habitations.

Ces insectes ne peuvent être confondus avec les vraies Zoomyes qui en diffèrent essentiellement par leurs Ailes et par leur Trompe solide en totalité. La nervure transverse de la Cellule γ C des Ailes est plus étroite que sur les Floricoles et cette Cellule est plus rapprochée du sommet de l'Aile.

Les Muscides Armentaires n'ont pas la Trompe solide des Zoomyes pour piquer les animaux jusqu'au dessous d'un derme épais ; mais elles sont peut-être plus terribles pour les grands quadrupèdes par leur nombre et par leur acharnement. Elles peuvent couvrir une partie du corps de leur victime ; elles se jettent dans ses narines, dans ses yeux, dans les plis de ses articulations, autour de l'anus, sur ses ulcères et ses plaies, pour en sucer les divers liquides. L'animal ne peut que se vautrer dans la boue, dans la poussière, sur les herbes, pour se débarrasser de ces êtres importuns et douloureux. Sa queue ne saurait les atteindre partout. C'est en vain qu'il les chasse et qu'il les déplace; ils reviennent aussitôt avec une nouvelle ardeur.

On n'a point donné assez d'attention aux diverses espèces de ces insectes qui doivent être nombreuses et qui peut-être sont destinées chacune à un genre de quadrupède, ainsi que diverses observations tendraient à me le prouver.

Une espèce est malheureusement trop connue de l'homme par la multitude de ses individus qui en Automne dégustent ses plats et salissent ses meubles. Cette espèce aime aussi à se jeter sur les animaux lorsqu'elle vit dans les champs.

On rencontre les Armentaires dans les champs, les bois, les prés humides et surtout dans les pâturages.

Les diverses larves connues vivent dans le fumier et le crottin; on ne distingue que deux stigmates postérieurs.

VIII. G. PLAXEMYA..	Chète plumeux sur le dos; Yeux velus: majeure partie de la Trompe solide. Tous les segments de l'Abdomen paraissant soudés.
IX. G. BYOMYA.....	Chète plumeux sur le dos; Yeux nus; majeure partie de la Trompe molle. Segments de l'Abdomen distincts et enfoncés à l'endroit des incisions.
X. G. MUSCA.......	Trompe entièrement molle; Chète plumeux sur les deux faces.

347. — VIII. Genre PLAXEMYE.
VIII. *Genus PLAXEMYA*, R.-D.

Plaxemya : Rob. Desv.
Musca : Meig.

Chète plumeux sur le dos, n'ayant que quelques poils en dessous, majeure partie de la Trompe solide; Yeux velus.

Abdomen hémisphérique ; tous les segments paraissant soudés.

Chetum supra plumatum tri aut quadri pilosum infra ; Haustelli pars maxima coriacea, apice membranaceo ; Oculi villosi.

Abdomen hemisphericum, segmentis velut connexis.

Les caractères ci-dessus énoncés distinguent facilement ce genre de ses congénères.

1892. — N° 1. Plaxemya vitripennis, Meig.

Musca vitripennis : Meig., n° 38.
Plaxemya sugillatrix : Rob. Desv.-*Myod.*, p. 392, n° 1.
Musca vitripennis : Macq.-*Buff.* II, p. 267, n° 8.

♂. Frontalibus, Antennis, Palpis, Pedibus nigris ; Faciei lateribus argenteis. Thorax nigro-nitens. Abdomen pellucide testaceum, vitta dorsali nigra, subænescente. Alis limpidis, hyalinis.

Long. 2 1/2-3 lignes.

Male : Yeux pourpres ; Frontaux, Antennes, Palpes et Pattes noirs ; côtés du Front et de la Face argentés. Corselet noir de pruneau luisant. Abdomen testacé, avec une ligne dorso-longitudinale d'un noir un peu bronzé et qui devient plus large sur le dernier segment. Balanciers et Cuillerons jaunâtres ; Ailes très-limpides et hyalines.

Nous ne connaissons que des Mâles de cette espèce prise au mois d'Août sur les bœufs, dans les pâturages.

348. — IX. Genre BYOMYE.
IX. *Genus BYOMYA*, R.-D.

Byomya : Rob. Desv.-*Myod.*, p. 392.
Musca : Macq.-*Buff.* II, p. 267.

CHÈTE plumeux sur le dos ; YEUX nus ; majeure partie de la TROMPE molle.

Segments de l'Abdomen distincts et enfoncés à l'endroit des incisions.

PLAXEMYÆ characteres ; CHETUM parte superiori plumosum ; OCULI nudi ; PROBOSCIDIS pars maxima membranacea. ABDOMEN segmentis basi impressis et distinctis, non connexis.

Les espèces de ce genre sont assez rares ; elles se rendent très-redoutables aux bêtes à cornes.

1893. — N° 1. BYOMYA CARNIFEX, R.-D.

Byomya carnifex : Rob. Desv.-*Myod.*, p. 393, n° 1.
Musca carnifex : Macq.-*Buff.* II, p. 267, n° 10.

♂ et ♀. Frons Faciesque argenteæ. Corpus obscure viride. Thorax nigro-obscuro vittatus. Abdomen incisuris impressis nigris.

Long. 3 lignes.

MALE et FEMELLE : Front et Face argentés ; Frontaux et Antennes noirs. Corps d'un vert obscur, nuancé de cendré ; les segments de l'Abdomen enfoncés et noirs à leur base. Cuillerons blancs ; Ailes très-claires, un peu flavescentes à la base.

Cette espèce est rare ; nous l'avons rencontrée à Saint-Sauveur, sur les bœufs, aux mois de Juillet et Août.

1894. — N° 2. BYOMYA VIOLACEA, R.-D.

Byomya violacea : Rob. Desv.-*Myod.*, p. 393, n° 2.

♀. Facies argentea. Thorax subcupreus, lineis griseis. Abdomen cupreo-violaceum, tessellis griseis. Calypta alba ; Alæ pellucidæ, basi subflavescente.

Long. 2 lignes 1/2.

Femelle : Face et côtés du Front d'un blanc-argenté; Frontaux, Antennes et Pattes noirs. Corselet d'un brun-cuivreux, avec des lignes grises. Abdomen d'un cuivreux-violacé brillant, avec des reflets gris. Cuillerons blancs ; Ailes d'un clair-diaphane, avec la base un peu flavescente.

J'ai trouvé cette espèce très rare une seule fois, à Saint-Sauveur, parmi les fleurs d'un pré humide.

1895. — N° 3. Byomya stimulans, R.-D.

Byomya stimulans : Rob. Desv.-*Myod.*, p. 393, n° 3.
Musca stimulans : Macq.-*Buff.* II, p. 268, n° 11.

♂ et ♀. Obscure viridi-æneseens. Thorax parumper griseo-vittatus. Abdomen incisuris nigris. Fronte Facieque argenteis.

Long. ♂ 1 ligne 1/2 ; ♀ 2 lignes 1/4.

Male et Femelle : Frontaux bruns ; Antennes et Pattes noires ; Front et Face d'un blanc-argenté. Corselet verdoyant, avec des lignes d'un-gris-obscur. Abdomen d'un verdoyant un peu cuivreux, avec la base des segments noire. Cuillerons blancs ; Ailes claires et blanches.

Cette espèce se trouve aux mois de Juillet et d'Août dans les prairies de Saint-Sauveur.

349. — X. Genre MOUCHE.
X. *Genus MUSCA*, Linn.

Musca : Linn.-Fabr.-Latr.-Meig.-Fall.-Macq.-Rob. Desv.

Antennes rapprochées, descendant presque jusqu'à l'Epistôme; le deuxième article court, peu onguiculé ; le troisième triple et prismatique ; Chète plumeux sur les deux faces ; Front étroit sur les Mâles, avec la Face triangulaire ; Front et FACE carrés sur les Femelles ; PÉRISTOME presque carré, à EPISTOME non saillant ; TROMPE molle.

CELLULE γ C un peu ouverte avant le sommet de l'Aile, à nervure transverse droite ou presque droite.

CORPS subarrondi, à teintes noires et cendrées, avec du testacé à l'Abdomen des Mâles.

ANTENNÆ approximatæ, fere ad Epistoma extensæ, secundo articulo brevi, parumper unguiculato, tertio trilongiore, prismatico ; CHETUM toto plumatum : FRONS ♂ angustior. FACIE triangulari ; FRONS et FACIES ♀ quadratæ ; PERISTOMATE quadrato ; EPISTOMATE haud prominulo : PROBOSCIS membracea.

ABDOMEN ♂ fulvo-testaceum

CELLULA γ C ante Alarum apicem aperta, nervo transverso recto aut fere recto.

CORPUS subrotundatum, cinereo-nigricans.

Ce genre, outre plusieurs autres caractères, se distingue surtout des PLANEMYES et des BYOMYES par ses Antennes à Chète plumeux sur les deux faces et par sa Trompe entièrement molle.

Le genre MOUCHE comprenait primitivement, dans la classification de Linné, la presque totalité des Diptères. Il a été successivement diminué au fur et à mesure que l'étude plus approfondie de l'organisation des insectes a modifié leur nomenclature; mais quoique très-réduit, ce genre est encore fort intéressant à connaitre.

Les larves vivent dans les bouses et dans le crottin ; mais les insectes parfaits, souvent en nombre prodigieux, se rencontrent sur les fleurs et ordinairement sur les endroits du corps des animaux qui sont blessés ou qui laissent suinter une humeur quelconque.

Il est inutile d'insister sur l'espèce qui, en Automne, pénètre dans nos habitations et se fait notre commensale.

1896. — N° 1. MUSCA CAMPESTRIS, R.-D.

Musca campestris : Rob. Desv.-*Myod.*, p. 395, n° 1.
— — Macq.-*Buff.* II, p. 266, n° 6.
— *riparia* : Rob. Desv.-*Myod.*, p. 398, n° 8.
— — Macq.-*Buff.* II, p. 266, n° 3.

♀. Facies griseo-subflavescens; Frontalibus rubris: Antennis, Palpis, Pedibus nigris. Thorax griseus, nigro-vittatus. Abdomen tessellis griseis et tessellis fusco-æneescentibus; Ventris primo segmento subtestaceo. Calyptis subciaris, Alis limpidis.

Long. 3 lignes.

FEMELLE : Frontaux fauves : côtés du Front gris un peu jaunâtre; Antennes, Palpes et Pattes noirs. Corselet gris, rayé de brun. Abdomen couvert de reflets gris, gris-cendré et de reflets d'un noir-bronzé; le premier segment de l'Abdomen testacé en dessous; la majeure partie de l'Abdomen peut offrir une teinte brune un peu fauve. Balanciers flavescents : Cuillerons albides : Ailes claires.

Nous ne connaissons que des Femelles de cette espèce prise en Eté sur les fleurs des OMBELLIFÈRES. Notre *Musca riparia* n° 8 n'est qu'une légère variété de cette espèce.

1897. — N° 2. MUSCA AURIFACIES, R.-D.

Musca aurifacies : Rob. Desv.-*Myod.*, p. 396, n° 2.
— — Macq.-*Buff.* II, p. 266, n° 5.

♂. Frontalibus subrubris : Frontis lateribus, Facieque aureis; Antennis nigris; Palpis, Pedibusque pallescente fuscis. Thorax niger, cinereo vittatus. Abdomen testaceo-subfuscum, tessellis cinereis, lineaque dorsali fusca; Ventris primis segmentis pellucidis. Alis hyalinis, basi subflavescente.

Long. 2 lignes 2/3.

Male : Frontaux rougeâtres : côtés du Front noirs en arrière, brun-doré en devant; côtés de la Face dorés; Antennes noires. Palpes et Pattes d'un brun-pâlissant. Corselet noir luisant, avec des lignes cendrées. Abdomen d'un testacé-brunâtre, avec des reflets cendrés et une ligne dorsale brune; les premiers segments du Ventre diaphanes. Balanciers flavescents : Cuillerons blanchâtres; Ailes claires, hyalines, avec la base légèrement flavescente.

Nous ne possédons que des Mâles de cette espèce.

1898. — N° 3. Musca corvina, Fabr.

Musca corvina :	Fabr.-*Syst. Antl.*, p. 294, n° 49 ♂.
— —	Gmel.-*Ed. Syst. nat.* I, 5, 2841, 180.
— —	Meig.-*Dipt.* V, 69, 32; VII, 300, 17.
— —	Fall.-*Musc.*, 48, 25.
— —	Rob. Desv.-*Myod.*, 396, 4.
— —	Macq.-*Buff.* II, p. 266, n° 4.
— —	Walk.-*British Mus. Ins.* IV, 900.
— *ludifica* :	Fabr.-*Syst. Antl.* II, 298, 73, ♀.
— —	Panz.-*Faun. Germ.*, 105, 13.
— *Rau* :	Schrank.-*Ins. Aust.*, 458, 931.
— *autumnalis* :	Deg.-*Ins.* VI, 41, 12.
— *nigripes* :	Panz.-*Faun. Germ.* LX, 13.

♀. Frontalibus, Antennis, Palpis, Pedibus nigris; Frontis et Faciei lateribus cinereis aut cinereo-argenteis. Thorax cinereus, nigro-nitido vittatus. Abdomen tessellis bruneo-subcupreis, tessellisque cinereo-flavescentibus; Ventre basi testacea. Halteribus et Calyptis sublimpidis; Alæ limpidæ, basi subflavescente.

♂. Thorax nigro-nitens, vittis cinereis. Abdomine testaceo, tessellis albidis, lineaque dorsali nigra.

Long. 3-3 lignes 1/2.

Femelle : Frontaux, Antennes, Palpes et Pattes noirs; côtés du Front cendrés ou d'un cendré obscurément jaunâtre; côtés de la Face argentés. Corselet cendré et parfois cendré un peu flavescent sur les côtés, avec des lignes d'un noir luisant. Abdomen garni de reflets brun-bronzé et de reflets cendré-flavescent, avec les premiers segments testacés en dessous. Balanciers et Cuillerons assez clairs; Ailes claires, un peu flavescentes à la base.

Male : Corselet noir-luisant, faiblement rayé de cendré. Abdomen testacé-ferrugineux, avec des reflets albides et une ligne dorsale noire ou noirâtre; sa base est noire. Cuillerons un peu plus flavescents.

Cette espèce est extrêmement commune dans les bois, les prés et les champs. Elle se jette souvent sur les liquides qui transpirent de la peau des bêtes à cornes. Nous l'avons souvent prise sur notre figure ou sur nos mains.

1899. — No 4. Musca ludifacies, R.-D. *Sp. ined.*

♀. Similis M. corvinæ ♀; Thorax cinereo-flavescens. Abdomen tessellis aurulentis.

♂. Similis M. corvinæ ♂; paulo major; lineis et tessellis cinereo-flavescentibus.

Long. 3-3 lignes 1/2.

Femelle : Semblable au *M. corvina* femelle; ordinairement un peu plus forte; le Corselet est cendré-flavescent et les reflets de l'Abdomen sont d'un jaune un peu doré.

Male : Semblable au *M. corvina* mâle ; un peu plus forte ; les reflets sont moins cendrés.

On trouve cette espèce dans les prés ; elle n'est peut-être qu'une variété du *M. corvina?*

1900. — N° 5. **Musca griseella**, R. D. *Sp. ined.*

♂ et ♀. Similis M. corvinæ ; lineis tessellisque griseis ; haud nitidis, haud cinereis, haud flavescentibus.

Long. 3 lignes.

Male et Femelle : Semblable au *M. corvina ;* les lignes et les reflets sont gris et plus ternes, non cendrés, brillants, ni flavescents.

Nous possédons les deux sexes de cette espèce qu'on trouve dans les endroits marécageux.

1901. — N° 6. **Musca floralis**, R.-D.

Musca floralis : Rob. Desv.-*Myod.*, p. 397, n° 7.

♀. Simillima M. corvinæ ; lineis et tessellis absolute cinereis. Abdomen fusco-subænescens.

Long. 3 lignes.

Femelle : Tout-à-fait semblable au *M. corvina* ; mais les lignes et les reflets de l'Abdomen sont entièrement cendrés ; le fond de l'Abdomen paraît aussi un peu plus bronzé.

Nous croyons ne posséder que des Femelles de cette espèce qui, ainsi que le *M. ludifica*, n'est peut-être qu'une simple variété du *M. corvina.*

1902. — N° 7. **Musca rustica**, R.-D. *Sp. ined.*

♀. Antennis, Frontalibus, Palpis, Pedibus nigris. Thorax niger, tomento et lineis cinereis aut subcinereis. Abdomen tessellis fuscoæneseentibus, tessellisque brevibus cinereis, rarius cinereo-grisescentibus. Alis paulisper subflavescentibus.

♂. Thorax nigro-nitens, lineis cinereis. Abdomine subfulvo, tessellis flavescentibus.

Long. 2 lignes 1/2.

Femelle : Frontaux, Antennes, Palpes et Pattes noirs; côtés du Front d'un cendré un peu brun ; Face d'un cendré-argenté. Corselet avec des lignes et un duvet peu épais, cendré ou d'un cendré-grisâtre. Abdomen d'un noir obscurément bronzé, avec des reflets courts, cendrés et parfois d'un cendré-grisâtre. Cuillerons albides; Ailes ayant une légère teinte flavescente.

Male : Corselet noir-luisant, avec des lignes cendrées. Abdomen testacé-rougeâtre, avec des reflets flavescents.

On trouve cette espèce en Automne et sur la fin de l'Eté sur les Ombellifères des endroits humides. On ne saurait la confondre avec le *M. corvina ;* nous nous réservons d'examiner de nouveau cette espèce surtout en ce qui concerne les Mâles que nous lui rapportons.

1903. — N° 8. Musca bovina, R.-D.

Musca bovina : Rob. Desv.-*Myod.*, p. 398, n° 9.
— — Macq.-*Buff.* II, p. 266, n° 3.

♂ et ♀. Nigricans, griseo-vittata; Opticis argenteis. Abdomine vitta fusca, griseo-nitente tessellato.

Long. ♂ 3 lignes ; ♀ 3-4 lignes.

Male et Femelle : Port du *M. domestica* ; côtés du Front et de la Face argentés ; Frontaux, Antennes, Fossettes antennaires et Pattes noirs. Corselet rayé de gris et de noir. Abdomen d'un soyeux-gris-chatoyant, avec des reflets et une ligne longitudinale noirâtres. Cuillerons blancs ; Ailes claires, parfois un peu sales à la base.

Cette espèce est commune et tourmente beaucoup les bestiaux. Elle se jette en grand nombre sur les plaies, les articulations des membres, dans les yeux et les narines des bœufs et des vaches qui paissent dans les prairies.

1904. — N° 9. MUSCA DOMESTICA, Linn.

Musca domestica : Linn.-*Faun. Suec.*, 1833.
— — Gmel.-*Ed. Syst. nat.* I, 5, 2841, 69.
— — Fabr.-*Sp. Ins.* II, p. 436, n° 7, et *Syst. Antl.*, p. 287, n° 18.
— — Deg.-*Ins.* VI, p. 35, n° 10, pl. 4, fig. 5-10.
— — Geoff.-*Ins.* II, p. 528, n° 66.
— — Schell.-*Gen. Mouche*, pl. .
— — Schramk.-*Ins. Aust.*, p. 928, et *Faun. Boic.* III, p. 2490.
— — Harr.-*Ex.*, 142, pl. 41, fig. 44.
— — Berk.-*Syst.* I, 165.
— — Stew.-*El.* II, 258.
— — Turt.-III, 598.
— — Latr.-*Gen.*, 4.
— — Fall.-*Musc.*, 49, 26.
— — Meig.-*Dipt.* V, 67, 31.
— — Rob. Desv.-*Myod.*, 398, 10.
— — Dahlb.-*Skrand. ins.*, 319, 218.
— — Macq.-*Buff.* II, 265, 1.
— — Zetterst.-*Ins. Lapp.*, p. 659, n° 24, et *Dipt. Skand.* IV, 1335, 7.
— — Walk.-*British Mus. Ins.*, IV, 900.

♂ et ♀. Nigro-cinerea; Opticis flavescentibus. Abdomine nigro-tessellato, subtus pallido, ad ♂ lateribus pallide testaceis.

Long. 3 lignes.

Male : Cendré; Yeux d'un rouge brunissant; Front et Face noirs; côtés de la Face d'un albide-flavescent. Corselet noir, rayé de cendré-obscur. Abdomen d'un jaune-diaphane, rayé de noir et à reflets d'un blanc-grisâtre. Cuillerons blancs; Ailes claires, à base un peu flavescente.

Femelle : Un peu plus forte; Front noir et plus large ainsi que les Antennes, les Pattes et la Face; côtés de la Face d'un brun-blanchâtre, quelquefois un peu flavescent. Corselet rayé de gris-cendré. Abdomen noir, couvert d'un duvet soyeux-grisâtre et à reflets; une ligne transverse pâle à la base du second segment.

Les individus de cette espèce sont très-nombreux et très-communs; ils se jettent en Automne dans nos appartements.

1905. — N° 10. Musca vaccina, R.-D. *Sp. ined.*

♀. Frontalibus nigro-velutinis; Antennis, Palpis, Pedibus nigris; Frontis lateribus cinereo-flavescentibus; Facie cinerea, flavescente aut subaurea. Thorax niger, tomento et lineis cinereo-subflavescentibus. Abdomen sæpius testaceum, testaceo-fulvum, linea dorsali nigra; sæpe ultimo segmento nigro aut fusco. Halteribus, Calyptis Alarumque basi flavescentibus.

♂. Similis; Oculis haud contiguis; Facici lateribus cinereo-flavescentibus. Thorax nigro-nitens, lineis cinereis. Abdomen testaceum, linea dorsali nigra ultimoque segmento nigro.

Long. 3 lignes.

Femelle : Frontaux noir de velours; Antennes, Palpes et Pattes noirs; côtés du Front noirs en arrière et cendré-doré ou dorés en devant; côtés de la Face dorés ou cendré-doré.

Corselet noir, avec un léger duvet et des lignes d'un cendré-flavescent. Abdomen ordinairement testacé-fauve ou testacé, avec une ligne dorsale noire et des reflets bruns; le plus souvent le dernier segment de l'Abdomen est brun. Balanciers et Cuillerons flavescents; base des Ailes flavescente.

Male : Semblable; Yeux assez distants; côtés de la Face moins jaunes et plus cendrés. Corselet noir-luisant, avec des lignes cendrées. Abdomen testacé, avec des reflets cendrés, une ligne dorsale et le dernier segment noirs.

Cette espèce aime à s'abattre sur les vaches, pendant les chaleurs de la canicule. Par ses yeux distants sur les Mâles, elle devrait former ainsi que la suivante une section à part.

1906. — N° 11. Musca vagatoria, R.-D.

Musca vagatoria : Rob. Desv.-*Myod.*, p. 399, n° 12.

♀. Facies aurea. Thorax niger, aurulento vittatus. Abdomen tessellis nigris tessellisque aurulentis; secundi tertiique segmenti lateribus flavo-pellucidis. Halteribus Calyptisque flavescentibus; Alis sublimpidis, basi flavescente.

♂. Minor; segmentorum majori parte flavo-testacea.

Long. 3 lignes.

Femelle : Frontaux, Antennes, Palpes et Pattes noirs; pourtour des Yeux, côtés du Front et Face dorés. Corselet noir, avec des lignes flavescentes. Abdomen couvert de reflets noirâtres et de reflets jaunâtres; les deux premiers segments largement jaune-diaphane sur les côtés. Balanciers et Cuillerons flavescents; Ailes claires, avec la base flavescente.

Male : Semblable; un peu plus petit; la majeure partie des premiers segments de l'Abdomen est jaune-diaphane; les Yeux sont distants, avec les Frontaux noirs.

On prend cette espèce à la fin de l'Eté sur les quadrupèdes de la race bovine.

1907. = N° 12. ✱ MUSCA CAMPICOLA, R.-D. *Sp. ined.*

♀. Nigra, griseo irrorata, lineata et tessellata: Facies lateribus aureis. Abdomen primi segmenti lateribus testaceis.

♂. Similis; Abdomen tribus primis segmentis testaceis.

Long. 3 lignes.

FEMELLE : Frontaux brun-rougeâtre : côtés du Front brun-doré; Face noirâtre, avec les côtés dorés; Antennes et Palpes noirs. Corselet noir, fortement saupoudré et rayé de gris. Abdomen noir, avec le dos gris et avec le premier segment testacé sur les côtés. Pattes noires. Balanciers blanc-jaunâtre : Cuillerons blanchâtres; Ailes claires, légèrement flavescentes à la base, avec les nervures brunes.

MALE : Semblable; les trois premiers segments de l'Abdomen testacés.

Nous avons pris cette espèce à NICE, le long d'un ruisseau.

1908. = N° 13. ★ MUSCA RIVULARIS, R.-D. *Sp. ined.*

♀. Nigra, griseo-flavescente lineata; Facies lateribus aureis. Abdomen toto testaceum, tessellis subaureis, lineaque dorsali nigra. Halteres flavi.

Long. 3 lignes.

FEMELLE : Frontaux d'un brun obscurément rougeâtre : côtés du Front noirs; Face brune, avec les côtés dorés; Antennes, Trompe et Palpes noirs; derrière de la Tête noir, avec le pourtour extérieur des Yeux jaune. Corselet noir, arrosé et rayé de gris-flavescent. Abdomen jaune-testacé, avec des reflets jaunes et une ligne dorso-longitudinale plus ou moins complète noire ou noirâtre. Pattes noires. Balanciers jaunes : Cuillerons jaunâtres; Ailes claires, à peine flavescentes à la base, avec les nervures brunes.

Nous avons pris cette espèce dans le mois de Mars, à l'embouchure du Var; elle est littorale.

1909. = N° 14. ✱ MUSCA VARENSIS, R. D. *Sp. ined.*

♀. Cinereo-ardeacea; Palpis pallidis. Alis limpidis, hyalinis.

Long. 2 2/3-3 lignes.

Femelle : Frontaux d'un brun-rougeâtre-obscur : côtés du Front d'un brun-albide ; Face albide, avec les côtés argentés ; Antennes et Trompe noires ; Palpes pâles ; derrière de la Tête cendré-ardoisé. Corselet noir, fortement rayé et arrosé de cendré-ardoisé. Abdomen garni de reflets noirs ou bruns et de reflets cendré-ardoisé, avec une tache noire sur la ligne dorsale et à la base de chaque segment. Pattes noires, avec la base des Tibias plus ou moins fauve. Balanciers blanchâtres : Cuillerons blancs ; Ailes tout-à-fait claires.

Nous avons pris cette espèce sur les bords du Var, au mois de Mars.

1910. = N° 15 ✱ Musca continua, R.-D. *Sp. ined.*

♂ et ♀. Nigra, cinereo lineata Abdomen primis tribus segmentis pellucide testaceis, linea dorsali fusca, ultimoque segmento fusco.

Long. 3-3 lignes 1/2.

Male et Femelle : Frontaux, Antennes, Trompe et Palpes noirs ; côtés du Front et Face d'un brun-argenté brillant. Corselet noir assez luisant, saupoudré et rayé de cendré. Les trois premiers segments de l'Abdomen testacé-diaphane, avec des reflets cendrés et une ligne dorsale brune ; le dernier segment brun, avec des reflets cendrés. Pattes noires. Balanciers blanchâtres : Cuillerons jaunâtres ; Ailes claires, avec la base et les nervures flavescentes.

Cette mouche abonde à Nice en toute saison.

Curie D : MUSCIDES ERRANTES.
MUSCIDÆ VAGANTES.

Muscidæ vagantes : Rob. Desv.-*Myod.*, p. 400.

Antennes descendant presqu'à l'Epistôme ; le troisième article le plus long ; Chète plumeux ; Front étroit sur les Mâles, plus large sur les Femelles ; Péristome un peu plus long que large ; Épistome presque toujours non saillant.

Cellule γ C apicale, bien ouverte ; la nervure transversale offrant sa concavité de dedans en dehors.

Corps un peu plus épais que dans les genres précédents, à teintes plus brillantes.

Antennæ sæpius fere ad Epistoma porrectæ; tertio articulo longiore, prismatico; Chetum plumosum; Frons in ♂ angustior, in ♀ latior; Peristoma leviter elongatum; Epistomate rarius prominulo.

Cellula γ C in ipso apice Alarum aperta, nervo transverso externe concavo.

La plupart des espèces sont floricoles.

La Cellule γ C ouverte dans le sommet de l'Aile, avec sa nervure transversale concave en dehors, le Chète plumeux, la Trompe toujours molle, forment une réunion suffisante de caractères pour ne pas confondre ces espèces avec les Floricoles et les Armentaires. Elles sont innocentes et ne se rencontrent guère que sur les fleurs; cependant il n'est pas rare de trouver les Mésembrines à terre; aussi leurs Ailes se rapprochent-elles beaucoup de celles des Aricines.

Le genre Macrosoma, que nous avions placé primitivement parmi les Muscides de cette section, doit être reporté, ainsi que d'autres auteurs l'ont déjà fait, parmi les Anthomydes. Nous avions donc eu raison d'hésiter la première fois sur la véritable place de ce petit genre dans la série diptérologique.

XI. G. MESEMBRINA.	Antennes courtes; Chète villeux; Epistôme non saillant, avec le Péristôme presque carré et transversal; Yeux nus, non contigus sur les Mâles.
XII. G. GRAPHOMYA.	Chète villeux; Epistôme un peu saillant, un peu rostriforme; Yeux velus.
XIII. G. GYMNODIE..	Car. des Graphomyes; Chète nu.
XIV. G. MORELLIA..	Antennes plus rapprochées et un peu plus longues; Chète plumeux; Epistôme non saillant; Yeux nus. Tibias postérieurs non arqués ♂. Cellule γ C bien ouverte au sommet même de l'Aile, avec la nervure transverse concave en dehors.

XV. G. ALINA.......	Car. des MORELLIES; Tibias postérieurs ♂ arqués, avec les Tarses non munis d'une brosse de poils longs et raides.
XVI. G. CAMILLA....	Car. des MORELLIES; Péristôme un peu plus allongé. Les deux Tibias postérieurs ♂ arqués, avec les Tarses munis d'une brosse de poils longs et raides.
XVII. G. MUSCINA...	Car. des MORELLIES; Cellule γ C largement ouverte sur le milieu du sommet de l'Aile.
XVIII. G. BLISSONIA.	Car. des MUSCINES; Cellule γ C largement ouverte, avec sa nervure inférieure plus courte que le sommet de l'Aile, lequel se trouve compris entre les deux nervures.
XIX. G. DASYPHORA.	Car. des MORELLIES; Yeux velus; Chète très-plumeux. Cellule γ C ouverte un peu avant le sommet de l'Aile, avec sa nervure transverse droite.

350. — XI. Genre MESEMBRINE.
XI. *Genus MESEMBRINA*, Meig.

Musca : Linn.-Fabr.-Meig.-Fall.
Eristalis : Fabr.
Mesembrina : Meig.-Rob. Desv.-Macq.-Rond.

ANTENNES n'arrivant pas tout-à-fait jusqu'à l'Epistôme; le second article un peu onguiculé; CHÈTE plumeux; YEUX nus, non contigus sur les Mâles; EPISTOME non saillant, avec le PÉRISTOME carré et presque transversal.

CORPS épais, subarrondi, métallique, glabre ou velu.

ANTENNÆ non ad Epistoma porrectæ; secundo articulo leviter unguiculato, CHETUM plumosum; OCULI nudi, in ♂ non contigui; PERISTOMA quadratum aut fere quadratum; EPISTOMATE nusquam prominulo.

CORPUS crassum, subrotundatum, metallicum, nudum aut villosum.

Les **Mésembrines**, dont une seule espèce a été rencontrée jusqu'à présent aux environs de Paris, apparaissent, ainsi que leur nom l'indique, aux heures les plus chaudes de la journée. On peut les rencontrer pendant toute l'année entomologique sur le tronc des arbres.

1911. — N° 1. Mesembrina meridiana, Meig.

Musca meridiana :	Linn.-*Faun. Suec.*, 1827.
— —	Gmel.-*Ed. Syst. nat.* I, 5, 2838, 63.
Eristalis meridiana :	Fabr.-*Sp. Ins.* II, 435, 3.
— —	Fabr.-*Ent. Syst.* IV, 312,, 2.
Musca meridiana :	Fabr.-*Syst Antl.*, 284, 3.
— —	Deg.-*Ins.* VI, 55, 2.
— —	Schrank.-*Ins. Aust.*, 454, 922.
— —	Schrank.-*Faun Boïc.* III, 2480.
— —	Panz.-*Faun. Germ.* X, 17.
— —	Fall.-*Musc.*, 51, 30.
— —	Réaum.-*Ins.* VI, pl. XII, fig. 12 et pl. XXVI, fig. 6. 10.
— —	Harr.-*Ex.*, 37, pl. 9, fig. 9.
— —	Geoff.-*Ins.* II, 495, 5.
— —	Stew.-*El.* II, 257.
— —	Turt.-III, 597.
— —	Don.-XIV, 16, pl. 471, fig. 2.
— —	Wood. Linn.-*Gen. Ins.* II, 90, pl. 65.
Mesembrina meridiana :	Meig.-*Dipt.* V, 11, 1, pl. 42, fig. 25.
— —	Rob. Desv.-*Myod.*, p. 401, n° 1.
— —	Macq.-*Buff.* II, 274, 2, pl. 16, fig. 19.

— — Zetterst.-*Ins. Lapp.*, 652, 2, et *Dipt. Skand.* IV, 1343, 2.

— — Walk.-*British Mus. Ins.* IV, p. 840.

♂ et ♀. Corpus atrum, nitidum; Faciei lateribus. Calyptis, Alarumque basi aureis.

Long. 5-7 lignes.

Male et Femelle : Corps épais, arrondi, d'un beau noir-luisant; Front noir; Antennes, Palpes et Pattes noirs ; Chète un peu fauve; côtés de la Face doré-luisant, en forme de C. Balanciers bruns : Cuillerons et base des Ailes d'un beau jaune. Souvent le sommet de l'Ecusson est rougeâtre, et parfois on distingue un peu de fauve sur les côtés de l'Abdomen.

Cette espèce est commune ; elle dure toute l'année entomologique; ses larves se développent dans les bouses.

Le *Mesembrina mystacea*, Meig., n'ayant point encore été rencontré aux environs de Paris, nous ne reproduisons point ici notre description primitive.

351. — XII. Genre GRAPHOMYE.
XII. *Genus GRAPHOMYA*, R.-D.

Musca : Fabr.-Fall.-Walk.
Graphomya : Rob. Desv.-Rond.
Curtonevra : Macq.

Antennes un peu plus courtes; tous les articles égaux en grosseur; les deux premiers assez courts; Yeux velus, plus velus sur les Mâles que sur les Femelles; Front nul sur les Mâles et large sur les Femelles; Péristôme un peu plus long que large, avec l'Epistome dirigé en avant, un peu rostriforme.

Corps subarrondi, cendré, tacheté de noir. L'Abdomen des Mâles offre du testacé.

ANTENNÆ paulo breviores, in ♀ distantes; articulis æque grossis; primis duobus brevioribus; OCULI villosi sed magis in ♂; FRONS angustior ad ♂; quadrata ad ♀, EPISTOMATE parumper rostriformi.

CORPUS subrotundatum, cinereum, nigro-vittatum et maculatum; Abdomine ♂ flavescente.

Les Antennes plus courtes, l'Epistôme un peu saillant, le Corps cendré, couvert de lignes et de points noirs, font aisément distinguer ce genre.

1912. — N° 1. GRAPHOMYA MACULATA, Linn.

Musca maculata :	Linn.-*Syst. nat. ed.* XII, 2, 990, 70.
♀. — —	Fabr.-*Ent. Syst.* IV, 314, 8, et *Syst. Antl.*, 287, 14.
♂ et ♀ — —	Gmel.-*Ed. Syst. nat.* I, 5, 2841, 70.
— —	Deg.-*Ins.* VI, p. 84, n° 13, pl. 3, fig. 22.
— —	Turt.-III, 598.
— —	Don.-*Brit. Ins.* XIII, 25, pl. 445, fig. 1.
— —	Panz.-*Faun. Germ.*, 44, n° 22.
— —	Fall.-*Musc.*, 49, 27.
— —	Meig.-*Dipt.* V, 78, 48.
— —	Zetterst.-*Ins. Lapp.*, 659, 25.
— —	Walk.-*British Mus. Ins.* IV, 908.
♂ *Musca vulpina* :	Fabr.-*Sp. Ins.*, II, 439, 20, et *Ent. Syst.* IV, 319, 29; *Syst. Antl.*, 292, 43.
— —	Gmel.-*Ed. Syst. nat.* I, 5, 2841, 179.
— —	Rob. Desv.-*Myod.*, p. 404, n° 2.
Musca compuncta :	Harr.-*Ex.*, p. 113, pl. 33, fig. 24.
Graphomya maculata :	Rob. Desv.-*Myod.*, p. 403, n° 1.
— *minor* :	Rob. Desv.-*Myod.*, p. 404, n° 3.

Curtonevra maculata : Macq.-*Buff.* II, 275, 1, pl. 16, fig. 20.
— — Meig.-*Dipt.* VIII, p. 309, n° 15.
— — Zetterst.-*Dipt. Skand.* IV, 1355, 10.

♀. Frontalibus nigro-velutinis; Antennis, Palpis, Pedibus nigris. Thorax cum Scutello cinereus, lineis nigro-velutinis. Abdomen cinereum, subtessellans; quinque maculis nigris in utroque segmento. Calypta clara; Alæ limpidæ, basi flavescenté.

♂. Paulo minor; Frontis et Faciei lateribus fusco-grisescentibus. Thorax niger, nitidus. Abdomen majori parte testaceo-fulvum. Calyptis fuliginosis; Alis fuligine lavatis.

Long. 3-5 lignes.

Femelle : Frontaux noir de velours ; Antennes, Palpes et Pattes noirs ; côtés du Front cendrés ou brun-cendré ; Face blanche. Corselet et Ecusson cendrés, avec des lignes noir de velours. Abdomen cendré-chatoyant, avec cinq points noirs sur le dos de chaque segment. Balanciers flavescents : Cuillerons blancs ; Ailes claires, avec la base un peu sale.

Male : Un peu plus petit ; côtés du Front et de la Face brun-grisâtre. Corselet plus noir. Majeure partie de l'Abdomen testacé-fauve. Cuillerons jaune-fuligineux ; Ailes lavées de jaune-fuligineux.

Cette espèce est commune ; on la rencontre souvent en Eté sur les Ombellifères.

1913. — N° 2. Graphomya media, R.-D.

Graphomya media : Rob. Desv.-*Myod.*, p. 405, n° 5.

♂ et ♀. Similis Gr. maculatæ ; paulo minor ; Facie brunicante. Abdomen dorso piceo vix lateribus Anoque cinereo tessellatis et maculatis.

Long. 3-4 lignes.

Male et Femelle : Semblable au *Gr. maculata ;* un peu plus petite, Face un peu plus brune. Le dessus de l'Abdomen noir de poix et n'ayant que quelques macules d'un cendré-obscur sur l'Anus et sur ses côtés.

J'ai trouvé cette espèce à Rogny (Yonne).

352. — XIII. Genre GYMNODIE.
XIII. *Genus GYMNODIA*, R.-D.

Caractères des Graphomyes ; Chète nu.

Gen. Graphomiæ characteres ; Cheto *toto nudo.*

La complète nudité du Chète chez une espèce que nous avions d'abord prise pour une Graphomye nous a engagé à la séparer et à en former un sous-genre.

1914.— N° 1. Gymnodia pratensis, R.-D. *Sp. ined.*

♂. Facies fusco-argentea ; Frontalibus, Antennis, Palpis, Pedibus nigris. Thorax niger, lineis, maculisque cinereis. Abdomen fulvo-testaceum, primo segmento quartisque maculis malleiformibus nigris. Halteres flavi : Calyptis flavescentibus ; Alis limpidis.

Long. 2 lignes.

Male : Face d'un brun-argenté ; Frontaux, Antennes, Palpes et Pattes noirs. Corselet noir, rayé et maculé de cendré. Abdomen fauve-testacé, avec le premier segment et quatre taches en tête de marteau noirs ; on y distingue aussi des reflets cendrés. Balanciers jaunes : Cuillerons jaunâtres ; Ailes claires.

Nous ne possédons que deux Mâles de cette rare espèce prise en été sur une Ombellifère.

353. — XIV. Genre MORELLIE.
XIV. *Genus MORELLIA*, R.-D. (1)

Musca : Fall.
Morellia : Rob. Desv.
Curtonevra : Macq.

Antennes descendant presqu'à l'Epistôme ; Chète plumeux ; Front des Femelles un peu moins large ; Epistome nullement saillant. Les deux Tibias postérieurs non arqués sur les Mâles.

Teintes d'un noir-brillant glacé de cendré.

Antennæ fere ad Epistoma porrectæ ; Cheto plumoso ; Frons ad ♀ paulo minus lata ; Epistomate non prominulo. Tibiis posterioribus non in ♂ arcuatis.

Colores nigro-nitidi, cinereo tessellantes.

L'Epistôme non saillant, les Antennes plus rapprochées et un peu plus longues, les Tibias postérieurs non arqués sur les Mâles distinguent ce genre des Graphomyes et des genres voisins. Les espèces ont le Corps cylindriforme, non épais comme les Mésembrines ; elles sont d'un noir-luisant glacé de lignes et de reflets cendrés.

1915. — No 1. Morellia hortorum, Fall.

Musca hortorum : Fall. - *Act. holm.*, 1816, 252, 33, et *Musc.*, 52, 33.
— — Meig. - *Dipt.* v, 3, 39. pl. 43, fig. 33.

---

(1) Il existe aussi en botanique un genre Morellia créé par Richard dans la famille des Rubiacées.

Musca hortorum : Zetterst.-*Ins. Lapp.*, 560, 30.
— — Walk.-*British Mus. Ins.* IV, 910.
— *importuna* : Hal.-*Ent. mag.* I, 83, 35.
— — Haliday.-*Ann. nat. hist.*, 1839, 185.
Curtonevra importuna : Macq.-*Buff.* II, 276, 5.
— — Meig.-*Dipt.* VII, 309, 1.
— — Zetterst.-*Dipt. Skand.* IV, 1346, 1.

♀. Frontalibus, Antennis, Palpis, Pedibus nigris; Faciei lateribus argenteis. Thorax cæsius, cinereo nitente lineatus et irroratus. Abdomen sæpius cæsium vix subviridescens, interdum subviride, tessellis cinereis. Halteribus flavescentibus : Calyptis Alisque claris, limpidis.

♂. Similis; paulo minor; Abdomen dorso cæsio, interdum cæsio-viridescente. Calyptorum squama inferior subobscura.

Long. 3-3 lignes 1/2.

Femelle : Frontaux noir de velours; Antennes, Palpes et Pattes noirs; côtés du Front noirs en arrière et argentés en devant; côtés de la Face argentés. Corselet noir de pruneau luisant, avec des lignes blanches. Abdomen noir-bleuissant et quelquefois verdâtre, avec des reflets cendrés. Balanciers jaunâtres ou d'un blanc-jaunâtre : Cuillerons et Ailes claires.

Male : Semblable; un peu plus petit; squame inférieure des Cuillerons obscure.

Cette espèce, qu'on rencontre communément dans les campagnes, tourmente beaucoup les bêtes bovines en Eté. Elle est ordinairement plus petite que l'*Alina agilis*, avec laquelle il ne faut pas la confondre.

1916. — N° 2. Morellia lusoria, R.-D. *Sp. ined.*

♂. Cæsia, nitida; Frontalibus, Antennis, Palpis, Pedibus nigris.

Thorax lineis, Abdomen tessellis cinereis. Halteribus subflavis : Calyptis subclaris ; Alæ limpidæ, basi vix infuscata.

Long. 2 lignes 1/2.

Male : Tout le Corps bleu de pruneau luisant, avec des lignes cendrées au Corselet et des reflets cendrés sur l'Abdomen. Frontaux, Antennes, Palpes et Pattes noirs ; Face brune, avec les côtés argentés. Balanciers jaunâtres : Cuillerons assez clairs ; Ailes claires, n'ayant qu'un peu de noirâtre à la base.

Nous ne connaissons que le Mâle de cette petite espèce trouvée en Automne.

1917. — N° 3. Morellia fuliginosa, R.-D. *Sp. ined.*

♂. Nigra, nitens, lineis, tessellisque minus manifestis ; Antennis Palpis, Pedibus nigris ; Facie bruneo-cinerascente. Halteribus, Calyptis Alisque fuligine lavatis.

Long. 3 lignes.

Male : Corps noir-luisant, avec des lignes et des reflets cendrés moins marqués ; Frontaux, Antennes, Palpes et Pattes noirs ; Face d'un brun-cendré. Balanciers, Cuillerons et Ailes lavées de fuligineux.

Nous ne connaissons que le Mâle de cette espèce trouvée en Eté.

1918. — N° 4. Morellia gagatea, R.-D. *Sp. ined.*

♂. Nigro-gagatea, vix subcinerascens ; Facie subfusca. Halteribus, Calyptis Alisque subfuscis.

Long. 3 lignes.

Male : Tout le Corps noir-jais luisant, à peine y distingue-t-on un peu de cendré-obscur; Face noire, n'offrant que des reflets brun-cendré-obscur. Balanciers, Cuillerons et Ailes noirâtres.

Nous ne connaissons que le Mâle de cette espèce.

354. — XV. Genre ALINE.
XV. *Genus ALINA*, R.-D.

Caractères des Morellies; les Tibias postérieurs des Mâles arqués; leurs Tarses non munis d'une brosse de poils longs et raides.

Gen. Morelliæ characteres; Tibiis posterioribus ♂ arcuatis; Tarsis nunquam cirris rigidis munitis.

1919. — No 1. Alina agilis, R.-D.

Morellia agilis : Rob. Desv.-*Myod.*, p. 405, no 1.
Curtonevra agilis : Macq.-*Buff.* II, p. 276, no 6.

♀. Nigra, nitida, cinereo lineata et irrorata; Frontalibus, Antennis, Palpis, Pedibus nigris. Abdomen dorso cæsio-subviridescente, tessellis cinereis. Halteribus flavescentibus: Calyptis albis; Alæ limpidæ, basi vix infuscata.

♂. Similis; paulo minor; Calyptorum squama inferior brunicosa.

Long. ♂ 3-3 lignes 1/2; ♀ 3-4 lignes.

Femelle : Corps noir-luisant, rayé et glacé de cendré; Frontaux, Antennes, Palpes et Pattes noirs; côtés du Front brun-argenté; Face argentée. Le dos de l'Abdomen noir plus ou moins verdoyant, avec des reflets cendrés. Balanciers jaunâtres : Cuillerons blancs; Ailes claires, avec la base à peine un peu obscure.

Male : Semblable; un peu plus petit; squame inférieure des Cuillerons brunissante.

Cette espèce est assez commune en Eté, dans les champs et les prés.

1920. — N° 2. ALINA PRATENSIS, R.-D. *Sp. ined.*

♂. Simillis CAMILLÆ ÆNESCENTI ♂ : Abdomen absolute nigro-nitidum, haud ænescens. Alarum nervis brunicosis.

Long. 3 lignes.

MALE : Aspect assez semblable à celui du *Camilla ænescens ;* Abdomen noir-luisant sur le dos et non noir plus ou moins bronzé. Nervures des Ailes brunes.

Nous ne connaissons que le Mâle de cette espèce qui vit en Automne.

1921. — N° 3. ALINA CONCOLOR, R.-D.

Morellia concolor : Rob. Desv.-*Myod.*, p. 406, n° 3.

♂. Nigra, nitida, lineis Thoracis, tessellisque Abdominis cinereis. Frontalibus, Antennis, Palpis, Pedibus nigris ; Faciei lateribus argenteis. Halteribus flavescentibus : Calyptis claris ; Alis limpidis, hyalinis.

Long. 3 lignes 1/2.

MALE : Frontaux, Antennes, Palpes et Pattes noirs ; Interantennaires, côtés du Front et de la Face argentés. Tout le Corps noir de pruneau luisant, avec des lignes cendrées sur le Corselet et des reflets cendrés sur l'Abdomen. Les deux Tibias postérieurs un peu arqués. Balanciers flavescents : Cuillerons clairs ; Ailes très-limpides et hyalines.

Nous ne connaissons que le Mâle de cette espèce prise en Eté.

1922. — N° 4. ALINA PILIPES, R.-D. *Sp. ined.*

♂. Frontalibus, Antennis, Palpis, Pedibus nigris. Thorax ater, nitidus, lineis cinereis, perquam obscurioribus. Abdomen nigro-nitidum, dorso subænescente; duobus cruribus anticis externe pilosis. Halteribus flavis : Calyptis claris ; Alis limpidis, basi flavescente.

Long. 3 lignes 1/2.

Male : Frontaux, Antennes, Palpes et Pattes noirs ; côtés de la Face brun-cendré. Corselet noir-luisant, très-obscurément rayé de cendré. Abdomen noir-luisant, avec le dos un peu bronzé. Les deux Cuisses antérieures munies de poils serrés au côté externe ; les deux Tibias postérieurs arqués. Balanciers jaunes : Cuillerons blancs ; Ailes claires, légèrement flavescentes à la base.

Nous ne possédons que le Mâle de cette espèce.

355. — XVI. Genre CAMILLE.
XVI. *Genus CAMILLA*, R.-D.

Caractères des Morellies ; Péristome un peu plus allongé. Les deux Tibias postérieurs des Mâles arqués, avec une brosse de poils longs et raides sous les articles des Tarses.

Gen. Morelliæ characteres ; Peristoma paulo longior. Tibii posteriores ♂ arcuati ; Tarsis subtus cirris rigidis munitis.

1923. — N° 1. Camilla ænescens, R.-D.

Morellia ænescens : Rob. Desv.-*Myod.*, p. 406, n° 4.
Curtonevra ænescens : Macq.-*Buff.* II, p. 276, n° 7.

♂. Frontalibus, Antennis, Palpis, Pedibus nigris ; Faciei lateribus argenteis. Thorax niger, nitidus, lineis obscure cinereis. Abdomen nigro-nitens, subænescens, tessellis cinereis, subnitidis. Halteribus flavescentibus : Calyptorum squama inferiori brunicosa ; Alæ limpidæ, basi sordidiuscule flavescente.

☿. Similis ; Frontis lateribus postice nigris, antice argenteis. Tho-

rax lineis cinereis. Abdomen tessellis cinerascentibus. Calyptorum squama inferiori clariore.

Long. 3 lignes.

Male : Frontaux, Antennes, Palpes et Pattes noirs ; Face brune, avec les côtés argentés. Corselet noir-luisant, à peine rayé de cendré-obscur. Abdomen noir-luisant, légèrement bronzé, avec des reflets cendrés peu brillants. Balanciers flavescents : squame inférieure des Cuillerons brune ; Ailes claires, avec la base d'un jaunâtre-sale.

Femelle : Côtés du Front noirs en arrière et argentés en devant. Corselet rayé de cendré. Abdomen avec des reflets cendrés peu brillants. Cuillerons un peu plus clairs.

Cette espèce est commune en Automne sur les fleurs des Ombellifères.

1924. — N° 2. Camilla fuscana, R.-D. *Sp. ined.*

♂. Nigra, subnitens, lineis et tessellis cinereis vix manifestis, ultimo Cheti articulo fulvescente ; Alæ basi fuliginosa.

Long. 2 lignes 1/2.

Male : Tout le Corps noir, moins luisant ; à peine distingue-t-on des lignes et des reflets cendrés ; dernier article du Chète fauve-pâle. Cuillerons clairs ; base des Ailes fuligineuse.

Nous ne connaissons que le Mâle de cette espèce que nous avons rencontrée dans une localité humide.

1925. — N° 3. Camilla vivida, R.-D. *Sp. ined.*

♂. Cœsia, nitens, cinereo lineata et tessellata. Abdominis dorso subviridescente. Calyptis claris ; Alis omnino limpidis.

Long. 2 lignes 1/2.

Male : Tout le Corps d'un noir-luisant, rayé et glacé de cendré; Face noire, avec ses côtés argentés à une certaine lumière. Le dos de l'Abdomen verdoie un peu. Cuillerons blancs ; Ailes très-claires.

Cette espèce a été trouvée comme la précédente dans une localité humide ; nous n'en connaissons que des Mâles.

356. — XVII. Genre MUSCINE.
XVII. *Genus MUSCINA*, R.-D.

Musca : Fall.-Meig.
Muscina : Rob. Desv.
Curtonevra : Macq.

Tous les caractères des Morellies ; Yeux nus ; Palpes toujours fauves ; sommet de l'Ecusson jamais noir. La Cellule γ C largement ouverte sur le milieu même du sommet de l'Aile.

Corps un peu plus épais, moins cylindrique ; les Antennes, les Pattes et le Corselet ont ordinairement du fauve.

Omnes Morelliarum characteres; Oculi nudi ; Palpi semper fulvi ; Scutellum nunquam apice nigro. Cellula γ C semper aperta in ipso apice Alæ.

Corpus minus cylindricum, minus nitens, Antennis, Scutello, Pedibus, sæpius subrubescentibus.

On peut dire qu'il n'existe aucun caractère important entre ces insectes et les Morellies, dont il est cependant essentiel de les séparer. Les Muscines ne sont plus si brillantes, ni si agiles. Elles préfèrent les endroits ombragés, retirés ; rarement on les trouve sur les fleurs. La Cellule γ C s'ouvre largement sur le sommet même de l'Aile. Déjà ces insectes prennent des teintes ferrugineuses aux

Pattes, aux Antennes, à l'Ecusson, et nous conduisent directement aux ARICINES dont il est difficile de les bien séparer.

Nos anciennes MUSCINES à Palpes noirs ne sont pas de véritables Muscines.

Les larves vivent dans les substances végétales et notamment dans les champignons pourris.

1926. — N° 1. MUSCINA PABULORUM, Fall.

Musca pabulorum : Fall.-*Musc.*, 52, 31.
— — Meig.-*Dipt.* V, 75, 41.
Muscina pabulorum : Rob. Desv.-*Myod.*, 407, 1.
Curtonevra pabulorum : Macq.-*Buff.* II, 277, 8.

♂ et ♀. Antennarum tertii articuli basi fulvescente; Palpis croceo-fulvis. Thorax niger, tomento et lineis cinereis; Scutelli apice ferrugineo. Abdomen tessellis nigro-nitidis tessellisque cinereis aut cinereo-griseis. Pedibus nigris. Halteribus fuscis : Calyptis albis ; Alis limpidis, basi fuscescente.

Long. 3-5 lignes.

MALE et FEMELLE : Antennes noires, avec la base du troisième article fauve ; Frontaux noirs ; côtés du Front et de la Face argentés ; Palpes d'un jaune-fauve. Corselet noir-luisant, avec un duvet et des lignes cendrées ; sommet de l'Ecusson ferrugineux. Abdomen garni de reflets noir-brillant et de reflets cendrés, ou cendré-gris, ou cendré-flavescent. Pattes noires. Balanciers bruns : Cuillerons blancs ; Ailes claires, avec la base un peu sale.

Cette espèce est assez commune.

1927. — N° 2. MUSCINA PASCUORUM, Meig.

Musca pascuorum : Meig.-*Dipt.* V, 75, 40.
Curtonevra pascuorum : Macq.-*Buff.* II, 277, 9.

♂. Cæsia, nitens, subcinereo lineata et irrorata ; Antennarum basi fulvescente; Palpis croceis. Scutelli apice ferrugineo. Abdominis segmentorum lateribus fulvis aut fulvescentibus. Pedibus nigris. Halteribus subfuscis : Calyptis albis ; Alæ basi sordidiuscula.

♀. Major : Abdomen lateribus non fulvescentibus ; Fronte Facieque fuscis.

Long. 5-6 lignes.

Male : Antennes noires, avec un peu de fauve à la base ; Frontaux et Pattes noirs; côtés du Front et de la Face argentés ; Epistôme fauve ; Palpes couleur de safran. Corps bleu de pruneau luisant, légèrement rayé et glacé de cendré, avec du fauve sur les côtés des premiers segments de l'Abdomen et le sommet de l'Ecusson ferrugineux. Balanciers bruns : Cuillerons blancs ; Ailes assez claires, avec la base un peu sale.

Femelle : Le quart plus forte ; Front et Face bruns. Point de fauve sur les côtés de l'Abdomen.

On trouve cette espèce sur le tronc des arbres et le long des haies.

1928. — N° 3. Muscina stabulans, Fall.

Musca stabulans :	Fall.-*Musc.*, 52, 32.
— —	Meig.-*Dipt.* v, 75, 42, pl. 43, fig. 35.
— —	Zetterst.-*Ins. Lapp.*, 660, 29.
— —	Walk.-*Bristish Mus. Ins.* iv, 912.
Anthomya cinerascens :	Wied.-*Zool. mag.* i, 179, 28.
Musca prodeo :	Harr.-*Ex.*, 141, pl. 41, fig. 41.
Muscina stabulans :	Rob. Desv.-*Myod.*, 407, 2.
Curtonevra stabulans :	Macq.-*Buff.* ii, 277, 10.
— —	Meig.-*Dipt.* vii, 309, 3.
— —	Zetterst.-*Dipt. Skand.* iv, 1354, 9.

♂ et ♀. Cæsia, cinereo vittata et tessellata; Palpis ferrugineis. Scutelli apice pallide testaceo. Abdomen cinereo irroratum, tertii quartique segmenti lateribus subfulvis. Pedes duo anteriores nigri; Tibiis ferrugineis; Pedes quarti postici ferruginei, Femorum basi Tarsisque nigris. Calyptis albidis; Alæ limpidæ, basi infuscata.

Long. 4-5 lignes.

Male et Femelle : Antennes noires, le troisième article pouvant être fauve à la base; Frontaux noirs; côtés du Front et de la Face argentés; Palpes ferrugineux. Corselet noir de pruneau, rayé et glacé de cendré; sommet de l'Ecusson testacé-pâle. Abdomen glacé de cendré, avec les côtés du troisième et du quatrième segment fauves. Les deux Pattes antérieures noires, avec les Tibias fauves; les quatre Pattes postérieures fauves, avec la base des Cuisses et les Tarses noirs. Balanciers flavescents : Cuillerons albides; Ailes assez claires, avec la base un peu sale.

Cette espèce est commune en Eté dans les lieux humides et ombragés, sur les feuilles et le tronc des arbres, à terre ou sur les murs.

1929. — No 4. Muscina grisea, R.-D.

Muscina grisea : Rob. Desv.-*Myod.*, p. 408, no 3.

♂. Affinis Musc. stabulanti ♂; tertio Antennarum articulo basi fusca. Abdomen tessellis griseis.

♀. Similis; Frontis, Facieique lateribus subgriseis.

Long. 4 lignes 1/2.

Male : Voisin du *Musc. stabulans* ♂; le troisième article des Antennes noir à la base. Corselet noir de pruneau luisant, avec des lignes cendrées; sommet de l'Ecusson ferrugineux. Abdomen garni de reflets noirs et de reflets gris, avec du fauve sur les côtés du troisième et du quatrième segment.

FEMELLE : Semblable au Mâle ; côtés du Front et de la Face gris.

Cette espèce a été prise sur les fleurs des OMBELLIFÈRES ; elle paraît assez rare. Sa larve vit dans les champignons et dans la truffe.

1930. — N° 5. MUSCINA PICÆNA, R.-D.

Muscina picœna : Rob. Desv.*Myod.*, p. 408, n° 4.

♀. Caput atrum ; Antennæ nigræ, ultimi segmenti basi fulva. Scutelli parte postica, Palpis, Pedibus fulvis. Thorax ater, cinereo vix irroratus Abdomen picæum, nitidum. Alæ sublimpidæ.

Long. 5 lignes.

FEMELLE : Tête noire ; Antennes noires, avec un peu de fauve à la base du troisième article. Majeure partie de l'Ecusson, Palpes et Pattes fauves. Corselet noir, saupoudré de cendré-grisâtre. Abdomen noir de poix luisant. Cuillerons blanchâtres. Ailes assez claires.

Cette espèce paraît très-rare ; nous ne l'avons encore rencontrée qu'une fois à Saint-Sauveur.

1931. — N° 6. MUSCINA CÆSIA, Meig.

Musca cæsia : Meig.-*Dipt.* v, p 75, n° 43.
Curtonevra cæsia : Macq.-*Buff.* II, p. 278, n° 13.

♂. Cæsia, cinereo irrorata ; Scutelli apice, Palpisque ferrugineis. Abdomen tertii quartique segmenti lateribus subfulvis. Pedes nigri. Halteres fusci : Calypta albida : Alæ limpidæ, basi sordidiuscula.

Long. 4 lignes.

MALE : Corps bleu de pruneau luisant, glacé et à peine

rayé de cendré; Interantennaires argentés; à peine un peu de fauve à la base des Antennes; Face d'un brun-argenté; bord de l'Epistôme et Palpes fauves. Sommet de l'Ecusson ferrugineux. Du fauve sur les côtés du troisième et du quatrième segment de l'Abdomen. Pattes et Balanciers noirs. Cuillerons blancs; Ailes claires, avec la base un peu sale.

Nous ne possédons que le Mâle de cette espèce; peut-être avons-nous tort de le rapporter au *Musca cæsia* de Meigen qui nous paraîtrait plus convenablement placé parmi les Aricines.

357. — XVIII. Genre BLISSONIE.
XVIII *Genus BLISSONIA*, R.-D.

Caractères des Muscines; la Cellule γ C largement ouverte, avec sa nervure inférieure plus basse que le sommet de l'Aile, lequel se trouve ainsi compris entre les deux nervures. Cette même nervure tend à se redresser vers le côté extérieur de l'Aile.

Gen. Muscinæ characteres; Cellula γ C amplius aperta nervusque inferior apice Alarum brevior.

1932. — N° 1. Blissonia cæsia, R.-D. *Sp. ined.*

♂. Cæsia, nitens, lineis tessellisque cinereis, minus nitidis; Frontalibus, Antennis, Palpis, Pedibus nigris. Scutelli summo apice ferrugineo. Alis sublimpidis.

Long. 4 lignes.

Male : Frontaux, Antennes, Palpes et Pattes noirs; Face noirâtre, avec des reflets cendrés. Tout le Corps noir de pruneau luisant, avec des lignes et reflets cendrés peu marqués; Sommet de l'Ecusson testacé. Balanciers jaunâtres :

Cuillerons albides; Ailes n'offrant qu'une très-légère teinte enfumée.

Nous ne connaissons que le Mâle de cette espèce.

1933. — N° 2. Blissonia fungivora, R.-D.

Musca fungivora : Rob. Desv.-*Myod.*, p. 408, n° 6
Curtonevra fungivora : Macq.-*Buff.* II, p. 278, n° 12.

♂ et ♀. Nigra, cinereo lineata et irrorata; Frontalibus, Antennis, Palpis, Pedibus nigris. Scutelli apice summo ferrugineo. Halteribus fuscis; Alis sublimpidis.

Long. 3 lignes.

Mâle et Femelle : Tout le Corps noir, avec des lignes et des reflets cendrés; Frontaux, Antennes, Palpes et Pattes noirs; Interantennaires argentés; côtés du Front brun-cendré; côtés de la Face cendré-argenté. Sommet de l'Ecusson ferrugineux. Balanciers bruns : Cuillerons blancs ou blanchâtres; Ailes claires.

Cette espèce n'est pas rare; sa larve vit dans les champignons en déliquescence.

1934. — N° 3. Blissonia rustica, R.-D. *Sp. ined.*

♀. Similis Bl. fungivoræ; Faciei lateribus cinereo-griseis, non cinereo-argenteis. Abdomen tessellis minus nitidis.

Long. 3 lignes.

Femelle : Semblable au *Bl. fungivora;* côtés de la Face cendré-gris et non cendré-argenté. Les reflets de l'Abdomen moins prononcés.

Nous ne connaissons que la Femelle de cette espèce.

358. — XIX. Genre DASYPHORE.
XIX. *Genus DASYPHORA*, R.-D.

Musca : Meig.
Dasyphora : Rob. Desv.-Rond.
Curtonevra : Macq.

Caractères des MORELLIES; YEUX velus; CHÈTE très plumeux. La CELLULE γ C ouverte un peu avant le sommet de l'Aile, avec sa nervure transverse droite.

TEINTES d'un brun-verdoyant-bronzé.

MORELLIARUM characteres; OCULI villosi; CHETUM dense plumosum. CELLULA γ C ante Alæ apicem aperta, nervo transverso recto.

COLORES bruneo-virenti-æneseentes.

Les MORELLIES ont la Cellule γ C bien ouverte au sommet même de l'Aile, avec la nervure transverse concave en dehors.

Les DASYPHORES ont pareillement les plus grandes analogies avec les mouches qui sont moins grosses, ont le Chète moins plumeux et la nervure transversale précitée un peu cintrée.

Ces insectes nombreux paraissent dès le premier Printemps et se continuent durant l'Eté. Ils aiment à sucer le miel des fleurs ; mais on les rencontre plus souvent le long des chemins, à terre, sur l'écorce des arbres. Leur vol est rapide et assez bruyant.

1935. — N° 1. DASYPHORA GNAVA, R.-D. *Sp. ined.*

♂. Frontalibus, Antennis, Palpis, Pedibus nigris: Facici lateribus fusco-argenteis. Thorax nigro-nitens, lineis subcinereis. Abdomen dorso subviridescenti, tessellis cinereis. Halteribus flavis : Calyptis subalbis ; Alæ flavedine lavatæ, præsertim ad basim.

Long. 5 1/2-6 lignes.

Male : Frontaux, Antennes, Palpes et Pattes noirs ; côtés de la Face brun-argenté. Corselet noir, avec des lignes cendrées peu marquées. Dos de l'Abdomen verdoyant, avec des reflets cendrés moins prononcés que sur les autres espèces. Balanciers jaunes : Cuillerons d'un blanc un peu jaunâtre ; Ailes lavées de flavescent, surtout à la base.

Nous ne connaissons que le Mâle de cette espèce.

1936. — N° 2. Dasyphora calidula, R.-D. *Sp. ined.*

♂. Frontalibus, Antennis, Palpis, Pedibus nigris ; Facie brunco-albicante. Thorax niger, tomento lineisque cinereis. Abdomen nigrum, dorso subviridi simul et subpurpureo, tessellis cinereis. Halteribus obscuris : Calyptis albis ; Alis fuligine lavatis.

Long. 5 lignes 1/2.

Male : Frontaux, Antennes, Palpes et Pattes noirs ; côtés de la Face brun-cendré. Corselet noir, avec un duvet et des lignes cendrés. Abdomen noir ; son dos est verdoyant et un peu rouge enflammé, avec des reflets cendrés. Balanciers jaune-rougeâtre : Cuillerons blancs ; Ailes lavées de jaunâtre.

Nous ne connaissons que le Mâle de cette espèce.

1937. — N° 3. Dasyphora agilis, R.-D.

Dasyphora agilis : Rob. Desv.-*Myod.*, p. 409, n° 1.

♀. Frontalibus, Antennis, Palpis, Pedibus nigris ; Facie cinereo-argentea. Thorax niger, cinereo lineatus et irroratus. Abdomen viride, tessellis cinereis. Halteribus flavis : Calyptis albis ; Alæ limpidæ, basi sordidiuscula.

♂. Similis ; Calyptis omnino albis ; Alis subobscuris.

Long. 4 1/2-5 lignes 1/2.

Femelle : Frontaux, Antennes, Palpes et Pattes noirs ;

côtés du Front brun-cendré; Face cendré-argenté. Corselet brun-verdoyant, avec des lignes cendrées. Abdomen vert, avec des reflets cendrés. Balanciers jaunes : Cuillerons blancs; Ailes claires, avec la base un peu sale.

Male : Semblable; Cuillerons tout-à-fait blancs; Ailes un peu moins claires.

On trouve cette espèce dès le premier Printemps.

1938. — N° 4. Dasyphora pratorum, Meig.

Musca pratorum : Meig.-*Dipt.* v, 47.
Dasyphora viridula : Rob. Desv.-*Myod.*, p. 410, n° 3.
Curtonevra pratorum : Macq.-*Buff.* II, p. 275, n° 3.

♀. Subviridis, aut bruneo viridis, lineis tessellisque cinereis; Frontalibus, Antennis, Palpis, Pedibus nigris. Calyptorum squama inferiore brunescente; Alis sublimpidis.

♂. Similis; paulo minor; Thorax minus viridis. Calyptis infuscatis; Alis paulisper subflavescentibus.

Long. 4 lignes.

Femelle : Corps vert-métallique, avec des lignes sur le Corselet et des reflets sur l'Abdomen cendrés. Frontaux, Antennes, Palpes et Pattes noirs; côtés du Front et de la Face cendrés ou gris-cendré. Balanciers jaunes : squame inférieure des Cuillerons flavescente; Ailes claires.

Male : Semblable; un peu plus petit; Cuillerons noirâtres; Ailes légèrement enfumées.

Cette espèce est très-commune.

1939. — N° 5. Dasyphora fervens, R.-D.

Dasyphora fervens : Rob. Desv.-*Myod.*, p. 410, n° 2.

♀. Simillima Das. pratorum; Frontis et Faciei lateribus aureis.

Long. 4 lignes.

Femelle : Tout-à-fait semblable à la Femelle du *Das. pratorum ;* côtés du Front et Face dorés.

Nous ne connaissons que la Femelle de cette espèce qui paraît être rare.

1940. = N° 6. ✱ Dasyphora Nicæensis, R.-D. *Sp. ined.*

♂ et ♀. Nigra, nitens, cinereo lineata ; Abdomen dorso viridi-subcupreo, tessellis cinereis.

Long. 3 lignes 1/2.

Male : Frontaux, Antennes et Palpes noirs ; côtés du Front et Face d'un cendré-argenté ; derrière de la Tète noir-cendré. Corselet noir-luisant, parfois un peu cuivreux, saupoudré et rayé de cendré-blanc. Abdomen d'un vert un peu cuivreux, avec des reflets cendrés. Pattes noires. Balanciers blanc-jaunâtre : Cuillerons blancs ; Ailes claires, avec la base un peu obscure et les nervures noires.

Femelle : Semblable ; Frontaux plus larges. Dos du Corselet un peu plus cuivreux.

Cette espèce est commune à Nice dès le mois de Février.

1941. = N° 7. ✱ Dasiphora fulvicornis, R.-D. *Sp. ined.*

♂ et ♀. Simillima Das. Nicæensi ; dimidio minor ; Antennæ basi fulva in ♂, nigra in ♀.

Long. 2 lignes 1/2.

Male : Tout-à-fait semblable au *Das. Nicœensis* Mâle ; plus petite ; base des Antennes fauve. Corselet un peu plus cuivreux.

Femelle : Semblable au *Das. Nicœensis* Femelle ; moitié plus petite ; base des Antennes noire.

Nous avons pris cette espèce au mois de Février, à Nice.

Curie E : MUSCIDES TOMENTEUSES.
MUSCIDÆ TOMENTOSÆ.

Muscidœ tomentosœ : Rob. Desv.-*Myod.*, p. 410.

Antennes ne descendant guère qu'au milieu de la Face ;

le deuxième article ordinairement onguiculé, presque toujours coloré et un peu plus épais que le troisième; CHÈTE plumeux ; FRONT étroit sur les Mâles et plus large sur les Femelles ; FACE ordinairement bombée par le développement des médians; PÉRISTOME étroit, allongé; EPISTOME ordinairement un peu plus saillant. La CELLULE γ C ouverte avant le sommet de l'Aile, à nervure transverse un peu convexe en dehors.

CORPS un peu déprimé, plus ou moins garni de duvet sur les côtés du Corselet, à teintes un peu métalliques.

ANTENNÆ abbreviatæ, non ad Epistoma extensæ; secundo articulo sæpius unguiculato, solito colorato, paulisper crassiore tertio ; CHETUM plumosum; FRONS ad ♂ angustata, ad ♀ latior; FACIES sæpius convexa ob medianea parumper buccata ; PERISTOMA angustato-elongatum, EPISTOMATE prominulo. CELLULA γ C ante apicem Alæ aperta, nervo transverso externe convexo.

CORPUS leviter depressum, Thorace ad latera plus minusve villoso, coloribus jam metallicis.

La Face ordinairement un peu boursouflée et le Corselet plus ou moins velu sous la poitrine et sur les côtés font aisément reconnaître ces insectes qui sont moins arrondis que les espèces précédentes.

On les rencontre communément sur les fleurs, à terre, sur l'écorce des arbres. Quelques espèces sont tout-à-fait printannières.

XX. G. STOMINA	Chète presque nu. Corselet non muni de houppes villeuses.
XXI. G. POLLENIA ..	Chète plumeux; Face convexe. Houppes villeuses sur le Corselet. Nervure transverse de la Cellule γ C convexe en dehors.

XXII. G. CEPHYSA . .	Car. des POLLÉNIES ; nervure de la Cellule γ C de l'Aile non cintrée, mais presque droite.
XXIII. G. ORIZIA. . . .	Car. des POLLÉNIES ; nervure transverse de la Cellule γ C cintrée et réunie à la nervure longitudinale sur le bord de l'Aile.
XXIV. G. NITELLIA. .	Nervure transverse de la Cellule γ C réunie à la nervure longitudinale. Cellule γ C pétiolée.

359. — XX. Genre STOMINE.
XX. *Genus STOMINA*, R.-D.

Stomina : Rob. Desv.-*Myod.*, p. 411.

ANTENNES assez courtes, distantes sur la Femelle ; le second article onguiculé ; CHÈTE villosule ; FACE large ; EPISTOME un peu rostriforme.

CORPS subarrondi, grisâtre ; CORSELET complétement nu.

ANTENNÆ abbreviatæ, in ♀ distantes ; secundo articulo unguiculato ; CHETUM villosulum ; FACIES lata, satis buccata ; EPISTOMATE prominulo. CORPUS subrotundatum, glabrum.

Ce petit genre diffère éminemment de ses congénères par son Chète presque nu et par son Corselet sans houppes villeuses.

1942. — N° 1. STOMINA RUBRICORNIS, R.-D.

Stomina rubricornis : Rob. Desv.-*Myod.*, p. 411, n° 1.

♀. Facies bruneo-albicans ; Medianeis primisque Antennæ articulis fulvis. Thorax grisescens, obscure fusco lineatus ; Scutello subferrugineo. Abdomen nigricans et griseo-flavescente tessellans.

Long. 3 lignes 1/2.

FEMELLE : Frontaux, Médians, premiers articles antennaires fauves; Face et côtés du Front d'un blanc-brunâtre. Corselet couvert d'un duvet gris, avec quelques lignes noires; Ecusson d'un gris-rouillé. Abdomen noirâtre, avec de larges reflets d'un gris-jaunâtre. Cuillerons blancs; Ailes assez claires.

Nous avons rencontré cette espèce dès le premier Printemps; elle paraît être très-rare.

360. — XXI. Genre POLLÉNIE.
XXI. *Genus POLLENIA*, R.-D.

Musca : Fabr.-Meig.-Fall.
Pollenia : Rob. Desv.-Macq.
Mya : Rond.

ANTENNES ne descendant pas jusqu'à l'Epistôme ; le second article onguiculé sur le dos, ordinairement fauve et plus épais que le troisième qui est prismatique et deux fois plus long; CHÈTE plumeux.

YEUX nus, contigus sur les Mâles ; FACE un peu renflée, avec les Médians colorés ; EPISTOME un peu saillant. CORSELET souvent couvert de villosités, avec des houppes sur les côtés. La CELLULE γ C ouverte avant le sommet de l'Aile, avec sa nervure transverse cintrée, la concavité tournée vers le sommet de l'Aile.

FORME cylindrico-subarrondie ; TEINTES bleu de pruneau, bleu-verdâtre, avec des reflets cendrés.

ANTENNÆ non ad Epistoma porrectæ, secundus articulus dorso unguiculato, solito fulvo, pauloque crassiore tertio prismatico, bilongiore ; CHETUM plumosum.

OCULI nudi, in ♂ contigui ; FACIE subbuccata, medianeis coloratis ;

EPISTOMATE subprominulo. THORAX sæpe pilosus, flocculis lateralibus ornatus. CELLULA γ C ante apicem Alarum aperta, nervo transverso arcuato.

CORPUS cylindrico-subrotundatum; COLORE cæsio, cæsio-viridescente, tessellis cinereis.

Les POLLÉNIES, très-nombreuses en espèces et surtout en individus, se font aisément reconnaître à leurs médians bombés, à la base colorée de leurs Antennes et souvent aux houppes villeuses qu'on voit sur les côtés du Corselet qui peut même être entièrement villeux. C'est à ces houppes villeuses que le nom générique fait allusion ; lorsque ces insectes pénètrent dans les corolles des fleurs, leurs villosités retiennent le pollen des étamines et elles en paraissent chargées.

L'exposé de notre travail indique que des études sérieuses sont encore nécessaires pour ce genre ; les espèces qui le composent déposent leurs œufs dans le fumier ainsi que dans les substances végétales et animales en décomposition.

C'est le *Musca rudis* de Fabricius qui nous a primitivement servi de type pour l'établissement du genre.

A. *Palpes fauves, ou fauves au sommet.*

1943. — N° 1. POLLENIA STRENUA, R.-D. *Sp. ined.*

♂. Cæsia ; Antennis, Palpis fulvis ; Medianeis fulvescentibus ; Frontis lateribus et Facie griseo-flavescentibus. Thorax dorso vix piligero, pilis lateralibus densis, flavescentibus. Abdomen subviridescens, tessellis nigris tessellisque cinereis. Pedibus nigris. Calyptis Alisque sordidis.

♀. Similis ; Thoracis dorso etiam glabriore.

Long. 6-7 lignes.

MALE : Antennes, Palpes et Médians fauves ; côtés du Front

et de la Face gris un peu flavescent; Barbe flavescente. Corps bleu de pruneau; Poils flavescents, rares sur le dos du Corselet et épais sur les côtés. Abdomen offrant une très-légère teinte verdoyante, avec des reflets noirs et des reflets cendrés. Balanciers flavescents. Cuillerons et Ailes lavés de fuligineux.

FEMELLE : Tout-à-fait semblable; le dos du Corselet encore plus glabre.

Cette espèce n'est pas commune; on la trouve en Eté.

1944. — N° 2. POLLENIA FULVICORNIS, R.-D.

Pollenia fulvicornis : Rob. Desv.-*Myod.*, p. 413, n° 1.

Frontis lateribus et Facie grisco-flavescentibus; Antennæ rubræ, ultimo articulo interdum obscuriore; Palpis apice fulvis. Thorax cæsius, pube densiore, flavicante. Abdomen obscure subviridescens, tessellis fuscis, tessellisque cinereis. Calyptis, Alisque fuligine lavatis.

♂. Similis; Abdomen tessellis cinereo-subgriseis.

Long. 5 lignes.

FEMELLE : Antennes fauves; le troisième article parfois un peu obscur; Frontaux bruns; côtés du Front et de la Face gris flavescent; Palpes fauves au sommet; Barbe flavescente. Corselet bleu de pruneau, couvert d'un duvet épais et flavescent. Abdomen légèrement verdâtre, avec des reflets bruns et des reflets cendrés. Pattes noires. Balanciers couleur de rouille : Cuillerons et Ailes lavés de fuligineux.

MALE : Tout-à-fait semblable; reflets de l'Abdomen cendré un peu grisâtre.

On trouve cette espèce dans les champs et les prés. On la

distingue du *Poll. rudis* à ses Antennes plus fauves et au sommet fauve des Palpes. Nous avons également rencontré cette espèce à Nice dès le mois de Février.

1945. — N° 3. Pollenia viatica, R.-D.

Pollenia viatica : Rob. Desv.-*Myod.*, p. 413, n° 2.

♀. Antennis, Medianeis fulvis; Facie griseo-flavescente : Barba flavicante ; Palpis apice fulvo. Thorax cæsius, tessellis cinereis villisque cinereis aut cinereo-griseis. Abdomen subviridescens, tessellis nigris, tessellisque cinereis. Calyptis Alisque fuligine lavatis.

♂. Interdum majori statura; Thorax flocculis lateralibus densioribus flavescentibus.

Long. 4-5 lignes.

Femelle : Frontaux bruns ou d'un brun légèrement fauve; Antennes et Médians fauves; côtés du Front et de la Face gris-flavescent; sommet des Palpes fauve; Barbe flavescente. Corselet bleu de pruneau, avec des reflets cendrés et avec des villosités gris-cendré non flavescentes. Abdomen légèrement verdâtre, avec des reflets bruns et des reflets cendrés ou cendré-grisâtre. Pattes noires. Balanciers couleur de rouille : Cuillerons et Ailes lavés de flavescent.

Male : Parfois un peu plus grand; les houppes latérales du Corselet plus développées et flavescentes. Reflets de l'Abdomen cendré-grisâtre.

Cette espèce est commune; on la distingue aisément du *Poll. fulvicornis* à son duvet moins épais, non flavescent, moins cendré.

1946. — N° 4. Pollenia rudis, Fabr.

Musca rudis : Fabr.-*Syst. Antl.*, 287, 16.
— — Fall.-*Musc.*, 48, 24.

— — Meig.-*Dipt.* v, 66, 28 ; vii, 301, 38.
— — Walk.-*British Mus. Ins.*, 906.
— — Zetterst.-*Ins. Lapp.*, 659, 22 ; *Dipt. Skand.* iv, 1339, 11.
Pollenia rudis : Rob. Desv.-*Myod.*, 414, 4.
— — Macq.-*Buff.* ii, 269, 1, pl. 16, fig. 18.
Pollenia autumnalis : Rob. Desv.-*Myod.*, p. 414, n° 7.

♂. Cæsia; Antennæ fulvæ, ultimo articulo obscuriori aut fusco; Frontalibus, Palpis, Pedibus nigris ; Frontis lateribus Facieque griseo-flavescentibus; Barba flavescente. Thorax pilis confertis flavescentibus. Abdomen obscure subviridescens, tessellis nigris tessellisque flavescentibus. Calyptis Alisque fuligine lavatis.

♀. Similis; Medianeis fulvis. Alis paulo limpidioribus.

Long. 3-5 lignes.

Male : Antennes fauves; le dernier article ou fauve ou fauve-brun et même brun; Frontaux, Palpes et Pattes noirs ; côtés du Front et de la Face gris-flavescent; Barbe flavescente. Corselet bleu de pruneau, garni d'un épais duvet jaune. Abdomen un peu verdâtre, avec des reflets bruns et des reflets flavescents. Balanciers, Cuillerons et Ailes lavés de flavescent.

Femelle : Semblable; Médians fauves. Ailes un peu plus claires.

Cette espèce abonde; on doit bien distinguer ses Antennes presque entièrement fauves, ses Palpes noirs et l'épais duvet flavescent du Corselet. Les individus offrent de grandes différences pour la taille.

Elle devient très-commune en Automne et les premiers froids la contraignent à se jeter dans nos appartements. Elle s'y accumule souvent en quantité dans les embrâsures des fenêtres et dans les encoignures des murailles ; elle paraît alors presque privée de mouvement.

Le Corselet du Mâle est souvent privé de son duvet.

1947. — N° 5. POLLENIA GRISELLA, R.-D. *Sp. ined.*

♂ et ♀. Simillima POLL. RUDI ; villis haud flavescentibus, nec flavescente-rubescentibus at cinereis.

Long. 5 lignes.

MALE et FEMELLE : Semblable au *Poll. rudis ;* les villosités du Corselet, au lieu d'être d'un jaune-roux, sont cendrées ou d'un gris-cendré.

Nous possédons les deux sexes de cette espèce qu'on trouve à la fin de l'Automne.

1948. — N° 6. POLLENIA BICOLOR, R.-D.

Pollenia bicolor : Rob. Desv.-*Myod.*, 415, 10.
— — Macq.-*Buff.* II, 269, 4.

♀. Antennis, Facie, Peristomate, Palpis, punctis humeralibus, Pedibusque fulvis. Thorax niger, cinereo irroratus et vittatus, nonnullis villis cinereo-flavescentibus. Abdomen fulvum, tessellis cinereis, linea dorsali lineisque transversis fuscis. Calyptis et Alis fuligine lavatis.

Long. 3 lignes.

FEMELLE : Frontaux, Antennes, Face, Péristôme, Palpes et Pattes fauves ; côtés du Front cendré-jaunâtre. Corselet noir, rayé et saupoudré de cendré, avec les points huméraux fauves ; on y distingue quelques poils cendré-grisâtre. Abdomen fauve, avec des reflets cendrés, une ligne dorsale et plusieurs lignes transversales brunes. Tarses noirs. Balanciers jaunes : Cuillerons et Ailes lavés de fuligineux.

Nous n'avons jamais connu que la Femelle de cette rare espèce.

1949. — N° 7. POLLENIA VERNALIS, R.-D.

Pollenia vernalis : Rob. Desv.-*Myod.*, p. 415, n° 11.
— *fulvipalpis* : Macq.-*Buff.* II, p. 270, n° 5.
— *vivida* : Rob. Desv.-*Myod.*, p. 413, n° 3.

♂. Cæsia ; Antennis, Palpis fulvis ; Barba flava. Thorax cinereo sparsus, pilis rarioribus, grisco-flavis. Abdomen non viridescens, tessellis cinereis. Calyptis subfuscis ; Alis squalidis.

♀. Similis ; Medianeis fulvis. Calyptis obscuris.

Long. 2-6 lignes.

MALE : Frontaux noirs ; Antennes entièrement fauves ; côtés du Front et Face noir-cendré ; Palpes fauves ; Barbe jaune. Corselet noir de pruneau et glacé de cendré. Abdomen noir de pruneau non verdâtre, avec des reflets cendrés. Poils du Corselet gris-flavescent et peu épais. Pattes noires. Balanciers et Cuillerons bruns ou brunâtres ; Ailes claires.

FEMELLE : Tout-à-fait semblable ; Médians rouges. Cuillerons plus clairs.

Cette espèce est commune dès le premier Printemps. Les individus présentent de grandes différences sous le rapport de la taille.

1950. — N° 8. POLLENIA ATRATA, R.-D.

Pollenia atrata : Rob. Desv.-*Myod.*, p. 417, n° 15.

♂ et ♀. Affinis POLL. MICANTI ; tota atra, nitida ; Antennarum basi absolute fulva. Calyptis, Alisque magis fuliginosis.

Long. 3-5 lignes.

Male et Femelle : Tout le Corps d'un beau noir-luisant et glabre; base des Antennes fauve; Palpes noirs. Cuillerons et Ailes encore plus fuligineux que sur le *Poll. micans*.

Cette espèce, tout-à-fait voisine du *Poll. micans*, en diffère par ses Antennes entièrement fauves à la base et par ses Ailes plus noirâtres sur les deux sexes.

1951. = N° 9. ✱ Pollenia rustica, R.-D. *Sp. ined.*

♀. Nigra, subcinereo lineata et tessellata; Facie fusco-subaurulenta. Halteribus flavo-subfulvis; Alæ nervis ferrugineis.

Long. 4 lignes.

Femelle : Frontaux bruns; côtés du Front et Face brun-jaunâtre, avec les Faciaux rougeâtres; Antennes fauves à la base, avec le dernier article noir ou noirâtre; Palpes fauves. Corselet noir, saupoudré et rayé de cendré-obscur, avec des poils jaune-soyeux. Abdomen à reflets noirs et à reflets d'un cendré un peu obscur. Pattes noires. Balanciers jaune-fauve : Cuillerons jaunâtres; Ailes claires, avec la base flavescente et les nervures rougeâtres.

Nous avons pris cette espèce au mois de Mars dans les champs de Nice.

1952. = N° 10. ✱ Pollenia varensis, R.-D. *Sp. ined.*

♂ et ♀. Nigra, cinereo-ardeaceo lavata, lineata et tessellata. Antennis fulvis. Alis subfuliginosis.

Long. 4 lignes.

Male : Frontaux noirs : côtés du Front bruns ou brun-cendré; Face d'un brun-cendré-ardoisé, avec les Médians rouges; Antennes et Palpes fauves. Corselet noir, obscurément lavé et rayé de cendré-ardoisé, avec des poils blanchâtres. Abdomen à reflets noirs et à reflets cendré-ardoisé. Pattes noires. Balanciers et Cuillerons fuligineux; Ailes légèrement lavées de fuligineux, avec les nervures brun-rougeâtre.

Nous avons pris cette espèce au mois de Mars, dans les champs voisins du Var.

1953. = N° 11. ✱ POLLENIA SILVATICA, R.-D. *Sp. ined.*

♂. Nigra, obscure cinereo lineata et tessellata ; Facie fusco-grisescente. Thoracis villis sericeo subflavis Alæ basi infuscata, nervis nigris

Long. 4 lignes.

MALE : Frontaux noirâtres ; côtés du Front et Face brun-grisâtre ou obscurément jaunâtre ; Médians rougeâtres ; Antennes fauves à la base, avec le troisième article brun ; Palpes fauves. Corselet noir, obscurément saupoudré et rayé de cendré-brun. Abdomen à reflets noirs et à reflets d'un cendré un peu brun. Pattes noires. Balanciers et Cuillerons d'un blanc un peu jaunâtre ; Ailes claires, noirâtres à la base, avec les nervures noires.

Nous avons pris cette espèce, au mois de Mars, sur les fleurs des *Saules du Var.*

1954. = N° 12. ★ POLLENIA NITENS, R.-D. *Sp. ined.*

♂. Nigra ; Abdomen dorso metallice subcupreo tessellisque cinereo-ardeaceis Alæ nervis rubescentibus.

♀. Similis ; Capite cinereo-ardeaceo. Calyptis subfuliginosis.

Long. 3 lignes.

MALE : Frontaux noirs ; côtés du Front et de la Face noir-cendré-ardoisé ; Médians fauves, ainsi que les Palpes ; Antennes fauves à la base, avec le dernier article brun. Corselet noir, obscurément saupoudré et rayé de cendré-ardoisé, avec des poils blanchâtres. Abdomen noir, avec le dos légèrement cuivreux-métallique et des reflets cendré-ardoisé. Pattes noires. Balanciers fauve-obscur : Cuillerons blanchâtres ; Ailes claires, un peu sales à la base, avec les nervures rougeâtres.

FEMELLE : Semblable ; Tête cendré-ardoisé. Cuillerons un peu plus obscurs.

Nous avons pris cette espèce au mois de Mars, dans un pré de NICE.

1955. = N° 13. ✱ POLLENIA FUNEBRIS, R.-D. *Sp. ined.*

♂. Atrata ; Antennæ tertii articuli basi fulva. Abdomen tessellis obscure cinereis. Alæ limpidæ, basi nigricante, nervis nigris.

Long. 2 1/2-3 lignes.

MALE : Frontaux noirs ; côtés du Front et Face d'un noir obscurément cendré ; Médians rougeâtres ; Antennes noires ; le troisième article fauve à la base ; Palpes fauves. Corselet noir, très-obscurément saupoudré de cendré-brun, avec des poils grisâtres. Abdomen noir, avec des reflets cendré-brun peu manifestes. Pattes noires. Balanciers fauve-pâle : Cuillerons blanc-fuligineux ; Ailes claires, avec la base noirâtre et les nervures noires.

Nous avons pris cette espèce au mois de Mars, dans un pré de NICE.

B. *Palpes noirs.*

1956. — N° 14. POLLENIA CYANESCENS, R.-D.

Pollenia cyanescens : Rob. Desv.-*Myod.*, p. 414, n° 5.

♂. Tota cæsia; Frontalibus nigris; Antennis basi fulva, ultimo articulo obscuriore; Faciei lateribus subgriseis ; Medianeis fulvis. Thorax flavescente villosus. Abdomen non viridescens, tessellis cinereis. Pedibus nigris. Calyptis Alisque fuligine lavatis.

Long. 3 lignes.

MALE : Tout le Corps bleu de pruneau ; Frontaux noirs ; Antennes fauves à la base ; le dernier article obscur ; côtés du Front bruns ; côtés de la Face grisâtres ; Médians fauves : Barbe flavicante. Corselet garni d'un duvet épais et flavescent. Abdomen bleu et non verdâtre sur le dos, avec des reflets cendrés. Pattes noires. Balanciers ferrugineux : Cuillerons et Ailes lavées de flavescent.

Cette espèce, par ses teintes bleues et non verdâtres sur l'Abdomen, doit nécessairement être placée dans le voisinage du *Poll. vernalis;* mais elle est beaucoup plus petite et son Corselet est tout-à-fait villeux.

1957. — N° 15. POLLENIA HORTENSIS, R.-D. *Sp. ined.*

♂. Affinis POLL. CYANESCENTI ; Interantennariis, Antennarum basi,

Medianeis fulvis; Palpis, Pedibus nigris. Thorax cœsius, lineis cinereis, flocculisque lateralibus subaureis. Abdomen cæsium, non viridescens, tessellis absolute cinereis. Calyptis fuscanis; Alis basi sordida, disco flavescente.

Long. 3 lignes.

Male : Voisin du *Poll. cyanescens;* Interantennaires, base des Antennes et Médians fauves; côtés de la Face noirs, avec un peu de cendré; Palpes et Pattes noirs. Corselet bleu de pruneau, avec des lignes cendrées et des houppes latérales jaunes. Abdomen bleu, non verdoyant, avec des reflets cendrés. Cuillerons bruns; Ailes sales à la base et lavées de fuligineux.

Nous ne connaissons que le Mâle de cette espèce.

1958. — N° 16. Pollenia marginella, R.-D. *Sp. ined.*

♀. Frontalibus coffæis; Antennarum basi fulva; Facie subaurata; Facialibus, Medianeis, Peristomateque rubris; Palpis, Pedibusque nigris. Thorax cæsius, lineis villisque cinereis. Abdomen cæsium, nitidum, non viridescens, tessellis non cinereis. Halteribus ærugi-nosis. Calyptis Alisque flavescente lavatis.

Long. 4 lignes.

Femelle : Frontaux couleur de café; base des Antennes fauve; côtés du Front et de la Face brun-doré; Faciaux, Médians et Péristôme fauves; Palpes et Pattes noirs; Barbe roussâtre. Corselet bleu de pruneau, avec des lignes et des villosités cendrées. Abdomen d'un beau bleu de pruneau luisant non verdâtre, avec des reflets cendrés. Balanciers ferrugineux : Cuillerons et Ailes lavés de fuligineux.

Nous ne connaissons que la Femelle de cette espèce.

1959. — N° 17. POLLENIA PUMILA, R.-D.

Pollenia pumila : Rob. Desv.-*Myod.*, p. 414, n° 6.

♀. Cæsia; Frontalibus fuscis; Antennis fulvis, ultimo articulo brunescente ; Facialibus, Medianeis, Peristomate fulvis ; Palpis, Pedibus nigris. Thorax villis nonnullis flavescentibus. Abdomen cæsio-nitidum, tessellis cinereis. Calyptis Alisque fuligine lavatis.

Long. 2 lignes.

FEMELLE : Frontaux bruns ; Antennes fauves ; le dernier article un peu brun ; côtés du Front et de la Face brun-gris ; Faciaux, Médians et Péristôme fauves ; Palpes et Pattes noirs ; Barbe flavescente. Corselet bleu de pruneau, avec des villosités assez rares et flavescentes. Abdomen bleu de pruneau luisant, avec des reflets cendrés. Balanciers jaunes : Cuillerons et Ailes lavés de fuligineux.

Nous ne connaissons que la Femelle de cette espèce.

1960. — N° 18. POLLENIA AGILIS, R.-D.

Pollenia agilis : Rob. Desv.-*Myod.*, p. 415, n° 8.

♀. Frontalibus, Palpis, Pedibus nigris ; Antennæ fulvæ, ultimo articulo obscuriore ; Facialibus, Medianeis fulvis ; Barba cinereo-flavescente. Thorax cæsius, cinereo irroratus, subglabratus, villis cinereo-flavescentibus. Abdomen viridescens, tessellis cinereis. Calyptis, Alisque fuligine lavatis.

♂. Similis ; Antennis minus fulvis.

Long. 3 lignes.

FEMELLE : Frontaux, Palpes et Pattes noirs ; Antennes fauves ; le dernier article un peu brun ; côtés du Front et de la Face gris-cendré ; Faciaux et Médians fauves ; Barbe cendré-flavescent. Corselet bleu de pruneau, presque glabre, légèrement saupoudré de cendré ou n'offrant que quelques poils un peu cendrés. Abdomen légèrement verdâtre, avec des reflets cendrés. Balanciers rougeâtres : Cuillerons et Ailes lavés de fuligineux.

MALE : Semblable ; Antennes un peu plus brunes. Cuillerons un peu fuligineux.

On trouve cette espèce en Eté.

1961. — N° 19. POLLENIA PRATENSIS, R.-D. *Sp. ined.*

♂. Affinis POLL. AGILI ; Faciei lateribus fusco-subflavescentibus. Abdomen dorso viridescente, tessellis flavescentibus. Nervo transverso Cellulæ γ C fere recto.

Long. 3 lignes 1/2.

MALE : Tout-à-fait semblable au *Poll. agilis ;* côtés de la Face brun-flavescent. Dos de l'Abdomen verdâtre, avec des reflets flavescents. La nervure transversale de la Cellule γ C des Ailes presque droite.

Nous ne connaissons que le Mâle de cette espèce voisine du *Poll. agilis*, mais qui en diffère par ses reflets flavescents et non cendrés. La nervure transversale de la Cellule γ C des Ailes est encore plus droite.

1962. — N° 20. POLLENIA FLORALIS, R.-D.

Pollenia floralis : Rob. Desv.-*Myod.*, p. 415, n° 9.

♂. Antennarum basi fusco-flavescente ; Frontalibus, Palpis, Pedibus nigris ; Facie fusco-cinerea ; Barba flavescente. Thorax cæsius, villis flavescentibus. Abdomen obscure viridescens, tessellis cinereo-flavescentibus. Halteribus, Calyptis, Alis fuliginosis, nervo transverso Cellulœ γ C vix arcuato.

Long. 2 lignes 1/2.

Male : Base des Antennes brun-fauve ; Frontaux, Palpes et Pattes noirs ; Face brun-cendré ; Barbe flavescente. Corselet bleu de pruneau et garni de poils flavescents. Abdomen obscurément verdâtre, avec des reflets cendré-flavescent. Balanciers, Cuillerons et Ailes fuligineux ; la nervure transversale de la Cellule γ C des Ailes presque droite.

Nous ne connaissons que le Mâle de cette espèce qui se rapproche du *Poll. rudis* par ses formes et ses teintes et qui en diffère surtout par la nervure γ C des Ailes non cintrée, mais presque droite ; elle se rapproche encore davantage du *Poll. agilis*, mais les poils du Corselet et les reflets cendré-flavescent la distinguent d'une manière assez nette.

1963. — N° 21. Pollenia micans, R.-D.

Pollenia micans : Rob. Desv.-*Myod.*, p. 416, n° 13.

♂ et ♀. Tota atra, nitida, glabrata ; Antennis basi fusca aut fuscofulvescente. Alis basi infuscata.

Long. 3-3 lignes 1/2.

Male et Femelle : Tout le Corps noir-âtre luisant ; à peine quelques villosités sur les côtés du Corselet. Front noir ; Face noire, à peine un peu cendrée ; base des Antennes brune ou brun-fauve ; Palpes noirs. Cuillerons jaune-brun sur le Mâle et plus clairs sur la Femelle ; Ailes noirâtres à la base.

Cette espèce est assez commune sur les fleurs.

1964. — N° 22. Pollenia cinerea, R.-D. *Sp. ined.*

♂. Cæsia ; Antennarum basi, Facialibus, Medianeis fulvis ; Palpis, Pedibus nigris ; Barba cinerea. Thorax dorso glabrato, cinereo irroratus, flocculis lateribus cinereis. Abdomen subviridescens tessellis cinereis subnitentibus. Halteribus æruginosis : Calyptis Alisque fuliginosis.

♀. Similis; tertio Antennarum articulo fulvo aut fulvescente.

Long. 4-5 lignes.

MALE : Corps noir de pruneau un peu mat; base des Antennes, Faciaux et Médians fauves; côtés du Front et de la Face d'un brun légèrement saupoudré de cendré; Palpes et Pattes noirs; Barbe cendrée. Corselet nu sur le dos, légèrement saupoudré de cendré, avec des poils latéraux cendrés. Abdomen légèrement verdâtre, avec des reflets cendrés peu brillants. Balanciers ferrugineux : Cuillerons et Ailes teints de fuligineux.

FEMELLE : Semblable; le troisième article des Antennes fauve ou presque fauve.

On trouve cette espèce en Été.

1965. — No 23. POLLENIA CÆSIA, R.-D. *Sp. ined.*

♂. Antennæ fuscæ, basi fulvescente; Facie fusco-grisescente; Frontalibus, Palpis, Pedibus nigris. Thorax cæsius, cinereo vix irroratus, dorso glabro; pilis lateralibus nigris et pilis flavescentibus. Abdomen limpide cæsium, tessellis cinereis, ad latera viridioribus. Calyptis brunicosis; Alis sordidis.

Long. 5 lignes.

MALE : Frontaux, Palpes et Pattes noirs; Antennes avec un peu de fauve vers la base; côtés du Front et Face brun-grisâtre; Médians rougeâtres; Barbe flavescente. Corselet bleu de pruneau très-légèrement arrosé de cendré et nu sur le dos; sur les côtés on voit des houppes noires et des houppes flavescentes. Abdomen bleu de pruneau luisant; les reflets cendrés plus brillants sur les côtés. Balanciers jaunes :

Cuillerons bruns ; Ailes sales à la base et le long de la côte.

Nous ne connaissons que le Mâle de cette espèce.

1966 — N° 24. Pollenia labialis, R.-D. *Sp. ined.*

♂. Antennarum basi, Medianeis, Epistomate fulvis; Frontalibus, Palpis, Pedibus nigris ; Barba flavicante. Thorax cæsius, pilis densis flavo-subauratis. Abdomen subviridescens, tessellis nigris, tessellisque cinereo-subgriseis. Calyptis et Alis sordide flavescentibus.

Long. 5 lignes.

Male : Base des Antennes, Médians et Epistôme fauves ; Frontaux, Palpes et Pattes noirs ; côtés du Front et de la Face gris-flavescent ; Barbe flavescente. Corselet noir de pruneau, couvert d'un épais duvet jaune. Abdomen légèrement verdâtre, avec des reflets bruns et des reflets cendré-grisâtre. Balanciers bruns : Cuillerons et Ailes lavés de jaunâtre.

Cette espèce n'est pas commune; nous n'en connaissons que le Mâle pris au mois de Mai.

1967. — N° 25. Pollenia frontalis, R.-D. *Sp. ined.*

♀. Fronte subfulva ; Antennæ basi, Medianeisque fulvis ; Palpis, Pedibus nigris. Thorax cæsius, villis non densis, subflavescentibus. Abdomen cæsium, non viridescens, tessellis cinereis. Calyptis albidis ; Alis sat limpidis, basi subflavescente.

Long. 3 lignes 1/2.

Femelle : Frontaux brun-fauve ; base des Antennes fauve ; côtés du Front et de la Face gris-flavescent ; Palpes et Pattes noirs. Corselet bleu de pruneau, avec des villosités subflavescentes et moins épaisses que sur le *Poll. rudis*. Abdomen bleu de pruneau avec des reflets cendrés. Balanciers jaunâtres :

Cuillerons albides ; Ailes assez claires, un peu flavescentes à la base.

Nous ne connaissons que la Femelle de cette espèce voisine du *Poll. rudis*.

1968. — N° 26. Pollenia buccalis, R.-D. *Sp. ined.*

♂. Antennæ nigræ, basi vix fulvescente; Facialibus, Medianeis, Peristomate fulvis; Palpis, Pedibus nigris. Thorax niger, villis flavescentibus. Abdomen cæsium, nitidum, tessellis cinereo subgriseis. Halteribus ferrugineis : Calyptis, Alisque fuligine lavatis.

Long. 3 lignes.

Male : Antennes noires, à peine un peu de fauve à leur base; Frontaux bruns ; côtés du Front et de la Face brun, obscurément jaunâtre; Faciaux, Médians et Péristôme fauves; Palpes et Pattes noirs; Barbe flavescente. Corselet noir de pruneau, avec des poils flavescents. Abdomen bleu de pruneau luisant, avec des reflets cendré-grisâtre. Balanciers ferrugineux : Cuillerons et Ailes lavés de fuligineux.

Nous ne connaissons que le Mâle de cette espèce.

1969. — N° 27. Pollenia vespillo, Fabr.

Musca vespillo :	Fabr.-*Ent. Syst.* IV, 318, 26, et *Syst. Antl.*, 292, 39.
— —	Meig.-*Dipt.* V, 65, 27, VI, 374.
— —	Fall.-*Act. holm.*, 1816, 247, 23, et *Musc.*, 47, 23.
— —	Zetterst.-*Ins. Lapp.*, 658, 20.
— —	Walk.-*British Mus. Ins.*, 907.
Pollenia vespillo :	Macq.-*Buff.* II, 270, 6.
Sarcophaga vespillo :	Zetterst.-*Dipt. Skand.* IV, 1307, 28.

Musca sepulcralis : Meig.-*Dipt.* v, 71, 34 ; VII, 300, 10.
Volucella corvina : Schrank.-*Faun. Boïc.* III, 2496.
Pollenia pubescens : Rob. Desv.-*Myod.*, 416, 11.

♂. Tota atra, nitens ; Antennarum basi fulva ; Barba subaurea ; Palpis, Pedibus nigris. Thorax pube densiore, subaurea. Abdomen glabrum. Alæ fuligine lavatæ.

♀. Similis ; Thorax minus villosus, Medianeis fulvis.

Long. 4-5 lignes.

Male : Tout le Corps noir-jais ; Frontaux bruns ; base des Antennes fauve ; côtés du Front et de la Face brun obscurément jaunâtre ; Médians rougeâtres ; Palpes et Pattes noirs ; Barbe flavicante ; poils de derrière la Tête noirs. Balanciers rougeâtres : Cuillerons blanc-fuligineux ; Ailes lavées de fuligineux.

Femelle : Semblable ; Corselet moins velu ; Médians fauves.

Cette espèce n'est pas rare en Eté.

1970. — N° 28. Pollenia tomentosa, R.-D.

Pollenia tomentosa : Rob. Desv.-*Myod.*, 416, 12.

♂. Nigra ; Antennis absolute nigris ; Fronte, Palpis, Pedibus nigris ; Medianeis subfulvis ; Frontis et Faciei lateribus nigro-subgriseis. Thorax villis cinereis. Abdomen tessellis cinereis. Calyptis fuscis ; Alis fuligine lavatis.

♀. Similis ; Antennarum basi obscure fulvescente. Calyptis Alisque paulo limpidioribus.

Long. 6-7 lignes.

Male : Antennes entièrement noires ; Frontaux, Palpes et Pattes noirs ; côtés du Front et de la Face noir-grisâtre ; Médians rougeâtres ; Barbe d'un gris-flavescent. Corselet noir, avec des villosités cendrées. Abdomen noir, obscurément verdâtre, avec des reflets cendrés. Cuillerons bruns; Ailes lavées de fuligineux.

Femelle : Semblable; un peu de fauve-obscur à la base des Antennes. Cuillerons et Ailes un peu plus clairs.

On trouve cette espèce à la fin de l'Automne et à l'ouverture du Printemps.

1971. — N° 29. Pollenia oralis, R.-D. *Sp. ined.*

♂. Antennæ basi plus minusve fulva; Peristomate fulvescente; Palpis, Pedibus nigris. Thorax cæsius, subcinereus, villis lateralibus parum densis, flavescentibus. Abdomen subviridescens, tessellis cinereis. Halteribus, Calyptis, Alisque fuligine lavatis.

Long. 4 lignes.

Male : Antennes plus ou moins fauves à la base; Frontaux bruns; côtés du Front et de la Face gris-flavescent; pourtour de la Bouche un peu ferrugineux; Barbe flavicante; Palpes et Pattes noirs. Corselet noir, légèrement saupoudré de cendré glabre sur le dos, avec des poils latéraux peu nombreux et flavescents. Abdomen légèrement verdâtre et garni de reflets cendrés. Balanciers, Cuillerons et Ailes lavés de fuligineux.

On trouve cette espèce sur les fleurs des prés.

1972. — N° 30. Pollenia pilosula, R.-D. *Sp. ined.*

♂. Tota atra, nitida; Antennarum basi fulvo-fusca aut fulvescente; Palpis nigris. Thorax villis rarioribus, flavescentibus. Alis sub limpidis, basi flavescente.

♀. Similis; paulo minor, Antennæ basi fulva; Barba flavicante. Thorax villis paulo densioribus. Calyptis, Alisque fuligine magis lavatis.

Long. 3 lignes.

Femelle : Tout le Corps noir-jais luisant; côtés de la Face et du Front noir-grisâtre; un peu de fauve à la base des Antennes; Palpes et Pattes noirs. Des poils roussâtres et peu nombreux sur le Corselet. Balanciers jaune-brun : Cuillerons blanc-jaunâtre; Ailes flavescentes à la base.

Male : Semblable; un peu plus petite; Barbe roussâtre ; base des Antennes fauve. Poils un peu plus nombreux sur le Corselet. Cuillerons et Ailes un peu plus fuligineux.

On trouve cette espèce sur les fleurs des Ombellifères ; elle est intermédiaire au *Poll. micans* et au *Poll. atrata.*

1973. — N° 31. Pollenia coffeana, R.-D. *Sp. ined.*

♂. Affinis Poll. vespilloni ; Palpi nigri; Antennæ basi fulva. Thorax dorso nudo, villis lateralibus, Barbaque coffeanis.

Long. 5 lignes.

Male : Tout-à-fait semblable au *Poll. vespillo;* mais le dos du Corselet glabre ; ses côtés ont des poils roux-brun ou couleur de café; Barbe couleur de café; Palpes noirs; base des Antennes fauve. Cuillerons et Ailes lavés de flavescent.

Nous ne connaissons que le Mâle de cette espèce.

1974. — N° 32. Pollenia violacina, R.-D. *Sp. ined.*

♂. Antennæ basi fulva ; Palpis, Pedibus nigris. Thorax cæsius, villis subflavescentibus. Abdomen obscure viridescens, tessellis cinereis et tessellis violacinis in dorso ultimorum segmentorum. Alis flavescente lavatis.

Long. 4 lignes.

Male : Base des Antennes fauve; Palpes et Pattes noirs; côtés du Front et de la Face brun-cendré; Barbe flavicante;

Médians fauves. Corselet bleu de pruneau, avec des villosités flavescentes. Abdomen légèrement verdâtre, avec des reflets cendrés ; on voit briller des reflets violacés sur le dos des derniers segments. Balanciers jaunes : Cuillerons et Ailes lavés de flavescent.

Nous ne connaissons qu'un Mâle de cette espèce prise en Eté.

1975. = N° 33. POLLENIA CONTEMPTA, R.-D. *Sp. ined.*

♀. Nigra, subcinerascente; Antennæ basi rufa; Palpi nigri; Frontis lateribus subgriseis. Abdomen dorso nigro aut viridescente, tessellis cinereis. Alæ sordidiusculæ.

♂. Similis ; minor; Calyptis obscurioribus.

Long. ♂ 3 lignes; ♀ 4 lignes.

FEMELLE : Frontaux brun-rougeâtre; Antennes fauves à la base, avec le dernier article brun ; côtés du Front brun-cendré ou cendré-grisâtre ; Face brun-cendré ou grisâtre, avec les Médians rougeâtres; Palpes noirs. Corselet noir, légèrement saupoudré de cendré, avec des poils latéraux cendrés ou gris-soyeux. Abdomen noir ou verdoyant sur le dos, avec des reflets cendrés. Pattes noires. Balanciers couleur de rouille : Cuillerons d'un blanc-obscur ; Ailes lavées de fuligineux, avec les nervures brunes.

MALE : Semblable ; plus petit ; Cuillerons plus obscurs.

Nous avons pris cette espèce dès le mois de Février dans les environs de NICE.

1976. = N° 34. ✶ POLLENIA SUBMETALLICA, R.-D. *Sp. ined.*

♂. Frontalibus, Palpis, Pedibus nigris; Frontis lateribus et Facie fusco-griseis ; Medianeis subrubris. Thorax nigricans, villis aureis. Abdomen submetallice cupræum, tessellis cinereis. Alæ levi flavedine lavatæ.

Long. 3 lignes.

MALE : Frontaux, Palpes et Pattes noirs; côtés du Front et Face d'un gris-soyeux, avec les Médians rougeâtres ; Antennes fauves, avec le troisième article un peu plus obscur; poils de la Barbe dorés. Corselet noirâtre, saupoudré et rayé de cendré-brun, avec les poils dorés. Abdomen brun-verdâtre ou un peu bronzé, avec les reflets cendrés. Balanciers couleur de rouille : Cuillerons blanc jaunâtre; Ailes légèrement lavées d'une teinte obscure surtout à la base, avec les nervures couleur de rouille obscure.

Nous avons pris cette espèce sur les bords du Var, au mois de Mars.

361. — XXII. Genre CÉPHYSE.
XXII. *Genus CEPHYSA*, R.-D.

Caractères des Pollénies; la nervure γ C de l'Aile non cintrée, mais presque droite.

Gen. Polleniæ characteres; nervo Cellulæ γ C non arcuato, fere recto.

Le caractère de l'Aile, tel que nous venons de l'indiquer, nous a paru constant et nous a engagé à former ce sous-genre quoique nous n'ayons encore qu'une espèce à y mettre.

1977. — N° 1. Cephysa muscidea, R.-D. *Sp. ined.*

♀. Parva; Frontalibus subfulvis; Antennarum basi Medianeisque fulvis; Palpis, Pedibus nigris. Thorax niger, nonnullis villis griseo-flavescentibus. Abdomen nigro-cœsium, tessellis obscure cinereis. Calyptis, Alisque limpide hyalinis.

Long. 2 lignes 1/2.

Femelle : Frontaux brun-fauve; Antennes fauves à la base; Médians fauves; côtés du Front et de la Face brun-grisâtre; Palpes et Pattes noirs. Corselet noir, avec quelques poils gris-flavescent. Abdomen noir de pruneau, avec des reflets cendré-obscur. Balanciers couleur de rouille et Ailes claires.

Nous ne connaissons que la Femelle de cette espèce qui n'est pas le *Pollenia recta* de M. Macquart (n° 8).

362. — XXIII. Genre ORIZIE.
XXIII. *Genus ORIZIA*, R.-D.

Caractères des POLLÉNIES ; nervure transversale de la Cellule γ C cintrée et réunie à la nervure longitudinale sur le bord de l'Aile, en sorte que cette même Cellule γ C n'est pas ouverte.

Gen. POLLENIÆ characteres ; nervo transverso Cellulæ γ C arcuato nervoque longitudinali diffuso in Alarum parte terminali.

1978. — N° 1. ORIZIA CONJUNCTA, R.-D. *Sp. ined.*

♂. Nigra ; Antennæ basi fulva ; Frontalibus, Palpis, Antennis nigris ; Barba flavescente. Thorax niger, villis flavescentibus. Abdomen dorso viridescente, tessellis cinereo-subflavescentibus. Halteribus ærugi-nosis : Calyptis infuscatis ; Alis fuligine lavatis.

Long. 2-2 lignes 1/2.

MALE : Base des Antennes fauve ; Frontaux, Palpes et Pattes noirs ; côtés du Front et de la Face brun-gris ; Médians rougeâtres ; Barbe flavescente. Corselet bleu de pruneau, avec quelques poils flavescents. Abdomen verdâtre, avec des reflets cendré un peu flavescent. Balanciers couleur de rouille : Cuillerons bruns ; Ailes lavées de fuligineux.

Nous ne connaissons que le Mâle de cette espèce.

1979. — N° 2. ORIZIA CÆSIA, R.-D. *Sp. ined.*

♂. Nigra, nitida ; Antennarum basi fulva ; Frontalibus, Palpis, Pedibus nigris. Thorax lateralibus flocculis flavescentibus. Abdomen tessellis cinereis. Calyptis, Alisque fuliginosis.

Long. 2 lignes 1/2.

Male : Base des Antennes fauve; Frontaux, Palpes et Pattes noirs; côtés du Front noirs; côtés de la Face gris; Médians fauves. Corps noir-luisant, avec des poils roux-flavescent sur les côtés du Corselet et des reflets cendrés sur l'Abdomen. Cuillerons et Ailes fuligineux.

Nous ne connaissons que le Mâle de cette espèce.

1980. — N° 3. Orizia rubricornis, R.-D. *Sp. ined.*

♀. Antennis, Medianeis fulvis; Frontalibus, Palpis, Pedibus nigris. Thorax cæsius, cinereo vittatus et irroratus, nonnullis villis cinereis. Abdomen dorso viridescente, tessellis cinereis. Halteribus, Calyptis, Alisque fuligine lavatis.

Long. 2 lignes 2/3.

Femelle : Frontaux, Palpes et Pattes noirs; Antennes et Médians fauves; côtés du Front et de la Face brun-cendré. Corselet bleu de pruneau, rayé et saupoudré de cendré, avec des villosités cendrées. Abdomen verdâtre sur le dos, avec des reflets cendrés. Balanciers, Cuillerons et Ailes lavés de fuligineux.

Nous ne connaissons que la Femelle de cette espèce.

1981. — N° 4. Orizia rufella, R.-D. *Sp. ined.*

♀. Simillima Or. rubricorni; Thorax villis flavo-rufescentibus. Abdomen dorso viridescente, tessellis cinereo-griseis.

Long. 2 lignes.

Femelle : Tout-à-fait semblable à l'*Or. rubricornis;* mais les poils du Corselet sont jaune-roux. Le dos de l'Abdomen est verdâtre, avec les reflets cendré-gris. Les Antennes sont en partie fauves.

Nous ne connaissons que les Femelles de cette espèce.

1982. — N° 5. ORIZIA ARVORUM, R.-D. *Sp. ined.*

♀. Frontalibus, Palpis, Pedibus nigris; Antennæ basi fulva. Thorax cæsius, villis flavescentibus. Abdomen cæsium, non viridescens, tessellis subcinereis. Halteribus ferrugineis : Calyptis, Alisque fuligine lavatis.

Long. 2 lignes 2/3.

FEMELLE : Frontaux, Palpes et Pattes noirs; base des Antennes fauve; côtés du Front et de la Face gris-flavescent. Corselet bleu de pruneau, avec des poils flavescents. Abdomen bleu de pruneau non verdâtre, avec des reflets cendrés. Balanciers couleur de rouille : Cuillerons et Ailes lavés de fuligineux.

Nous ne connaissons que la Femelle de cette espèce.

1983. — N° 6. ORIZIA GAGATEA, R.-D. *Sp. ined.*

♀. Tota gagatea, nitida; Frontalibus, Antennarum basi obscure fulvis. Thorax villis subflavis. Calyptis albis; Alis limpidis.

Long. 2 lignes.

FEMELLE : Tout le Corps d'un beau noir-jais luisant, avec des poils fauves sur le Corselet. Frontaux et base des Antennes d'un brun obscurément fauve; Face d'un brun-cendré. Pattes noires. Cuillerons blancs ; Ailes claires.

Nous ne connaissons que la Femelle de cette jolie petite espèce prise en Eté.

363. — XXIV. Genre NITELLIE.
XXIV. *Genus NITELLIA*, R.-D.

Musca : Fabr.-Meig.
Nitellia : Rob. Desv.
Pollenia : Macq.

Caractères du genre POLLÉNIE ; la nervure transversale de la Cellule γ C de l'Aile réunie à la nervure longitudinale, et cette Cellule un peu pétiolée.

POLLENIARUM characteres; nervus transversus Cellulæ γ C Alarum cum nervo longitudinali mixtus eademque Cellula apice breviter petiolata.

La Cellule γ C de l'Aile pétiolée à son sommet offre un caractère que nous devons nous empresser de saisir ; autrement nous rentrerions tout-à-fait parmi les POLLÉNIES.

Outre celles que nous signalons aujourd'hui, les auteurs ont décrit plusieurs espèces que nous n'avons pas encore eu le bonheur de rencontrer sous le climat de Paris.

1984. — N° 1. NITELLIA RUFICORNIS, Macq.

Nitellia vespillo : Rob. Desv.-*Myod.*, 417, 1.
Pollenia ruficornis : Macq.-*Buff.* II, 272, 14.

♀. Tota nigra, nitida ; Antennæ basi fulva, ultimo articulo fulvo, subfulvo, fulvo-fusco ; Medianeis fulvis ; Frontis et Faciei lateribus grisescentibus ; Barba rufescente ; Palpis fuscis aut fulvis aut apice solo fulvo. Thorax villis rarioribus, flavescentibus. Abdomen interdum subolivaceum, tomento tenuiori subfusco, lineaque dorsali fusca parum distincta. Pedibus nigris. Halteribus æruginosis : Calyptis, Alisque fuligine lavatis.

♂. Similis ; paulo minor ; Thorax villis densioribus.

Long. 5 lignes.

FEMELLE : Corps noir, luisant et assez lisse ; Frontaux bruns ; base des Antennes fauve ; le troisième article ou fauve ou fauve-brun ; Médians fauves ; côtés du Front et de la Face brun-grisâtre ; Palpes bruns, ou fauves, ou fauves seulement au sommet ; Barbe rousse. Quelques poils jaune-roux sur le Corselet. Un duvet très-court et brunâtre sur l'Abdomen qui parfois est un peu olivâtre, avec une ligne dorsale brune peu apparente. Pattes noires. Balanciers couleur de rouille : Cuillerons et Ailes lavées de fuligineux.

MALE : Semblable; poils ordinairement plus épais sur le Corselet.

On trouve cette espèce sur les fleurs d'Eté et dans les localités fraîches et ombragées.

1985. — N° 2. NITELLIA VIRESCENS, Macq.

Pollenia virescens : Macq.-*Buff.* II, 271, 12.

♀. Antennæ basi fulva ; Frontalibus, Palpis, Pedibus nigris ; Facie nigro-griscescente. Thorax nigro-virescens, villis flavescentibus. Abdomen nigro-viridescens, tessellis minimis, cinerascentibus, lineaque dorsali fusca. Calyptis Alisque fuligine lavatis.

Long. 5 lignes.

FEMELLE : Base des Antennes fauve ; Frontaux, Palpes et Pattes noirs ; côtés du Front noirs ; côtés de la Face brun-gris ; Médians fauves ; Barbe flavicante. Corselet noir-verdâtre, avec des poils roussâtres. Abdomen noir-verdâtre, à légers reflets blanchâtres, avec une ligne dorsale noirâtre. Balanciers ferrugineux : Cuillerons et Ailes lavés de fuligineux.

Nous ne connaissons que la Femelle de cette espèce dont M. Macquart a décrit le Mâle qui lui avait été envoyé de Suisse.

1986. — N° 3. NITELLIA NANA, R.-D.

Nitellia nana : Rob. Desv.-*Myod.*, 418, 2.

N'ayant plus cette espèce sous les yeux, nous copions notre ancien texte.

« Nigro-nitens, subvillosa; Antennis fulvis. Abdomine cinereo « tessellato. »

« Long. 1 ligne 2/3.

« Corps d'un noir-luisant, avec quelques villosités; Face « brune; Médians et Antennes fauves. Abdomen à reflets « cendrés. Pattes noires. Ailes claires. »

J'ai pris cette petite espèce à Paris sur l'écorce d'un arbre.

1987. — N° 4. Nitellia tessellata, R.-D. *Sp. ined.*

♀. Antennarum basi Medlancisque fulvis; Frontalibus, Palpis, Pedibus nigris. Thorax niger, cinereo lineatus et irroratus, villis nonnullis flavescentibus. Abdomen viridescens, tessellis cinereis. Calyptis, Alisque fuligine lavatis.

Long. 2 lignes 1/2.

Femelle : Base des Antennes et Médians fauves; Frontaux Palpes et Pattes noirs; côtés du Front et de la Face gris-flavescent. Corselet noir, rayé et arrosé de cendré, avec quelques poils flavescents. Abdomen noir, un peu verdâtre, avec des reflets cendrés. Balanciers ferrugineux : Cuillerons et Ailes lavés de flavescent.

Nous ne connaissons que la Femelle de cette espèce.

1988. = N° 5. ✱ Nitellia fontinalis, R,-D. *Sp. ined.*

♀. Nigra, subcinerea; Antennæ basi rufa. Alæ subflavescentes.

Long. 2 lignes.

Femelle : Côtés du Front et Face brun-cendré; Médians fauves; Frontaux noirs; base des Antennes fauve; le dernier article noir; Palpes et Pattes noirs. Corselet noir et légèrement saupoudré de cendré. Abdomen noir, avec un léger duvet cendré. Balanciers jaunâtres : Cuillerons blanc-jaunâtre; Ailes ayant une légère teinte flavescente.

Nous ne possédons que la Femelle de cette espèce prise au mois de Février, à la grotte Saint-André, auprès de Nice.

Curie F : MUSCIDES ROSTRÉES. *MUSCIDÆ ROSTRATÆ.*

Muscidæ rostratæ : Rob. Desv.-*Myod.*, p. 419.

Antennes courtes, ne descendant qu'au milieu de la Face; Chète plumosule et même tomenteux; Péristome allongé; Epistome saillant, rostriforme.

Cellule γ C des Ailes presque apicale, à nervure transversale droite.

Corps cylindriforme.

Antennæ abbreviatæ, solum in mediam Faciem porrectæ; Chetum vix plumosum, interdum tomentosum; Peristoma elongatum, Epistomate rostriformi, prominulo.

Cellula γ C Alarum fere apicalis, nervo transverso recto.

Corpus cylindriforme.

Les genres de cette section, que nous avons établie en 1830, se trouvent principalement dans les contrées tropicales. Ils correspondent à nos Pollénies; mais ils en diffèrent par des caractères trop tranchés pour qu'il soit nécessaire d'insister davantage.

Un seul genre, le genre Idia, possède des représentants en Europe, encore ne s'agit-il que d'une espèce méridionale qui toutefois a été signalée plusieurs fois à Paris.

Nous n'avons donc point à nous occuper ici des autres branches de cette section.

464. — XXV. Genre IDIE.
XXV. *Genus IDIA*, Meig.

Idia : Meig.-Rob. Desv.-Macq.-Rond.

Antennes ne descendant pas jusqu'à l'Epistôme; le troisième article cylindrique, double du deuxième; Chète plumeux sur le dos seulement; Face triangulaire; **Péristome** allongé, avec l'Epistome rostriforme; Palpes dilatés au sommet.

Corps oblong. Une épine et souvent une houppe de poils au bas des Tibias; la nervure transversale de la Cellule γ C des Ailes est droite; la Cellule s'ouvre presque au sommet de l'Aile.

Antennæ non usque ad Epistoma porrectæ; secundo articulo cylindrico, longiore; Chetum solum dorso plumosum ; Facies triangularis; Peristoma elongatum ; Epistomate rostriformi; Palpis apice dilatatis.

Corpus oblongum; spinula seu villorum fasciculus ad Tibiarum apicem ; nervus transversus Cellulæ γ C rectus et Cellula fere in ipso apice Alæ aperta.

Les caractères de ce genre sont trop remarquables pour qu'il soit nécessaire d'insister.

Ces insectes, dont une seule espèce connue vit en Europe, paraissent préférer les climats les plus chauds.

1989. — N° 1. Idia fasciata, Meig.

Idia fasciata : Meig.-*Dipt.* v, 9, 1, pl. 42, fig. 14-17.
— — Rob. Desv.-*Myod.*, 422, 6.
— — Macq.-*Buff.* II, 246, 1.
— — Walk.-*British Mus. Ins.*, 807.

♂ et ♀. Statura Muscæ domesticæ; Antennæ fuscæ. Thorax bruneoviridescens, cinereo vittatus infraque cinereus. Abdomen fusco-virens, lateribus roseo-cinereo tessellantibus. Tibiis ferrugineis. Alis limpidis.

Long. 3 lignes 1/2.

MALE et FEMELLE : Port et taille de la Mouche domestique ; Frontaux et Antennes noirs ; côtés du Front et Face d'un noir un peu blanchâtre. Corselet d'un brun-verdoyant, rayé de cendré-obscur ; il est cendré en dessous. Abdomen d'un noir verdoyant, avec les côtés des trois premiers segments à reflets d'un cendré-rosé. Pattes noires, à Tibias rougeâtres. Cuillerons blancs ; Ailes claires.

Cette espèce, plus commune dans le midi de la France, a été signalée plusieurs fois à Paris.

Curie G : MUSCIDES CÉRULÉES.
MUSCIDÆ CÆRULEÆ.

Muscidæ cœruleæ : Rob. Desv.-*Myod.*, p. 429.

ANTENNES descendant ordinairement jusqu'à l'Epistôme ; les deux premiers articles courts ; CHÈTE ordinairement plumeux ; FRONT étroit sur les Mâles et large sur les Femelles ; PÉRISTOME plus long que large, avec l'EPISTOME toujours plus ou moins saillant.

ABDOMEN hémisphérique ; TEINTES noirâtres, azurées ou d'un testacé-pâle.

La CELLULE γ C ouverte avant le sommet de l'Aile, avec sa nervure transverse arquée, mais droite sur les MÉLINDES.

ANTENNÆ sæpius ad Epistoma porrectæ, primis duobus articulis brevioribus ; CHETUM solito plumosum ; FRONS ad ♂ angustata, ad ♀ latior ; PERISTOMA longius quam latius, EPISTOMATE semper plus minusve prominulo.

ABDOMEN hæmisphericum; COLORES nigricantes, azurei, seu testaceo-palliduli.

CELLULA γ C ante apicem Alarum aperta, nervo transverso arcuato sed recto ad MELINDAS.

Le Péristome plus long que large, avec l'Epistôme toujours un peu saillant distingue nettement cette section de celle des Muscides métalliques, quoique ces deux sections aient entre elles la plus grande analogie. Les Muscides cérulées ont encore des teintes plus bleues, plus azurées ; mais ce caractère n'est pas constant, et d'ailleurs on le retrouve sur les PHORMIES qui ont l'Epistôme sans saillie.

Ce sont surtout les espèces de cette section de Muscides qui sont chargées de décomposer et de détruire CE QUI A EU VIE. Elles s'attachent aux substances du règne végétal comme à celles du règne animal. On les rencontre partout sur les plantes qui vivent et qui se décomposent à la surface de l'eau aussi bien que sur tout animal qui a subi l'épreuve de la mort.

On peut dire que le *Calliphora vomitoria* est l'ennemi de toute organisation. Je l'ai vu éclore du cadavre de l'homme et des principaux animaux, du cadavre des poissons, de celui des oiseaux, de celui des serpents, des grenouilles et des lézards. Je l'ai vu éclore de larves déjà attaquées des Coléoptères et des Lépidoptères. Il dépose ses œufs sur tous les corps jetés sur les rivages. Je l'ai vu enfin déposer ses œufs sur les tiges cariées du NYMPHÆA, du TRAPA et sur les plaies des arbres.

Ses larves vivent dans les excréments des animaux, dans les fumiers, dans les fruits gâtés, dans le pain moisi, dans les champignons en déliquescence.

Il abonde pendant tout le cours de l'année; on peut le regarder comme l'animal le plus essentiellement destructeur de la Nature, qui compense sa faiblesse personnelle par le nombre de ses individus et par leur prompte reproduction. On l'a trouvé, plus ou moins modifié, sur tous les points du globe. Il a été signalé dès la plus haute antiquité; et, dans son Iliade, Homère nous le dépeint occupé à souiller les cadavres des héros pendant le bruit et la fureur des combats.

Cet insecte servit à Francesco Redi pour prouver que les mouches ne s'engendrent point par la corruption et qu'au contraire elles la font naître, l'activent et l'augmentent. Il servit aux expériences de Réaumur, de Rœsel et de presque tous les naturalistes qui voulurent étudier et confirmer ce fait si important.

Il est en particulier l'ennemi de l'homme dont il salit et gâte les provisions de boucherie; il y dépose des milliers d'œufs que les cuisinières désignent sous le nom d'anis.

XXVI. G. MUFETIA..	Chète villeux; Faciaux non ciligères. Abdomen hémisphérique. Nervure transversale de la Cellule γ C arquée.
XXVII. G. CALLIPHORA	Chète plumeux; Faciaux ciligères. Abdomen hémisphérique. Nervure transversale de la Cellule γ C arquée.
XXVIII. G. MELINDA..	Car. des Calliphores; Chète moins plumeux. Abdomen moins arrondi. Nervure transverse de la Cellule γ C des Ailes tout-à-fait droite.

365. — XXVI. Genre MOUFÉTIE.
XXVI. *Genus MUFETIA*, R.-D.

Mufetia : Rob. Desv.-*Myod.*, p. 431.
Calliphora : Macq.-*Buff.* II, p. 262.

Antennes descendant jusqu'à l'Epistôme; les deux premiers articles courts; le troisième cylindrique; Chète villeux; Faciaux non ciligères; Epistome assez saillant.

Cellule γ C ouverte avant le sommet de l'Aile, avec sa nervure transverse arquée.

Teintes brunes et cendrées.

Antennæ ad Epistoma porrectæ, primis duobus articulis brevibus, tertio longiore, cylindrico; Chetum villosum; Facialia non ciligera; Epistoma sat prominulum.

Cellula γ C ante Alæ apicem aperta, nervo transverso arcuato.

Colores brunei et cinerei.

Les caractères de l'Epistôme, des articles antennaires, ainsi que les mœurs, rapprochent singulièrement ce genre de celui des Calliphores, quoique le Chète, seulement villeux, et les teintes du Corps qui sont d'un brun mélangé de cendré, tendent à l'en éloigner; mais il est impossible de lui assigner une autre place.

1990. — N° 1. Mufetia autissiodorensis, R.-D.

Mufetia autissiodorensis : Rob. Desv.-*Myod.*, 431, 1.
Calliphora autissiodorensis : Macq.-*Buff.* II, 262, 1.

♂ et ♀. Bruneo et cinereo mixta et vittata, Facie argentea; Palpis pallidis; Antennis Pedibusque nigris. Calyptis albis; Alis claris, basi nigriuscula.

Long. 5-6 lignes.

Male et Femelle : Frontaux, Antennes et Pattes noirs; côtés du Front, Face argentés; Palpes d'un jaune-pâle. Corselet rayé de noir et de cendré. Abdomen nuancé de reflets noirs et de reflets cendrés. Cuillerons très-blancs; Ailes claires, à base un peu sale.

J'ai trouvé plusieurs individus de cette espèce, en 1828, sur les liquides qui découlaient de *saules* cariés, dans une vallée des vignobles d'Auxerre (*Autissiodorum ad Icaunam*).

Je n'ai jamais eu occasion de la rencontrer depuis lors.

366. — XXVII. Genre CALLIPHORE.
XXVII. *Genus CALLIPHORA*, R.-D.

Musca : Linn.-Latr.-Meig.-Fall.
Calliphora : Rob. Desv.-Macq.
Mya : Rond.

Antennes descendant presque jusqu'à l'Epistôme; le troisième article triple du second, prismatique, un peu épais, un peu mou; Chète plumeux, à premiers articles distincts; Front étroit sur les Mâles, large sur les Femelles; Faciaux ciligères; Péristome plus long que large, à Epistome saillant. Abdomen hémisphérique.

Cellule 7 C ouverte avant le sommet de l'Aile, avec sa nervure transverse arquée.

Teintes noirâtres, azurées ou d'un testacé-pâle.

Antennæ fere ad Epistoma porrectæ; ultimus articulus secundo trilongior, prismaticus, crassiusculus, submollis; Cheium plumatum, primis articulis manifestis; Frons ad ♂ angustata, ad ♀ latior; Facialibus ciligeris; Peristoma elongatum, Epistomate prominulo. Abdomen hemisphæricum.

Cellula 7 C ante Alarum apicem aperta, nervo transverso interne arcuato.

Colores cæsii, azurei, testaceo-pallidi.

Ce genre a pour type le *Musca vomitoria*, Linn., vulgairement connu sous le nom de *Grosse mouche de la viande*.

Les insectes qui le composent sont avides de toute substance animale ou végétale morte et qui contient des liquides de facile décomposition ; aussi la nature les a-t-elle placés en tous lieux et en tous pays.

J'ai déjà fait remarquer qu'ils ont le troisième article antennaire plus mou, plus délicat que la plupart des autres Myodaires.

Le *Calliphora vomitoria* se trouve répandu sur presque tout l'ancien continent. Il y offre des variétés distinctes qu'il faut bien se garder de confondre avec plusieurs espèces réelles. En général ces insectes offrent chez nous des teintes noirâtres, avec le bleu azuré, nuancé de cendré. Les espèces qui vivent auprès de l'eau sont un peu plus pâles.

Nous rappellerons ici que l'Amérique méridionale nous montre ces mêmes insectes riches de bleu azuré, de bleu hyacinthe, de bleu d'émeraude ; mais les îles situées entre l'Afrique et l'Amérique et les îles de l'Océanie en possèdent des espèces à teintes plus ternes et presque entièrement pâles, ce qui me porterait à penser que ces espèces vivent sur le bord de la mer.

1991. — N° 1. CALLIPHORA FULVIBARBIS, R.-D.

Calliphora fulvibarbis : Rob. Desv.-*Myod.*, 434, 1.
— — Macq.-*Buff.* II, 262, 3.
Musca vomitoria : Fall.-*Musc.*, 47, 22.
— — Meig.-*Dipt.* v, 60, 21.
— — Walk.-*British Mus. Ins.* IV, 892.

♂ et ♀. Cæsia, nitens ; Antennis basi, Facialibus, Epistomate fulvis ; Frontalibus nigris ; Frontis lateribus nigris, tessellis cinereis ; Facie nigra aut nigricante ; Barba densiore, fulva. Abdomine cæruleo. Pedes et Calypta nigra ; Alæ sublimpidæ, basi infuscata.

Long. 6-8 lignes.

Femelle : Base des Antennes fauve, avec un peu de brun ; le troisième article brun, avec la base fauve ; Chète noir ; Frontaux noirs quoique un peu rougeâtres en devant ; côtés du Front noirs, avec des reflets cendrés ; Fossettes antennaires brunes ; Faciaux et Epistôme fauves ; côtés de la Face noirs ou noirâtres ; Palpes fauves ; Barbe épaisse et fauve. Corselet noir de pruneau, très-légèrement rayé et saupoudré de cendré. Abdomen d'un beau bleu azuré, avec le premier segment noir. Pattes noires. Balanciers bruns : Cuillerons noirs ; Ailes assez claires, avec la base noirâtre.

Male : Tout-à-fait semblable ; un peu plus petit.

On trouve cette espèce sur la fin de l'Eté et en Automne dans le voisinage de l'eau ; elle n'est pas commune. C'est à tort que Meigen en a fait le *Musca vomitoria* de Linné. Jamais elle n'entre dans nos appartements.

1992. — N° 2. Calliphora brunibarbis, R.-D.

Calliphora brunibarbis : Rob. Desv.-*Myod.*, 434, 2.

♂ et ♀. Omnino priori similis ; at Barba brunea.

Long. 6-8 lignes.

Male et Femelle : Tout-à-fait semblable au *Call. fulvibarbis*, dont elle diffère par sa Face un peu plus fauve et par sa Barbe un peu moins épaisse et brune. Les Ailes sont un peu plus claires à la base.

J'ai trouvé autrefois cette très-rare espèce à Saint-Sauveur.

1993. — N° 3. Calliphora vomitoria, Linn.

La mouche bleue de la viande : Réaum.-*Ins.* iv, pl. 12-24.
Musca vomitoria : Linn.-*Syst. nat.* ii, 989, et *Faun. Suec.*, 1831.

Musca vomitoria :	De Géer-*Ins.* VI, 57, 4.
— —	Rœsel.-*Ins.* II, pl. 9-10.
— —	Geoff.-*Ins.* II, 524, 59.
— —	Schrank.-*Ins. Aust.*, 926.
— —	Har.-*Ex.*, 86, pl. 25, fig. 18.
— —	Panz.-*Faun. Germ.* X, 19.
— —	Zetterst.-*Ins. Lapp.*, 656, 14, et *Dipt. Skand.* IV, 1328, 1.
Musca carnivora :	Fabr.-*Ent. Syst.* IV, 313, 4, et *Syst. Antl.*, 285, 5.
Musca mortuorum :	Fabr.-*Syst. Antl.*, 290, 32.
Volucella vomitoria :	Schrank.-*Faun. Boic.* III, 2488.
Musca erythrocephala :	Meig.-*Dipt.* V, 62, 22 ; VII, 300, 2.
— —	Walk.-*British Mus. Ins.* IV, 893.
Calliphora vomitoria :	Rob. Desv.-*Myod.*, 435, 3.
— —	Macq.-*Buff.* II, 262, 2.

♀. Frontis Facieique lateribus subauratis; Frontalibus fuscis aut fusco-fulvescentibus ; Antennæ nigræ, basi fulvescente; Facialibus et Lateralibus subaureis ; Epistomate, Medianeis, Palpis fulvis. Thorax cæsius, tessellis et vittis subcinereis. Abdomen cæruleum, azureum, tessellis cinereis, primo segmento nigro. Pedibus, Calyptisque nigris ; Alæ limpidæ, basi vix squalida.

♂. Similis ; Faciei lateribus aureis aut subaureis.

Long. 4-6 lignes.

Femelle : Frontaux noirs, ou bruns, ou brun-fauve, ou rougeâtres ; Antennes noires, avec un peu de fauve à la base ; côtés du Front brun-doré, ainsi que ceux de la Face; Latéraux et Faciaux jaunes ou d'un jaune-fauve; Médians, Epistôme et Palpes fauves; Barbe brune ou d'un brun un peu gris. Corselet bleu de pruneau assez luisant, avec des lignes et un duvet légèrement cendré. Abdomen bleu azuré, avec des reflets blancs; le premier segment noir. Pattes noires. Balanciers bruns : Cuillerons noirs, bordés de blanchâtre; Ailes claires, avec la base légèrement sale.

Male : Tout-à-fait semblable; les côtés de la Face dorés ou d'un brun-doré. Abdomen parfois d'un azuré un peu vif.

Cette espèce est très-commune; c'est elle qui a servi aux belles recherches de Réaumur.

1994. — N° 4. Calliphora littoralis, R.-D.

Calliphora littoralis : Rob. Desv.-*Myod.*, 435, 4.

♂ et ♀. Simillima Call. vomitoriæ; Thorax dorso non cinerascente. Abdomine cæruleo-viridescente.

Long. 5-6 lignes.

Male et Femelle : Tout-à-fait semblable au *Call. vomitoria*, mais en différant par sa Face un peu plus fauve, par son Corselet qui n'offre presque pas de cendré sur le dos et par le bleu de son Abdomen qui tend à passer au verdoyant. Ailes un peu plus claires.

On trouve cette espèce au bord des eaux et sur les fleurs aquatiques.

1995. = N° 5. ✱ Calliphora Monspelliaca, R.-D.

Calliphora Monspelliaca : Cob. Desv.-*Myod.*, 436, 9.

♂ et ♀. Facie Palpisque fulvis; Faciei villis fuscis. Thorax cæsius Abdomen cæruleum, tessellis cinereo-albidis. Alæ limpidæ.

Long. 2 1/2-5 lignes.

Male : Frontaux noirs : côtés du Front noirs ou brun-cendré; Face, Epistôme et Palpes fauves, avec du brun-argenté sur les côtés de la Face; poils de la Face noirs; Antennes noires, avec la base du troisième article fauve. Corselet noir de pruneau, saupoudré et rayé de cendré. Abdomen garni de reflets bleu de ciel et de reflets cendré-luisant. Pattes noires. Balanciers et Cuillerons noirâtres; Ailes claires, n'offrant un peu de noirâtre à la base que sur les gros individus.

Femelle : Semblable au Mâle; un peu plus grosse; Frontaux noirs : côtés du Front d'un noir-grisâtre.

Cette espèce, que nous avions trouvée autrefois à Montpellier, abonde à Nice pendant tout le cours de l'année. Elle pond ses œufs sur les excréments et principalement sur ceux de l'homme. Sa taille varie de 2 lignes à 5 lignes. C'est la même espèce, il n'y a pas à en douter. Nous avons pris une Femelle avec la Face noire.

1996. = N° 6. ✱ Calliphora insidiosa, R.-D. *Sp. ined.*

♂. **Frontalibus, Antennis, Palpis nigris. Thorax cæsius. Abdomen cæsio-cærulescens, tessellis cinereis. Alæ limpidæ, basi obscura.**

Long. 5 lignes.

Male : Frontaux, Antennes, Palpes et Pattes noirs; côtés du Front et de la Face d'un brun-argenté; Face brune; derrière de la Tête noir. Corselet noir de pruneau luisant, légèrement saupoudré et rayé de cendré. Abdomen noir-bleuâtre luisant, avec des reflets cendrés. Balanciers d'un blanc-obscur : Cuillerons blancs; Ailes claires, avec la base un peu sale.

Nous avons pris cette espèce à Nice, dès le mois de Mars.

367. — XXVIII. Genre MÉLINDE.
XXVIII. *Genus MELINDA*, R.-D.

Musca : Meig.
Calliphora : Macq.

Caractères des Calliphores; Antennes un peu plus courtes; Epistome encore un peu saillant; Chète un peu moins plumeux. Nervure transverse de la Cellule γ C tout-à-fait droite.

Gen. Calliphoræ characteres; Antennis paulo brevioribus; Cheto paulo minus plumato; EPISTOMATE æque prominulo. CELLULA γ C Alarum nervo transverso recto.

Les espèces de ce genre ont la plus grande analogie avec les CALLIPHORES ; mais, outre que la plupart des caractères sont beaucoup moins prononcés, la nervure transverse de la Cellule γ C des Ailes est toujours tout-à-fait droite.

1997. — N° 1. MELINDA CÆRULEA, R.-D.

Melinda cærulea :	Rob. Desv-*Myod.*, 439, 1.
Musca cærulea :	Meig.-*Dipt.* v, 63, 23.
— *cognata* :	Meig.-*Dipt.* VI, 374 ; VII, 300, 4.
Calliphora cærulea :	Macq.-*Buff.* II; 264, 8.
Sarcophaga cærulea :	Zetterst.-*Dipt. Skand.* IV, 1310, 30.

♂ et ♀. Thorax cæsio-cæruleus, cinereo obscure vittatus. Abdomen cæruleo-viridescens, tessellis cinereis. Calypta alba; Alæ limpidæ.

Long. 3 lignes.

MALE et FEMELLE : Palpes noirs, un peu fauves au sommet; Médians fauves; Antennes et Pattes noires. Corselet d'un bleu de pruneau cérulé, avec des lignes d'un cendré-obscur. Abdomen d'un bleu-verdoyant luisant, avec des reflets cendrés. Cuillerons blancs ; Ailes claires.

Cette espèce est assez commune.

1998. — N° 2. MELINDA ALBICEPS, R.-D.

Melinda albiceps : Rob. Desv.-*Myod.*, 440, 2.

♂ et ♀. Facies argentea. Thorax cæsius, obscure cinereo vittatus. Abdomen cyaneo-ægialeum. Alæ basi sordidiuscula.

Long. 3 lignes.

Male et Femelle : Face argentée; Frontaux rougeâtres à la base ; Antennes et Pattes noires. Corselet bleu de pruneau obscurément rayé de cendré. Abdomen d'un beau bleu vert d'eau. Cuillerons blancs ; Ailes claires, un peu sales à la base.

J'ai trouvé autrefois cette espèce à Saint-Sauveur ; elle paraît très-rare.

1999. — N° 3. Melinda azurea, R.-D.

Melinda azurea : Rob. Desv.-*Myod.*, 440, 4.

♂ et ♀. Cæruleo-micans ; Facies brunea, lateribus argenteis. Thorax obscure cinereo vittatus. Calyptis albis.

Long. 2 lignes 2/3.

Male et Femelle : Corps d'un beau bleu brillant ; Face brune, ayant les côtés argentés ; Antennes et Pattes noires. Corselet obscurément rayé de cendré. Abdomen ayant quelques légers reflets cendrés. Cuillerons blancs ; Ailes claires.

2000. — N° 4. Melinda coelestis, R.-D.

Melinda cœlestis : Rob. Desv.-*Myod.*, 440, 5.

♂ et ♀. Thorax azureo-nitens, cinereo vittatus. Abdomen azureo-nitidus sine tessellis cinereis.

Long. 2 lignes 1/2.

Male et Femelle : Assez semblable au *Mel. azurea ;* Corselet d'un azur brillant, avec des lignes cendrées. Abdomen d'un azur très-brillant, sans aucun reflet cendré. Cuillerons et Ailes clairs.

Cette jolie espèce est très-rare, ainsi que la suivante.

2001. — N° 5. MELINDA SOROR, R.-D.

Melinda soror : Rob. Desv.-*Myod.*, 441, 6.

♂ et . Simillima MEL. AZUREÆ; Thorax minus nitens. Abdomen cyaneo-viridulum.

Long. 2 lignes 2/3.

MALE et FEMELLE : Sémblable au *M. azurea;* Corselet d'un bleu moins luisant. Abdomen d'un bleu verdoyant.

2002. — N° 6. MELINDA GENTILIS, R.-D.

Melinda gentilis : Rob. Desv.-*Myod.*, 441, 7.

♂ et ♀. Omnino similis MEL. AZUREÆ; Calyptis Alisque subfuscis.

Long. 2 lignes 2/3.

MALE et FEMELLE : Tout-à-fait semblable au *Mel. azurea;* on l'en distingue aisément à ses Cuillerons et à ses Ailes un peu lavés de noirâtre.

Nous avons trouvé cette espèce à Paris.

2003. = N° 7. ✱MELINDA PAVIDA, R.-D. *Sp. ined.*

♀. Cærulea aut cyanea; Halteribus obscuris ; Calyptis albis; Alis limpidis, basi infuscata.

Long. 2 1/2-3-3 lignes 1/2.

FEMELLE : Yeux rouges; Frontaux, Antennes, Trompe et Palpes noirs; Face brune, avec les côtés d'un brun-argenté; derrière de la Tête noir, à peine cendré. Corselet d'un beau bleu de pruneau légèrement glacé et rayé de cendré. Abdomen bleu, bleu d'azur, bleu verdoyant, avec de légers reflets cendrés. Pattes noires. Balanciers obscurs : Cuillerons blancs; Ailes claires, avec la base noirâtre et les nervures noires.

On prend cette espèce au mois de Mars, sur les fleurs du BELLIS PERENNIS, dans les prés humides de NICE.

Curie II : MUSCIDES MÉTALLIQUES.
MUSCIDÆ METALLICÆ.

Muscidæ Metallicæ : Rob. Desv.-*Myod.*, p. 441.

Antennes descendant ordinairement jusqu'à l'Epistôme; les deux premiers articles courts; Chète plumeux; Front étroit sur les Mâles, large sur les Femelles; Face plus ou moins oblique; Faciaux nus ou légèrement ciligères; Péristome presque carré; Epistome non tout-à-fait vertical ni tout-à-fait saillant.

La Cellule γ C ouverte un peu avant le sommet ou dans le sommet de l'Aile, avec sa nervure transverse peu concave en dedans et même convexe en dedans sur les Pyrellies.

Corps subarrondi, à teintes métalliques, azurées, vertes, dorées, d'un vert azuré, d'un vert doré.

Antennæ sæpius ad Epistoma porrectæ, primis duobus articulis brevibus: Chetum plumosum; Frons ad ♂ angusta, ad ♀ latior; Facies plus minusve obliqua; Facialibus nudis aut parumper ciligeris; Peristoma fere quadratum; Epistomate non omnino verticali nec omnino proeminente.

Cellula γ C aperta parumper ante Alarum apicem aut in ipso apice, nervo transverso interne vix arcuato et ad Pyrellias externe concavo.

Corpus subrotundatum; Colores metallici, azurei, virides, aurati, viridi-azurei, viridi-cuprei.

Il est certain que les Muscides de cette section sont très-voisines des précédentes, et qu'il devient très-difficile de les distinguer nettement. Nos Muscides métalliques n'ont pas la Face si élevée ; elle est un peu oblique et leur Epistôme n'est pas tout-à-fait droit. Les Muscides métalliques offrent des Ailes dont la nervure transverse de la Cellule γ C tend sans cesse à devenir plus droite et à descendre vers le sommet, elles ont des teintes constamment métalliques, nuancées de vert doré, de vert cuivreux, de vert azuré, de vert-pourpré. Ainsi l'or rutilant, le saphir, l'hyacinthe, l'émeraude forment leur parure ordinaire. On les rencontre sous tous les climats et presque dans toutes les saisons, parce qu'elles ont également la mission d'attaquer et de détruire tout ce qui a joui de la vie. Plus ces insectes s'élèvent sur les collines et sur les montagnes, plus aussi leurs teintes revêtent d'éclat et de splendeur. Par la même raison, les espèces des latitudes équatoriales l'emportent sur celles de nos contrées pour la taille, le brillant et la richesse des couleurs.

Notre travail renferme la plupart des espèces du climat de Paris, car bien peu ont dû échapper à nos investigations. Dans notre travail primitif nous avions décrit un assez bon nombre d'espèces exotiques ; mais que sont ces espèces devant celles que les différentes contrées du globe nous ont envoyées depuis ou qu'elles ne manqueront pas de fournir encore. Nous n'avons point à nous préoccuper dans ce travail de la description des espèces étrangères ; c'est une tâche dont on peut pressentir l'immensité en voyant la variété prodigieuse affectée chez nous par les individus des mêmes genres pour la taille, les couleurs, et surtout d'après le sexe.

XXIX. G. LUCILIA...	Yeux ♂ contigus ; Antennes atteignant l'Epistôme ; Chète très-plumeux ; Tête déprimée, à Face moins développée sur les côtés ; Faciaux garnis de Cils à leur base ; Epistôme légèrement saillant. Corps lisse, métallique, sous-arrondi. Nervure transversale de la Cellule γ C légèrement cintrée, presque droite ou même droite.

XXX. G. PHÆNICIA. .	Car. des LUCILIES ; Yeux ♂ plus écartés; seconde division de la Trompe presque solide. Nervure transversale de la Cellule γ C légèrement cintrée presque droite ou même droite.
XXXI. G. EUPHORIA.	Car. des LUCILIES; Abdomen presque hémisphérique. Nervure transverse de la Cellule γ C arquée à la base et droite dans le reste de son étendue.
XXXII. G. ORTHELLIA.	Car. des EUPHORIES ; nervure transversale de la Cellule γ C de l'Aile complètement droite.
XXXIII. G. PYRELLIA	Car. des LUCILIES ; Antennes un peu plus courtes ; Chète moins plumeux. Cellule γ C ouverte presque dans le sommet de l'Aile, avec la nervure transverse convexe en dehors.
XXXIV. G. PHORMIA.	Antennes ne descendant pas jusqu'à l'Epistôme qui n'est pas saillant. Cellule γ C ouverte avant le sommet de l'Aile, avec sa nervure transverse concave en dehors.

368. — XXIX. Genre LUCILIE.
XXIX. *Genus LUCILIA*, R.-D.

Musca : Linn.-Fabr.-Latr.-Meig.-Fall.-Walk.
Lucilia : Rob. Desv.-Macq.
Mya : Rond.

ANTENNES atteignant ordinairement l'Epistôme ; CHÈTE très plumeux ; YEUX contigus sur les Mâles ; FACE un peu développée sur les côtés; FACIAUX ayant de petits Cils à leur base ; EPISTOME développé, sans saillie.

ABDOMEN lisse, métallique, sous-arrondi.

Nervure transverse de la CELLULE γ C des Ailes à peine

un peu arquée, ou presque droite et même complétement droite.

ANTENNÆ usque ad Epistoma porrectæ; CHETO plumoso; OCULI ad ♂ contigui; FACIES lateribus paulo extensis; FACIALIBUS breviter ciligeris; EPISTOMATE non prominulo.

ABDOMEN læve, metallicum, subrotundatum.

Nervus transversus CELLULÆ γ C parumper arcuatus, fere rectus aut rectus.

TYPUS : *Musca cæsar*, Linn.

Les LUCILIES sont très communes et comprennent un grand nombre d'espèces très-difficiles à distinguer entre elles. La diversité de leurs couleurs métalliques pourrait certainement les faire subdiviser en un grand nombre de sections : afin de ne pas surcharger inutilement la nomenclature, nous les avons partagées en deux groupes principaux :

1° Espèces offrant toujours des reflets pourprés ;

2° Espèces vertes, vert-doré, n'offrant jamais de reflets pourprés.

Les LUCILIES paraissent répandues sur presque tout le globe, mais plus particulièrement en Europe. Elles déposent leurs larves sur toutes les matières végétales ou animales désorganisées.

A. *Espèces offrant toujours des reflets pourprés.*

2004. — N° 1. LUCILIA PYROPUS, R.-D. *Sp. ined.*

♀. Frontalibus nigris : Frontis lateribus albidis; Facie fusca, lateribus albis; lateralibus, margineque exteriori capitis, sericeo-fusco-albidis; Antennis, Chetoque fusco-brunicosis; Epistomate Palpisque testaceis. Thorax viridi-aureus, scintillans, dorso Scutelloque pyropo-rutilantibus. Abdomen primo segmento viridi-fusco-nitido, secundo tertioque viridi-aureis, rutilantibus, dorso pyropo-scintillante; quarto viridi-aureo rutilante, nonnullis tessellis pyropo nitidis. Pedibus nigris. Halteribus flavescentibus : Calyptis albis ; Alis basi sordidis.

Long. 7 lignes.

Femelle : Frontaux noirs : côtés du Front d'un brun-doré en haut et albides en bas ; côtés de la Face blancs ; latéraux et pourtour extérieur de la Tête d'un albide un peu brun ; derrière de la Tête noir ; Antennes et Chète bruns ; Epistôme et Palpes testacés. Corselet vert-doré brillant, avec le dos et l'Ecusson couleur de rubis scintillant. Le premier segment de l'Abdomen vert-brun luisant ; le second et le troisième vert doré rutilant, avec le dos couleur de rubis scintillant ; le quatrième vert-doré rutilant, avec des nuances de rubis. Pattes noires. Balanciers flavescents : Cuillerons blancs ; Ailes sales à la base.

Nous ne possédons que la Femelle de cette belle espèce prise au commencement de Novembre ; sous un certain jeu de lumière, elle brille comme un rubis.

2005. — N° 2. Lucilia inclyta, R.-D. *Sp. ined.*

♂. Viridi-aureo-nitida ; Antennis fusco-subfulvis ; Faciei lateribus, lateralibus, margine exteriori capitis sericeo-albidis ; Frontalibus, Proboscide, Pedibus nigris ; Palpis flavis. Thorax dorso Scutelloque ignito subpurpureis. Abdomen nonnullis tessellis vix purpurescentibus, primo segmento viridi-cærulescente ; reliquorum segmentorum margine postico subtiliter cærulescente. Halteribus subclaris : Calyptorum squama inferiori obscura ; Alis sordidis.

Long. 4 lignes 1/2.

Male : Corps d'un beau vert-doré brillant ; Antennes d'un brun-fauve ; Frontaux, Trompe et Pattes noirs ; côtés de la Face, latéraux, pourtour extérieur de la Tête soyeux-albide ;

Palpes jaunes. Majeure partie du dos du Corselet et de l'Ecusson d'un pourpre enflammé. A peine quelques reflets pourprés sur l'Abdomen dont le premier segment est vert-bleuâtre ; le bord postérieur des segments suivants est finement vert-bleuâtre. Balanciers assez clairs : squame inférieure des Cuillerons plus brune ; Ailes assez sales.

Nous ne possédons que des Mâles de cette espèce trouvée sur la fin de l'Eté.

2006. — N° 3. LUCILIA DIVERSA, R.-D. *Sp. ined.*

♂. Similis LUC. INCLYTÆ ; Thorax viridi-aureus, ignitus ; Scutellum viridi-aureum, subignitum. Abdomen œgialeo-nitidum.

Long. 5 lignes.

MALE : Taille et port du *Luc. inclyta ;* Corselet d'un beau vert-doré enflammé ; Ecusson un peu plus clair. Abdomen vert d'eau luisant.

Nous ne possédons que le Mâle de cette espèce prise au mois de Mai.

2007. — N° 4. LUCILIA VICTRIX, R.-D. *Sp. ined.*

♂. Viridi-aureo-purpureus, violacino ignitus, scintillans ; Frontalibus lateralibus, Pedibus nigris ; Epistomate, Palpis flavis aut flavescentibus. Halteribus albescentibus ; Alis subfuliginosis.

Long. 3 lignes 1/2.

MALE : Corps d'un beau vert-doré pourpré et violacé ; le dos du Corselet, de l'Abdomen et l'Ecusson d'un beau pourpre très-brillant. Frontaux latéraux et Pattes noirs ; Antennes brunes ; Epistôme et Palpes jaunes. Balanciers blanchâtres : squame inférieure des Cuillerons un peu obscure ; Ailes légèrement lavées de jaunâtre.

Nous ne connaissons que des Mâles de cette espèce qui sont peut-être les Mâles du *Luc. pyropus.*

2008. — N° 5. Lucilia modica, R.-D. *Sp. ined.*

♂. Frontalibus subrubris; Antennis obscure fulvis; Faciei lateribus, Lateralibus, margine exteriore capitis sericeo-albidis; Occipite, Proboscide, Pedibus nigris; Epistomate albicante; Palpis luteo-pallidis. Thorax viridi-aureus, nitidus, dorso Scutelloque ignito purpureis. Abdomen viridi-aureo-nitidum, primo segmento cæsio. Halteribus albis : Calyptorum squama inferiori obscuriore; Alis sordidis.

Long. 2 1/2-3 lignes.

Male : Frontaux rougeâtres ; Antennes d'un fauve-obscur; côtés de la Face, Latéraux, pourtour extérieur de la Tête soyeux-albide, derrière de la Tête, Trompe et Pattes noirs; Epistôme blanchâtre; Palpes jaune-pâle. Corselet vert-doré brillant, avec le dos et l'Ecusson enflammé pourpré. Abdomen vert-doré brillant, avec le premier segment bleu de pruneau. Balanciers blancs : la squame inférieure des Cuillerons plus obscure; Ailes sales.

Nous ne possédons que le Mâle de cette espèce trouvée en Automne; elle est voisine du *Luc. spectabilis*.

2009. — N° 6. Lucilia gemmula, R.-D. *Sp. ined.*

♀. Viridi-aurea, nitida, dorso aureo ignito, tessellis purpurescentibus; Frontalibus nigris : Frontis lateribus superne nigris, antice fusco-albidis; Antennis fusco-subfulvis; Proboscide, Pedibus nigris; Palpis obscure testaceis. Abdomen primo segmento viridescente; reliquorum segmentorum margine postico cœrulescente. Halteribus obscuris : Calyptis albis; Alis sordidis.

Long. 3 lignes 1/2.

Femelle : Frontaux noirs : côtés du Front noirs en dessus et albides en bas; Antennes d'un brun-fauve; Trompe et

Pattes noires. Palpes d'un testacé-obscur. Tout le Corps d'un beau vert-doré brillant, avec le dos du Corselet, de l'Abdomen et l'Ecusson enflammé pourpré. Premier segment de l'Abdomen vert, les autres segments bleuâtres au bord postérieur. Balanciers obscurs : Cuillerons blancs ; Ailes assez sales.

Nous ne possédons que la Femelle de cette espèce trouvée en Eté.

2010. — N° 7. Lucilia mirifica, R.-D. *Sp. ined.*

♂ et ♀. Tota viridi-aureo-rubro ignita ; Scutello ignito. Abdomen incisuris segmentorum nigris. Frontalibus, Pedibus nigris ; Epistomate, Palpisque luteo-fulvescentibus.

Long. 5-6-7 lignes.

Male : Tout le Corps d'un beau vert-doré-rouge enflammé ; Antennes brunes ; Face albicante ; Epistôme et Palpes d'un jaune un peu obscur. Pattes noires. Balanciers obscurs : squame inférieure des Cuillerons obscure ; Ailes à base un peu sale.

Femelle : Un peu moins enflammée ; Frontaux noirs. Insertions des segments de l'Abdomen noires. Cuillerons blancs.

Nous possédons les deux sexes de cette espèce qu'on trouve au mois de Juin. Les Mâles paraissent beaucoup plus communs que les Femelles.

2011. — N° 8. Lucilia flamma, R.-D. *Sp. ined.*

♀. Tota viridi-aureo ignita ; Antennis fuscis ; in Thoracis dorso nonnullis tessellis purpurescentibus ; Frontalibus fuscis : Frontis lateribus anterioribus albis, posterioribus fusco-viridi-submetallicis ; Palpis luteis. Abdomen primo segmento viridi-aureo, reliquorum margine postico cæruleo. Pedibus nigris. Halteribus flavescentibus : Calyptis albis; Alis basi et costa flavescentibus.

♂. Magis ignita; Abdominis primo segmento viridi-cærulescente.

Long. 5 lignes.

Femelle : Tout le Corps d'un beau vert-doré enflammé, avec quelques reflets pourprés sur le dos du Corselet. Frontaux noirs : côtés du Front blancs en avant et d'un brun-doré en arrière; Face brune, avec les côtés argentés; Antennes brunes; Trompe noire; Palpes testacés. Premier segment de l'Abdomen vert-doré; le bord postérieur de tous les segments bleu. Pattes noires. Balanciers jaunâtres : Cuillerons blancs, avec la squame inférieure un peu flavescente; Ailes jaunâtres à la base et le long de la côte.

Male : Semblable; un peu plus enflammé; le premier segment de l'Abdomen est d'un vert-bleuâtre.

La nervure transverse de la Cellule γ C nous a paru beaucoup plus cintrée que sur les autres espèces.

2012. — N° 9. Lucilia spectabilis, R.-D. *Sp. ined.*

♂. Frontalibus nigris; Antennis fusco obscure subfulvis; Faciei lateribus, Lateralibus, margineque exteriori capitis sericeo-albidis; Epistomate Palpisque flavo-rubentibus; Proboscide et Pedibus nigris. Thorax viridi-aureus, nitidus, dorso Scutelloque purpureo scintillante; Scutellum viridi-aureo nitidum, parvulis tessellis purpureis. Abdomen primo segmento cæsio, secundo et tertio viridi-aureis, tessellis leviter cærulescentibus; quarto viridi-aureo scintillante. Halteribus fulvescentibus : Calyptorum squama inferiori obscura; Alis sordidis.

Long. 4 lignes.

Male : Frontaux noirs; Antennes d'un brun obscurément fauve; côtés de la Face, Latéraux, pourtour extérieur de la Tête soyeux-albide; Epistôme et Palpes d'un jaune-rougeâtre; Trompe et Pattes noires. Corselet vert-doré brillant sur les côtés, avec le dos pourpré et scintillant; Ecusson vert-doré brillant, n'ayant que de légers reflets pourprés. Premier segment de l'Abdomen bleu de pruneau, ; second et troisième vert-doré, avec quelques reflets bleuissants ; quatrième vert-doré très-brillant. Balanciers un peu rougeâtres : squame inférieure des Cuillerons plus brune ; Ailes claires.

Nous ne possédons que le Mâle de cette espèce trouvée en Automne et voisine du *Luc. inclyta.*

2013. — N° 10. LUCILIA QUIETA, R.-D. *Sp. ined.*

♂. Frontalibus nigris ; Antennis fulvis ; Faciei lateribus, lateralibus, margine exteriore capitis sericeo-albidis ; Epistomate, Palpisque albido rubentibus ; Proboscide et Pedibus nigris. Thorax viridi-aureus, dorso Scutelloque purpureis. Abdomen viridi-aureo-nitidum, tessellis azureis ; primo segmento cœsio. Halteribus flavescentibus : Calyptorum squama inferiori subfusca ; Alis sordidis.

Long. 3 lignes.

MALE : Frontaux noirs; Antennes fauves; côtés de la Face, Latéraux, pourtour extérieur de la Tête soyeux-albide ; Epistôme et Palpes d'un blanc-rougeâtre ; Trompe et Pattes noires. Corselet vert-doré brillant, avec le dos et l'Ecusson d'un pourpré-foncé. Abdomen vert-doré luisant, avec les reflets azurés sur le dos ; le premier segment bleu de pruneau. Balanciers flavescents : squame inférieure des Cuillerons brune ; Ailes sales.

Nous ne possédons que des Mâles de cette espèce trouvée en Automne ; on la distingue à son Corselet fortement pourpré et à son Abdomen vert-bleuissant.

2014. — N° 11. LUCILIA PRETIOSA, R.-D. *Sp. ined.*

♂ et ♀. Viridi-aureo ignita, scintillans ; Frontalibus, Lateralibus, Pedibus nigris ; Epistomate, Palpisque luteis. Thoracis et Abdominis dorso Scutelloque purpureis. Abdomen incisuris segmentorum nigricantibus. Alæ basi et costa exteriori sordidiusculis.

Long. 4-5 lignes.

Male : Corps d'un beau vert-doré enflammé ; Frontaux, Faciaux et Pattes noirs ; Antennes brunes ; Face albicante ; Epistôme et Palpes jaunes. Dessus du Corselet et de l'Abdomen ainsi que l'Ecusson pourprés. Balanciers blanchâtres : squame inférieure des Cuillerons un peu obscure ; Ailes un peu sales à la base et le long de la côte.

Femelle : Semblable ; un peu moins brillante; côtés du Front bruns. Ecusson enflammé. Insertion des segments de l'Abdomen noire ou noirâtre.

Nous possédons les deux sexes de cette espèce trouvée au mois de Juin. La Femelle paraît être plus rare que le Mâle ; elle n'est pas d'un pourpre-violacé comme le *Luc. victrix*.

2015. — N° 12. Lucilia ovatrix, R.-D. *Sp. ined.*

♂. Viridi-aurea, nitida, toto dorso cum Scutello rubro ignito ; Epistomate Palpisque flavis. Alis sordidiusculis.

♀. Paulo major ; viridi aurea, subignita ; Scutello rubro ignito.

Long. 4-5-6 lignes.

Male : Frontaux et Pattes noirs ; Antennes brunes ; Epistôme et Palpes jaunes. Corps vert-doré sur les côtés ; le dessus du Corps et l'Ecusson d'un beau rouge enflammé pourpré. Balanciers obscurs : Cuillerons blanchâtres ; Ailes un peu sales.

Femelle : Plus grande ; côtés du Front bruns. Tout le Corps d'un beau vert-doré à peine enflammé ; Ecusson enflammé.

Nous possédons les deux sexes de cette espèce trouvée en Juin.

Cette description a été prise très-exactement sur des individus vivants; la dessication altère la vivacité du rouge enflammé.

2016. — N° 13. Lucilia magnifica, R.-D. *Sp. ined.*

♂. Frontalibus, Antennis Chetoque fulvo-fulvescentibus; Facici lateribus, Lateralibus margineque exteriore capitis sericeo-albidis; Occipite, Proboscide, Pedibus nigris; Epistomate Palpisque testaceis. Thorax viridi-aureus, rutilans, dorso pyropo ignito; Scutellum viridi-aureum, dorso cæruleo. Abdomen primo segmento cæsio; reliquis segmentis viridi-aureo ignitis, corusciorlbus. Halteribus fusco-obscuris: Calyptis subfuscis; Alis sordidis.

Long. 6 lignes.

Male : Frontaux, Antennes et Chète d'un brun-fauve; côtés de la Face, Latéraux, bord extérieur de la Tête d'un brun-fauve; Epistôme et Palpes testacés; derrière de la Tête, Trompe et Pattes noirs. Corselet vert-doré rutilant, avec le dos enflammé et couleur de rubis; Ecusson d'un beau vert-doré, fortement glacé de bleu de ciel. Le premier segment de l'Abdomen bleu de pruneau; les autres segments d'un vert-doré enflammé très-brillant. Balanciers d'un brun-obscur: Cuillerons brunâtres; Ailes sales.

Nous ne possédons que le Mâle de cette belle espèce trouvée au mois de Novembre; à une certaine lumière son Ecusson parait bleu.

2017. — N° 14. Lucilia cœlestis, R.-D. *Sp. ined.*

♀. Frontalibus nigris : Frontis lateribus superne nigris, inferne fusco-albidis; Facici lateribus, Lateralibus, margine exteriore capitis sericeo-albidis; Antennis fuscis; Epistomate flavescente; Palpis testaceis; Occipite, Proboscide, Pedibus nigris. Thorax viridi-aureus, subcæruleus, dorso purpureo; Scutello cæruleo-violacino, nitido.

Abdomen viridi-aureum, dorso azurescente; primo segmento viridescente. Halteribus flavescentibus : Calyptorum squama inferiore subobscura ; Alis sordidis.

Long. 5 lignes.

Femelle : Frontaux noirs : côtés du Front noirs en haut et d'un brun-albide en bas ; côtés de la Face, Latéraux, pourtour extérieur de la Tête soyeux-albide; Antennes brunes; Epistôme jaunâtre; Palpes testacés; derrière de la Tête, Trompe et Pattes noirs. Corselet vert-doré un peu bleuissant, avec le dos pourpré; Ecusson d'un beau bleu légèrement violet. Abdomen vert-doré, avec le dos passant à l'azuré; le premier segment verdâtre. Balanciers jaunâtres : squame inférieure des Cuillerons un peu obscure ; Ailes sales.

Nous ne possédons que la Femelle de cette espèce trouvée aux premiers jours de Novembre.

2018. — N° 15. Lucilia chrysis, R.-D. *Sp. ined.*

♀. Viridi-cœrulescens, nitida, dorso Scutelli et Abdominis ignito purpureo. Frontalibus nigris : Frontis lateribus superne viridescentibus, inferne albidis ; Antennis fuscis ; Faciei lateribus, Lateralibus margineque postico capitis sericeo-albidis ; Occipite fusco-viridescente ; Epistomate, Palpisque testaceis ; Proboscide, Pedibus nigris. Abdomen primo segmento viridi-aureo-cœrulescente. Halteribus flavescentibus : Calyptis albis ; Alis sordidiusculis.

♂. Similis ; paulo minor, paulo coruscior.

Long. ♂ 5 lignes ; ♀ 5-6 lignes.

Femelle : Frontaux, Trompe et Pattes noirs ; côtés du Front verdâtres en haut et albides en bas ; Antennes brunes ; côtés de la Face, Latéraux, pourtour extérieur de la Tête soyeux-albide ; derrière de la Tête brun-verdâtre. Corps vert-bleuâtre brillant, avec le dos du Corselet et de l'Abdomen d'un rouge enflammé; Ecusson vert-bleuâtre. Le premier segment de l'Abdomen vert-doré-bleuâtre. Epistôme et Palpes testacés. Balanciers jaunâtres : Cuillerons blancs; Ailes un peu sales.

Male : Semblable à la Femelle; un peu plus petit et un peu plus brillant.

Cette espèce vit à l'arrière saison; parmi ses congénères on la distingue surtout à son Ecusson vert-bleuissant.

2019. — N° 16. Lucilia carbunculus. R.-D. *Sp. ined.*

♂. Viridi-aureus, nitidus; Palpis testaceis; Antennis, Proboscide, Pedibus nigris; Faciei lateribus, Lateralibus margineque postico capitis sericeo-albidis. Thoracis tessellis dorsalibus purpurescentibus; Scutello viridi-nitido. Abdomen dorso rubro ignito, corusciore, carbunculi instar; primo segmento reliquorumque margine postico cæruleis. Halteribus flavescentibus : Calyptis albis; Alis sordidiusculis.

Long. 3 lignes.

Male : Antennes, Trompe et Pattes noires; côtés de la Face, Latéraux, pourtour extérieur de la Tête soyeux-albide; Palpes testacés. Tout le corps d'un beau vert-doré brillant, avec le dos du Corselet enflammé-pourpré; Ecusson vert-brillant. Abdomen d'un beau rouge enflammé couleur de rubis; le premier segment et le bord postérieur des segments suivants bleus ou bleuissants. Balanciers flavescents : Cuillerons blancs; Ailes assez sales.

Nous ne possédons que des Mâles de cette jolie espèce trouvée au mois de juin. Elle est tout-à-fait voisine du *Luc. pretiosa.*

2020. — N° 17. Lucilia fastuosa, R.-D. *Sp ined.*

♀. Frontalibus, Antennis, Proboscide, Pedibus nigris; Frontis lateribus superne viridescentibus, inferne albidis; Facie, margine exteriore capitis sericeo-albidis ; Epistomate, Palpisque flavis, Lateralibus fuscis; Occipite fusco-viridescente. Thorax et Scutellum viridi-aureo-nitida, tessellis ignitis. Abdomen viridi-ignito-rubidum, primo segmento viridi-aurato. Halteribus albo-flavescentibus: Calyptis albis; Alis sublimpidis, basi sordidiuscula.

Long. 7 lignes.

Femelle : Frontaux, Antennes, Trompe et Pattes noirs; côtés du Front verdâtres en haut et albides en bas; côtés de la Face, pourtour extérieur de la Tête soyeux-albide; Epistôme et Palpes jaunes; Latéraux bruns; derrière de la Tête brun-verdâtre. Corselet et Ecusson d'un beau vert-doré brillant, avec des reflets enflammés. Abdomen d'un beau vert doré enflammé couleur de rubis, avec le premier segment vert-doré. Balanciers blanc-jaunâtre : Cuillerons blancs; Ailes assez claires, avec la base un peu sale.

Nous ne possédons que des Femelles de cette espèce trouvée au mois d'Octobre ; elle offre la plus grande analogie avec le *Luc. dives*. Sa taille plus forte, son Corselet non pourpré et le dos enflammé de son Abdomen la distinguent aisément.

2021. — N° 18. Lucilia aurata, R.-D. *Sp. ined.*

♀. Frontalibus, Pedibus nigris; Epistomate, Palpisque flavis. Thorax lateribus viridi-aureo nitidis, dorso Scutelloque aureo-ignitis. Abdomen viridi-aureum, nitidum. Calyptis albis; Alis sublimpidis.

♂. Similis; paulo minor; Abdomen paulo nitidum. Squama inferiore Calyptorum obscura.

Long. 5-6 lignes.

Femelle : Côtés du Front d'un brun-albicant; Face albicante; Antennes brunes; Epistôme et Palpes jaunes. Corselet vert-doré brillant sur les côtés, avec le dos et l'Ecusson d'un doré enflammé très-brillant. Abdomen vert-doré brillant.

Balanciers jaunâtres : Cuillerons blancs ; Ailes assez claires.

MALE : Semblable ; Abdomen un peu plus brillant. Squame inférieure des Cuillerons un peu brune ; Ailes moins claires.

Cette espèce se trouve au mois de Juin.

2022. — N° 19. LUCILIA INGENUA, R.-D. *Sp. ined.*

♀. Frontalibus, Proboscide, Pedibus nigris ; Antennis bruneis ; Epistomate albescente ; Palpis testaceis. Thorax et Scutellum viridi-aureo-nitida, tessellis ignitis. Abdomen viridi-aureo-nitidum, nonnullis tessellis leviter ignitis ; segmentis inferne leviter azureis. Halteribus flavescentibus.

Long. 6-7 lignes.

FEMELLE : Voisine du *Luc. fastuosa;* Frontaux, Trompe, Pattes noirs ; Antennes brunes ; Epistôme blanchâtre ; Palpes testacés. Corselet et Ecusson vert-doré brillant, avec des reflets enflammés. Abdomen vert-doré brillant, n'ayant que quelques nuances enflammées ; il n'est pas d'une belle couleur de rubis comme sur le *Luc. fastuosa;* bord postérieur des segments finement bleuâtre. Balanciers flavescents.

Nous ne possédons que la Femelle de cette espèce trouvée en Automne ; elle n'a pas l'Abdomen étincelant du *Luc. fastuosa.* Elle a les plus grands rapports avec le *Luc. dives,* mais sa taille est plus forte et son Corselet plus vert n'est pas si enflammé sur le dos qui du reste n'offre pas de véritables reflets pourprés.

2023. — N° 20. LUCILIA ARVENSIS, R.-D. *Sp. ined.*

♂ et ♀. Similis LUC. INGENUÆ ; Abdomen ægialeo-subauratum, nitidum.

Long. 4. lignes.

MALE et FEMELLE : Semblable au *Luc. ingenua* ; Abdomen vert-d'eau brillant un peu doré.

Nous possédons les deux sexes de cette espèce trouvée au mois de Mai ; elle est très voisine du *Luc. floralis,* mais plus grosse, avec l'Abdomen plus doré.

2024. — N° 21. LUCILIA DIVES, R.-D. *Sp. ined.*

♀. Tota viridi-aureo-ignita, nonnullis tessellis purpurescentibus; Frontalibus nigris; Frontis lateribus superne submetallicis, inferne albescentibus; tertio Antennarum articulo bruneo ; Palpis luteis. Scutellum viridi-aureo ignitum. Abdomen primo segmento viridi-cærulescente; reliquorum segmentorum margine postico subcæruleo. Pedibus nigris. Halteribus flavescentibus : Calyptis albis ; Alis basi flavescente.

♂. Simillima ; Calyptorum squama inferiori subobscura.

Long. 5 lignes.

FEMELLE : Cylindriforme ; Frontaux noirs : côtés du Front d'un brun-verdoyant en haut et d'un brun-albide en bas ; côtés de la Face, Latéraux, pourtour extérieur de la Tête soyeux-albide ; le dernier article des Antennes brun ; Epistôme et Palpes jaunes. Tout le Corps d'un beau vert-doré enflammé, avec quelques légers reflets pourprés ; Ecusson vert-doré scintillant. Le premier segment de l'Abdomen vert-bleuâtre; les segments suivants bleuâtres au bord postérieur. Pattes noires. Balanciers flavescents : Cuillerons blancs ; Ailes assez claires, avec la base jaunâtre.

MALE : Tout-à-fait semblable; la squame inférieure des Cuillerons paraît plus obscure.

On trouve cette jolie espèce à la fin du mois d'Octobre ; on la distingue aisément des espèces voisines à ses teintes enflammées presque rubides.

2025. — N° 22. LUCILIA MAÏALIS, R.-D. *Sp. ined.*

♂. Simillima LUC. DIVITI ; differt Thoracis dorso non ignito, sed tantum viridi-aureo corusco.

Long. 3-6 lignes.

Male : Tout-à-fait semblable au *Luc. dives;* il en diffère par le dos du Corselet qui n'est pas d'un doré enflammé.

Nous ne possédons que le Mâle de cette espèce trouvée au mois de Mai; nous en possédons un individu qui n'a que trois lignes de longueur.

2026. — N° 23. Lucilia scutellaris, R.-D. *Sp. ined.*

♂. Frontalibus, Pedibus nigris; Epistomate, Palpisque flavo-testaceis. Thorax viridi-aureus, coruscus, Scutello viridi-aureo corusciore. Abdomen viridi-aureum, coruscum, primo segmento cæsio infuscato. Calyptis subalbis; Alis subfuliginosis.

Long. 5 lignes.

Male : Frontaux, Chète, Trompe et Pattes noirs; Antennes brunes; Face albicante; Epistôme et Palpes d'un jaune-testacé. Corselet d'un beau vert-doré rutilant; Ecusson d'un vert-doré encore plus brillant. Abdomen vert-doré brillant, avec le premier segment d'un bleu foncé. Balanciers jaunâtres : Cuillerons un peu obscurs; Ailes un peu fuligineuses.

Nous ne possédons que des Mâles pris au mois de Mai. Plus verte que le *Luc. dives,* cette espèce s'en distingue aisément à son Ecusson très-brillant qui la différencie également du *Luc. insignis.*

2027. — N° 24. Lucilia insignis, R.-D. *Sp. ined.*

♀. Frontalibus nigris : Frontis lateribus superne nigro-viridescentibus, inferne albidis; Antennis nigris aut fuscis; Faciei lateribus, Lateralibus, margine exteriore capitis sericeo-albidis; Occipite fusco-viridescente; Epistomate albide rubente; Palpis fulvis : Proboscide, Pedibus nigris. Thorax viridi-aureus, nitidus, dorso ignito purpureo; Scutello viridi-aureo-nitido. Abdomen viridi-aureum, ignitum, haud purpureum. Halteribus rubentibus : Calyptis albis; Alis sordidiusculis.

♂. Similis; paulo nitidior; Calyptorum squama inferiori subfusca.

Long. 3-4 lignes.

Femelle : Frontaux, Trompe et Pattes noirs; côtés du Front noir-verdâtre en haut et albides en bas; Antennes noires ou noirâtres; côtés de la Face, Latéraux, pourtour extérieur de la Tête soyeux-albide; derrière de la Tête brun-verdâtre; Epistôme d'un blanc-rougeâtre; Palpes fauves. Corselet vert-doré brillant, avec le dos enflammé pourpré; Ecusson vert-doré brillant. Abdomen vert-doré brillant, non enflammé. Balanciers rougeâtres : Cuillerons blancs; Ailes un peu sales.

Male : Semblable; un peu plus brillant : la squame inférieure des Cuillerons brune.

Cette espèce est commune sur la fin de l'Eté et de l'Automne.

Elle est voisine du *Luc. dives*, dont elle diffère par sa taille plus petite et par ses teintes moins brillantes.

2028. — N° 25. Lucilia pratensis, R.-D. *Sp. ined.*

♂. Similis Luc. scutellari; Abdomen dorso viridi-aureo-corusco, quasi ignito.

Long. 3 lignes.

Male : Semblable au *Luc. scutellaris;* dos de l'Abdomen vert-doré rutilant, presqu'enflammé.

Nous ne possédons que des Mâles de cette espèce trouvée au mois de Mai.

2029. — N° 26. LUCILIA COMPAR, R.-D. *Sp. ined.*

♂ et ♀. Simillima LUC. INSIGNI; differt Abdomine viridi, non viridi-aurato nitido, neque viridi-aureo ignito.

Long. 3-4 lignes.

MALE et FEMELLE : Tout-à-fait semblable au *Luc. insignis*, mais l'Abdomen est vert luisant et non vert-doré ni vert-doré enflammé.

Nous possédons les deux sexes de cette espèce bien distincte qu'on trouve au mois de Mai.

2030. — N° 27. LUCILIA LÆTATORIA, R.-D. *Sp. ined.*

♀. Tota viridi-aureo-cyanea, Scutello cyaneo; Frontalibus nigris : Frontis lateribus superne nigris, inferne albidis; Occipte, Antennis, Proboscide, Pedibus nigris; Faciei lateribus, margine postico capitis sericeo-albidis; Lateribus fusco-albidis; Epistomate albescente; Palpis luteis. Abdomen primo segmento viridi-cyanescente. Halteribus flavescentibus : Calyptis albis; Alis albis, basi sordidiuscula.

Long. 5-6 lignes.

FEMELLE : Tout le Corps vert-doré-bleu, avec l'Ecusson bleu; Frontaux noirs : côtés du Front noirs en haut et albides en bas; derrière de la Tête, Antennes, Trompe et Pattes noirs; côtés de la Face, bord extérieur de la Tête soyeux-albide; Latéraux brun-albide; Epistôme blanchâtre; Palpes jaunes. Premier segment de l'Abdomen vert-bleuâtre. Balanciers flavescents : Cuillerons blancs; Ailes assez claires, avec la base sale.

Nous ne connaissons que la Femelle de cette espèce trouvée en Automne. Elle affecte la taille et le port des *Luc. lepida* et *tepida;* son Corselet est moins brillant que celui du *Luc. tepida* et moins bleu que celui de *Luc. lepida;* l'ensemble de la coloration la montre vert d'eau bleuâtre, avec l'Ecusson bleu.

2031. — N° 28. LUCILIA TOMENTOSA, R.-D. *Sp. ined.*

♀. Subpubescens; Frontalibus fusco-albescentibus; Frontis lateribus subalbidis; Faciei lateribus, Lateralibus, margine exteriore capitis sericeo-albidis; Medianeis rubris; Antennis fuscis; Epistomate Palpisque flavo-ferrugatis; Occipite fusco-viridescente. Thorax et Scutellum viridi-nitida, tessellis azureis. Abdomen viridi-cœrulescens, nitidum, ultimis segmentis paulo nitidioribus. Pedibus nigris. Halteribus ferrugatis : Calyptis albis ; Alis sublimpidis.

Long. 7 lignes.

FEMELLE : Un léger duvet sur tout le Corps ; Frontaux d'un brun-albescent : côtés du Front blanchâtres ; côtés de la Face, Latéraux, pourtour extérieur de la Tête soyeux-albide ; Médians rouges; Antennes brunes; Epistôme et Palpes d'un jaune-ferrugineux ; derrière de la Tête brun-verdâtre. Corselet et Ecusson vert brillant, nuancés d'azur. Abdomen vert-bleuissant et brillant, avec les derniers segments un peu dorés. Pattes noires. Balanciers ferrugineux : Cuillerons blancs; Ailes assez claires.

Nous ne possédons que la Femelle de cette espèce prise au mois de Juillet et que le duvet qui recouvre son Corps rend assez facile à distinguer au milieu des espèces congénères.

2032. — N° 29. LUCILIA NIGRIFRONS, R.-D. *Sp. ined.*

♀. Tomentosa; Frontalibus nigris : Frontis lateribus superne nigris, inferne albidis ; Occipite, Pedibus nigris ; Antennis fuscis aut nigricantibus; Faciei lateribus, margine exteriore capitis, sericeo-albidis; Lateralibus fusco-albidis; Epistomate albescente; Palpis flavis. Thorax cæruleus et viridescens, Scutello cæruleo. Abdomen viridi-aureum, primo segmento viridi-cærulescente. Halteribus fusco-flavescentibus : Calyptis albis ; Alis claris.

Long. 3 lignes.

FEMELLE : Un léger duvet sur tout le Corps; Frontaux, derrière de la Tête et Pattes noirs; côtés du Front noirs en haut et albides en bas; Antennes brunes ou noirâtres; côtés de la Face, pourtour extérieur de la Tête soyeux-albide, Latéraux brun-albide; Epistôme blanchâtre; Palpes jaunes. Corselet bleu, fortement nuancé de vert; Ecusson bleu. Abdomen vert-doré, avec le premier segment vert-bleuâtre. Balanciers brun-jaunâtre : Cuillerons blancs; Ailes claires.

Nous ne possédons que la Femelle de cette espèce trouvée en Automne; plus petite que le *Luc. tomentosa*, elle a les Frontaux tout-à-fait noirs et non albescents; le *Luc. virgo* les offre rougeâtres à la base.

2033. — N° 30. LUCILIA PRASINA, R.-D. *Sp. ined.*

♂ et ♀. Similis LUC. LÆTATORIÆ; Frontalia nigra : Frontis lateribus superne nigris, lateribusque albidis; Faciei lateribus, Lateralibus, margine postico capitis sericeo-albidis; Antennis, Haustello, Pedibusque nigris; Epistomate albido-flavescente; Palpis testaceis. Thorax viridi-aureus, nitidus, vix cyanescens; Scutellum cyaneum. Abdomen viridescens, tessellis obscure cyanescentibus. Halteres obscuri : Calypta albida, squama inferiori leviter obscura; Alæ basi sordida.

Long. 4-6 lignes.

MALE et FEMELLE : Semblable au *Luc. lætatoria;* Frontaux, Antennes, Trompe et Pattes noirs; côtés du Front noirs en haut et albides sur les côtés; côtés de la Face, Latéraux, pourtour extérieur de la Tête soyeux-albide; Epistôme blanc-jaunâtre; Palpes testacés. Corselet vert-doré luisant, ayant à peine quelques reflets bleuissants; Ecusson bleu. Abdomen vert d'eau, avec de très-légères nuances bleuissantes. Balanciers obscurs : Cuillerons blancs, à squame inférieure un peu obscure; Ailes sales à la base.

Cette espèce offre de nombreuses variétés sous le rapport de la taille; elle est abondante pendant tout l'Eté. Elle a les plus grands rapports avec le *Luc. lætatoria*, mais son Corselet, où le vert domine, l'en distingue nettement. Moins brillante que le *Luc. cæsar*, elle a l'Abdomen vert d'eau. Encore plus voisine du *Luc. socialis*, elle n'offre pas de reflets brillants sur le dos du Corselet.

2034. — N° 31. Lucilia cæsar, Linn.

Musca cæsar : Linn.-*Syst. nat.* II, 989, et *Faun. Suec.*, 1828.
— — Gmel.-*Ed. Syst. nat.* I, 5, 2838, 64.
— — Fabr.-*Syst Antl.*, 289, 26.
— — Réaum.-*Ins.* IV, pl. 8, fig. 1.
— — Deg.-*Ins.* VI, 30, 6.
— — Schrank.-*Ins. Aust.*, 923, et *Faun. Boïc.* III, 2484.
— — Latr.-*Gen. crust.* IV, 345.
— — Fall.-*Musc.*, 46, 20.
— — Meig.-*Dipt.* V, 51, 1.
— — Zetterst.-*Ins. Lapp.*, 655, 9.
— — Walk.-*British Mus. Ins.* IV, 879.
Lucilia cæsar : Rob. Desv.-*Myod.*, 452, 1.
— — Macq.-*Buff*, II, 252, 3.
— — Meig.-*Dipt.* VII, 292, 1, pl. 73, fig. 45.
— — Zetterst.-*Dipt. Skand.* IV, 1312, 1.

♀. Frontalibus nigricantibus : Frontis lateribus superne fusco-viridescentibus, inferne albidis ; Occipite fusco-viridescente ; Antennarum ultimo articulo fusco; Facie, Lateralibus, margine exteriore capitis sericeo-albidis; Proboscide, Pedibus nigris; Palpis fulvis. Thorax viridi-aureus, nitidus, tessellis obscure cyanescentibus. Abdomen viridi-aureum nitidum, primo segmento cæsio; segmentorum margine postico plus minusve infuscato. Halteribus flavescentibus : Calyptis albis; Alarum basi et costa exteriore sordidiusculis.

♂. Tessellis cyanescentibus solito magis manifestis; Calyptorum squama inferiore obscura.

Long. ♂ 6 lignes; ♀ 6-7 lignes.

Femelle : Frontaux noirâtres, bruns ou d'un noir obscurément fauve; le derrière de la Tête brun-verdâtre; côtés du Front noir-verdâtre en haut et albides ou blanchâtres en bas; le troisième article des Antennes d'un brun obscurément fauve; Chète brun; Epistôme albescent; Trompe noire; Palpes fauves; côtés de la Face, Latéraux, pourtour extérieur de la Tête soyeux-albide. Corselet vert-doré brillant, avec de très-légers reflets bleuissants à une certaine lumière. Abdomen vert-doré plus brillant, avec le premier segment bleu de ciel; les autres segments ordinairement bordés de noir en arrière. Pattes noires. Balanciers jaunâtres : Cuillerons blancs; Ailes sales à la base et le long de la côte extérieure.

Male : Semblable; les reflets bleuâtres du Corselet sont ordinairement un peu plus prononcés. La squame inférieure des Cuillerons est d'un brun-obscur.

Cette espèce est commune pendant tout le cours de l'année entomologique. Son Corselet vert-bleuissant et non vert-doré la distingue du *Luc. arrogans*.

2035. — No 32. Lucilia rubricornis, R.-D. *Sp. ined.*

♀. Similis Luc. cæsari; Antennis fulvis. Secundo Abdominis segmento paulo nitidiore.

♂. Similis L. cæsari ♂; Thorax viridi-aureo nitidus.

Long. 5-6 lignes.

Femelle : Tout-à-fait semblable au *Luc. cœsar;* Antennes

fauves. Le deuxième segment de l'Abdomen un peu plus brillant que les autres.

Male : Semblable au *Luc. cæsar* mâle ; Corselet vert-doré brillant.

Nous possédons les deux sexes de cette espèce.

2036. — N° 33. Lucilia agilis, R.-D. *Sp. ined.*

♀. Similis Luc. cæsari ; tertio Antennarum articulo bruneo-obscuro. Abdomen viridi-aureo nitidum. Scutello viridi-cærulescente. Alæ sordidæ.

♂. Similis ; minor.

Long. 3-4-6 lignes.

Femelle : Tout-à-fait semblable au *Luc. cæsar ;* le troisième article des Antennes d'un brun-obscur. Abdomen d'un beau vert-doré très-brillant. Ecusson vert-bleuâtre. Ailes sales.

Male : Tout-à-fait semblable ; un peu plus petit.

Nous possédons les deux sexes de cette espèce trouvée en Eté et en Automne. Elle a les plus grands rapports avec le *Luc. fastuosa ;* mais son Corselet, semblable à celui du *Luc. cæsar,* n'offre aucun reflet pourpré. Son Ecusson vert-bleuâtre et non vert-doré-brillant sert aussi à la distinguer du *Luc. arrogans.* Les différences de taille observées sur les individus que nous avons sous les yeux ne sauraient nous porter à l'admission de plusieurs espèces, puisque ces mêmes individus paraissent identiques sous le rapport des autres caractères.

2037. — N° 34. Lucilia arrogans, R.-D. *Sp. ined.*

♂ et ♀. Simillima Luc. cæsari ; minor, nitidior ; Thorax viridi-aureo nitidus nec non tessellis cærulescentibus ornatus.

Long. 6-7 lignes.

Male et Femelle : Tout-à-fait semblable au *Luc. cæsar;* ordinairement un peu plus petit et un peu plus brillant ; on la distingue à son Corselet vert-doré luisant, sans aucun reflet bleuissant semblable à celui qu'on distingue assez facilement à une certaine lumière sur l'Ecusson du *Luc. cæsar.*

Cette espèce est très-commune dans les bois et le long des haies ; il est très-facile de la confondre avec le *Luc. cæsar.*

2038. — No 35. Lucilia socialis, R.-D. *Sp. ined.*

♂ et ♀. Viridi-ægialeo-aurata: Frontalibus, Pedibus nigris ; Antennis brunicosis ; Palpis luteis. Calyptis subalbis ; Alis limpidis, basi sordidiuscula.

Long. 5-6 lignes.

Femelle : Corps vert d'eau doré ; Frontaux et Pattes noirs ; Antennes brunes ; Face albicante ; Epistôme jaunâtre ; Palpes jaunes. Balanciers flavescents : Cuillerons blanchâtres ; Ailes assez claires.

Male : Semblable ; Ailes un peu fuligineuses.

Nous possédons les deux sexes de cette espèce trouvée au mois de Mai dans les prés humides ; voisine du *Luc. arrogans*, cette espèce en diffère par des teintes d'un vert d'eau plus prononcé et par un Corselet à reflets moins brillants ; la teinte vert d'eau provient de quelques nuances bleuâtres répandues sur tout le Corps. Du reste, pour la bien distinguer du *Luc. arrogans*, il est essentiel de la voir à une certaine lumière. Le Corselet, qui offre encore des reflets brillants, la distingue du *Luc. prasina.*

2039. — No 36. Lucilia vernalis, R.-D. *Sp. ined.*

♀. Frontalibus fuscis aut fusco-subulvis ; Epistomate, Medianeisque pallide testaceis ; Palpis luteis ; Antennis fuscis. Thorax cæruleus, dorso antice splendide viridescente. Abdomen cæruleo subægialeum aut postremis segmentis splendide ægialeis. Pedibus fuscis aut pallide-fuscis. Calyptis albis ; Alis absolute limpidis.

Long. 5-7 lignes.

FEMELLE : Frontaux noirs, ou bruns, ou d'un brun-fauve ; Face albicante ; Epistôme et Médians d'un testacé-pâle ; derrière de la Tête et pourtour extérieur des Yeux noirs ; Antennes noires ou noirâtres ; Palpes jaunes. Corselet d'un beau bleu fortement nuancé de vert-doré. Les deux premiers segments de l'Abdomen d'un beau bleu ciel ; les deux derniers bleu ciel fortement nuancé d'un beau vert d'eau doré qui peut n'être que peu apparent. Pattes brunes ou d'un brun-pâle. Balanciers flavescents : Cuillerons très-blancs ; Ailes très-limpides ; la nervure 7 C droite ou peu cintrée.

Nous ne possédons que des Femelles de cette espèce tout-à-fait printannière et qu'on rencontre partout dans les localités humides.

2040. — N° 37. LUCILIA VICINA, R.-D.

Lucilia vicina ; Rob. Desv.-*Myod.*, 456, 14.

♂ et ♀. Frontalibus rubro-ochraceis : Frontis lateribus superne nigro-viridescentibus, inferne albidis ; Facie, Epistomateque flavescente-rubentibus ; Faciei lateribus, Lateralibus, margine exteriore capitis sericeo-albidis ; Antennis et Pedibus fusco-pallescentibus ; Palpis luteis. Thorax cæruleo-azureus, tessellis dorsalibus et scutellaribus viridi-aureis ; Thorax testaceus sub calyptis. Abdomen viridi-azureo nitidum, basi pallidula. Halteribus obscuris : Calyptis albis ; Alis claris.

Long. 4 lignes.

MALE et FEMELLE : Frontaux rouge d'ocre : côtés du Front noir-verdâtre en haut et blanchâtres en bas ; Face et Epistôme d'un jaune un peu rougeâtre; côtés de la Face, Trompe, pourtour extérieur de la Tête soyeux-albide; Antennes et Pattes d'un brun-clair; Palpes jaunes. Corselet bleu-azuré, avec des reflets d'un verdâtre-doré sur le dos; il est testacé-pâle sous les Cuillerons. Abdomen vert-azuré-doré, avec sa base pâle. Balanciers obscurs : Cuillerons blancs; Ailes claires.

Nous avons pris cette espèce au mois de Juillet sur les fleurs d'une OMBELLIFÈRE.

2041. — N° 38. LUCILIA FACIALIS, R.-D. *Sp. ined.*

♂. Frontalibus, Palpisque nigris; Medianeis et Epistomate rubescentibus; Faciei lateribus, Lateralibus, margine exteriore capitis sericeo-albidis; Antennis fuscis aut nigricantibus; Occipite, Pedibusque nigris. Thorax et Scutellum viridi-nitido subobscura, tessellis obscure cærulescentibus. Abdomen viridi-aureum, primo segmento cæsio. Halteribus subflavis : Calyptis albescentibus; Alis limpidis.

Long. 3 lignes 1/2.

MALE : Frontaux et Palpes rouges; Médians et Epistôme rougeâtres; côtés de la Face, Latéraux, pourtour extérieur de la Tête soyeux-albide; Antennes brunes ou noirâtres; derrière de la Tête et Pattes noirs. Corselet et Ecusson vert-luisant un peu obscur, avec des reflets d'un bleu obscur. Abdomen vert-doré, avec le premier segment bleu de pruneau. Balanciers jaunes : Cuillerons blanchâtres; Ailes claires.

Nous ne possédons que le Mâle de cette rare espèce trouvée au mois de Juillet.

2042. — N° 39. LUCILIA PURPUREA, R.-D. *Sp. ined.*

♀. Frontalibus subfulvis; Medianeis pallide lutescentibus; Palpis flavis. Thorax cæruleo-purpurescens. Abdomen primis segmentis pallidis, postremis cæruleo-coruscis, interdum tessellis viridescentibus. Pedibus, Halteribusque pallidis. Calyptis albis; Alis limpidioribus.

Long. 5-6 lignes.

Femelle : Frontaux d'un brun-fauve : côtés du Front d'un brun-cendré; Facè albide; Médians d'un jaune-pâle, Latéraux d'un brun-albide; le dernier article des Antennes brun; Palpes jaunes. Corselet d'un beau bleu de ciel à reflets pourprés. Les deux premiers segments de l'Abdomen pâles; les autres d'un beau bleu de ciel offrant parfois quelques reflets verdoyants. Pattes d'un pâle un peu brun. Balanciers pâles : Cuillerons blancs; Ailes limpides.

Nous ne possédons que des Femelles de cette espèce qu'on trouve dès le premier Printemps dans les localités humides et ombragées. Le Corps est de consistance molle et délicate.

2043. — N° 40. Lucilia venusta, R.-D. *Sp. ined.*

♂ et ♀. Frontalibus, Antennis, Cheto, Proboscide, Pedibus nigris; Palpis flavis; Epistomate pallescente. Thorax splendide cæruleus, vix tessellis viridescentibus. Abdomen primo segmento cæruleo-infuscato, reliquis segmentis ægialeo-aureis vix cyanescentibus. Calyptorum squama inferiore subinfuscata; Alis sublimpidis.

Long. 3-4 lignes.

Femelle : Voisine du *Luc. cyanea;* Frontaux noirs; côtés du Front d'un brun-albide; Face albicante; Latéraux d'un brun-albide; derrière de la Tête noir; pourtour extérieur des Yeux albide; le troisième article des Antennes brun; Chète, Trompe et Pattes noirs; Palpes jaunes; Epistôme jaunâtre. Corselet d'un beau bleu cyané, à reflets pourprés et n'offrant que de légers reflets verts sur le dos. Le premier segment de l'Abdomen d'un bleu-noirâtre; les autres d'un beau vert-doré luisant. Balanciers jaunâtres : squame inférieure des Cuillerons brune ; Ailes claires.

Male : Tout-à-fait semblable ; le dos du Corselet peut être un peu plus verdoyant.

Nous possédons les deux sexes de cette espèce qu'on trouve au Printemps et en Eté. Elle se distingue du *Luc. cyanea* par son Abdomen verdoyant.

B. *Espèces vertes, vert-doré, n'offrant jamais de reflets pourprés.*

2044. — N° 41. Lucilia rostrellum, R.-D.

Lucilia rostrellum : Rob. Desv.-*Myod.*, 460, 31.
— — Macq.-*Buff.* II, 253, 7.

♂ et ♀. Obscure viridis; Frons lateribus fusco-metallicis ; Facies nigra ; Antennæ, Palpique fulvi. Abdomen incisuris impressis, nigrisque. Alæ sublimpidæ.

Long. 3 lignes 1/2.

Male et Femelle : Corps d'un vert métallique foncé ; côtés du Front d'un noir métallique ; Face noire ; Antennes et Palpes fauves; Epistôme rostriforme. Abdomen ayant sur les incisions des segments un anneau enfoncé noir. Pattes brunes. Cuillérons blanchâtres ; Ailes assez claires.

Cette espèce est fort rare.

2045. — N° 42. Lucilia pallipes, R.-D.

Lucilia pallipes : Rob. Desv.-*Myod.*, 461, 32.
— — Macq.-*Buff.* II, 253, 8.

♂. Antennis fuscis; Facie albescente; Palpis rubentibus. Thorax lateribus pallidis, dorso viridi-cyaneo. Abdomen subtus et basi pallidulum, dorso viridi-azureo. Pedibus pallescentibus. Alis limpidis.

Long. 3 lignes 1/2.

Male : Antennes brunes; Face blanchâtre; Palpes rougeâtres. Corselet pâle en dessous et sur les côtés, avec le dos vert-cyané. Abdomen pâle à la base et en dessous, avec le dos vert tendre azuré. Pattes pâles. Ailes claires.

Nous ne possédons qu'un Mâle de cette espèce; son mauvais état de conservation empêche d'en donner une meilleure description.

2046. — N° 43. Lucilia sapphirea, R.-D.

Lucilia sapphirea : Rob. Desv.-*Myod.*, 461, 33.

♂. Antennis, Pedibusque fusco-fulvescentibus; Facie albide subrubente; Faciei lateribus, Lateralibus, margine exteriore capitis sericeo-albidis; Palpis flavis. Thorax cæruleo-azureus, viridi irroratus. Abdomen azureo-violacinum, basi pallidula. Calyptis et Alis subobscuris.

Long. 3 lignes 1/2.

Male : Antennes et Pattes d'un brun-fauve; Face d'un blanc-pâle et un peu rougeâtre; côtés du Front, Latéraux, pourtour extérieur de la Tête soyeux-albide; Palpes jaunes. Corselet bleu-azuré et glacé de verdâtre. Abdomen d'un bel azuré-violet, avec sa base pâle. Cuillerons et Ailes un peu obscurs.

Nous n'avons jamais possédé qu'un Mâle de cette espèce.

2047. — N° 44. Lucilia violacina, R.-D. *Sp. ined.*

♂. Frontalibus, ultimo Antennarum articulo, Palpis fulvis aut fulvescentibus; Facie, Lateralibus, margine exteriore capitis sericeoalbis; Occipite, Proboscide, Pedibus nigris. Thorax viridi-nitidus, parvulis tessellis cyaneis; Scutelli dorso cyaneo-violacino. Abdomen viridi-nitidum, subcyaneum, primo segmento cæsio. Halteribus Calyptisque flavescentibus; Alis sordidiusculis.

Long. 6 lignes.

Male : Frontaux, dernier article des Antennes, Palpes rougeâtres; côtés de la Face, pourtour extérieur de la Tête soyeux-albide; derrière de la Tête, Chète, Trompe et Pattes noirs. Corselet vert-brillant, avec de légers reflets bleus; Ecusson violet ou violacé. Abdomen vert-brillant, légèrement azuré, avec le premier segment bleu de pruneau. Balanciers et Cuillerons un peu jaunâtres; Ailes sales à la base et le long de la côte extérieure.

Nous ne possédons qu'un Mâle de cette jolie et rare espèce trouvée en Eté dans un bois.

2048. — N° 45. Lucilia cylindrica, R.-D. *Sp. ined.*

♀. Frontalibus, Antennisque fuscis; Frontis lateribus superne nigro-viridescentibus, inferne albidis; Facie, Lateralibus, margine exteriore capitis sericeo-albidis; Occipite, Cheto, Proboscide, Pedibus nigris; Palpis fusco obscure fulvis. Thorax et Scutellum cærulea, dorso viridi irrorato. Abdomen cylindricum, viridi-cærulescens, nitidum, primo segmento cæruleo; secundi dorso concavo aut canaliculato. Halteribus flavescentibus: Calyptis albis; Alis claris, basi sordidiuscula.

Long. 5-6 lignes.

Femelle : Frontaux et Antennes bruns; côtés du Front noir-verdoyant en haut et albides en bas; Face, Latéraux, pourtour extérieur de la Tête soyeux-albide; derrière de la Tête, Chète, Trompe et Pattes noirs; Palpes d'un brun obscurément fauve. Corselet et Ecusson bleus, fortement glacés de vert sur le dos. Abdomen cylindrique, vert-bleuissant et luisant, avec le premier segment bleu ; le milieu du second segment est un peu enfoncé, avec l'apparence d'une petite ligne bleuâtre. Balanciers jaunâtres : Cuillerons blancs ; Ailes claires, avec la base un peu sale.

Nous ne possédons que la Femelle de cette espèce facile à distinguer à ses Palpes d'un brun-fauve et à son Abdomen cylindriforme sur la Femelle.

La nervure transverse de la Cellule γ C des Ailes fortement cintrée empêche de la classer parmi les PHÉNICIES.

2049. — N° 46. LUCILIA CÆRULEA, R.-D. *Sp. ined.*

♂. Tota cærulea, nitida ; Frontalibus, Medianeis, Antennis, Pedibus nigris ; Palpis subfulvis. Alæ basi nigricante.

Long. 5-6 lignes.

MALE : Tout le Corps d'un beau bleu ciel ; Frontaux et Médians noirs ; Face albicante ; Antennes, Chète, Trompe et Pattes noirs ; Epistôme jaunâtre ; Palpes d'un jaune-fauve ; le derrière de la Tête noir. Balanciers obscurs : squame inférieure des Cuillerons obscure ; Ailes à base noirâtre.

Nous ne possédons que le Mâle de cette jolie espèce.

2050. — N° 47. LUCILIA AZUREA, R.-D.

Lucilia azurea : Rob. Desv.-*Myod.*, 455, 10.
Musca azurea : Walk.-*British Mus. Ins.* IV, 880.

♂ et ♀. Frontalibus fulvidis : Frontis lateribus superne nigris, inferne fusco-albidis ; Antennis, Epistomate obscure fulvescentibus ; Medianeis, Palpis ferrugineis ; Occipite, Proboscide, Pedibus nigris ; Facie, margine exteriore capitis sericeo-albidis. Thorax cæruleo-azureus, tessellis viridescentibus; Scutello azureo. Abdomen azureo-viridescens, nitidum, primo segmento azureo. Halteribus flavescentibus : Calyptis albis; Alis claris.

Long. 4-5 lignes.

Male et Femelle : Frontaux d'un fauve-obscur : côtés du Front noirs en haut et d'un brun-albide en bas; Antennes et Epistôme d'un brun obscurément fauve · Médians et Palpes ferrugineux : derrière de la Tête, Trompe et Pattes noirs; Latéraux noirâtres; côtés de la Face et pourtour extérieur de la Tête soyeux-albide. Corselet bleu-azuré, avec des reflets verdâtres; Ecusson bleu d'azur. Abdomen azuré-verdâtre et brillant, avec le premier segment azuré. Balanciers jaunâtres : Cuillerons blancs; Ailes assez claires.

On trouve cette espèce en Eté et en Automne.

2051. — N° 48. Lucilia valida, R.-D. *Sp. ined.*

♀. Frontalibus nigris : Frontis lateribus superne nigro-viridescentibus, inferne albidis; Facie, Lateralibus, margine exteriore capitis sericeo-albidis; Antennis fuscis; Occipite, Proboscide, Pedibus nigris; Epistomate flavescente : Palpis luteis. Thorax cæruleus, viridi irroratus, Scutello cæruleo. Abdomen cæruleo-viridulans, nitidum, primo segmento viridi-cærulescente. Halteribus, Calyptisque flavescentibus : Alis sublimpidis.

Long. 7 lignes.

Femelle : Frontaux noirs : côtés du Front noir-verdâtre en haut et blancs en bas; Face, Latéraux, pourtour extérieur de la Tête soyeux-albide; Antennes brunes; derrière de la Tête, Trompe et Pattes noirs; Epistôme flavescent; Palpes jaunes. Corselet bleu ciel, glacé de vert, avec l'Ecusson bleu. Abdomen bleu-verdoyant luisant, avec le premier segment vert-bleuâtre. Balanciers et Cuillerons jaunâtres ; Ailes assez claires.

Cette espèce, dont nous ne connaissons que la Femelle, est plus forte que le *Luc. azurea*, et elle a les Frontaux noirs. Son Abdomen bleuâtre la différencie nettement du *Luc. lepida*. Nous l'avons trouvée en Automne.

2052. — N° 49. Lucilia cyanea, R.-D. *Sp ined.*

♂ et ♀. Frontalibus, Antennis, lateralibus, Pedibus nigris ; Facie albidula ; Medianeis subfuscis ; Oculorum orbitis subalbis ; Occipite fusco ; Palpis flavis. Thorax splendide cæruleus, dorso vix viridescente. Abdomen cæruleum, primo segmento infuscato ; postremis segmentis vix cærulescentibus. Halteribus flavis, Calyptis albidioribus ; Alis limpidis.

Long. 3-4 lignes.

Male et Femelle : Frontaux, Antennes, Chète et Pattes noirs ; côtés du Front d'un brun-cendré ; Face albicante ; Médians d'un brun obscurément fauve ; Epistôme d'un jaune-pâle ; Latéraux noirâtres ; derrière de la Tête noir ; pourtour extérieur des Yeux blanchâtre ; Palpes jaunes ; Trompe noire. Corselet d'un beau bleu de ciel, avec quelques reflets verdâtres sur le dos. Abdomen bleu de ciel ; le premier segment d'un bleu foncé ou noirâtre ; les deux derniers segments légèrement verdoyants. Balanciers jaunâtres : Cuillerons très-blancs ; Ailes claires.

Nous possédons les deux sexes de cette espèce dont les individus varient pour la taille. On la trouve dès le premier Printemps.

2053. — N° 50. Lucilia discolor, R.-D. *Sp. ined.*

♀. Frontalibus, Antennis, Cheto, Proboscide, Pedibus nigris ; Epistomate, Palpis flavis aut flavescentibus. Thorax viridi-cyanescens.

Abdomen primo segmento cæruleo-infuscato; cæteris segmentis cæruleis. Calyptorum squama inferiori subobscura; Alis sublimpidis.

Long. 4 lignes.

Femelle : Frontaux noirs : côtés du Front d'un brun-albide; Face albicante; Latéraux d'un noir-blanchâtre; derrière de la Tête d'un bleu très-foncé; Antennes, Chète, Trompe et Pattes noirs; Epistôme et Palpes jaunes. Corselet vert-brillant et fortement nuancé de reflets bleus. Premier segment de l'Abdomen bleu-foncé; les autres bleus. Balanciers flavescents : squame inférieure des Cuillerons obscure; Ailes assez claires.

Nous ne possédons que la Femelle de cette espèce trouvée dès le premier Printemps; elle diffère du *Luc. cyanea* par son Corselet plus vert que bleu.

2054. — N° 51. Lucilia solers, R.-D. *Sp. ined.*

♀. Simillima Luc. validæ; Thorax subaureus, dorso viridi-subaurato, tessellis cœruleis; Scutello viridi-cæruleo. Abdomen cæruleum, tessellis viridescentibus; primo segmento viridi-cæsio.

Long. 7 lignes.

Femelle : Tout-à-fait semblable au *Luc. valida*; le dessus du Corselet est vert un peu doré, avec des reflets bleus; Ecusson vert-bleuâtre. Abdomen bleu ciel, n'ayant que des reflets verts.

Nous ne possédons que la Femelle de cette espèce trouvée en Automne.

2055. — N° 52. Lucilia lepida, R.-D.

Lucilia lepida : Rob. Desv.-*Myod.*, 453, 2.

♀. Occipite, Frontalibus, Antennis, Cheto, Proboscide, Pedibus nigris; Epistomate flavescente; Palpis testaceis; Facie, Lateralibus, margine postico capitis sericeo-albidis. Thorax et Scutellum cærulea, tessellis viridulis. Abdomen viridi-nitidum, subaureum, segmentorum margine postico subtiliter cærulescente. Halteribus flavescentibus : Calyptis albis ; Alarum basi et costa exteriore sordidiusculis.

♂. Similis; paulo minor; Abdomen primo segmento cæruleo aut viridi-cærulescente. Calyptorum squama inferiori obscura.

Long. 3-7 lignes.

Femelle : Derrière de la Tête, Frontaux, Antennes, Chète, Trompe et Pattes noirs; côtés du Front d'un noir-verdâtre en dessus et albides en dessous; Epistôme jaunâtre; Palpes testacés; Face, Latéraux, pourtour extérieur de la Tête soyeux-albide. Corselet et Ecusson bleu de ciel, avec des reflets verdâtres. Abdomen vert-luisant un peu doré; le bord postérieur des segments finement bleuâtre. Balanciers jaunâtres : Cuillerons blancs; Ailes un peu sales à la base et le long de la côte extérieure.

Male : Semblable à la Femelle; le premier segment de l'Abdomen bleu ou vert-bleu. La squame inférieure des Cuillerons obscure.

On trouve cette espèce en Eté et en Automne; elle doit être voisine du *Musca sericata*, Meig., n° 3; on la distingue surtout à son Corselet bleu, tandis que son Abdomen est d'un vert d'eau brillant un peu doré. Sur quelques Femelles le premier segment de l'Abdomen est vert-bleuâtre.

Cette espèce varie beaucoup sous le rapport de la taille, et il n'est pas rare de trouver des individus qui offrent la nervure transversale de la Cellule γ C des Ailes presque droite.

2056. — N° 53. Lucilia affinis, R.-D. *Sp. ined.*

♂ et ♀. Simillima Luc. lepidæ; ultimo Antennarum articulo fulvescente.

Long. 3 lignes.

Male et **Femelle** : Tout-à-fait semblable au *Luc. lepida ;* le troisième article des Antennes d'un brun-fauve.

Nous possédons les deux sexes de cette espèce qu'on trouve en Eté. Ce n'est peut-être qu'une variété du *Luc. lepida.*

2057. — N° 54. Lucilia chrysigastris, R.-D. *Sp. ined.*

♀. Frontalibus nigris; Lateralibus infuscatis; ultimo Antennarum articulo fusco-fulvescente; Palpis flavis; Proboscide, Pedibus nigris. Thorax cœruleo-viridi-fulgens. Abdomen tribus postremis segmentis viridi-aureis, coruscis. Halteribus, Calyptis flavescentibus; Alis sublimpidis, basi sordidiuscula, disco subflavescente.

♂. Similis; paulo minor; Abdomen minus coruscum.

Long. 5-6 lignes.

Femelle : Frontaux noirs : côtés du Front d'un brun-albide ; Face albide ; Latéraux d'un brun-albide ; derrière de la Tête noir; pourtour extérieur des Yeux blanc ; le dernier article des Antennes d'un brun un peu fauve ; Chète brun-fauve ; Palpes jaunes ; Trompe et Pattes noirs. Corselet nuancé de bleu de ciel et de vert-doré. Les trois derniers segments de l'Abdomen d'un vert-doré rutilant. Balanciers et Cuillerons jaunâtres ; Ailes claires, à base un peu sale ; le disque est légèrement flavescent.

Male : Un peu plus petit ; Frontaux fauves ou d'un brun-fauve. Abdomen un peu moins doré.

Nous possédons les deux sexes de cette espèce qu'on trouve au Printemps et en Eté.

2058. — N° 55. Lucilia tepida, R.-D. *Sp. ined.*

♀. Similis Luc. chrysigastri ; ultimo Antennarum articulo obscure fulvo. Thorax late viridi-aureus, nitidus, nonnullis tessellis cyanescentibus; Scutello cæruleo. Abdomen viridi-aureo nitidum, minus scintillans quam in Luc. CHRYSIGASTRI.

♂. Similior; ultimo Antennarum articulo subfulvo. Abdomen tessellis cyanescentibus paulo manifestioribus.

Long. 5-6 lignes.

FEMELLE : Semblable au *Luc. chrysigastris;* le dernier article des Antennes obscurément fauve. Corselet vert-doré gai et luisant, avec quelques reflets bleuâtres ; Ecusson bleu. Abdomen vert-doré brillant, mais moins scintillant que celui du *Luc. chrysigastris.*

MALE : Tout-à-fait semblable; troisième article des Antennes fauve. Les reflets bleuâtres de l'Abdomen paraissent un peu plus prononcés.

Cette espèce se distingue nettement des *Luc. lepida* et *chrysigastris* par son Corselet plus brillant, plus doré et à peine bleuâtre; l'Ecusson est bleu; l'Abdomen est moins rutilant que sur le *Luc. chrysigastris;* il semble même affecter quelques reflets d'un bleuissant très-obscur sur un fond davantage vert d'eau.

Nous avons trouvé cette espèce en Automne.

2059. — N° 56. LUCILIA LIMPIDIPENNIS, R.-D.

Lucilia limpidipennis : Rob. Desv.-*Myod.*, 454, 8.

♂. Simillima Luc. LEPIDÆ ♂; differt Alis omnino limpidis, haud flavescentibus; Calyptis albis, nervo transverso γ C Alarum recto aut subrecto.

Long. 5 lignes.

MALE : Tout-à-fait semblable au *Luc. lepida* Mâle; les

Ailes sont tout-à-fait claires et sans aucune nuance flavescente; Cuillerons blancs; la nervure γ C des Ailes droite ou presque droite.

Nous ne possédons que le Mâle de cette espèce trouvée dès le premier printemps; nous l'avons rencontrée également pendant l'Eté.

2060. — N° 57. Lucilia gemma, R.-D. *Sp. ined.*

♀. Frontalibus nigris : Frontis lateribus superne nigris, inferne albidis; Antennis fuscis aut subfulvis; Faciei lateribus, Lateralibus, margine exteriore capitis sericeo-albidis; Epistomate flavescente; Palpis testaceis; Occipite fusco-viridescente; Proboscide, Pedibus nigris. Thorax viridi-aureus, nitidus, dorso ignito purpureo; Scutello viridi-aureo-nitido, nonnullis tessellis purpureis. Abdomen viridi-aureo-coruscum, dorso purpurascente. Halteribus flavescentibus : Calyptis albis; Alis flavescentibus.

♂. Similis; paulo minor; Calyptorum squama inferiore obscura.

Long. 4 lignes.

Femelle : Frontaux noirs : côtés du Front noirs en dessus et albides en bas; Antennes brunes ou rougeâtres; côtés de la Face, Latéraux, pourtour extérieur de la Tête soyeux-albide; Epistôme flavescent; Palpes testacés; derrière de la Tête brun-verdâtre; Trompe et Pattes noires. Corselet d'un beau vert-doré brillant, avec le dos enflammé et pourpré; Ecusson vert-doré brillant, offrant quelques reflets pourprés. Abdomen vert-doré rutilant, avec des nuances pourprées sur le dos. Balanciers flavescents : Cuillerons blancs; Ailes flavescentes.

Male : Semblable; un peu plus petit; squame inférieure des Cuillerons plus brune.

On trouve cette espèce en Eté.

2061. — N° 58. Lucilia pubescens, R.-D.

Lucilia pubescens : Rob. Desv.-*Myod.*, 454, 6.
— — Macq.-*Buff.* II, 252, 4.

♂ et ♀. Viridi-ægialeo nitens, parumper cyanea ; Abdomen subpubescens ; primo Abdominis ♂ segmento nigro. Facie argentea ; Palpis pallidis. Alæ sublimpidæ.

Long. 3 1/2-4 lignes.

Male et Femelle : Toute d'un beau vert d'eau un peu azuré, avec un léger duvet cendré sur l'Abdomen. Face et côtés du Front argentés ; Palpes pâles. Cuillerons blancs ; Ailes assez claires.

Le Mâle, qui est un peu plus petit, a le premier segment abdominal noir, avec une petite ligne dorsale noire sur le second segment.

Cette espèce est commune en France dans les endroits humides.

2062. — N° 59. Lucilia calens, R.-D.

Lucilia calens : Rob. Desv.-*Myod.*, 459, 24.
— — Macq.-*Buff.* II, 255, 20.

♂ et ♀. Frons lateribus metallicis ; Palpi nigri. Thorax viridi-aurulans. Abdomen viridi-aureum, incisuris impressis et nigris.

Long. 3 1/2-4 lignes 1/2.

Male et Femelle : Côtés du Front d'un vert-métallique ; Face argentée ; Palpes noirs. Corselet d'un vert-doré brillant. Abdomen d'un vert plus doré, avec les incisions des segments enfoncées et noires. Ailes claires.

J'ai trouvé cette espèce à Paris; M. Macquart l'a reçue de Bordeaux.

2063. — N° 60. LUCILIA SOROR, R.-D.

♂ *Lucilia soror :* Rob. Desv.-*Myod.*, 455, 9.
♀ — *modesta :* Rob. Desv.-*Myod.*, 454, 7.

♀. Similis Luc. PUBESCENTI; Tota viridi-aureo nitida, pubescens; Frontalibus, Antennis, Pedibus nigris; Facie albicante; Occipite viridescente; Epistomate, Palpis flavis aut subflavis. Calyptis albis; Alis sublimpidis.

♂. Similis; Abdomine glabrato, haud pubescente. Calyptorum squama inferiori obscuriore.

Long. 3-4 lignes.

FEMELLE : Tout-à-fait semblable au *Luc. pubescens;* Frontaux, Antennes, Trompe et Pattes noirs; côtés du Front d'un brun-albicant; Face albicante; Epistôme jaunâtre; derrière de la Tête verdoyant; Palpes d'un jaune-pâle. Corselet et Ecusson vert-doré. Abdomen vert-doré un peu plus luisant; les insertions segmentaires brunes. Corps garni d'un léger duvet. Balanciers jaunâtres : Cuillerons blancs; Ailes assez claires.

MALE : Un peu plus petit; le dos de l'Abdomen n'a pas de duvet. Squame inférieure des Cuillerons obscure; base des Ailes un peu plus sale.

Cette espèce habite au mois de Mai les localités voisines de l'eau.

2064. — N° 61. LUCILIA ÆSTUANS, R.-D. *Sp. ined.*

♂. Tota cum Scutello viridi-aureo ignita; Frontalibus, Pedibus nigris; Facie albicante; Palpis et Epistomate luteis. Alis sordidiusculis.

♀. Major; minus nitens, præsertim in Abdomine.

Long. 4-6 lignes.

Male : Tout le Corps d'un beau vert-doré enflammé ; Frontaux et Pattes noirs ; Antennes brunes ; Epistôme et Palpes jaunes ; Face albicante. Ecusson toujours doré-métallique. Balanciers d'un blanc-jaunâtre : Cuillerons blanchâtres ; Ailes un peu sales.

Femelle : Plus grande que le Mâle ; moins brillante, surtout à l'Abdomen dont les insertions segmentaires sont noires. Côtés du Front d'un brun-albide.

Cette espèce vit au mois de Juin ; nous en possédons les deux sexes pris ensemble ; elle a les plus grands rapports avec le *Luc. ingenua*, si ce n'est elle-même.

2065. — N° 62. Lucilia libera, R.-D. *Sp. ined.*

♂. Viridi-aureo-nitida ; Frontalibus, Pedibus nigris ; Epistomate, Palpis flavis. Thoracis dorso subignito. Abdominis dorso scintillante. Calyptis subalbis ; Alis basi subsqualida.

♀. Thorax viridi-aureo splendens, dorso vix subignito. Abdomine viridi-aureo-scintillante.

Long. 7 lignes.

Male : Frontaux et Pattes noirs ; Antennes brunes ; Face albicante ; Epistôme et Palpes jaunes ou jaunâtres. Corps vert-doré, un peu enflammé sur le dos du Corselet et sur l'Ecusson. Dos de l'Abdomen scintillant. Balanciers d'un blanc-jaunâtre : Cuillerons blanchâtres ; Ailes sales à la base et le long de la côte.

Femelle : Corselet vert-doré brillant, avec une légère nuance bleuissante. Abdomen vert-doré scintillant.

Cette espèce, trouvée en Mai et Juin, me paraît différer du *Luc. insignis* par le Corselet à nuance bleuâtre de la Femelle.

2066. — N° 63. LUCILIA VIRIDANA, R.-D. *Sp. ined.*

♂. Epistomate, Palpisque flavis aut subflavis. Thorax lateribus viridi-aureis nitidis, dorso ignito; Scutello Abdomineque viridi-nitidis.

Long. 5 lignes.

MALE : Frontaux et Pattes noirs; Antennes brunes ; Face albicante; Epistôme d'un jaune-pâle; Palpes jaunes. Corselet d'un beau vert-doré sur les côtés, avec le dos enflammé ; Ecusson et Abdomen vert-doré luisant. Balanciers blanchâtres; Ailes sales à la base et le long de la côte.

Nous ne possédons que le Mâle de cette espèce trouvée au mois de Juin.

2067. — N° 64. LUCILIA URENS, R.-D. *Sp. ined.*

♂. Tota viridi-aurea, ignita; Scutello viridi-aureo non ignito. Frontalibus, Palpis flavo-subfulvis. Alæ basi et costa exteriore sordidiusculis.

Long. 5 lignes.

MALE : Tout le Corps d'un beau vert-doré enflammé ; Ecusson vert-doré non enflammé. Frontaux et Pattes noirs; Antennes brunes; Face albicante; Epistôme et Palpes d'un jaune-fauve. Balanciers d'un blanc-obscur; Ailes sales à la base et le long de la côte.

Nous ne possédons qu'un Mâle de cette espèce trouvée au mois de Juin.

2068. — N° 65. LUCILIA FAUSTA, R.-D. *Sp. ined.*

♂. Frontalibus subfulvis; Epistomate, Palpisque flavis. Thorax dorso ignito. Abdomine viridi-aureo.

♀. Metallica, minus corusca ; Thorax dorso vix subignito.

Long. 4-5 lignes.

MALE : Frontaux d'un brun-rougeâtre ; Antennes brunes ; Face albicante ; Epistome et Palpes jaunes. Corselet d'un beau vert-doré brillant sur les côtés, enflammé sur le dos et à l'Ecusson. Abdomen vert-doré luisant. Pattes noires. Balanciers bruns : squame inférieure des Cuillerons obscure ; Ailes à base et à côte extérieure lavées de fuligineux.

FEMELLE : Semblable ; moins brillante ; côtés du Front d'un brun-albide. Dos du Corselet à peine un peu enflammé. Cuillerons blancs.

Nous possédons les deux sexes de cette espèce trouvée au mois de Juin ; nous avons également en notre possession une variété dont le Mâle et la Femelle, pris en Juin, ont l'Abdomen plus brillant ; nous avions d'abord le projet d'en faire une espèce sous le nom de *Luc. micans*.

2069. — N° 66. LUCILIA LÆVIS, R.-D. *Sp. ined.*

♂ et ♀. Viridi-aureo-nitida ; Thoracis dorso ignito, præsertim in ♂ ; Scutello viridi-aureo-subignito. Abdomine viridi.

Long. 5 lignes.

MALE et FEMELLE : Corps d'un beau vert-doré luisant ; Frontaux, Antennes et Pattes noirs ; Epistôme et Palpes jaunâtres. Le dos du Corselet enflammé, principalement sur le Mâle. L'Abdomen affecte une apparence verdâtre.

Nous avons pris les deux sexes de cette espèce au mois de Juin.

2070. — N° 67. LUCILIA DIFFUSA, R.-D. *Sp. ined.*

♂. Viridi-aurea, nitida, dorso subignito ; scutello viridi-aureo nitido.
♀. Thorax viridi-aureus, nitidus, subcyanescens, dorso haud ignito.

Long. 4-5 lignes.

Male : Frontaux et Pattes noirs; Epistôme et Palpes jaunes. Corps vert-doré luisant; le dos du Corselet un peu enflammé; Ecusson vert-doré. Balanciers jaunâtres; Ailes un peu sales à la base et le long de la côte.

Femelle : A une certaine lumière, le Corselet est légèrement nuancé de bleuissant; dos du Corselet non enflammé.

Cette espèce vit au mois de Mai; elle a les plus grands rapports avec le *Luc. insignis*, mais l'Ecusson des Mâles est plus brillant et moins vert; sur le *Luc. fausta*, l'Ecusson est enflammé.

2071. — N° 68. Lucilia floralis, R.-D. *Sp. ined.*

♂. Similis Luc. pratensi; Thorax minus coruscus. Abdomen viridi-ægialeum, non scintillans.

Long. 3 lignes.

Male : Semblable au *Luc. pratensis*; Corselet moins rutilant. Abdomen vert d'eau luisant.

Nous ne possédons que des Mâles de cette espèce trouvée au mois de Mai.

2072. — N° 69. Lucilia obscurella, R.-D. *Sp. ined.*

♂. Viridi-nitida, subobscura; Antennis fuscis; Epistomate fusco-pallescente : Faciei lateribus, Lateralibus, margine exteriore capitis fusco albidis; Palpis flavo-pallidulis. Abdominis primo segmento cæsio. Femoribus nigris; Tibiis fusco-pallescentibus. Halteribus pallidulis : Calyptis albis; Alis limpidis.

Long. 3 lignes.

Male : Corps vert luisant un peu obscur; Antennes brunes; Epistôme brun-pâle; côtés de la Face, Latéraux, pourtour extérieur de la Tête brun-albide; Palpes jaune-pâle. Le premier segment de l'Abdomen bleu de pruneau. Cuisses noires; Jambes d'un brun un peu clair. Balanciers pâles : Cuillerons blancs; Ailes claires.

Sur cette espèce, tous les caractères annoncent une dégradation rapide de la Lucilie; nous ne possédons que le Mâle trouvé en Automne.

2073. — No 70. Lucilia fulvicornis, R.-D. *Sp. ined.*

♂. Viridi-aurea, vix cærulescens; Antennis fulvis aut subfulvis; Medianeis, Palpisque fulvescentibus. Pedibus nigris. Halteribus obscuris : Calyptis albis; Alis limpidis, basi sordidiore.

Long. 5 lignes.

Male : Corps vert-doré et n'offrant que des reflets cérulés; Antennes fauves ou d'un brun-fauve; Médians et Palpes rougeâtres; côtés de la Face d'un brun-cendré. Pattes noires. Balanciers blanchâtres : Cuillerons blancs; Ailes claires, avec la base un peu sale.

Je ne possède que le Mâle de cette espèce facile à distinguer à ses Antennes fauves.

2074. — No 71. Lucilia marginalis, R.-D. *Sp. ined.*

♂ et ♀. Viridi-aurea, plus minusve nitens; Frontalibus, Cheto, Pedibus nigris; Antennis nigricantibus. Abdomen segmentorum margine postico nigro. Calyptis albide obscuris; Alæ basi et costa exteriore sordidiusculis.

Long. 3-7 lignes.

Femelle : Corps vert-doré plus ou moins brillant; Frontaux, Chète et Pattes noirs; côtés du Front d'un brun-albicant; Face albicante; Antennes brunes ou noirâtres; Palpes et Epistôme jaunes ou jaunâtres. Ecusson vert-doré. Le bord postérieur des segments de l'Abdomen noir. Balanciers un peu jaunâtres : Cuillerons obscurs, Ailes un peu sales à la base et le long de la côte.

Male : Semblable; un peu plus petit, un peu plus brillant; les segments de l'Abdomen moins distinctement bordés de noir ou de bleu en arrière.

Cette espèce abonde à la fin du mois de Mai dans certaines localités humides. A une certaine lumière quelques individus affectent des reflets bleuissants sur le Corselet. Une variété est vert-doré, un peu enflammé; il faut se garder d'en faire une espèce.

Il n'est pas rare d'observer des différences notables sur la nervure transversale des Ailes qui est presque toujours fortement cintrée, mais qui, par des passages successifs, peut devenir tout-à-fait droite.

2075. — N° 72. Lucilia limbata, R.-D. *Sp. ined.*

♂ et ♀. Simillima Luc. marginali; Thorax dorso cæruleo-viridescente aut viridi-cærulescente; Scutello cæruleo. Abdomen incisuris fusco-cærulescentibus aut subcæruleis, tessellis dorsalibus cærulescentibus.

Long. 3-6 lignes.

Male et Femelle : Tout-à-fait semblable au *Luc. marginalis;* Corselet vert-bleu ou bleu-verdâtre; Ecusson bleu. Les incisions des segments peuvent être bleuâtres ou d'un noir-bleuâtre; le Mâle offre des nuances bleuâtres sur le dos de la Femelle.

On trouve cette espèce au mois de Mai.

2076. — N° 73. Lucidia chrysella, R.-D. *Sp. ined.*

♂. Affinis Luc. limbatæ; Thorax viridi-aureus, subcyanescens; Scutello cyaneo. Abdomine ægialeo-nitido.

Long. 3 lignes.

MALE : Voisin du *Luc. limbata;* le fond du Corselet est vert-doré bleuissant et non bleu; Ecusson bleu. Abdomen vert-doré.

Nous ne possédons que le Mâle de cette espèce trouvée au mois de Mai; on la distingue surtout à son Corselet dont le fond est vert et non bleu.

2077. — N° 74. LUCILIA NITIDULA, R.-D. *Sp. ined.*

♀. Affinis LUC. CHRYSIGASTRI ; Thorax cæruleo-viridis. Abdomen viridi-aureo-coruscum.

♂. Similis ; Thorax viridi-aureus, nitidus, vix nonnullis tessellis cyanescentibus.

Long. 3-3 lignes 1/2.

FEMELLE : Voisine du *Luc. chrysigastris ;* Corselet bleu-verdoyant. Abdomen vert-doré rutilant.

MALE : Semblable : Corselet vert-doré, avec quelques nuances bleuissantes.

Nous possédons les deux sexes de cette espèce qui vit au Printemps ; on la distingue du *Luc. marginalis* surtout à son Abdomen d'un doré-brillant ; les incisions segmentaires de l'Abdomen ne paraissent pas être noires.

2078. — N° 75. LUCILIA CÆSIA, R.-D. *Sp. ined.*

♂. Facie fusca ; Antennis, Proboscide, Palpis, Pedibusque nigris. Thorax cæsius, cinereo paulisper lineatus. Abdomen cæruleum. Halteres fusci : Calyptis albis ; Alis limpidis, basi fusca.

Long. 3-4 lignes.

MALE : Face brune ; Antennes, Trompe, Palpes et Pattes noirs. Corselet bleu de pruneau luisant, avec des lignes d'un cendré-obscur. Abdomen bleu foncé luisant. Balanciers bruns : Cuillerons blancs; Ailes claires, avec la base sale.

Je ne possède que le Mâle de cette espèce.

2079. — N° 76. LUCILIA SUMPTUOSA, R.-D. *Sp. ined.*

♀. Azureo-ægialea; Frontis lateribus nigris; Frontalibus obscure fuscis; Genis fuscis; Faciei lateribus argenteis; Antennis, Proboscide, Pedibus nigris; Palpis testaceis. Thorax paulisper cinereo subpubescens. Abdominis primo segmento cæsio. Halteribus fuscis : Calyptis albis; Alis limpidis, nervis basilaribus nigris.

Long. 5 lignes.

FEMELLE : Tout le Corps d'un bel azuré, avec des reflets vert d'eau; Frontaux d'un brun-obscur : côtés du Front noirs; Joues noires; côtés de la Face argentés; Antennes et Pattes noires; Palpes testacés. Un très-léger duvet cendré glace un peu le Corselet. Le premier segment de l'Abdomen est bleu de pruneau. Balanciers bruns : Cuillerons blancs; Ailes claires, avec les nervures noires à la base.

J'ai pris cette espèce au mois de Juin sur une OMBELLIFÈRE; je ne connais pas le Mâle.

2080. — N° 77. LUCILIA VIRIDIS, R.-D. *Sp. ined.*

♀. Pubescens, viridi-aurea, nitens, nullo modo cyanea; Facie argentea; Frontis basi viridi-metallica; Antennis, Pedibus nigris; Palpis testaceis. Halteribus obscuris : Calyptis albis; Alis limpidis.

Long. 4 lignes.

FEMELLE : Côtés du Front cendrés, avec leur base d'un vert-métallique; Face argentée; Palpes testacés. Corps d'un beau vert-doré, sans aucune apparence azurée. Un très-léger duvet cendré sur l'Abdomen. Pattes noires. Balanciers obscurs : Cuillerons blancs; Ailes claires.

Je ne possède que la Femelle de cette espèce.

La nervure transversale de l'Aile est droite ou presque droite dans cette espèce et dans les suivantes.

2081. — N° 78. LUCILIA NUPTIALIS, R.-D. *Sp. ined.*

♂ et ♀. Similior LUC. MARGINALI; viridi-aurea; Frontalibus, Antennis, Palpis, Pedibus nigris; Frontis lateribus metallice viridibus. Abdominis marginibus haud cærulescentibus, Abdominisque primo segmento cæruleo aut viridi-cærulescente.

Long. 3-7 lignes.

MALE et **FEMELLE** : Semblable au *Luc. marginalis;* un peu plus petite ; côtés duFront d'un vert-métallique à la base; le bord postérieur des segments de l'Abdomen n'offre pas de bleu; il est très-finement noirâtre; le premier segment est bleu ou d'un vert-bleuâtre.

Je possède les deux sexes de cette espèce qu'on ne peut distinguer du *Luc. marginalis* qu'avec beaucoup d'attention ; elle paraît être assez rare et on la trouve au mois de Juillet.

2082. — N° 79. LUCILIA SCINTILLA, R.-D. *Sp. ined.*

♂. Tota viridi-cupræa ignita; Antennis, Palpis, Proboscide, Pedibus, nigris; Facie fusca, lateribus argenteis. Thorax Abdomine magis ignitum; Abdominis primo segmento cæruleo; segmentorum margo posterior certo situ cærulescens. Halteribus subfuscis : Calyptis albis ; Alarum basi costaque sordidis.

Long. 4-5 lignes.

MALE : Antennes, Trompe, Palpes et Pattes noirs; Face brune ; ses côtés argentés. Tout le Corps d'un beau vert-doré cuivreux, plus enflammé sur le Corselet que sur l'Abdomen dont le premier segment est bleu; à une certaine lumière, le bord postérieur des segments paraît bleuâtre. Balanciers noirâtres : Cuillerons blancs ; Ailes sales à la base et le long de la côte.

Cette espèce habite les localités marécageuses, en Eté.

369. — XXX. Genre PHÉNICIE.
XXX. *Genus PHÆNICIA*, R.-D.

Caractères des Lucilies ; un intervalle un peu plus large entre les Yeux du Mâle ; seconde division de la Trompe presque solide ; Palpes noirs, rarement d'un brun-obscur ; Epistome noir ; bord postérieur des segments bleu ou bleuâtre.

La nervure transversale de la Cellule γ C des Ailes légèrement cintrée et presque droite, même droite.

Teintes pourprées, dorées, vertes, bleuissantes.

Gen. Luciliæ characteres ; Oculis in ♂ magis intervallo separatis ; Haustelli secunda divisione fere solida ; Palpis nigris, rarius bruneo-obscuris vel flavis ; Epistomate nigro. Segmentorum Abdominis margine postico cærulescente vel cæruleo.

In Cellula γ C Alarum nervus transversus leviter arcuatus, fere rectus, sæpe rectus.

Insecta purpureo, aureo-viridi vel cæruleo colorantur.

Les caractères de ce genre nous ont paru assez tranchés pour nous permettre d'établir une coupe nouvelle qui facilitera les recherches au milieu des races nombreuses de Muscides métalliques qu'il nous a été donné de rencontrer et de décrire.

Nous pensons qu'aucune espèce de ce genre n'a encore été signalée.

A. *Espèces pourpres ou bien vertes, à reflets écarlates ou pourpres.*

2083. — No 1. Phænicia coccinea, R.-D. *Sp. ined.*

♂. Supra coccinea, nitida, infra viridi-aurea ; Occipite, Frontalibus,

Antennis, Lateralibus, Palpis, Pedibusque nigris; Frontis lateribus, Facieque albidis. Alis basi sordida,

♀. Similis; Abdomen segmentorum incisuris cæsiis.

Long. 3-5 lignes.

Male : Côtés du Front et Face blancs; Frontaux, derrière de la Tête, Antennes, Palpes, Latéraux et Pattes noirs. Le dessus du Corps d'un beau rouge écarlate très-brillant; le dessous du Corps vert-doré luisant. Le premier segment de l'Abdomen vert-noirâtre. Balanciers blanchâtres : squame supérieure des Cuillerons blanche, l'inférieure un peu obscure; base des Ailes sale.

Femelle : Semblable; bord postérieur des segments de l'Abdomen garni d'un liseré bleu de pruneau.

Nous possédons les deux sexes de cette jolie espèce trouvée en Septembre.

2084. — N° 1. Phænicia purpurea, R.-D. *Sp. ined.*

♂. Supra ignito-purpurea, infra viridi-aurea; Frontalibus, Antennis, Proboscide, Occipite, Pedibus nigris; Cheto flavescente; Palpis fusco-pallidis. Abdomen primo segmento viridi-cærulescente; reliquorum segmentorum margine postico subtilissime cæruleo. Halteribus sublimpidis : Calyptis albis; Alarum disco flavescente.

Long. 3 lignes 1/2.

Male : Corps vert-doré brillant en dessous et d'un beau pourpré enflammé en dessus; Face, Latéraux, pourtour extérieur de la Tête soyeux-albide; Frontaux, Antennes, Trompe et Pattes noirs; Chète flavescent; Palpes d'un brun-pâle. Le premier segment de l'Abdomen vert-bleuâtre; le bord postérieur des suivants finement bleu. Balanciers assez clairs :

Cuillerons très-blancs; Ailes lavées de flavescent, avec la base sale.

Nous ne possédons que le Mâle de cette jolie espèce trouvée en Eté; elle ressemble à une chryside.

2085. — N° 3. Phænicia scintilla, R.-D. *Sp. ined.*

♂. Affinis Phæn. purpureæ; paulo minor; viridi-aureo-nitida, supra ignito-purpurascens; Facies fusca, lateribus argenteis; Antennis, Proboscide, Pedibus nigris; Palpis subfuscis. Abdomen primo segmento cæruleo, reliquorum segmentorum margine postico cærulescente. Halteribus sublimpidis: Calyptis albis; Alis sordidiusculis.

Long. 3 lignes.

Male : Semblable au *Phœn. purpurea;* un peu plus petit; côtés de la Face argentés; Antennes, Trompe et Pattes noirs; Palpes bruns ou d'un brun-obscur. Corps d'un beau vert-doré luisant, avec la majeure partie du dos du Corselet et de l'Abdomen pourprés; le premier segment de l'Abdomen bleu; le bord postérieur des segments suivants finement bleuâtre. Balanciers assez clairs: Cuillerons blancs; Ailes sales à la base.

On trouve cette espèce en Eté et en Automne sur les fleurs des Ombellifères; elle est tout-à-fait semblable au *Ph. purpurea,* dont elle ne diffère que par sa taille moins forte, par des teintes pourprées moins vives, par ses Palpes plus bruns.

2086. — N° 4. Phænicia favilla, R.-D. *Sp. ined.*

♂. Similis Phæn. scintillæ; paulo minor; Palpis obscure fulvescentibus. Thorax cum Scutello purpureo scintillans. Abdomen viridi-aureum, nitidum, tessellis purpureis.

Long. 3 lignes.

MALE : Semblable au *Ph. scintilla;* un peu plus petit ; Palpes d'un brun obscurément fauve. Ecusson et dos du Corselet d'un pourpré-brillant un peu moins vif. Abdomen vert-doré brillant et seulement avec des reflets pourprés sur le dos.

Nous ne possédons que des Mâles de cette espèce trouvée en Automne et tout-à-fait voisine du *Ph. scintilla*. L'Ecusson et le dos du Corselet commencent à être moins pourprés. L'Abdomen n'offre plus que des reflets de cette dernière couleur.

Par sa taille, par son port, cette espèce a aussi les plus grands rapports avec le *Ph. flagrans*; mais elle est plus pourprée et ses Palpes sont d'un brun obscurément fauve.

2087. — N° 5. PHÆNICIA FLAVIPALPIS, R.-D. *Sp. ined.*

♂. Frontalibus, Antennis, Pedibus nigris; Palpis flavis; Fronte minus angustato. Thorax lateribus viridi-aureis, dorso Scutelloque purpureis. Abdomen viridi-aureum, dorso ignite purpurascente. Calyptis subalbis; Alis disco sordido.

Long. 3 lignes.

MALE : Front assez large; Frontaux noirs; côtés du Front bruns; Face d'un brun-albide; derrière de la Tête noir; Antennes noirâtres; Palpes jaunes ou jaunâtres; Trompe et Pattes noires. Corselet vert-doré sur les côtés, avec le dos et l'Ecusson pourprés. Abdomen vert-doré, avec le dos nuancé de pourpre; on y distingue aussi quelques reflets cyanés. Balanciers jaunâtres : Cuillerons blancs; Ailes à disque d'un jaunâtre sale.

Nous ne possédons que le Mâle de cette espèce trouvée en Eté; elle se distingue aisément à ses Palpes flavescents qui tendent à la rapprocher des LUCILIES; mais l'Epistôme, la largeur du Front et les Ailes la placent parmi les PHÉNICIES.

2088. — N° 6. PHÆNICIA OBSCURIPALPIS, R.-D. *Sp. ined.*

♂. Affinis PHÆN. ERYTHREÆ; paulo minor; Frontalibus, Occipite, Antennis, Proboscide, Pedibus nigris; Palpis fusco-pallidis. Thorax viridi-aureus, dorso ignito purpurascente; Scutello viridi-aureo-nitido. Abdomen viridi-aureum, nitidum, tessellis interdum ignitis; primo segmento cæruleo; reliquorum segmentorum margine postico subtilius cærulescente. Halteribus sublimpidis : Calyptorum squama inferiore vix obscura; Alarum basi sordidiuscula.

Long. 3 lignes 1/2.

MALE : Voisin du *Phæn. erythrea;* plus petit; Frontaux, derrière de la Tête, Antennes, Trompe et Pattes noirs ; Palpes d'un brun-pâle. Corselet vert-doré, avec le dos enflammé et un peu pourpré. Ecusson vert-doré brillant. Abdomen vert-doré brillant, parfois avec des reflets enflammés ; le premier segment bleu ; le bord postérieur des autres segments finement bleuâtre. Balanciers assez clairs : squame inférieure des Cuillerons à peine obscure; Ailes un peu sales à la base.

On trouve cette espèce en Automne. Sans ses Palpes d'un brun-pâle, il serait facile de la confondre avec les *Ph. teres* et *flagrans*, dont l'Abdomen du reste est beaucoup moins brillant. Nous ne possédons que des Mâles.

2089. — N° 7. PHÆNICIA PYROCHROA, R.-D. *Sp. ined.*

♂. Supra ignito cerasina, nitidissima ; infra viridi-aureo nitida ; Frontis lateribus, Facieque fusco-subalbidis ; Occipite, Frontalibus, Antennis, Lateralibus, Palpis, Pedibus nigris. Abdomen segmentis postice nigro subemarginatis. Alæ basi squalide flavescente.

♀. Similis ; paulo major.

Long. 4-5 lignes.

MALE : Côtés du Front et Face d'un brun-albide ; derrière de la Tête ; Frontaux, Antennes, Latéraux, Palpes et Pattes noirs. Le dessus du Corps d'un beau rouge cerise très-brillant, mais sans aucun reflet écarlate; le dessous est d'un beau doré luisant. Le bord postérieur des segments de l'Abdomen offre un petit liseré noirâtre plus ou moins prononcé. Balanciers d'un blanc un peu obscur : la squame inférieure des Cuillerons blanche, l'inférieure un peu plus obscure; Ailes sales à la base.

Femelle : Semblable; un peu plus forte.

Nous possédons les deux sexes de cette jolie espèce qu'on trouve au mois de Septembre; les teintes de tout le dessus du Corps sont d'un beau rouge cerise ardent semblable à celui du fer dans la fournaise et sans aucun reflet écarlate, ce qui la distingue du *Ph. coccinea.*

2090. — N° 8. Phænicia gratiosa, R.-D. *Sp. ined.*

♂. Affinis Phæn. coccineæ; minor. Thorax coccineo-purpurascens. Abdomen ignito rutilans. Palpis obscure fusco-testaceis.

Long. 3 lignes.

Male : Voisin du *Phæn. coccinea;* taille plus petite. Corselet et Ecusson pourpre-écarlate. Abdomen rouge enflammé rutilant. Palpes d'un brun-testacé obscur. Tige des Balanciers brune : Cuillerons blancs; Ailes un peu sales.

Nous ne possédons que des Mâles de cette espèce trouvée en Septembre; plus petite que le *Ph. coccinea,* elle n'a point l'Abdomen d'un rouge pourpré.

2091. — N° 9. Phænicia ignea, R.-D. *Sp. ined.*

♂. Similis Ph. pyrochroæ; Thorax dorso ignito, non ignito flammeo aut incandescente.

♀. Similis; Abdomen segmentorum incisuris cæsiis.

Long. 3-5 lignes.

Male : Côtés du Front et Face albides; derrière de la Tête, Frontaux, Antennes, Palpes et Pattes noirs. Le dessus du Corselet d'un beau rouge cerise, le dessous vert-doré brillant. Le dessus de l'Abdomen enflammé, mais non rouge cerise; à une certaine lumière il paraît plutôt verdoyant; le bord postérieur des segments d'un brun verdoyant. Balanciers à tige jaunâtre : la squame inférieure des Cuillerons un peu plus obscure que la supérieure; Ailes noirâtres à la base.

Femelle : Semblable; le bord postérieur des segments de l'Abdomen garni d'un liseré bleu de pruneau.

Nous possédons les deux sexes de cette espèce qu'on trouve au mois de Septembre; on la distingue du *Ph. pyrochroa*, dont elle est très-voisine, par son Abdomen rouge-brillant sur le dos, mais non d'un beau rouge cerise ou de flamme comme sur le Corselet; l'absence complète de reflets rouge cerise la distingue nettement du *Ph. calidula*.

2092. — N° 10. Phænicia calidula, R.-D. *Sp. ined.*

♂. Thorax ignito-flammeus. Abdomen dorso ignito, tessellis nonnullis flammeis; incisuris segmentorum violacinis.

♀. Thorax viridi-aureo ignito-subflammeus; Scutello ignito-flammeo. Abdomen ignito-subflammeum, incisuris segmentorum violaceis.

Long. 3-4 lignes.

Male : Face d'un brun-albide; derrière de la Tête, Frontaux, Antennes, Palpes et Pattes noirs. Le dessus du Corselet rouge cerise brillant, avec le dessous vert-doré luisant. Le dos de l'Abdomen d'un rouge enflammé, avec des reflets rouge cerise. Balanciers blanchâtres : squame inférieure des Cuillerons un peu plus obscure que la supérieure; Ailes noirâtres à la base et le long de la côte.

Femelle : Plus forte ; dos du Corselet vert-doré enflammé passant au rouge cerise ; Ecusson plus brillant. Abdomen vert-doré enflammé passant au rouge cerise, avec un liseré violacé au bord postérieur des segments ; ce liseré est plus prononcé que sur le Mâle.

Nous possédons les deux sexes de cette espèce trouvée en Septembre ; voisine du *Ph. pyrochroa,* elle est moins enflammée ; la Femelle tend même à passer au vert-doré simplement enflammé ; on la distingue surtout au bord postérieur des segments de l'Abdomen qui est violacé ; on ne distingue que des reflets rouge cerise sur le dos de l'Abdomen.

2093. — N° 11. Phænicia pyroïs, R.-D. *Sp. ined.*

♂. Palpi testacei. Thorax dorso et Scutello purpurascentibus. Abdomen dorso ignito corusco.

♀. Thorax viridi-aureo subignito, Scutello ignito.

Long. 3 lignes.

Male : Face albide ; derrière de la Tête, Frontaux, Antennes, Trompe et Pattes noirs ; les Palpes sont réellement d'un brun-testacé, quoique paraissant bruns. Tout le dessus du Corps d'un beau rouge écarla tepourpré, même sur l'Ecusson ; le dessous du Corselet est vert-doré brillant ; le dos est d'un beau rouge enflammé. L'Abdomen est un peu moins brillant ; le dessous est d'un vert-bleuâtre. Cuillerons blancs ; Ailes un peu sales.

Femelle : Corselet vert-doré légèrement enflammé, moins enflammé que sur le Mâle, avec l'Ecusson enflammé. Abdomen vert-doré-rouge enflammé.

Nous avons rencontré cette espèce en Septembre ; elle est très-voisine du *Ph. calidula.*

2094. — N° 12. PHÆNICIA ARDENS, R.-D. *Sp. ined.*

♂. Affinis PHÆN. PYROÏ; Thorax dorso Scutelloque ignito purpurascentibus, coruscis. Abdomen dorso ignito, non subpurpureo.

Long. 3 lignes.

MALE : Semblable au *Phœn. pyroïs;* dos du Corselet et Ecusson d'un beau rouge pourpré. Le dos de l'Abdomen est d'un rouge enflammé moins vif. Palpes noirs ou au moins couleur de café.

Nous ne possédons que des Mâles de cette espèce trouvée en Septembre; un peu plus petite que le *Ph. pyroïs*, elle s'en distingue par ses Palpes presque noirs et par le dos de son Abdomen d'un enflammé non pourpré.

2095. — N° 13. PHÆNICIA ERYTHREA, R.-D. *Sp. ined.*

♂. Facici lateribus, Lateralibus margineque exteriore capitis, sericeo-albidis; Frontalibus, Antennis, Cheto, Palpis, Pedibus nigris. Thorax viridi-aureus, nitidus, dorso, Scutelloque ignito purpureis. Abdomen viridi-aureum, nitidum, dorso subpurpureo; primo segmento viridi aut viridi-cærulescente. Halteribus brunicosis : Calyptis albescentibus; Alis sordidiusculis.

Long. 4 lignes 1/2.

MALE : Frontaux, Antennes, Chète, Trompe, Palpes, derrière de la Tête et Pattes noirs; côtés de la Face, Latéraux et pourtour extérieur de la Tête soyeux-albide. Corselet vert-doré, avec le dos et l'Ecusson d'un vert-pourpré scintillant. Abdomen vert-doré brillant, avec le dos d'un pourpré enflammé; le premier segment vert ou vert-bleuâtre. Balanciers bruns : Cuillerons blanchâtres; Ailes assez sales.

Nous ne possédons que le Mâle de cette espèce trouvée à la fin de l'Automne.

2096. — N° 14. Phænicia ignita, R.-D. *Sp. ined.*

♂. Viridi-aurea, nitida, Scutello, dorsoque Thoracis ignito rubentibus. Abdomen absque tessellis rubentibus; primo segmento cæsio; reliquorum segmentorum margine postico cæruleo. Halteribus obscuris : Calyptorum squama inferiore fuscescente; Alarum basi sordida.

Long. 3 lignes.

Male : Corps d'un beau vert-doré brillant, avec l'Ecusson et le dos du Corselet d'un doré enflammé légèrement pourpré. Abdomen sans reflets enflammés sur le dos ; le premier segment bleu de pruneau ; les autres segments bordés de bleu en arrière. Antennes, Palpes et Pattes noirs. Balanciers obscurs : squame inférieure des Cuillerons d'un blanc-brunâtre ; Ailes un peu sales.

Nous ne possédons que des Mâles de cette espèce qu'on trouve en Eté et en Automne.

Voisine du *Ph. erythrea,* elle est constamment plus petite et n'a pas de reflets enflammés sur le dos de l'Abdomen. Elle offre aussi les plus grands rapports avec le *Ph. flammea* qui est plus fort. Sur cette espèce la nervure transversale de la Cellule γ C des Ailes peut être presque droite.

2097. — N° 15. Phænicia viva, R.-D. *Sp. ined.*

♂. Frontalibus, Antennis, Cheto, Palpis, Occipite, Pedibus nigris; Facie, Lateralibus, margine exteriore capitis sericeo-albidis. Thorax viridi-aureus, nitidus, dorso purpureo-ignito; Scutello viridi-aureo ignito, absque tessellis purpureis. Abdomen viridi-aureum, nitidum, tessellis dorsalibus ignitis; primo segmento cæsio ; reliquorum segmentorum margine postico subtiliter cærulescente. Halteribus obscuris : Calyptorum squama inferiore obscura; Alis sordidiusculis.

♀. Thorax viridi-aureus, leviter ignitus, Scutello viridi. Abdomen viridi-aureo-nitidum, dorso subignito.

Long. ♂ 4 lignes ; ♀ 5 lignes.

MALE : Frontaux, Antennes, Chète, derrière de la Tête, Trompe, Palpes et Pattes noirs ; côtés de la Face, Latéraux, pourtour extérieur de la Tête soyeux-albide. Corselet vert-doré brillant, avec le dos enflammé pourpré ; Ecusson vert-doré enflammé, sans reflets pourprés. Abdomen vert-doré brillant, avec des reflets enflammés sur le dos ; le premier segment bleu de pruneau ; le bord postérieur des autres segments finement bleuâtre. Balanciers obscurs ; squame inférieure des Cuillerons obscure ; Ailes un peu sales.

FEMELLE : Corselet vert-doré légèrement enflammé ; Ecusson vert. Abdomen vert-doré brillant, avec le dos enflammé.

On trouve cette espèce en Eté et en Automne. Plus forte que le *Phœn. ignita*, elle offre sur le dos du Mâle des reflets pourprés moins ardents. Son Ecusson est sans reflets pourprés. La Femelle est plus brillante que celle du *Ph. teres.*

Cette espèce a en outre les plus grands rapports avec le *Ph. erythrea* dont le Mâle est d'un pourpré beaucoup plus vif.

2098. — N° 16. PHŒNICIA DECORA, R.-D. *Sp. ined.*

♂. Antennis, Proboscide, Pedibus nigris, Palpis testaceis. Thorace Scutelloque læte aureo-ignito scintillantibus. Abdomen viridi-aureum, coruscum, incisuris segmentorum cyanescentibus. Calyptis albis ; Alis sublimpidis.

Long. 3 lignes.

MALE : Frontaux, Antennes, Trompe et Pattes noirs ; Palpes testacés ; Face albicante. Dos du Corselet et Ecusson d'un beau doré couleur de flamme et très-luisant. Abdomen vert-doré luisant, avec les incisions segmentaires bleuâtres. Balanciers jaunâtres : Cuillerons blancs ; Ailes assez claires.

Nous ne possédons que le Mâle de cette espèce prise sur la fin du mois de Mai.

2099. — N° 17. PHÆNICIA FLAMMEA, R.-D. *Sp. ined.*

♀. Occipite, Frontalibus, Antennis, Cheto, Proboscide, Palpis, Pedibus nigris ; Frontis lateribus superne nigris, inferne albis ; Facie, Lateralibus, margine exteriore capitis sericeo-albidis. Thorax viridi-aureus, nitidus, dorso, Scutelloque purpureo coruscis. Abdomen ægialeum, subaureum, primo segmento cæsio ; reliquorum segmentorum margine postico subtiliter cærulescente. Halteribus albescentibus : Calyptis albis ; Alis basi fuliginosa.

♂. Similis, Palpis interdum æruginosis. Calyptorum squama inferiore fuscescente.

Long. 5 lignes.

FEMELLE : Côtés du Front noirs en haut et blancs en bas ; Face, Latéraux et pourtour extérieur de la Tête soyeux-albide ; Frontaux, derrière de la Tête, Antennes, Chète, Trompe, Palpes et Pattes noirs. Corselet vert-doré brillant, avec le dos et l'Ecusson d'un pourpré scintillant. Abdomen vert d'eau doré brillant ; le premier segment bleu ; le bord postérieur des autres segments finement bleu. Balanciers blanchâtres : Cuillerons blancs ; Ailes sales à la base.

MALE : Semblable à la Femelle ; la squame inférieure des Cuillerons un peu plus brune. Les Palpes peuvent être d'un brun-rougeâtre.

On trouve cette espèce en Automne ; voisine des *Ph. erythrea* et *rutila*, elle en diffère par ses teintes pourprées moins rutilantes sur le Corselet, tandis que ces mêmes teintes pourprées manquent sur le dos de l'Abdomen.

2100. — N° 18. PHÆNICIA AMŒNA, R.-D. *Sp. ined.*

♂. Totum Corpus supra ignito flammeo nitidissimum, absque tessellis purpureis aut coccineis; Palpis nigris aut fuscis aut fusco-subfulvis.

♀. Similis; paulo major. Abdomen incisuris segmentorum nigricantibus.

Long. 4 lignes.

MALE : Tout le dessus du Corps d'un beau rouge cerise très-brillant, sans reflets écarlates; Palpes noirs, bruns, d'un brun obscurément fauve, avec le sommet d'un testacé-obscur.

FEMELLE : Tout-à-fait semblable ; un peu plus grosse ; les incisions des segments de l'Abdomen brunes.

Nous possédons les deux sexes de cette espèce trouvée en Septembre; elle diffère du *Ph. ignæa* par l'absence de teintes écarlates sur le Corselet et sur l'Ecusson ; plus voisine du *Ph. æstuans*, elle est plus brillante, principalement sur le dos de l'Abdomen.

Il importe bien de noter les Palpes qui sont bruns, avec le sommet d'un testacé-obscur.

2101. — N° 19. PHÆNICIA FLAMMULA, R.-D. *Sp. ined.*

♂. Corpus supra ignito flammeo scintillans ; Scutello viridi-aureo, vix ignito. Palpis nigris.

Long. 4 lignes.

MALE : Tout le dessus du Corps d'un beau rouge de feu éclatant; le dessous est d'un beau vert-doré métallique brillant; Ecusson moins enflammé à une certaine lumière et presque vert-doré. Face albide; derrière de la Tête, Frontaux,

Antennes, Palpes et Pattes noirs. Tige des Balanciers d'un brun-obscur : Cuillerons blancs ; Ailes à base noirâtre.

Nous ne connaissons que le Mâle de cette espèce trouvée en Septembre.

2102. — No 20. PHÆNICIA ÆSTUANS, R.-D. *Sp. ined.*

♂. Palpi coffeani. Thorax supra ignito flammeus; Scutello ad lentem haud incandescente, sed viridi-aureo nitido. Abdomen viridi-aureo subignitum, incisuris segmentorum viridescentibus.

Long. 3-3 lignes 1/2.

MALE : Côtés du Front et Face d'un brun-albide ; derrière de la Tête, Frontaux, Antennes et Pattes noirs ; Palpes couleur de café. Corselet rouge cerise sur le dos, tandis qu'il est vert-doré brillant en dessous ; Ecusson vert-doré brillant ; la loupe ne le montre pas rouge. Abdomen vert-doré enflammé, avec le bord postérieur des segments vert. Balanciers blanchâtres : Ailes noirâtres à la base et le long de la côte.

Nous ne possédons que des Mâles de cette espèce trouvée au mois de Septembre ; l'Ecusson non coloré en rouge vif la distingue nettement des espèces précédentes.

2103. — No 21. PHÆNICIA CORUSCA, R.-D. *Sp. ined.*

♂. Palpi nigri, perobscure fulvescentes. Thorax primo segmento supra viridi-aureo ignito; secundi tertiique segmenti dorso Scutelloque ignito purpureis, coruscis. Abdomen dorso viridi-aureo subignito.

Long. 3 lignes.

MALE : Face albide ; derrière de la Tête, Frontaux, Antennes et Pattes noirs ; Palpes d'un brun très-obscurément fauve. Le premier segment du Corselet vert-doré enflammé sur le dos ; les deux autres segments et l'Ecusson d'un beau rouge enflammé pourpré. Abdomen vert-doré enflammé sur le dos. Balanciers bruns : squame inférieure des Cuillerons un peu obscure ; Ailes un peu sales.

Nous ne possédons que le Mâle de cette jolie espèce trouvée au mois de Septembre. On la distingue à l'éclat pourpré des deux derniers segments du Corselet et surtout de l'Ecusson ; elle est tout-à-fait voisine du *Ph. œstuans* et surtout du *Ph. pyroïs*. Les Palpes paraissent noirs, mais sous un rayon de soleil ils sont d'un noir très-obscurément fauve.

2104. — N° 22. PHÆNICIA HILARIS, R.-D. *Sp. ined.*

♂. Palpi nigri. Thorax supra viridi-aureus, nitidus, nonnullis tessellis ignitis. Abdomen viridi-aureo-cærulescens, dorso ignito purpurascente. Alæ squalidæ.

Long. 3 lignes.

MALE : Côtés du Front bruns ; Face albide ; derrière de la Tête, Frontaux, Antennes, Trompe, Palpes et Pattes noirs. Corselet vert-doré brillant, avec quelques reflets enflammés sur le dos et sur l'Ecusson. L'Abdomen, qui est d'un vert-doré-bleuissant, offre de larges reflets pourprés sur le dos. Balanciers obscurs : Cuillerons blancs ; Ailes un peu sales.

Nous ne possédons que le Mâle de cette espèce tout-à-fait distincte par son Corselet qui n'est plus d'un rouge enflammé et par les reflets un peu pourprés de son Abdomen qui tend à bleuir. Les Palpes sont noirs ; peut-être deviennent-ils un peu plus clairs sous un rayon de soleil.

L'individu qui nous a servi de type a été trouvé au mois de Septembre.

2105. — N° 23. PHÆNICIA PUMICEA, R.-D. *Sp. ined.*

♂. Frontalibus, Occipite, Antennis, Cheto, Proboscide, Palpis, Pedibus nigris; Facie, Lateralibus, margine exteriore capitis sericeo-albidis. Thorax viridi-aureo nitidus, dorso Scutelloque dense purpureis. Abdomen viridi-aureum, dorso purpureo; primo segmento cæsio, reliquorum segmentorum margine postico cærulescente. Halteribus fuscis : Calyptorum squama inferiore obscura; Alis sordidis.

Long. 3 lignes 1/2.

MALE : Frontaux, derrière de la Tête, Antennes, Trompe, Palpes et Pattes noirs ; côtés de la Face, Latéraux, pourtour extérieur de la Tête soyeux-albide. Corselet vert-doré brillant, avec le dos et l'Ecusson d'un beau pourpré luisant. Abdomen vert-doré, avec le dos pourpré ; le premier segment bleu ; le bord postérieur de suivants finement bleuâtre. Balanciers bruns : squame inférieure des Cuillerons un peu obscure; Ailes sales.

Nous ne possédons que le Mâle de cette espèce trouvée en Automne. Ses teintes sont d'un pourpré foncé très-brillant.

2106. — N° 24. PHÆNICIA PROPINQUA, R.-D. *Sp. ined.*

♂. Affinis PH. PYROÏDI; Palpi fusci. Thorax dorso Scutelloque ignito-coccineis. Abdomen subignitum et ad quamdam lucem viridulans.

Long. 3 lignes.

MALE : Semblable au *Ph. pyroïs ;* Palpes d'un brun obscurément fauve. Dos du Corselet et Ecusson d'un beau rouge écarlate. Abdomen enflammé sur le dos et paraissant vert à une certaine lumière.

Nous ne possédons que le Mâle de cette espèce trouvée en Septembre.

2107. — N° 25. PHÆNICIA DULCIS, R.-D. *Sp. ined.*

♂. Palpi fusco-subfulvi. Thorax dorso ignito, tertio segmento Scutelloque ignito flammeis. Abdomen viridi-aureum, incisuris segmentorum cyanescentibus.

Long. 3 lignes.

MALE : Palpes d'un brun-fauve à une certaine lumière. Dos du Corselet enflammé ; le troisième segment et l'Ecusson d'un rouge enflammé beaucoup plus vif. Abdomen vert-doré, avec le bord postérieur des segments bleuissant. Balanciers bruns ; Cuillerons blanchâtres.

Nous ne possédons que le Mâle de cette espèce trouvée en Septembre.

2108. — N° 26. PHÆNICIA PAUPERATA, R.-D. *Sp. ined.*

♂. Affinis PH. ÆSTUANTI ; Thorax dorso ignito. Abdomen viridi-aureum, nitidum, vix subignitum. Halteribus albis : Calyptorum squama inferiore subbrunicosa.

Long. 3 lignes.

MALE : Voisin du *Ph. æstuans* ; côtés du Front et de la Face d'un brun-albide ; derrière de la Tête, Frontaux, Antennes, Palpes et Pattes noirs. Corselet vert-doré enflammé sur le dos et vert-doré brillant en dessous. Abdomen vert-doré luisant, à peine un peu enflammé ; le bord postérieur des segments vert-bleuâtre. Balanciers blancs : squame supérieure des Cuillerons blanche, l'inférieure brunâtre ; Ailes à base noirâtre.

Nous ne possédons que le Mâle de cette espèce trouvée au mois de Septembre. Elle a la plus grande ressemblance avec le *Ph. æstuans*, mais le dos de l'Abdomen est vert-doré brillant et à peine un peu enflammé.

2109. — N° 27. Phænicia pretiosa, R.-D. *Sp. ined.*

♂ et ♀. Occipite, Frontalibus, Antennis, Pedibus nigris; Palpis nigro obscure fulvescentibus. Corpus supra viridi-aureo ignitum, coruscum, infra viridi-aureo nitidum. Halteribus Calyptisque albis; Alæ basi sordidiuscula.

Long. 4-5 lignes.

Male et Femelle : Côtés du Front, Face et Latéraux d'un brun-albide; derrière de la Tête, Frontaux, Antennes, Trompe et Pattes noirs; Palpes d'un brun-fauve. Tout le dessus du Corps d'un beau vert-doré enflammé luisant; le dessous est vert-doré luisant. Balanciers et Cuillerons blancs; Ailes un peu sales à la base.

Nous possédons les deux sexes de cette jolie espèce trouvée au mois de Septembre. Tout le dessus du Corps est d'un beau vert-doré enflammé tirant sur la teinte rouge cerise; elle conduit aux espèces dorées. Il est certain que sous un rayon de soleil les Palpes sont d'un brun qui passe au fauve.

2110. — N° 28. Phænicia locuples, R.-D. *Sp. ined.*

♀. Palpi testacei. Corpus supra viridi-aureo ignitum, coruscum.

Long. 5-6 lignes.

Femelle : Tout le dessus du Corps d'un beau vert-doré enflammé; Face d'un brun-albide; derrière de la Tête, Frontaux, Antennes, Trompe et Pattes noirs; Palpes testacés. Balanciers obscurs : Cuillerons blancs; Ailes assez claires.

Nous ne possédons que la Femelle de cette espèce trouvée en Septembre; elle diffère surtout du *Ph. pretiosa* par ses teintes un peu plus brillantes et par ses Palpes manifestement testacés.

2111. — N° 29. PHÆNICIA LABIALIS, R.-D. *Sp. ined.*

♂. Tertio Antennæ articulo, Chetoque subfulvis; Epistomate flavescente; Palpis flavis. Thorax dorso Scutelloque ignito purpurescentibus. Abdomen dorso ignito rutilante. Calyptis obscuris; Alis sordidis.

Long. 4 lignes.

MALE : Face d'un brun-albide ; Epistôme jaune ou jaunâtre; derrière de la Tête, Frontaux et Pattes noirs ; le troisième article des Antennes et le Chète fauves ; Palpes jaunes. Corselet et Ecusson d'un beau rouge pourpré. Abdomen enflammé. Balanciers obscurs : Cuillerons brunâtres ; Ailes sales.

Nous pensons inutile d'insister sur les caractères de cette espèce qu'on trouve en Septembre.

2112. — N° 30. PHÆNICIA RUBRELLA, R.-D. *Sp. ined.*

♂. Affinis PHÆN. LABIALI ; Antennis fuscis : Cheto nigro ; Palpis flavis ; Epistomate flavescente. Alis minus sordidis.

Long. 4 lignes.

MALE : Tout le dessus du Corps d'un beau rouge de feu et pourpré; Antennes brunes ; Chète noir ; Epistôme jaunâtre ; Palpes jaunes. Ailes un peu sales.

Nous ne possédons que le Mâle de cette espèce trouvée en Septembre.

2113. — N° 31. PHÆNICIA VAGA, R.-D. *Sp ined.*

♂. Affinis PHÆN LABIALI ; paulo minor ; Epistomatis margine solo flavicante ; Antennæ tertio articulo fusco-fulvescente ; Palpis flavis.

Long. 3 lignes 1/2.

MALE : Semblable au *Ph. labialis;* un peu plus petit; le troisième article des Antennes d'un brun-fauve; Palpes jaunes; le seul bord de l'Epistôme jaune ou jaunâtre.

Nous ne possédons que le Mâle de cette espèce trouvée en Septembre.

2114. — No 32. PHÆNICIA DIMIDIATA, R.-D. *Sp. ined.*

♀. Antennæ nigræ; Palpi testacei. Thoracis primum segmentum dorso viridi-nitidum; secundum, tertium et Scutellum cum Abdominis dorso ignito-coruscis.

Long. 4-5 lignes.

FEMELLE : Face albide; derrière de la Tête, Frontaux, Antennes et Pattes noirs; Palpes d'un jaune-testacé. Le premier segment du Corselet vert-doré sur le dos; les deux autres, ainsi que l'Ecusson et l'Abdomen, d'un beau rouge enflammé rutilant. Balanciers blanchâtres, Cuillerons blancs.

Nous ne possédons que la Femelle de cette espèce trouvée en Septembre.

2115. — No 33. PHÆNICIA PRÆSTANS, R.-D. *Sp. ined.*

♂. Palpi nigri. Thorax dorso ignito rutilante; Scutello viridi aut viridescente. Abdomen dorso subignito,

Long. 4 lignes.

MALE : Palpes paraissant noirs. Dos du Corselet enflammé brillant; Ecusson vert ou vert-doré brillant. Abdomen vert-doré un peu enflammé. Tige des Balanciers obscure : Cuillerons blanchâtres; disque des Ailes assez clair.

Nous ne possédons que le Mâle de cette espèce trouvée en Septembre.

2116. — N° 34. PHÆNICIA DORSALIS, R.-D. *Sp. ined.*

♂. Palpi fulvo-testacei. Thorax viridi-aureus, dorso scintillante, leviter purpureo; Scutello viridi-aureo nitente. Abdomen viridi-aureo nitidum, primo segmento cæruleo; aliis segmentis parte inferiore leviter cæruleis. Halteres limpidi : Calypta albida, squama inferiore vix obscura; Alæ basi sordida.

Long. 3 lignes 1/2.

MALE : Voisin du *Ph. erythrea;* plus petit; Frontaux, derrière de la Tête, Trompe et Pattes noirs; le dernier article des Antennes d'un brun-fauve; Palpes d'un fauve-testacé. Corselet vert-doré, avec le dos enflammé un peu pourpré. ; Ecusson vert-doré brillant paraissant vert ou vert-doré derrière le Corselet. Abdomen vert-doré brillant, avec des reflets enflammés; le premier segment bleu; le bord postérieur des autres très finement bleu. Balanciers assez clairs : Cuillerons blancs, avec la squame inférieure à peine obscure; Ailes un peu sales à la base.

On trouve cette espèce en Eté et en Automne; sans ses Palpes d'un fauve-testacé, il serait facile de la confondre avec les *Ph. teres* et *flagrans* dont l'Abdomen au reste est beau coup moins brillant; la squame inférieure des Cuillerons est presque entièrement blanche.

Cette espèe est encore très-voisine du *Phæn. pratensis,* dont les Palpes sont jaunes. Nous ne possédons que des Mâles.

2117. — N° 35. PHÆNICIA VIRIDULANS, R.-D. *Sp. ined.*

♂. Affinis PH. DORSALI; Abdomen dorso viridi haud scintillante.

Long. 3 lignes.

Male : Semblable au *Ph. dorsalis;* le dos de l'Abdomen vert, sans aucun reflet enflammé.

Nous ne possédons que des Mâles de cette espèce trouvée en Septembre.

2118. — N° 36. Phænicia insignita, R.-D. *Sp. ined.*

♂. Palpi basi subfulva, apice nigro. Thorax dorso viridi-aureo-corusco; Scutello ignito. Abdomen ægialeum, incisuris segmentorum, cyanescentibus. Halteribus fuscis.

Long. 5 lignes.

Male : Face d'un brun-albide; derrière de la Tête, Frontaux, Antennes, Trompe et Pattes noirs. Dos du Corselet vert-doré brillant; Ecusson enflammé. Abdomen vert d'eau, avec un liseré bleu au bord postérieur des segments. Palpes fauves à la base, avec le sommet noir. Balanciers bruns : la squame inférieure des Cuillerons plus brune que la supérieure; Ailes sales à la base.

Nous ne possédons que le Mâle de cette espèce trouvée en Septembre et facile à distinguer à son Ecusson couleur de feu.

2119. — N° 37. Phænicia fulgens, R.-D. *Sp. ined.*

♂. Corpus suprà viridi-aureo ignitum; Scutello viridi-cyanescente. Palpis testaceis aut subtestaceis.

Long. 3 lignes.

Male : Palpes testacés. Tout le dessus du Corps d'un beau vert-doré enflammé; Ecusson vert un peu bleuissant. Cuillerons blanchâtres et Ailes un peu sales.

Nous ne possédons que les Mâles de cette espèce trouvée en Septembre; le dernier article des Antennes peut être d'un brun un peu fauve.

2120. — N° 38. PHÆNICIA IMPATIENS, R.-D. *Sp. ined.*

♂ et ♀. Simillima PH. ERYTHREÆ; differt Palpis fulvis, subfulvis, haud nigris.

Long. 4 lignes 1/2.

MALE et FEMELLE : Tout-à-fait semblable au *Ph. erythrea:* mais les Palpes au lieu d'être noirs sont fauves.

Nous possédons les deux sexes de cette espèce qui ne diffère du *Ph. erythrea* que par la couleur de ses Palpes ; plus grosse que le *Ph. obscuripalpis*, elle s'en distingue par son Ecusson pourpré.

2121. — N° 39. PHÆNICIA SCUTELLARIS, R.-D. *Sp. ined.*

♂. Palpi fusco obscure fulvescentes. Corpus supra rubro ignitum ; Scutello viridi-aureo, haud rubro. Alæ basi sordidiuscula.

Long. 5 lignes.

MALE : Face albide ; derrière de la Tête, Frontaux, Antennes, Trompe et Pattes noirs ; Palpes d'un noir obscurément fauve. Le dessus du Corps d'un beau rouge enflammé brillant; Ecusson vert-doré. Le dos de l'Abdomen avec des reflets enflammés moins prononcés que sur le Corselet. Tige des Balanciers obscure : Cuillerons blancs; Ailes à base sale.

Nous ne possédons que le Mâle de cette espèce trouvée en Septembre ; elle a les plus grands rapports avec les *Ph. ignea* et *calidula;* mais son Ecusson simplement vert-doré la distingue au premier coup d'œil ; en outre les Palpes ne sont pas entièrement noirs.

2122. — N° 40. PHÆNICIA PRATENSIS, R.-D. *Sp. ined.*

♂ et ♀. Antennæ ultimo articulo subfulvo ; Palpi flavi. Thorax dorso ignito, tessellis purpurascentibus ; Scutello viridi-aureo nitido, non purpurascente, ad quamdam lucem subignito. Abdomen viridi-aureum, subignitum. Alæ sublimpidæ.

Long. 4 lignes.

Male et Femelle : Face albide ; derrière de la Tête, Frontaux, Trompe et Pattes noirs ; le troisième article des Antennes d'un brun-fauve ; Palpes jaunes. Corselet vert-doré luisant, avec le dos enflammé et offrant des reflets pourprés ; Ecusson vert-doré brillant et paraissant un peu enflammé sous une certaine lumière ; pas de reflets pourprés. Abdomen vert-doré brillant, avec quelques nuances enflammées. Balanciers obscurs : Cuillerons blancs ; Ailes assez claires.

Nous possédons les deux sexes de cette espèce trouvée en Septembre ; elle n'a pas l'Ecusson vert-bleuâtre du *Ph. venusta ;* il paraît plutôt un peu enflammé.

2123. — N° 41. Phænicia lepida, R.-D. *Sp. ined.*

♂. Occipito, Frontalibus, Antennis, Palpis, Pedibus nigris. Thorax dorso ignito ; Scutello viridi-aureo nitido. Abdomen dorso viridi-aureo subignito. Halteribus, Calyptisque albis ; Alæ limpidæ, basi sordidiuscula.

Long. 5 lignes.

Male : Face et Latéraux albides ; derrière de la Tête, Frontaux, Antennes, Palpes et Pattes noirs. Corselet enflammé sur le dos et vert-doré en dessous ; Ecusson vert-doré brillant, non enflammé. Abdomen vert-doré brillant un peu enflammé. Balanciers et Cuillerons blancs ; Ailes assez claires, un peu sales à la base.

Nous ne possédons que des Mâles de cette jolie espèce trouvée en Septembre ; on la distingue aisément à son Ecusson vert-doré derrière, à son Corselet enflammé et aux Palpes noirs.

2124. — N° 42. PHÆNICIA VENUSTA, R.-D. *Sp. ined.*

♂. Palpi fusco-testacei aut testacei. Thorax dorso ignito, Scutello viridi-aureo nitido. Abdomen dorso subignito.

Long. 4 lignes.

MALE : Face et Latéraux albides ; derrière de la Tête, Frontaux, Antennes, Trompe et Pattes noirs ; Palpes d'un brun obscurément fauve ou testacé. Corselet enflammé sur le dos et vert-doré en dessous ; Ecusson vert-doré brillant non enflammé. Abdomen vert-doré brillant un peu enflammé. Balanciers et Cuillerons blancs ; Ailes claires, un peu sales à la base.

Nous ne possédons que des Mâles de cette espèce trouvée en Septembre ; elle offre de grands rapports avec le *Ph. lepida*, mais elle est plus petite et ses Palpes, au lieu d'être entièrement noirs, sont d'un brun-testacé ou testacés ; son Ecusson vert-doré la fait distinguer au premier abord.

2125. — N° 43. PHÆNICIA PROMPTA, R.-D. *Sp. ined.*

♂. Supra viridi-aureo subignita, nitida ; Palpis testaceis. Scutello viridi-aureo. Halteribus obscuris.

Long. 4 lignes.

MALE : Corps d'un beau vert-doré presqu'enflammé ; Ecusson vert-doré brillant non enflammé. Face et Latéraux albides ; derrière de la Tête, Frontaux, Antennes, Trompe et Pattes noirs ; Palpes testacés. Balanciers obscurs : Cuillerons blancs ; Ailes claires, à base un peu sale.

Nous ne possédons que le Mâle de cette espèce trouvée en Septembre : elle offre des teintes moins enflammées que les espèces précédentes et ses Palpes sont testacés.

2126. — N° 44. PHÆNICIA NITIDA, R.-D. *Sp. ined.*

♂. Palpi nigri. Thorax dorso viridi aureo ignito; Scutello viridi-aureo. Abdomen viridi aureum, tessellis cyanescentibus; primo segmento cæruleo; reliquorum margine postico cyanescente. Calyptorum squama inferiore fuscescente; Alis basi subfusca.

Long. 4 lignes.

MALE : Face albide; derrière de la Tête; Frontaux, Antennes, Palpes et Pattes noirs. Dos du Corselet vert-doré enflammé. Abdomen vert-doré un peu bleuâtre; le premier segment bleu de ciel; le bord postérieur des autres segments bleu ou bleuâtre. Tige des Balanciers brune : squame inférieure des Cuillerons brunissante; Ailes assez claires.

Nous ne possédons que le Mâle de cette espèce trouvée en Septembre; l'Abdomen commence à prendre une teinte bleuâtre; les Palpes sont noirs, même sous un rayon solaire.

2127. — N° 45. PHÆNICIA BLANDA, R.-D. *Sp. ined.*

♂ et ♀. Palpi nigri; Antennæ fusco-fulvescentes. Thorax dorso ignito subpurpureo; Scutello ad lentem viridi-cyanescente. Abdomen ægialeo nitidum, primo segmento cæsio; reliquorum margine posteriore paulisper cyanescente; ventre viridi-cæruleo. Halteribus subfuscis : Calyptis albidioribus; Alis disco sordidiusculo.

Long. 4 1/2-5 lignes.

FEMELLE : Face d'un brun-albide; derrière de la Tête, Frontaux, Latéraux, Palpes et Pattes noirs; Antennes d'un brun-fauve. Corselet vert-doré brillant, avec le dos enflammé un peu pourpré; Ecusson vert-bleu à la loupe; à une certaine lumière il peut paraître enflammé. Abdomen vert d'eau doré brillant, avec le premier segment bleu, le bord postérieur des autres segments finement bleu et le dessous de l'Abdomen vert-bleu. Balanciers brunâtres : Cuillerons très-blancs; disque des Ailes un peu sale.

MALE : Semblable; un peu plus petit.

Nous avons trouvé cette espèce en Automne; on la distingue aisément à ses Antennes d'un brun-fauve et à son Abdomen vert d'eau tendant à tirer sur le bleu.

Sur la Femelle l'Ecusson est vraiment vert-bleuâtre quoiqu'il paraisse enflammé à une certaine lumière ; sur le Mâle, il est d'un vert plus prononcé. Les Palpes m'ont paru entièrement noirs, même sous un rayon solaire.

2128. — N° 46. PHÆNICIA AURATA, R.-D. *Sp. ined.*

♀. Supra tota viridi-aureo ignita ; Palpi nigri. Abdomen incisuris viridi-cœsiis. Alæ sublimpidæ, basi subsqualida.

Long. 6 lignes.

FEMELLE : Tout le Corps vert-doré enflammé en dessus et vert-doré brillant en dessous ; côtés du Front d'un brun-albide; Face blanche; derrière de la Tête, Frontaux, Antennes, Palpes et Pattes noirs. Bord postérieur des segments de l'Abdomen offrant un liseré bleu de pruneau et verdoyant. Balanciers jaunâtres : Cuillerons blancs ; Ailes assez claires, avec la base un peu sale.

Nous ne possédons que la Femelle de cette espèce trouvée en Septembre; elle est tout-à-fait voisine du *Ph. pretiosa ;* mais elle est d'un rouge un peu moins vif et ses Palpes sont noirs ; peut-être pourrait-on leur surprendre un peu de fauve obscur sous un rayon solaire très-favorable.

2129. — N° 47. PHÆNICIA FLORALIS, R.-D. *Sp. ined.*

♂ et ♀. Tota viridi-aurea, corusca ; Palpis nigris. Thoracis dorso Scutelloque ignitis. Abdomen ♀ incisuris segmentorum cæsiis.

Long. 3 lignes.

MALE et FEMELLE : Tout le Corps d'un beau vert-doré brillant ; Palpes noirs. Le dos du Corselet et de l'Ecusson sont enflammés. Le bord postérieur des segments de l'Abdomen d'un bleu de pruneau sur la Femelle. Tige des Balanciers obscure ; Ailes assez claires, avec la base un peu sale.

Nous possédons les deux sexes de cette espèce trouvée en Septembre ; elle est voisine du *Ph. aurata*, mais beaucoup plus petite et ses teintes enflammées sont moins prononcées.

2130. — N° 48. PHÆNICIA BICOLOR, R.-D. *Sp. ined.*

♂ et ♀. Simillima PH. AURATÆ ; Palpi fulvi. Thorax cæruleus aut cæruleo-viridescens.

Long. 6 lignes.

MALE et FEMELLE : Semblable au *Ph. aurata ;* mais le Corselet est bleu-verdoyant. Palpes fauves. Sur la Femelle, les insertions des segments de l'Abdomen sont noires.

Nous possédons les deux sexes de cette espèce qui paraît au mois de Mai et un peu avant le *Ph. aurata*.

2131. — N° 49. PHÆNICIA CAMPESTRIS. R.-D. *Sp. ined.*

♂ et ♀. Palpi coffeani. Thorax dorso viridi-aureo ignito ; Scutello ignito corusciore. Abdomen dorso viridi-aureo nitido.

Long. 4-5 lignes.

MALE et FEMELLE : Palpes couleur de café. Dos du Corselet

vert-doré enflammé; Ecusson encore plus brillant. Abdomen vert-doré luisant. Tige des Balanciers brune : Cuillerons blanchâtres; Ailes assez claires.

Nous possédons les deux sexes de cette espèce trouvée en Septembre.

2132. — N° 50. PHÆNICIA CONCINNA, R.-D. *Sp. ined.*

♀. Palpi flavescentes. Thorax cum Scutello viridi-aureus. Abdomen dorso rutilante.

Long. 4 lignes.

FEMELLE : Côtés du Front d'un brun-blanchâtre; Face blanche; derrière de la Tête, Frontaux, Antennes et Pattes noirs; Palpes flavescents. Corselet et Ecusson vert-doré. Abdomen vert-doré rutilant. Tige des Balanciers obscure : Cuillerons blancs; Ailes assez claires.

Cette espèce, qu'on trouve en Automne, se distingue aisément par son Abdomen rutilant et ses Palpes flavescents; nous ne connaissons que des Femelles.

2133. — N° 51. PHÆNICIA DESES, R.-D. *Sp. ined.*

♂. Palpi testacei. Thorax dorso et Scutello ignito flammeus. Abdomen dorso viridi-aureo nitido, ad quamdam lucem subviridi.

Long. 2 1/2-3 lignes.

MALE : Palpes testacés. Le dessus du Corselet et l'Ecus- d'un beau rouge vif enflammé. Abdomen vert-doré, paraissant un peu vert à une certaine lumière. Tige des Balanciers brune : Cuillerons blanchâtres; Ailes un peu sales.

Nous ne possédons que le Mâle de cette espèce trouvée en Septembre.

2134. — N° 52. PHÆNICIA DOCILIS, R.-D. *Sp. ined.*

♂ et ♀. Affinis PH. PRETIOSÆ; minor; Palpi fusco subfulvi. Thorax dorso et Scutello viridi-aureis, coruscis, non ignitis. Abdomen dorso viridi-aureo nitido. Alæ sublimpidæ.

Long. 3-4 lignes.

MALE : Voisin du *Ph. pretiosa;* plus petit ; Face albïde ; derrière de la Tête, Frontaux, Antennes et Pattes noirs ; Palpes d'un brun-fauve. Corselet d'un beau vert-doré luisant à peine un peu enflammé. Abdomen vert-doré luisant. Tige des Balanciers brune; Ailes assez claires.

FEMELLE : Semblable ; un peu plus grosse.

Cette espèce, dont nous possédons les deux sexes, a été trouvée en Septembre. Voisine du *Ph. pretiosa,* elle en diffère par une taille plus petite et par le dos du Corselet non enflammé.

2135. — N° 53. PHÆNICIA GEMMULA, R.-D. *Sp. ined.*

♂ et ♀. Palpi fulvi aut obscure fulvi. Thorax viridi-aureo rutilans, nonnullis tessellis subignitis. Abdomen viridi-aureum, rutilans, subignitum. Alæ limpidæ.

Long. 3 1/2-4 lignes.

FEMELLE : Frontaux noirs : côtés du Front d'un brun-albide ; Face albide ; derrière de la Tête verdoyant ; Antennes noires ou noirâtres ; Palpes fauves ou d'un fauve un peu brun. Corselet d'un beau vert-doré brillant et n'offrant que de légers reflets enflammés. Abdomen d'un beau vert-doré luisant, comme enflammé. Pattes noires. Balanciers un peu bruns : Cuillerons blancs ; Ailes claires.

MALE : Semblable ; l'espace interoculaire parfois plus large.

On trouve en Eté et en Automne cette espèce voisine du *Ph. aurata*, mais beaucoup plus brillante et parfois un peu enflammée; la Femelle paraît aussi un peu moins tomenteuse; elle a l'Abdomen plus hémisphérique.

2136. — N° 54. PHŒNICIA METALLICA, R.-D. *Sp. ined.*

♂. Thorax dorso viridi-aureo nitido, vix subignito ; Scutello viridescente. Abdomen dorso viridi-aureo nitido.

Long. 4 lignes.

MALE : Dos du Corselet vert-doré luisant à peine enflammé. Dos de l'Abdomen vert-doré cuivreux brillant ; Ecusson vert-doré moins brillant. Palpes brun-testacé. Balanciers à tige obscure : Cuillerons blanchâtres.

Nous ne possédons que le Mâle de cette espèce trouvée en Septembre.

2137. — N° 55. PHŒNICIA SUBTILIS, R.-D. *Sp. ined.*

♂. Palpi fusco-subfulvi. Thorax dorso, Scutelloque ignitis. Abdomen ægialeum. Alis sublimpidis, basi sordidiuscula.

Long. 4-5 lignes.

MALE : Face albide ; derrière de la Tête, Frontaux, Antennes et Pattes noirs; Palpes d'un brun-fauve. Le dessus du Corselet et l'Ecusson enflammés. Abdomen vert d'eau. Balanciers obscurs : Cuillerons blancs ; Ailes assez claires, avec la base sale.

Nous ne possédons que le Mâle de cette espèce trouvée en Septembre; elle a le Corselet moins brillant que le *Ph. thoracica ;* plus petite que le *Ph. rutila*, elle a l'Abdomen plus vert et moins rutilant. Les Palpes paraissent être noirs, mais ils sont réellement d'un brun-fauve.

2138. — N° 56. PHÆNICIA DOLOSA, R.-D. *Sp. ined.*

♂. Simillima PH. SUBTILI; Alæ disco subsordido.

Long. 4 lignes.

MALE : Tout-à-fait semblable au *Ph. subtilis;* le disque des Ailes, au lieu d'être clair, est un peu sale ou jaunâtre.

Nous ne possédons que le Mâle de cette espèce trouvée en Septembre ; les Palpes paraissent être noirs.

2139. — N° 57. PHÆNICIA TENERA, R.-D. *Sp. ined.*

♂ et ♀. Thorax dorso aureo nitido; Scutello ignito aut subignito. Abdomen dorso viridi-aureo.

Long. 3 lignes.

MALE : Palpes d'un brun-fauve. Dos du Corselet d'un beau vert-doré luisant ; Ecusson vert-doré enflammé. Dos de l'Abdomen vert-doré. Balanciers brunâtres : Cuillerons blanchâtres ; Ailes assez claires.

FEMELLE : Semblable ; un peu moins brillante.

Nous possédons les deux sexes de cette espèce trouvée en Septembre.

2140. — N° 58. PHÆNICIA THORACICA, R.-D. *Sp. ided.*

♂ et ♀. Palpi coffœi. Thorax dorso et Scutello ignito purpurescentibus. Abdomen dorso viridi-subaureo, vix subignito. Alis subsordidis.

Long. 5 lignes.

MALE : Face albide ; derrière de la Tête, Frontaux, Antennes et Pattes noirs; les Palpes paraissent noirs, mais ils sont réellement couleur de café. Le dos du Corselet et l'Ecusson d'un beau rouge enflammé pourpré; le dessous du Corselet d'un beau vert-bleuâtre brillant. Abdomen d'un beau vert-doré luisant, n'ayant que quelques légers reflets enflammés. Balanciers d'un brun-obscur : squame inférieure des Cuillerons plus obscure que la supérieure; Ailes un peu sales.

Femelle : Semblable ; un peu plus forte.

Nous possédons les deux sexes de cette espèce trouvée en Septembre ; on la distingue surtout à son Corselet rouge de feu très brillant sur le dos. Les Palpes, qui paraissent noirs, sont réellement couleur de café.

2141. — N° 59. Phænicia inclyta, R.-D. *Sp. ined.*

♂. Palpi fusco-subfulvi, apice nigro. Thorax dorso ignito purpurascente; Scutello purpureo. Abdomen viridi-aureo nitens.

Long. 4 lignes.

Male : Face albide ; derrière de la Tête, Frontaux, Antennes, Trompe et Pattes noirs ; Palpes d'un brun-fauve, avec le sommet noir. Dos du Corselet d'un beau rouge pourpré ; Ecusson d'un pourpré encore plus éclatant. Abdomen vert-doré ; le premier segment bleu de ciel. Balanciers obscurs ; Ailes un peu sales.

Nous ne possédons que le Mâle de cette espèce trouvée en Septembre ; elle se distingue surtout par son Ecusson plus brillant et plus pourpré que le dos du Corselet.

2142. — N° 60. Phænicia rutila, R.-D. *Sp. ined.*

♂. Viridi-aurea, nitida, supra purpurea; Frontalibus, Antennis, Cheto, Occipite, Proboscide, Palpis et Pedibus nigris. Abdomen primo segmento cæsio, reliquorum segmentorum margine postico subtiliter cærulescente. Halteribus obscuris : Calyptorum squama inferiore obscura ; Alæ basi sordida, nervis fuscis.

Long. 5 lignes.

Male : Face brune ; côtés du Front et de la Face, Latéraux, pourtour extérieur de la Tête soyeux-albide ; Frontaux, derrière de la Tête, Antennes, Chète, Trompe, Palpes et Pattes noirs. Tout le Corps d'un beau vert-doré brillant, avec le dos du Corselet et l'Ecusson pourprés. Sur le dos de l'Abdomen on distingue quelques reflets pourprés ; le premier segment est bleu de pruneau ; le bord postérieur des autres segments est finement bleuâtre. Balanciers bruns : squame inférieure des Cuillerons obscure; Ailes sales à la base et à nervures brunes.

Nous ne possédons que le Mâle de cette espèce trouvée en Eté.

Elle est très-voisine du *Ph. erythrea;* mais le dos de son Abdomen est moins pourpré, tandis que le premier segment est bleu de pruneau et non verdâtre.

2143. — N° 61. Phænicia micans, R.-D. *Sp. ined.*

♂. Cheto testaceo ; Palpis apice nigro, basi testacea. Thorax dorso, Scutelloque ignito pyropeis, rutilis. Abdomen viride subcyanescens.

Long. 3 lignes.

Male : Antennes d'un brun obscurément fauve ; Chète testacé ; Palpes noirs au sommet et testacés à la base. Dos du Corselet d'un beau rouge enflammé couleur de rubis. Abdomen d'un vert passant au bleuâtre. Balanciers obscurs : Ailes un peu sales.

Nous ne possédons que le Mâle de cette jolie espèce trouvée en Septembre ; elle est remarquable par l'éclat des couleurs du Corselet et par ses Palpes noirs au sommet et testacés à la base; le Chète est également testacé.

2144. — N° 62. PHÆNICIA FOETIDA, R.-D. *Sp. ined.*

♂. Palpi fusci, obscure fulvescentes. Thorax dorso Scutelloque viridi-aureis, nitidis. Abdomen viridi-cyanescens, segmentorum incisuris cyaneis. Alæ limpidæ.

♀. Validior; Abdomine minus cyanescente.

Long. 3 lignes; ♀ 4-4 lignes 1/2.

MALE : Face d'un brun-albide; derrière de la Tête, Frontaux, Antennes et Pattes noirs; Palpes d'un brun obscurément fauve et paraissant noirs. Dos du Corselet vert-doré luisant. Abdomen vert-bleuissant, avec les incisions des segments bleues. Balanciers obscurs; Ailes à disque clair.

FEMELLE : Semblable; plus forte; Abdomen d'un vert à peine bleuissant.

Nous possédons les deux sexes de cette espèce prise en Septembre; la Femelle exhale ordinairement une forte odeur stercoraire.

2145. — N° 63. PHÆNICIA BENIGNA, R.-D. *Sp. ined.*

♂. Palpi subfulvi. Thorax viridi-subauratus. Abdomen viridi-cyaneum, segmentorum incisuris cæruleis. Calyptorum squama inferiore fuscescente; Alis sordidiusculis.

Long. 4 lignes.

MALE : Face d'un brun-albide; derrière de la Tête, Frontaux, Antennes et Pattes noirs; Palpes d'un fauve un peu brun. Corselet vert, légèrement doré. Abdomen vert-bleu, avec les incisions des segments bleu-ciel. Tiges des Balanciers brune : squame inférieure des Cuillerons brune ; Ailes un peu sales.

Nous ne possédons que le Mâle de cette jolie espèce prise en Septembre ; ses Ailes à disque un peu sale la distinguent du *Ph. fœtida*.

2146. — N° 64. Phænicia teres, R.-D. *Sp ined.*

♀. Frontalibus, Occipito, Antennis, Proboscide, Palpis, Pedibus nigris ; Frontis lateribus superne nigris, inferne albis ; Facie, margineque exteriore capitis sericeo albidis. Thorax viridi-aureo-nitidus, absque tessellis dorsalibus vel ignitis, vel purpurascentibus, Scutello viridi-aureo nitido. Abdomen viridi-subaureum, absque tessellis ignitis ; primo segmento cæsio aut cæruleo ; reliquorum segmentorum margine postico subtiliter cærulescente. Halteribus subobscuris : Calyptis albis ; Alis subfuliginosis.

♂. Minor ; simillima Ph. ignitæ ; differt Scutello viridi-aureo-corusco, rarius subignito, haud viridi-ignito purpurascente ; Thorace paulo minus purpurascente. Alarum disco sublimpidiore.

Long. ♂ 3 lignes ; ♀ 4 lignes 1/2.

Femelle : Plus grosse que le Mâle ; côtés du Front noirs en haut et bleus en bas ; Face, Latéraux, pourtour extérieur de la Tête soyeux-albide ; Frontaux, Antennes, Trompe, Palpes et Pattes noirs. Corselet vert-doré luisant, avec des reflets dorés et un peu pourprés sur le dos ; Ecusson vert brillant. Abdomen vert-doré brillant, sans reflets enflammés ; le premier segment bleu ; les autres segments bleuâtres au bord postérieur. Balanciers obscurs : Cuillerons blancs ; Ailes un peu sales.

Male : Semblable au Mâle du *Ph. ignita* ; en diffère par l'Ecusson vert-doré brillant, non enflammé ni pourpré ; les teintes pourprées du Corselet sont aussi moins vives ; les Ailes sont un peu plus limpides.

Cette espèce n'est pas rare en Eté et en Automne; elle est toujours plus petite que le *Ph. erythrea;* on la distingue du *Ph. viva* surtout à ses teintes d'un pourpré moins ardent; les Mâles de ces deux espèces sont très-voisins. Le Mâle du *Ph. teres* est un peu plus petit, moins brillant, moins enflammé, tandis que sa Femelle est d'un vert-doré sans aucune nuance pourprée sur le dos de l'Abdomen.

2147. — N° 65. PHÆNICIA NOTATA, R.-D. *Sp. ined.*

♂. Simillima PH. TERETI; secundum Abdominis segmentum macula laterali azurea.

Long. 3 lignes.

MALE : Tout-à-fait semblable au Mâle du *Ph. teres;* une tache azurée sur les côtés du second segment abdominal.

Nous ne possédons que le Mâle de cette espèce trouvée en Automne.

2148. — N° 66. PHÆNICIA PRUINOSA, R.-D. *Sp ined.*

♀. Pruinosa; Frontalibus, Antennis, Cheto, Palpis, Pedibus nigris. Thorax viridi-aureus, fulgens. Abdomen viridi-aureum, subignitum. Calyptis albis; Alis limpidis.

Long. 2 lignes 2/3.

FEMELLE : Corps garni d'un léger duvet, à l'instar du *Luc. pubescens;* Frontaux, Antennes, Chète, Palpes, Trompe et Pattes noirs; côtés du Front d'un brun-blanchâtre; Face albicante; le derrière de la Tête noir. Corselet vert-doré brillant. Abdomen vert-doré un peu enflammé. Balanciers jaunâtres : Cuillerons blancs; Ailes claires.

Nous ne connaissons que la Femelle de cette espèce trouvée au mois de Mai.

2149. — N° 67. PHÆNICIA EXILIS, R.-D. *Sp. ined.*

♀. Simillima PH. PRUINOSÆ; Palpis testaceis.

Long. 2 lignes 2/3.

FEMELLE : Très-voisine du *Ph. pruinosa;* les Palpes sont testacés.

Nous avons pris cette espèce au mois de Juin ; nous n'en connaissons que la Femelle qui n'est peut-être qu'une variété de la précédente.

2150. — N° 68. PHÆNICIA FULVICORNIS, R.-D. *Sp. ined.*

♀. Frontalibus nigris : Frontis lateribus superne nigris, inferne albis; Facie, Lateralibus, margine postico capitis sericeo-albidis : Antennis subfulvis; Occipito, Proboscide, Palpis et Pedibus nigris. Thorax viridi aureus, nitidus, parvulis tessellis purpureis; primo segmento cæruleo; reliquorum segmentorum margine postico subtiliter cærulescente. Halteribus obscuris : Calyptis albis: Alis claris.

Long. 4 lignes.

FEMELLE : Frontaux noirs : côtés du Front noirs en haut et albides en bas; Face, Latéraux, pourtour extérieur de la Tête soyeux-albide ; derrière de la Tête, Trompe, Palpes et Pattes noirs ; Antennes fauves. Corselet vert-doré brillant, avec de légers reflets pourprés ; Ecusson vert-doré pourpré. Abdomen vert-doré brillant, avec de légers reflets pourprés sur le dos ; le premier segment bleu ; le bord postérieur des suivants finement bleuâtre. Balanciers obscurs : Cuillerons blancs ; Ailes claires.

On trouve cette espèce en Eté ; on la distingue à ses Antennes qui sont assez fauves ; elle offre du reste les plus grands rapports avec le *Ph. chrysella.*

C'est peut-être bien la Femelle du *Ph. erythrea;* mais n'ayant aucun fait à l'appui, nous ne faisons ici qu'une supposition.

2151. — N° 69. Phænicia flagrans, R.-D. *Sp. ined.*

♂. Frontalibus, Occipito, Antennis, Cheto, Proboscide, Palpis, Pedibus nigris. Thorax scutello viridi aureo nitido. Abdomen viridi nitidum, absque tessellis vel aureis vel purpureis, primo segmento cæsio; reliquorum segmentorum margine postico cæruleo. Halteribus subalbidis : Calyptorum squama inferiore obscura ; Alis basi sordida.

Long. 3 lignes.

Male : Frontaux, derrière de la Tête, Antennes, Chète, Trompe, Palpes et Pattes noirs. Corselet vert-doré brillant, avec des reflets pourprés sur le dos ; Ecusson vert-doré brillant. Abdomen vert-brillant, sans reflets pourprés ni dorés ; le premier segment bleu ; les suivants bleus au bord postérieur. Balanciers blanchâtres : la squame inférieure des Cuillerons obscure ; Ailes sales à la base.

Nous ne possédons que des Mâles de cette espèce trouvée en Eté. Elle offre les plus grands rapports de taille et d'aspect avec les *Ph. marginalis* et *consobrina;* mais elle a des reflets pourprés sur le dos du Corselet; plus petite que le *Ph. teres,* elle a l'Abdomen vert.

B. *Espèces bleu-azuré, bleu-pourpré.*

2152. — N° 70. Phænicia azurea, R.-D. *Sp. ined.*

♀. Tomentosa, tota azurea ; Antennis, Cheto, Palpis, Pedibus nigris. Halteribus fuscis : Calyptis albis ; Alis limpidis.

Long. 3 lignes 1/2.

Femelle : Corps tomenteux et tout d'un beau bleu tendre ;

Frontaux bruns; Antennes, Chète, Trompe, Palpes et Pattes noirs; côtés du Front d'un brun-albicant; Face albicante. Balanciers bruns : Cuillerons blancs; Ailes claires.

Nous ne possédons qu'une Femelle de cette jolie espèce trouvée au mois de Mai.

2153. — N° 71. PHÆNICIA CYANELLA, R.-D. *Sp. ined.*

♂. Tota azurea, Antennis, Palpis, Pedibus nigris; tessellis aureo-viridescentibus in Thoracis dorso. Abdomen tessellis nonnullis aureo-viridescentibus. Halteribus fuscis : Calyptis albis; Alis limpidis, basi nigricante.

Long. 4 lignes.

MALE : Tout le Corps d'un beau bleu-azuré, avec un peu de vert-doré sur les côtés du Corselet et quelques reflets vert-doré sur l'Abdomen. Antennes, Palpes et Pattes noirs; Face brune; ses côtés d'un brun-argenté; Médians rougeâtres; Latéraux noirs. Balanciers bruns : Cuillerons blancs; Ailes claires, avec la base noirâtre.

Nous ne possédons que le Mâle de cette jolie espèce facile à distinguer à la nervure transversale de la Cellule γ C des Ailes qui est droite.

2154. — N° 72. PHÆNICIA SUMPTUOSA, R.-D. *Sp. ined.*

♂. Frontalibus, Cheto, Antennis, Proboscide, Pedibus nigris; Facie albida. Thorax cæruleo nitidus, purpurascens. Abdomen viridi subcyanescens. Halteribus fuscis : Calyptis subalbis, Alis limpidis, basi nigricante.

Long. 4-6 lignes.

MALE : Frontaux, Antennes, Chète, Trompe, Palpes et Pattes noirs; Face d'un blanc-argenté. Corselet d'un beau bleu pourpré. Abdomen d'un beau vert un peu bleuissant. Balanciers bruns : Cuillerons blanchâtres ; Ailes claires, avec la base noire.

Nous ne possédons que des Mâles de cette jolie espèce trouvée au mois de Mai.

2155. — N° 73. PHÆNICIA UMBROSA, R.-D. *Sp. ined.*

♀. Frontalibus, Antennis, Cheto, Proboscide, Palpis, Pedibus nigris; Frontis lateribus superne nigris, inferne albidis; Facie, Lateralibus, margineque exteriore capitis albidis. Thorax viridi-nitidus, subcyaneus, tessellis cyaneis; Scutello cyaneo aut cyaneo-viridescente. Abdomen primo segmento cæruleo, rarius cæruleo-viridescente ; reliquis segmentis plus minusve viridi-aureo nitidis, plus minusve cærulescentibus; tertio et quarto sæpius viridi nitidioribus. Halteribus obscuris : Calyptis albis ; Alis claris, basi sordidiuscula.

♂. Paulo viridior, minus cyaneus.

Long. 5-5 lignes 1/2.

FEMELLE : Frontaux noirs : côtés du Front noirs en haut et albides en bas ; Face, Latéraux, pourtour extérieur de la Tête albides; Antennes, Chète, Trompe, Palpes et Pattes noirs. Corselet vert brillant bleuâtre, avec des reflets bleuâtres plus ou moins prononcés; Ecusson bleu ou d'un bleu-verdâtre. Le premier segment de l'Abdomen d'un beau bleu, rarement d'un bleu-verdâtre; les trois suivants sont d'un vert-doré plus au moins brillant, plus ou moins bleuâtre, ordinairement le troisième et le quatrième sont les plus brillants. Balanciers obscurs : Cuillerons blancs ; Ailes claires, avec la base noirâtre.

MALE : Semblable; un peu plus petit, un peu plus vert et moins bleu ; le dos du Corselet est un peu plus brillant et la squame inférieure des Cuillerons est d'un blanc obscur.

On trouve cette espèce en Eté et en Automne ; elle préfère les lieux frais et ombragés. On la distingue aisément du *Ph. elegans* par ses teintes plus bleuâtres, par son Ecusson qui d'ordinaire est bleu ou bleuâtre et non d'un vert-doré brillant.

C. *Espèces vert-doré, vert-cyané, sans aucune teinte pourprée.*

2156. — N° 74. PHÆNICIA ELEGANS, R.-D. *Sp. ined.*

♀. Frontalibus nigris : Frontis lateribus superne nigris, inferne fusco-albidis ; Facie, Lateralibus margineque exteriore capitis albidis ; Antennis, Cheto, Proboscide, Palpis, Pedibus nigris. Thorax viridi-aureus, nitidus, nonnullis tessellis vix cyanescentibus. Abdomen hæmisphericum viridi-aureo nitidum, primo segmento cæruleo ; reliquorum segmentorum margine postico rarius et subtilissime cærulescente. Halteribus obscuris : Calyptis albis ; Alis claris.

♂. Thorax nitidior, aureo-coruscus, subignitus cum Scutello. Abdomen absque tessellis subignitis. Calyptorum squama inferiore obscuriore.

Long. 5 lignes.

FEMELLE : Frontaux noirs : côtés du Front noirs en dessus et d'un brun-albide en dessous : Face, Latéraux, pourtour extérieur de la Tête albides ; Antennes, Chète, Trompe, Palpes et Pattes noirs. Corselet vert-doré brillant et n'offrant que de très-légers reflets bleuissants. Abdomen hémisphérique, vert-doré brillant ; le premier segment bleu ; le bord postérieur des autres segments rarement et très-finement bleuâtre. Balanciers obscurs : Cuillerons blancs ; Ailes claires, avec la base sale.

MALE : Un peu plus petit ; Corselet et Ecusson d'un beau doré brillant et enflammé à une certaine lumière. Point de reflets enflammés sur le dos de l'Abdomen.

Cette espèce est commune sur la fin de l'Eté et en Automne; on la distingue des espèces précédentes par l'absence complète de reflets pourprés; la Femelle du *Ph. marginalis* a l'Abdomen cylindriforme.

2157. — N° 75. PHÆNICIA POLITA, R.-D. *Sp. ined.*

♂. Frontalibus, Antennis, Palpis, Pedibus nigris. Thorax viridi-aureus, nitidus. Abdomen viridi-aureum, rutilum, incisuris haud cyanescentibus. Calyptis albis; Alis limpidis, basi sordidiuscula.

Long. 5 lignes.

MALE : Frontaux, Antennes, Trompe, Palpes et Pattes noirs; Face d'un brun-albicant. Corselet vert-doré brillant, non enflammé, n'offrant que de très légers reflets bleuâtres. Abdomen vert-doré rutilant; les incisions segmentaires non bleuâtres; le premier segment d'un bleu foncé. Balanciers à tige brune: Cuillerons blancs; Ailes claires, avec la base un peu sale.

Nous ne possédons que le Mâle de cette espèce prise au mois de Mai; elle est plus forte, plus brillante et plus dorée que le *Ph. chrysella;* elle a de grandes analogies avec le *Ph. elegans* Mâle.

2158. — N° 76. PHÆNICIA CHRYSELLA, R.-D. *Sp. ined.*

♀. Tota viridi-aurea nitida, nonnullis tessellis vix cærulescentibus, absque tessellis purpurascentibus; Frontalibus, Antennis, Cheto, Palpis, Pedibus nigris; Facie, Lateralibus margineque exteriore capitis albidis. Abdomen primo segmento cæruleo aut cæruleo-viridescente, reliquorum segmentorum margine postico vix distincte cæruleo. Halteribus fuscis : Calyptis albis ; Alis limpidis.

♂. Simillima; paulo minor; Calyptorum squama inferiore vix obscura.

Long. 4 lignes.

Femelle : Tout le Corps vert-doré brillant, sans aucune teinte pourpre; à peine distingue-t-on quelques légers reflets d'un bleuâtre obscur. Le premier segment de l'Abdomen bleu; il est ordinairement difficile de distinguer le bleu du bord postérieur des autres segments. Frontaux, Antennes, Chète, Trompe, Palpes et Pattes noirs; côtés du Front noirs en haut et albides en bas; Face, Latéraux, pourtour extérieur de la Tête albides. Balanciers bruns : Cuillerons blancs; Ailes claires.

Male : Tout-à-fait semblable; un peu plus petit, avec la squame inférieure des Cuillerons moins obscure que sur les autres espèces.

On trouve cette espèce en Eté et en Automne. Voisine du *Ph. marginalis*, elle s'en distingue par l'Abdomen plus brillant des Femelles et par les segments abdominaux à peine bordés de bleuâtre en arrière.

2159. — N° 77. Phænicia viridula, R.-D. *Sp. ined.*

♂ et ♀. Similis Ph. chrysellæ; Palpis in ♀ flavis, apice nigro; in ♂ bruneis.

Long. 4 lignes.

Male et Femelle : Semblable au *Ph. chrysella;* Palpes jaunes, à sommet noir sur la Femelle; Palpes bruns sur le Mâle.

Nous avons pris les deux sexes de cette espèce réunis ensemble, au mois de Juin.

2160. — N° 78. Phænicia cognata, R.-D. *Sp. ined.*

♂ et ♀. Simillima Ph. chrysellæ; Scutello viridi-subcyanescente, non viridi-aureo nitido. ♀ paululo subcærulescens; ♂ ultimo Antennarum articulo brunicoso.

Long. 5 lignes.

Male et Femelle : Tout-à-fait semblable au *Ph. chrysella ;* sur les deux sexes l'Ecusson, au lieu d'être vert-doré brillant, est vert un peu bleuâtre, ce qui permet de distinguer ces deux espèces au simple coup d'œil. La Femelle est un peu plus vert-bleuâtre ; le troisième article des Antennes est brun sur le Mâle.

Nous possédons les deux sexes de cette espèce.

2161. — N° 79. Phœnicia marginalis, R.-D. *Sp. ined.*

♀. Viridi-aurea, nitida, nonnullis tessellis vix cyanescentibus ; Frontalibus, Antennis, Cheto, Palpis et Pedibus nigris ; Frontis lateribus superne nigris, inferne fusco-albidis ; Facie, Lateralibus margineque exteriore capitis albidis. Abdomen cylindricum, primo segmento reliquorumque segmentorum margine postico azureis. Halteribus obscuris : Calyptis albis ; Alis claris.

♂. Similis ; paulo minor ; squama inferiore Calyptorum obscura.

Long. 3-3 lignes 1/2.

Femelle : Frontaux noirs : côtés du Front noirs en dessus et d'un brun-blanchâtre en bas ; Face, Latéraux, pourtour extérieur de la Tête albides ; Antennes, Chète, Trompe, Palpes et Pattes noirs. Corps vert-doré, n'offrant que de très légers reflets bleuâtres à une certaine lumière ; on ne distingue aucun reflet pourpré. Abdomen cylindrique, avec le premier segment et le bord postérieur des suivants bleus. Balanciers obscurs : Cuillerons blancs ; Ailes claires.

Male : Semblable ; un peu plus petit ; la squame inférieure des Cuillerons obscure.

Cette espèce se trouve en Eté et en Automne. On la distingue sans peine aux bords postérieurs des segments de l'Abdomen qui sont toujours bleus, à l'Abdomen cylindrique de la

Femelle, à la squame inférieure des Cuillerons plus obscure sur le Mâle, et à la difficulté de distinguer les reflets bleuâtres du Corps.

2162. — N° 80. Phænicia consobrina, R.-D. *Sp. ined.*

♂ et ♀. Simillima Ph. marginali; paulo minor; aureo-nitida, magis cyanescens ad partem posteriorem Thoracis et ad Scutellum Abdomenque simul; margine postico segmentorum cærulescente; in ♂ squama inferiore Calyptorum obscura.

Long. 3 lignes.

Male et Femelle : Tout-à-fait semblable au *Ph. marginalis;* un peu plus petite; mais le Corps offre des reflets bleuâtres plus prononcés, surtout vers la partie postérieure du Corselet, à l'Ecusson et à l'Abdomen; bords postérieurs des segments de l'Abdomen bleus. Les Mâles ont la squame inférieure des Cuillerons plus obscure.

On trouve cette espèce en Eté et en Automne.

2163. — N° 81. Phænicia nuptialis, R.-D. *Sp. ined.*

♂ et ♀. Intermedia Ph. marginalis et consobrinæ; Thorax viridi-aureus, nitidus; Scutello viridi-cyanescente. Abdomen viridi-subcyanescens, segmentorum margine postico cærulescente.

Long. 3 lignes 1/2.

Male et Femelle : Un peu plus grosse que les *Ph. marnalis* et *consobrina*, cette espèce leur est intermédiaire; elle a le Corselet vert-doré brillant du *Ph. marginalis*, avec l'Ecusson d'un vert-bleuissant; d'un autre côté, elle a l'Abdomen vert-bleuissant du *Ph. consobrina*; le bord postérieur des segments de l'Abdomen est bleu.

Quand ces trois espèces sont placées à côtés les unes des

autres, on voit de suite la nécessité de les bien distinguer, ce qui n'est pas facile à exprimer par le langage écrit.

On trouve cette espèce en Eté.

2164. — N° 82. PHÆNICIA CINCTELLA, R.-D. *Sp. ined.*

♀. Antennis, Cheto, Palpis, Pedibus et Halteribus nigris. Thorax viridi-cyaneus. Abdomen viridi-aureum, primo segmento, reliquorumque segmentorum margine postico cæruleo infuscato. Calyptis albis; Alis basi sordida.

Long. 4 lignes.

FEMELLE : Frontaux bruns ; Antennes, Chète, Trompe, Palpes, Balanciers et Pattes noirs; Face albide. Corselet vert-cyané; Ecusson cyané. Abdomen vert-doré; le premier segment d'un bleu foncé ; le bord postérieur des autres segments d'un bleu foncé, comme noir. Cuillerons blancs; Ailes claires, à base un peu sale.

Nous ne possédons qu'une Femelle de cette espèce trouvée au mois de Mai; elle affecte le port du *Ph. marginalis*.

2165. — N° 83. PHÆNICIA FACILIS, R.-D. *Sp. ined.*

♂ et ♀. Similis PH. DOCILI, at Abdomen dorso viridi-aureo non viridi-aureo nitido. Palpis obscure testaceis.

Long. 3-4 lignes.

MALE et FEMELLE : Semblable au *Ph. docilis;* Palpes d'un brun testacé. Abdomen vert-doré et non vert-doré rutilant.

Nous possédons les deux sexes de cette espèce trouvée en Septembre et que son Abdomen non rutilant distingue du *Ph. docilis*.

2166. — N° 84. PHÆNICIA LENIS, R.-D. *Sp. ined.*

♀. Frontalibus, Frontis lateribus, Antennis, Cheto, Palpis, Occipito, Pedibus nigris; Facie, Lateralibus, margine exteriore capitis sericeo-albidis. Corpus viridi-nitidum, cæruleo irroratum; Scutello viridi, cæruleo irrorato. Abdomen primo segmento cæsio, reliquorum segmentorum margine postico subtiliter cærulescente. Halteribus obscuris : Calyptis albis ; Alis sublimpidis.

♂. Paulo minor; cæruleo irroratus; Calyptorum squama inferiore alba.

Long. 4 lignes.

FEMELLE : Frontaux, côtés du Front, derrière de la Tête, Antennes, Chète, Trompe, Palpes et Pattes noirs ; Face, Latéraux, pourtour extérieur de la Tête soyeux-albide. Corps vert-brillant, glacé de bleu; Ecusson vert, glacé de bleu. Premier segment de l'Abdomen bleu ; le bord postérieur des suivants finement bleuâtre. Balanciers obscurs : Cuillerons blancs ; Ailes assez claires.

MALE : Un peu plus petit, cylindrique; Corps vert, glacé de bleuâtre. La squame inférieure des Cuillerons blanche.

On trouve cette espèce en Eté ; elle est toujours plus petite que le *Ph. pulchella* et toujours d'un vert glacé de bleu; son Ecusson est verdâtre et non bleu de ciel.

2167. — N° 85. PHÆNICIA GLABRATA, R.-D. *Sp. ined.*

♂ et ♀. Viridi-aurea, nitida; Frontalibus, Proboscide, Pedibus nigris ; Palpis obscure flavis. Abdomen incisuris fuscescentibus aut cærulescentibus. Calyptis albis ; Alis claris.

Long. 4 lignes.

MALE et FEMELLE : Frontaux, Chète, Trompe et Pattes noirs; Antennes brunes; Palpes d'un jaune-obscur. Tout le Corps d'un beau vert-doré luisant. Les incisions segmentaires de l'Abdomen noires ou bleuâtres. Abdomen glabre ou non tomenteux sur le dos. Balanciers bruns : Cuillerons blancs ; Ailes claires.

Nous avons trouvé cette espèce vers la fin de Mai ; elle se distingue par son Abdomen glabre sur le dos ; notre description a été faite sur les insectes vivants.

2168. — N° 86. Phænicia pulchella, R.-D. *Sp. ined.*

♀. Frontalibus nigris : Frontis lateribus superne nigris, inferne albidis; Facie, Lateralibus, margineque exteriore capitis albidis ; Antennis, Cheto, Proboscide, Palpis, Pedibus nigris. Thorax viridiazureus, nitidus; Scutello azureo. Abdomen viridi-aureum, tessellis azureis, primo segmento cæruleo. Halteribus fuscis : Calyptis albis ; Alis claris.

♂. Thorax viridi-aureus ; Scutello cærulescente tessellato. Abdomen viridi-cærulescens, primo segmento, margineque postico reliquorum cæruleis. Calyptorum squama inferiore brunicosa.

Long. ♂ 4 lignes ; ♀ 4-5 lignes.

Femelle : Frontaux noirs : côtés du Front noirs en haut et d'un brun-albide en bas; Face, Latéraux, pourtour extérieur de la Tête albides ; Antennes, Chète, Trompe, Palpes et Pattes noirs. Corselet d'un beau vert-azuré brillant ; Ecusson bleu-azuré. Abdomen vert-doré, avec des reflets azurés ; le premier segment bleu. Balanciers bruns : Cuillerons blancs ; Ailes claires.

Sur quelques individus les deux derniers segments de l'Abdomen sont plus verts et même d'un vert un peu doré ; il n'est pas rare de voir le bord postérieur des segments avec une ligne bleue.

Nous possédons encore un individu plus bleu que ses congénères et qui a les Palpes bruns.

Male : Corselet vert-doré, avec des reflets bleuâtres sur

l'Ecusson. Abdomen vert-bleuissant, avec le premier segment et le bord postérieur des suivants bleus. La squame inférieure des Cuillerons brune.

On trouve cette jolie espèce en Eté et en Automne.

2169. — N° 87. PHÆNICIA FULVIFRONS, R.-D. *Sp. ined.*

♂. Fronte latiore fulva ; Medianeis subfulvis ; Palpis fulvis. Thorax viridi-aureus, nitidus. Abdomen primo segmento cæruleo, reliquis viridi-aureo ignitis. Calyptis albis ; Alis limpidis.

♀. Subpubescens ; viridi-aurea, nitida ; Frontalibus, Antennis, Proboscide, Pedibus nigris ; Palpis fulvo-testaceis. Thorace subcyanescente. Calyptis albis, Alis limpidis.

Long. 3 lignes.

MALE : Frontaux fauves : côtés du Front bruns ; Front large ; Face albicante ; les Médians fauves à une certaine lumière ; Antennes, Trompe et Pattes noirs ; Palpes fauves. Corselet vert-doré luisant, avec des reflets cyanés. Le premier segment de l'Abdomen bleu ; les autres d'un beau vert-doré enflammé. Balanciers jaunâtres : Cuillerons blancs ; Ailes claires.

FEMELLE : Frontaux, Antennes, Chète, Trompe et Pattes noirs ; Face noirâtre ; Palpes d'un testacé-fauve. Corps vert-doré brillant, avec des nuances bleuâtres sur le Corselet ; il est garni d'un très-léger duvet. Balanciers obscurs : Cuillerons blancs ; Ailes claires.

Nous avons pris cette espèce en Eté.

370. — XXXI. Genre EUPHORIE.
XXXI. *Genus EUPHORIA*, R.-D,

Lucilia : Rob. Desv.-Macq.

Caractères des LUCILIES ; CÔTÉS DU FRONT, LATÉRAUX et

Occiput métalliques sur les deux sexes ; Palpes noirs. Abdomen presque hémisphérique. Nervure transversale de la Cellule γ C arquée à la base et droite dans le reste de son étendue.

Teintes vertes et bleues (1).

Gen. Luciliæ characteres ; Frontis lateribus, Lateralibus et Occipite in utroque metallicis ; Palpi nigri. Abdomen vix omnino hemisphericum.

Cellulæ γ C nervus transversus basi arcuatus, sed cætera parte rectus.

Color viridis, cyaneus, cyaneo-viridis vel denique viridi-cyaneo purpurascens.

Ces caractères nous ont paru suffisants pour nous permettre de séparer des Lucilies les espèces nombreuses qui composent ce genre et que pour la plupart nous croyons inédites.

A. ***Espèces vert-cuivreux, vert-cyané, avec ou sans légères nuances cyanées ou pourprées..***

2170. — N° 1. Euphoria nitidula, R.-D. *Sp. ined.*

♂. Tota viridi-aureo ignita ; Frontalibus, Antennis, Palpis, Pedibus nigris. Calyptis albis ; Alis sublimpidis.

Long. 4 lignes.

Male : Tout le Corps d'un beau vert-doré enflammé non

(1) Nous conservons à ce genre la dénomination que lui a attribuée l'auteur ; mais nous rappellerons que sous le nom d'*Euphoria* M. Burmeister a établi précédemment un genre de Coléoptères pentamères formé d'espèces d'Amérique et appartenant à la famille des Lamellicornes.

violacé ni pourpré ; côtés du Front d'un bleu-verdâtre ; Frontaux, Antennes, Chète, Trompe, Palpes et Pattes noirs ; Latéraux et derrière de la Tête d'un vert-doré un peu enflammé. Balanciers bruns : Cuillerons blancs ; Ailes assez claires.

Nous ne possédons que le Mâle de cette jolie espèce trouvée au mois de Mai. Voisine de l'*Euphoria adamantina*, elle n'est pas comme elle d'un beau rouge-violet.

2171. — N° 2. Euphoria viridis, R.-D. *Sp. ined.*

♀. Viridi-nitida ; Frontis lateribus, Lateralibusque nitide viridi-cyanescentibus ; Occipite viridi cupreo ; Antennis, Cheto, Palpis, Pedibusque nigris. Thorace Abdomineque pariter subcyaneis ; quarto Abdominis segmento cupreo-nitido. Halteribus fuscis : Calyptis subalbis ; Alis vel basi limpidis.

Long. 3-3 lignes 1/2.

Femelle : Frontaux bruns : côtés du Front d'un vert luisant légèrement cyané, ainsi que les Latéraux ; derrière de la Tête vert-doré ; Antennes, Chète, Palpes et Pattes noirs. Corps d'un beau vert luisant, avec de légères nuances cyanées sur le Corselet et sur l'Abdomen dont le quatrième segment est cuivreux brillant. Balanciers bruns : Cuillerons blanchâtres ; Ailes claires, même à la base.

Nous ne possédons que la Femelle de cette espèce trouvée au mois de Juillet. Elle est d'une forme moins arrondie que les espèces voisines ; son Corps est vert luisant, avec des nuances cyanées sur le Corselet et sur l'Abdomen ; les Ailes ne sont ni brunes ni flavescentes à la base.

2172. — N° 3. Euphoria polita, R.-D. *Sp. ined.*

♀. Similis Euphoriæ viridi ; cyaneo-viridescens ; quarto Abdominis segmento cupreo; Frontis lateribus, viridi-aureo-cyaneis. Alis vel basi limpidis.

Long. 4 lignes.

FEMELLE : Tout-à-fait semblable à l'*Euph. viridis;* le Corps au lieu d'être d'un vert légèrement cyané est d'un cyané-verdâtre, avec le quatrième segment de l'Abdomen cuivreux. Côtés du Front d'un vert-doré cyané; Latéraux d'un vert-bleuâtre; derrière de la Tête d'un vert brillant. Cuillerons blancs; Ailes claires, même à la base.

Nous ne possédons que la Femelle de cette espèce que ses teintes bleuâtres empêchent aisément de confondre avec l'*Euph. viridis*.

2173. — N° 4. EUPHORIA LAUTA, R.-D. *Sp. ined.*

♀. Frontis lateribus Occipitoque viridi-aureo ignitis; Frontalibus, Antennis, Palpis, Pedibus nigris. Thorax splendide viridi-aureus, purpureo-ignitus. Abdomen aureo-purpurascens. Calyptis albis; Alis flavescentibus.

Long. 2 lignes 1/2.

FEMELLE : Côtés du Front, derrière de la Tête d'un beau vert-pourpré; Latéraux verts; Frontaux, Antennes, Chète, Trompe, Palpes et Pattes noirs; Face d'un brun-albicant. Corselet d'un beau vert-doré brillant, avec le dos et l'Ecusson largement nuancés de pourpré enflammé. Balanciers obscurs : Cuillerons blancs; Ailes avec une légère teinte flavescente.

Nous ne possédons que la Femelle de cette jolie espèce prise au mois de Mai.

2174. — N° 5. EUPHORIA SMARAGDA, R.-D. *Sp. ined.*

♀. Tota viridi-nitida; Frontis lateribus, Lateralibus Occipitoque viridi-nitidis. Thorace nitide viridi-subaureo. Halteribus fusco-albescentibus : Calyptis albis ; Alis claris, nervis brunicosis.

Long. 5-6 lignes.

Femelle : Frontaux bruns : côtés du Front d'un vert-doré ; Face d'un satiné blanchâtre sur les côtés ; Latéraux et derrière de la Tête d'un vert-luisant ; Antennes, Chète, Trompe, Palpes et Pattes noirs. Tout le Corps d'un beau vert-émeraude brillant ; Corselet vert-doré sur le dos. Balanciers d'un brun-pâle : Cuillerons blancs ; Ailes claires, avec les nervures brunes.

Nous ne possédons que la Femelle de cette belle espèce trouvée à la fin d'octobre ; à une certaine lumière, on peut distinguer quelques légères nuances bleuâtres à l'Ecusson.

2175. — N° 6. Euphoria ænea, R.-D. *Sp. ined.*

♀. Frontalibus, Antennis, Cheto, Palpis, Pedibus nigris ; Frontis lateribus viridi-cyaneis, tessellis cupreo-ignitis ; Lateralibus cupreo-ignitis ; Occipite viridi-cupreo-ignito. Thorax viridi-subcyaneus, tessellis cupreo-metallicis. Abdomen primo segmento subcyaneo ; secundo viridi-subcyanescente ; tertio cupreo-subchalybeato : quarto chalybeato.

♂. Paulo minor ; similis ; Abdomen primis duobus segmentis metallice viridi-cupreis ; tertio subchalybeato, quarto chalybeato.

Long. 4 lignes.

Femelle : Frontaux noirs : côtés du Front d'un vert-cérulé métallique, avec des reflets d'un cuivreux enflammé ; Face albide ; Antennes, Chète, Trompe et Palpes noirs ; Latéraux et derrière de la Tête d'un beau vert-cuivreux métallique. Corselet et Ecusson d'un beau vert-cyané métallique, avec des reflets cuivreux. Le premier segment de l'Abdomen bleuâtre ; le deuxième d'un vert-cuivreux métallique un peu bleuâtre; le troisième d'un vert-cuivreux un peu aciéré; le quatrième vert-cuivreux couleur d'acier. Balanciers noirâtres: Cuillerons blanchâtres; Ailes claires.

Male : Semblable; un peu plus petit; les deux premiers segments de l'Abdomen vert-doré métallique; le troisième d'un vert-cuivreux un peu aciéré; le quatrième couleur d'acier un peu brun quoique métallique.

On trouve cette espèce aux mois d'Octobre et Novembre; sur quelques mâles les segments de l'Abdomen n'affectent aucun segment couleur d'acier.

2176. — N° 7. Euphoria venusta, R.-D. *Sp. ined.*

♀. Tota viridi-ænea metallica, tessellis cyanescentibus : circulo stemmatico violacino; Frontalibus nigris : Frontis lateribus viridi-nitidis; Facie fusco-albescente; Lateralibus viridi-subcyaneis, Occipite viridi, margine exteriore viridi-ignito; Antennis, Cheto, Palpis, Pedibus nigris. Halteribus fuscis : Calyptis albis; Alis leviter subflavescentibus, nervis flavescentibus.

Long. 4 lignes.

Femelle : Tout le Corps d'un beau vert métallique avec des reflets cuivreux à une certaine lumière; on y distingue aussi des reflets bleuissants; plaque stemmatique d'un brun-violacé; Frontaux noirs : côtés du Front d'un vert métallique brillant; Face à reflets d'un brun-blanchâtre; Latéraux d'un vert-cyané; derrière de la Tête vert, avec le pourtour extérieur d'un vert un peu enflammé; Antennes, Chète, Trompe, Palpes et Pattes noirs. Balanciers bruns : Cuillerons blancs; Ailes légèrement lavées de jaunâtre, avec les nervures flavescentes.

On trouve en Eté cette espèce voisine de l'*Euph. ænea*,

dont elle se distingue par les reflets un peu bleuâtres de son Corps, par ses Latéraux non violacés, par ses Cuillerons plus blancs et par ses Ailes un peu flavescentes.

2177. — N° 8. EUPHORIA VIRIDULA, R.-D. *Sp. ined.*

♀. Tota viridi-metallica, subcuprea, circulo stemmatico cæsio; Frontalibus nigris : Frontis lateribus viridi-nitidis; Facie sericeo-albescente; Lateralibus viridi-subcyanescentibus; Occipite viridi. Abdomen incisuris segmentorum excavatis nigris. Halteribus fuscis : Calyptis albis; Alis sublimpidis.

Long. 3 lignes 1/2.

FEMELLE : Tout le Corps vert métallique un peu cuivreux; plaque stemmatique d'un noir-bleuâtre; Frontaux noirs; côtés du Front d'un vert métallique un peu doré; Face d'un albide satiné; Latéraux d'un vert obscurément cyané; derrière de la Tête vert; Antennes, Chète, Trompe, Palpes et Pattes noirs. Incisions des segments de l'Abdomen enfoncées et noires. Balanciers bruns : Cuillerons blancs; Ailes assez claires.

Nous avons trouvé cette espèce aux environs de la Toussaint; nous ne possédons que la Femelle; elle est voisine du *Lucilia fervida* (*Myod.*, p. 459, n° 25).

2178. — N° 9. EUPHORIA CALENS, R.-D.

Lucilia calens : Rob. Desv.-*Myod.*, 459, 24.
— — Macq.-*Buff.* II, 255, 20.

♂ et ♀. Tota viridi-aurea, plus minusve rutilans; Frontalibus, Antennis, Cheto, Proboscide, Palpis, Pedibus nigris; Frontis lateribus, Lateralibus Occipiteque viridi-aureis, coruscis; Facie albicante. Calyptis albis; Alis limpidis, basi vix sordidiuscula.

Long. 5 lignes.

Femelle : Tout le Corps d'un beau vert-doré plus ou moins rutilant ; quelques reflets pourprés sur le Corselet. Frontaux noirs ; côtés du Front, Latéraux et derrière de la Tête d'un beau vert-doré luisant ; Face albicante ; Antennes, Chète, Trompe, Palpes et Pattes noirs. Balanciers d'un blanc-obscur : Cuillerons blancs ; Ailes claires, la base étant à peine un peu sale.

Male : Tout-à-fait semblable ; Corselet un peu plus vert.

Nous possédons les deux sexes de cette espèce qu'on trouve au mois de Mai. Nous avions dans le principe indiqué le bord des segments de l'Abdomen comme étant noir ; cette assertion n'est pas toujours exacte.

2179. — N° 10. Euphoria grata, R.-D. *Sp. ined.*

♀. Tota viridi-metallica, subænescens ; Abdominis tertii segmenti parte postica ænea : circulo stemmatico violacino ; Frontalibus nigris : Frontis lateribus viridi-nitidis ; Facie subalbescente ; Lateralibus viridibus ; Occipite viridi, margine exteriore æneo-subignito ; Antennis, Cheto, Palpis, Pedibus nigris. Abdominis incisuris excavatis, vix subfuscis. Halteribus fuscis : Calyptis albis ; Alis levissime flavescentibus.

Long. 3 lignes.

Femelle : Tout le Corps vert métallique un peu cuivreux, avec les côtés du second segment de l'Abdomen et la moitié postérieure du troisième segment d'un cuivreux plus prononcé et plus brillant ; plaque stemmatique violette ; Frontaux noirs : côtés du Front d'un vert brillant ; Face d'un brun satiné blanchâtre ; Latéraux verts ; derrière de la Tête vert, avec le pourtour extérieur d'un cuivreux un peu enflammé ; Antennes, Chète, Palpes et Pattes noirs. Les incisions de l'Abdomen enfoncées, à peine noirâtres. Balanciers bruns :

Cuillerons blancs ; Ailes ayant une très-légère teinte flavescente.

Nous ne possédons que la Femelle de cette espèce trouvée en Eté ; elle est plus petite que l'*Euph. viridula* dont elle se distingue surtout par l'éclat cuivreux de la partie postérieure du troisième segment abdominal.

2180. — N° 11. EUPHORIA VIVIDA, R.-D. *Sp. ined.*

♀. Frontalibus obscuris : Frontis lateribus viridi-aureis ; Facie albescente ; Lateralibus viridi-aureis nitidis ; Occipite viridi-aureo ; Antennis, Cheto, Palpis, Pedibus nigris. Thorax viridi-nitidus, nonnullis tessellis cyanescentibus. Abdomen primis duobus segmentis viridi nitidis ; tertio et quarto viridi-cupreis nitidis. Halteribus obscuris : Calyptis albis ; Alis limpidis.

Long. 3 lignes.

FEMELLE : Frontaux d'un brun-obscur : côtés du Front d'un vert-doré brillant ; Face d'un brun-albescent ; Latéraux d'un beau vert-doré luisant ; le derrière de la Tête vert-doré ; Antennes, Chète, Trompe, Palpes et Pattes noirs. Corselet vert brillant et un peu doré, avec quelques légers reflets bleuâtres. Les deux premiers segments de l'Abdomen vert brillant ; le troisième et le quatrième d'un vert-cuivreux brillant. Balanciers obscurs : Cuillerons blancs ; Ailes claires.

Nous ne possédons que la Femelle de cette espèce trouvée en Eté.

2181. — N° 12. EUPHORIA PROMPTA, R.-D. *Sp. ined.*

♂. Tota viridi-nitida ; Frontis lateribus cæruleis ; Lateralibus viridi-cærulescentibus. Thorace obscure vix cyanescente. Abdominis ultimo segmento viridi-chalybeato. Halteribus obscuris : Calyptis albis.

Long. 4 lignes.

Male : Tout le Corps vert gai luisant; à peine distingue-t-on quelques nuances légères d'un cyané-obscur sur le Corselet ; côtés du Front bleus ; Latéraux d'un vert-bleuâtre ; Antennes, Trompe, Palpes et Pattes noirs. Le dernier segment de l'Abdomen d'un vert un peu cuivreux ou teinté d'acier. Balanciers obscurs : Cuillerons blancs ; Ailes claires.

Nous ne possédons qu'un Mâle de cette espèce trouvée en Eté; elle se distingue des espèces congénères par ses teintes plus vertes et surtout par la squame inférieure des Cuillerons qui est blanche et non jaunâtre. Le dos du Corselet est vert brillant et non vert-cuivreux comme sur l'*Euph. metallica.*

2182. — N° 13. Euphoria metallica, R.-D. *Sp. ined.*

♂. Lateralibus viridescentibus; Occipite viridi-subignito ; Antennis, Palpis, Pedibus nigris ; Cheto flavescente. Thorax viridi-cyaneus, nitidus, nonnullis tessellis subviolacinis. Abdomen viridi-fulgens, minus cupreum, quarto segmento obscure chalybeato. Halteribus pallescentibus : Calyptis albis ; Alis flavescentibus, nervis flavescentibus.

Long. 4 lignes.

Male : Côtés du Front verdâtres ; Latéraux d'un vert métallique un peu brun; derrière de la Tête vert-doré non enflammé; Antennes, Trompe, Palpes et Pattes noirs ; Chète d'un brun-flavescent. Corselet d'un beau vert-cuivreux brillant, avec de légers reflets violacés. Abdomen d'un beau vert brillant, avec le dernier segment couleur d'acier un peu brun. Balanciers d'un jaunâtre pâle : Cuillerons blancs ; Ailes un peu flavescentes, avec les nervures flavescentes.

Nous ne possédons que des Mâles de cette espèce trouvée à la fin d'Octobre.

2183. — N° 14. EUPHORIA PRÆCOX, R.-D. *Sp. ined.*

♂. Occipite viridi-subignito; Facie albicante; Antennis, Proboscide, Palpis, Pedibus nigris. Thorax viridi-cupreus, nitidus, nonnullis tessellis subviolacinis. Abdomen viridi-fulgens duobus aut tribus postremis segmentis chalybeatis. Halteribus fuscis : Calyptis albis; Alarum nervis flavescentibus.

♀. Frontis lateribus cyaneo-subviridibus. Thorax tessellis violacinis. Abdomen tribus postremis segmentis chalybeatis.

Long. 4 lignes.

MALE : Côtés du Front bleuâtres; Face d'un brun-albide; Latéraux et derrière de la Tête vert-cuivreux brillant; Antennes, Trompe, Palpes et Pattes noirs; Chète d'un brun plus ou moins flavescent. Corselet d'un beau vert-doré cuivreux brillant, avec de légers reflets violacés. Abdomen d'un beau vert brillant; les deux ou trois derniers segments couleur d'acier. Balanciers bruns : Cuillerons blancs; Ailes un peu sales à la base, avec les nervures flavescentes.

FEMELLE : Côtés du Front d'un beau bleu verdoyant et brillant; les trois derniers segments de l'Abdomen couleur d'acier un peu enflammé.

On trouve cette jolie espèce dès le mois d'Avril. Elle est tout-à-fait voisine de l'*Euph. triumphalis*, qui s'en distingue aisément par ses teintes pourprées.

2184. — N° 15. EUPHORIA AGILIS, R.-D. *Sp. ined.*

♀. Frontis lateribus, Lateralibus Occipiteque viridi-aureis. Thorax viridi-nitidus, dorso antice Scutelloque viridi-aureis, coruscis. Abdomen viridi-subaureum. Calypta alba; Alæ sublimpidæ.

Long. 5 lignes.

FEMELLE : Frontaux, Antennes, Palpes et Pattes noirs; Face d'un brun albicant. Corselet vert brillant, avec le dos des premiers segments et l'Ecusson vert-doré brillant un peu enflammé. Abdomen vert-doré. Balanciers d'un brun-obscur : Cuillerons blancs ; ailes claires, avec la base un peu sale.

Nous ne possédons que la Femelle de cette espèce trouvée au mois de Mai. Elle se rapproche beaucoup de l'*Euph. flammea*, mais elle est plus forte et moins brillante ; elle est encore voisine de l'*Euph. calens*.

2185. — N° 16. EUPHORIA SEMI-AURATA, R.-D. *Sp. ined.*

♂. Viridi æenea, nitida ; Frontis lateribus subcyaneis; Lateralibus cyaneo - viridescentibus ; Occipite viridi-aureo ; Antennis, Cheto, Palpis, Pedibus nigris. Scutello subcyaneo. Ultimo Abdominis segmento subcupreo. Halteribus obscure fuscis : Calyptorum squama inferiore fuliginosa ; Alis sublimpidis, basi flavescente.

Long. 4 lignes.

MALE : Corps vert-doré luisant ; côtés du Front bleuâtres ; Face d'un brun-albescent ; Latéraux d'un cyané-verdâtre ; derrière de la Tête vert-doré ; Antennes, Chète, Trompe, Palpes et Pattes noirs. Ecusson vert-bleu. Le dernier segment de l'Abdomen un peu cuivreux. Balanciers d'un brun-obscur : la squame inférieure des Cuillerons fuligineuse ; Ailes assez claires, avec la base un peu flavescente.

Nous ne connaissons que le Mâle de cette espèce trouvée en Automne.

Parmi un certain nombre d'espèces qui ont le quatrième segment abdominal cuivreux ou couleur d'acier, cette espèce se distingue surtout par son Corps presque entièrement vert-doré, par la squame inférieure des Cuillerons qui est fuligineuse et par son Ecusson bleu ou bleuâtre.

2186. — N° 17. Euphoria viridescens, R.-D. *Sp. ined.*

Lucilia viridescens : Rob. Desv.-*Myod.*, 458, 20.
— *cæsarion :* Macq.-*Buff.* II, 255, 19.

♀. Frontalibus brunicosis : Frontis lateribus viridi-subaureis, nitidis aut nitido viridi-cyanescentibus ; Lateralibus viridi-subcupreis ; Occipite viridi-nitido aut viridi-cupreo ; Antennis, Cheto, Proboscide, Palpis, Pedibus nigris. Thorax læte viridi-nitidus, leviter cyanescens ; Scutello viridi-cyanescente. Abdomen viridi-nitidum, subaurulans, quarto segmento cupreo-nitente. Halteribus obscuris : Calyptis albis ; Alis limpidis.

♂. Similis ; Abdomine nitidiore. Calyptorum squama inferiore subflavescente.

Long. 4 lignes.

Femelle : Frontaux bruns : côtés du Front d'un vert-doré brillant ou d'un vert-doré légèrement cyané ; Face d'un brun-albescent ; Latéraux d'un vert-doré légèrement enflammé ; le derrière de la Tête vert-doré brillant, avec le pourtour extérieur vert-cuivreux brillant ; Antennes, Chète, Trompe, Palpes et Pattes noirs. Corselet vert gai luisant et légèrement cyané ; Ecusson vert-bleuâtre. Abdomen vert luisant, un peu doré, avec des nuances d'un cyané-obscur ; le quatrième segment cuivreux-brillant. Balanciers bruns : Cuillerons blancs ; Ailes claires.

Male : Semblable à la Femelle, avec l'Abdomen plus brillant ; la squame inférieure des Cuillerons est flavescente.

Cette espèce est commune sur l'arrière saison, avant et après la Toussaint.

2187. — N° 18. Euphoria chalybea, R.-D. *Sp. ined.*

♀. Frontis lateribus viridi-cyanescentibus, nitidis ; Lateralibus viridi-cyanescentibus ; Occipite viridi-nitido ; Antennis, Cheto, Palpis,

Pedibus nigris. Thorax læte viridi-nitens, dorso Scutelloque subcyaneis. Abdomen viridi-nitens, subcyanescens, quarto segmento cupreo. Halteribus fuscis : Calyptis subalbis ; Alis limpidis, basi sordidiuscula.

♂. Paulo minus subcyanescens ; Abdominis dorso nitidiore, sæpius absque tessellis cyaneis.

Long. 3 lignes.

Femelle : Frontaux bruns : côtés du Front d'un vert-doré-cyanescent ; Latéraux d'un vert luisant un peu bleuâtre ; derrière de la Tête vert-luisant ; Antennes, Chète, Trompe, Palpes et Pattes noirs. Corselet vert gai luisant, avec le dos et l'Ecusson glacés de cyané. Abdomen vert luisant un peu cyané, avec le quatrième segment cuivreux ou bronzé. Balanciers bruns : Cuillerons blanchâtres ; Ailes à base un peu sale.

Male : Un peu moins de cyané sur le dos du Corselet. Abdomen luisant et presque sans nuances bleues. La squame inférieure des Cuillerons jaunâtre.

Cette espèce vit en Automne ; elle est de la taille et du port de l'*Euph. viridescens*, mais elle est manifestement plus glacée de cendré ; le dos de l'Abdomen est vert bleuâtre sur la Femelle. Les *Euph. cæsarion* et *puella* sont plus grosses.

2188. — No 19. Euphoria decora, R.-D. *Sp. ined.*

♀. Frontalibus fuscis : Frontis lateribus cæruleo-nitidis. Thorax cyaneus, viridescens. Abdomen viridi-subcyanescens, quarto segmento cupreo. Halteribus fuscis : Calyptis albis ; Alis claris, basi viridescente.

♂. Similis ; Abdomine nitidiore, minus cærulescente. Frontis lateribus cæruleis.

Long. 3 1/2-4 lignes.

FEMELLE : Frontaux brunâtres : côtés du Front d'un bleu foncé luisant; Face brune, avec les côtés albescents; Latéraux d'un bleu-verdâtre; derrière de la Tête vert-doré; Antennes, Chète, Trompe, Palpes et Pattes noirs. Corselet bleu verdoyant. Abdomen vert-bleuissant, avec le quatrième segment cuivreux. Balanciers noirâtres : Cuillerons blancs; Ailes claires, avec la base un peu sale.

MALE : Semblable à la Femelle; Abdomen plus luisant et moins bleuâtre; côtés du Front bleus.

Cette espèce, tout-à-fait voisine de l'*Euph. viridescens* et de l'*Euph. chalibea*, s'en distingue par des teintes où le bleu cyané l'emporte sur le vert luisant; les côtés du Front sont d'un bleu foncé et luisant sur les deux sexes.

On la trouve en Automne.

2189. — N° 20. EUPHORIA CÆSARION, Meig.

Musca cæsarion : Meig.-*Dipt.*, n° 14.
Lucilia cæsarion : Macq.-*Buff.* II, 255, 19.

♀. Frontalibus fuscis : Frontis lateribus viridi-aureo-cyanescentibus; Facie fusco-albescente; Lateralibus Occipiteque viridi-aureis; Antennis, Cheto, Proboscide, Palpis nigris. Thorax nitide viridi-aurulans, plus minusve cyanescens. Abdomen nitide viridi-aurulans, tessellis cyaneis; quarto segmento oblique chalybeato. Pedibus nigris; duobus Femoribus anterioribus viridescentibus. Halteribus obscuris : Calyptis albis; squama inferiore subflavescente; Alis limpidis.

♂. Frontis lateribus viridescentibus; Abdomine sæpius subnitidiore, minus cyanescente. Squama inferiore Calyptorum albescente, non flavescente.

Long. 4 lignes 1/2.

FEMELLE : Frontaux bruns : côtés du Front d'un vert-bleu doré; Face d'un brun-albescent; Latéraux et derrière de la

Tête d'un vert-doré; Antennes, Chète, Trompe et Palpes noirs. Corselet vert luisant et un peu doré, avec des nuances cyanées; le quatrième segment d'une teinte obscure d'acier. Pattes noires; les deux Cuisses antérieures verdâtres. Balanciers d'un brun-obscur : Cuillerons blancs; Ailes claires.

Male : Tout-à-fait semblable; le dessus de l'Abdomen ordinairement un peu plus luisant. Côtés du Front vert-luisant. La squame inférieure des cuillerons albescente.

Cette espèce est commune au Printemps et sur l'arrière saison, dans les endroits humides et ombragés ; elle est toujours plus grosse que l'*Euph. viridescens;* on la distingue aisément aux nuances cyanées qu'on observe sur le dos de l'Abdomen dont le quatrième segment est d'un cuivreux obscur et moins brillant.

2190. — N° 21. Euphoria scutellaris, R.-D. *Sp. ined.*

♀. Simillima Euph. cæsarioni; differt Scutello viridi-aurato, haud viridi-cyaneo.

Long. 4 lignes 1/2.

Femelle : Tout-à-fait semblable à l'*Euph. cæsarion;* mais l'Ecusson est vert-doré brillant et non vert-cyané.

Nous ne possédons que la Femelle de cette rare espèce trouvée en Eté.

2191. — N° 22. Euphoria floralis, R.-D. *Sp. ined.*

♀. Simillima Euph. cæsarioni ; differt Frontis lateribus viridi-aureo nitidis, non viridi-cyanescentibus. Scutello viridescente. Abdominis quarto segmento haud manifeste cupreo, Alarumque basi paululo magis fuliginosa.

Long. 5 lignes.

Femelle : Tout-à-fait semblable à l'*Euph. cæsarion;* les côtés du Front sont d'un beau vert-doré brillant. Le quatrième segment de l'Abdomen ne paraît ni cuivreux ni couleur d'acier; les Ailes sont un peu plus sales à la base.

Cette espèce vit au Printemps et pendant l'Eté; elle est bien distincte.

2192. — N° 23. Euphoria frontalis, R.-D. *Sp. ined.*

♀. Simillima Euph. cæsarioni; paulo magis subcyanea; Frontis lateribus cæruleis. Abdominis quarto segmento paulisper nitidiore. Calyptorum squama inferiore leviter flavescente.

Long. 4 lignes 1/2.

Femelle : Semblable à l'*Euph. cæsarion;* Corps un peu plus lavé de cyané; côtés du Front d'un beau bleu foncé. Le quatrième segment de l'Abdomen un peu plus luisant. La squame inférieure des Cuillerons un peu jaunâtre.

Nous ne possédons que la Femelle de cette espèce trouvée en Eté.

2193. — N° 24. Euphoria soror, R.-D. *Sp. ined.*

♀. Simillima Euph. cæsarioni; Thorax cum Scutello cæruleus, vix viridescens. Abdomen viridi-aureum, paulo nitidior.

Long. 4 lignes 1/2.

Femelle : Semblable à l'*Euph. cæsarion;* Corselet et Ecusson bleus, à peine nuancés de verdâtre. Abdomen vert-doré un peu plus brillant.

Nous avons trouvé cette espèce au mois de Mai; nous ne connaissons que la Femelle.

Avons-nous affaire à une véritable espèce ou bien n'est-ce qu'une variété?

2194. — N° 25. EUPHORIA VIRIDI-CYANEA, R.-D. *Sp. ined.*

♀. Frontalibus fusco-albescentibus : Frontis lateribus superne cœruleis, inferne viridibus; Lateralibus viridi-cœrulescentibus; Occipite viridi-nitido; Antennis, Cheto, Palpis, Pedibus nigris. Thorax viridi-cyaneus. Abdomen viridi-nitidum, quarto segmento obscure chalybeato. Halteribus fuscis : Calyptis albis; Alis limpidis.

♂. Similis; Frontis lateribus viridescentibus.

Long. 4 lignes.

FEMELLE : Frontaux d'un brun-obscur : côtés du Front d'un bleu brillant en haut et d'un vert brillant en bas; Face d'un brun-albescent; Latéraux d'un vert-bleuâtre; derrière de la Tête vert brillant; Antennes, Chète, Trompe, Palpes et Pattes noirs. Corselet vert-cyané. Abdomen vert luisant, avec le quatrième segment de couleur d'acier très-obscur. Balanciers bruns : Cuillerons blancs; Ailes claires.

Cette espèce a été trouvée en Été; voisine de l'*Euph. frontalis*, elle est plus bleue, et le quatrième segment de l'Abdomen est encore semblable aux segments précédents; les côtés du Front sont verts et bleus, et la squame inférieure des Cuillerons est blanche.

2195. — N° 26. EUPHORIA ANALIS, R.-D. *Sp. ined.*

♂. Frontis lateribus cœruleo-viridescentibus; Lateralibus viridi-cyanescentibus; Occipite viridi; Antennis, Cheto, Palpis, Pedibus nigris. Thorax cyaneus, nitidus, subviridescens. Abdomen primis duobus segmentis nitide viridi-cyanescentibus; tertio ægialeo-subaurato; quarto cæruleo. Halteribus fuscis : Calyptis albis; Alis claris.

Long. 5 lignes.

MALE : Côtés du Front d'un bleu-verdâtre; Latéraux d'un vert-bleuâtre; derrière de la Tête vert; Antennes, Chète,

Trompe, Palpes et Pattes noirs. Corselet bleu-cyané brillant et un peu verdâtre. Les deux premiers segments de l'Abdomen d'un vert luisant un peu cyané; le troisième vert d'eau un peu doré; le quatrième bleu. Balanciers bruns : Cuillerons blancs ; Ailes claires.

Nous ne possédons que le Mâle de cette espèce trouvée en Eté; la nervure transverse de la Cellule γ C de l'Aile est presque droite ou tend à le devenir.

2196. — N° 27. Euphoria puella, R.-D. *Sp. ined.*

♀. Facie fusco-albescente; Lateralibus nitide subcupreis; Frontis lateribus viridibus, subcyanescentibus; Antennis, Cheto, Palpis, Pedibus nigris. Thorax viridi-subcyaneus, nitidus. Abdominis primis segmentis viridi-nitidis, subcyanescentibus, ultimis segmentis viridi aureis, nitidis. Halteribus subfuscis : Calyptis albis; Alis limpidis.

♂. Similior ; Frontis lateribus viridi-cærulescentibus.

Long. 4 lignes 1/2.

Femelle : Frontaux bruns : côtés du Front d'un vert brillant obscurément cyané; Face d'un brun-albescent; Latéraux d'un vert un peu cuivreux; derrière de la Tête vert-brillant, avec un peu de cyané derrière les stemmates; Antennes, Chète, Trompe, Palpes et Pattes noirs. Corselet vert-cyané brillant. Les deux premiers segments de l'Abdomen d'un vert brillant obscurément cyané; le troisième et le quatrième d'un vert-doré brillant. Balanciers bruns : Cuillerons blancs; Ailes claires.

Male : Semblable ; les côtés du Front d'un vert-bleuâtre.

On trouve cette pesèce en Eté; elle se distingue nettement par le troisième et le quatrième segment de l'Abdomen qui sont d'un vert-doré brillant; les côtés du Front sont d'un vert luisant et à peine cyané sur les Femelles.

2197. — No 28. Euphoria volucris, R.-D. *Sp. ined.*

♀. Frontalibus albescentibus : Frontis lateribus viridi-auratis, cyanescentibus; Lateralibus viridi-subauratis; Occipite viridi-nitido, superne cyanescente; Antennis, Cheto, Proboscide, Palpis Pedibusque nigris. Thorax læte viridi-nitidus, cyaneo lavatus. Abdominis primis duobus segmentis viridi-cyanescentibus; primo segmento interdum subcyaneo; tertio quartoque nitidioribus. Halteribus fuscis : Calyptis albis ; Alis limpidis.

Long. 5 lignes.

Femelle : Frontaux brun-blanchâtre : côtés du Front d'un vert-doré luisant un peu bleuâtre : Latéraux vert-doré ; derrière de la Tête vert-doré, avec un peu de cyané vers le sommet ; Antennes, Chète, Trompe, Palpes et Pattes noirs. Corselet vert gai luisant et glacé de cendré. Les deux premiers segments de l'Abdomen d'un vert luisant un peu cyané ; le premier segment peut être vert bleu ; le troisième et le quatrième segments sont d'un vert plus brillant. Balanciers bruns : Cuillerons blancs ; Ailes claires.

Cette espèce se trouve en Eté ; nous ne possédons que des Femelles.

Elle est voisine de l'*Euph. puella*, mais toujours plus grosse ; l'ensemble de ses teintes est aussi plus cyané ; les deux derniers segments de l'Abdomen sont également moins dorés.

2198. — No 29. Euphoria festiva, R.-D. *Sp. ined.*

♂ et ♀. Frontalibus subobscuris : Frontis lateribus viridi-cæruleis ; Lateralibus viridi-cærulescentibus ; Occipite cyaneo-viridescente ; Antennis, Cheto, Palpis, Pedibus nigris. Thorax viridi-cyaneus, nitidus. Abdomen primis duobus segmentis viridi-cyaneis aut cyanescentibus; tertio quartoque segmentis viridi-aureis. Halteribus fuscis : Calyptis albis; Alis claris.

Long. 4 lignes 1/4.

Male et Femelle : Frontaux obscurs : côtés du Front d'un vert-bleu ; Face d'un brun-blanchâtre; Latéraux d'un vert-bleuâtre; derrière de la Tête d'un bleu-verdoyant; Antennes, Chète, Trompe, Palpes et Pattes noirs. Corselet vert-cyané brillant. Les deux premiers segments de l'Abdomen d'un vert-bleu ou bleuâtre luisant; le troisième et le quatrième segment d'un vert-doré. Balanciers bruns : Cuillerons blancs; Ailes claires.

Cette espèce vit en Automne; elle est voisine de l'*Euph. volucris* dont elle diffère par une taille moins forte, par des teintes un peu plus bleues et par les côtés du Front qui sont vert-cérulé et non vert-brillant.

2199. — N° 30. Euphoria cyaneo-viridis, R.-D. *Sp. ined.*

♀. Frontalibus obscuris : Frontis lateribus cyaneo-viridescentibus : Lateralibus viridi-subignitis; Occipite viridi, parte medianea cærulea; Antennis, Cheto, Palpis, Pedibus nigris. Thorax cyaneo-subviridis. Abdomen primis duobus segmentis cyaneo-viridibus; tertio et quarto ægialeo-subaureis. Halteribus fuscis : Calyptis albis; Alis claris.

♂. Similis; Lateralibus minus nitidis.

Long. 4 lignes 1/2.

Femelle : Frontaux obscurs : côtés du Front d'un bleu légèrement verdâtre; Face d'un brun-albescent; Latéraux d'un vert-doré luisant; derrière de la Tête d'un vert brillant, avec la partie médiane d'un bleu-verdâtre; Antennes, Chète, Trompe, Palpes et Pattes noirs. Corselet bleu glacé de verdâtre. Les deux premiers segments de l'Abdomen d'un vert-bleu; les deux suivants d'un vert d'eau un peu doré. Balanciers bruns : Cuillerons blancs ; Ailes claires.

Male : Semblable; les Latéraux un peu moins brillants.

Cette espèce vit en Eté; plus bleue que l'*Euph. festiva*, elle a les côtés du Front moins verts et les Latéraux plus brillants.

2200. — N° 31. Euphoria aurata, R.-D. *Sp. ined.*

♀. Frontalibus obscuris. Frontis lateribus cæruleo-viridi-aureis; Lateralibus Occipiteque viridi-subcæruleis: Antennis, Cheto, Palpis, Pedibus nigris. Thorax cæruleo-azureus, subviridescens. Abdomen viridi-auratum, nitidum. Halteribus fuscis : Calyptis albidioribus; Alis limpidis, basi subfuliginosa.

Long. 5-6 lignes.

Femelle : Frontaux d'un blanchâtre-obscur : côtés du Front bleu-vert-doré; côtés de la Face d'un brun-argenté; Latéraux et derrière de la Tête d'un vert-bleuâtre; Antennes, Chète, Trompe et Palpes noirs. Corselet d'un beau bleu-azuré légèrement nuancé de verdâtre. Abdomen d'un beau vert-doré brillant. Pattes noires; les deux Cuisses antérieures bleuâtres. Balanciers bruns : Cuillerons blancs : Ailes claires, avec la base un peu fuligineuse.

Nous ne possédons que la Femelle de cette jolie espèce trouvée en Eté, dans un bois. Elle diffère de l'*Euph. fulgida*, surtout par son Abdomen d'un beau vert-doré brillant.

Nous possédons dans notre collection une variété à laquelle nous avions d'abord donné le nom d'*Euph. æstivalis;* elle est voisine de l'*Euph. aurata*, mais à côtés du Front moins bleus.

2201. — N° 32. EUPHORIA FULGIDA, R.-D. *Sp. ined.*

♀. Frontalibus fuscis : Frontis lateribus viridi-cæruleo-aureis ; Facie fusca, lateribus subargenteis ; Lateralibus, Occipiteque viridi-aureis ; Antennis, Cheto, Proboscide, Palpis nigris. Thorax cum Scutello cæruleo-azureus, nitidus, subviridis, interdum cæruleo-violacinus. Abdomen ægialeo nitidum, nonnullis tessellis cærulescentibus. Pedes nigri ; duobus Femoribus anterioribus submetallicis. Halteribus fuscis : Calyptis albis ; Alis limpidis.

♂. Paulo minor ; Frontis lateribus viridi-cyaneis. Thorax cæruleo-azureus, viridescens. Abdomen viride, paulo magis cærulescens. Calyptorum squama inferiore flavescente.

Long. 5-6 lignes.

FEMELLE : Frontaux bruns : côtés du Front d'un vert-cérulé-doré brillant ; Face brune, avec les côtés argentés ; Latéraux et derrière de la Tête vert-doré ; Antennes, Chète, Trompe et Palpes noirs. Corselet et Ecusson d'un beau bleu azuré brillant et nuancé de vert ; ils peuvent même passer au bleu-violacé. Tout l'Abdomen d'un beau vert d'eau brillant, avec quelques nuances bleuâtres. Pattes noires ; les deux Cuisses antérieures bleuâtres. Balanciers bruns : Cuillerons blancs ; Ailes claires.

MALE : Un peu plus petit ; les côtés du Front d'un vert-azuré. Corselet bleu, plus nuancé de vert. Abdomen d'un vert plus mat et un peu plus bleu. Squame inférieure des Cuillerons un peu jaunâtre.

Cette espèce se trouve en Eté dans les bois et les pâturâges ; elle aime à s'abattre sur les bouses de la vache et du bœuf.

Sur quelques individus, la nervure transverse de la Cellule γ C de l'Aile commence à devenir plus droite.

2202. — N° 33. EUPHORIA CÆRULEIFRONS, R.-D. *Sp. ined.*

♀. Simillima EUPH. FULGIDÆ; Frontis lateribus absolute cæruleis, haud viridescentibus. Abdominis quarto segmento cuprescente.
♂. Similis; Frontis lateribus cæruleis.

Long. 5-6 lignes.

FEMELLE : Tout-à-fait semblable à l'*Euph. fulgida;* côtés du Front d'un beau bleu de roi, sans nuances verdâtres. Le quatrième segment de l'Abdomen obscurément cuivreux.

MALE : Semblable à la Femelle; côtés du Front bleus.

Cette espèce, qui paraît être rare, se trouve en Eté.

2203. — N° 34. EUPHORIA AUTUMNALIS, R.-D. *Sp. ined.*

♀. Vicina EUPH. FULGIDÆ; Frontalibus obscuris : Frontis lateribus cyaneis, inferne viridi-aureis; Facie brunicosa; Lateralibus viridi-subobscuris; Occipite viridi-nitido; Antennis, Cheto, Proboscide, Palpis, Pedibus nigris. Thorax cæruleo-viridescens. Abdomen viridi-cærulescens. Halteribus fuscis : Calyptis albis; Alis basi sordidiuscula, nervo transverso Cellulæ γ C ad basim solum subconcavo.

Long. 6 lignes.

FEMELLE : Voisine de l'*Euph. fulgida;* Frontaux obscurs : côtés du Front bleu foncé, mais un peu vert-doré en bas; Face brune; Latéraux d'un vert un peu brun; derrière de la Tête vert luisant; Antennes, Chète, Trompe, Palpes et Pattes noirs. Corselet bleu, nuancé de vert. Abdomen vert, nuancé de bleu. Balanciers bruns : Cuillerons blancs; Ailes à base un peu sale, avec la nervure transverse de la Cellule γ C un peu moins concave à sa base.

Nous ne possédons que la Femelle de cette espèce trouvée en Automne et assez voisine de l'*Euph. fulgida,* mais qui, outre ses autres différences, s'en distingue nettement par la nervure transverse de la Cellule γ C de l'Aile qui tend à devenir droite en perdant de sa concavité à sa base.

2204. — N° 35. EUPHORIA RURALIS, R.-D. *Sp. ined.*

♂. Simillima EUPH. AUTUMNALI; differt Scutello Frontisque lateribus viridibus.

Long. 4 lignes.

MALE : Semblable à l'*Euph. autumnalis;* mais à Corselet et à côtés du Front verts.

Nous ne possédons que le Mâle de cette espèce prise en Eté.

2205. — N° 36. EUPHORIA CORUSCA, R.-D. *Sp. ined.*

♀. Frontalibus fuscis : Frontis lateribus nitide cœruleis; Facie subargentea ; Lateralibus viridi-cyanescentibus; Occipite viridi-nitido; Antennis, Cheto, Palpis, Pedibus nigris. Thorax viridi-aurulans, parte postica Scutelloque subcyaneis. Abdomen cyaneo-viridescens. Halteres fusci : Calypta alba ; Alæ limpidæ.

Long. 6 lignes.

FEMELLE : Frontaux bruns : côtés du Front d'un bleu-cérulé luisant; côtés de la Face albescents; Latéraux vert-bleuâtre; derrière de la Tête vert-luisant; Antennes, Chète, Trompe, Palpes et Pattes noirs; Latéraux bruns. Cuillerons blancs; Ailes claires.

Nous ne possédons que la Femelle de cette espèce trouvée en Eté et qui paraît être très rare; elle est plus verte que l'*Euph. autumnalis*, avec laquelle elle a les plus grands rapports.

Sur cette espèce la nervure transverse de la Cellule γ C des Ailes commence à être moins arquée vers la base.

2206. — N° 37. EUPHORIA GENTILIS, R.-D. *Sp. ined.*

♀. Affinis EUPH. PUELLÆ; major; læte viridi-nitido-cyanescens; Frontis lateribus nitide cæruleis. Abdominis tertio quartoque segmento viridi-aureis. Alis sublimpidis.

Long. 5 lignes.

FEMELLE : Semblable à l'*Euph. puella;* un peu plus forte; côtés du Front d'un beau bleu de ciel. Corps d'un vert gai luisant et nuancé de cyané. Le troisième et le quatrième segment de l'Abdomen plus brillants.

Nous ne possédons que la Femelle de cette espèce trouvée en Eté.

Cette espèce, de la taille de l'*Euph. lepida*, est plus bleue; les côtés de la Face sont cérulés et non d'un vert-doré.

2207. — N° 38. EUPHORIA CHRYSORHOA, R.-D. *Sp. ined.*

♀. Frontalibus obscure albescentibus : Frontis lateribus viridi-cæruleo nitidis; Lateralibus viridibus; Occipite viridi-nitido; Antennis, Cheto, Palpis, Pedibus nigris. Thorax læte viridi-nitidus, tessellis cyaneis. Abdomen primo segmento cæruleo; secundo viridi-nitido; tertio et quarto viridi-aurato ignitis. Halteribus fuscis : Calyptis albis; Alis claris.

♂. Frontalibus subrubris : Frontis lateribus viridescentibus. Abdomen nitide viridi-subcyanescens, quarto segmento ignito.

Long. 3 lignes.

FEMELLE : Frontaux d'un blanc-obscur : côtés du Front d'un vert-bleu brillant; Face d'un brun-albescent; Latéraux verts; derrière de la Tête vert brillant; Antennes, Chète,

Trompe, Palpes et Pattes noirs. Corselet vert luisant, avec des reflets cyanés. Le premier segment de l'Abdomen bleu ; le second vert luisant ; le troisième et le quatrième d'un vert-doré enflammé. Balanciers bruns : Cuillerons blancs ; Ailes claires

MALE : Semblable ; Frontaux rougeâtres : côtés du Front verdâtres. Les trois premiers segments de l'Abdomen d'un vert brillant un peu cyané ; le quatrième segment doré et enflammé.

Nous avons trouvé cette espèce en Eté.

2208. — N° 39. EUPHORIA SCINTILLA, R.-D. *Sp. ined.*

♂ et ♀. Simillima EUPH. CHRYSORHOÆ, Abdominis tertio quartoque segmento aureo-rutilantibus.

Long. 3 lignes.

MALE et FEMELLE : Voisine de l'*Euph. chrysorhoa* ; les deux derniers segments de l'Abdomen d'un doré-rutilant.

Nous avons pris cette espèce au mois de Juin.

2209. — N° 40. EUPHORIA CHRYSURA, R.-D. *Sp. ined.*

♂. Frontis lateribus viridescentibus ; Lateralibus viridi subauratis ; Occipite viridi-nitido ; Antennis, Cheto, Palpis, Pedibus nigris. Thorax læte cyaneus, subviridescens. Abdominis primo segmento viridi-aurato ; secundo et tertio viridi-nitidis ; quarto aureo-fulgido. Halteribus fuscis : Calyptis albis ; Alis limpidis.

Long. 5 lignes.

MALE : Côtés du Front verdâtres ; Latéraux vert-doré ; derriére de la Tête vert brillant ; Antennes, Chète, Trompe, Palpes et Pattes noirs. Corselet d'un beau bleu cyané un peu glacé de verdâtre. Le premier segment de l'Abdomen vert-doré ; le second et le troisième vert brillant; le quatrième doré-brillant. Balanciers bruns : Cuillerons blancs ; Ailes claires.

Nous ne possédons que le Mâle de cette espèce trouvée en Eté.

2210. — N° 41. EUPHORIA NITIDA, R.-D. *Sp. ined.*

♀. Frontis lateribus viridi-aureo-cyanescentibus; Frontalibus, Antennis, Palpis, Pedibus, Halteribusque nigris; Lateralibus, Occipiteque cyaneo-viridescentribus. Thorax cæruleus, nitidus. Abdomen viridi-aureum ; quarto segmento chalybeato. Calypta alba, Alæ limpidæ.

Long. 4-5 lignes.

FEMELLE : Côtés du Front d'un vert-doré bleuissant ; Latéraux et derrière de la Tête d'un bleu un peu verdoyant ; Face albicante; Frontaux, Antennes, Chète, Trompe, Palpes, Pattes et Balanciers noirs. Corselet d'un beau bleu ciel luisant. Tout l'Abdomen vert-doré, avec le dernier segment couleur d'acier. Cuillerons blancs; Ailes claires.

Nous ne possédons que la Femelle de cette espèce prise au mois de Mai; le dernier segment de l'Abdomen empêche de la confondre avec les *Euph. fulgida, viridis*, etc.

Serait-ce la Femelle de l'*Euph. chrysura?*

2211. — N° 42. EUPHORIA MOLLIS, R.-D. *Sp. ined.*

♀. Statura et aspectus EUPH. CHRYSORHOÆ ; Frontis lateribus absolute cæruleis. Thorax cæruleo-viridescens ; Scutello cæruleo. Abdomen primo secundoque segmento cyaneo-viridescentibus ; tertio quartoque viridi-aureis, nitidis. Calyptis albis ; Alis limpidis.

Long. 5 lignes.

FEMELLE : Taille et port de l'*Euph. chrysorhoa;* côtés du Front entièrement bleu ciel; Frontaux, Antennes, Palpes et

Pattes noirs; Face albide. Corselet bleu-verdoyant; Ecusson bleu. Les deux premiers segments de l'Abdomen bleu-verdoyant; les deux suivants vert-doré, brillants. Balanciers bruns : Cuillerons blancs ; Ailes claires.

Nous ne possédons que la Femelle de cette espèce trouvée au mois de Mai. Elle se fait surtout remarquer par la consistance molle et peu solide de son Corps. Sous ce rapport elle est voisine de l'*Euph. cunctans*.

2212. — N° 13. Euphoria aurulans, R.-D.

Lucilia aurulans : Rob. Desv.-*Myod.*, 458, 21.
— *cæsarion :* Macq.-*Buff.* II, 255, 19.

♀. Frontalibus obscuris : Frontis lateribus cæruleo-violacinis; Facie brunicosa ; Lateralibus cæruleis; Occipite viridi-nitido aut viridi-cærulescente; Antennis, Cheto, Proboscide, Palpis, Pedibus nigris. Thorax nitide cæruleo-violacinus, nonnullis tessellis viridescentibus. Abdomen primis duobus segmentis cæruleis, viridescentibus; tertio viridi-aurato ignito. Halteribus fuscis : Calyptis albis ; Alis claris.

♂. Similis ; Frontis lateribus cæruleis. Thorax tessellis magis viridescentibus. Abdomen primo segmento cæruleo; secundo cæruleo-viridescente; tertio viridi-aureo; quarto viridi-aureo ignito.

Long. 3 lignes.

Femelle : Frontaux obscurs : cotés du Front d'un bleu-violacé, avec de légères nuances vertes; Face brune ; Latéraux bleus; derrière de la Tête vert luisant ou d'un vert-bleuâtre; Antennes, Chète, Trompe, Palpes et Pattes noirs. Abdomen d'un beau bleu violacé, avec de légers reflets verdâtres; les deux premiers segments de l'Abdomen d'un beau bleu-cérulé, avec des nuances verdâtres; le troisième segment vert-doré; le quatrième vert-doré enflammé. Balanciers bruns : Cuillerons blancs ; Ailes claires.

MALE : Tout-à-fait semblable; le Corselet offre des nuances verdâtres plus prononcées. Le premier segment de l'Abdomen est bleu ; le second d'un bleu-vert brillant; le troisième vert-doré; le quatrième vert-doré enflammé.

On trouve cette jolie espèce en Eté.

2213. — N° 44. EUPHORIA BELLA, R.-D. *Sp. ined.*

♀. Simillima EUPH. AURULANTI ; cærulea, magis violacina ; Occipite cæruleo-violacino, haud viridi.

Long. 3 lignes.

FEMELLE : Tout-à-fait semblable à l'*Euph. aurulans;* le bleu est encore plus violet; le derrière de la Tête est d'un beau bleu-violet brillant.

Nous ne possédons que la Femelle de cette espèce trouvée en Eté.

2214. — N° 45. EUPHORIA BLANDA, R.-D. *Sp ined.*

♀. Cæruleo-subviolacea ; Frontalibus, Antennis, Palpis, Pedibus, Halteribus nigris. Abdomen ultimis segmentis viridi-cyanescentibus. Calyptis albis ; Alis limpidis.

♂. Similis; cærulea, nitida; Abdomen primo segmento cyaneo aut cyanescente; duobus sequentibus viridescentibus; ultimo chalybeato.

Long. 2 lignes 1/2.

FEMELLE : Côtés du Front d'un beau bleu un peu violacé; derrière de la Tête d'un bleu un peu verdoyant; Frontaux, Antennes, Chète, Trompe, Palpes et Pattes noirs; Face albicante. Corselet d'un beau bleu un peu violacé. Les deux premiers segments de l'Abdomen d'un beau bleu de ciel; les deux suivants d'un vert-bleuissant luisant; le quatrième un peu couleur d'acier. Balanciers noirs : Cuillerons blancs; Ailes claires.

Male : Semblable ; le premier segment de l'Abdomen bleu ou bleuâtre ; les deux suivants d'un vert un peu bleuissant ; le quatrième couleur d'acier.

Cette espèce paraît au mois de Mai ; elle est voisine de l'*Euph. bella*, mais toujours plus petite. Elle est encore plus voisine de l'*Euph. aurulans*, mais elle est plus petite, avec des Ailes plus claires.

Notre description a été faite sur des individus vivants.

2215. — No 46. Euphoria jucunda, R.-D. *Sp. ined.*

♀. Frontalibus albescentibus : Frontis lateribus cæruleo-violacinis; Facie fusco-albescente; Lateralibus viridibus; Occipite viridi-cyanescente; Antennis, Cheto, Palpis, Pedibus nigris. Thorax cyaneo-azureus, nitidus, nonnullis tessellis viridibus. Abdomen primis duobus segmentis azureis; tertio quartoque segmento ægialeo subaureo nitidis. Halteribus fuscis : Calyptis albis; Alis claris.

Long. 5 lignes.

Femelle : Frontaux blanchâtres : côtés du Front d'un bleu azuré un peu violet ; Face d'un brun-albescent ; Latéraux vert-brillant ; derrière de la Tête d'un vert-bleuâtre brillant ; Antennes, Chète, Trompe, Palpes et Pattes noirs. Corselet d'un beau bleu-azuré, avec quelques reflets verdâtres ; les deux premiers segments de l'Abdomen d'un beau bleu-azuré ; le troisième et le quatrième d'un beau vert-doré. Balanciers bruns : Cuillerons blancs et Ailes claires.

Nous ne possédons que la Femelle de cette espèce trouvée en Automne, dans une localité humide.

2216. — N° 47. EUPHORIA CUNCTANS, R.-D. *Sp. ined.*

♀. Similis EUPH. JUCUNDÆ ; Frontalibus obscure albescentibus : Frontis lateribus viridi-cyaneis ; Faciei lateribus albis ; Lateralibus viridibus ; Occipite viridi-azurescente ; Antennis, Cheto, Palpis, Pedibus nigris. Thorax æqualiter azureus et viridis. Abdomen primis duobus segmentis cyaneo-azureis ; tertio et quarto ægialeo-azureis. Halteribus obscuris : Calyptis albis ; Alis claris.

Long. 4 lignes 1/2.

FEMELLE : Semblable à l'*Euph. jucunda* ; Frontaux d'un brun-obscur : côtés du Front d'un vert-bleuissant ; Face blanche sur les côtés ; Latéraux verts ; derrière de la Tête d'un vert-cyanescent ; Antennes, Chète, Trompe, Palpes et Pattes noirs. Corselet également nuancé d'azur et de vert. Les deux premiers segments de l'Abdomen bleu-azuré ; les deux suivants d'un vert d'eau doré. Balanciers obscurs : Cuillerons blancs ; Ailes claires.

Nous ne possédons que des Femelles de cette espèce trouvée au Printemps, dans un endroit ombragé.

On la distingue aisément à la mollesse de son Corps et à ses Ailes claires.

B. *Espèces bleu-azuré, bleu-violacé, avec des nuances vert-bleu, vert-doré.*

2217. — N° 48. EUPHORIA SPLENDIDA, Meig.

Musca splendida : Meig.-*Dipt.*, n° 11.
Lucilia splendida : Rob. Desv.-*Myod.*, 457, 17.
— — Macq.-*Buff.* II, 255, 18.

♀. Frontis lateribus cæruleo-violacinis, inferne viridi-aureis ; Faciei lateribus fusco-argenteis; Lateralibus viridibus aut viridi-subcæruleis; Occipite viridi-cærulescente aut viridi-æneo; Antennis, Cheto, Proboscide, Palpis, Pedibus nigris. Thorax cæruleo-azureo-violacinus, nonnullis tessellis viridibus. Abdomen primo segmento cæruleo, rarius cæruleo-viridescente; secundo cæruleo, cæruleo-violacino, cæruleo-viridescente; tertio et quarto cæruleo-viridibus. Halteribus fuscis : Calyptis albis; Alis claris.

♂. Frontis lateribus cæruleo-viridescentibus. Thorax cæruleo-azureus, tessellis nitidioribus. Abdomen viridi-subcæruleum.

Long. 5 lignes.

Femelle : Côtés du Front d'un bleu un peu violet, mais vert-doré en bas ; côtés de la Face d'un brun-argenté; Latéraux verts ou d'un vert bleuâtre ; derrière de la Tête vert-bleu, rarement vert; Antennes, Chète, Trompe, Palpes et Pattes noirs. Corselet bleu-azuré, violacé, avec quelques reflets verdâtres. Le premier segment de l'Abdomen bleu, rarement bleu-verdoyant; le second segment ordinairement bleu, bleu-violet, bleu-verdoyant; le troisième et le quatrième d'un bleu-verdoyant. Balanciers bruns : Cuillerons blancs; Ailes claires.

Male : Côtés du Front bleu-verdâtre. Corselet bleu-azuré, avec des reflets verts plus prononcés. Abdomen bleu-verdâtre ou plutôt vert-bleuâtre.

Cette espèce est commune en Eté sur les Ombellifères des prés.

2218. — N° 49. Euphoria cyaneifrons, R.-D. *Sp. ined.*

♀. Affinis Euph. splendidæ; paululo minor; Frontalibus fusco-albescentibus; Frontis lateribus cæruleo-nitidis; Facie albida; Lateralibus viridi-cærulescentibus; Occipite viridi-cyanescente nitido; Antennis, Cheto, Palpis, Pedibus nigris. Thorax cum Scutello cæruleo azureo-violacinus, nonnullis tessellis viridescentibus. Abdomen primo segmento cæruleo; cæteris viridi-nitidis, subcyaneo tessellantibus. Halteribus fuscis : Calyptis albis ; Alis claris.

♂. Similis ; Frontis lateribus cæruleis.

Long. 4 lignes 1/2.

Femelle : Voisine de l'*Euph. splendida;* un peu plus petite ; Frontaux d'un brun-blanchâtre : côtés du Front d'un beau bleu brillant ; Face blanche ; Latéraux vert-bleuâtre ; derrière de la Tête vert-bleu brillant ; Antennes, Chète, Palpes et Pattes noirs. Corselet et Ecusson d'un beau bleu-azuré légèrement violacé, avec quelques reflets verdâtres. Le premier segment de l'Abdomen bleu ; les autres d'un beau vert brillant très-légèrement bleuâtre. Balanciers noirâtres : Cuillerons blancs ; Ailes claires.

Male : Semblable ; côtés du Front bleus.

Nous possédons les deux sexes de cette espèce trouvée en Eté.

2219. — No 50. Euphoria bi-color, R.-D. *Sp. ined.*

♂ et ♀. Vicina Euph. fulgidæ ; Frontis lateribus viridi-nitidis ; Lateralibus, Occipiteque viridi-cyanescentibus ; Antennis, Cheto, Proboscide, Palpis, Pedibus nigris. Thorax cæruleo-azureus, viridescens. Abdomen viridi-nitidum, primo segmento cæruleo aut cærulescente. Halteribus fuscis : Calyptis albidioribus ; Alis limpidis.

Long. 5 lignes.

Femelle et Male : Voisine de l'*Euph. fulgida;* côtés du Front d'un beau vert brillant ; Latéraux et derrière de la Tête d'un vert brillant plus ou moins bleu ; Antennes, Chète, Trompe, Palpes et Pattes noirs. Corselet d'un beau bleu-azuré, avec de légères nuances verdâtres. Abdomen vert brillant, avec le premier segment bleu. Balanciers bruns : Cuillerons blancs ; Ailes claires.

On trouve cette espèce en Eté. Elle diffère de l'*Euph. cyaneifrons* par les côtés du Front qui sont vert-doré et non d'un beau bleu.

La nervure transversale de la Cellule γ C des Ailes devient plus droite.

2220. — N° 51. EUPHORIA GRATIOSA, R.-D. *Sp. ined.*

♀. Tota cæruleo-azureo-violacina; Frontis lateribus cæruleo-violacinis; Facie fusca, lateribus fusco-argenteis; Lateralibus viridi-cærulescentibus; Occipite cæruleo; Antennis, Cheto, Proboscide, Palpis nigris. Abdomen ultimo segmento ægialeo. Pedes nigri; duobus Femoribus anterioribus submetallicis. Halteribus obscuris : Calyptis albis; Alarum disco limpido.

Long. 5 lignes.

FEMELLE : Tout le Corps d'un beau bleu-azuré violet; côtés du Front d'un bleu-violacé; Face brune, avec les côtés argentés; Latéraux d'un vert-bleuâtre; derrière de la Tête bleu-azuré; Antennes, Chète, Trompe et Palpes noirs. Le quatrième segment de l'Abdomen vert d'eau. Pattes noires ; les deux Cuisses antérieures un peu métalliques. Balanciers obscurs : Cuillerons blancs; disque des Ailes clair.

Nous ne possédons que la Femelle de cette jolie espèce prise au mois de Juin sur les OMBELLIFÈRES d'un pré.

2221. — N° 52. EUPHORIA GLORIOSA, R.-D. *Sp. ined.*

♀. Tota cæruleo-azurea, subviolacina, nonnullis tessellis viridescentibus; Frontis lateribus viridi-cæruleis; Facie fusca, lateribus fusco-albidis; Lateralibus Occipiteque cæruleis; Antennis, Cheto, Proboscide, Palpis, Pedibus nigris. Duobus Femoribus anterioribus submetallicis. Halteribus fuscis : Calyptis albis; Alis limpidis.

Long. 5 lignes.

Femelle : Tout le Corps d'un beau bleu-azuré brillant et même un peu violacé sur lequel on distingue quelques légers reflets verdâtres ; côtés du Front d'un vert-bleu brillant ; Face brune, avec les côtés d'un brun-albide ; Latéraux et derrière de la Tête bleus ; Antennes, Chète, Trompe, Palpes et Pattes noirs. Les deux Cuisses antérieures un peu métalliques. Balanciers bruns : Cuillerons blancs ; Ailes claires.

Nous ne possédons que la Femelle de cette jolie espèce trouvée en Juin sur les fleurs d'une Ombellifère.

C. *Espèces pourprées ou violacées.*

2222. — N° 53. Euphoria triumphalis, R.-D. *Sp. ined.*

♀. Tota purpureo-corusca, ignita ; Frontalibus, Antennis, Palpis, Pedibus nigris ; Facie brunicosa ; Frontis lateribus Occipiteque purpureo ignitis. Abdomen incisuris nigris. Halteribus infuscatis : Calyptis albis ; Alis subflavescentibus.

Long. 5 lignes.

Femelle : Tout le Corps d'un beau pourpre enflammé ; côtés du Front d'un beau pourpre enflammé ; Face brune ; Latéraux verts ; le derrière de la Tête d'un pourpre enflammé ; Antennes, Chète, Trompe, Palpes et Pattes noirs. Les incisions des segments de l'Abdomen noires. Balanciers obscurs : Cuillerons blancs ; Ailes ayant une légère teinte flavescente.

Nous ne possédons que la Femelle de cette magnifique espèce trouvée au mois de Mai.

2223. — N° 54. Euphoria placida, R.-D. *Sp. ined.*

♀. Simillima Euph. triumphali ; Abdomen primis tribus segmentis viridi-aureo nitidis, obscure cyanescentibus, ultimo cupreo.

Long. 3 lignes 1/2.

Femelle : Semblable à l'*Euph. triumphalis;* les trois premiers segments de l'Abdomen d'un vert-doré luisant et obscurément nuancé de bleuâtre ; le dernier segment bronzé cuivreux.

Nous ne possédons qu'une Femelle de cette espèce prise au mois de Mai. Elle est intermédiaire à l'*Euph. triumphalis* et à l'*Euph. præcox*.

2224. — N° 55. Euphoria callichroa, R.-D. *Sp. ined.*

♀ et ♂. Tota ignito-purpurea ; Frontis lateribus, Lateralibus, Occipite purpureo-violacinis ; Facie fusca ; Frontalibus, Proboscide, Palpis, Pedibus nigris. Thoracis dorso violacino. Alis fuliginosis.

Long. 4-5 lignes.

Femelle : Le troisième article des Antennes brun ; Frontaux, Trompe, Palpes et Pattes noirs ; côtés du Front, Latéraux, derrière de la Tête rouge-pourpré-violacé ; Face brune. Corselet d'un beau vert-doré enflammé sur les côtés : le dos et l'Ecusson d'un beau pourpre violet un peu foncé. Abdomen doré enflammé. Balanciers jaunâtres : Cuillerons blancs; Ailes fuligineuses.

Male : Un peu plus petit; semblable; couleurs un peu moins vives.

Cette magnifique espèce vit au mois de Juin.

2225. — N° 56. Euphoria purpurea, R-D. *Sp. ined.*

♂. Frontis lateribus, Occipite purpurascentibus ; Facie fusca ; Proboscide, Palpis, Pedibus nigris. Thorax cum Scutello ignito purpureus. Abdomen aureo-ignitum. Alæ subfuliginosæ.

Long. 4 lignes.

MALE : Côtés du Front et derrière de la Tête pourprés ; Latéraux d'un vert-pourpré ; Face noirâtre ; Trompe, Palpes et Pattes noirs. Corselet d'un beau rouge enflammé tout pourpré. Abdomen doré enflammé. Balanciers jaunâtres : Cuillerons blanchâtres ; Ailes un peu fuligineuses.

Nous ne possédons que des Mâles de cette espèce trouvée au mois de Juin ; ces Mâles appartiennent peut-être à l'*Euph. callichroa?*

2226. — N° 57. EUPHORIA ADAMANTINA, R.-D. *Sp. ined.*

♂ et ♀. Tota purpureo ignito violacina ; Frontalibus, Antennis, Palpis, Pedibus nigris. Calyptis albis ; Alis fuliginosis.

Long. 3 lignes.

FEMELLE : Tout le Corps d'un beau rouge enflammé violacé ; côtés du Front et derrière de la Tête violacés ; Latéraux d'un vert-doré un peu violacé ; Frontaux, Antennes, Chète, Trompe, Palpes et Pattes noirs. Les incisions des segments de l'Abdomen un peu enfoncées. Balanciers bruns : Cuillerons blancs ; Ailes un peu enfumées.

MALE : Semblable ; Tout le Corps d'un beau rouge enflammé peu violacé.

Nous avons pris en même temps les deux sexes, au mois de Mai. Elle est voisine du *Luc. fervida* (*Myod.*, n° 24).

2227. — N° 58. EUPHORIA FLAMMA, R.-D. *Sp. ined.*

♂. Frontalibus, Antennis, Palpis, Pedibus, Halteribus nigris. Thorax viridi-aureo coruscus, Scutello Abdomineque aureo-ignitis. Calyptis albis ; Alis obscure flavescentibus.

♀. Similis ; Frontis lateribus viridi-aureo coruscis.

Long. 5 lignes.

Male : Frontaux, Antennes, Trompe, Palpes, Pattes et Balanciers noirs; derrière de la Tête vert-doré; Latéraux d'un rouge presqu'enflammé. Corselet d'un beau vert-doré brillant; Ecusson et Abdomen d'un beau vert-doré enflammé. Cuillerons blancs; Ailes ayant une très légère teinte flavescente.

Femelle : Semblable au Mâle; côtés du Front d'un beau vert-doré luisant.

Nous possédons les deux sexes de cette espèce trouvée au mois de Mai; le Mâle et la Femelle ont été pris dans les mêmes circonstances.

371. — XXXII. Genre ORTHELLIE.
XXXII. *Genus ORTHELLIA*, R.-D.

Caractères des Euphories; la nervure transversale de la Cellule γ C de l'Aile absolument droite dans toute sa longueur.

Gen. Euphoriæ characteres; at nervus transversus Cellulæ γ C absolute rectus.

2228. — N° 1. Orthellia rectinervis, R.-D. *Sp. ined.*

♀. Cyaneo-nitida, viridescens; Frontalibus fuscis; Frontis lateribus cæruleo-nitidis, subviolacinis; Facie alba; Lateralibus cæruleo-viridibus; Occipite viridi-cyanescente; Antennis, Cheto, Proboscide, Palpis, Pedibus nigris; duobus Femoribus anterioribus submetallicis. Halteribus fuscis : Calyptis albis; Alis limpidioribus.

Long. 4 lignes 1/2.

Femelle : Tout le Corps d'un cyané gai luisant, nuancé de vert brillant; Frontaux bruns : côtés du Front d'un beau bleu un peu violacé; Face blanche; Latéraux d'un bleu-verdâtre;

derrière de la Tête vert; Antennes, Chète, Trompe, Palpes et Pattes noirs; les deux Cuisses antérieures métalliques. Balanciers bruns : Cuillerons blancs; Ailes claires, même à la base.

Nous ne possédons que la Femelle de cette jolie et rare espèce trouvée au mois d'Octobre.

2229. — N° 2. ORTHELLIA MOLLIS, R.-D. *Sp. ined.*

♀. Æqualiter viridi-aurea, nitida et cyanea; Frontalibus fuscis; Frontis lateribus cyaneo-viridi nitidis : Lateralibus, Occipiteque cyaneo-viridibus; Antennis, Cheto, Palpis, Pedibus nigris. Halteribus fuscis : Calyptis albis; Alis limpidis.

Long. 3 lignes.

FEMELLE : Corps d'un beau vert-doré brillant et également nuancé de bleu-azuré; Frontaux bruns : côtés du Front d'un beau bleu-verdoyant-doré; Latéraux et derrière de la Tête vert-doré; Face brune, avec les côtés albides; Antennes, Chète, Palpes et Pattes noirs. Balanciers noirâtres : Cuillerons blancs et Ailes claires.

Nous avons pris sur la fin de l'Eté la Femelle de cette espèce dont la consistance est très délicate. Elle est voisine du *Lucilia scutellata*, Macq. (*Buff.* II, 256, 22), qui est un peu plus petite et qui n'est pas indiquée comme ayant une consistance aussi délicate.

2230. = N° 3. ★ ORTHELLIA HYEMALIS, R.-D. *Sp. ined.*

♀. Viridi metallica, cinereo-subadspersa; Facie argentea; Palpis fulvis. Alæ limpidæ.

♂. Similis; Frontis lateribus fusco-cinereis. Abdomen dorso nitidiore.

Long. 3 lignes.

Femelle : Frontaux et Antennes noirs ; côtés du Front et Face blanc non métallique : Palpes fauves. Corselet vert-bleuissant métallique. Abdomen vert d'eau métallique. Pattes noires. Balanciers bruns : Cuillerons blancs. L'ensemble du Corps est légèrement glacé ou satiné de cendré.

Male : Semblable ; le dos de l'Abdomen un peu plus doré ; côtés du Front d'un noir-cendré.

Nous avons pris cette espèce dès le mois de Février sur les collines de Nice.

2231. = N° 4. ✱ Orthellia lubrica, R.-D. *Sp. ined.*

♂. Viridi-cupreo subignita ; Facie fusco-albida ; Frontis lateribus viridi-aureis. Alæ limpidæ, basi obscuriore.

♀. Similis ; paulo major ; nitidior ; Frontis lateribus viridi-cupreis, nitidis ; Facie alba.

Long. 2 lignes 1/2.

Male : Tout le Corps d'un beau vert-cuivreux enflammé ; côtés du Front vert-doré ; Frontaux, Antennes, Palpes et Pattes noirs ; Face d'un brun-cendré ou argenté. Le dernier segment de l'Abdomen ordinairement un peu plus brillant. Balanciers blanchâtres : Cuillerons d'un blanc un peu obscur ; Ailes claires, avec la base un peu obscure.

Femelle : Semblable ; un peu plus grosse ; tout le Corps d'un beau cuivreux brillant ; côtés du Front d'un beau vert-doré ou cuivreux brillant ; côtés de la Face blancs.

Nous avons pris cette espèce dès le mois de Février sur les collines de Nice ; la dessication lui fait perdre de ses teintes enflammées.

372. — XXXIII. Genre PYRELLIE.
XXXIII. *Genus PYRELLIA*, R.-D.

Pyrellia : Rob. Desv.-Rond.
Lucilia : Macq.-Meig.

Caractères des Lucilies ; Antennes un peu moins allongées ; Chète moins plumeux.

Cellule 7 C ouverte presque dans le sommet de l'Aile, avec la nervure transverse convexe en dehors.

Teintes scintillantes.

Luciliarum characteres; Antennis paulo brevioribus; Cheto paulo minus plumato.

Cellula 7 C fere in ipso Alarum apice aperta, nervo transverso externe concavo.

Colores scintillantes.

Les Pyrellies sont moins puissantes que les Lucilies; leur petite taille, leur consistance molle les en distinguent tout d'abord.

On les rencontre plus spécialement dans le voisinage de l'eau.

2232. — N° 1. Pyrellia vivida, R.-D.

Pyrellia vivida : Rob. Desv.-*Myod.*, 465, 2.

♂ et ♀. Subrotunda, viridi-nitida, subcyanea; Frontis lateribus in ♀ atro-metallicis; Facie fusca, lateribus argenteis; Occipite viridescente; Antennis, Cheto, Palpis viridibus vel viridescentibus. Scutello cyaneo. Tibiis Tarsisque nigris. Calyptis albis, squama inferiore in ♂ obscuriore. Alis claris.

Long. 3 lignes.

Male et Femelle : Forme un peu arrondie; Corps d'un vert d'eau brillant un peu doré et fortement nuancé de bleu; côtés du Front noir luisant sur la Femelle; Frontaux bruns; Face brune, avec ses côtés argentés; Latéraux noirs; partie postérieure de la Tête verte; Trompe brune; Antennes, Chète et Palpes noirs. Ecusson bleu. Cuisses vertes ou d'un vert-brunâtre; Jambes et Tarses noirs. Cuillerons blancs, avec la squame inférieure un peu obscure sur le Mâle: Ailes claires.

Cette espèce n'est pas rare sur la fin de l'Eté dans le voisinage de l'eau. On la distingue aisément à son Corselet et à son Ecusson fortement nuancés de bleu.

2233. — N° 2. PYRELLIA AMÆNA, R.-D. *Sp. ined.*

♂ et ♀. Tota azurea, nitida; in ♀ Frontis lateribus metallice atris; Lateralibus, Femoribusque cæruleis; Antennis, Palpis, Tibiis Tarsisque nigris. Ultimis Abdominis segmentis cæruleo-ægialeis. Calyptis albis; Alis limpidis.

Long. 2 lignes.

MALE et FEMELLE : Tout le Corps azuré luisant; les côtés du Front noirs sur la Femelle ; Latéraux bleus ; Face noire ou noirâtre, avec un duvet argenté ; le derrière de la Tête bleu ; Antennes, Trompe et Palpes noirs. Les deux derniers segments de l'Abdomen d'un bleu vert d'eau. Cuisses bleues ; Jambes et Tarses noirs. Cuillerons blancs ; Ailes claires.

On trouve cette espèce au mois de Juillet ; il n'est pas rare d'observer des nuances verdâtres sur le Corselet de cet insecte.

2234. — N° 3. PYRELLIA IGNITA, R.-D,

Pyrellia ignita : Rob. Desv.-*Myod.*, 464, 5.
Lucilia ignita : Macq.-*Buff.* II, 257, 29.

♀. Frontis lateribus nigris ; Faciei lateribus argenteis ; Antennis, Palpis, Pedibus nigris. Thorax viridi-aureus, ignitus aut violaceus. Abdomen viridi-aureum, incisuris nigris. Calyptis albis ; Alis subflavescentibus.

♂. Paulo minor ; Abdomine viridi-aureo scintillante.

Long. 2 1/2-3 lignes.

FEMELLE : Côtés du Front et Latéraux noirs ; Face brune, avec les côtés argentés ; derrière de la Tête verdâtre ; Antennes, Trompe et Palpes noirs. Corselet vert-doré-violacé ou couleur de saphyr, avec un léger duvet. Cuisses, Jambes et Pattes noires. Cuillerons blancs; Ailes flavescentes, surtout vers la base.

Male : Un peu plus petit que la Femelle. Corselet encore plus violacé. Abdomen d'un vert-doré enflammé, avec quelques nuances violacées. Les deux squames des Cuillerons brunâtres; Ailes fuligineuses.

Cette espèce se distingue surtout du *Pyr. scintilla* par l'Abdomen vert-doré, non violacé, de la Femelle. Elle est commune dans les champs et les prés; nous l'avons souvent capturée en Juillet.

2235. — N° 4. Pyrellia cuprea, R.-D.

Pyrellia cuprea : Rob. Desv.-*Myod.*, 464, 4.
Lucilia cuprea : Macq.-*Buff.* ii, 258, 31.

♂. Facies argentea. Thorax cupreo-ignitus, lineis subobscuris. Abdomen viridi cupreum. Calypta alba; Alæ limpidæ.

Long. 3 lignes 1/2.

Male : Antennes, Front, Palpes et Pattes noirs; Face d'un blanc-argenté. Corselet d'un cuivreux enflammé, avec des lignes obscures. Abdomen d'un beau vert-cuivreux-doré. Cuillerons blancs; Ailes assez claires.

Nous n'avons jamais rencontré que le Mâle de cette belle espèce trouvée à Saint-Sauveur.

2236. — N° 5. Pyrellia scintilla, R.-D. *Sp. ined.*

♂ et ♀. Similis Pyr. ignitæ, ultimo Antennarum articulo bruneo-lipido. Abdomine viridi-aureo violaceo, in utroque sexu scintillante.

Long. 2 1/2-3 lignes.

Male et Femelle : Semblable au *Pyr. ignita;* le dernier article des Antennes d'un brun plus clair. Abdomen d'un vert-doré-violacé sur les deux sexes.

Cette espèce est commune dans les bois et les prés.

2237. — N° 6. Pyrellia saphyrea, R.-D. *Sp. ined.*

♀. Saphyrea, ceu violaceo-ignita ; Antennis, Fronte, Palpis, Pedibus nigris. Calyptis albis ; Alis sublimpidis.

♂. Minor ; Facie fusca. Abdomine viridi-aureo subviolacino. Calyptis, Alisque fuliginosis.

Long. ♂ 2 lignes ; ♀ 3 lignes.

Femelle : Tout le dessus du Corps d'un rouge de rubis ou violacé ; Front, Antennes, Trompe, Palpes et Pattes noirs ; Face d'un brun-cendré. Cuillerons blancs ; Ailes assez claires.

Male : Plus petit ; Face brune. Abdomen vert-doré scintillant un peu moins violacé. Cuillerons et Ailes fuligineux.

J'ai pris cette jolie espèce sur une Ombellifère.

2238. — N° 7. Pyrellia smaragdula, R.-D. *Sp. ined.*

♂ et ♀. Affinis Pyr. vividæ ; paulo minor ; viridi-aurea, nitida ; Frontis lateribus metallice atris ; Occipite viridescente ; Antennis, Palpis, Tibiis, Tarsisque nigris aut fuscis. Scutello ♂ viridi-aureo, non ignito. Femoribus viridescentibus. Calyptis in ♀ albis, squama inferiore in ♂ obscuriore ; Alis in ♀ sublimpidis, in ♂ subflavescentibus.

Long. 2 lignes 1/2.

Male et Femelle : Voisine du *Pyr. vivida;* un peu plus petite ; Corps vert-doré luisant, côtés du Front d'un noir brillant sur la Femelle ; Latéraux, Antennes, Trompe et Palpes noirs ; partie postérieure de la Tête verte. Le dos du

Corselet à peine nuancé de bleuâtre; Ecusson vert-doré. Cuisses vertes ou d'un brun-verdâtre; Jambes et Tarses noirs. Cuillerons blancs sur la Femelle; la squame inférieure est un peu brunâtre sur le Mâle; Ailes de la Femelle assez claires, quoique ayant une légère teinte flavescente; elles sont plus jaunâtres sur le Mâle.

Cette espèce est commune en Eté et en Automne dans les champs et les prairies humides. Ordinairement plus petite que le *Pyr. vivida*, elle est plus verte, avec l'Ecusson vert, tandis que le Corselet n'offre que quelques nuances bleuâtres, mais ces nuances bleuâtres ne se distinguent guère que sur la Femelle.

Cette espèce pourrait bien être notre *Pyr. callida* (*Myod.*, 464, 6); n'ayant plus à notre disposition cet insecte, il nous est impossible de comparer.

2239. — N° 8. PYRELLIA LITTORALIS, R.-D.

Pyrellia littoralis : Rob. Desv.-*Myod.*, 464, 7.

♂ et ♀. Viridi-nitens; Thorax cyaneo micans. Abdomen viridi-aureum. Alæ limpidæ.

Long. 2 lignes 1/2.

MALE et FEMELLE : Antennes, Palpes, Pattes et Face bruns; côtés de la Face argentés. Corps d'un vert brillant. Corselet d'un bleu luisant. Abdomen d'un vert-doré. Ailes claires.

Cette jolie espèce se trouve sur nos fleurs littorales.

2240. — N° 9. PYRELLIA BICOLOR, R.-D.

Pyrellia bi-color : Rob. Desv.-*Myod.*, 465, 8.

Cette espèce n'étant plus à notre disposition, nous copions notre description primitive.

« Valde affinis PYR. LITTORALI; Thorax cæruleo-azureus. Abdomen « ægialeum. »

« Tout-à-fait semblable au *Pyr. littoralis*. Corselet d'un « beau bleu d'azur. Abdomen vert d'eau brillant. Ailes « claires.

« Cette espèce se trouve à Paris. »

2241. — N° 10. PYRELLIA FERVIDA, R.-D.

Pyrellia fervida : Rob. Desv.-*Myod.*, 465, 9.

♂ et ♀. Viridi-aureo-nitida; Thorax parumper cyanescens. Alæ sublimpidæ.

Long. 2 lignes.

MALE et FEMELLE : Corps d'un beau vert-doré brillant; un peu de bleu au Corselet. Ailes un peu moins claires.

Cette espèce abonde dans les champs.

373. — XXXIV. Genre PHORMIE.
XXXIV. *Genus PHORMIA*, R.-D.

Phormia : Rob. Desv.
Lucilia : Macq.

ANTENNES un peu courtes, ne descendant pas jusqu'à l'Epistôme et un peu plus épaisses; FACIAUX ciligères; EPISTOME non saillant.

CELLULE γ C ouverte avant le sommet de l'Aile, avec sa nervure transversale concave en dehors.

CORPS cylindriforme, à teintes vertes et bleues.

ANTENNÆ parumper abbreviatæ, non omnino ad Epistoma porrectæ, paulo crassiores; FACIALIBUS ciligeris; EPISTOMATE non prominulo.

CELLULA γ C ante Alæ apicem aperta, nervo transverso externe concavo.

CORPUS cylindriforme, viride aut cæruleum.

Les espèces qui composent ce genre se distinguent des LUCILIES par un Corps moins arrondi, par des Antennes plus courtes, par l'Epistôme qui ne forme pas la moindre saillie et par la nervure transverse de la Cellule γ C qui est plus arquée.

Ces insectes ne sont pas rares.

2242. — N° 1. PHORMIA CÆRULEA, R.-D.

Phormia cærulea : Rob. Desv.-*Myod.*, 466, 1.
Lucilia cærulea : Macq.-*Buff.* II, 258, 25.

♂ et ♀. Cæsio-cæruleo nitida; Antennæ fulvæ. Abdomen cæruleo-viridescens. Calypta ad ♂ obscura, ad ♀ clariora; Alæ basi sordidæ.

Long. 5 lignes,

MALE et FEMELLE : Frontaux, Antennes, Face et Pattes noirs ; à peine un peu de brun-doré sur les côtés de la Face ; Palpes presque fauves. Corselet bleu de pruneau azuré brillant, obscurément rayé de cendré et pouvant être légèrement verdoyant sur la Femelle. Abdomen d'un beau bleu-verdoyant. Cuillerons blanchâtres sur la Femelle, plus obscurs sur les Mâles ; Ailes un peu sales à la base.

Nous avons souvent rencontré cette espèce à Saint-Sauveur. Le Mâle est plus gros que la Femelle.

2243. — N° 2. PHORMIA NIGRIPALPIS, R.-D. *Sp. ined.*

♀. Antennis, Palpis, Pedibus nigris; Frontis et Faciei lateribus griseo-cinereis. Thorax viridi-submetallicus, lineis cinereis. Abdomen viride, interdum subcyanescens. Halteres æruginosi : Calypta flavescentia; Alæ sublimpidæ, basi flavescente.

♂. Frontalibus, Antennis, Palpis, Pedibus nigris; Facie fusca, lateribus subcinereis. Thorax cæruleo-subviolaceus. Abdomen cyaneo-subviridulans. Calypta brunicosa ; Alæ limpidæ, basi infuscata.

Long. ♀ 5 lignes ♂ 6-7 lignes.

Femelle : Frontaux, Antennes, Palpes et Pattes noirs; côtés du Front et de la Face gris-cendré. Corselet vert, légèrement métallique, avec des lignes cendrées. Abdomen vert, offrant parfois une légère teinte cérulée. Balanciers couleur de rouille : Cuillerons jaunâtres; Ailes claires, à base flavescente.

Male : Frontaux, Antennes, Palpes et Pattes noirs ; côtés du Front noirs; Face brune, ses côtés obscurément cendrés. Corselet d'un beau bleu d'azur tendant à passer au violet. Abdomen d'un beau bleu plus tendre et tendant à verdoyer. Balanciers bruns : Cuillerons brunâtres ; Ailes avec la base noirâtre.

Cette espèce vit en Automne.

2244. — N° 3. Phormia regina, Meig.

Musca regina : Meig.-*Dipt.*, n° 16.
Phormia regina : Rob. Desv.-*Myod.*, 466, 2.
Lucilia regina : Macq.-*Buff.* II, 256, 24.

♂ et ♀. Viridi-metallica, parumper obscura, interdum cyanescens; Antennis, Palpis fulvis ; Facie brunea, lateribus flavescentibus. Pedibus nigris. Alis claris, basi sordida.

Long. 4-4 lignes 1/2.

Male et Femelle : Corps d'un vert métallique un peu obscur, quelquefois un peu cyanescent; Antennes et Palpes fauves; Face brune, avec les côtés d'un albide-argenté jaunissant. Pattes noires. Cuillerons blancs; Ailes claires, un peu sales à la base.

Cette espèce est commune à Paris.

2245. — N° 4. PHORMIA FULVIFACIES, R.-D.

Phormia fulvifacies : Rob. Desv.-*Myod.*, 467, 4.
Lucilia fulvifacies : Macq.-*Buff.* II, 257, 26.

♂ et ♀. Omnino similis PH. REGINÆ; paulo magis cyanea; Medianeis fulvis.

Long. 4-4 lignes 1/2.

MALE et FEMELLE : Semblable au *Ph. regina*; un peu plus bleuissante; Médians fauves sur les deux sexes,

Nous avons rencontré cette espèce à Paris; le Muséum en possède un individu tout-à-fait semblable envoyé de PHILADELPHIE.

2246. — N° 5. PHORMIA CUPREA, R.-D.

Phormia cuprea : Rob. Desv.-*Myod.*, 467, 5.

♂ et ♀. Similis PH. REGINÆ; paulo major; viridi-cuprea; Facies lateribus aurulantis.

Long. 4 lignes 1/2.

MALE et FEMELLE : Semblable au *Ph. regina;* Corps d'un vert-bronzé; côtés de la Face un peu dorés.

Cette espèce se trouve à Paris.

2247. — N° 6. PHORMIA VITTATA, R.-D.

Phormia vittata : Rob. Desv.-*Myod.*, 467, 7.
Lucilia vittata : Macq.-*Buff.* II, 257, 27.

♂ et ♀. Similis PH. REGINÆ; Thorax cinereo quadri-vittatus. Abdomen leviter subtomentosum.

Long. 4-4 lignes 1/2.

MALE et FEMELLE : Tout-à-fait semblable au *Ph. regina;* le Corselet offre quatre lignes d'un brun-cendré. Abdomen ayant à la loupe un très léger duvet.

Cette espèce est assez commune en Automne.

2248. — N° 7. PHORMIA SQUALENS, R.-D.

Phormia squalens : Rob. Desv.-*Myod.*, 468, 8.

♂. Similis PH. REGINÆ; viridi-cuprescens; Alæ subfuliginosæ.

Long. 4 lignes 1/2.

MALE : Semblable au *Ph. regina;* Corps d'un vert-bronzé; Ailes à disque un peu sale.

Nous n'avons jamais possédé qu'un individu de cette espèce capturé à Saint-Sauveur.

2249. — N° 8. PHORMIA CORUSCA, R.-D. *Sp. ined.*

♀. Antennis, Palpis, Pedibus nigris; Frontalibus, Facieque fuscis; Frontis et Faciei lateribus fusco-grisescentibus. Thorax viridi-submetallicus, lineis cinereis. Abdomen viride, subaureum, coruscum. Halteribus ferrugineis : Calyptis flavescentibus; Alis limpidis, basi flavescente.

Long. 5 lignes.

Femelle : Antennes, Palpes et Pattes noirs; Frontaux bruns; Face brune; côtés du Front et de la Face brun-grisâtre. Corselet vert légèrement métallique, avec des lignes cendrées. Abdomen d'un beau vert-doré brillant. Balanciers ferrugineux : Cuillerons flavescents; Ailes assez claires, avec la base flavescente.

Nous ne connaissons que la Femelle de cette espèce.

TABLE

DES FAMILLES ET DES GENRES

CONTENUS DANS LE TOME II.

LISTE

DES

INSECTES ATTAQUÉS PAR LES DIPTÈRES

CITÉS DANS LES TOMES I ET II

ET

RAPPEL DES ENTOMOBIES OBSERVÉES SUR CHAQUE ESPÈCE.

---

§ 1. — LÉPIDOPTÈRES.

INSECTES ATTAQUÉS.	ENTOMOBIES PARASITES.
Genre ABROSTOLA, Boisd	Genre ZENILLIA, R.-D. — CARCELIA, —
Abrostola asclepiadis, F.	Zenillia libatrix, R.-D.
Abrostola urticæ, H.	Carcellia scutellaris, R.-D.
G. ACHERONTIE, Ochs.	G. STURMIA, R.-D.
Acherontia atropos, L.	Sturmia scutellata, R.-D. — atropivora, —
G. ACROMYCTA, Boisd.	G. PHORCIDA, R.-D. — DORIA, Meig.
Acromycta megacephala, Fabr. . .	Phorcida acromyctæ, R.-D.
Acromycta rumicis, L.	Doria concinnata, Meig.
Acromycta tridens, F..	Phorcida campephaga, R.-D.

G. Amphidasis, Dup.	G. Nemoræa, R.-D.
Amphidasis betularia, L.	Nemoræa, Meig.
G. Aplecta, Guénée.	G. Phryxe, R.-D.
Aplecta advena, F.	Phryxe sororella, R.-D. — miniata, —
G. Arctia, Boisd.	G. Carcelia, R-D. — Doria, Meig.
Arctia fuliginosa, L.	Carcelia lucorum, Meig.
Arctia menthastri, F.	Doria concinnata, Meig.
G. Argynnis	Sturmia Vanessæ, R.-D.
Bombycites.	G. Carcelia, R.-D. Carcelia cantans, R.-D. G. Pales, —
G. Bombyx, Boisd.	G. Carcelia, R.-D. Carcelia amæna, — — bombylans, R.-D. G. Ceromya, R.-D. — Doria, Meig. — Frontina, Meig. — Lespesia, R.-D. Lespesia ciliata, Macq. G. Masicera, Macq. — Ophelia, R.-D. — Pales, — — Phenicellia, R.-D. — Phryxe, — — Sturmia, — — Tachina, Meig. — Zenillia, R.-D.
Bombyx castrensis, L.	Carcelia orgyæ, R.-D. Frontina læta, Meig.
Bombyx cratægi, L.	Sturmia vanessæ, R.-D.

Hôte	Parasites
Bombyx Hebe, L.	Phenicellia nigra, Hart.
Bombyx hespera, Latr.	Ophelia aurifrons, R.-D.
Bombyx neustria, L.	Carcelia bombylans, R.-D. Zenillia aurea, — Tachina larvarum, L.
Bombyx pithyocampa, F.	Phryxe bercella, R.-D. Doria concinnata, Meig.
Bombyx processionnea, L.	Phryxe erucastri, R.-D. Zenillia aurea, — Pales Bellierella, —
Bombyx quercûs, L.	Ceromya bicolor, Meig. G. Masicera, Macq.
Bombyx versicolor, Fabr.	Carcelia bombycivora, R.-D.
G. Callimorpha, Boisd.	G. Carcelia, R.-D.
Callimorpha dominula, L.	Carcelia callimorphæ, R.-D.
G. Catocala, Boisd.	G. Doria, Meig.
Catocala promissa, Fabr.	Doria concinnata, Meig.
G. Chelonia, Latr.	G. Carcelia, R.-D. — Celea, — — Hubneria, — — Latreillia, R.-D. — Thelaïra. — — Tachina, Meig.
Chelonia caja, L.	Hubneria affinis. Fall. Latreillia vertiginosa, Fall. Thelaïra leucozona, Panz. — nigripes, Fabr. Tachina larvarum, L.
Chelonia civica, H.	Celea flavipalpis, R.-D.

Chelonia lubricipes, Zetterst. . . .	Thelaïra leucozona, Panz. — nigripes, Fabr.
Chelonia villica, L.	Carcelia lucorum, Meig.
CHRYSALIDES INDÉTERMINÉES. . . .	Athrycia vulgaris, R.-D. Baumhaueria rectinervis, R.-D. Bonellia educata, R.-D. Carcelia sonora, — — Bercei, — — vernalis, — Cyzenis hæmispherica, R.-D. Echinomya virgo, Meig. Eumea puberula, R.-D. Eurythia cæsia, Fall. Exorista Duponcheli, R.-D. Fabricia ferox, Panz. Masicera quadrimaculata, R.-D. Olivieria lateralis, Panz. Pales campicola, R.-D. — cærulescens, R.-D. — crucastri, — — hyalinata, — — integra, — — pavida, Meig. — vernalis, — Panzeria hyalinata, R.-D. Peribæa flavicornis, R.-D. Phorocera vernalis, — Phryno vetula, Meig. Phryxe cauta, — — fuscifrons, — — guerinella, — — præfixa, — Ramonda flavisquamis, R.-D. Salia echinura, R. D. Tachina villica, — — larvarum, L. — nobilis, R.-D. — Moreti, — — tardata, — Winthemya sponsa, R.-D.

Hôte	Parasites
G. CUCULLIA, Boisd.	G. ATHRYCIA, R.-D. — BAUMHAUERIA, R.-D. — DORIA, Meig. — LATREILLIA, R.-D. — MASICERA, — — NEMORÆA, — — PHRYXE, — — RAMONDA, — — SERVILLIA, — — THELAÏRA, — — WINTHEMYA, —
Cucullia asteris, F.	Phryxe tenebricosa, R.-D.
Cucullia caninæ, Ramb.	Ramonda cuculliæ, R.-D.
Cucullia lucifuga, Esp.	Athrycia erythrocera, R.-D.
Cucullia scrophulariæ, Ramb.	Baumhaueria cuculliæ, R.-D. Thelaïra leucozona, Panz. — nigripes, Fabr.
Cucullia verbasci, L.	Doria concinnata, Meig. Latreillia cuculliæ; R.-D. Masicera cuculliæ, R.-D. Nemoræa analis, Macq. Servillia lurida, Fabr. Winthemya quadripustulata, Fabr.
G. DEILEPHILA, Boisd.	G. MASICERA, R.-D. — TACHINA, Meig.
Deilephila euphorbiæ, L.	Masicera puparum, R.-D. — sphingivora, R.-D. Tachina larvarum, L.
G. DICRANURA, Latr.	G. WINTHEMYA, R.-D.
Dicranura vinulæ, L.	Winthemya quadripustulata, Fabr.
G. DILOBA, Boisd.	G. DORIA, Meig.

Diloba cæruleocephala, L.	Doria concinnata, Meig.
G. Elopia, Treits (Urapterix, Kirby).	G. Winthemya, R.-D.
Ellopia sambucaria	Winthemya quadripustulata, Fabr.
G. Fidonia, Tr.	G. Gervaisia, R.-D.
Fidonia piniaria, L.	Gervaisia piniariæ, Hart.
Geometra indéterminée	Phryxe objecta, R.-D.
G. Hadena, Boisd.	G. Doria, Meig. — Erigone, R.-D. — Phryxe, — — Tachina, Meig. — Tlephusa, R.-D.
Hadena atriplicis, L.	Doria concinnata, Meig.
Hadena brassicæ, L.	Erigone sedula, R.-D. Tachina larvarum, L.
Hadena persicariæ, L..	Tlephusa noctuarum, R.-D. Phryxe auro-cincta, —
G. Hydrocampa, Latr.	G. Lydella.
Hydrocampa urticalis	Lydella hydrocampæ, R.-D.
G. Laria.	G. Carcelia, R.-D
Laria salicis	Carcelia lucorum, Meig.
G. Lasiocampa, Latr.	G. Hemithea, R.-D. — Masicera, — — Tachina, Meig.
Lasiocampa pini, L..	Hemithæa erythrostoma, Hartig. Tachina larvarum, L.
Lasiocampa quercifolia, L.	Masicera lasiocampa R.-D.

G. LEUCANIA, Ochs.	G. PHRYXE, R.-D.
Leucania albipuncta, F.	Phryxe bellicrella, R.-D.
Leucania lithargyria, Esp.	Phryxe noctuarum. R.-D.
G. LIPARIS, Ochs.	G. DORIA, Meig. — TACHINA, Meig.
Liparis chrysorrhoa, L.	Doria concinnata, Meig.
Liparis dispar, L.	Tachina Moreti, R.-D.
Liparis salicis, L.	Doria concinnata, Meig. Tachina larvarum, L.
G. LUPERINA, Boisd.	G. Wagneria, R.-D.
Luperina aurea, L.	Wagneria Luperinæ, R.-D.
G. MACROGLOSSA, Ochs.	G. TACHINA, Meig.
Macroglossa stellarum, L..	Tachina larvarum, L.
G. MELITÆA, Fabr..	G. PHRYXE, R.-D.
Melitea Athalia, F.	Phryxe vulgaris, Meig.
G. NOCTUA, Treits.	G. ATERIA, R.-D. — BONELLIA, R.-D. — NEMORÆA, — — PALES, — — PHORINIA, —
Noctua alsinea, Berth.	Ateria nitida, R.-D.
Noctua brunnea, F.	Phorinia aurifrons, R.-D.
Noctua C. nigrum, L.	Bonellia tessellans, R.-D.
Noctua lubricipeda.	Nemoræa pellucida, Meig.
Noctua rhomboïdea, Esp.	Pales strenua, R.-D.

NOCTUELLE INDÉTERMINÉE (vivant sur les choux).	Bucentes geniculatus, de Geer.
NOCTUÉLITES	G. PALES, R.-D.
G. NONAGRIA, Tr.	G. MASICERA, R.-D.
Nonagria typhæ, Esp.	Masicera typhæcola, R.-D.
G. OPHIUSA, Ochs.	G. PERIBÆA, R.-D. — PHRYXE, —
Ophiusa pastinum, Tr.	Phryxe educata, R.-D. Peribæa minuta, —
G. ORGYA, Boisd.	G. CARCELIA, R.-D. — DORIA, Meig. — TACHINA, Meig. — ZENILLIA, R.-D.
Orgya antiqua, L.	Carcelia amphion, R.-D.
Orgya gonostigma, F.	Tachina larvarum, L.
Orgya pudibunda, L.	Carcelia amphion, R.-D. — cantans, R.D. — lucorum. Meig. — orgyæ, R.-D. — susurrans, R.-D. Doria concinnata, Meig. Zenillia aurea, R.-D.
G. ORTHOSIA, Ochs.	G. DORIA, Meig.
Orthosia quadra, L.	Doria concinnata, Meig.
Orthosia stabilis, H.	Doria concinnata, Meig.
G. PIERIS, Boisd.	G. DORIA, Meig. — PHRYXE, R.-D.
Pieris brassicæ, L.	Doria concihnata, Meig.

Pieris rapæ, L.	Doria concinnata, Meig. Phryxe Pieridis, R.-D.
G. Phlogophora, Steph.	G. Nemoræa, R.-D. — Phryxe, —
Phlogophora lucipara, L.	Nemoræa fulva, R.-D. Phryxe sororella, R.-D.
G. Plusia, Ochs.	G. Elbæa, R. D. — Misellia, R.-D. Placides, — G. Winthemya, R.-D.
Plusia chrysitis, L.	Misellia siphonina, Zett.
Plusia gamma, L.	Phryxe vulgaris, R.-D.
Plusia illustris, Fab.	Elbæa montana, R.-D. Plagides, R.-D. Winthemya quadripustulata, Fabr.
Pyrale indéterminée.	Aubæa pyralidis, R.-D.
G. Saturnia, Schrank.	G. Baumhaueria, R.-D. — Hubneria, — — Phorocera, — — Salia, — — Scotia, — — Tachina, Meig. — Winthemya, R.-D.
Saturnia Carpini, Borkh.	Phorocera assimilis, Fall. Scotia saturniæ, R.-D. Winthemya quadripustulata, Fabr.
Saturnia pyri, Borkh.	Baumhaueria saturniæ, R.-D. Hubneria affinis, Fall. Salia echinura, R.-D. Tachina festinata, — — marginalis, —

G. Segetia, Stephens	G. Pales, R.-D.
Segetia xantographa, F.	Pales cœrulescens, R.-D.
G. Smerinthus, Ochs.	G. Doria, Meig.
Smerinthus populi, L.	Doria concinnata, Meig.
G. Spælotis, Boisd.	G. Tachina, Meig.
Spælotis præcox, L..	Tachina larvarum, L.
Sphingides.	G. Sturmia. Sturmia scutellata, R.-D.
Sphingides indéterminées	Sturmia scutellata, R.-D.
G. Sphinx, Ochs..	G. Doria, Meig. — Hernithæa, R.-D. — Micropalpus, Macq.
Sphinx pinastri, L.	Doria concinnata, Meig. Hernithæa erythrostoma, Hart. Micropalpus comptus, Fall.
G. Superina, L.	G. Doria, Meig.
Superina pinastri, L.	Doria concinnata, Meig.
G. Thyatura, Ochs.	G. Gædartia, R.-D.
Thyatura batis, L.	Gædartia tibialis, R.-D.
G. Tinea, Fabr..	G. Walkeria, R.-D.
Tinea evonymella, F.	Walkeria larvarum, L.
Tinéite indéterminée.	Tachina larvarum. L.
Tinéite indéterminée (rouleuse des feuilles d'un arbre fruitier). . .	Thryptocera humeralis, R.-D.
Tinéite indéterminée (tordeuse des feuilles de l'Orme).	Thryptocera flavisquamis, R.-D.

G. TORTRIX, L.	G. GOURALDIA, R.-D. — TACHINA, Meig. — TRYPTOCERA, R.-D.
Tortrix hercynium, L.	Tachina larvarum, L.
Tortrix lævigana, L..	Gouraldia pupivora, R.-D. — binotata, —
Tortrix resinana, Hart.	Thryptocera pilipennis, Fall.
Tortrix pinetana, Hart.	Thryptocera pilipennis, Fall.
G. TRACHEA, Ochs.	G. ECHINOMYA, Dumér. — PANZERIA, R.-D. — TACHINA, Meig.
Trachea piniperda, Esp.	Echinomya fera, R.-D. Panzeria rudis, Fall. Tachina larvarum, L.
G. TRIPHÆNA, Treits..	G. PHRYXE, R.-D.
Triphæna janthina, F.	Phryxe binotata, R.-D. — pupivora, —
G. VANESSA, Ochs..	G. BERALDIA, R.-D. — DORIA, Meig. — PHOROCERA, R.-D. — PHRYXE, R.-D. — STURMIA, — — TACHINA, Meig. — VORIA, Fall.
Vanessa antiopa, L.	Doria concinnata, Meig.
Vanessa atalanta, L.	Doria concinnata, Meig. Sturmia vanessæ, R.-D. Voria ruralis, Fall.

Vanessa io, L.	Doria concinnata, Meig. Beraldia vanessæ, R.-D. Phryxe vanessæ, — Sturmia vanessæ, —
Vanessa lævana, L.	Doria concinnata, Meig. Phorocera vernalis, R.-D. Phryxe puella, R.-D.
Vanessa polychloros, L..	Tachina larvarum, L.
Vanessa prorsa, L.	Doria concinnata, Meig. Phryxe vanessæ, R.-D. Sturmia vanessæ, R.-D.
Vanessa urticæ, L.	Phryxe vanessæ, R.-D.
G. XANTHIA, Ochs.	G. ATERIA, R.-D.
Xanthia ferruginea, H.	Ateria nitida, R.-D.

—

§ 2. — COLÉOPTÈRES.

II.

INSECTES ATTAQUÉS	ENTOMOBIES PARASITES.
G. CHRYSOMELA, Lin.	G. RHINOMYA, R.-D.
Chrysomela graminis, L.	Rhinomya Lamberti, R.-D.
G. HARPALUS.	G. BOHEMANIA, R.-D.
Harpalus aulicus, Fabr..	Bohemania curvicauda, Fall.
Harpalus ruficornis, Fabr.	Bohemania curvicauda, Fall.

—

§ 3. — HYMÉNOPTÈRES.

III.

INSECTES ATTAQUÉS.	ENTOMOBIES PARASITES.
G. BEMBEX, Latr.	G. ARABELLA, R.-D.
Bembex rostrata, Fabr.	Arabella argyrocephala, Meig.
G. CERCERIS, Latr.	G. SETULIA, R.-D.
Cerceris ornata, Spin.?	Setulia cerceridis, Guérin.
G. COLLETES, Latr.	G. HAMULIA, R.-D.
Colletes succincta, Latr.	Hamulia Macquarti, R.-D.
HYMÉNOPTÈRES FOUISSEURS	G. MISELLIA, R.-D. — MEGÆRA, — — ARABELLA, — — OPHELIA, — — PHROSINA, — — ELPIGIA, —
HYMÉNOPTÈRES INDÉTERMINÉS	
HYMÉNOPTÈRES MELLIFÈRES	G. HAMULIA, R-D.
G. LOPHYRUS, Fabr, ...	G. EXORISTA, R.-D. — SCHAUMIA, — — SPINOLIA, — — STURMIA, — — TACHINA, —
Lophyrus abietis, Fabr.	Spinolia inclusa, Hartig.
Lophyrus frutetarum, Hart. . . . ,	Exorista janitrix, Hart.
Lophyrus laricis, Hart.	Sturmia gilva, —

Lophyrus pini, Fabr.	Spinolia inclusa, — Tachina larvarum, L. Schaumia bi-maculata, Hart.
Lophyrus rufus, Fabr..	Schaumia bi-maculata, Hart.
Lophyrus variegatus, L.	Spinolia inclusa, Hart.
G. ODYNERUS, Latr.	G. AMOBIA, R.-D.
Odynerus parietum, L.	Amobia odyneri, R.-D.
G. PHILANTHUS, Fabr.	G. ARABELLA, R.-D. — ARGYRIA, —
Philanthus triangulum, Fabr. . . .	Arabella argyrocephala, Meig. Argyria philanthi, R.-D.
G. POLISTES, Latr.	G. AMOBIA, R.-D.
Polistes gallica, Fabr..	Amobia conica, R.-D.
TENTHRÉDINÈTE INDÉTERMINÉE. . . .	Lilæa Macquarti, R.-D.

—

§ 4. — HÉMIPTÈRES.

IV.

CURCULIONITES INDÉTERMINÉES. . . .	G. HYALOMYA, R.-D.
G. PENTATOMA	G. PHASIA, Latr.
Pentatoma grisea	Phasia crassipennis, Lin.
PENTATOMITE INDÉTERMINÉE	Gymnosoma rotundata, Lin.
Genre RHAPHIGASTER.	G. OCYPTERA, Oliv.
Rhaphigaster griseus, Fabr..	Ocyptera bicolor, Oliv.

—

TABLE GÉNÉRALE

DES MATIÈRES

CONTENUES DANS LES TOMES I ET II.

FIN DE LA TABLE DES MATIÈRES DES TOMES I ET II.

ERRATA ET ADDENDA.

TOME PREMIER.

Page 53, ligne 16, représentées, *lisez* représentés.

— 54, — 19, après sinus frontaux et maxillaires du mouton, *ajoutez* ou d'autres animaux.

— 54, — 20, après tumeurs sous-épidermiques du bœuf, *ajoutez* ou d'autres animaux.

— 58, — 5, nigro-ponctulata, *lisez* nigro-punctulata.

— 86, après la ligne 17, *ajoutez* TACHINARIDÆ, Bigot.

— 101, — 20, spinicère, *lisez* spinigère.

— 102, — 3, Serycocera, *lisez* Sericocera.

— 103, — 33, id. id. id.

— 104, — 28, id. id. id.

— 107, — 3, ant, *lisez* aut.

— 129, — 9, p. 85, *lisez* p. 58.

— 133, — 23, G. BONELLIE; il eût été préférable sans doute de changer la dénomination de ce genre, qui a déjà été attribué à un genre de Mollusque et à un genre de plante; toutefois, l'auteur ayant conservé dans le manuscrit de cet ouvrage, après l'avoir créé en 1830 et confirmé dans les Annales de la Société entomologique, nous avons cru devoir le conserver.

— 134, — 5, charactères, *lisez* characteres

— 147, — 13, Noctua, *lisez* Trachea piniperda, Esp.

— 154, — 8, Noctua, *lisez* Hadena.

— 159, — 14 et 15, supprimer ces deux lignes.

— 176, — 12, Noctua, *lisez* Phlogophora lucipara, L.

— 182, — 27, G. Arge. Schrank a pris ce nom en 1801 pour l'appliquer à un genre d'Hyménoptère. M. Boisduval s'en est également servi en 1832 pour la création d'un genre de Lépidoptère. Nous ne nous étions pas aperçu de ce double emploi lors de l'impression, et il faudra de toute nécessité changer la dénomination de ce genre, afin de ne pas prêter à la confusion.

— 198, — 6, supprimer *Sp. ined.*

— 201, — 13, baim, *lisez* basim.

— 212, — 5, Elopia, *lisez* Ellopia.

— 223, — 16, reflet, *lisez* reflets.

— 232, — 9, 183, *lisez* 181.

— 232, — 27, Noctua urticæ, *lisez* Abrostola urticæ, H.

— 245, — 17, awicinati, *lisez* approximati.

— 254, — 15, Noctua tridens, *lisez* Acromycta tridens, F.

— 275, — 27, aliitudinem, *lisez* altitudinem.

— 278, — 10, et quatre, *lisez* et quatre à six.

— 278, — 26, sexe, *lisez* sexve.

— 291, — 18, fauve, *lisez* fauves.

— 296, après la ligne 26, *ajoutez* Senometopia myoïdœa, Macq. Buff. II. 112.

Page 318, ligne 23, Pryxidæ, *lisez* Phryxidæ.

— 233, — 3, 121, *lisez* 161.

— 313, — 8, 143, *lisez* 163.

— 346, — 12, 26 *lisez* 25.

— 348, — 20, Phryxe aurulenta, *lisez* Phryxe aurea.

— 358, — 12, supprimer cette ligne.

— 387, — 23, ajoutez *Sp. ined.*

— 287, — 24, supprimer cette ligne.

— 399, — 7, Phryxe atrata, *lisez* atrabilis.

— 472, — 21, Zenillia ciligera, etc., supprimer cette ligne.

— 513, — 7, supprimer les deux mots *Sp. ined.*

— 513, — 8, 173, *lisez* 133.

— 537, — 20 et 31, Acromycta, *lisez* Acronycta.

— 537, — 29, Chrysorrheæ, *lisez* Chrysorrhæa.

— 545, — 8 et 9, Phryno hœmisphœrica, supprimer ces deux lignes.

— 559, — 6, 111 *lisez* 108.

— 591, — 26, Megalocères, *lisez* Mégalocérides.

— 591, — 30, Patellimères, *lisez* Patellimérides.

— 608, — 8, Rœselia agrestia, *lisez* agrestis.

— 614, — G. Dejeania, *lisez* * G. DEJEANIA.

— 634, — 20, nº 8, *lisez* n. 11.

— 636, — 3, Noctua piniperda, *lisez* Trachea piniperda, Esp.

— 683, — 9, *ajoutez* p. 354.

— — — 10, *ajoutez* p. 143.

— — — 11, *ajoutez* p. 88.

— — — 17, après cette ligne, *ajoutez :* Tachina rufina, Zetterst. Scand., t. III, p. 1018, n. 41.

— 684, après la ligne 5, *ajoutez :* Le Dr Moret, d'Auxerre, l'a obtenue également de cette chenille (bombyx quercûs). M. Bellier de la Chavignerie l'a obtenue de chenilles qu'il a oublié de déterminer. L'espèce décrite sous ce nom par Meignen me paraît être une autre espèce, avec une ligne dorsale noirâtre sur l'abdomen.

— 689, — 27, Thriptocera, *lisez* Thryptocera.

— 720, — — dernière, Ophiusa pastusum, *lisez* pastinum.

— 799, — 21, environ, *lisez* environs.

— 808, — 28, Carbonaria, *lisez* Carbonia.

— 821, — 28, Noctua, *lisez* Cucullia.

— 828, — 7, 195, *lisez* 196.

— 871, — 22, Monagria, *lisez* Nonagria.

— 877, — 8, tiphæcola, *lisez* typhæcola.

— 897, — 28, Lœvia agilis et brunea, supprimer ces deux espèces, lesquelles ont été réunies précédemment sous le nº 568, Phryno agilis.

— 914, Supprimer complétement le genre Zaïra; c'est par suite d'une erreur que ce genre a été placé dans les Entomobies campéphages. Au milieu de l'immense quantité de feuillets que nous avons eus à consulter et à mettre en ordre, il était presque impossible de ne pas être trompé quelquefois par des notes manuscrites, modifiées plus tard ou remplacées sans avoir été détruites.

— 1043, — 19, supprimer cette ligne.

— 1049, — 8, au lieu de rangée de médians et d'apicaux sur le 3e, *lisez* demi-cercle complet de cils basilaires ou médians sur le dos du 3e segment abdominal chez les mâles; trois ou quatre cils basilaires ou médians sur le dos du 3e segment abdominal, chez les femelles.

Les Futilies offrent une nouvelle progression sur les genres précédents, dont elles affectent tous les caractères : les mâles ont un demi-cercle complet de cils basilaires ou médians sur le dos du 3e segment de l'abdomen, tandis que les femelles ont toujours 3 à 4 cils sur le dos du même segment. Les cils basilaires, toujours existants, sont plus ou moins développés; parfois quelques-uns avortent.

Ces indications sont au moins suffisantes pour motiver l'établissement d'un genre et le besoin d'une séparation particulière de ces espèces, qu'il est impossible de confondre désormais avec les races du voisinage.

Page 1099, ligne 27 et 28, au lieu de egena, *lisez* egens.

TOME SECOND.

Page 53, ligne 00, Parmi les espèces [illegible] dans les collections du Muséum au [illegible]re Leucostoma, Rob.-Desv. y a relevé les suivantes, qu'il considère comme devant rentrer dans son genre Dionæa, dont elles offrent les caractères généraux.

Voici la description de ces espèces faite par l'auteur :

1. Dionæa simplex, R.-D.

Leucostoma simplex, Meig. — Collect. du Muséum.

Femelle : Long., 2 lignes. Frontaux noir de velours; côtés du front cendrés; face cendré-albide. Premiers articles des Antennes rouges, le dernier noir. Palpes jaune-rougeâtre. Corselet noir luisant, saupoudré et rayé de cendré. Abdomen noir, terminé par 2 crochets. Pattes noires. Balanciers noirs. Cuillerons blancs. Ailes claires. Cette espèce est originaire d'Allemagne ainsi que les suivantes.

2. Dionæa analis, R.-D.

Leucostoma analis, Meig. — Collect. du Muséum.

Mâle : Long., 2 1/2 lignes. Frontaux noir de velours; côtés du front noir-cendré; face brun-cendré; base des Antennes rouge, le dernier article noir. Palpes jaunes. Corselet noir assez luisant, légèrement saupoudré de cendré sur les côtés. Abdomen noir, les deux derniers segments d'un brun argenté. Pattes noires, plus ou moins nuancées de fauve. Balanciers bruns. Cuillerons blancs. Ailes claires.

3. Dionæa authracina, R.-D.

Leucostoma anthracina, Meig. — Coll. du Muséum.

Femelle : Long., 3 lignes. Corps cylindrique et effilé. Frontaux noir de velours; côtés du front noir-cendré; face albide. Premiers articles des Antennes fauves, le dernier noir. Palpes fauves. Corselet noir, saupoudré et rayé de cendré-albide. Abdomen noirâtre, terminé par 2 crochets, Pattes et balanciers noirs. Cuillerons blancs. Ailes claires, à peine un peu flavescentes

— 59, — 19 et 20, au lieu de Calyptie, *lisez* Calyptidie, Calyptidia.
— 60, — 13, même observation.
— 84, — 9, au lieu de Metopia argyrocephala, *lisez* Metopia leucocephala.
— 93, — ligne dernière, au lieu de Armélides, *lisez* Annélides.
— 145, après la ligne 7, *ajoutez* : Miltogramma inimica, Macq. Buff. II, 201.
— 192, — 17, *lis.* Cistogaster globosus, Macq.
— 227, après la ligne 6, *ajoutez* Alophora subcoleoptrata, Macq. Buff. II, 201.
— 320, supprimer les lignes 20 et 21, Solieria et Myobia ruficrus.
— 336, supprimer les mots *blanc-jau* qui commencent la ligne 11.
— 372, sup[illegible] la ligne 18, Trixa variegata.
— 403, — 7, 8 [illegible] lieu de Adénie, Adenia, *lisez* Arénie, Arenia.
— 481, — 19, au lieu de Cellulum, *lisez* Cellulam.
— 578, supprimer la dernière ligne, laquelle contient une erreur
— 624, — 17, avant : Ils se jettent, etc., *mettez* : Ils paraissent dès les premières chaleurs et se jettent, etc.
— 739, supprimer le n° 59. *Lucilia calens;* l'insecte formant l'objet de cette description a été reconnu plus tard par l'auteur comme appartenant aux Euphories, et il avait omis de retirer le premier feuillet, qui formerait ainsi double emploi. (V. p. 805, n° 9.)
— 811, supprimer la ligne 4, *Lucilia cæsarion*, etc., erreur de synonymie.
— 827, supprimer la ligne 12, même observation.

AUXERRE, IMPRIMERIE DE PERRIQUET. 1863.

L'OUVRAGE EST VENDU :

A LEIPZIG
CHEZ FRANZ WAGNER
POST STRASS.

A LONDRES
CHEZ WILLIAMS ET NORGATE
HENRIETTA STREET, COVENT GARDEN.

AUXERRE. — TYPOGRAPHIE DE PERRIQUET, RUE DE PARIS, 31.

www.ingramcontent.com/pod-product-compliance
Ingram Content Group UK Ltd.
Pitfield, Milton Keynes, MK11 3LW, UK
UKHW011957240726
13965UKWH00001B/12